Duden

Chemie

Schulwissen 5. bis 10. Klasse

Dudenverlag
Berlin

Herausgeber
Dr. Christine Ernst, Claudia Puhlfürst, Dr. Martin Schönherr (†)

Autoren
Dr. Christine Ernst
Arno Fischedick
Dr. Lutz Grubert
Dr. Annett Hartmann
Dr. Horst Hennig
Dr. Günther Kauschka
Prof. Dr. Andreas Link
Dr. Gabriele Mederow (†)
Claudia Puhlfürst
Dr. Ulrich Riederer
Dr. Sven Scheurell
Prof. Dr. Gerd-Dietrich Schmidt
Helga Simon
Holger Steps (†)
Dr. Hartmut Vogt
Dr. Adria Wehser

Bibliografische Information der Deutschen Nationalbibliothek
Die Deutsche Nationalbibliothek verzeichnet diese Publikation in der Deutschen Nationalbiografie; detaillierte bibliografische Daten sind im Internet über http://dnb.dnb.de abrufbar.

Bibliographisches Institut GmbH, Mecklenburgische Straße 53, 14197 Berlin

Redaktionelle Leitung David Harvie
Redaktion Dr. Angelika Fallert-Müller, Michael Venhoff
Herstellung Uwe Pahnke
Layout Britta Scharffenberg
Umschlaggestaltung Jürgen Sauerhöfer
Umschlagillustration Curly Pat/shutterstock.com (Wellen)
Satz DZA Druckerei zu Altenburg GmbH, Altenburg
Grafiken siehe Bildquellenverzeichnis
Druck und Bindung AZ Druck und Datentechnik GmbH, Heisinger Straße 16, 87437 Kempten
Printed in Germany

ISBN 978-3-411-77092-2 (Schulwissen-Kassette)

PEFC
PEFC/04-31-2260

PEFC zertifiziert
Dieses Produkt stammt aus nachhaltig bewirtschafteten Wäldern und kontrollierten Quellen.

www.pefc.de

Inhaltsverzeichnis

1 Die Chemie – eine Naturwissenschaft 7

1.1 Gegenstand und Teilgebiete der Chemie 8

1.1.1 Chemie als Naturwissenschaft . . . 8
1.1.2 Teilgebiete der Chemie . . . 12
1.1.3 Verflechtung der Chemie mit anderen Wissenschaften . . . 13

1.2 Denk- und Arbeitsweisen in der Chemie 15

1.2.1 Begriffe und Größen in der Chemie . . . 15
1.2.2 Gesetze, Modelle und Theorien in der Chemie . . . 18
1.2.3 Erkenntnisgewinnung in der Chemie . . . 20
1.2.4 Beschaffen und Präsentieren von Informationen . . . 31

1.3 Das Experiment 38

1.3.1 Grundlagen . . . 38
1.3.2 Vorgehen beim Experimentieren . . . 46
1.3.3 Sicherheit beim Experimentieren . . . 49

2 Struktur und Eigenschaften von Stoffen 53

2.1 Stoffe und ihre Eigenschaften 54

2.1.1 Stoffeigenschaften . . . 54
2.1.2 Bausteine der Stoffe . . . 58
2.1.3 Reinstoffe und Stoffgemische . . . 60 — Überblick 66

2.2 Atome und Atombindung 67

2.2.1 Atommodelle . . . 67
2.2.2 Atombindung . . . 72 — Überblick 83

2.3 Metalle und Metallbindung 84

2.3.1 Struktur und Eigenschaften der Metalle . . . 84
2.3.2 Wichtige Metalle und Legierungen . . . 87 — Überblick 91

2.4 Ionen und Ionenbindung 92

2.4.1 Ionen . . . 92
2.4.2 Struktur und Eigenschaften von Ionensubstanzen . . . 95
2.4.3 Salzbildungsreaktionen . . . 98
2.4.4 Wichtige Ionensubstanzen . . . 99 — Überblick 101

2.5 Säuren und Basen 102

2.5.1 Der Säure-Base-Begriff . . . 102
2.5.2 Wichtige anorganische Säuren . . . 103
2.5.3 Der pH-Wert . . . 105
2.5.4 Wichtige anorganische Basen . . . 106
2.5.5 Bildung von sauren und basischen Lösungen . . . 107 — Überblick 108

2.6 Chemische Zeichensprache 109

2.6.1 Grundlagen . . . 109
2.6.2 Chemische Symbole . . . 110
2.6.3 Chemische Formeln . . . 111
2.6.4 Chemische Reaktionsgleichungen . . . 114 — Überblick 118

3 Chemische Reaktion 119

3.1 Grundlagen chemischer Reaktionen 120

3.1.1 Merkmale chemischer Reaktionen . . . 120
3.1.2 Exotherme und endotherme Reaktionen . . . 122 — Überblick 124
3.1.3 Aktivierungsenergie und Reaktionsgeschwindigkeit . . . 125
3.1.4 Chemisches Gleichgewicht . . . 130 — Überblick 133

	3.2	**Arten chemischer Reaktionen**	**134**
	3.2.1	Klassifizierung chemischer Reaktionen	134
	3.2.2	Redoxreaktionen – Reaktionen mit Elektronenübergang	134
	3.2.3	Elektrochemische Reaktionen	138
	3.2.4	Säure-Base-Reaktionen – Reaktionen mit Protonenübergang	147
Überblick 150	3.2.5	Fällungsreaktionen	149
	4	**Chemisches Rechnen**	**151**
	4.1	**Stoffproben kennzeichnende Größen**	**152**
	4.2	**Stoff kennzeichnende Größen**	**156**
	4.3	**Zusammensetzungsgrößen**	**158**
Überblick 164	**4.4**	**Stöchiometrisches Rechnen**	**161**
	5	**Periodensystem der Elemente**	**165**
	5.1	**Ordnung in der Vielfalt der Elemente**	**166**
	5.1.1	Grundlagen	166
	5.1.2	Aufbau des Periodensystems	168
	5.1.3	Periodizität der Eigenschaften	172
	5.1.4	Gruppeneigenschaften	180
	5.2	**Ausgewählte Elemente und ihre Verbindungen**	**185**
	5.2.1	Grundlagen	185
	5.2.2	Kohlenstoff und Kohlenstoffverbindungen	186
	5.2.3	Silicium und Siliciumverbindungen	192
	5.2.4	Stickstoff und Stickstoffverbindungen	196
	5.2.5	Phosphor und Phosphorverbindungen	200
	5.2.6	Sauerstoff und Oxide	204
	5.2.7	Schwefel und Schwefelverbindungen	212
Überblick 220	5.2.8	Chlor und Chlorverbindungen	216
	6	**Organische Verbindungen**	**221**
	6.1	**Kohlenwasserstoffe**	**222**
	6.1.1	Grundlagen	222
	6.1.2	Kettenförmige Kohlenwasserstoffe	224
Überblick 236	6.1.3	Ringförmige Kohlenwasserstoffe	233
	6.2	**Verbindungen mit funktionellen Gruppen**	**237**
	6.2.1	Grundlagen	237
	6.2.2	Halogenkohlenwasserstoffe (Alkylhalogenide)	239
	6.2.3	Alkohole und Phenole	240
Überblick 246	6.2.4	Aldehyde und Ketone	244
	6.2.5	Ether	247
	6.2.6	Amine	248
	6.2.7	Carbonsäuren	249
Überblick 253	6.2.8	Ester (Carbonsäureester)	252
	6.2.9	Aminosäuren	254
	6.2.10	Peptide und Eiweiße	255
	6.2.11	Fette	259
Überblick 268	6.2.12	Kohlenhydrate	262
Überblick 275	6.2.13	Synthetische makromolekulare Stoffe	269

6.3 Reaktionen organischer Stoffe 276
6.3.1 Grundlagen . . . 276
6.3.2 Substitutionsreaktionen . . . 276
6.3.3 Additionsreaktionen . . . 278
6.3.4 Eliminierungsreaktionen . . . 279
Überblick 280

7 Chemisch-technische Prozesse 281
7.1 Grundlagen chemisch-technischer Prozesse 282
7.2 Prozesse zur Gewinnung anorganischer Stoffe 287
7.2.1 Technische Herstellung von Eisen und Stahl . . . 287
7.2.2 Technische Herstellung von Ammoniak . . . 292
7.2.3 Technische Herstellung von Salpetersäure . . . 294
7.2.4 Technische Herstellung von Schwefelsäure . . . 296
7.2.5 Technische Herstellung von Branntkalk . . . 298
7.2.6 Wichtige Baustoffe und ihre Herstellung . . . 300
7.2.7 Elektrochemische Prozesse . . . 302
7.3 Prozesse zur Gewinnung organischer Stoffe 306
7.3.1 Grundlagen . . . 306
7.3.2 Kohleveredlung . . . 307
7.3.3 Aufarbeitung von Erdöl . . . 308
7.3.4 Technische Herstellung von Methanol und Ethanol . . . 313
Überblick 316

8 Stoffkreisläufe 317
8.1 Grundlagen 318
8.2 Der Kreislauf des Wassers 318
8.3 Der Kreislauf des Kohlenstoffs 321
8.4 Der Kreislauf des Stickstoffs 324
8.5 Der Kreislauf des Phosphors 327
Überblick 328

9 Umweltchemie 329
9.1 Grundlagen 330
9.2 Belastung der Gewässer 331
9.3 Belastungen der Atmosphäre 336
9.4 Belastung des Bodens 342
Überblick 344

10 Nachweisreaktionen 345
10.1 Nachweisreaktionen für anorganische Stoffe 346
10.1.1 Vorproben erleichtern die Suche . . . 346
10.1.2 Nachweise durch Fällungsreaktionen . . . 347
10.1.3 Nachweise gasförmiger Stoffe . . . 349
10.1.4 Nachweise durch Farbreaktionen . . . 350
10.2 Nachweisreaktionen für organische Stoffe 352
10.2.1 Nachweise organischer Stoffklassen . . . 352
10.2.2 Nachweise von Naturstoffen . . . 354
Überblick 356

A Anhang 357
Periodensystem der Elemente . . . 358
Register . . . 359
Bildquellenverzeichnis . . . 367

Die Chemie – eine Naturwissenschaft

1

1

1.1 Gegenstand und Teilgebiete der Chemie

1.1.1 Chemie als Naturwissenschaft

Überall in Natur und Technik, ob auf der Erde, im Weltall oder in den Lebewesen, finden **chemische Reaktionen** statt. Bei einem Gewitter treten z. B. elektrische Entladungen auf. Die Blitze bewirken durch elektrische Energie chemische Reaktionen der Luftbestandteile miteinander.

Schon seit Jahrtausenden sind den Menschen verschiedenste chemische Erscheinungen bekannt. Durch Blitzeinschläge, z. B. in hohe Bäume, kann Feuer entstehen. Bei der Verbrennung von Holz wird Energie in Form von Wärme und Licht frei. Die Urmenschen kannten und nutzten das Feuer, ohne dass ihnen bewusst war, dass es sich bei der Verbrennung um eine chemische Reaktion, eine Oxidation (↗ S. 135), handelt.

Zuerst nutzten die Menschen bestimmte chemische Erscheinungen nur aus. Da sie die Ursachen nicht kannten, waren sie nicht in der Lage, chemische Reaktionen bewusst zu steuern.
Wann es dem ersten Menschen gelang, selbst Feuer zu erzeugen, ist heute nicht mehr genau feststellbar, da es keine Dokumente aus jener Zeit gibt. Die Menschen der Eiszeit konnten das Feuer jedoch schon entzünden.

▶ Anfangs waren die Urmenschen noch nicht in der Lage, Feuer selbst zu erzeugen. Sie waren darauf angewiesen, die kostbare Flamme Tag und Nacht zu erhalten und zu bewachen. Wahrscheinlich holten sie sich das Feuer von natürlich entstandenen Bränden.

Erst mit überlieferten Aufzeichnungen kann man die **Geschichte der Chemie** nachvollziehen. So verwendete der Mensch anorganische Pigmente zum Färben schon vor mehr als 25 000 Jahren. Das beweisen Höhlenzeichnungen, z. B. bei Lascaux in Frankreich.

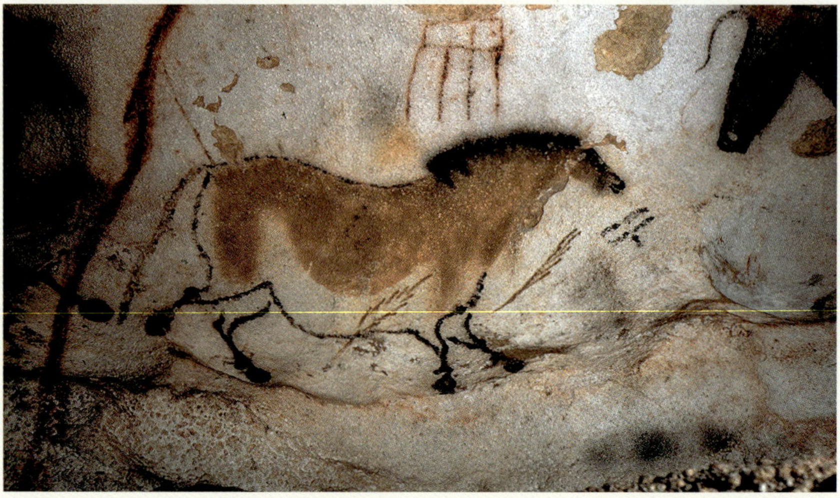

Die Ägypter balsamierten ihre Toten ein und verhinderten damit deren Verwesung. Verwesung ist ein chemischer Vorgang, bei dem organische Stoffe, z.B. Eiweiße, zersetzt werden. Die Technik des **Einbalsamierens** war so hervorragend entwickelt, dass sich die Mumien Jahrtausende gehalten haben.

Nicht nur die Ägypter, auch die Chinesen, Babylonier und Inder konnten schon vor vielen Jahrtausenden zuckerhaltige Flüssigkeiten zu **alkoholischen Getränken** vergären (↗S. 314) oder **Speiseessig** herstellen. Die dazu benötigten Gefäße stellten sie aus Ton her. Das keramische Material wurde gebrannt, glasiert und farbig bemalt, wobei man chemische Prozesse unbewusst ausnutzte.

Die Frage nach der Herkunft des Wortes **Chemie** ist nicht eindeutig zu beantworten. Die Griechen verwendeten die Begriffe *„chylos"* und *„chymos"* (Saft), abgeleitet von *„chein"* für schütten, gießen. Das ägyptische *„ch'mi"* und das arabische *„chemi"* für schwarz könnten auch Pate für „Chemie" gestanden haben. Die griechischen Wörter *„chyma"* (Metallguss) oder *„chyta"* (schmelzbar) könnten ebenfalls eine Rolle gespielt haben.

Auch **Metalle** wurden schon frühzeitig gewonnen. Zuerst fand, verarbeitete und verwendete man edle Metalle (↗S. 137), da diese gediegen, also elementar, auf der Erde vorkommen. Funde von Schmuckgegenständen aus Gold und Silber sind bis zu 7000 Jahren alt.

Mithilfe sehr einfacher Öfen konnte vor ca. 8000 Jahren Blei aus dem natürlichen Erz Bleiglanz (Bleisulfid) durch Reduktion gewonnen werden. Später wurden auch Kupfer und Eisen als wichtigste Gebrauchsmetalle im Altertum durch Verhüttung aus ihren Erzen hergestellt. Die ältesten Eisenwerkzeuge sind über 4000 Jahre alt und stammen aus Anatolien. In Europa begann die Eisenzeit erst um 1000 vor Christus.

Die Ägypter waren schon um 3000 v.Chr. in der Lage, Tinte und Papyrus als Schreibmaterialien herzustellen.

Auch **Legierungen** (↗S. 89) werden schon seit Jahrtausenden hergestellt. Die Sumerer in Mesopotamien gebrauchten schon etwa 3500 vor Christus Gegenstände aus Bronze. Seit 2000 Jahren stellt man Messing her. (Bild: Rekonstruktion der Bronzegewinnung)

1

Der Begriff **„Alchemie"** oder „Alchimie" kommt aus dem Arabischen *„al kimyia"* für Chemie. Alchemisten gab es nicht nur in Europa, sondern auch in China, Ägypten und Indien.

Die Lehre vom Stein der Weisen hielt sich noch lange. Zu Beginn des 18. Jahrhunderts erforschte **J. F. BÖTTGER** (1682–1719) in Meißen im Auftrag August des Starken die Erzeugung von Gold. Dabei fand er 1708 ein Rezept zur Porzellanherstellung.

PARACELSUS (1493–1551) begründete die **Iatrochemie** (griech. *iatros* = Arzt), in der er durch chemisches Experimentieren neue Arzneimittel erfand.

Nicht nur die Metalle, sondern auch **Glas** gehören zu den ersten durch bewusste Ausnutzung chemischer Reaktionen hergestellten Produkten. In den Ländern der Erde entwickelte sich die Lehre von den Stoffen und deren Umwandlungen nicht unabhängig voneinander. Doch hielten viele Herrscher ihre Gelehrten gefangen, um deren Geheimnisse nicht preiszugeben.

Das Zeitalter der **Alchemisten** begann schon zu Beginn unserer Zeitrechnung und dauerte insgesamt etwa 1 500 Jahre.

Die Alchemisten suchten nach dem **Stein der Weisen** (Bild: Gemälde von PIETRO LONGHI, 18. Jh.). Damit, so glaubten sie, sei es möglich, Stoffe beliebig ineinander umwandeln zu können, um z. B. Gold aus irgendeinem billigen, unedlen Metall zu gewinnen.
Auch Kranke sollten ihre Gesundheit wiedererlangen und dem Besitzer des Steins der Weisen sollte ein hohes Alter beschieden sein.

Im Mittelalter begann im europäischen Raum eine allmähliche Weiterentwicklung der Alchemie. Bergleute, Metallurgen, Handwerker und Heilkundige beobachteten, experimentierten und probierten neue Technologien aus.
Der deutsche Arzt THEOPHRASTUS BOMBASTUS VON HOHENHEIM, genannt **PARACELSUS** (1493–1551), war der Ansicht, dass es keinen Stein der Weisen gäbe. Er entdeckte die schmerzlindernde Wirkung des Opiums und gebrauchte Quecksilberpräparate zur Heilung.
Im 16. und 17. Jahrhundert entstand nach und nach die Wissenschaft Chemie. Berühmte Forscher und Gelehrte trugen ihren Teil dazu bei, dass die unwissenschaftliche Lehre vom Stein der Weisen allmählich aus den Köpfen verschwand.
GEORGIUS AGRICOLA (1494–1555), ein deutscher Forscher (↗ Abb. rechts), veröffentlichte im Jahre 1556 sein auch heute noch bekanntes Werk *„De re metallica"* („Über die metallischen Dinge" oder „Vom Wesen der Metalle"). Darin behandelte er die Grundlagen der Metallurgie.
In seinem Lehrbuch *„Alchemica"* beschreibt der Alchemist ANDREAS LIBAVIUS (1550–1616) u. a. die Herstellung von Salpetersäure, Schwefelsäure sowie einer Reihe von Salzen.

JOHN DALTON (1766–1844), Lehrer für Mathematik und Naturwissenschaften in Manchester, entwickelte das später nach ihm benannte daltonsche Atommodell. Er verwendete zur Darstellung größtenteils noch bildhafte Symbole.
JOACHIM JUNGIUS (1587–1657) und **ROBERT BOYLE (1627–1691)** begründeten Mitte des 17. Jahrhunderts den modernen Elementbegriff.
J. J. BERZELIUS (1779–1848) gab später den chemischen Elementen statt der Zeichen Elementsymbole (↗ S. 110).
Dass sich die Chemie zu einer exakten Wissenschaft entwickelte, ist **M. W. LOMONOSSOW** (1711–1765) und **A. DE LAVOISIER** (1743–1794) zu verdanken, die vor allem mittels genauer quantitativer Methoden Masse- und Volumenänderungen feststellten und auswerteten.
Durch diese Elementaranalysen konnte LAVOISIER als Erster die Vorgänge bei Verbrennungen richtig erklären.

DANIEL SENNERT (1572–1637) beobachtete und beschrieb die Vorgänge beim Lösen, Verdampfen, Ausfällen (↗ S. 149) und Sublimieren von Stoffen. Mit seinen daraus resultierenden Schlussfolgerungen begründete er die Atomtheorie.

A. LAVOISIER (1743–1794)

F. WÖHLER (1800–1882)

Im 19. Jahrhundert wurden innerhalb kurzer Zeit viele bahnbrechende Entdeckungen gemacht. Der Engländer **SIR H. DAVY** (1778–1829) zerlegte Alkali- und Erdalkaliverbindungen mit elektrischem Strom in ihre Bestandteile.
Der Deutsche **F. WÖHLER** (1800–1882) synthetisierte den ersten organischen Stoff – Harnstoff – im Labor und widerlegte damit die Theorie vom Vitalismus. **J. W. DÖBEREINER** (1780–1849) stellte die Triaden von Elementen (↗ S. 166) auf. **R. W. BUNSEN** (1811–1899) und **G. R. KIRCHHOFF** (1824–1887) entdeckten die Spektroskopie.
F. A. KEKULÉ VON STRADONITZ (1829–1896) fand die Formel von Benzen (Benzol). **J. L. MEYER** (1830–1897) und **D. I. MENDELEJEW** (1834–1907) stellten das Periodensystem der Elemente (↗ S. 167) auf.
Im 20. Jahrhundert wurde von **MAX PLANCK** (1859–1947) und **ALBERT EINSTEIN** (1879–1955) die Quantentheorie entwickelt.

Die chemische Industrie entwickelte sich mit Beginn des 20. Jahrhunderts. Fabriken entstanden, Kunststoffe, Dünger, Arzneimittel, Schädlingsbekämpfungsmittel u. v. m. wurden synthetisch hergestellt. Gleichzeitig traten aber auch zunehmend Umweltschädigungen durch chemische Stoffe auf.

> Die **Chemie** ist eine Naturwissenschaft. Sie beschäftigt sich mit dem Aufbau, den Eigenschaften und der Umwandlung von Stoffen durch chemische Reaktionen.

1.1.2 Teilgebiete der Chemie

Die **Chemie** wird in verschiedene Teilgebiete untergliedert. Sie unterscheiden sich in Aufgabenbereichen und Arbeitsmethoden. Zwischen den Teilgebieten gibt es vielfältige Verknüpfungen. Auch mit anderen Wissenschaften ist die Chemie eng verknüpft.

Teilgebiet	Untersuchungsgegenstand	
Allgemeine theoretische Chemie	– Grundlagen der Chemie – Aufbau von Stoffen – chemische Zeichensprache – chemische Bindungen – chemische Reaktionen und Reaktionsarten	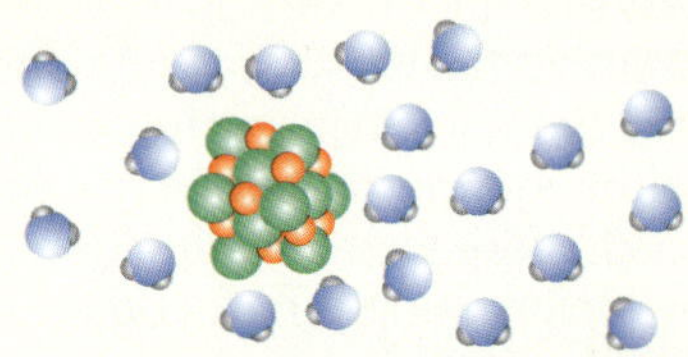
Analytische Chemie	– qualitative Bestimmung (Nachweise) von chemischen Elementen und Verbindungen – quantitative Bestimmung (Mengenanteile)	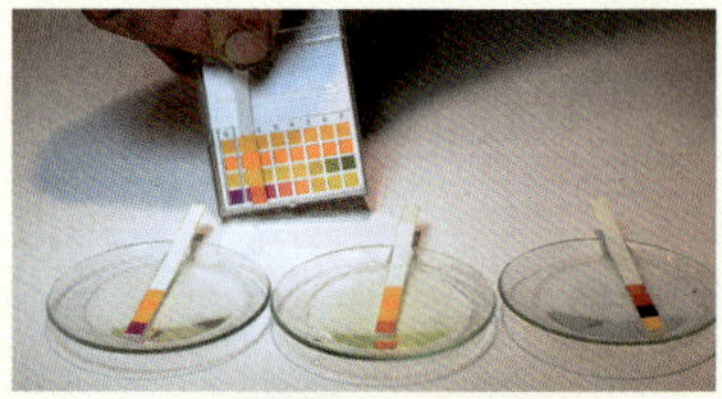
Umweltchemie	– Untersuchung des Verhaltens chemischer Stoffe in der Umwelt – Vermeidung und Regulierung von Umweltschäden durch chemische Reaktionen	
Physikalische Chemie	– Energieumwandlungen bei chemischen Reaktionen (chemische Thermodynamik) – zeitlicher Verlauf chemischer Reaktionen (Reaktionskinetik)	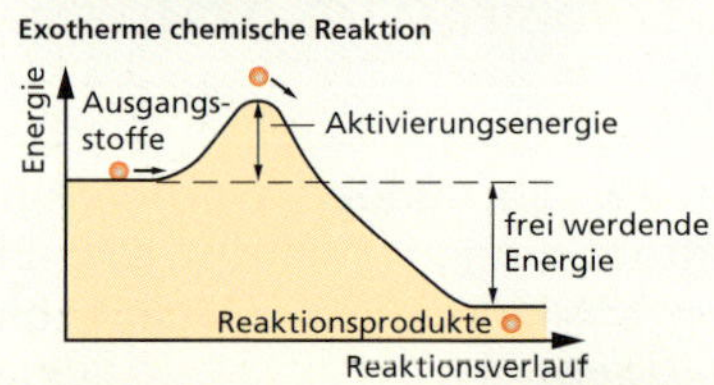
Anorganische Chemie	– Elementsubstanzen – anorganische Stoffe und Stoffgruppen – Aufbau und Reaktionen dieser Stoffe	
Technische Chemie	– chemisch-technische Prozesse, deren Reaktionen, Vorgänge und Verfahrenstechnik – Bedeutung und Verwendung der hergestellten Stoffe	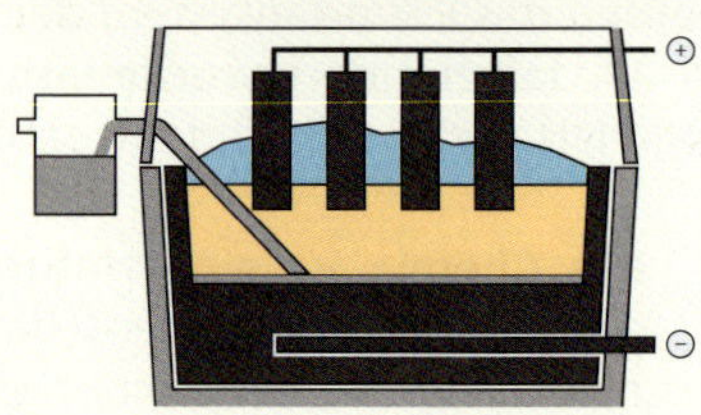

Teilgebiet	Untersuchungsgegenstand	
Organische Chemie	– organische Stoffe und Stoffgruppen (Kohlenwasserstoffe und Derivate) – Aufbau und Reaktionen von organischen Stoffen	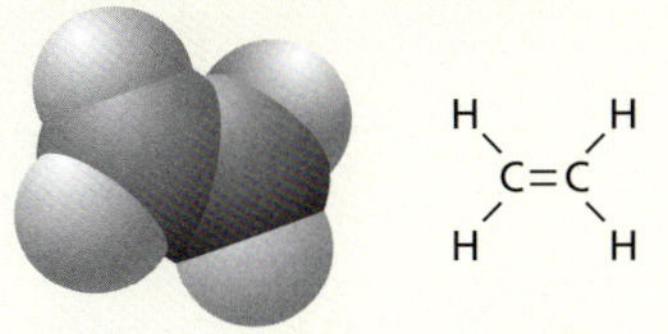
Biochemie (physiologische Chemie)	– chemische Reaktionen und Vorgänge aus der Biologie, z. B. im Stoffwechsel	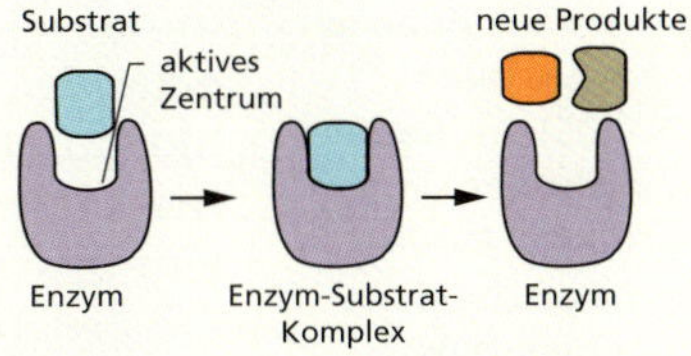

1.1.3 Verflechtung der Chemie mit anderen Wissenschaften

Chemie und Physik

Die **Physik** ist eine Naturwissenschaft. Sie beschäftigt sich mit den grundlegenden Erscheinungen und Gesetzen in der natürlichen Umwelt und erklärt viele Erscheinungen in Natur und Technik.

Die Wissenschaft Physik wird in verschiedene Teilgebiete unterteilt. In der Wärmelehre werden Temperaturen von Körpern, Veränderungen durch Zufuhr und Abgabe von Wärme, Aggregatzustände und ihre Übergänge sowie Wärmeübertragungen untersucht. Das Teilgebiet Energie beschäftigt sich u. a. mit der Umwandlung von Energieformen ineinander.

Die Chemie befasst sich in der **physikalischen Chemie** u. a. mit den Energieumwandlungen bei chemischen Reaktionen. Dabei nutzt sie physikalische Erkenntnisse und Gesetzmäßigkeiten zur Beschreibung und Erklärung der Vorgänge.
Bei exothermen Reaktionen (↗S. 122) wird Energie freigesetzt. Das können thermische Energie, z. B. bei der Verbrennung von Kohle, Lichtenergie, z. B. bei der Verbrennung von Kerzenwachs, oder mechanische Energie, z. B. bei Knallgasreaktionen, sein. Bei endothermen Reaktionen (↗S. 123) wird Energie zugeführt, z. B. bei der Bildung von Stickstoffoxiden aus Stickstoff und Sauerstoff der Luft bei Gewittern.
Die **allgemeine und theoretische Chemie** erklärt den Aufbau der Stoffe. Alle Stoffe bestehen aus kleinsten Teilchen. Diese Teilchen sind Atome, Ionen oder Moleküle. Ein Atom besitzt einen Atomkern und eine Atomhülle (↗Abb. rechts).
Die Atom- und Kernphysik erklärt den Aufbau von Atomen, das Zustandekommen radioaktiver Strahlung oder die Erzeugung von Kernenergie. Die Erkenntnisse der Physik werden auch in der allgemeinen Chemie verwendet, z. B. um Stoffumwandlungen zu erklären.

Auch die Leitung des elektrischen Stroms in Metallen kann mit physikalischen und chemischen Gesetzmäßigkeiten erklärt werden. In den Metallen liegt Metallbindung vor (↗S. 84 f.). Frei bewegliche Elektronen können durch das Gitter wandern. Legt man ein elektrisches Feld an, wandern die Elektronen gerichtet.

Biologie und Chemie

> Die **Biologie** ist eine Naturwissenschaft. Als Wissenschaft vom Leben erforscht sie die Entstehung des Lebens, seine Gesetzmäßigkeiten, die Entwicklung des Lebens und seine Erscheinungsformen.

Für viele Pflanzen ist der pH-Wert (↗S. 105) des **Bodens** ein wichtiger Umweltfaktor. Er wird durch verschiedene Ionen beeinflusst. Durch Düngung mit in der chemischen Industrie hergestellten **Düngemitteln** können Erträge in der Landwirtschaft gesteigert werden.

Die Wissenschaft Biologie wird in verschiedene Teilgebiete unterteilt. In der **Ökologie** werden die Wechselwirkungen von Lebewesen untereinander und mit ihrer Umwelt untersucht. Die Umwelt setzt sich aus biotischen (belebten) und abiotischen (unbelebten) Faktoren zusammen. Die unbelebte Umwelt eines Lebewesens wird auch durch chemische Einflüsse geprägt.
Die Zellen der Lebewesen selbst bestehen teilweise aus organischen Stoffen, z. B. Eiweißen. Die Chemie befasst sich in der **anorganischen** und **organischen** Chemie mit dem Aufbau und den Reaktionen anorganischer und organischer Stoffe.
Die **Biochemie** erklärt chemische Reaktionen und Vorgänge im Stoffwechsel aller Lebewesen. Die **Physiologie,** ein Teilgebiet der Biologie, beschäftigt sich mit Funktionen und Leistungen des Organismus und seiner Teile.
Die Fotosynthese ist ein Stoffwechselprozess, bei dem grüne Pflanzen mithilfe ihres Chlorophylls und unter Ausnutzung der Lichtenergie aus den anorganischen Stoffen Wasser und Kohlenstoffdioxid organische Stoffe wie Glucose (und daraus Stärke) herstellen.

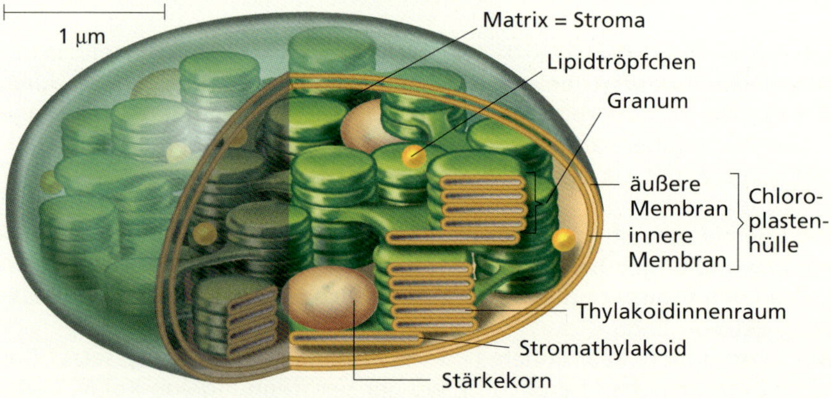

In der **präparativen Chemie** werden die verschiedensten Stoffe hergestellt. Kunststoffe, Medikamente, Schädlingsbekämpfungsmittel, Waschmittel oder Düngemittel sind für Mensch, Tiere und Pflanzen bedeutsam.

Auch mit der **Geografie** ist die Chemie verflochten. Stoffkreisläufe (↗S. 318 ff.), z. B. der Kreislauf des Wassers, können sowohl von chemischer Seite als auch von geografischer (geologischer) und sogar von physikalischer Seite betrachtet werden.
Gesteine und Mineralien bestehen aus anorganischen Stoffen. Bei der Verwitterung finden nicht nur physikalische Vorgänge, sondern auch chemische Reaktionen statt.

1.2 Denk- und Arbeitsweisen in der Chemie

1.2.1 Begriffe und Größen in der Chemie

Begriffe

Ein Ziel der Chemie besteht darin, in der Natur Zusammenhänge und Gesetze zu erkennen und mithilfe der Gesetze Erscheinungen zu erklären oder vorherzusagen, die man in der belebten oder unbelebten Natur beobachten kann. Die gewonnenen Erkenntnisse werden genutzt, um Stoffe mit gewünschten Eigenschaften herzustellen, Energie zu erzeugen oder die Umwelt zu beeinflussen.
Dazu werden in der Chemie chemische Reaktionen und Prozesse genau beobachtet und Experimente durchgeführt. Stoffe und Vorgänge in der Natur werden miteinander verglichen, um Gemeinsamkeiten und Unterschiede zu erkennen und sie zu Klassen oder Gruppen zusammenzufassen. Die Zuordnung einer Gruppe von Objekten zu einem Wort nennt man Begriff.

Ein **Begriff** ist eine logische Grundform zum Ordnen von Objekten. Er ist das Ergebnis von Verallgemeinerung und Abstraktion und beinhaltet eine Klasse von Objekten (Körper, Stoffe oder Vorgänge) mit gemeinsamen unveränderlichen Merkmalen.

Manchmal wird einfach festgelegt, was unter einem Begriff zu verstehen ist, z. B. beim Begriff „Geschwindigkeit". In einigen Fällen kann man einen Begriff definieren, indem man alle Objekte aufzählt, die zu diesem Begriff gehören. Auch im Alltag werden Begriffe benutzt, um sich zu verständigen. Alltagsbegriffe werden nicht exakt definiert, sondern auf der Grundlage von Erfahrungen im Umgang mit Objekten und Wörtern gebildet. Deshalb stimmen Alltagsbegriffe und naturwissenschaftliche Fachbegriffe häufig nicht bzw. nicht vollständig überein.

Begriffe:
Chemisches Element: Ein chemisches Element ist dadurch gekennzeichnet, dass alle Atome (und Ionen) des Elements die gleiche Anzahl Protonen im Kern enthalten. Magnesium und Kohlenstoff sind chemische Elemente. Alle Magnesiumatome enthalten 12 Protonen im Atomkern. Alle Kohlenstoffatome enthalten immer 6 Protonen im Atomkern.

Damit in der Wissenschaft jeder unter einem Begriff dieselben Objekte versteht, werden Begriffe in den Naturwissenschaften eindeutig definiert.
Fachbegriffe knüpfen oft an Alltagsbegriffe an, werden aber exakt definiert und schränken die Anwendbarkeit des Begriffs ein. Deshalb muss man bei der Anwendung von Begriffen beachten, ob es sich um naturwissenschaftliche Fachbegriffe oder um Alltagsbegriffe handelt.

Größen

Ein Teil der naturwissenschaftlichen Fachbegriffe wird auch als Größen bezeichnet. Dabei handelt es sich um Begriffe, die messbare Eigenschaften von Objekten beschreiben.

Eine **Größe** beschreibt eine messbare Eigenschaft von Objekten.

1

Die Bedeutung einer Größe gibt an, welche Eigenschaft der Objekte beschrieben wird. Für ein konkretes Objekt kann der Ausprägungsgrad dieser Eigenschaft gemessen und angegeben werden. Dieser Ausprägungsgrad wird auch Wert einer Größe genannt.

Um den Wert einer Größe anzugeben, muss eine Einheit festgelegt sein. Der Wert der Größe ist dann das Produkt aus Zahlenwert und Einheit. Für jede Größe ist mindestens ein Formelzeichen als Abkürzung festgelegt. Mithilfe von Formelzeichen kann man naturwissenschaftliche Gesetze schneller und einfacher in mathematischer Form formulieren und anwenden.

Wichtige Größen und Einheiten in der Chemie

In den Naturwissenschaften werden die Größen nach verschiedenen Gesichtspunkten unterteilt. So sind **stoffkennzeichnende Größen** beispielsweise spezifisch für reine Stoffe und hängen nicht davon ab, wie groß die vorliegende Stoffportion ist. Im Gegensatz dazu nehmen Masse oder Volumen mit der Stoffportion zu.

Stoffkennzeichnende Größen		
Größe	Berechnung	Beispiele
molare Masse M	$M = \frac{m}{n}$	$M_{NaOH} = 40$ g/mol $M_{H_2SO_4} = 98$ g/mol
molares Volumen V_m	$V_m = \frac{V}{n}$	bei Normbedingungen $V_m \approx 22{,}4$ l/mol
Dichte ϱ	$\varrho = \frac{M}{V_m}$ $\varrho = \frac{m}{V}$	$\varrho_{NaCl} = 2{,}2$ g/cm³ $\varrho_{SO_2} = 2{,}93$ g/l

Außerdem wird auch zwischen sieben Basisgrößen und abgeleiteten Größen unterschieden. Aus den in der Tabelle farbig hervorgehobenen **Basiseinheiten des Internationalen Einheitensystems** lassen sich fast alle anderen Einheiten ableiten.

Größe	**Formelzeichen**	**Einheiten**		**Beziehungen zwischen den Größen und Einheiten**
relative Atommasse	A_r	1		$A_r = \frac{m_A}{u}$ m_A – Masse des Atoms u – atomare Masseneinheit
Dichte	ϱ	Gramm je Kubikzentimeter Kilogramm je Kubikmeter	$\frac{g}{cm^3}$ $\frac{kg}{m^3}$	$1\,\frac{g}{cm^3} = 1\,000\,\frac{kg}{m^3}$ $1\,\frac{g}{l} = 1\,\frac{mg}{cm^3}$ (speziell für Gase)
Druck	p	Pascal Bar	Pa bar	$1\ Pa = 1\,\frac{N}{m^2}$ 1 bar = 100 000 Pa
Energie	E	Joule Newtonmeter Wattsekunde	J Nm Ws	$1\ J = 1\,\frac{kg \cdot m^2}{s^2} = 1\ Nm = 1\ Ws$

Größe	Formelzeichen	Einheiten		Beziehungen zwischen den Größen und Einheiten
elektrische Ladung	Q	Coulomb	C	1 C = 1 As
Masse	m	Kilogramm Tonne	kg t	1 kg = 1 000 g 1 t = 1 000 kg
Temperatur	T ϑ	Kelvin Grad Celsius	K °C	0 K = –273,15 °C 0 °C = 273,15 K
Volumen	V	Kubikmeter Liter	m^3 l	$1\ l = 1\ dm^3$
Wärme	Q	Joule	J	1 J = 1 Nm = 1 Ws
Stoffmenge	n	Mol	mol	$n = \frac{m}{M} = \frac{V}{V_m}$
molare Masse	M	Gramm pro Mol	g/mol	$M = \frac{m}{n}$
molares Volumen V_m	V_m	Liter pro Mol	l/mol	$V_m = \frac{V}{n}$

Stöchiometrische Verhältnisse			
Größe	Formelzeichen	Größengleichung	Erläuterungen
Masse/ Masse	$\frac{m_1}{m_2}$	$\frac{m_1}{m_2} = \frac{M_1 \cdot n_1}{M_2 \cdot n_2}$	m_1, m_2 – Massen der Stoffe 1 und 2 n_1, n_2 – Stoffmengen der Stoffe 1 und 2 M_1, M_2 – molare Massen der Stoffe 1 und 2 V_1, V_2 – Volumen der gasförmigen Stoffe 1 und 2; bei 0 °C und 1 013,25 hPa V_m – molares Normvolumen des gasförmigen Stoffs 2
Masse/ Volumen	$\frac{m}{V}$	$\frac{m_1}{V_2} = \frac{M_1 \cdot n_1}{V_m \cdot n_2}$	
Volumen/ Volumen	$\frac{V_1}{V_2}$	$\frac{V_1}{V_2} = \frac{n_1}{n_2}$	
Ausbeute	η	$\eta = \frac{n_{real}}{n_{theor}}$	n_{real} – real erhaltene Stoffmenge n_{theor} – theoretisch mögliche Stoffmenge
Massenanteil	ω_i	$\omega_i = \frac{m_i}{m}$	m_i – Masse der Komponente i m – Summe der Masse aller Komponenten V_i – Volumen der Komponente i V_0 – Gesamtvolumen vor dem Mischvorgang V – Gesamtvolumen der Lösung nach dem Mischvorgang n_i – Stoffmenge der Komponente i n – Gesamtstoffmenge des Stoffgemischs
Volumenanteil	φ_i	$\varphi_i = \frac{V_i}{V_0}$	
Massenkonzentration	β_i	$\beta_i = \frac{m_i}{V}$	
Volumenkonzentration	σ_i	$\sigma_i = \frac{V_i}{V}$	
Stoffmengenkonzentration	c_i	$c_i = \frac{n_i}{V}$	

1

1.2.2 Gesetze, Modelle und Theorien in der Chemie

Gesetze

▶ Die Bedingungen, unter denen ein Zusammenhang stets wirkt, werden auch Gültigkeitsbedingungen genannt.

In den Naturerscheinungen können durch Beobachtungen und Experimente Zusammenhänge erkannt werden. Wenn sich Zusammenhänge in der Natur unter bestimmten Bedingungen immer wieder einstellen und damit für eine ganze Gruppe oder Klasse von Objekten gelten, dann spricht man von gesetzmäßigen Zusammenhängen.

> **Gesetze** in den Naturwissenschaften sind allgemeine und wesentliche Zusammenhänge in der Natur, die unter bestimmten Bedingungen stets wirken.

■ Im Periodensystem ändern sich die Eigenschaften der Elemente mit steigender Ordnungszahl. Elemente der gleichen Hauptgruppe weisen jedoch immer wiederkehrend ähnliche Eigenschaften auf **(Gesetz der Periodizität,** ↗ S. 172). Die Ursache liegt darin, dass die Atome die gleiche Zahl an Außenelektronen besitzen, die maßgeblich die chemischen und physikalischen Eigenschaften bestimmen.

Da naturwissenschaftliche Gesetze stets für eine Klasse von Objekten gelten, werden zu ihrer Formulierung naturwissenschaftliche Begriffe und Größen genutzt. Oft können naturwissenschaftliche Begriffe auch erst im Zusammenhang mit erkannten Gesetzen exakt definiert werden. Naturwissenschaftliche Gesetze existieren unabhängig vom Willen und von den Wünschen des Menschen.

▶ Eine wichtige Aufgabe der Chemie besteht darin, Erscheinungen in der Natur und die entsprechenden Gesetze zu erkennen und mithilfe geeigneter **Modelle** und **Theorien** zu beschreiben.

■ Das **Gesetz von der Erhaltung der Masse** (↗ S. 161) wirkt bei allen chemischen Reaktionen, ob wir es wollen oder nicht. Der Mensch kann Gesetze erkennen und zu seinem Vorteil nutzen. So kann man in der Industrie und im Labor das Gesetz von der Erhaltung der Masse nutzen, um die entstehenden Massen der Reaktionsprodukte oder die benötigten Massen der Ausgangsstoffe zu berechnen.

Naturwissenschaftliche Gesetze können unterschiedlich genau erkannt und unterschiedlich in der Art dargestellt sein.
Es gibt Gesetze, die lediglich beschreiben, unter welchen Bedingungen bestimmte Erscheinungen in der Natur auftreten. Diese Gesetze enthalten eine qualitative Gesetzesaussage, die mit Worten beschrieben wird.

Modelle

Zum Erklären von Erscheinungen und Voraussagen werden in der Chemie auch Modelle genutzt.

Ein **Modell** stellt eine Vereinfachung der Wirklichkeit dar. In einigen wesentlichen Punkten stimmt das Modell mit der Wirklichkeit überein, in anderen nicht.

Mit einem Modell können nur bestimmte, nie alle Erscheinungen vorausgesagt werden. Ein Modell ist nur innerhalb bestimmter Grenzen gültig und sinnvoll anwendbar. Modelle sind keine Naturgesetze.

▶ Mit dem Teilchenmodell können z. B. die Aggregatzustände eines Stoffs gut erklärt werden:
1. Teilchen in einem Feststoff:

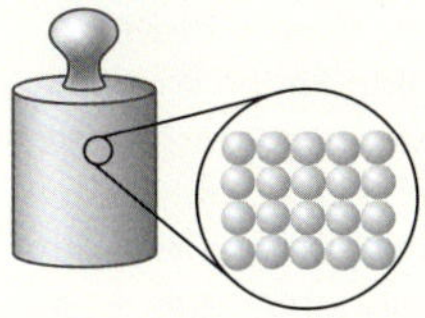

2. Teilchen in einer Flüssigkeit:

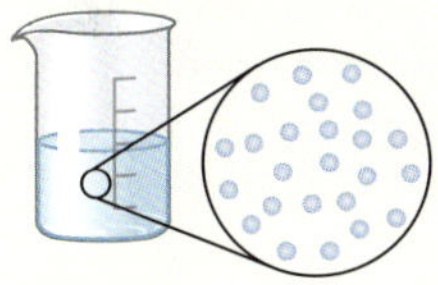

3. Teilchen in einem Gas:

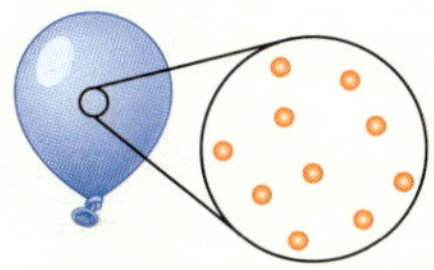

■ Das **Teilchenmodell** (↗ S. 59) beinhaltet folgende Aussagen:
1. Alle Stoffe bestehen aus kleinsten Teilchen.
2. Zwischen diesen Teilchen ist leerer Raum.
3. Die Teilchen bewegen sich ständig.
2. Zwischen den Teilchen herrschen Anziehungskräfte mit sehr geringer Reichweite.

Ein gedankliches Modell kann auch materiell umgesetzt werden. Im Teilchenmodell können die einzelnen Teilchen mit Kugeln dargestellt werden. Dabei werden die Anziehungskräfte und die Bewegung der Teilchen nicht berücksichtigt.

Theorien

Nicht alle Modelle und Gesetze lassen sich in der gesamten Naturwissenschaft anwenden. Für jeden Teilbereich der Chemie gibt es z. T. verschiedene Gesetze und auch unterschiedliche Modelle. Mehrere Modelle, Gesetze und Begriffe fasst man als Theorie zusammen.

Ein System von Gesetzen, Modellen und anderen Aussagen, z. B. über einen Teilbereich einer Naturwissenschaft, wird als **Theorie** bezeichnet.

■ Die **Stoßtheorie** (↗ S. 125) beschreibt den zeitlichen Verlauf chemischer Reaktionen auf der Teilchenebene und beruht auf folgenden grundsätzlichen Aussagen:
1. Die Teilchen von Stoffen bewegen sich ungeordnet im Raum. Mit steigender Temperatur nehmen ihre Geschwindigkeit und damit ihre Energie zu.
2. Aufgrund ihrer Bewegung stoßen die Teilchen zufällig zusammen.
3. Wenn die Teilchen eine bestimmte Mindestenergie aufweisen und in räumlich günstiger Lage zusammenstoßen, erfolgt eine chemische Reaktion.
4. Mit der Temperatur steigt die Zahl dieser wirksamen Zusammenstöße, sodass die Reaktionsgeschwindigkeit zunimmt.

▶ Wenn die Teilchen keine ausreichende Energie besitzen oder räumlich ungünstig zusammenstoßen, bleibt der Zusammenstoß unwirksam, d. h., es findet keine Reaktion statt.

1

1.2.3 Erkenntnisgewinnung in der Chemie

Erkennen naturwissenschaftlicher Gesetze

Manchmal führt die Anwendung eines Gesetzes zu der Erkenntnis, dass das Gesetz nicht in allen Fällen so wirkt, wie es vorausgesagt wurde. Dann müssen die Gültigkeitsbedingungen eingeschränkt oder der Zusammenhang und die Bedingungen noch genauer untersucht werden.

Das **Erkennen und Anwenden von Gesetzen** in Naturwissenschaften und Technik ist ein äußerst komplexer, oft langwieriger Vorgang. Wichtige Naturgesetze und deren Gültigkeitsbedingungen sind in langen, wechselvollen historischen Prozessen entdeckt worden. Diese Entdeckungen waren oft von Irrtümern und Irrwegen begleitet.
Auch heute noch ist das Erkennen von Naturgesetzen trotz modernster Experimentier- und Computertechnik ein komplizierter Prozess, bei dem oft ganze Gruppen von Wissenschaftlern in aller Welt zusammenarbeiten. Unabhängig vom Thema, den eingesetzten Apparaturen oder den beteiligten Wissenschaftlern, wird in den Naturwissenschaften oft nach ähnlichen Methoden vorgegangen.
In der Chemie wird meist experimentell gearbeitet (↗S. 38 ff.), um Naturgesetze zu erkennen oder zu beweisen.

Weg der Erkenntnis

Vorgehen	Beispiel
1. Beobachten von Erscheinungen in der Natur	– Magnesium verbrennt mit greller Flamme zu Magnesiumoxid. – Die Masse des Magnesiumoxids ist größer als die Masse des Magnesiums.
2. Vergleichen und Erkennen von Gemeinsamkeiten, Unterschieden und Regelmäßigkeiten	– Aluminium verbrennt zu Aluminiumoxid. – Die Masse des Aluminiumoxids ist größer als die Masse des Aluminiums. – Die Metalle haben vor der Reaktion eine geringere Masse als die Metalloxide nach der Reaktion.
3. Aufstellen von Vermutungen	– Die Metalle haben sich mit einem unsichtbaren Stoff verbunden, dessen Masse in das Reaktionsprodukt eingegangen ist. – Der unsichtbare Stoff könnte Sauerstoff sein.
4. Überprüfen der Vermutungen mit weiteren Experimenten	– Die Verbrennung verschiedener Metalle und Nichtmetalle findet unter gleichen Bedingungen z. B im abgeschlossenen Gefäß statt. – Die Massen aller Stoffe werden festgestellt.
6. Aufstellen einer Gesetzesaussage	– Bei der Verbrennung von Stoffen ist die Masse der Reaktionsprodukte gleich der Masse der Ausgangsstoffe.
7. Verallgemeinern und Formulieren des Gesetzes	– Bei chemischen Reaktionen entspricht die Masse der Ausgangsstoffe der Masse der Reaktionsprodukte (Gesetz von der Erhaltung der Masse).

Jede erfolgreiche Anwendung eines Gesetzes in der Praxis ist ein Beweis für die Richtigkeit des Gesetzes unter den gegebenen Bedingungen.

Tätigkeiten in der Chemie

Vor allem im Zusammenhang mit dem Erkennen und Anwenden naturwissenschaftlicher Gesetze, mit dem Definieren von Begriffen und dem Arbeiten mit Größen gibt es eine Reihe von wichtigen Tätigkeiten, die in den Naturwissenschaften immer wieder durchgeführt werden.
Mithilfe dieser Tätigkeiten können Erkenntnisse über Vorgänge, Zusammenhänge oder Gesetzmäßigkeiten leichter gewonnen werden. In der Chemie werden sowohl praktische Tätigkeiten, wie das Experimentieren (↗S. 38 ff.), als auch eine Reihe geistiger Tätigkeiten wie das Erläutern, von Sachverhalten u. v. a. m. angewendet.

Beobachten

> **Beobachten** ist eine Form des Erkundens. Dabei werden mit Sinnesorganen oder mit Hilfsmitteln Eigenschaften, Abläufe oder Beziehungen festgestellt. Die beobachteten Objekte oder Prozesse werden dabei nicht grundlegend verändert.

Beobachten allein reicht meist nicht. Um später die gemachten Beobachtungen auswerten zu können, müssen sie möglichst genau beschrieben werden (↗S. 22).

Bei vielen Beobachtungen geht man systematisch vor. Vor dem Beginn der Beobachtung muss ein Beobachtungsziel oder eine Fragestellung formuliert werden. Nach der Durchführung der Beobachtung werden Aussagen zur Auswertung formuliert, die sich auf das Beobachtungsziel oder die Fragestellung beziehen.

Beobachte die Reaktion von Chlorwasserstoffsäure (Salzsäure) mit Magnesium.

1. *Beobachtungsziel:* Verändern sich die Eigenschaften der Ausgangsstoffe während der Reaktion? Zeigen sich besondere Erscheinungen, z. B. Farben, Gerüche, Geräusche oder Ähnliches?
2. *Durchführung:* Magnesiumspäne werden in einen Rundkolben gegeben, der mit einem durchbohrten Stopfen verschlossen wird. Verdünnte Chlorwasserstoffsäure (Salzsäure) wird in einen Tropftrichter mit Druckausgleich gefüllt und langsam zu den Magnesiumspänen getropft.
3. *Beobachtung:* Magnesium ist ein fester Stoff und besitzt einen silbrigen Glanz. Chlorwasserstoffsäure (Salzsäure) ist eine farblose, stechend riechende Flüssigkeit. Die Flüssigkeit schäumt auf. Der Magnesiumspan wird kleiner und verschwindet allmählich. Das Gefäß erwärmt sich. Ein Gas entsteht. Das entstehende Gas ist farblos und brennbar (Vorsicht: Knallgasbildung möglich!).
4. *Auswertung:* Die Eigenschaften von Magnesium und Chlorwasserstoffsäure verändern sich während der Reaktion. Der metallische Glanz verschwindet. Der feste Stoff löst sich auf. Neue Stoffe mit neuen Eigenschaften sind entstanden. Eine chemische Reaktion hat stattgefunden.

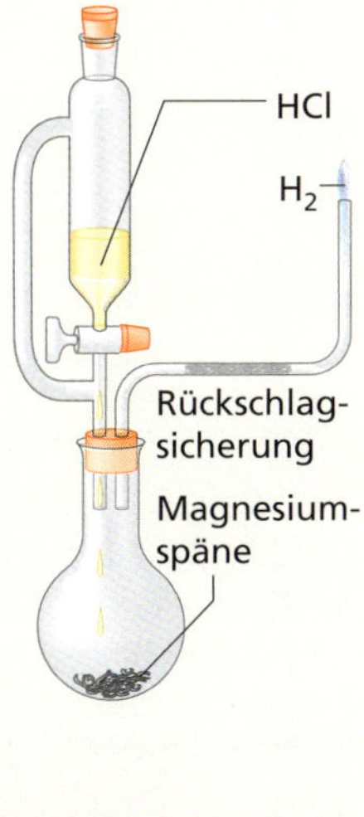

1

Messen

Beim **Messen** wird der Wert einer Größe, d.h. der Ausprägungsgrad einer Eigenschaft, mithilfe eines Messgeräts bestimmt. Die zu messende Größe wird dabei mit einer festgelegten Einheit verglichen. Dazu wird in der Regel eine Messvorschrift festgelegt.

Bei der Bestimmung einer Größe, z.B. der Masse oder des Volumens, werden oft mehrere Messungen durchgeführt und aus den Messwerten ein Mittelwert gebildet.

Messwerte sind immer fehlerbehaftet und deshalb nur Näherungswerte für den wahren Wert einer Größe. Die Fehler sind teilweise durch die Messgenauigkeit der Messgeräte bedingt. Andere Fehler können durch ungenaues Ablesen oder durch Verunreinigungen von Glasgeräten oder Chemikalien entstehen.

Messen des Volumens einer Flüssigkeit

1. *Aufgabe:* Miss das Volumen einer Flüssigkeit mit einem Messzylinder.
2. *Durchführung:* Zuerst wird das Volumen der Flüssigkeit geschätzt, danach ein geeigneter Messzylinder ausgewählt. Die Flüssigkeit wird in den Messzylinder, der auf einer waagerechten Unterlage steht, gefüllt. Das Ablesen erfolgt, indem man die Augen in Höhe der Flüssigkeitsoberfläche bringt und den Stand an der tiefsten Stelle der Oberfläche abliest.
3. *Beobachtung und Auswertung:* Das Volumen der Flüssigkeit beträgt … l.

Zur Abschätzung der Genauigkeit von Messwerten werden Fehlerbetrachtungen durchgeführt.

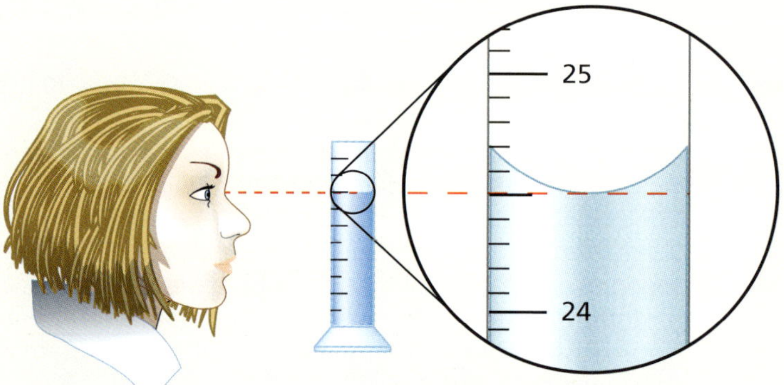

V = 24,5 ml

Beschreiben

Im Unterschied zur Erklärung einer Erscheinung wird bei der Beschreibung nicht auf die Ursachen der Erscheinung eingegangen.

Beschreiben ist die zusammenhängende und geordnete Darstellung von Erscheinungen mit sprachlichen Mitteln. Äußerlich wahrnehmbare Eigenschaften der Erscheinung, z.B. die Eigenschaften eines Stoffs, der Ablauf eines Prozesses oder der Aufbau einer Versuchsapparatur oder eines Messgeräts, werden wiedergegeben.

- Verbrennen von Magnesium
  1. *Aufgabe:* Beschreibe die Vorgänge beim Verbrennen von Magnesium an der Luft.
  2. *Beschreibung:* Ein Magnesiumspan wird erhitzt. Nach kurzer Zeit flammt das Magnesium grell auf. Es brennt an der Luft unter sehr heller Lichterscheinung und Wärmeentwicklung weiter. Nach Beendigung des Vorgangs bleibt ein weißer, fester Stoff übrig.

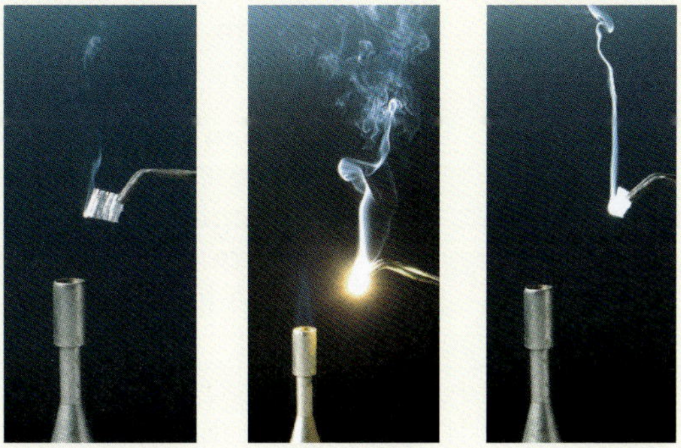

Vergleichen

Beim **Vergleichen** werden nach bestimmten Kriterien gemeinsame und unterschiedliche Merkmale von zwei oder mehreren Vergleichsobjekten ermittelt und angegeben.

Das Vergleichen ist meist mit anderen Tätigkeiten wie Beobachten, Beschreiben oder Messen verbunden.

Der Vergleich kann gegebenenfalls auch mit einer Schlussfolgerung abgeschlossen werden.

- Vergleich von Methanol und Ethanol
  1. *Aufgabe:* Vergleiche die Struktur und die Eigenschaften von Methanol und Ethanol miteinander.
  2. *Vergleich:* Die Gemeinsamkeiten und Unterschiede können ausformuliert oder in tabellarischer Form dargestellt werden.

Gemeinsamkeiten		**Unterschiede**	
		Methanol	Ethanol
Struktur	Die Moleküle bestehen aus Kohlenstoff-, Wasserstoff- und Sauerstoffatomen. Die Atome sind durch Einfachbindungen verbunden. Die Moleküle besitzen jeweils eine Hydroxylgruppe. Die Moleküle sind polar und bilden Wasserstoffbrücken untereinander aus.	Summenformel: CH_4O, eine CH_3-Gruppe im Molekül 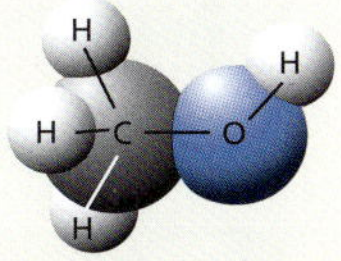 Methanol: CH_3OH	Summenformel: C_2H_6O, eine C_2H_5-Gruppe im Molekül 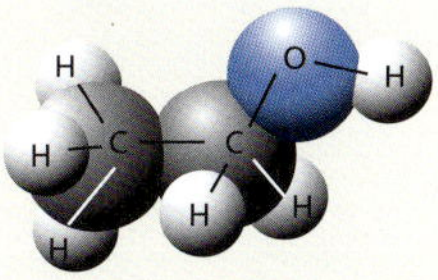 Ethanol: C_2H_5OH
Eigenschaften	*physikalisch:* farblos, flüssig, stechend riechend, wasserlöslich, ähnliche Dichte *chemisch:* verbrennen vollständig zu CO_2 und H_2O, partielle Oxidation zu Aldehyden, Veresterung mit Carbonsäuren	– Siedetemperatur: $\vartheta_V = 64{,}5\,°C$ – Schmelztemperatur: $\vartheta_S = -97{,}7\,°C$ – stark giftig – keine Dehydratisierung möglich	– Siedetemperatur: $\vartheta_V = 78{,}3\,°C$ – Schmelztemperatur: $\vartheta_S = -114{,}1\,°C$ – schwach giftig – Dehydratisierung zu Ethen

Erklären

Beim **Erklären** wird ein Sachverhalt oder eine naturwissenschaftliche Erscheinung zusammenhängend, logisch und nachvollziehbar dargelegt. Dabei wird auf relevante Naturgesetze, Regeln und andere Beziehungen zurückgegriffen, um gegebenenfalls die Ursache für die Erscheinung aufzuzeigen.

Beim Erklären wird dargestellt, *warum* eine Erscheinung so und nicht anders auftritt. Um die Ursachen dafür aufzuzeigen, können auch auf Modellen oder Grafiken genutzt werden, um die Zusammenhänge besser zu veranschaulichen.

Erklärung eines Sachverhalts mit dem Teilchenmodell

1. *Aufgabe:* Erkläre, warum beim Mischen von 50 ml Wasser mit 50 ml Ethanol (Alkohol) nur 96 ml und nicht 100 ml Flüssigkeit entstehen.
2. *Erklärung:* Die Teilchen der gemischten Stoffe sind unterschiedlich groß. Wasserteilchen sind kleiner als Ethanolteilchen. Stellt man sich die Teilchen als Kugeln vor, befinden sich zwischen den großen Ethanolteilchen große Zwischenräume.
   In diese Zwischenräume können sich die viel kleineren Wasserteilchen einlagern. Dadurch beanspruchen die Teilchen im Gemisch insgesamt weniger Raum als getrennt. Das Volumen des Stoffgemischs ist geringer als das Volumen der einzelnen Flüssigkeiten.

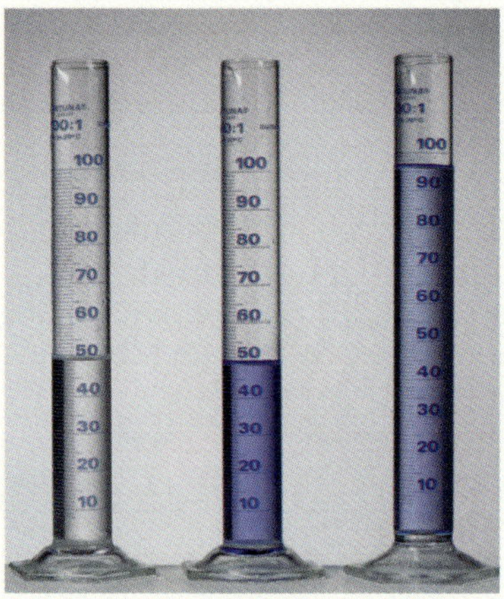

Erläutern

Beim **Erläutern** wird ein naturwissenschaftlicher Sachverhalt, z. B. ein Begriff, ein Modell oder ein Gesetz, anhand eines Beispiels oder mithilfe von Zusatzinformationen, wenn möglich mithilfe der *chemischen Zeichensprache,* veranschaulicht.

Um den Sachverhalt für andere Menschen besser verständlich darzulegen, kann man auch mehrere Beispiele zur Erläuterung heranziehen. Wenn es möglich ist, müssen chemische Formeln oder Reaktionsgleichungen genutzt werden, um den Zusammenhang damit zu veranschaulichen.

Beachte beim Erläutern folgende Hinweise:

1. Nenne den zu erläuternden Sachverhalt oder Begriff.
2. Lege den Sachverhalt einfach und anschaulich dar.
3. Verwende ein geeignetes Beispiel zur Illustration.
4. Nutze, wenn es möglich ist, die chemische Zeichensprache.

Erläutern eines Sachverhalts

1. *Aufgabe:* Methansäure (Ameisensäure) ist die einfachste Carbonsäure und das erste Glied in der homologen Reihe der unverzweigten Alkansäuren (↗ S. 250). Sie wirkt als einzige Alkansäure reduzierend und nimmt deshalb eine Sonderstellung ein.
   Erläutere anhand der Molekülstruktur von Methansäure ihre Sonderstellung in der homologen Reihe der Alkansäuren.
2. *Erläuterung:* Die unverzweigten Alkansäuren bilden eine homologe Reihe der Zusammensetzung $C_nH_{2n+1}COOH$. Methansäure HCOOH ist das erste Glied dieser Reihe, weil das Methansäuremolekül nur ein Kohlenstoffatom enthält. Dieses ist Bestandteil der Carboxylgruppe (–COOH).
   An das Kohlenstoffatom ist noch ein Wasserstoffatom gebunden. Damit verfügt das Säuremolekül auch über eine Aldehydgruppe (–CHO).

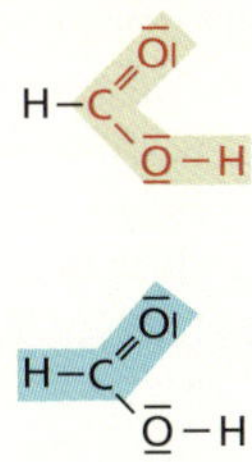

Aufgrund der Carboxylgruppe im Molekül weist Methansäure die typischen Eigenschaften der Carbonsäuren auf. Sie dissoziiert in wässriger Lösung und bildet mit unedlen Metallen, Metallhydroxiden, Metallcarbonaten und Metalloxiden Salze.

$$HCOOH \xrightarrow{(H_2O)} H^+ + COO^-$$

$$2\,HCOOH + 2\,Na \longrightarrow 2\,HCOONa + H_2$$

$$HCOOH + KOH \longrightarrow HCOOK + H_2O$$

$$HCOOH + CaCO_3 \longrightarrow (HCOO)_2Ca + H_2O + CO_2$$

Brennnessel

Methansäure kommt in der Natur als Bestandteil von Giften vor, die einige Tiere (Ameisen, Wespen) oder Pflanzen (Brennnesseln) zu Verteidigungszwecken nutzen.

Nur die Methansäure enthält als zweite funktionelle Gruppe eine Aldehydgruppe im Molekül. Deshalb wirkt die Ameisensäure – ähnlich wie Aldehyde (↗ S. 244) – reduzierend. So bildet sich bei der Tollens-Probe mit ammoniakalischer Silbernitratlösung ein schwarzer Silberspiegel.

$$HCOOH + 2\,Ag^+ + 2\,OH^- \longrightarrow CO_2 + 2\,Ag\downarrow + 2\,H_2O$$

Die gleichzeitige Existenz von zwei funktionellen Gruppen im Molekül wird auch als Bifunktionalität bezeichnet. Sie ist die Ursache für die Sonderstellung der Methansäure in der homologen Reihe der Alkansäuren.

1

Begründen

Beim **Begründen** wird ein Nachweis geführt, dass eine Aussage richtig oder falsch ist. Dazu werden kausale Zusammenhänge von Ursache und Wirkung hergestellt und die Argumente in logischer Folge angeführt.

Aussagen werden immer begründet, während Zusammenhänge erklärt (↗S. 24) werden müssen. Begründungen können sowohl objektiv als auch subjektiv sein. Beim Erklären bezieht man sich dagegen objektiv auf Gesetze und Modelle.

Bei der Reaktion von Eisen mit Kupfer(II)-oxid findet eine Reaktion mit Elektronenübergang (↗S. 136), eine Redoxreaktion, statt.

Begründen eines Sachverhalts

1. *Aufgabe:* Begründe, dass bei der Reaktion von Eisen mit Kupfer(II)-oxid Eisen als Reduktionsmittel wirkt.
2. *Begründung:* Eisen ist ein unedles Metall. Unedle Metalle sind dadurch gekennzeichnet, dass sie leicht Elektronen abgeben. Kupfer ist ein edles Metall. Edle Metalle sind dadurch gekennzeichnet, dass sie Elektronen aufnehmen.
   Das unedle Eisen gibt demnach Elektronen an das edlere Kupfer im Kupfer(II)-oxid ab. Aufgrund der Elektronenabgabe fungiert das Eisen als Reduktionsmittel, das selbst oxidiert wird. Kupfer wird durch die Aufnahme der Elektronen reduziert.

$$Fe + CuO \longrightarrow Cu + FeO$$

Definieren

Beim **Definieren** wird ein Begriff eindeutig charakterisiert. Dazu werden die wesentlichen Merkmale angeführt, die ihn gleichzeitig von anderen Begriffen eindeutig abgrenzen.

Begriffe lassen sich auf verschiedene Weise definieren. Häufig wird zuerst ein Oberbegriff angegeben und dann die artbildenden Merkmale des Begriffs genannt.
Eine andere Variante besteht darin, zum zu definierenden Begriff alle möglichen Beispiele bzw. Unterbegriffe aufzuzählen.

Die **Definition** von Größen erfolgt im Allgemeinen durch mathematische Gleichungen, z. B. $M = m/n$.

Definition eines Begriffs

1. *Aufgabe:* Definiere den Begriff Redoxreaktion.
2. *Definition:* Redoxreaktionen sind chemische Reaktionen mit Elektronenübergang. Das Reduktionsmittel gibt Elektronen ab und wird dabei oxidiert. Das Oxidationsmittel nimmt Elektronen auf und wird dabei reduziert.
   Bei einer Redoxreaktion laufen Reduktion (Elektronenaufnahme) und Oxidation (Elektronenabgabe) immer gleichzeitig miteinander gekoppelt ab.

Voraussagen

> Beim **Voraussagen** wird ein wahrscheinlich auftretendes Ereignis, ein Zustand oder eine zu erwartende Entwicklung auf der Grundlage von Fakten, naturwissenschaftlichen Erkenntnissen oder Gesetzen vorhergesagt.

Voraussagen sind bei chemischen Experimenten (↗ S. 38 ff.) von besonderer Bedeutung. Mithilfe der Kenntnisse vom Aufbau der Stoffe und vom Verlauf einer chemischen Reaktion ist man in der Lage, eintretende Erscheinungen im Voraus zu formulieren. In der Praxis wird anschließend die Voraussage geprüft und eventuell korrigiert.

▶ Gehe beim Voraussagen in folgenden Schritten vor:
1. Beschreibe zuerst die wesentlichen Merkmale der vorauszusagenden Erscheinung.
2. Nutze Gesetzmäßigkeiten und Modelle, um eine Voraussage abzuleiten.
3. Formuliere die Voraussage gegebenenfalls mit „Wenn, ... dann ...".

■ Voraussagen von chemischen Reaktionen

1. *Aufgabe:* Formuliere eine Voraussage über den Verlauf und das Ergebnis der Reaktion von Natrium mit Chlor.

2. *Voraussage:* Chlor ist ein gelbgrünes, stechend riechendes, giftiges Gas. Es gehört zu den molekular vorkommenden Elementsubstanzen der VII. Hauptgruppe. Wie das verwandte Fluor ist es ein äußerst reaktionsfreudiges Element.
   Das Chloratom besitzt sieben Außenelektronen. Um ein Elektronenoktett und damit Stabilität zu erreichen, muss ein Chloratom noch ein Elektron aufnehmen. Dabei entsteht ein Chlorid-Anion.
   Natrium gehört zu den Metallen der I. Hauptgruppe, den Alkalimetallen. Alkalimetallatome besitzen ein Außenelektron und können durch Abgabe dieses Außenelektrons stabile, positiv geladene Kationen bilden.
   Das Natriumatom gibt demnach ein Elektron ab, das vom Chloratom aufgenommen wird.
   Wenn Natrium mit Chlor in Verbindung gebracht wird, findet eine heftige Reaktion statt. Dabei entsteht ein neuer Stoff mit neuen Eigenschaften. Natriumchlorid ist eine weiße, kristalline Substanz.
   Im Kristallgitter der salzartigen Verbindung sind die Natrium- und die Chlorid-Ionen durch Ionenbindung miteinander verbunden.

▶ Wissenschaftliche Voraussagen beruhen immer auf Gesetzen und Modellen und haben nichts mit Spekulationen zu tun. Trotzdem muss eine Voraussage nicht immer eintreffen, wenn z. B. bestimmte Bedingungen nicht beachtet wurden oder vorher bekannt waren. Chlor und Natrium müssen z. B. erst aktiviert werden, bevor sie heftig miteinander reagieren.

Diskutieren

Im einfachsten Fall wird diskutiert, ob eine Aussage richtig oder falsch ist.

Beim **Diskutieren** werden unterschiedliche Positionen zu vorgegebenen Sachverhalten, Aussagen oder Thesen gegenübergestellt. Dazu trägt man Pro- und Kontra-Argumente bzw. Vor- und Nachteile zusammen, ohne eine Wertung abzugeben.

Diskutieren eines Sachverhalts

1. *Aufgabe:* Diskutiere die Vorteile und Nachteile von Seifen als Reinigungsmittel.
2. *Diskussion:* Seifen sind Stoffgemische von Natrium- bzw. Kaliumsalzen der Fettsäuren. Die Waschwirkung beruht darauf, dass Seifen die Oberflächenspannung der Waschlauge herabsetzen, Textilien und Schmutzteilchen benetzen und voneinander trennen. Die Schmutzteilchen werden als Micellen (↗ S. 261) mit der Waschlauge ins Abwasser abgegeben.

Beim Diskutieren ist es zweckmäßig, in folgenden Schritten vorzugehen:
1. Informiere dich über den vorgegebenen Sachverhalt.
2. Trage Pro- und Kontra-Argumente bzw. Vor- und Nachteile zusammen.
3. Leite daraus eine objektive Schlussfolgerung, jedoch keine subjektive Wertung ab.

Vorteile von Seifen	Nachteile von Seifen
– leicht aus nachwachsenden Rohstoffen (Fetten) und Natrium- bzw. Kaliumhydroxid herstellbar – preiswert und damit auch in armen Ländern leicht zugänglich – lösen viele Verschmutzungen (z. B. Fette) und töten Mikroorganismen ab 	– reagieren in Wasser basisch, sodass empfindliche Fasern (Wolle) und die Haut angegriffen werden – basische Waschlaugen belasten das Abwasser bzw. die Umwelt – lösen nicht alle Verschmutzungen (z. B. Eiweiße, Rotwein), insbesondere aus Textilien – bilden mit Calcium- und Magnesium-Ionen bei hartem Wasser schwer lösliche Kalkseifen – dadurch wird die Waschwirkung beeinträchtigt und Seifen können nur schlecht dosiert werden – Ablagerung von Kalkseifen führen zu grauer und starrer Wäsche mit unangenehmem Geruch

Die Diskussion zeigt, dass Seifen als Reinigungsmittel viele Nachteile aufweisen. Zur Reinigung von Textilien sind Waschmittel besser geeignet, die moderne Tenside als waschaktive Substanzen enthalten.
Weitere Inhaltsstoffe wie Wasserenthärter, Bleichmittel usw. sorgen für ein optimales Waschergebnis.

Moderne **Waschmittel** enthalten eine Vielzahl von Komponenten. Die Tenside machen weniger als 20 % des Waschpulvers aus.

Interpretieren

Beim **Interpretieren** wird die Bedeutung eines in komprimierter Form vorgegebenen Sachverhalts (grafische Darstellungen, Gleichungen, experimentelle Beobachtungen usw.) mit sprachlichen Mitteln geordnet dargelegt.

Beim **Interpretieren von Diagrammen** ist folgende Schrittfolge zweckmäßig:
1. Nenne die Größen, die auf den Achsen des Diagramms abgetragen sind.
2. Beschreibe den Verlauf des bzw. der Graphen.
3. Erkläre den Verlauf auf der Grundlage deiner chemischen Kenntnisse.
4. Leite eine Schlussfolgerung ab.

Dabei kommt es darauf an, kausale Zusammenhänge zu finden, um Diagrammen, Beobachtungsergebnissen oder verbalen Aussagen eine auf die Natur oder die Gesellschaft bezogene Bedeutung zu geben.

- Interpretieren eines Diagramms

1. *Aufgabe:* Interpretiere das Konzentrations-Zeit-Diagramm einer chemischen Reaktion.

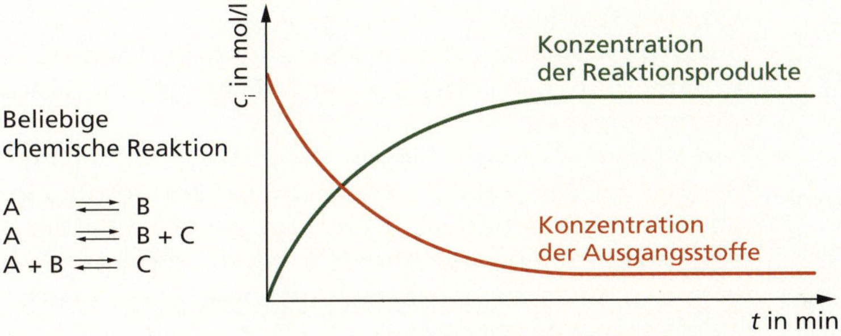

2. *Interpretation:* Das Diagramm zeigt die Veränderung der Stoffmengenkonzentrationen c_i von Ausgangsstoffen und Reaktionsprodukten einer beliebigen chemischen Reaktion als Funktion der Zeit *t*.
Zu Beginn der Reaktion (*t* = 0 s) ist die Konzentration der Ausgangsstoffe sehr hoch, während die Konzentration der Reaktionsprodukte null ist. Im Verlauf der Reaktion sinkt die Konzentration der Ausgangsstoffe, weil diese zu Reaktionsprodukten umgesetzt werden. Dementsprechend nimmt die Konzentration der Reaktionsprodukte kontinuierlich zu.
Nach einiger Zeit verringern sich aber die Konzentrationsveränderungen. Zum Ende der Reaktion stellt sich ein konstantes Konzentrationsverhältnis von Ausgangsstoffen und Reaktionsprodukten ein.
Die Ursache dafür liegt im Teilchenbereich. Je weniger Teilchen der Ausgangsstoffe vorhanden sind, umso weniger können zu Produkten umgesetzt werden. Folglich verlangsamt sich die Hinreaktion mit der Zeit. Gleichzeitig erfolgt die Rückreaktion von Reaktionsprodukten zu Ausgangsstoffen. Diese verläuft umso schneller, je mehr Produktteilchen vorhanden sind.
Nach einer bestimmten Zeit werden genauso viele Teilchen der Ausgangsstoffe in Reaktionsprodukte umgewandelt wie umgekehrt. Dadurch bleiben die Zahl der Teilchen und die Konzentrationen an Ausgangsstoffen und Reaktionsprodukten konstant.

Beim **Interpretieren** von mathematischen Gleichungen oder Reaktionsgleichungen geht man nach einer anderen Schrittfolge vor.

1

Bewerten

Gehe beim **Bewerten** von Sachverhalten in folgenden Schritten vor:
1. Überlege, unter welchen Kriterien der Sachverhalt geprüft werden soll.
2. Sammle Fakten und Argumente, die für die Bewertung wichtig sind.
3. Wäge Vor- und Nachteile gegeneinander ab.
4. Leite auf der Grundlage deines Fachwissens dein persönliches Werturteil ab.

Beim **Bewerten** wird ein gegebener Sachverhalt unter Einbeziehung des eigenen Fach- und Methodenwissens kritisch geprüft. Daraus leitet man eine begründete, selbstständige Einschätzung zum Sachverhalt ab.

Das eigene, subjektive Werturteil sollte nach bestimmten, gegebenenfalls selbst gewählten Kriterien, z. B. wirtschaftlicher Nutzen, Schäden für die Umwelt usw., vertreten werden.

1. *Aufgabe:* Ein großer Teil der Kunststoffabfälle wird heute noch immer nicht recycelt. Stattdessen werden die Abfälle in Müllverbrennungsanlagen verbrannt und die Verbrennungswärme wird als Heizwärme genutzt. Bewerte diese energetische Verwertung von Kunststoffmüll.
2. *Bewertung:* Die energetische Verwertung von Kunststoffabfällen ist unter wirtschaftlichen und umweltchemischen Gesichtspunkten zu betrachten:
   Kunststoffmüll ist nicht biologisch abbaubar und fällt in riesigen Mengen an. Da Deponien nur begrenzt zur Verfügung stehen, muss der Müll anderweitig entsorgt werden. Bei der vollständigen Verbrennung der Abfälle wird Energie frei, die als Heizwärme genutzt werden kann. Auf diese Weise werden fossile Energieträger geschont.
   Allerdings entstehen bei der Müllverbrennung auch Schadstoffe wie Dioxine, die aufwendig aus den Verbrennungsabgasen entfernt werden müssen. Das bei der Verbrennung gebildete Kohlenstoffdioxid verstärkt den Treibhauseffekt. Außerdem ist der Rohstoff Erdöl, aus dem die Stoffe hergestellt wurden, unwiederbringlich verloren.
   Dies könnte vermieden werden, wenn es gelingt, Kunststoffabfälle sortenrein zu sammeln, zu schmelzen und in neue Formen zu bringen (werkstoffliches Recycling). Eine andere Möglichkeit wäre, durch chemische Reaktionen aus den Abfällen zumindest die Rohstoffe zurückzugewinnen, aus denen neue Kunststoffe hergestellt werden können (rohstoffliches Recycling).
   Unter wirtschaftlichen Kriterien ist die energetische Kunststoffverwertung die beste Methode, weil Deponieraum gespart und Energie gewonnen wird. Aus Umweltsicht wäre es besser, wenn Kunststoffabfälle als Werkstoffe wiederverwertet und daraus Rohre, Fensterprofile usw. hergestellt werden.

Auch Plastikmöbel wie dieser Designerstuhl können aus Kunststoffgranulat hergestellt werden.

1.2.4 Beschaffen und Präsentieren von Informationen

Recherchieren in geeigneten Quellen

Die im Laufe der Jahrhunderte von Chemikern gewonnenen Erkenntnisse sind so umfangreich, dass sie niemand vollständig überblickt. Das chemische Grundwissen ist in Lexika oder Fachbüchern in Bibliotheken zusammengefasst bzw. in Online-Enzyklopädien oder Datenbanken im Internet gespeichert.

Fundiertes chemisches Wissen findet man u. a. in folgenden Online-Enzyklopädien:
- *https://wikipedia.de*
- *www.chemgapedia.de*
- *www.seilnacht.com*

Wenn ein naturwissenschaftliches Problem zu lösen ist, muss man zuerst **Informationen beschaffen,** z. B. zu den Eigenschaften eines Stoffes oder zu umweltchemischen Entwicklungen. Im Medienzeitalter finden wir Informationen zu fast allen naturwissenschaftlichen Fragestellungen im **Internet.**

Für eine **Recherche,** z. B. zu *„Säure-Base-Indikatoren",* verwendet man Suchmaschinen wie „Google" oder „Yahoo". Häufig führen diese zu großen Online-Enzyklopädien bzw. Internetlexika.

1. Gib zuerst über einen Browser die Internetadresse der Suchmaschine oder des Internetlexikons ein.
2. Überlege dir zielführende Schlüsselwörter bzw. Suchbegriffe. Das Thema selbst, z. B. Glas, ist im Allgemeinen das wichtigste Schlüsselwort.
3. Informiere dich, wie deine Suchabfrage präzisiert werden kann. Kombiniere dazu die Schlüsselwörter entsprechend den Regeln der Suchmaschine.
4. Gib die Suchbegriffe mit der entsprechenden Syntax in die speziell dafür vorgesehenen Suchfenster ein.

Für die meisten Suchmaschinen sind Leerzeichen, Plus- und Minuszeichen zugelassene Operatoren. So schränkt die Kombination *„Indikator +pH-Wert"* die Suche ein.

Informationen aus dem Internet sind nicht immer zuverlässig, da das Internet eine Kommunikationsplattform für jedermann ist. Deshalb sollten Aussagen und Daten immer durch Vergleich mit anderen Quellen abgesichert (verifiziert) werden.

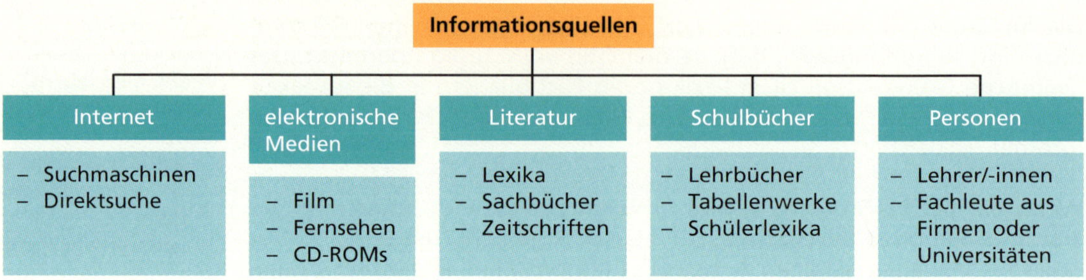

Lesen und Verstehen von Fachtexten

Speziell die **Texte in Fachzeitschriften** oder Fachbüchern sind häufig schwer verständlich. Mithilfe der sogenannten **Fünf-Schritt-Methode** lässt sich der Sinn schneller erfassen, wie das folgende Beispiel zeigt:

Das Stoffgemisch Luft kann mithilfe des Linde-Verfahrens industriell in seine Bestandteile aufgetrennt werden. Dazu muss das Gas verflüssigt werden.
Zu diesem Zweck lässt man Luft in ein Kreislaufsystem (↗ Abb.) einströmen und verdichtet sie zuerst in einem Kompressor. Dadurch erwärmt sich das Gas und muss gekühlt werden. In einem zweiten Kühler wird die Temperatur noch weiter abgesenkt. Von diesem Gegenstromkühler strömt die Luft in einen Auffangbehälter. Da dieser ein größeres Volumen besitzt als das Rohrsystem des Kreislaufs, expandiert die Luft und die Temperatur sinkt weiter.
Diese Vorgänge wiederholen sich so lange, bis die Siedetemperatur der Luft unterschritten wird. Die flüssige Luft kann nun in eine separate Destillationsanlage überführt werden. Zur Stofftrennung destilliert man dort den Stickstoff bei einer Temperatur von –196 °C und den Sauerstoff bei –183 °C aus dem Gemisch ab.

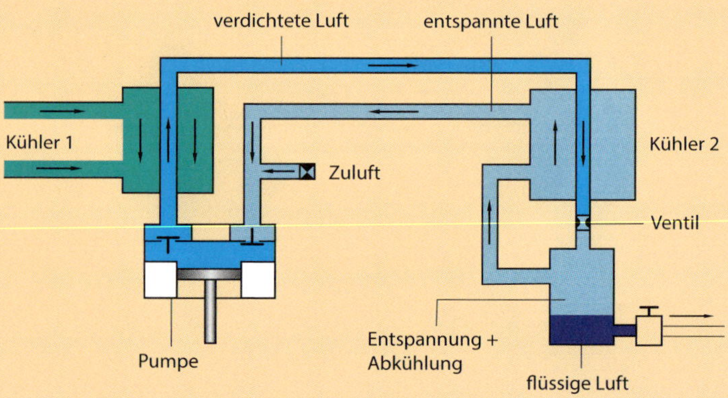

1. *Aufgabe:*
   Lies den Text auf S. 32 mithilfe der Fünf-Schritt-Methode.

2. *Verstehendes Lesen des Fachtextes:*
   - Verschaffe dir einen groben Überblick.
     - *Es geht um die technische Gewinnung von Sauerstoff und Stickstoff mithilfe des Linde-Verfahrens. Dazu wird Luft verflüssigt und anschließend destilliert.*
   - Leite Fragen zu wesentlichen Inhalten ab.
     - *Durch welche physikalischen Prozesse lässt sich Luft verflüssigen?*
     - *Auf welchen Stoffeigenschaften beruht die Trennung von Sauerstoff und Stickstoff?*
   - Lies gründlich. Markiere Kernaussagen und Schlüsselwörter. Schlage unklare Begriffe nach.
     - ***Kompression** ist das Verdichten von Gasen unter Druck. Dabei steigt die Temperatur an.*
     - *Als **Expansion** bezeichnet man die Ausdehnung von Gasen bei gleichzeitiger Abkühlung.*
     - ***Destillation** nennt man die Trennung von flüssigen Stoffgemischen durch Verdampfen einzelner Bestandteile mit unterschiedlicher Siedetemperatur und deren Kondensation.*
   - Fasse die Kernaussagen in kurzer Form (Text oder Schema) mit eigenen Worten zusammen.
     - *Linde-Verfahren: Verfahren zur Verflüssigung und Zerlegung von Luft*
     - *Absenkung der Temperatur durch mehrfache Verdichtung (Kompression), Kühlung und Ausdehnung (Expansion)*
     - *Angewendetes Trennverfahren: Destillation*
     - *Trennung aufgrund unterschiedlicher Siedetemperaturen der Bestandteile der Luft*
   - Wiederhole den Inhalt. Gib dazu die wichtigen Aussagen mit eigenen Worten wieder.

▶ Fünf-Schritt-Methode zum Verstehen von Fachtexten:
1. Verschaffe dir einen groben Überblick.
2. Stelle Fragen zu wesentlichen Inhalten.
3. Lies gründlich. Markiere Kernaussagen und Schlüsselwörter.
4. Fasse die Kernaussagen zusammen.
5. Gib den Inhalt mit eigenen Worten wieder.

Präsentieren von Informationen

Die **Präsentation von Informationen** bzw. Arbeitsergebnissen, z. B. einer Literaturrecherche oder praktischer Arbeiten in der Gruppe, kann auf verschiedene Weise erfolgen (↗ Abb.). Alle Präsentationen sollten anschaulich, gut verständlich und logisch gegliedert sein.

Präsentationen

- **Vortrag**
  - Folien
  - Tafelbild
  - Flipchart
- **Computerpräsentation**
  - PowerPoint
  - Website
  - Video
- **Lernplakat**
  - Wandzeitung
  - Poster
- **schriftliche Präsentation**
  - Hausaufgabe
  - Facharbeit

▶ Präsentationen lassen sich besonders gut am Computer entwickeln. Mithilfe entsprechender Programme kann man einen Vortrag mit Folien oder Websites mit Fotos, Animationen usw. erstellen.

Vorbereiten und Halten eines Vortrags

Wenn du einen **Vortrag halten** oder die Ergebnisse der Gruppenarbeit vorstellen sollst, sind folgende Tipps hilfreich:

1. *Vorbereiten eines Vortrags*
   - Überlege dir, was alles zum Thema gehört. Nutze dazu verschiedene Informationsquellen (↗ S. 32).
   - Gliedere den Vortrag in Abschnitte. Ordne den Gliederungspunkten dein gesammeltes Material zu.
   - Schreibe die Schwerpunkte in Kurzform (in Stichwörtern) auf.
   - Erarbeite einen Rohentwurf. Formuliere den Text unter Verwendung der Fachsprache.
   - Überlege dir, was du an die Tafel oder auf Folien schreibst.
   - Illustriere Folien oder Flipcharts mit aussagekräftigen Grafiken oder Fotos. Gehe sparsam mit Texten um.
   - Ordne die Inhalte übersichtlich an. Verwende nur kurze, gut strukturierte Texte, am besten Stichpunkte.
   - Verwende nur Fachbegriffe, die du auch selbst erklären kannst.
   - Nenne deine Informationsquellen.
   - Teste die Lesbarkeit aus einer größeren Entfernung.
   - Trainiere den Vortrag laut. Halte dich an die vorgegebene Zeit.

2. *Halten eines Vortrags*
   - Nenne und zeige die Gliederung (↗ Abb.).
   - Wecke am Anfang des Vortrags Interesse und Neugier mit einem interessanten Aufhänger, z. B. einer Zeitungsmeldung, einem Zitat oder sogar einem kleinen Experiment.
   - Leite neue Absätze deutlich ein, z. B. mit „Ein weiterer Punkt ist …" oder „Als Nächstes …".
   - Sprich frei und in kurzen Sätzen. Lies nicht die Texte auf den Folien vor, sondern interpretiere die Grafiken und Schemata.
   - Bemühe dich, laut, langsam und deutlich zu sprechen. Schaue deine Zuhörer/-innen an.
   - Achte auf die Zeit. Schließe den Vortrag mit einer kurzen Zusammenfassung ab.

Der Treibhauseffekt

1. Einleitung
2. Natürlicher Treibhauseffekt
   2.1 Ursachen
   2.2 Wirkung
3. Anthropogener Treibhauseffekt
   3.1 Treibhausgase
   3.2 Anthropogene Quellen
   3.3 Maßnahmen zur Reduzierung des Treibhauseffekts
4. Auswirkungen des Treibhauseffekts auf das Klima
   4.1 Entwicklung der Erdatmosphäre
   4.2 Mögliche zukünftige Szenarien
5. Zusammenfassung

Anfertigen eines Lernplakats

Wandzeitungen oder **Lernplakate** (Poster) fallen auf. Sie sind geeignet, um Informationen, Versuchsergebnisse oder den Verlauf bzw. die Ergebnisse eines Projekts kurz und übersichtlich zu präsentieren.

- Gib dem Poster eine Überschrift, die sofort über den Inhalt informieren und Neugier beim Betrachter wecken soll.
- Verwende viele Abbildungen, einfache grafische Darstellungen und Skizzen.
- Formuliere kurze, knappe und gut strukturierte Texte.
- Ordne die Inhalte übersichtlich an.
- Kennzeichne, was inhaltlich zusammengehört, mit gleichen Schriftarten, Farben und Formen. Achte jedoch darauf, dass das Poster nicht überladen wirkt.
- Nenne deine Informationsquellen.
- Teste die Lesbarkeit aus einer größeren Entfernung.

Wasser – unser wichtigstes Lebensmittel

Quellungsmittel

In den Zellen ist Wasser für die Aufrechterhaltung des Zellinnendrucks nötig. Es ist Bestandteil des gelartigen Zellplasmas und ermöglicht so unter anderem die Plasmaströmung.

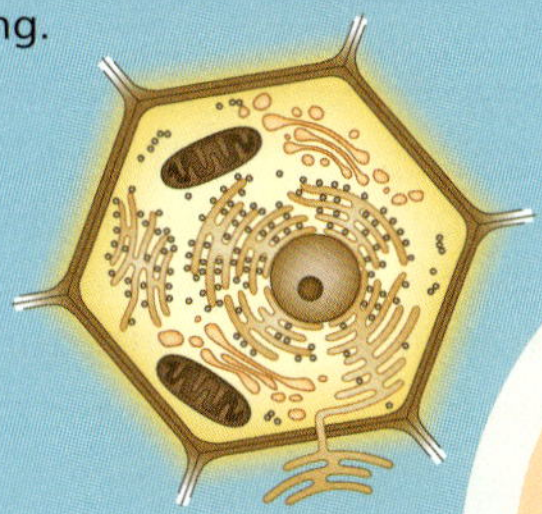

Ausgangsstoff für Stoffwechselprozesse

Wasser dient als Ausgangsstoff biochemischer Reaktionen, z.B. beim Abbau körperfremder Stoffe in der Verdauung oder bei Redoxreaktionen im Energiestoffwechsel.

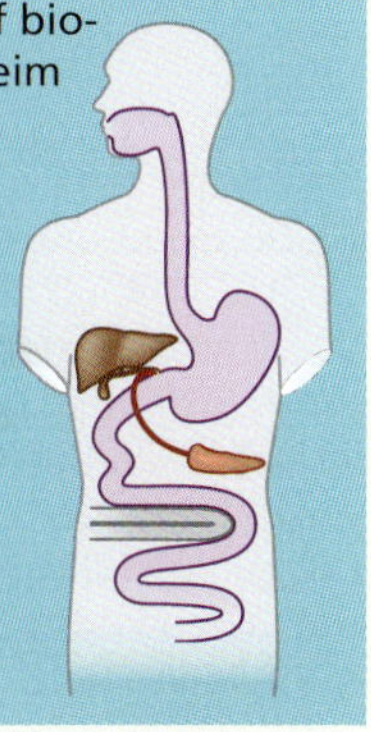

Der menschliche Organismus besteht zu mehr als 70 % aus Wasser. Um die Verluste durch Stoffwechsel und Transpiration auszugleichen, muss ein Erwachsener täglich mindestens zwei Liter Wasser zu sich nehmen.

Lösungs- und Transportmittel

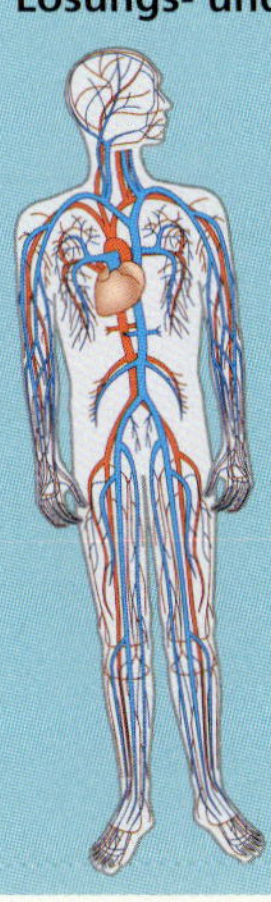

Wasser löst Nährstoffe, Mineralstoffe, Gase und Stoffwechselprodukte. Dadurch werden die Stoffe an den Ort im Organismus transportiert, an dem sie benötigt werden.

Wärmeregulation

Aufgrund der hohen Wärmekapazität, seiner guten Wärmeleitfähigkeit und der Verdunstungskälte stellt Wasser eine wichtige Grundlage für die Regulation der Körpertemperatur dar.

1

Anfertigen einer Facharbeit

Im Rahmen einer **Facharbeit** oder eines Referats bearbeiten Schüler und Schülerinnen ein naturwissenschaftliches Thema selbstständig unter Einbeziehung von Fachliteratur und anderen Quellen.
Mithilfe der im Unterricht erlernten naturwissenschaftlichen Methoden werden Fachtexte gelesen, Erscheinungen und Abläufe untersucht sowie Experimente und Daten ausgewertet, die das Thema betreffen.
Die gewonnenen Erkenntnisse müssen fachlich korrekt, inhaltlich strukturiert und in der richtigen Form präsentiert werden.

1. *Analyse des Themas*
   - Eine gründliche Vorbereitung der Arbeit ist sehr wichtig. Fehler oder Versäumnisse bei der Analyse kosten beim Schreiben der Facharbeit viel Zeit oder führen zu einer schlechteren Bewertung!
   - Beantworte daher vorab folgende Fragen:
     - Welche Anforderungen ergeben sich aus der Themenstellung?
     - Welche konkreten Inhalte gehören dazu?
     - Welche Materialien benötige ich zur Vorbereitung, Erstellung und Präsentation der Facharbeit?
     - In welcher Form sollen die Ergebnisse präsentiert werden?
   - Erstelle eine stichpunktartige Liste zu jeder Frage. Lasse dich von deiner Lehrkraft oder anderen Fachleuten beraten, die Erfahrung beim Anfertigen von naturwissenschaftlichen Arbeiten haben.

Du musst unbedingt klären, ob die Quellen das Material zur Veröffentlichung freigeben und ob die Voraussetzungen, z. B. zur Vorführung von Experimenten, vorhanden sind.

2. *Beschaffen von Materialien*
   - Eine Internetrecherche liefert erste Anhaltspunkte, in welchen Quellen weiteres Material zu finden ist. Das können Fachbücher, elektronische Medien oder Personen bzw. Firmen sein, die auf dem untersuchten Fachgebiet tätig sind (↗ S. 32).
   - Stelle sicher, dass die Materialien auch zur Präsentation genutzt werden können.

Die Gliederung bildet die Grundlage für das spätere Inhaltsverzeichnis.

3. *Sichtung des Materials und Manuskriptvorbereitung*
   - Verschaffe dir zuerst einen **Überblick** über das gesammelte Material.
   - Überfliege die Texte und versehe sie mit kurzen Notizen.
   - Werte Statistiken, Grafiken und Experimente stichpunktartig aus.
   - Ordne die Materialien nach ihrer Wichtigkeit.
   - Entwickle eine **Gliederung** der Facharbeit. Den einzelnen Gliederungspunkten werden die Materialien zugeordnet.

Gliederung der Facharbeit

1.	Einleitung
1.1	Stand der Literatur
1.2	Problemstellung
2.	Methoden und Experimente
2.1	Beschreibung der Untersuchungsmethoden
2.2	Durchführung der Experimente
2.3	Abfolge von Experimenten bzw. Testreihen
3.	Ergebnisse und Diskussion
3.1	Darstellung der eigenen Ergebnisse
3.2	Diskussion der Ergebnisse unter Bezug auf die Fachliteratur
3.3	Schlussfolgerungen
4.	Zusammenfassung und Ausblick
5.	Literaturverzeichnis
6.	Materialanhang

4. *Ausarbeitung des Manuskripts*
   - Erarbeite anhand der Gliederung und des geordneten Materials einen **Rohentwurf.** Nutze dabei nur das Material, das in direktem Zusammenhang zum Thema steht.
   - Gehe in der Einleitung auf den aktuellen Kenntnisstand zur Thematik ein. Leite daraus eine Problemstellung ab.
   - Beschreibe die Methoden, z. B. Experimente, mit denen du das Problem im Rahmen deiner Arbeit untersuchen willst.
   - Die Ergebnisse deiner Untersuchungen werden sprachlich ausformuliert oder noch besser in Form von Tabellen, Grafiken bzw. Übersichten vorgestellt. Dabei erfolgt noch keine Wertung der Resultate.
   - Diskutiere deine Resultate unter Berücksichtigung der Literaturangaben. Argumentiere logisch und objektiv, ohne abzuschweifen! Leite am Ende jedes Hauptkapitels eine Schlussfolgerung ab oder fasse die Ergebnisse kurz zusammen.
   - Gib in einer abschließenden **Zusammenfassung** einen zusammenhängenden Überblick über das Erarbeitete. An dieser Stelle kann eine persönliche Wertung erfolgen und ein Ausblick auf die weitere Entwicklung gegeben werden.
   - Achte bereits bei der ersten **Überarbeitung des Entwurfs** darauf, den „roten Faden" herauszuarbeiten. Gehe inhaltlich logisch und strukturiert vor und behandle in den jeweiligen Kapiteln ausschließlich die dazugehörigen Inhalte.

Erläutere alle von dir verwendeten Fachbegriffe.

5. *Erstellen der endgültigen Fassung*
   - Vor der Erstellung der Endfassung sollte das Manuskript noch einmal der Lehrkraft vorgestellt und mit ihr beraten werden:
     - Wurde die Problemstellung grundsätzlich richtig erfasst und bearbeitet?
     - Welche Verbesserungen, Streichungen oder Ergänzungen sind notwendig?
     - Wo müssen Fehler korrigiert werden?
   - Recherchiere in der Zwischenzeit fehlende Daten oder neuere Entwicklungen zum Thema.
   - Überarbeite das Manuskript letztmalig unter Beachtung der Hinweise der Lehrkraft. Dabei ist neben der fachlichen Korrektheit und zeitlichen Aktualität auch auf die sprachliche Gestaltung und korrekte Rechtschreibung zu achten.
   - Erstelle bei der Endkorrektur auch den Materialanhang. Dieser enthält eigene Versuchsergebnisse, Messwerttabellen und eine Liste über die verwendeten Messgeräte bzw. Hilfsmittel.
   - Das Literaturverzeichnis muss richtig und vollständig sein (↗ Abb.). Es dürfen keine Quellen verschwiegen oder deren Ergebnisse als eigene präsentiert werden.

Für die Bewertung der Facharbeit ist natürlich der Inhalt am wichtigsten. Trotzdem kann man auch durch eine attraktive Gestaltung der Präsentation Punkte sammeln!

Beispiele für Quellenangaben im Literaturverzeichnis

Bücher (zwei Autoren):

[1] B. und F. Schardt: Referate und Facharbeiten, Effektive Arbeitstechniken in der Oberstufe; Stark Verlagsgesellschaft mbH, Freising 1999

Zeitungsartikel (ein Autor):

[2] C. Neidhardt: Energiequellen mit Zukunft; in: Süddeutsche Zeitung, Nr. 6 vom 8.01.2008, S. 27

Angabe einer Quelle im Internet (ohne Autor):

[3] Die Brennstoffzelle, Onlinepublikation, http://de.wikipedia.org/wiki/Brennstoffzelle, Stand: 31.01.2008

1

1.3 Das Experiment

1.3.1 Grundlagen

Das Experimentieren ist eine sehr komplexe Tätigkeit, die beim Erkennen und Anwenden von Naturgesetzen auftritt. Das Ziel eines Experiments besteht darin, eine Frage an die Natur zu beantworten. Dazu wird eine Erscheinung der Natur unter *ausgewählten, konkreten, kontrollierten* und *veränderbaren* Bedingungen beobachtet und ausgewertet. Die Bedingungen und das gesamte Experiment müssen wiederholbar sein.

> Beim **Experimentieren** werden theoretische Überlegungen und Voraussagen, z. B. über Stoffumwandlungen oder energetische Erscheinungen, unter ausgewählten, wiederholbaren Bedingungen praktisch überprüft. Der Ablauf und die Ergebnisse des Experiments werden beobachtet und ausgewertet.

Mit Experimenten werden z. B. Zusammenhänge untersucht. Dies dient dem Erkennen von Naturgesetzen. Andererseits können bei Experimenten Gesetze angewendet werden, um z. B. den Wert von Größen zu bestimmen.

Geräte und Apparaturen

Geräte
In der Chemie werden Stoffe untersucht. Stoffe müssen sicher aufbewahrt und gelagert werden. Viele dieser Stoffe sind gefährlich. Sie dürfen nicht mit der Haut in Berührung kommen, in die Luft oder ins Abwasser gelangen oder mit anderen Stoffen in Kontakt kommen.

▸ Viele Geräte sind aus Glas, denn es ist ein sehr beständiger Stoff. Nur sehr wenige Chemikalien vermögen es, Glas anzugreifen. Laborglas ist z.B. hitzebeständiger als Normalglas, weil es eine andere Zusammensetzung aufweist. Laborgeräte können auch aus **Metallen, Kunststoffen** oder **Holz** bestehen.

Zur Untersuchung von Stoffen und ihren chemischen Reaktionen werden verschiedene Geräte und Hilfsmittel verwendet.

> Die in der Chemie benötigten **Laborgeräte** werden häufig aus Glas oder Keramik hergestellt.

In einigen Laborgeräten werden Chemikalien aufbewahrt, bestimmte Größen (↗ S. 15 f.) von Stoffen gemessen, Stoffe gemischt, erhitzt oder verteilt. In den Geräten finden die chemischen Reaktionen statt.

> **Hilfsmittel** sind alle zur Untersuchung von Stoffen zusätzlich, neben den Laborgeräten, benötigten Geräte. Sie können aus verschiedenen Materialien sein.

■ Geräte und Hilfsmittel
Laborgeräte: Reagenzglas, Becherglas, Messzylinder
Hilfsmittel: Filterpapier, Schutzbrille, Streichhölzer

Laborgeräte

Reagenzglas

Reagenzglas mit seitlichem Ansatz

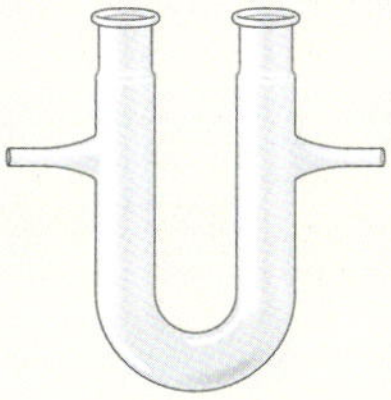
U-Rohr mit seitlichem Ansatz

Verbrennungsrohr

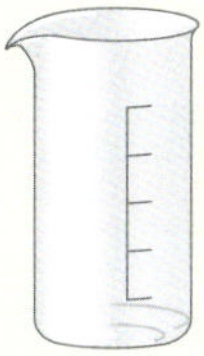
Becherglas

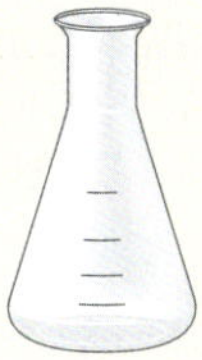
Erlenmeyerkolben

Standkolben

Rundkolben

Standzylinder

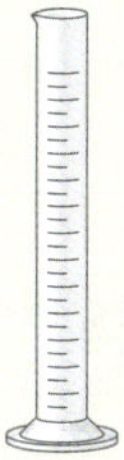
Messzylinder

Kolbenprober

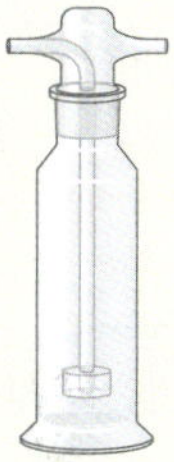
Gaswaschflasche

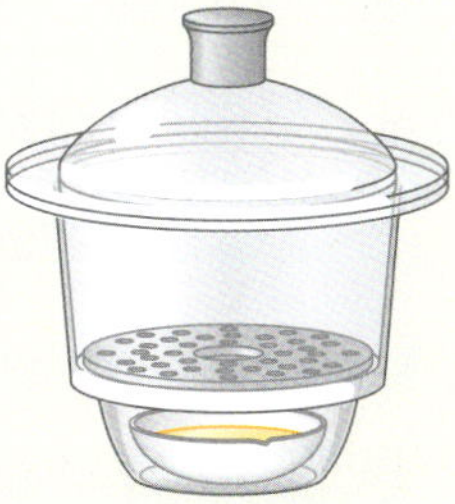
Exsikkator

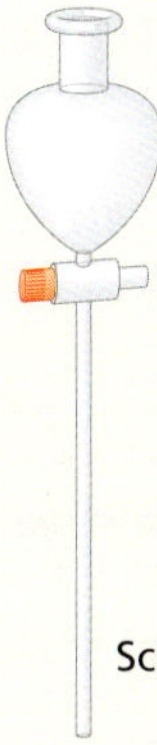
Scheidetrichter

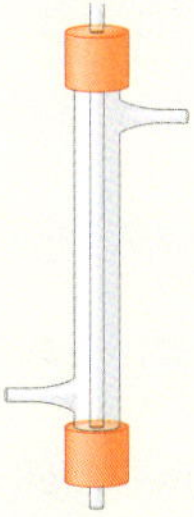
Kühler

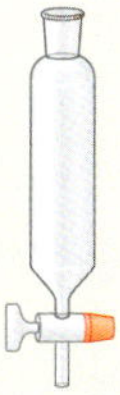
Tropftrichter

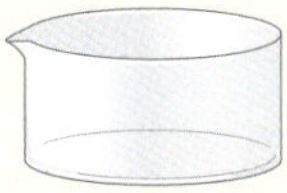
Kristallisierschale

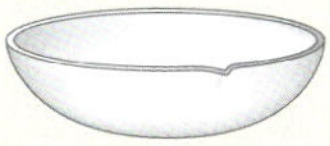
Abdampfschale

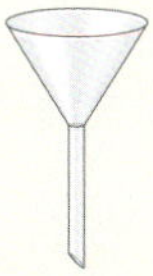
Trichter

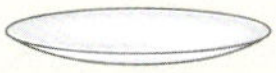
Uhrglasschale

Laborgeräte und Hilfsmittel

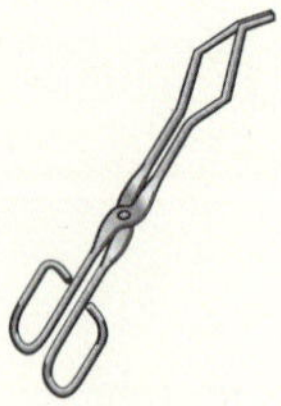
Tiegelzange

Reagenzglas-halter

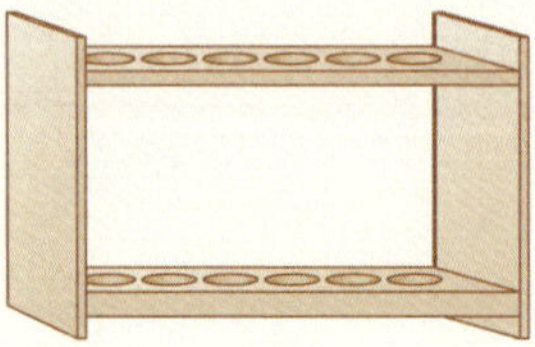
Reagenzglas-ständer

Reagenzglas-bürste

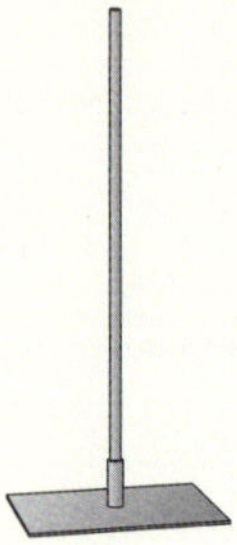
Stativ

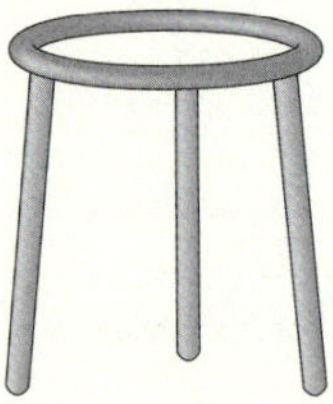
Dreifuß

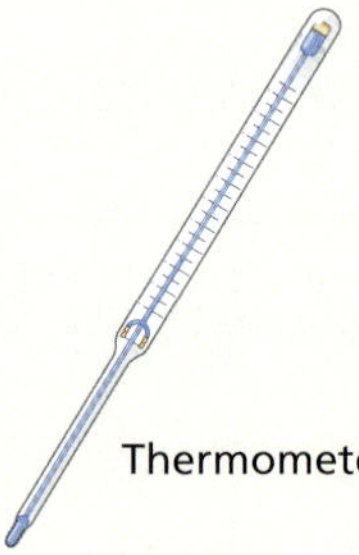
Thermometer

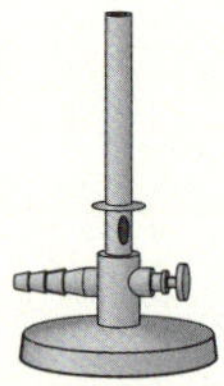
Gasbrenner

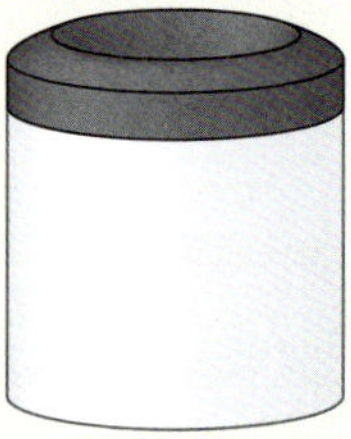
Heizhaube

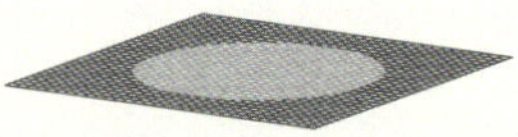
Drahtnetz

Stativklemme

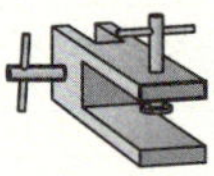
Stativmuffe

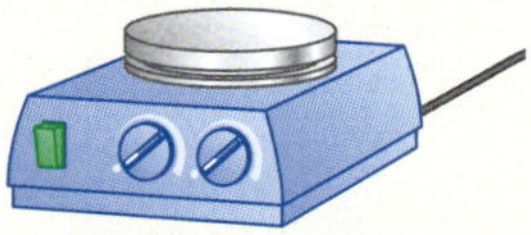
Magnetrührer

Spritz-flasche

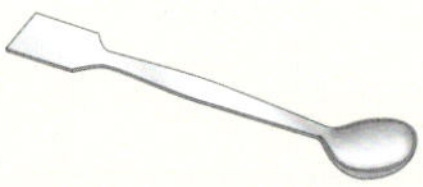
Spatellöffel

Verbrennungs-löffel

Reibschale mit Pistill

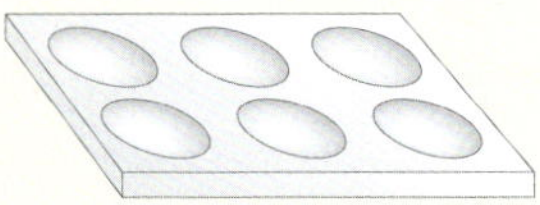
Tüpfelplatte

Tropfpipette

Porzellantiegel

Porzellanschiffchen

Apparaturen

Für bestimmte Tätigkeiten, immer wiederkehrende Reaktionen oder Vorgänge im Labor gibt es vorgeschriebene Arbeitsmethoden. Zu diesen Methoden gehören meist bestimmte vorgegebene Apparaturen.

> Eine **Apparatur** besteht aus mehreren miteinander verbundenen Geräten und Hilfsmitteln. Mit Apparaturen werden häufig wiederkehrende Reaktionen im Labor durchgeführt.

Es gibt zum einen Apparaturen zur Trennung von Stoffgemischen, z.B. zum Eindampfen, Filtrieren, Destillieren, Reinigen, Trocknen und Auffangen von Gasen.
Andere Apparaturen werden zur Durchführung bestimmter, oft benötigter Reaktionen, z.B. zur Gasentwicklung, zur Elektrolyse oder zur Neutralisation benötigt.

Apparaturen zur Stofftrennung

1. Eindampfen

Das Eindampfen einer wässrigen Lösung kann z.B. im Reagenzglas über dem Brenner (↗S. 45) durchgeführt werden. Bei größeren Flüssigkeitsmengen wird eine Abdampfschale verwendet. Diese wird höchstens bis zur Hälfte mit der Lösung gefüllt und mithilfe von Dreifuß und Drahtnetz mit dem Brenner mit kleiner Flamme erwärmt. Wenn das Lösungsmittel fast vollständig verdampft ist, wird der Brenner ausgemacht.

Eindampfen

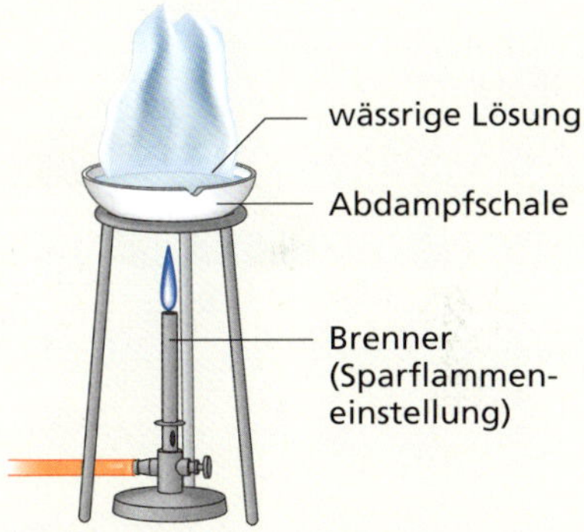

Es gibt verschiedene Brennerflammen (↗S. 45). Bei der Arbeit mit dem Gasbrenner müssen bestimmte Verhaltensregeln beachtet werden.

2. Filtrieren

Ein Rundfilter aus Papier wird gefaltet und in einen Glastrichter eingelegt. Mit destilliertem Wasser wird das Filterpapier angefeuchtet, damit die Flüssigkeit besser durchläuft.
Die zu filtrierende Flüssigkeit wird mit angelegtem Glasstab vorsichtig bis höchstens 1 cm unter den Rand in den Trichter gefüllt. Die durchgelaufene Flüssigkeit heißt Filtrat. Im Trichter bleibt ein Rückstand, ein Feststoff, zurück.
Außer Rundfiltern kennt man noch weitere Filterarten, z.B. Faltenfilter oder Fritten mit unterschiedlichen Porengrößen.

Filtrieren

Beim Falten des Rundfilters wird folgendermaßen vorgegangen:

1. Falten des Rundfilters in der Mitte:

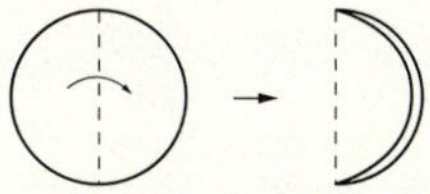

2. Nochmaliges Falten:

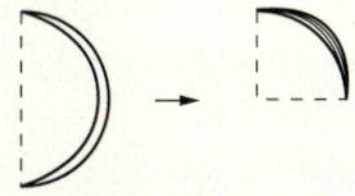

3. Öffnen des Filters:

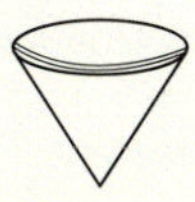

1

▶ Vor dem Destillieren muss man sich über die zu erwartenden Siedetemperaturen der Stoffe im Klaren sein. Danach wird das Thermometer ausgewählt. Manche Flüssigkeiten können beim Erhitzen schlagartig herausspritzen (Siedeverzug). Das wird durch Zugabe von kleinen Siedesteinchen verhindert.

3. Destillieren

Die zu destillierende Flüssigkeit wird in einen Rundkolben oder Destillierkolben mit seitlichem Ansatzrohr höchstens bis zur Hälfte gefüllt. Ein Thermometer wird im Hals des Destillationsaufsatzes so befestigt, dass sein Ende sich beim Ansatzrohr befindet.
Die Flüssigkeit im Rundkolben wird nun vorsichtig bis zum Sieden erwärmt. Dabei verdampft zuerst der leichter flüchtige Stoff mit der niedrigeren Siedetemperatur aus dem Stoffgemisch. Der entstehende Dampf gelangt in den Kühler. Dort wird er durch im Gegenstrom fließendes Wasser gekühlt, sodass das Gas auskondensiert. Das Kondensat fließt in ein Glasgefäß, z. B. einen Kolben.
Dieses Kondensat wird auch als Destillat bezeichnet. Im Rückstand verbleiben die schwerer flüchtigen Bestandteile des Stoffgemischs, die erst bei höheren Temperaturen sieden.

Destillieren

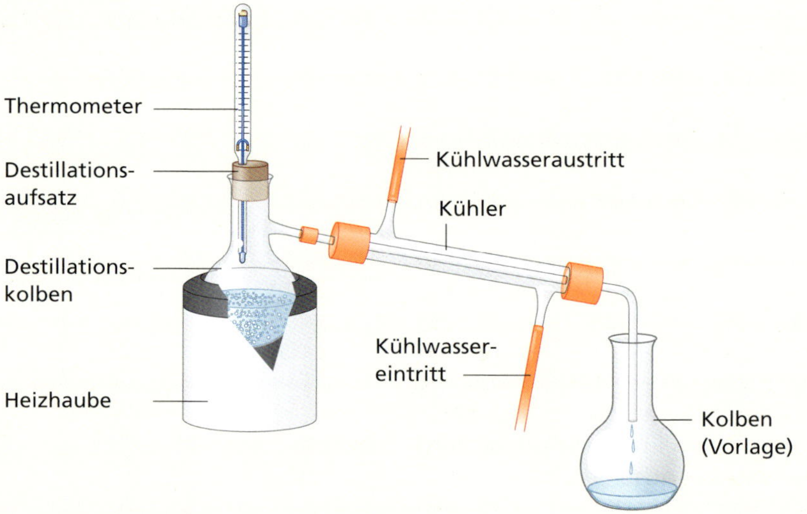

▶ Brennbare Stoffe dürfen nie mit offener Flamme erwärmt werden!

4. Reinigen und Trocknen von Gasen

Das zu reinigende oder zu trocknende Gas wird in eine oder mehrere hintereinander geschaltete Gaswaschflaschen eingeleitet. Die Waschflüssigkeit, z. B. Schwefelsäure, nimmt die Feuchtigkeit auf oder reagiert mit anderen Verunreinigungen.
Am Ende der Apparatur wird das gereinigte Gas aufgefangen. Überschüssige Gase, die giftig sind, müssen in den Abzug geleitet werden, brennbare oder explosive Gase dürfen jedoch nicht in den Abzug gelangen.

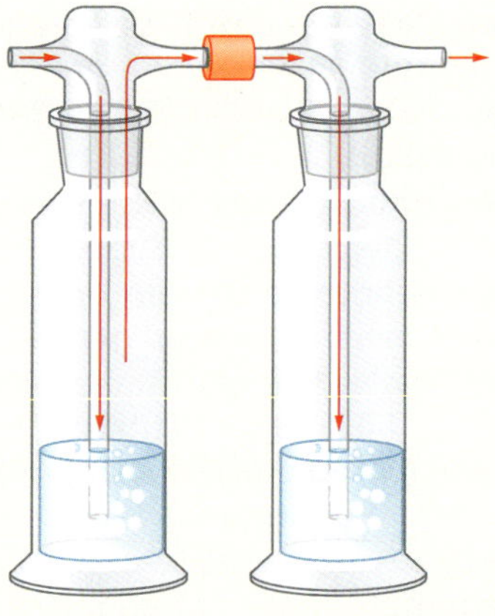

▶ Für manche Apparaturen gibt es vorgefertigte Glasgeräte, deren Verbindungsstellen genormt sind und genau ineinanderpassen. Durch einen bestimmten Glasschliff sind diese Verbindungsstellen (die teilweise eingefettet werden) vollkommen dicht. Solche Apparaturen heißen „Schliffapparaturen“.

1

5. Pneumatisches Auffangen von Gasen

Pneumatisch werden Gase aufgefangen, die bei einer chemischen Reaktion entstehen. Dazu wird das Gas in ein Auffanggefäß eingeleitet, das eine Sperrflüssigkeit enthält, mit der es keine chemische Reaktion eingehen darf. Dort verdrängt das Gas die Flüssigkeit, meist Wasser. Außerdem sollte es sich nur geringfügig in der Sperrflüssigkeit lösen.
Die Flüssigkeitsmenge in der pneumatischen Wanne darf nur so hoch sein, dass die verdrängte Flüssigkeit aus dem Auffanggefäß noch hineinpasst. Nachdem das Auffanggefäß mit Gas gefüllt ist, wird es verschlossen (Stopfen vorher in die pneumatische Wanne legen!).
Das Ableitungsrohr muss vorher aus der Sperrfllüssigkeit entfernt werden, damit keine Flüssigkeit in die Gasentwicklungsapparatur zurückgesaugt wird.

▶ Ungiftige, ungefährliche Gase können auch ganz einfach durch Luftverdrängung aufgefangen werden. Hat das Gas eine geringere Dichte als Luft, z. B. **Helium** wird die Öffnung des Auffanggefäßes nach unten gehalten. Ist es schwerer als Luft, z. B. Kohlenstoffdioxid, wird es einfach in das senkrecht stehende Gefäß (Öffnung oben) eingeleitet.

Pneumatisches Auffangen

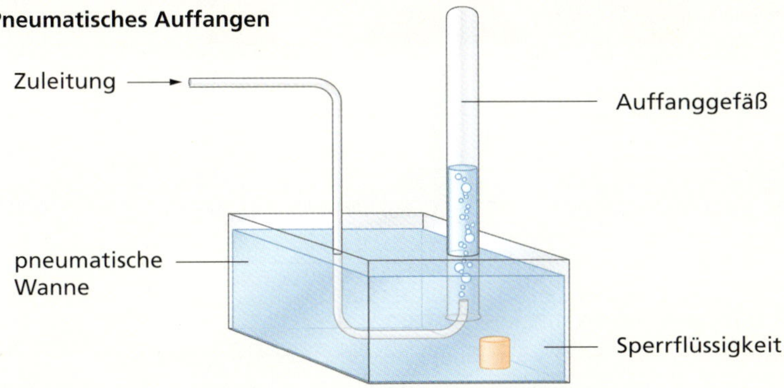

Apparaturen zur Durchführung von Reaktionen

1. Apparatur zur Gasentwicklung

Gase entstehen oft bei der Reaktion von festen Stoffen mit Flüssigkeiten. In einem Kolben oder einem Reagenzglas befindet sich ein fester Stoff.
Der Kolben wird mit einem doppelt durchbohrten Stopfen verschlossen, in dem ein gebogenes Glasrohr steckt.
Durch die zweite Öffnung führt man eine Tropfpipette ein, die die Flüssigkeit enthält. Nun wird diese langsam auf den Feststoff getropft, bis ein Gas entsteht.
Das gebildete Gas kann entweder pneumatisch aufgefangen oder in Gaswaschflaschen (↗ S. 42) eingeleitet und weiterverarbeitet werden.

Gasentwicklung

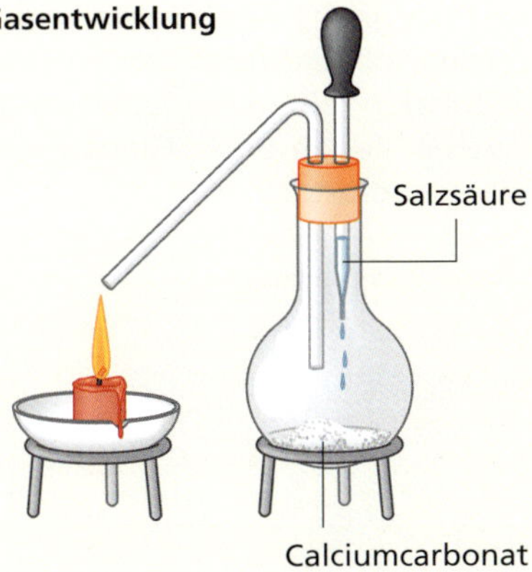

▶ Gase können auch durch Zersetzung von Feststoffen entwickelt werden. Dazu wird der feste Stoff in einem Verbrennungsrohr unter Luftabschluss erhitzt (↗ S. 44) und das Gas aufgefangen.

Entstehung eines gasförmigen Stoffs

$CaCO_3$	+	2 HCl	⟶	Ca^{2+} + 2 Cl^-	+	H_2O	+	CO_2
Calcium-carbonat	+	Salz-säure	⟶	Calcium-chlorid	+	Wasser	+	Kohlenstoff-dioxid

Reaktionen von Gasen mit Flüssigkeiten können z. B. in Gaswaschflaschen (↗ S. 42) durchgeführt werden.

2. Apparatur zur Reaktion von Gasen mit festen Stoffen

Der Feststoff befindet sich in einem Verbrennungsrohr, je nach seiner Beschaffenheit noch zusätzlich in einem Porzellanschiffchen.
Die Enden des Verbrennungsrohrs werden meist noch mit Glaswolle locker verschlossen. Das Gas wird aus der Gasentwicklungsapparatur über den Feststoff geleitet. Oft muss das Verbrennungsrohr erhitzt werden, um die Reaktion zu ermöglichen.

Reaktion von Gasen mit Feststoffen

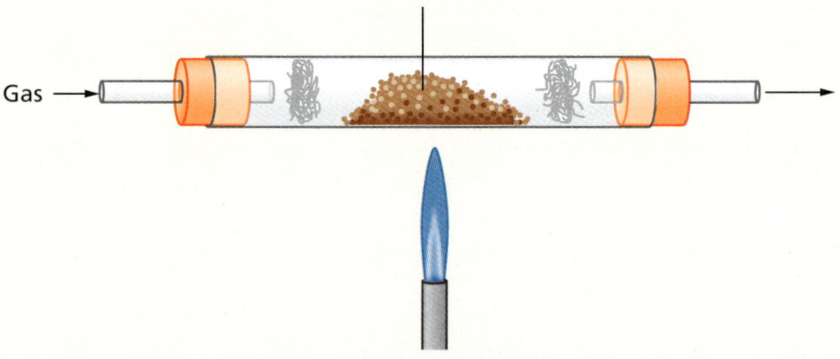

Reaktion von Gasen mit Feststoffen

$C_{(fest)} + CO_{2\,(gasförmig)} \longrightarrow 2\,CO_{(gasförmig)}$

Kohlenstoff + Kohlenstoffdioxid ⟶ Kohlenstoffmonooxid

3. Apparatur zur Elektrolyse

Will man gasförmige Elektrolyseprodukte auffangen, so verwendet man ein U-Rohr mit je einem Ansatzrohr an jeder Seite. Von diesen aus können die Gase dann pneumatisch aufgefangen werden.

Die Flüssigkeit oder Lösung, welche der Elektrolyse (↗ S. 146) unterzogen werden soll, befindet sich in einem Gefäß. In die Flüssigkeit tauchen zwei Elektroden, die mit einer Stromquelle verbunden sind.
Durch Anlegen einer Gleichspannung wird die elektrochemische Reaktion ausgelöst.

Elektrolyseapparatur

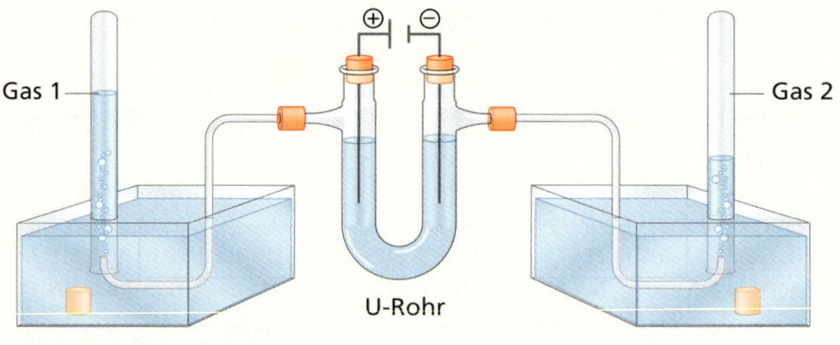

In den Stromkreis kann auch ein Messgerät (Voltmeter oder Amperemeter) geschaltet werden.

Elektrolyse von Wasser

$$2\,H_2O \xrightarrow[\text{Energie}]{\text{elektrische}} 2\,H_2 + O_2$$

Arbeit mit dem Gasbrenner

Im Chemieunterricht werden zwei Arten von **Gasbrennern** eingesetzt. Der von ROBERT BUNSEN konstruierte **Bunsenbrenner** wurde von NICOLAUS TECLU zum leistungsfähigeren **Teclubrenner** weiterentwickelt.

▶ Unabhängig von der Gasversorgung funktionieren Spiritusbrenner und Kartuschenbrenner. Im Spiritusbrenner befindet sich eine brennbare Flüssigkeit – Brennspiritus. Der Kartuschenbrenner enthält in der Kartusche ein brennbares Gas, z. B. Propan.

Aufbau des Bunsenbrenners

Der Bunsenbrenner besitzt einen Metallfuß (1). Am oberen Ende des Fußes befindet sich ein Schlauch zur Gaszufuhr (2). Mit einer Stellschraube oder einem Hahn (3) lässt sich der Zustrom des Brenngases regulieren. Das Gas strömt durch das Brennerrohr (4) nach oben. Im unteren Bereich des Brennerrohrs befindet sich eine Öffnung, der Luftzutritt. Mit einem Stellring (5) kann diese Öffnung verschlossen werden. Dadurch können die Anteile von brennbarem Gas und Luft und somit die Flammentemperatur verändert werden.

Gasbrenner

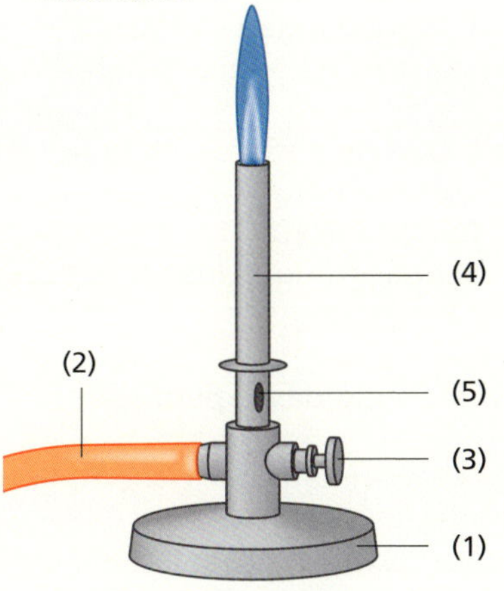

Umgang mit dem Brenner

Damit der Gasbrenner richtig funktioniert, müssen beim Entzünden einige Regeln beachtet werden:

- Streichhölzer oder Gasanzünder bereitlegen
- Prüfen, ob Gas- und Luftzufuhr geschlossen sind
- Streichholz entzünden, Gaszufuhr am Brenner öffnen und dann die Flamme entzünden

▶ **Gasbrenner** funktionieren mit Stadtgas oder Erdgas. Mit **Erdgas** können aufgrund seiner Zusammensetzung höhere Temperaturen erreicht werden.

Brennerflamme und Flammenzonen

Wurde der Brenner nach der beschriebenen Schrittfolge entzündet, erhält man eine **leuchtende Flamme.** Die Leuchtflamme brennt lautlos, flackert und ist gelb gefärbt.

Durch Öffnen der Luftzufuhr am Brennerrohr wird dem Gas mehr Sauerstoff zugeführt. Ein deutliches Rauschen ist zu hören. Diese Flamme ist schwach blau und wird als entleuchtete oder **rauschende Flamme** bezeichnet. Die entleuchtete Flamme besitzt zwei Zonen, einen inneren Kegel und einen äußeren Mantel, in denen unterschiedliche Temperaturen herrschen.

leuchtende Flamme

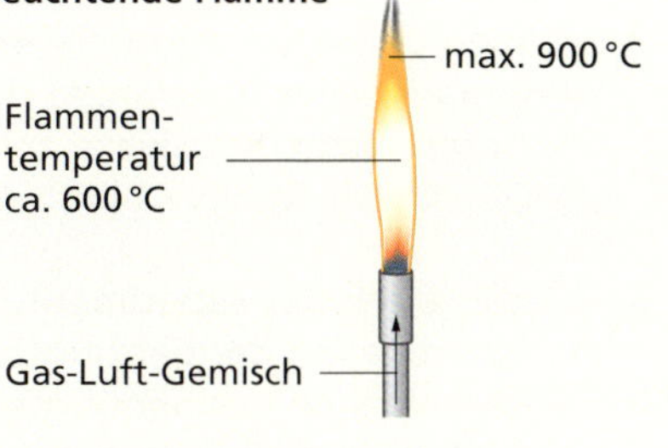

rauschende Flamme

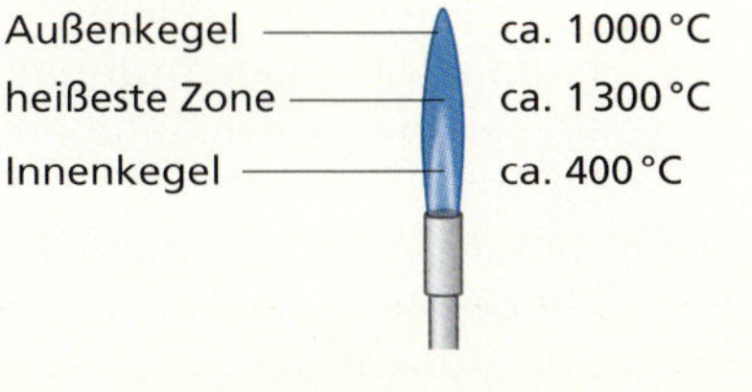

▶ In der Flamme des Teclubrenners sind sehr hohe Temperaturen möglich. Im Außenkegel der entleuchteten Flamme können 1 200 °C erreicht werden. In der heißesten Zone beträgt die Temperatur etwa 1 500 °C.

1

1.3.2 Vorgehen beim Experimentieren

Alle chemischen Experimente werden mit dem Ziel durchgeführt, theoretische Zusammenhänge zu erkennen, Überlegungen oder Voraussagen zu überprüfen.
Da oft mit gefährlichen, giftigen oder gesundheitsschädlichen Stoffen gearbeitet wird, bedarf es vor der eigentlichen Durchführung einer gründlichen Vorbereitung. Bei allen Experimenten muss sicherheitsbewusst vorgegangen werden. Durch umfassende Information vor dem Experimentieren können Gefahren vermieden werden.

Beim **Experimentieren** ist immer die folgende **Schrittfolge** einzuhalten:
1. Vorbereitung
2. Durchführung
3. Beobachtung (wird oft mit Durchführung zusammengefasst)
4. Auswertung

Vorbereitung des Experiments

Gibt der Lehrer im Unterricht ein Protokoll vor, so enthält dieses oft Vorüberlegungen. Die Beantwortung dieser Aufgaben trägt zum Erfassen der chemischen Grundlagen und zur optimalen Durchführung des Experiments bei.

Jedes Experiment hat ein Ziel. Entweder wird mit dem Experiment eine Voraussage bestätigt oder widerlegt. Manchmal ist es auch erforderlich, mehrere Experimente nacheinander durchzuführen.
Oft ergibt sich das Experiment aus einer Aufgabenstellung. Zur Durchführung und gedanklichen Gliederung von Experimenten hat sich das Protokoll (↗ S. 48) bewährt.
Die Planung eines Experiments erfolgt in folgenden Teilschritten:

1. Erfassen und Durchdenken der Aufgabe
   - Überlegen, welches Ziel mit dem Experiment erreicht werden soll.
   - Herausfinden der Gesetzmäßigkeiten, die bei dem geplanten Experiment wirken.
   - Ergründen möglicher Gefahren und Vorsichtsmaßnahmen, Beachten des Arbeitsschutzes (↗ S. 49 f.)

2. Planen der Apparatur (↗ S. 43 f.)
   - gedankliches Auswählen der nötigen Geräte und Hilfsmittel
   - Anfertigen einer Skizze zum Versuchsaufbau
   - Durchdenken des Ablaufs anhand der Skizze

3. Vorbereiten der experimentellen Durchführung
   - Bereitstellen der benötigten Geräte und Hilfsmittel
   - Bereitstellen der benötigten Chemikalien
   - Aufbau und Überprüfung der Apparatur

Im Unterricht ist es nötig, dass die Lehrkraft jede Apparatur überprüft, um mögliche Gefahren auszuschließen.

4. Durchdenken des Ablaufs:
   - gedankliches Durchführen des Experiments
   - Prüfen möglicher Gefahrenquellen

Nach diesen Vorbereitungen kann mit der Durchführung des Experiments begonnen werden. Der Arbeitsschutz (↗ S. 49 f.) darf dabei nie vernachlässigt werden.

1

Durchführung des Experiments mit Beobachtungen

Nach der erfolgten Vorbereitung und dem Aufbau der Apparatur beginnt die Durchführung. Manchmal ist es notwendig, bestimmte Geräte und Chemikalien erst anzufordern.
In einem vorgegebenen Protokoll oder einer Versuchsanleitung sind oft schon die einzelnen Arbeitsschritte der Durchführung aufgelistet. Bei der Durchführung wird folgendermaßen vorgegangen:

1. Durchlesen und Erfassen der Experimentieranleitung
2. schrittweises und planmäßiges Ausführen des Experimentes unter Beachtung der Sicherheitsvorschriften
3. Beobachten (↗ S. 21) aller Veränderungen
4. sorgfältiges Protokollieren der Beobachtungen und Messwerte
5. Stilllegung der Apparatur nach Ablauf der chemischen Reaktion
6. sichere Aufbewahrung oder Entsorgung der Reaktionsprodukte

▶ Oft ist es günstig, wenn zwei oder mehr Schüler gemeinsam ein Experiment durchführen. So kann z. B. gleichzeitig eine Reaktion durchgeführt und protokolliert werden.

Um mögliche Veränderungen bei chemischen Reaktionen erkennen zu können, ist es nötig, die Eigenschaften der Ausgangsstoffe und Reaktionsprodukte und die Bedingungen vor der Reaktion genau festzuhalten. Bei der Auswertung wird dann ein Vergleich (↗ S. 23) durchgeführt.

Auswertung

Nach dem Experiment erfolgt die Auswertung, deren Teilschritte je nach Aufgabe und Experiment variieren können. Bei der Auswertung werden die im Protokoll festgehaltenen Beobachtungen und Messwerte interpretiert. Dabei ist folgende Vorgehensweise zweckmäßig:

1. Vergleichen von Eigenschaften, Größen, Zuständen vor und nach der Reaktion
2. Auswerten der Messgrößen
3. Deuten der Ereignisse während der Reaktion
4. Entwickeln von Reaktionsgleichungen (↗ S. 116)
5. Schlussfolgern, Herstellen von Zusammenhängen
6. Beantworten der Aufgabenstellung

▶ Nach Beendigung des Experiments sollte der Arbeitsplatz aufgeräumt werden. Die benötigten Geräte müssen nach der Zerlegung der Apparatur gereinigt werden.

Um die Beobachtungen und die Ergebnisse zu dokumentieren, wird ein **Protokoll** nach dem gleichen Schema angefertigt, nach dem auch das Experiment durchgeführt wurde. Dadurch wird gewährleistet, dass die einzelnen Arbeitsschritte, die Beobachtungen und die Auswertung gefahrlos und fachgerecht wiederholt bzw. nachvollzogen werden können.
Auf der nachfolgenden Seite ist das Protokollschema am Beispiel der Reaktion von Metalloxiden mit Wasser demonstriert.

▶ Am Ende jedes Experiments müssen auch die Hände gründlich gereinigt werden, um sie von anhaftenden Chemikalien zu befreien.

1

Schema eines Protokolls

Teile	Beispiel	
Aufgabe: – Fragestellung und Ziel des Experimentes	Prüfe, ob eine basische Lösung entsteht, wenn Metalloxide der Elemente der II. Hauptgruppe mit Wasser reagieren.	
Vorbetrachtungen: – Wiederholung benötigter Kenntnisse – Sicherstellung des Arbeitsschutzes	1. Gib Namen und Formeln einiger Basen an. Nenne die in den Basenlösungen vorliegenden Ionen. Erläutere den Begriff Suspension. 2. Beschreibe das Vorgehen beim Trennen der Bestandteile einer Suspension. 3. Beschreibe den Nachweis von Hydroxid-Ionen.	
Geräte und Chemikalien: – Auflistung aller benötigten Laborgeräte und Hilfsmittel – Auflistung aller benötigten Chemikalien	Geräte: – Reagenzgläser – Reagenzglasständer – Reagenzglashalter – Rundfilter (Filterpapier) – Spatel – Brenner – Spritzflasche – Schutzbrille	Chemikalien: – destilliertes Wasser – Calciumoxid – Magnesiumoxid – Universalindikatorlösung oder Indikatorpapier
Durchführung mit Beobachtungen: – Arbeitsschritte zur Durchführung des Experiments – Sicherheitshinweise – beobachtete Veränderungen	Durchführung: 1. Gib mit dem Spatel etwas Calciumoxid in ein Reagenzglas. Füge etwa 5 ml destilliertes Wasser hinzu. 2. Erwärme das Gemisch vorsichtig. 3. Filtriere die abgekühlte Lösung. Prüfe das Filtrat mit Universalindikator. 4. Wiederhole den Versuch mit Magnesiumoxid.	Beobachtungen: 1. Calciumoxid ist ein weißes, geruchloses Pulver. Es löst sich nicht vollständig auf. 2. Das Calciumoxid löst sich vollständig auf. 3. Der Universalindikator färbt sich blau. 4. Auch bei Magnesiumoxid färbt sich der Universalindikator blau.
Auswertung: – Deuten der beobachteten Erscheinungen – Schlussfolgern – Aufstellen von Reaktionsgleichungen – Berechnen von Größen – Beantworten von Aufgaben, Bezug zur Aufgabenstellung herstellen	Auswertung: 1. Die wässrigen Lösungen zeigen eine basische Reaktion. Es sind Hydroxid-Ionen entstanden. 2. $CaO + H_2O \longrightarrow Ca(OH)_2$ $MgO + H_2O \longrightarrow Mg(OH)_2$ 3. Bei der Reaktion von Calciumoxid und Magnesiumoxid mit Wasser entstehen basische Lösungen. Ähnliche Reaktionen zeigen alle Metalloxide der Elemente der II. Hauptgruppe mit Wasser.	

1.3.3 Sicherheit beim Experimentieren

Verhaltensregeln

Experimente erfordern besondere Aufmerksamkeit und Sorgfalt. Zum einen wird teilweise mit gefährlichen Stoffen, so genannten Gefahrstoffen (↗S. 51 f.), gearbeitet, zum anderen können durch unsachgemäßen Umgang mit Chemikalien und Geräten Unfälle oder Verletzungen geschehen.
Beim Experimentieren im Chemieraum bzw. im Labor sind folgende **Verhaltensregeln** zu beachten:

▸ **Erste-Hilfe-Maßnahmen** bei Schädigungen durch Chemikalien sollten jedem Teilnehmer vorher genau bekannt sein.

1. Der Arbeitsbereich muss ordentlich und sauber sein. Lehrbücher oder Kleidung sollten nicht im unmittelbaren Experimentierumfeld aufbewahrt werden. Auf dem Arbeitsplatz liegen nur die notwendigen Arbeitsmittel.
2. Im Chemieraum dürfen keine Speisen oder Getränke eingenommen und aufbewahrt werden!
3. Alle Geräte sind sorgsam und pfleglich zu behandeln. Die für das Experiment benötigten Geräte sollten auf dem Arbeitsplatz bereitgestellt und geprüft werden. Beschädigungen und Verluste sind sofort zu melden.
4. Den Anweisungen der Lehrkraft oder des Leiters des Experiments ist unbedingt Folge zu leisten! Schriftliche Versuchsanleitungen müssen vor dem Experiment gelesen und durchdacht werden.
5. Zum Schutz der Kleidung empfiehlt sich das Tragen eines Kittels. Längere Haare sollten nicht offen getragen werden, da sie sonst in die Flamme eines Brenners geraten können. Weitere Schutzvorrichtungen, z. B. Schutzbrille, Handschuhe oder Abzug, sind wenn nötig zu verwenden.
6. Über Feuerlöschgeräte, deren Handhabung, den Verlauf von Fluchtwegen und Erste-Hilfe-Maßnahmen muss Klarheit herrschen.
7. Die Apparaturen sind exakt nach Anleitung aufzubauen. Das Experiment darf erst beginnen, wenn die Apparatur freigegeben und die Versuchsabläufe klar sind.
8. Beim Experimentieren ist die Versuchsdurchführung genauestens einzuhalten.
9. Gasbrenner, Chemikalien und Geräte dürfen nicht zu nah an die Tischkante gestellt werden. Einen entzündeten Brenner muss man immer im Auge behalten!
10. Der Arbeitsplatz und die benutzten Geräte sind nach Beendigung des Experiments zu säubern.
11. Es ist zu prüfen, ob alle Gas- und Wasserhähne geschlossen sind!
12. Bei außergewöhnlichen Zwischenfällen Ruhe bewahren. Anweisungen der beaufsichtigenden Personen sind generell zu beachten.

▸ Auch das **Verhalten bei Bränden** und Maßnahmen des **Brandschutzes** müssen vor dem Experiment geklärt und besprochen werden.

Jeder Klassenraum, in dem experimentiert wird, besitzt mehrere „Not-Aus-Schalter". Werden diese „Not-Aus-Schalter" betätigt, so wird die Gaszufuhr unterbrochen und der Strom abgeschaltet. Die Beleuchtung ist davon nicht betroffen.

1

Vorsichtsmaßnahmen für den Umgang mit Chemikalien

Beim chemischen Experimentieren im Unterricht oder im Labor sind alle Stoffe als Chemikalien zu betrachten. Da viele Chemikalien die Gesundheit oder die Umwelt gefährden können, sind beim Umgang generell folgende Vorsichtsmaßnahmen zu beachten:

▶ Auch im Haushalt wird mit ätzenden oder gesundheitsschädlichen Stoffen, z. B. Rohrreiniger, gearbeitet. Oft treten Verletzungen auf, weil diese Chemikalien vorschriftswidrig in Lebensmittelgefäßen aufbewahrt werden.

1. Chemikalien dürfen nie in Flaschen oder Gläser gefüllt werden, die auch für Lebensmittel verwendet werden!
2. Vorratsgefäße, in denen Chemikalien aufbewahrt werden, sind vorschriftsmäßig zu kennzeichnen! Dabei sind die Regeln des *global harmonisierten Systems zur Einstufung und Kennzeichnung von Chemikalien* (GHS, ↗S. 51) zu beachten!
3. Über die Eigenschaften der für das Experiment benötigten Stoffe und über mögliche Gefahren, die von diesen Stoffen ausgehen, sollte man sich vor der Durchführung informieren.
4. Immer nur geringe Stoffmengen verwenden. Nie mit größeren Mengen arbeiten, als in der Versuchsanleitung angegeben sind.
5. Nach der Entnahme von Chemikalien sind die Vorratsgefäße sofort wieder zu verschließen. Einmal entnommene Chemikalien dürfen nicht wieder in das Vorratsgefäß zurückgegeben werden, da sie die Stoffe verunreinigen könnten.
6. Chemikalien gehören nicht in den Ausguss!
7. Chemikalien nicht mit den Fingern berühren! Nach dem Experimentieren die Hände gründlich säubern!
8. Geschmacksproben sind grundsätzlich verboten, auch wenn man annimmt, dass der Stoff ungiftig ist!
9. Geruchsproben werden durchgeführt, indem Gase oder Dämpfe aus ausreichender Entfernung vorsichtig mit der Hand zur Nase gefächelt werden!
10. Das Ansaugen von Chemikalien (Pipettieren) mit dem Mund ist im Chemieunterricht grundsätzlich verboten!
11. Flüssigkeiten können beim Erhitzen leicht herausspritzen. Das Reagenzglas ist deshalb höchstens bis zu einem Drittel zu füllen. Das Erwärmen der Flüssigkeit sollte vorsichtig bei leichtem Schütteln erfolgen. Die Öffnung eines Reagenzglases darf nie auf eine Person gerichtet werden!
12. Das Gesicht darf man nie über ein Gefäß halten, in dem eine Reaktion abläuft!
13. Beim Arbeiten mit feuergefährlichen Stoffen dürfen sich in der Nähe keine Zündquellen oder Wärmequellen wie offene Flammen oder Heizplatten befinden!
14. Nach Beendigung des Experiments sind Chemikalienreste in die vom Lehrer bereitgestellten Abfallgefäße zu geben.
15. Gebrauchte Gefäße sind sorgfältig zu säubern, zu trocknen und wegzuräumen.

▶ Stoffe, die sich in nicht eindeutig gekennzeichneten Gefäßen befinden, dürfen nicht zum Experimentieren verwendet werden.

> Beim chemischen Experimentieren steht die Sicherheit an erster Stelle. Deshalb sind alle Stoffe als Chemikalien zu betrachten und eine Reihe wichtiger Verhaltensregeln einzuhalten.

Kennzeichnung von Gefahrstoffen

> **Gefahrstoffe** sind Stoffe (Chemikalien) oder Stoffgemische (Zubereitungen), die ein gesundheitsgefährdendes oder umweltgefährliches Potenzial besitzen. Sie müssen weltweit einheitlich mit Piktogrammen und Signalwörtern gekennzeichnet werden.

Die Kennzeichnung der Gefahrstoffe erfolgt seit dem 1.12.2010 nach dem **global harmonisierten System zur Einstufung und Kennzeichnung von Chemikalien (GHS)**. Dieses ersetzt schrittweise die seit 2005 in Deutschland gültige **Gefahrstoffverordnung**. In der bis 2015 dauernden Übergangsphase konnten Gefahrstoffe demnach mit unterschiedlichen Piktogrammen gekennzeichnet sein (↗ Tab., S. 52).

▶ Die Gefahrensymbole werden mit konkreten Gefahrenhinweisen (H-Sätze: *(Hazard Statements)* und Sicherheitsratschlägen (P-Sätze: *Precautionary Statements)* kombiniert.

Viele Säuren und Basen wirken **ätzend.** Die gesundheitsgefährdende Wirkung beruht darauf, dass sie Eiweiße zerstören und dem Gewebe Wasser entziehen können.
In Abhängigkeit von ihrer Konzentration werden sie als „ätzend" (↗ Abb.) oder als „reizend" gekennzeichnet.
Beispiele sind Schwefelsäure oder Natriumhydroxid, das in fester Form auch in Rohrreinigern (↗ S. 50) enthalten ist.

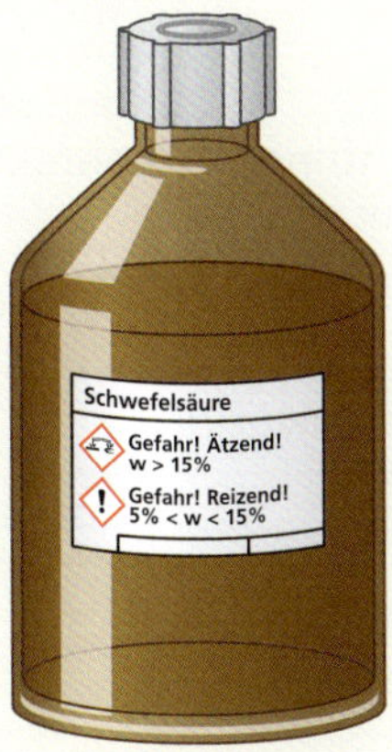

Brennbare Flüssigkeiten dürfen im Schulbereich nur in Gefäßen von maximal 1 l Fassungsvermögen aufbewahrt werden. Beim Umgang mit **leicht entzündlichen** und **explosionsgefährlichen Stoffen** müssen besondere Vorsichtsmaßnahmen beachtet werden. Manche Stoffe sind wie das krebserregende Benzen (Benzol, ↗ S. 234) so giftig, dass damit keine Schülerexperimente durchgeführt werden dürfen.

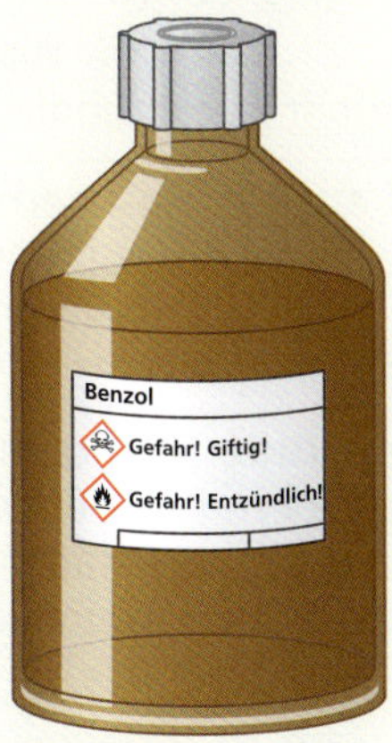

▶ Auch im Haushalt werden z. T. gefährliche, brennbare oder giftige Stoffe verwendet. Sie sind ebenfalls nach den Vorgaben des GHS zu kennzeichnen.

Die Regelungen des GHS bzw. der Gefahrstoffverordnung werden für den Unterricht weiter konkretisiert. Für alle Gefahrstoffe werden Betriebsanweisungen für die Hand des Lehrers erarbeitet. Schüler sind vor der Arbeit mit Gefahrstoffen zu belehren und über den richtigen Gebrauch zu unterweisen.

Symbol nach GHS	Kennbuchstabe und Gefahrenbezeichnung	Beschreibung der Wirkung der gekennzeichneten Stoffe	Symbol nach GeStoffV
	T giftig T+ sehr giftig Signalwort: Gefahr	Erhebliche Gesundheitsschäden durch Einatmen, Verschlucken oder Aufnahme durch die Haut. Kann krebserzeugend und/oder fortpflanzungsgefährdend sein. Keine Schülerexperimente.	
	Xn gesundheitsschädlich Signalwort: Gefahr	Gesundheitsschäden durch Einatmen, Verschlucken oder Aufnahme durch die Haut. Kann krebserzeugend, sensibilisierend oder fortpflanzungsgefährdend sein.	
	Xi reizend Signalwort: Achtung	Reizwirkung auf die Haut, die Atmungsorgane und die Augen. Kann sensibilisierend durch Hautkontakt sein.	
	E explosionsgefährlich Signalwort: Gefahr	Explosion unter bestimmten Bedingungen möglich. Keine Schülerexperimente.	
	C ätzend Signalwort: Gefahr	Hautgewebe und Geräte werden nach Kontakt zerstört.	
	F leichtentzündlich F+ hochentzündlich Signalwort: Gefahr	Entzünden sich selbst an heißen Gegenständen. Mit Wasser entstehen leicht entzündliche Gase.	
	O brandfördernd Signalwort: Gefahr	Andere brennbare Stoffe werden entzündet, ausgebrochene Brände gefördert.	
	N umweltgefährlich, umweltgefährdend	Sind sehr giftig, giftig oder schädlich für Wasserorganismen, Pflanzen, Tiere und Bodenorganismen; schädliche Wirkung auf die Umwelt.	
	komprimierte Gase Signalwort: Achtung	Gaszylinder enthält komprimiertes Gas. Kann durch Erhitzen explodieren. Kann auch gefrorenes Gas enthalten, das Kältebrandwunden oder Verletzungen hervorruft.	

Struktur und Eigenschaften von Stoffen

2

2

2.1 Stoffe und ihre Eigenschaften

2.1.1 Stoffeigenschaften

▶ Nicht alle Stoffe riechen angenehm. Manche setzen sogar schleimhautreizende Dämpfe frei. Deshalb Vorsicht bei der Geruchsprobe.

Stoffe sind die Materialien, aus denen Körper bestehen. Jeder Stoff besitzt bestimmte Eigenschaften, die ihn charakterisieren.

Die Stoffeigenschaften ermittelt man entweder mit den Sinnesorganen (sensitiv) oder durch Messungen bzw. andere Experimente.
Zu den **sensitiven Eigenschaften** zählen Farbe, Geruch, Oberflächenbeschaffenheit und der Aggregatzustand von Stoffen.

Ausgewählte sensitive Stoffeigenschaften	
Oberflächenbeschaffenheit	– glatt oder rau – matt oder glänzend – farbig oder farblos
Aggregatzustand	– fest, flüssig oder gasförmig – hängt von den äußeren Bedingungen ab, speziell von der Temperatur und vom Druck

▶ Beim Übergang eines Stoffs vom festen in den flüssigen Zustand bleibt die Temperatur (Bestimmung von ϑ_S) konstant. Gleiches gilt für den Übergang vom flüssigen in den gasförmigen Zustand (Bestimmung von ϑ_V).

Noch besser lassen sich Stoffe durch **messbare** oder andere **experimentell bestimmbare Eigenschaften** charakterisieren und erkennen.

Schmelztemperatur und Siedetemperatur:
Die Temperatur, bei der ein fester Stoff flüssig wird, ist die **Schmelztemperatur ϑ_S**.
Die Temperatur, bei der ein flüssiger Stoff in den gasförmigen Zustand übergeht, heißt **Siedetemperatur ϑ_V**.
Diese für den jeweiligen Reinstoff charakteristischen Temperaturen lassen sich genau messen.

Bestimmung der Schmelztemperatur

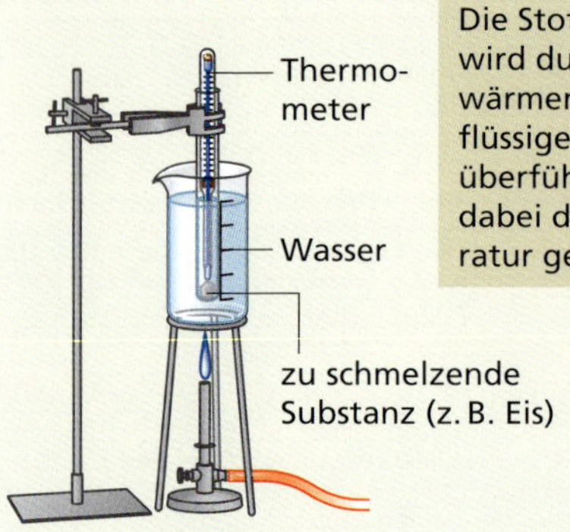

Die Stoffprobe wird durch Erwärmen in den flüssigen Zustand überführt und dabei die Temperatur gemessen.

Bestimmung der Siedetemperatur

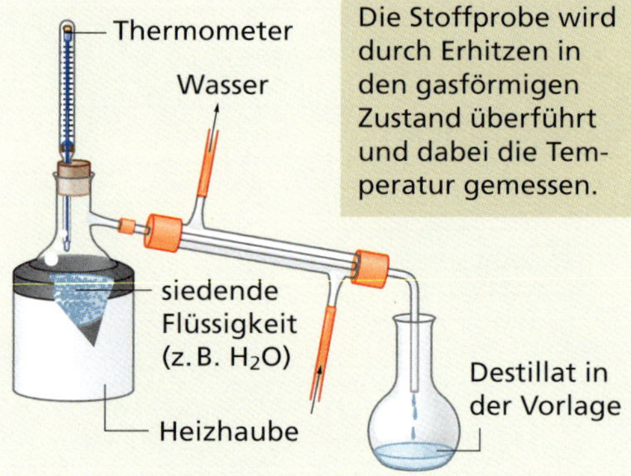

Die Stoffprobe wird durch Erhitzen in den gasförmigen Zustand überführt und dabei die Temperatur gemessen.

Dichte:
Gegenstände mit gleicher Masse können ein unterschiedliches Volumen aufweisen. Welche Masse ein Körper mit einem konkreten Volumen hat, ist vom Stoff abhängig und wird durch die **Dichte** beschrieben.
Die Dichte eines Stoffs ergibt sich aus dem Quotienten seiner Masse und seines Volumens. Sie ist für jeden Reinstoff charakteristisch. Allerdings hängt die Dichte von der Temperatur und bei Gasen auch vom Druck ab.

Ermittlung der Dichte eines festen Körpers

① ②

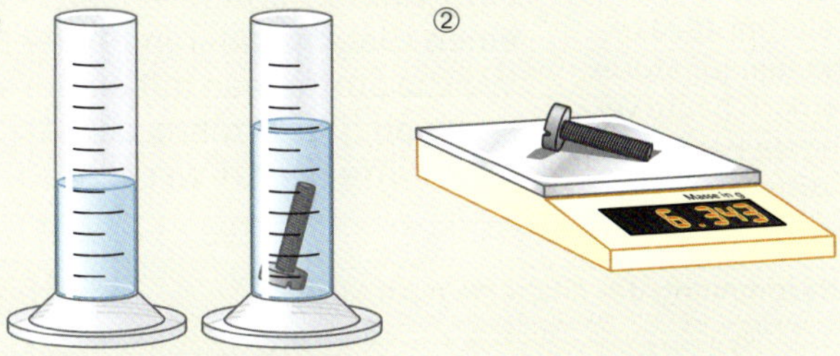

Bestimmung des Volumens durch die Differenzmethode

Bestimmung der Masse des Körpers mit einer Waage

③ Berechnung der Dichte nach $\varrho = \frac{m}{V}$

Elektrische Leitfähigkeit:
Die **elektrische Leitfähigkeit** beschreibt die Fähigkeit von Stoffen, den elektrischen Strom zu leiten. Dazu müssen frei bewegliche Ladungsträger, also Elektronen (↗ S. 84 f.) oder Ionen (↗ S. 92 f.), vorhanden sein. Dies ist beispielsweise bei Metallen und wässrigen Lösungen oder Schmelzen von Salzen der Fall.

Wärmeleitfähigkeit:
Die Wärmeleitung ist eine Form der Wärmeübertragung. Dabei wird in Stoffen Wärme von einer Stelle höherer Temperatur zu einer Stelle niedrigerer Temperatur übertragen.
Die **Wärmeleitfähigkeit** von Stoffen ist sehr unterschiedlich. Bei Metallen beruht sie vor allem auf der Beweglichkeit der Elektronen im Metallgitter. Bei anderen Festkörpern wird die Wärme hauptsächlich durch Schwingungen der Gitterbausteine weitergeleitet.

Körper aus **Metallen,** z. B. aus Kupfer oder Aluminium, leiten die Wärme und den elektrischen Strom gut. Schlechte elektrische und Wärmeleiter sind Wasser, Luft oder **Glas.**

Test auf elektrische Leitfähigkeit

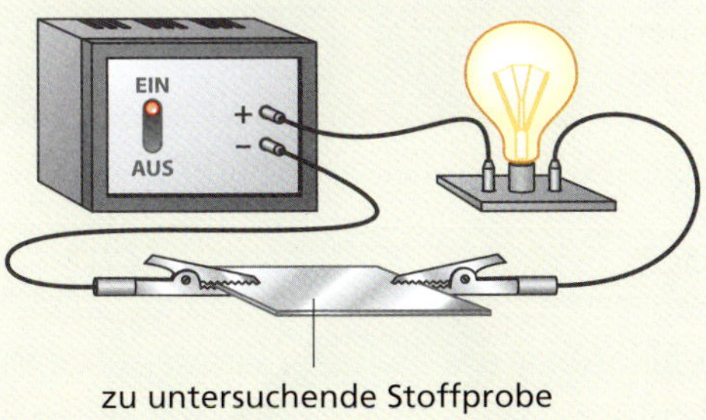

Leuchtet die Lampe, leitet der Stoff den elektrischen Strom.

Test auf Wärmeleitfähigkeit

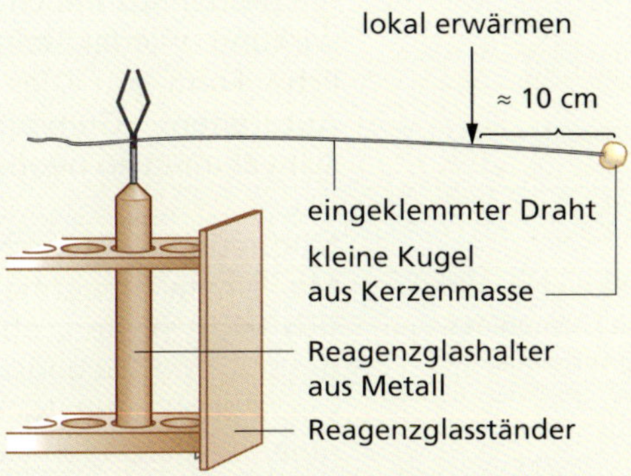

Schmilzt die Kerzenmasse relativ schnell, leitet der Stoff die Wärme gut.

C. F. C. MOHS (1773–1839) hat die Methode des Ritzens bereits um 1820 benutzt, um für Stoffe eine noch heute verwendete Härteskala aufzustellen.

Härte:
Stoffe sind unterschiedlich hart. Einige Feststoffe lassen sich durch Krafteinwirkung mithilfe anderer Stoffe ritzen, z.B. eine Glasscheibe durch einen Glasschneider mit einer Stahl- oder Diamantspitze.
Welche Stoffe man mit einem anderen Stoff ritzen kann, hängt von ihrer **Härte** ab. Dabei gilt grundsätzlich, dass weichere Materialien durch härtere Stoffe geritzt werden.

Bestimmung der Ritzhärte nach MOHS

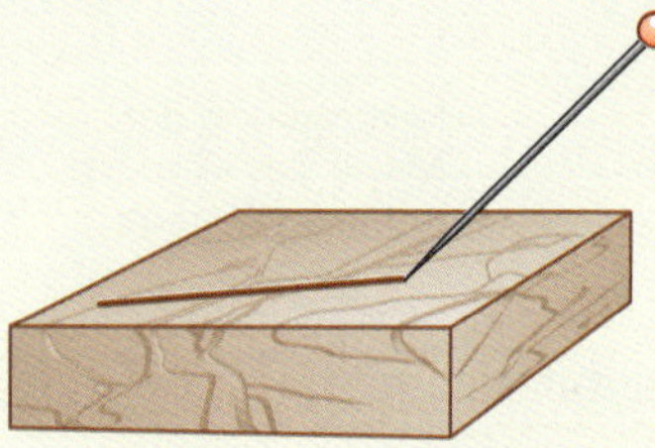

Mit einem härteren Stoff kann man einen weicheren Stoff ritzen.

Härteskala nach MOHS

Man ritzt mit	einen Stoff bis Härte	zum Beispiel
dem Fingernagel	2	Gips
einem Kupfernagel	3	Marmor
einer Stahlnadel	5	Apatit
Quarzkristallen	7	Glas
dem Diamantschneider	10	Diamant

Keramikfliesen und **Glas** sind kaum verformbar, sie sind spröde. **Kupfer, Stahl** oder Knete sind relativ gut plastisch verformbar. **Gummi** lässt sich dagegen elastisch verformen.

Verformbarkeit:
Stoffe sind unter Krafteinwirkung gut oder schlecht verformbar. Solche Stoffe, die wie Glas leicht zerspringen, bezeichnet man als **spröde.**
Verformungen werden in zwei Arten unterteilt. Bei der **plastischen Verformung** geht der Stoff nach der Krafteinwirkung nicht wieder von allein in seine ursprüngliche Form zurück. Dies ist z.B. bei Knetmasse, Ton oder einigen Metallen der Fall.
Bei einer **elastischen Verformung** nimmt der Stoff nach der Krafteinwirkung wieder seine ursprüngliche Form an. Dies ist z.B. bei Autoreifen, Gummibällen oder Schwämmen zu beobachten.

Es gibt verschiedene Formen des **Magnetismus.**

Magnetische Eigenschaften:
Mit einem Dauermagneten lässt sich leicht prüfen, ob Stoffe magnetisch sind. Gegenstände aus Eisen, Cobalt oder Nickel sowie einige Legierungen werden von Magneten angezogen.
Die große Mehrzahl der Stoffe ist jedoch nicht magnetisch und kann daher nicht auf diese Weise charakterisiert werden.

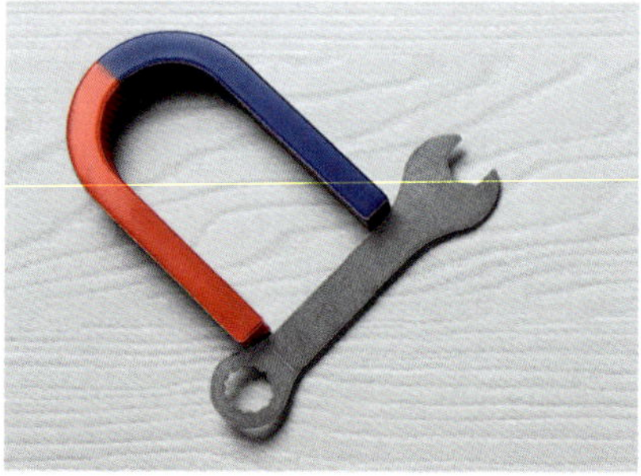

Löslichkeit:
Geben wir Kochsalz in Wasser, löst sich das Salz langsam auf. Mehl ist dagegen nur schlecht in Wasser löslich. Auch Flüssigkeiten und Gase können in einem Lösungsmittel gelöst werden. So enthält Wasser beispielsweise meist gelösten Sauerstoff, warmes Wasser weniger als kaltes Wasser.
Die **Löslichkeit** eines Stoffs gibt an, in welcher Menge ein Reinstoff in einem Lösungsmittel gelöst werden kann. Sie ist von der Art des Stoffs, von der Art des Lösungsmittels und von der Temperatur abhängig.

Bestimmung der Löslichkeit eines Feststoffs

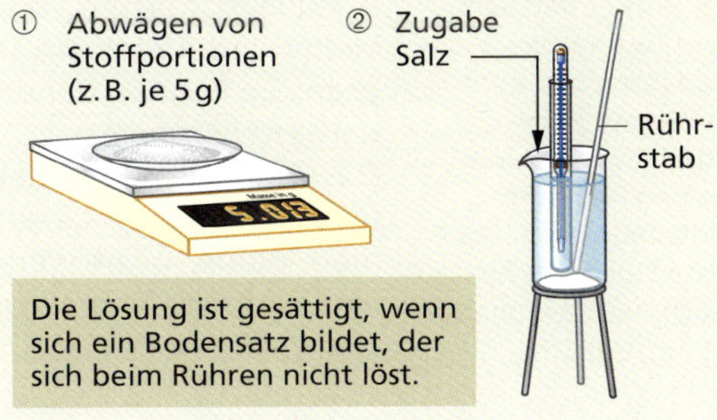

Brennbarkeit:
Wenn wir Stoffe erhitzen, schmelzen oder sieden sie bei ausreichender Wärmezufuhr. Beim Erwärmen unbekannter Substanzen mit dem Brenner ist jedoch Vorsicht geboten, da viele Stoffe **brennbar** (↗ S. 211) sind oder sich zersetzen, bevor sie schmelzen bzw. sieden.
Ein Stoff ist brennbar, wenn er nach seiner Entzündung von selbst weiterbrennt, auch wenn die Zündquelle, z.B. ein Gasbrenner, entfernt wird. Chemiker bestimmen durch spezielle Experimente, wie leicht entzündlich Stoffe sind, und unterteilen sie in verschiedene Brandklassen.

▶ **Steckbriefe** können außerdem Informationen zu Vorkommen, zum Bau und zur Verwendung der Stoffe enthalten.

> Stoffe werden durch eine Vielzahl sensitiver und experimentell bestimmbarer Eigenschaften charakterisiert. Die Kombination der Eigenschaften und weitere Informationen zu den Stoffen werden in sogenannten **Steckbriefen** zusammengefasst.

Steckbrief: Kochsalz (chemischer Name: Natriumchlorid)

Eigenschaften

- Farbe: farblos (kleine Kristalle erscheinen weiß)
- Geruch: geruchlos
- Geschmack: charakteristisch salzig (Vorsicht! Im Chemieunterricht keine Geschmacksprobe vornehmen!)
- Oberfläche: matt glänzend
- Härte: 2 (Härte nach MOHS)
- Aggregatzustand: bei Raumtemperatur fest, kristallin
  – Schmelztemperatur 801 °C
  – Siedetemperatur 1465 °C
- Dichte: 2,2 $g \cdot cm^{-3}$ (bei 25 °C)
- elektrische Leitfähigkeit: Feststoff nicht elektrisch leitfähig, Lösungen und Schmelzen leiten den Strom
- Löslichkeit: sehr gut in Wasser löslich (in 100 g Wasser lösen sich bei 20 °C 35,85 g)
- Brennbarkeit: nicht brennbar
- magnetische Eigenschaften: nicht magnetisch

Bau

- regelmäßiges dreidimensionales Ionengitter

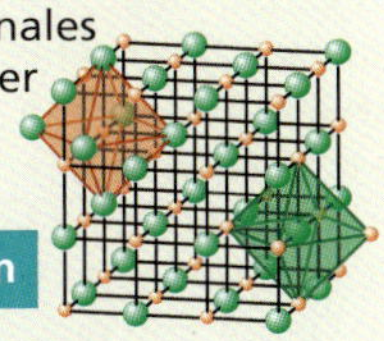

Vorkommen

- im Meerwasser
- als Steinsalz in Salzlagerstätten

Verwendung

- Speisesalz
- Streusalz (Winterdienst)
- Konservierungsmittel
- Industriesalz

2

2.1.2 Bausteine der Stoffe

▶ Zucker und Salz sind fest, farblos und lösen sich gut in Wasser. Beim Erhitzen zeigen die beiden Feststoffe jedoch unterschiedliche Eigenschaften. Auch der Geschmack ist nicht gleich.

Alle Eigenschaften von Stoffen sind durch ihren Bau bedingt. Stoffe bestehen aus kleinsten, selbst mit Lichtmikroskopen nicht sichtbaren **Teilchen.** Sie können daher nur in vereinfachter Form mithilfe von **Modellen** dargestellt werden.
Das erste **Teilchenmodell** entwickelte der griechische Philosoph DEMOKRIT (460–380 v. Chr.) bereits vor mehr als 2000 Jahren. Er überlegte, dass man kleine, nicht weiter teilbare Teilchen erhalten würde, wenn man einen Körper immer weiter zerteilt. Er nannte sie Atome (griech: *atomos* – unteilbar, ↗S. 67 ff.).

In Lehrbüchern werden Teilchen heute häufig als Kugeln dargestellt, zwischen denen **leerer Raum** (Vakuum) ist. Diese Darstellung beschreibt jedoch nicht die **Kräfte, die zwischen den Teilchen wirken.**

Zerlegt man Kreide, erhält man Kreidepulver. Versucht man, das Kreidestück wieder zu formen, funktioniert dies nicht. Beim Zerteilen wurde der Verband der Teilchen zerstört und damit wurden die Kräfte überwunden, die zwischen den Teilchen wirken.

▶ Je höher die Temperatur ist, umso schneller erfolgt die brownsche Bewegung. Teilchen von Feststoffen bewegen sich kaum, weil zwischen ihnen sehr starke Kräfte wirken. Sie schwingen nur geringfügig hin und her. In Flüssigkeiten und Gasen sind die Kräfte zwischen den Teilchen deutlich schwächer als in Feststoffen.

Diese Kräfte bilden eine weitere Ursache für Eigenschaften von Stoffen. So hängt es von ihnen ab, wie schnell sich Stoffe mischen. Dabei spielt auch die **Bewegung der Teilchen** eine Rolle.
Dass sich Teilchen bewegen, erkennt man z. B., wenn sich ein Tropfen Tinte von selbst im gesamten Wasser verteilt. Die Bewegung der Teilchen in Gasen und Flüssigkeiten ist unregelmäßig und wird nach ihrem Entdecker **brownsche Bewegung** genannt.

ROBERT BROWN (1773–1858) entdeckte 1827, dass Blütenpollen in einem Tropfen Wasser immer wieder ihren Standort in nicht vorhersehbarer Art und Weise veränderten.
ALBERT EINSTEIN (1879–1955) gab 1905 eine Erklärung dafür: Die winzig kleinen Teilchen der Flüssigkeit befinden sich in ständiger Bewegung. Sie stoßen dabei an die viel größeren Pollenkörnchen und schieben diese unregelmäßig hin und her.

Das Teilchenmodell besagt:

1. Alle Stoffe bestehen aus kleinsten Teilchen.
2. Zwischen den Teilchen ist leerer Raum.
3. Die Teilchen befinden sich in ständiger Bewegung.
4. Zwischen den Teilchen wirken Kräfte.

Die Kräfte, die zwischen den Teilchen wirken, führen dazu, dass diese sich zu großen Teilchenverbänden zusammenlagern. Die Art und Stärke dieser Kräfte, z. B. chemischer Bindungen (↗S. 84), hängen in erster Linie von der Art der Teilchen ab.
Die Vielfalt der Stoffe ergibt sich aus den vielen Kombinationsmöglichkeiten einer begrenzten Zahl chemischer Elemente (↗S. 166). Dieser Zusammenhang zwischen der Stoffebene und der Teilchenebene wird durch das **Stoff-Teilchen-Konzept** verdeutlicht.

Das Stoff-Teilchen-Konzept überschneidet sich teilweise mit dem Struktur-Eigenschafts-Konzept. Beim Stoff-Teilchen-Konzept wird bewusst zwischen den Erscheinungen auf Stoffebene und deren Deutung auf Teilchenebene unterschieden.

Stoff-Teilchen-Konzept

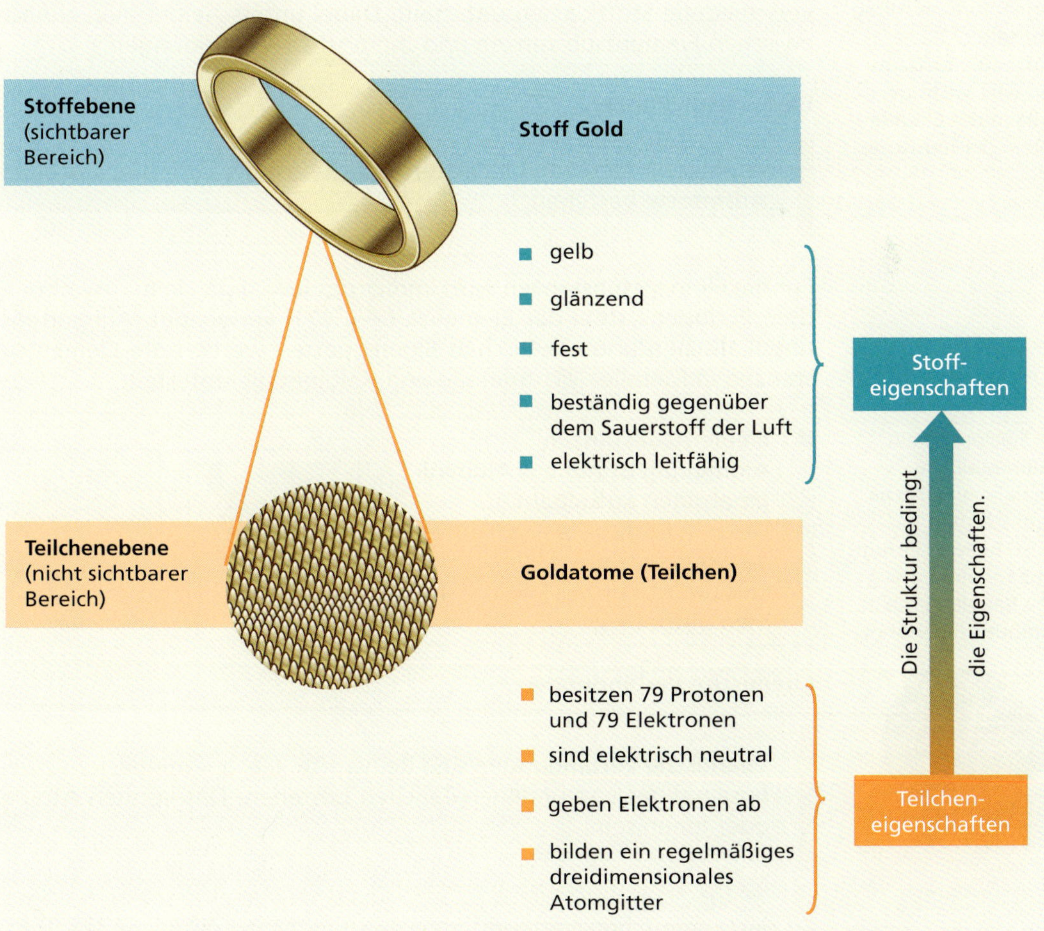

2.1.3 Reinstoffe und Stoffgemische

Einteilung der Stoffe

Stoffe lassen sich nach verschiedenen Kriterien einteilen. Nach ihrer Zusammensetzung unterscheidet man reine Stoffe und Stoffgemische.

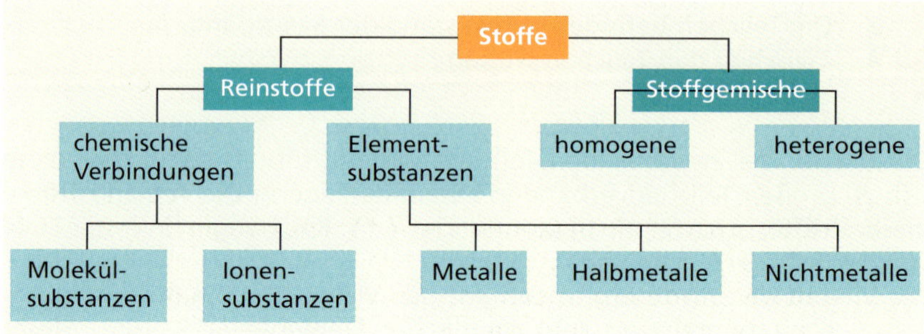

Reine Stoffe (Reinstoffe) bestehen nur aus einer Art von Teilchen.

Reinstoffe begegnen uns im Alltag sehr selten. Reine Stoffe spielen dagegen eine wichtige Rolle in der Chemie und in der Industrie.

Reinstoffe werden anhand der Teilchen, aus denen sie aufgebaut sind, in verschiedene Stoffklassen unterteilt. Dabei unterscheidet man zunächst zwischen Elementsubstanzen und chemischen Verbindungen.

Elementsubstanzen

Chemische **Elementsubstanzen** sind Reinstoffe, die nur aus einer Atomsorte bestehen.

Für die Elementsubstanzen wird immer das jeweilige Elementsymbol aus dem Periodensystem der Elemente (↗S. 171) verwendet. Anhand ihrer physikalischen und chemischen Eigenschaften werden die Elementsubstanzen in Metalle, Nichtmetalle und Halbmetalle unterteilt.

Silicium ist ein **Halbmetall,** das spezielle elektrische Eigenschaften aufweist. Reines Silicium wird für elektronische Bauelemente in Computern benötigt.

Elementsubstanzen
Aluminium ist nur aus Aluminiumatomen aufgebaut.
Helium besteht ausschließlich aus Heliumatomen.
Silicium ist nur aus Siliciumatomen aufgebaut.

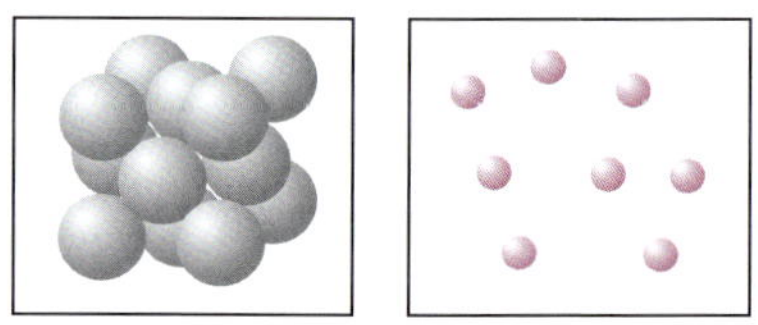

Al He

Chemische Verbindungen

Chemische Verbindungen sind Reinstoffe, die aus mindestens zwei miteinander verbundenen Teilchen bestehen. Das können Atome oder Ionen sein.

Zu den chemischen Verbindungen gehören Molekülsubstanzen, Ionensubstanzen und weitere Verbindungen.

Molekülsubstanzen

> **Molekülsubstanzen** sind chemische Verbindungen oder Elementsubstanzen, die aus Molekülen aufgebaut sind.

▶ Nach Stoffgruppen können chemische Verbindungen auch in anorganische und organische Verbindungen eingeteilt werden. Anorganischen Verbindungen sind z. B.:
- Oxide
- Säuren
- Basen
- Salze

Zu den organischen Verbindungen gehören z. B.:
- Alkane
- Alkohole
- Carbonsäuren
- Kohlenhydrate

Die Moleküle der Molekülsubstanzen können aus Atomen eines einzigen Elements bestehen.

Molekülsubstanzen aus Atomen einer Atomsorte:

1. Das Wasserstoffmolekül besteht aus zwei Wasserstoffatomen.
2. Das Phosphormolekül des weißen Phosphors (↗ S. 200) besteht aus vier Phosphoratomen.

H_2

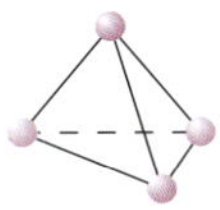
P_4

Die Moleküle der Molekülsubstanzen können auch aus Atomen mehrerer Elemente (mindestens zwei verschiedenen) aufgebaut sein.

Molekülsubstanzen aus verschiedenen Atomsorten:

1. Das Wassermolekül besteht aus einem Sauerstoff- und zwei Wasserstoffatomen.
2. Das Ethanolmolekül besteht aus zwei Kohlenstoff-, sechs Wasserstoff- und einem Sauerstoffatom.

H_2O

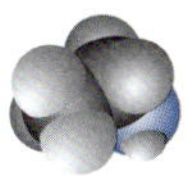
CH_3-CH_2-OH

Ionensubstanzen

> **Ionensubstanzen** sind chemische Verbindungen, die aus unterschiedlich geladenen Ionen aufgebaut sind.

Die Ionensubstanzen können aus entgegengesetzt geladenen einfachen Ionen, aber auch aus zusammengesetzten Ionen bestehen.

Ionensubstanzen aus einfachen Ionen:

Natriumchlorid ist aus Natrium-Ionen und Chlorid-Ionen aufgebaut. Die kleinste Baueinheit besteht aus einem Natrium-Ion und einem Chlorid-Ion. Viele dieser Baueinheiten ergeben die Ionensubstanz Natriumchlorid. Jedes einzelne Chlorid-Ion ist im Gitter von sechs Natrium-Ionen umgeben und jedes einzelne Natrium-Ion von sechs Chlorid-Ionen.

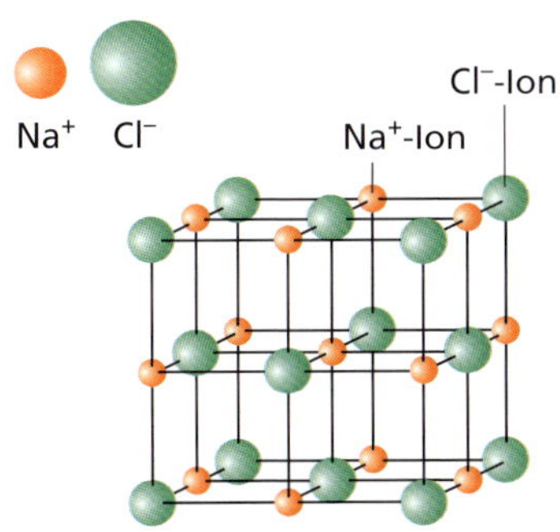

▶ Einfache Ionen entstehen durch Elektronenabgabe oder Elektronenaufnahme (↗ S. 93 f.) aus Atomen.

▶ Wenn beide **Ionen** unterschiedliche Ladungen besitzen, ist die räumliche Anordnung der Ionen komplizierter, z. B. bei Magnesiumphosphat ($3\,Mg^{2+}$ zu $2\,PO_4^{3-}$).

Ionensubstanzen mit zusammengesetzten Ionen

Bei den **zusammengesetzten Ionen** kann die räumliche Anordnung ähnlich der einfacher Ionen sein. Sind beide Ionen einfach positiv und negativ geladen, ordnen sich die Ionen auch hier im Verhältnis 1:1 an, genau wie bei Ionenkristallen aus einfachen Ionen.

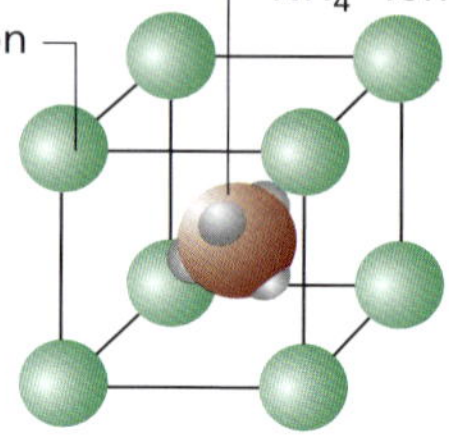

Zusammengesetzte Ionen bestehen aus Atomen, die durch Atombindungen verbunden sind! Ihre elektrische Ladung ergibt sich daraus, dass die Gesamtzahl aller Elektronen im Ion größer (Anionen) oder kleiner (Kationen) ist als die Gesamtzahl der Protonen aller Atome.

Beispiele zusammengesetzter Ionen

Ammonium-Ion NH_4^+	Carbonat-Ion CO_3^{2-}
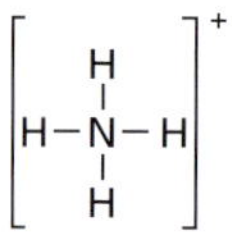 	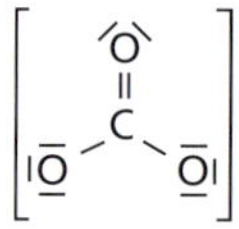 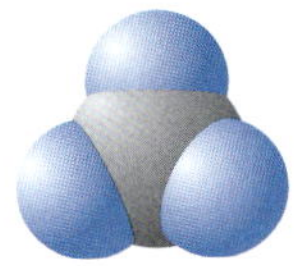
Protonenzahl: $1 \cdot 7 + 4 \cdot 1 = 11$ Elektronenzahl: 10 Ladung: $11 - 10 = 1+$	Protonenzahl: $1 \cdot 6 + 3 \cdot 8 = 30$ Elektronenzahl: 32 Ladung: $30 - 32 = 2-$

Stoffgemische

▶ **Luft** ist ein Stoffgemisch aus Stickstoff, Sauerstoff und anderen Gasen. Benzin ist ein Stoffgemisch aus verschiedenen **Kohlenwasserstoffen.**

Stoffgemische bestehen aus Teilchen unterschiedlicher Reinstoffe. Viele Eigenschaften der reinen Stoffe bleiben im Gemisch erhalten.

Stoffgemische verwenden wir täglich, wenn wir uns mit Seife waschen oder unsere Haut mit Cremes pflegen. Auch die meisten Lebensmittel sind Stoffgemische, die Fette, Eiweiße und andere Bestandteile enthalten können. Viele ursprüngliche Eigenschaften der reinen Stoffe bleiben im Gemisch erhalten.

Stoffgemische können durch physikalische Methoden voneinander getrennt werden. Die Eigenschaften der Stoffgemische werden von ihren einzelnen Bestandteilen bestimmt. Daher richtet sich auch die Einteilung der Stoffgemische nach den Eigenschaften.

Homogene und heterogene Stoffgemische

> In **homogenen Stoffgemischen** sind die beteiligten Stoffe bis zu den kleinsten Teilchen miteinander vermischt.
> Sie lassen sich nicht einmal mit dem Mikroskop voneinander unterscheiden.

Je nach Aggregatzustand der Gemische und ihrer Bestandteile unterscheidet man verschiedene homogene Stoffgemische.

Arten homogener Stoffgemische

Bezeichnung	Zusammensetzung Beispiele	Modell
Legierung	aus mindestens zwei festen Reinstoffen: – Bronze – Messing – Edelstahl (↗ Abb.) – Weißgold – Amalgam	
Gläser	aus mindestens zwei festen Reinstoffen: – Fensterglas (↗ Abb.) – Glaskeramik (Ceranfeld) – Bleikristall (Es gibt auch einige glasartige Reinstoffe.)	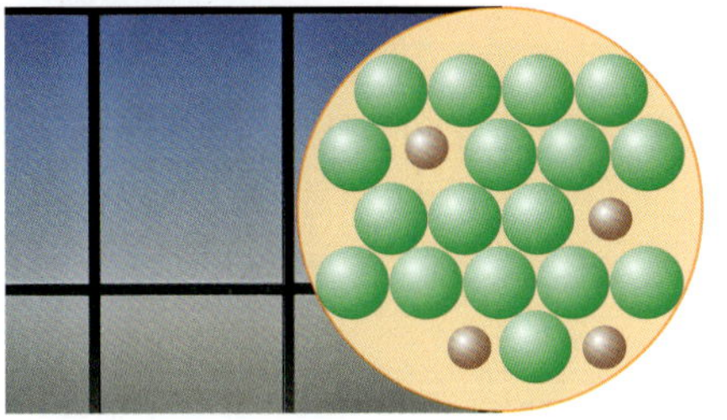
Lösung	aus mindestens einem festen und mindestens einem flüssigen Stoff: – Zuckerwasser (↗ Abb.) aus zwei flüssigen Reinstoffen: – Speiseessig aus einem flüssigen und einem gasförmigen Reinstoff: – in Wasser gelöstes Kohlenstoffdioxid	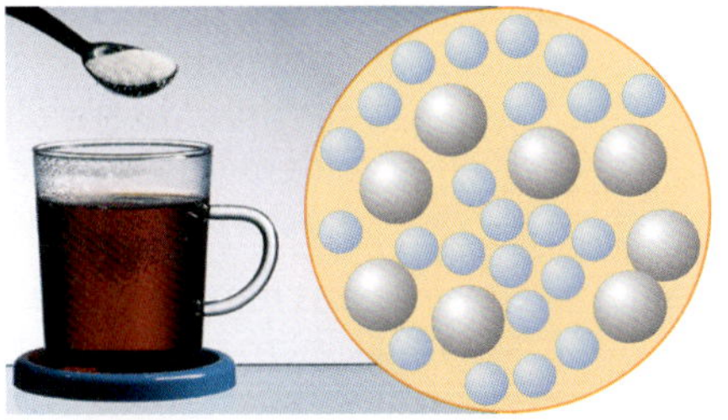
Gasgemisch	aus mindestens zwei gasförmigen Reinstoffen: – Luft (↗ Abb.) – Knallgas – Stadtgas	

In **heterogenen Stoffgemischen** sind die beteiligten Stoffe nicht bis zu den kleinsten Teilchen miteinander vermischt. Die verschiedenen Teilchen können mit bloßem Auge oder mit optischen Hilfsmitteln wahrgenommen werden

Die einzelnen Teilchen heterogener Stoffgemische sind z. B. mit der Lupe oder, bei feiner Vermischung, mit dem Mikroskop deutlich erkennbar. Je nach Aggregatzustand der Stoffe werden verschiedene heterogene Stoffgemische unterschieden.

Arten heterogener Stoffgemische

Bezeichnung	Zusammensetzung Beispiele	Modell
Gemenge	aus mindestens zwei festen Reinstoffen: – Granit – Gartenerde	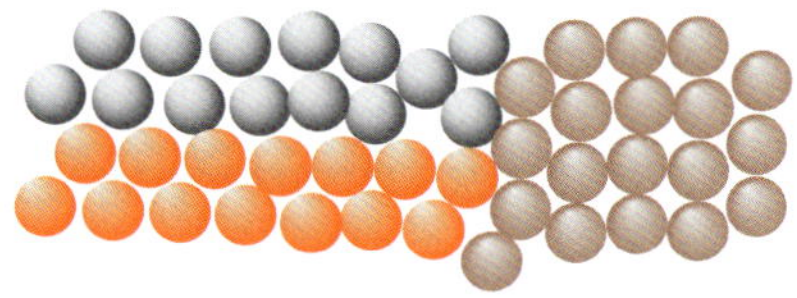
Suspension	aus mindestens einem festen und einem flüssigen Reinstoff: – naturtrüber Saft – Wasserfarbe – flüssiger Beton	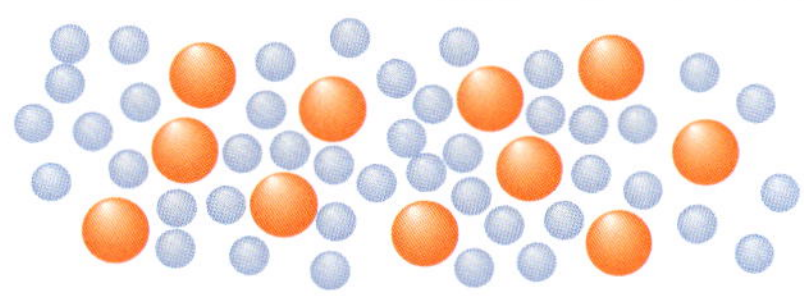
Emulsion	aus mindestens zwei flüssigen Reinstoffen: – Milch – Handcreme	
Schaum oder Schaumstoff	aus mindestens einem flüssigen und einem gasförmigen Reinstoff: – Bierschaum aus mindestens einem festen und einem gasförmigen Reinstoff: – Schaum-Polystyrol	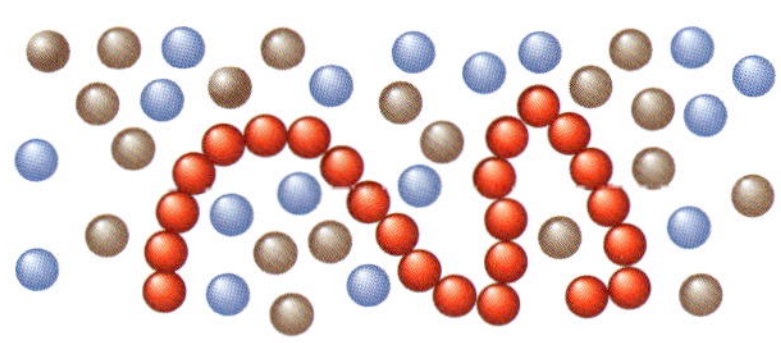
Rauch	aus mindestens einem festen und einem gasförmigen Reinstoff: – Ruß in Luft	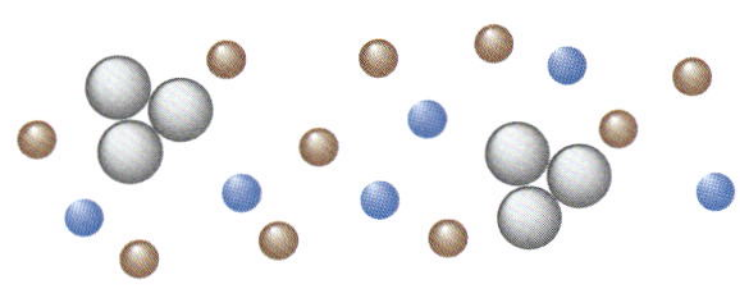
Nebel	aus mindestens einem flüssigen und einem gasförmigen Reinstoff: – Wolken (Wasserdampf in Luft)	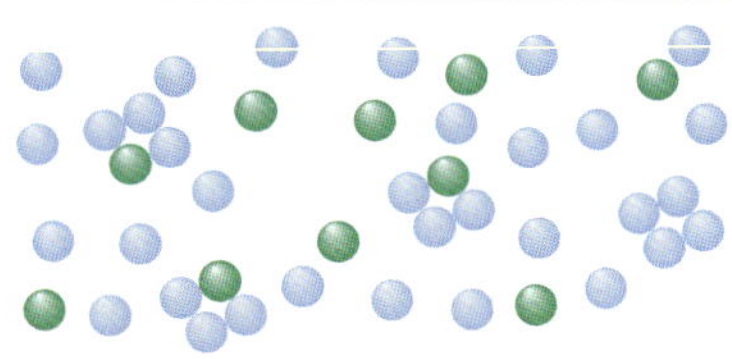

Trennen von Stoffgemischen

Da in den Gemischen die typischen Eigenschaften der einzelnen Reinstoffe erhalten bleiben, können Stoffgemische leicht getrennt werden, wenn sich die vermischten Stoffe in ihren Eigenschaften ausreichend unterscheiden. Eine dieser unterschiedlichen Eigenschaften wird dann zur **Trennung der Gemische** genutzt.

Auch die Adsorptionsfähigkeit kann zum **Trennen von Stoffgemischen** genutzt werden.

Trennen von Stoffgemischen

Unterschiedliche Eigenschaften	Zu trennendes Stoffgemisch	Trennverfahren	Beispiele
Siedetemperatur	Lösungen Suspensionen	Eindampfen Eindunsten Destillieren	Eindampfen 
Teilchengröße	Gemenge Suspensionen Rauch	Sieben Filtrieren	Filtrieren 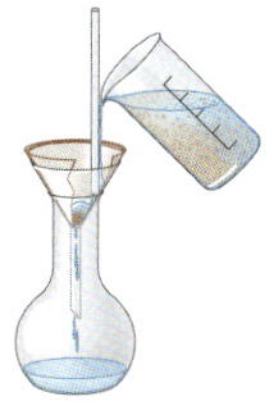
Dichte	Suspensionen Emulsionen	Zentrifugieren Dekantieren Sedimentieren	Dekantieren 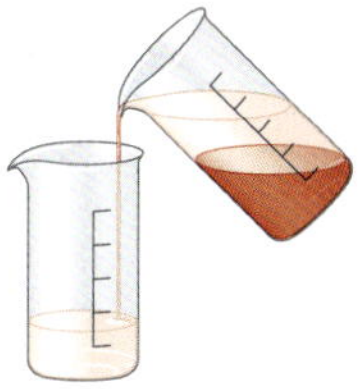
Löslichkeit	Gemenge Lösungen	Extrahieren	Extrahieren 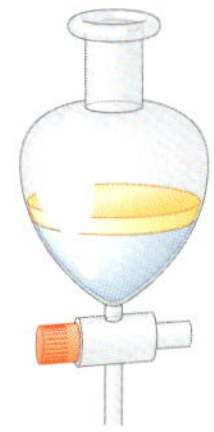
magnetische Eigenschaften	Gemenge Suspensionen	Magnetscheiden	Magnetscheiden 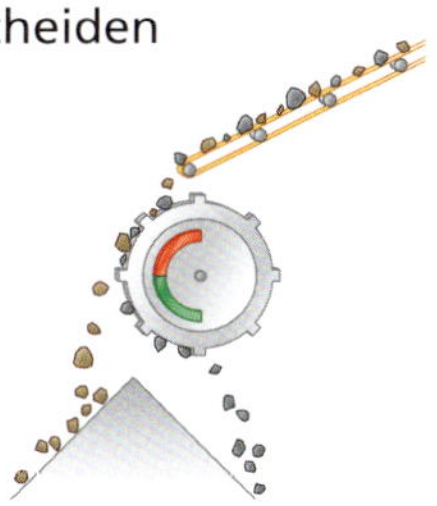

Reinstoffe und Stoffgemische

- Alle Stoffe bestehen aus Teilchen, die mithilfe des **Teilchenmodells** vereinfacht beschrieben werden können. Die Teilchen bewegen sich ständig im Raum. Zwischen den Teilchen wirken Kräfte.

- Jeder Stoff besitzt bestimmte charakteristische Eigenschaften. Unterschiedliche Eigenschaften der Reinstoffe können zur Stofftrennung genutzt werden.

- Stoffgemische bestehen aus Teilchen unterschiedlicher Reinstoffe. Viele Eigenschaften der reinen Stoffe bleiben im Gemisch erhalten.

Stoffe

Reinstoffe

bestehen nur aus einer Art von Teilchen.

Stoffgemische

enthalten Teilchen verschiedener Reinstoffe.

heterogene Stoffgemische, z. B. Emulsion (Bestandteile sind noch mit dem Mikroskop wahrnehmbar.)

homogene Stoffgemische, z. B. Lösung (Bestandteile sind mit dem Mikroskop nicht wahrnehmbar.)

Eigenschaftskombinationen kennzeichnen einen Stoff eindeutig.

Charakteristische Eigenschaften kennzeichnen einen Stoff besonders gut.

Eigenschaften kann man bestimmen oder ermitteln
- mit Sinnesorganen
- durch Messungen und Experimente
- aus Tabellen

Reinstoffe

erkennt man an ihren Eigenschaften.

verwendet man entsprechend ihren Eigenschaften.

Farbe, Geruch, Geschmack
Härte
Aggregatzustand
Löslichkeit
Brennbarkeit
Wärmeleitfähigkeit
elektrische Leitfähigkeit
Dichte
Schmelztemperatur
Siedetemperatur

2.2 Atome und Atombindung

2.2.1 Atommodelle

Atome sind die kleinsten Bausteine der Stoffe. Sie lassen sich mit chemischen Methoden nicht weiter zerlegen. Ein Atom besteht aus Atomkern und Atomhülle.

Da Atome unvorstellbar klein sind, können sie nur mithilfe von Modellen beschrieben werden. Im Verlauf der Zeit entwickelten Wissenschaftler auf der Grundlage der damals bekannten Theorien oder neuer experimenteller Erkenntnisse unterschiedliche Atommodelle.

Zur Klärung eines chemischen Sachverhalts muss nicht immer das modernste (und damit oft auch komplizierteste) Atommodell herangezogen werden.

Die Atomhypothese von DEMOKRIT

Der Grieche DEMOKRIT VON ABDERA (um 460–375 v. Chr.) war einer der größten Philosophen des Altertums. Er kam zu der Feststellung, dass die Stoffe nicht unendlich teilbar sind, sondern aus kleinsten, unteilbaren Einheiten *(atomos)* aufgebaut sein müssten.
Die Atome sind „der Qualität nach gleich", aber in Form und Gewicht verschieden. Seine Hypothese konnte jedoch damals noch nicht experimentell bestätigt werden.

Im Laufe der Jahrhunderte geriet die Vorstellung von den Atomen als unteilbare Einheiten der Stoffe in Vergessenheit und wurde erst wieder aktuell, als durch Experimente neue Erkenntnisse in der Chemie und Physik gewonnen wurden.

Die Atomhypothese nach DALTON

Der englische Chemiker JOHN DALTON kam auf der Grundlage des Gesetzes von der Erhaltung der Masse und der Gesetze von den konstanten und den multiplen Massenverhältnissen (↗S. 162) zu seiner **Atomhypothese** (1808):

1. Alle Atome desselben Elements sind untereinander gleich.
2. Atome verschiedener Elemente haben unterschiedliche Massen.
3. Atome sind unveränderlich.

JOHN DALTON (1766–1844) bestimmte die Atommassen von einigen Elementen und erkannte, dass diese mit chemischen Mitteln nicht weiter zerlegt werden können.

2

Das rutherfordsche Atommodell

▶ **ERNEST RUTHERFORD** (1871–1937) führte als Erster künstliche Kernreaktionen aus und erhielt als Physiker 1908 den **Nobelpreis** für Chemie.

ERNEST RUTHERFORD führte 1911 die nach ihm benannten **Streuversuche** durch. Dabei bestrahlte er eine dünne Goldfolie mit positiven Heliumkernen (α-Teilchen), weil diese sehr klein sind. Er konnte dabei feststellen, dass fast alle α-Teilchen die Folie ungehindert durchdrangen.
Er hatte jedoch erwartet, dass die Teilchen von den kompakten Atomen reflektiert würden. Da die kleinen Teilchen hindurchtreten konnten, mussten Atome leere Räume enthalten.

Rutherfordscher Streuversuch

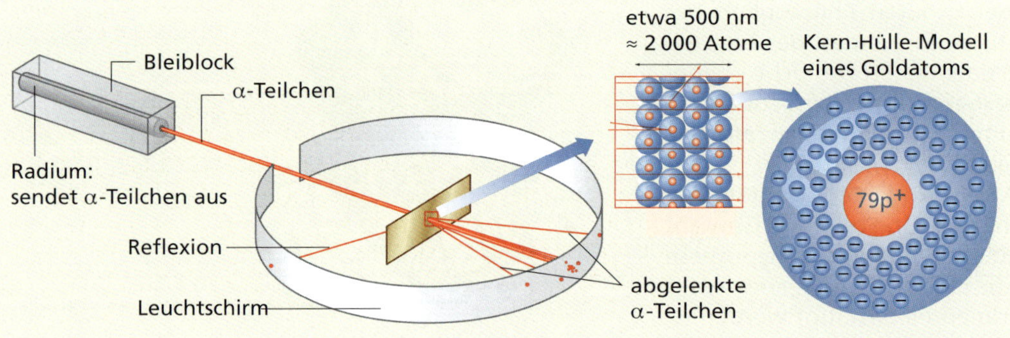

RUTHERFORD schloss aus seinen Experimenten, dass fast die gesamte Masse des Atoms im sehr kleinen Kern lokalisiert sein muss und die viel größere Hülle einen fast leeren Raum darstellt.

Die Ladung des **Kerns** ist positiv. Zur Neutralisation dieser positiven Ladung bedarf es jedoch negativ geladener Elektronen in der **Atomhülle**, denn das Atom ist nach außen hin elektrisch neutral. Es entstand ein einfaches Kern-Hülle-Modell.
Obwohl der massereiche Kern genauso viele **Protonen** enthält wie die Hülle **Elektronen**, ist die Hülle 100 000-mal größer als der Atomkern. Trotzdem ist die Masse der Elektronen um ein Vielfaches kleiner als die der Protonen.

Atommodell nach RUTHERFORD

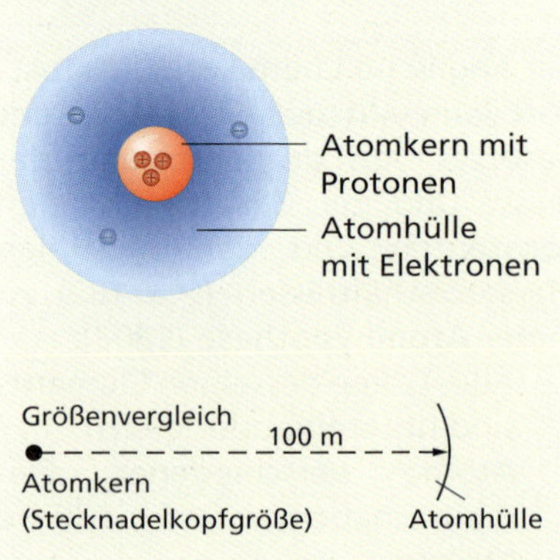

	Masse	Ladung	Symbol	Ort
Proton	$1{,}673 \cdot 10^{-27}$ kg	positiv	${}^{1}_{1}\mathrm{p}$	Atomkern
Neutron	$1{,}675 \cdot 10^{-27}$ kg	neutral	${}^{1}_{0}\mathrm{n}$	Atomkern
Elektron	$9{,}109 \cdot 10^{-31}$ kg	negativ	${}^{0}_{-1}\mathrm{e}$	Atomhülle

Physiker beschreiben den Atomkern oft mithilfe des Tröpfchenmodells. Darin sind die Protonen rot und die Neutronen weiß dargestellt.

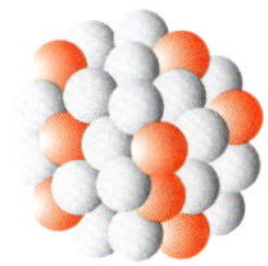

JAMES CHADWICK (1891–1974) wies 1932 nach, dass im Atomkern neben den Protonen noch **Neutronen** existieren. Dabei handelt es sich um massereiche Elementarteilchen, die elektrisch neutral sind. Im Gegensatz zur Kernladungszahl kann die Neutronenzahl in den Kernen einer Atomsorte unterschiedlich sein. Deshalb existieren von vielen Elementen Atome unterschiedlicher Masse, die man **Isotope** nennt.
Die Summe der positiven Elementarladungen der Protonen entspricht der Kernladung des Atoms. Alle Atome eines **Elements** weisen die gleiche **Kernladungszahl *Z*** auf. Die Masse des Atomkerns (Massenzahl *A*) und damit annähernd des Atoms ergibt sich aus der Gesamtzahl der Protonen (Kernladungszahl *Z*) und der Neutronen (Neutronenzahl *N*).

Anzahl der Protonen	+	Anzahl der Neutronen	=	Massenzahl des Atoms
Z	+	*N*	=	*A*

Die Kernladungszahl eines Atoms ist identisch mit der Ordnungszahl des entsprechenden Elements (↗ S. 166 ff.).

Atome bestehen aus dem positiv geladenen Atomkern mit den Protonen und Neutronen sowie der negativ geladenen Atomhülle mit den Elektronen. Atome sind elektrisch neutral, weil die Zahl der Protonen und Elektronen identisch ist und sich die Ladungen damit ausgleichen.

Die Kenntnisse über den Atombau nutzt man auch zur Charakterisierung chemischer Elemente. Eine Elementsubstanz (↗ S. 60) ist nur aus Atomen eines Elements aufgebaut, die die gleiche Anzahl von Protonen aufweisen.

So enthalten Atome des Elements Gold 79 Protonen im Kern (↗ S. 68).
Atome des Elements Sauerstoff enthalten dagegen acht Protonen im Kern.

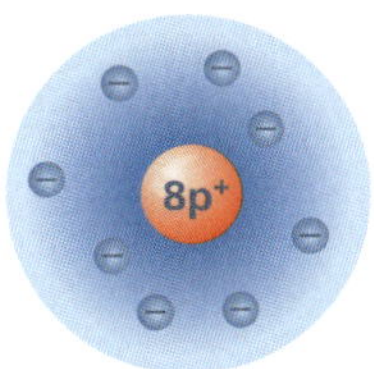

Sauerstoffatom

Das rutherfordsche Kern-Hülle-Modell gilt in der Physik als erstes wissenschaftliches Atommodell. Es wurde jedoch schnell klar, dass auch dieses Modell seine Grenzen hat.
So müssten beispielsweise nach den Gesetzen der klassischen Physik die um den Kern kreisenden Elektronen Energie abgeben. Infolge dieser ständigen Energieabgabe wären Atome theoretisch instabil.
Auch die unterschiedlichen Linienspektren, die die Atome verschiedener Elemente bei hohen Temperaturen aussenden, können nicht mit dem einfachen Kern-Hülle-Modell erklärt werden.

Bei der **Spektralanalyse** beobachtet man das von einem Stoff ausgesandte Licht in farbigen Linien durch ein Spektroskop. Demnach können Elektronen nur bestimmte Energiebeträge aufnehmen oder wieder abgeben. Aus diesen Linienspektren ergab sich die Erkenntnis, dass ein Elektron nur in bestimmten Energieniveaus existieren kann.

Das Atommodell nach BOHR und SOMMERFELD

NIELS BOHR (1885–1962) entwickelte das Schalenmodell für das Wasserstoffatom. **ARNOLD SOMMERFELD** (1868 bis 1951) verfeinerte das Modell. Er definierte elliptische Elektronenbahnen, die zu einer weiteren Unterteilung der Elektronenhülle führen.

Der dänische Physiker NIELS BOHR entwickelte 1913 das rutherfordsche Atommodell weiter. Aus theoretischen Überlegungen schlussfolgerte er, dass sich die Elektronen nicht beliebig, sondern nur auf bestimmten Bahnen – sogenannten **Elektronenschalen** – um den Kern bewegen. Auf diesen stabilen Elektronenbahnen strahlen die Elektronen keine Energie ab.

Atommodell nach BOHR

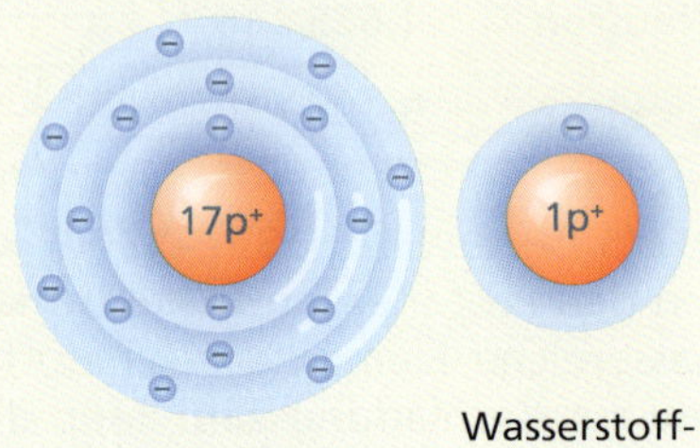

Chloratom Wasserstoffatom

Jede der kreisförmigen Elektronenbahnen besitzt einen festen Radius und entspricht einem bestimmten **Energieniveau.** Der Radius der äußersten Elektronenschale bestimmt den Radius des Atoms. Mithilfe dieses Modells konnte BOHR den Radius des Wasserstoffatoms genau berechnen.
Er bezeichnete sieben Elektronenschalen mit den Großbuchstaben (K, L, M bis Q) oder natürlichen Zahlen $n = 1$ bis 7. Jede dieser Schalen bzw. jedes dieser Energieniveaus kann nur eine bestimmte Anzahl Elektronen mit gleichem Energiegehalt aufnehmen.
Die maximale Elektronenzahl wächst mit dem Radius der Bahnen. Sie ergibt sich aus der Formel $2n^2$, wobei n die Nummer der jeweiligen Elektronenschale ist.

Die Elektronen der K-Schale bzw. des ersten Energieniveaus sind am energieärmsten. Die Elektronen der äußersten Schale im jeweiligen Atom besitzen die höchste Energie.
Die Energieniveaus werden von innen nach außen besetzt. Die Elektronenbesetzung kann entweder mit dem gezeichneten Schalenmodell oder mithilfe eines Energiediagramms, dem sogenannten **Energieniveauschema,** angegeben werden.
Die vollständig besetzten Elektronenschalen ergeben die stabilen Elektronenkonfigurationen der Edelgase (↗ S. 184). Diese Elementsubstanzen reagieren aufgrund ihres Atombaus kaum mit anderen Stoffen.

Maximale Anzahl der Elektronen auf einem Energieniveau $= 2n^2$

n = Nummer des Energieniveaus (der Elektronenschale)

Die maximale Anzahl der Elektronen auf den Energieniveaus beträgt:
1. Niveau: $2 \cdot 1^2 = 2$
2. Niveau: $2 \cdot 2^2 = 8$
3. Niveau: $2 \cdot 3^2 = 18$
4. Niveau: $2 \cdot 4^2 = 32$
usw.

Atommodell des Natriumatoms nach BOHR

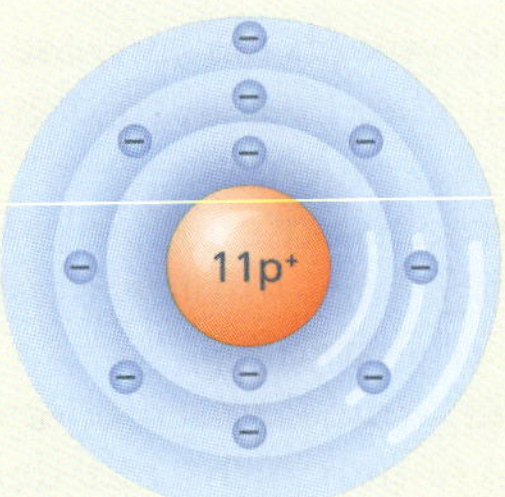

Energieniveauschema des Natriumatoms

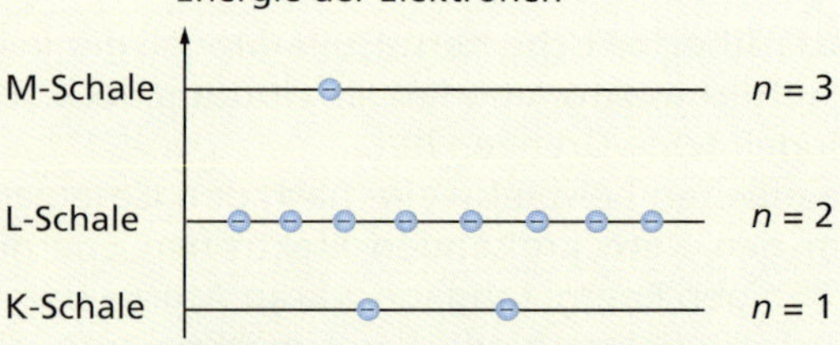

Schema des Energiegehalts der Elektronen des Natriumatoms $_{11}Na$

Maximale Anzahl der Elektronen pro Schale ($2n^2$)							
Schale	K	L	M	N	O	P	Q
n	1	2	3	4	5	6	7
$2n^2$	2	8	18	32	50	72	98
Edelgas	He	Ne	Ar	Kr	Xe	Rn	

Nicht alle Elektronen eines Energieniveaus besitzen die gleiche Energie. Daher können Energieniveaus auch noch in Unterniveaus unterteilt werden, die mit kleinen Buchstaben bezeichnet werden. Es gibt z. B. s-, p-, d- und f-Unterniveaus.

Die Elektronen auf den vollständig besetzten, kernnahen Schalen werden vom Atomkern stark angezogen und stehen nicht für chemische Reaktionen zur Verfügung.
Je weiter die Elektronen vom Kern entfernt sind, umso energiereicher sind sie. Die Elektronen auf der äußersten besetzten Elektronenschale können relativ leicht abgegeben werden. Deshalb bestimmen diese **Außenelektronen bzw. Valenzelektronen** entscheidend die chemischen Eigenschaften der Elemente.
Als besonders stabile Anordnung der Außenelektronen hat sich die **Achterschale** erwiesen. Daher streben alle Atome danach, die Achterschale oder zumindest eine andere stabile **Edelgaskonfiguration** zu erreichen.

Nach dem **bohrschen Atommodell** kreisen die Elektronen auf stabilen Bahnen um den Atomkern. Diese Elektronenschalen entsprechen Energieniveaus und können maximal $2n^2$ Elektronen aufnehmen. Die Elektronen der äußersten Schale (Außenelektronen) besitzen die höchste Energie und bestimmen die chemischen Eigenschaften der Elemente.

In modernen **Atommodellen** geht man davon aus, dass sich Elektronen in Aufenthaltsräumen, den sogenannten Orbitalen, in der Atomhülle aufhalten.

Schalenmodell des Magnesiumatoms

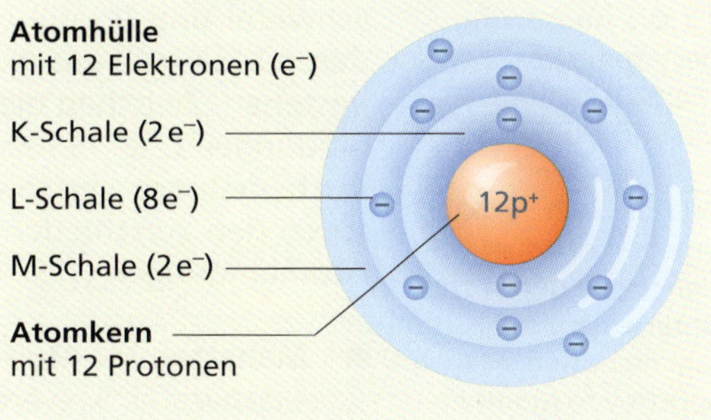

Ab der dritten Schale wird die Elektronenverteilung jedoch komplizierter als von BOHR angenommen. Zudem haben spätere Untersuchungen gezeigt, dass das Schalenmodell weitere Grenzen hat. So lassen sich die Bahnkurven nicht so genau berechnen, wie BOHR vorgeschlagen hatte.
Das Atommodell nach BOHR und SOMMERFELD wird jedoch oft benutzt, um den Zusammenhang zwischen dem Bau der Atome und der Stellung der Elemente im Periodensystem (↗ S. 168 f.) zu veranschaulichen.
Die Nummer der äußersten besetzten Elektronenschale eines Atoms bestimmt die Periodennummer des Elements im PSE. Mit der Besetzung einer neuen Elektronenschale durch ein Elektron wird eine neue Periode eröffnet. Die Zahl der Außenelektronen entspricht somit der Nummer der Hauptgruppe, in der das Element zu finden ist.

Mit dem einfachen Schalenmodell nach BOHR und SOMMERFELD lässt sich der innere Bau der Atome und die daraus resultierende Stellung der Elemente im Periodensystem erklären.

2.2.2 Atombindung

Moleküle

> **Moleküle** sind Teilchen, die aus mindestens zwei Atomen bestehen. Diese sind durch Atombindungen miteinander verbunden.

Ähnlich wie Atome sind Moleküle nach außen elektrisch neutral. Anders als Atome können Moleküle jedoch mit chemischen Methoden in ihre Bestandteile zerlegt werden.

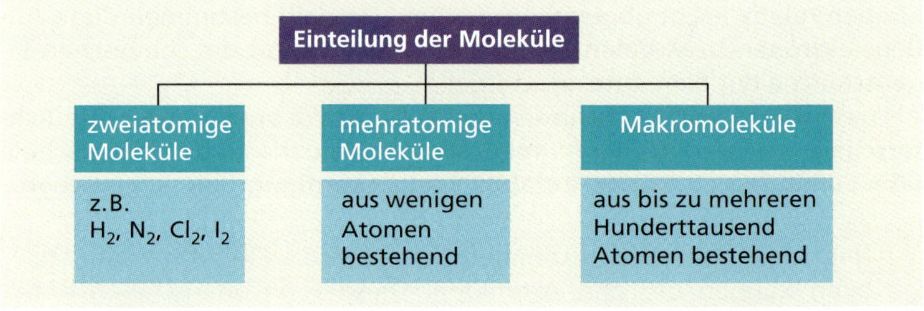

- **Kleinere Moleküle** bestehen oft nur aus zwei oder drei Atomen.
  - Wasserstoff: H_2
  - Sauerstoff: O_2
  - Kohlenstoffdioxid: CO_2
  - Wasser: H_2O

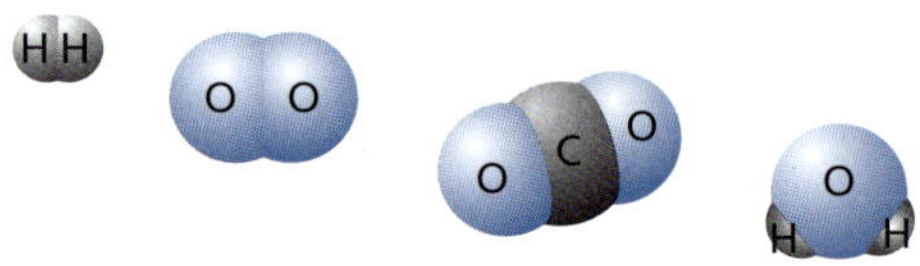

Mehratomige Moleküle
Schwefel und Phosphor gehören zu den Elementsubstanzen (↗ S. 60), deren Moleküle aus mehreren bis vielen Atomen des gleichen Elements bestehen. Zwischen diesen gleichen Atomen bilden sich unpolare Atombindungen (↗ S. 73 f.) aus.
Auch mehrere verschiedene Elemente können Moleküle bilden. Zwischen den verschiedenen Atomen bestehen mehr oder weniger polare Atombindungen (↗ S. 75 f.).

▶ Die Anordnung der Atome im Molekül kann bei ein und demselben Stoff verschieden sein. Je nach Struktur ergeben sich für den jeweiligen Stoff unterschiedliche Eigenschaften. Man spricht von Modifikationen.

- **Mehratomige Moleküle**
  - Schwefel: S_8 (vereinfacht: S)
  - Phosphorsäure: H_3PO_4
  - Octan: C_8H_{18}
  - Glucose: $C_6H_{12}O_6$

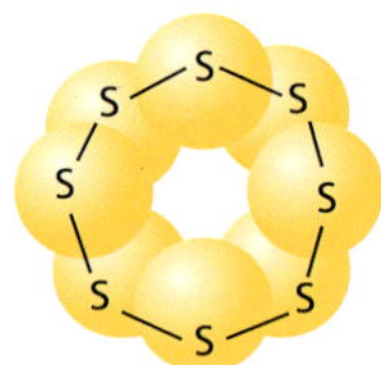

Moleküle, die aus sehr vielen Atomen aufgebaut sind, werden **Makromoleküle** genannt. Häufig bestehen sie aus monomeren Grundbausteinen, die sich vielfach im Makromolekül wiederholen (↗ S. 265 ff.).

▶ Werden nur einige Atome oder Monomere aus Makromolekülen entfernt, ändern sich deren Eigenschaften nur unwesentlich.

- Natürliche makromolekulare Stoffe sind z. B. Stärke und Cellulose. Auch Kunststoffe wie Polyethen oder Polystyren sind aus Makromolekülen aufgebaut.

Vom Atom zum Molekül

Ob sich Atome zu Molekülen verbinden, hängt von ihrer Elektronenkonfiguration, speziell der **Zahl der Außenelektronen** ab. Diese wird durch die Elektronenschreibweise verdeutlicht. Darin gibt man Außenelektronen durch Punkte an den Elementsymbolen an. Besitzt ein Atom mehr als vier Außenelektronen, werden die Elektronen paarweise durch Striche dargestellt.

Als einzelne Atome stabil sind nur die reaktionsträgen Edelgase. Die Elektronenanordnung mit zwei oder acht Außenelektronen stellt einen besonders energiearmen Zustand dar (↗S.184). Deshalb streben auch die Atome der anderen Elemente danach, die **Edelgaskonfiguration** zu erreichen.

Eine Möglichkeit dazu besteht darin, sich mit anderen Atomen zu verbinden und die vorhandenen Elektronen gemeinsam zu nutzen. Das einfachste Atom, das Wasserstoffatom, enthält ein einziges Elektron. Dieser Zustand ist weniger stabil als der des Heliumatoms mit zwei Elektronen. Deshalb nähern sich zwei Wasserstoffatome einander so an, dass sich ihre Elektronenhüllen gegenseitig durchdringen.

Durch die gemeinsame Nutzung der beiden Elektronen erreichen die Wasserstoffatome die Edelgaskonfiguration des Heliums. Die negativ geladenen Elektronen bewegen sich zwischen den positiv geladenen Atomkernen und bilden ein **gemeinsames Elektronenpaar.**

Es wird von beiden Atomkernen gleich stark angezogen und bewirkt die Bindung der Atome im Molekül. Man spricht deshalb auch von der **Atombindung** und dem **bindenden Elektronenpaar.** Es wird durch einen waagerechten Strich zwischen den Atomsymbolen dargestellt.

> Die Atombindung ist eine Art der chemischen Bindung, die auf der Anziehung zwischen gemeinsamen Elektronenpaaren (negative Ladung) und Atomkernen (positive Ladung) beruht. Sie wird auch als Elektronenpaarbindung bezeichnet.

▶ Die Zahl der Außenelektronen von Atomen lässt sich aus der Stellung der Elemente im Periodensystem (↗S. 168 f.) ablesen.

▶ Fluoratome besitzen 7 Außenelektronen. Zwei Fluoratome bilden ein gemeinsames Elektronenpaar, das von beiden Atomen genutzt werden kann. Dadurch wird die stabile Achterschale des Neonatoms erreicht.

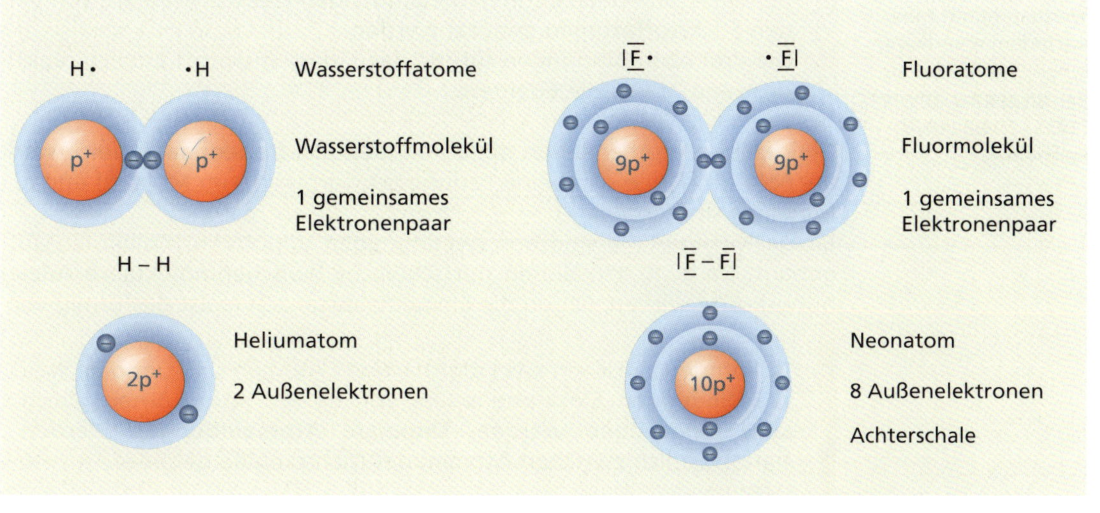

Die kleinen Wasserstoffatome können kein Elektronenoktett bilden. Hier genügt die Stabilität der ersten voll besetzten Elektronenschale (Heliumkonfiguration) mit zwei Elektronen.

Die **Oktettregel** besagt, dass Atome in Molekülen danach streben, durch Elektronenpaarbindung den energiearmen Zustand des Elektronenoktetts (Achterschale) zu erreichen.

Anders als Wasserstoff- und Fluoratome besitzen Sauerstoffatome sechs Außenelektronen. Um die stabile Anordnung des Neonatoms zu erreichen, müssen im Sauerstoffmolekül sogar zwei gemeinsame Elektronenpaare gebildet werden (↗ Abb. unten). Die **Doppelbindung** wird durch zwei waagerechte Striche in der Molekülformel symbolisiert.
Die bindenden Elektronenpaare werden von beiden Atomen gleichberechtigt genutzt. Durch die Bildung der **Mehrfachbindung** können beide Sauerstoffatome acht Außenelektronen nutzen.
Diese Anordnung wird **Achterschale oder Elektronenoktett** genannt und ist außerordentlich stabil. Atome mit Achterschale verfügen über vier bindende und/oder freie Elektronenpaare.

Bildung von Mehrfachbindungen

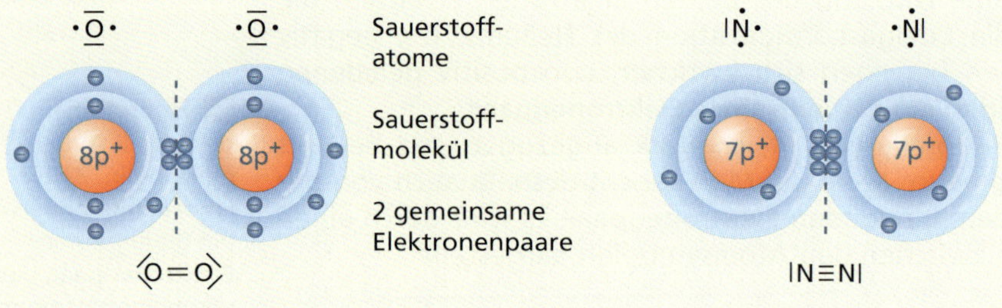

Formeln, in denen (freie oder bindende) Elektronenpaare durch Striche gekennzeichnet werden, nennt man nach dem amerikanischen Physikochemiker **GILBERT N. LEWIS** (1875–1946) Lewis-Formeln.

Im Stickstoffmolekül erreichen beide Stickstoffatome die Achterschale durch Bildung einer **Dreifachbindung.** Jedes Stickstoffatom stellt drei seiner fünf Außenelektronen für die gemeinsamen Elektronenpaare zur Verfügung. Durch die teilweise Durchdringung der beiden Atomhüllen können die bindenden Elektronenpaare von beiden Stickstoffatomen genutzt werden.
Die drei Atombindungen führen dazu, dass Stickstoff ähnlich reaktionsträge ist wie die Edelgase.

Gleichartige Atome ziehen die bindenden Elektronenpaare gleich stark an. Folglich bilden sich keine Ladungsschwerpunkte im Molekül und die Moleküle sind unpolar.
Einige Nichtmetalle sind aus zweiatomigen unpolaren Molekülen aufgebaut. Da zwischen diesen nur schwache zwischenmolekulare Anziehungskräfte wirken, liegen die Elementsubstanzen meist gasförmig vor.

Bindungen zwischen zwei gleichartigen Atomen sind unpolar, weil die bindenden Elektronenpaare von beiden Atomkernen gleich stark angezogen werden. **Unpolare Atombindungen** werden hauptsächlich zwischen Atomen der Nichtmetalle gebildet.

Polare Atombindungen

> Bei einer **polaren Atombindung** werden gemeinsame Elektronenpaare von verschiedenartigen Atomen nicht gleichberechtigt genutzt. Es entstehen Ladungsschwerpunkte.

Verschiedenartige Atome besitzen eine unterschiedliche **Elektronegativität** (↗ S. 173), d. h., die an der Bindung beteiligten Atome ziehen die gemeinsamen Elektronenpaare unterschiedlich stark an.
Elemente mit hoher Elektronegativität üben eine stärkere Anziehungskraft auf bindende Elektronenpaare aus als schwach elektronegative Elemente.

Elektronegativitätswerte von Elementen:
Sauerstoff: 3,5 Chlor: 3,0 Wasserstoff: 2,1

Die Bindung im Chlorwasserstoffmolekül
Das gemeinsame Elektronenpaar zwischen dem Wasserstoff- und dem Chloratom ist in Richtung des Chloratoms verschoben. Dadurch entstehen am Chloratom ein negativer Ladungsschwerpunkt und am Wasserstoffatom ein positiver Ladungsschwerpunkt.
Diese Ladungsschwerpunkte werden als **Partialladungen** bezeichnet und mit δ^+ und δ^- gekennzeichnet.

Ein solches Molekül mit zwei entgegengesetzten Ladungsschwerpunkten besitzt ein elektrisches Dipolmoment und wird Dipolmolekül oder Dipol genannt.

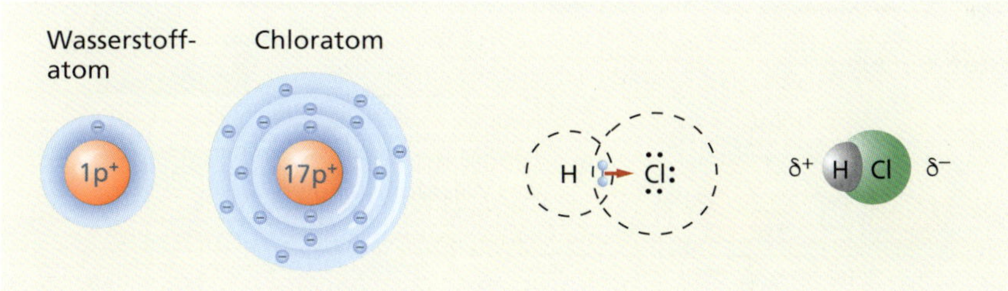

Moleküle wie das Chlormolekül, die aus Atomen gleicher Elektronegativität bestehen, sind unpolar, weil das Elektronenpaar von beiden Atomen gleichberechtigt genutzt wird. Im Gegensatz dazu werden beim Chlorwasserstoffmolekül ein positiver und ein negativer Ladungsschwerpunkt ausgebildet. Es ist demzufolge polar gebaut.

Für die Kennzeichnung von polaren Atombindungen in Formeln gibt es mehrere Möglichkeiten:

1. H ◄ $\overline{\underline{Cl}}|$
2. H ➝ $\overline{\underline{Cl}}|$
3. $^{(+)}$H – $\overline{\underline{Cl}}|^{(-)}$
4. $^{\delta^+}$H – $\overline{\underline{Cl}}|^{\delta^-}$

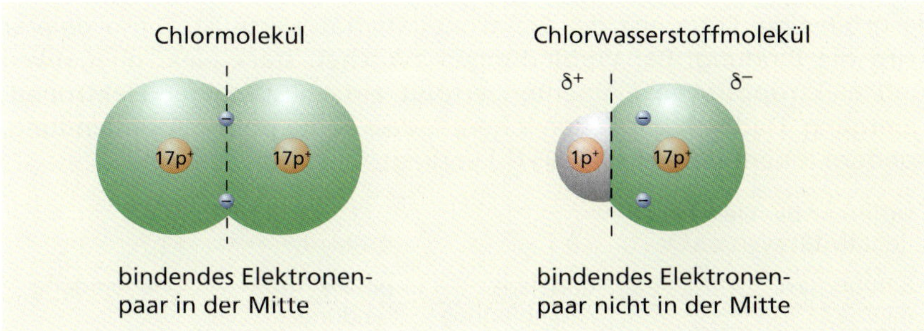

2

Die Bindung im Wassermolekül

Im Wassermolekül sind – ähnlich wie im Chlorwasserstoffmolekül – verschiedene Atome miteinander verbunden. Sauerstoff besitzt eine höhere Elektronegativität als Wasserstoff. Dadurch wird das bindende Elektronenpaar im Wassermolekül stärker zum Sauerstoffatom hingezogen.
Infolge der Verschiebung der gemeinsamen Elektronen lässt sich am Sauerstoffatom eine negative Partialladung (δ^-) nachweisen. Demgegenüber ist das Wasserstoffatom aufgrund der Elektronenverschiebung schwach positiv geladen (δ^+).
Am Sauerstoffatom befinden sich außerdem noch zwei nichtbindende Elektronenpaare, die mehr Platz beanspruchen als die Wasserstoffatome. Aus diesem Grund besitzt das Wasserstoffmolekül eine gewinkelte räumliche Struktur (↗ Abb.).
Daraus und aus der negativen Partialladung des Sauerstoffatoms ergibt sich ein negativer Ladungsschwerpunkt auf dessen Seite im Molekül. Die Partialladungen der Wasserstoffatome bilden dagegen gemeinsam einen positiven Ladungsschwerpunkt auf der anderen Molekülseite. Folglich sind Wassermoleküle ebenfalls Dipole.

▶ Zwischen den Dipolen wirken **zwischenmolekulare Kräfte,** die entscheidend die Stoffeigenschaften des Wassers beeinflussen.

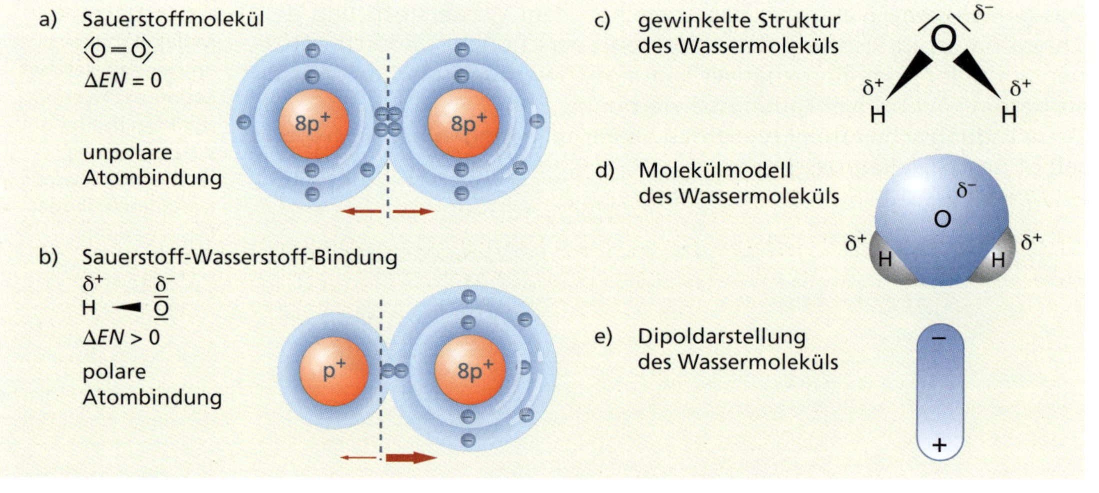

▶ Aus der Differenz der Elektronegativitätswerte kann man Aussagen über die Art der chemischen Bindung und deren Polarität ableiten. Einem Vorschlag von **LINUS PAULING** (1901 bis 1994) folgend, orientiert man sich an einer Differenz von 1,7 als Grenzwert zwischen polarer **Atombindung** und **Ionenbindung.**

> Die **Polarität** von Atombindungen ergibt sich aus der Elektronegativitätsdifferenz *ΔEN* der an der Bindung beteiligten Atome.

Je größer die Differenz der Elektronegativitätswerte ist, umso polarer wird die Bindung. Bei Verbindungen zwischen stark elektronegativen und elektropositiven Elementen erfolgt ein vollständiger Elektronenübergang. Dadurch entstehen Ionen, sodass keine polare Atombindung, sondern Ionenbindung (↗ S. 95 ff.) vorliegt.

Differenz der Elektronegativitätswerte *ΔEN*	≈ 0	0,1 bis 1,7	> 1,7
Bindungsart	unpolare Atombindung	polare Atombindung	Ionenbindung

Zwischenmolekulare Kräfte

Zwischenmolekulare Kräfte wirken zwischen einzelnen Molekülen gleicher oder verschiedener Art. Obwohl zwischenmolekulare Kräfte schwächer sind als Atombindungen, bestimmen sie maßgeblich die Eigenschaften der Stoffe.

Zwischenmolekulare Kräfte

Van-der-Waals-Kräfte

- Dipol-Dipol-Kräfte, z. B. zwischen Wassermolekülen
- Ionen-Dipol-Kräfte, z. B. Metall-Ionen in Wasser
- Kräfte zwischen ungeladenen Atomen und Molekülen, z. B. zwischen Methanmolekülen

Wasserstoffbrückenbindungen

- gerichtete Wechselwirkungen zwischen Wasserstoffatomen und stark elektronegativen Atomen
- können zwischen mehreren Molekülen, z. B. Wasser, oder innerhalb eines Moleküls, z. B. DNA, auftreten

Zwischenmolekulare Kräfte sind besondere Wechselwirkungen zwischen Molekülen, die streng genommen nicht zu den Atombindungen zählen. Sie werden häufig – ebenfalls nicht ganz korrekt – mit Van-der-Waals-Kräften gleichgesetzt.

Die Wasserstoffbrückenbindung

Wasserstoffbrückenbindungen entstehen zwischen Molekülen, in denen Wasserstoffatome an besonders stark elektronegative Atome (z. B. Fluor, Sauerstoff oder Stickstoff) gebunden sind.

Wasserstoffbrücken spielen eine wichtige Rolle in der Natur, z. B. bei Eiweißen und Nucleinsäuren. Auch die besonderen Eigenschaften des Wassers sind zum großen Teil auf die Wasserstoffbrückenbindung zurückzuführen.

Die Atombindung zwischen stark elektronegativen Atomen und Wasserstoffatomen ist stark polarisiert, da z. B. Fluor- oder Sauerstoffatome das bindende Elektronenpaar besonders stark anziehen. An den Wasserstoffatomen herrscht dadurch Elektronenmangel, d. h., sie sind positiviert und treten mit den freien Elektronenpaaren eines anderen elektronegativen Atoms in Wechselwirkung. Die Aggregatzustände des Wassers lassen sich mithilfe der Wasserstoffbrückenbindungen erklären.

Die Ausbildung von Wasserstoffbrücken zwischen den H_2O-Dipolen ist die Ursache dafür, dass Wasser unter Normalbedingungen flüssig ist. Beim Gefrieren verbinden sich die Wassermoleküle zu einem regelmäßigen Molekülgitter mit Hohlräumen. Dadurch nimmt Eis ein größeres Volumen als flüssiges Wasser ein und schwimmt auf dem Wasser **(Anomalie des Wassers).**

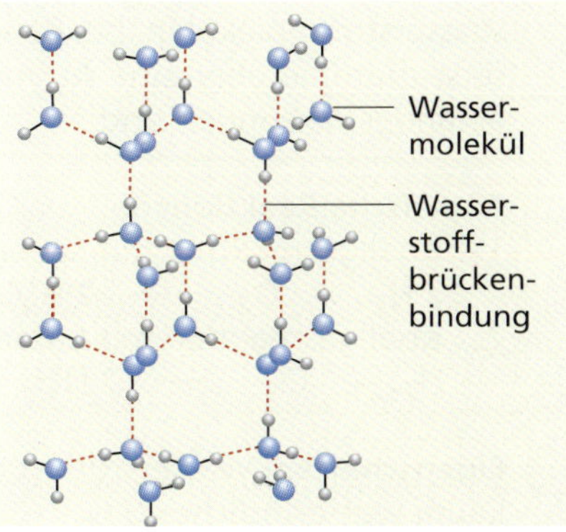

Wasserstoffbrücken können zwischen gleichartigen, aber auch zwischen unterschiedlichen Molekülen gebildet werden.

Stoffe mit Atombindungen

> Es gibt viele verschiedene Stoffe, deren Teilchen durch Atombindungen verbunden sind. Dazu gehören ein Teil der **Elementsubstanzen** und alle **Molekülverbindungen.**

Metalle bestehen zwar ebenfalls aus Atomen. Diese werden aber nicht durch Atombindungen, sondern durch Metallbindung (↗ S. 84) zusammengehalten.

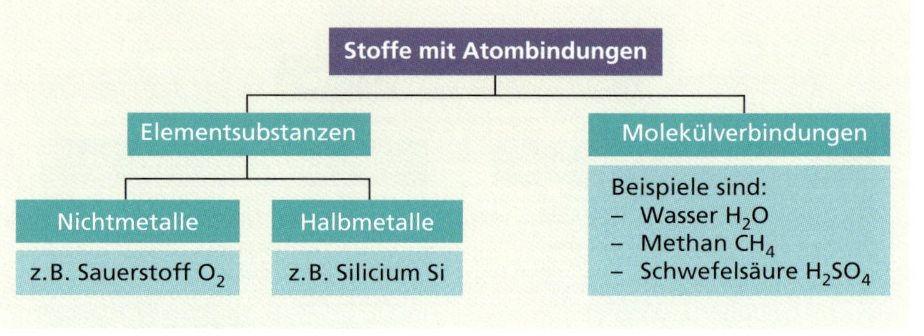

Einige **Nichtmetalle** und **Halbmetalle** (↗ S. 175) bestehen aus dreidimensionalen Atomgittern.
Andere Nichtmetalle und alle Molekülverbindungen sind **Molekülsubstanzen.** Sie bestehen aus Molekülen, zwischen denen unterschiedlich starke zwischenmolekulare Kräfte wirken.

Nichtmetalle und Halbmetalle

Die Nichtmetalle stehen im **Periodensystem der Elemente** hauptsächlich auf der rechten Seite (↗ S. 174).

> **Nichtmetalle** sind Elementsubstanzen, die nur wenige gemeinsame Eigenschaften besitzen. Sie sind schlechte elektrische und Wärmeleiter und weisen eine relativ hohe Elektronegativität auf. Ihre Oxide bilden mit Wasser saure Lösungen.

Nichtmetalle können bei Raumtemperatur gasförmig, z. B. Wasserstoff, flüssig, z. B. Brom, oder fest, z. B. Schwefel, sein. Auch in anderen physikalischen Eigenschaften und vor allem in ihrem chemischen Reaktionsverhalten unterscheiden sich Nichtmetalle teilweise erheblich.

Edelgase nehmen eine Sonderstellung unter den Nichtmetallen ein (↗ S. 184). Aufgrund ihrer stabilen Elektronenkonfiguration bilden Edelgasatome keine Bindungen untereinander aus.

Das Nichtmetall Wasserstoff besteht aus Wasserstoffmolekülen, bei denen zwei Wasserstoffatome über eine Atombindung miteinander verbunden sind.

H••H  H_2

Chemische Reaktionen:

1. Knallgasreaktion mit Sauerstoff:
   $2\,H_2 + O_2 \longrightarrow 2\,H_2O$
2. Knallgasreaktion mit Chlor
   $H_2 + Cl_2 \longrightarrow 2\,HCl$

Eigenschaften: Wasserstoff ist ein farbloses, geruchloses, brennbares, kaum wasserlösliches Gas.

Vorkommen: Elementar kommt Wasserstoff auf der Erde nur selten vor, z. B. in einigen Vulkangasen. Im Weltall ist er das häufigste Element. In gebundener Form ist der Wasserstoff auf der Erde sehr häufig, z. B. im Wasser H_2O oder in organischen Verbindungen.

Verwendung: In der chemischen Industrie wird Wasserstoff für zahlreiche Reaktionen verwendet, z. B. für die Ammoniaksynthese, die Herstellung von Chlorwasserstoff, Aldehyden und Alkoholen (Methanol) sowie zur Fetthärtung. Im Gemisch mit Sauerstoff nutzt man ihn zum Schweißen und als Raketentreibstoff. Außerdem ist Wasserstoff als alternativer Energieträger, z. B. für Kraftfahrzeuge (↗ Abb.), im Einsatz.

Wasserstoff ist ein interessanter alternativer Energieträger, weil bei der stark exothermen Verbrennung theoretisch keine Schadstoffe entstehen. Er kann in **Brennstoffzellen** oder in Wasserstoffverbrennungsmotoren eingesetzt werden.

Das Nichtmetall Brom gehört zur Gruppe der Halogene. Es besteht aus zweiatomigen Molekülen. Die Bromatome und damit auch die Moleküle sind jedoch viel größer und schwerer als Wasserstoffatome.

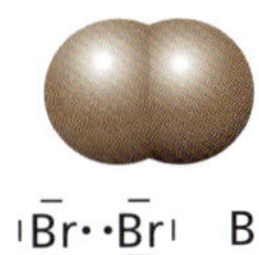

Br_2

Chemische Reaktionen:

1. Redoxreaktion mit Metallen (Salzbildung)
   $2\,Fe + 3\,Br_2 \longrightarrow 2\,FeBr_3$
2. Addition (↗ S. 278) mit organischen Verbindungen
   $C_2H_4 + Br_2 \longrightarrow C_2H_4Br_2$

Eigenschaften: Brom ist bei Raumtemperatur eine rotbraune, stechend riechende Flüssigkeit. Brom bildet an der Luft giftige Dämpfe und löst sich gut in Wasser.
Verwendung: Brom ist ein wichtiger Ausgangsstoff zur Herstellung von Farbstoffen, Lösungsmitteln und Pflanzenschutzmitteln.

Auch in festen Nichtmetallen sind die Atome durch Atombindungen miteinander verbunden. Die Moleküle können jedoch mehr als zwei Atome enthalten. So besteht Schwefel aus achtatomigen Molekülen, während im Iod jeweils zwei Atome miteinander verbunden sind.

Iodmoleküle sind ähnlich aufgebaut wie Fluor- oder Chlormoleküle. Dadurch, dass Iodatome jedoch viel größer sind als die anderen Halogenatome, wirken zwischen den Iodmolekülen stärkere Anziehungskräfte. Aufgrund dieser sogenannten Van-der-Waals-Kräfte (↗ S. 77) ist Iod fest und Chlor gasförmig. Durch die regelmäßige Anordnung der Iodmoleküle entsteht ein Molekülgitter bzw. ein **Molekülkristall.**

Iod geht bereits bei Raumtemperatur langsam vom festen direkt in den gasförmigen Aggregatzustand über. Diesen Prozess bezeichnet man als Sublimation.

2

Eine andere Möglichkeit besteht darin, dass Nichtmetallatome keine Moleküle, sondern große **Atomgitter** bilden. Darin sind viele Atome durch Einfachbindungen zu regelmäßigen dreidimensionalen Kristallstrukturen verknüpft.

Kohlenstoff tritt noch in anderen Modifikationen auf, z. B. als Grafit (↗ S. 186 f.).

Kohlenstoffatome besitzen vier Außenelektronen. Da es räumlich unmöglich ist, Vierfachbindungen auszubilden, erreichen Kohlenstoffatome die Achterschale auf andere Weise.
Sie können beispielsweise vier Einfachbindungen zu vier benachbarten Kohlenstoffatomen bilden.
Diese sind ebenfalls tetraedrisch von vier Kohlenstoffatomen umgeben, sodass sich eine regelmäßige dreidimensionale Struktur (↗ Abb.) ergibt.

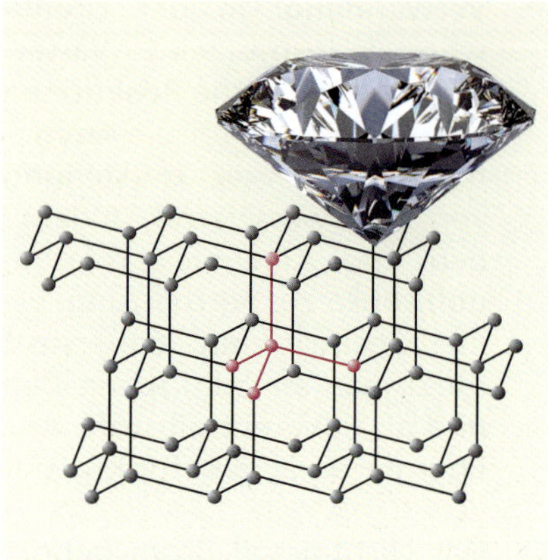

Da die Atombindungen viel stärker sind als die Van-der-Waals-Kräfte im Molekülkristall ist die Diamantstruktur des Kohlenstoffs besonders stabil.

Halbmetalle sind Elementsubstanzen, die bei Raumtemperatur fest und elektrisch halbleitend sind. Sie stehen im Periodensystem (↗ S. 174) zwischen Metallen und Nichtmetallen.

Ähnlich wie das Nichtmetall Kohlenstoff kristallisieren Halbmetalle in Atomgittern. So ähnelt die Struktur des Siliciums der des Diamants.
Andere Halbmetalle können wie Kohlenstoff unterschiedliche **Modifikationen** ausbilden. In diesen verschiedenen Atomgittern des gleichen Elements sind die Atome unterschiedlich angeordnet. Daraus ergeben sich teilweise andere Eigenschaften der Modifikationen der gleichen Elementsubstanz.

Feste Nichtmetalle und Halbmetalle besitzen dreidimensionale Gitterstrukturen. Dabei unterscheidet man Atomgitter und Molekülgitter. Im Atomgitter sind Atome durch Atombindungen in alle Raumrichtungen verknüpft. Die Moleküle im Molekülgitter werden dagegen durch zwischenmolekulare Kräfte zusammengehalten.

Atomgitter	Molekülgitter
– Kohlenstoff (Nichtmetall), z. B. Diamant- oder Grafitstruktur (↗ S. 186 f.) – Silicium (Halbmetall) diamantähnliche Struktur (↗ S. 192)	– Schwefel (Nichtmetall), z. B. rhombischer oder monokliner Schwefel (↗ S. 213) – Phosphor (Nichtmetall), z. B. weißer Phosphor (↗ S. 200)

Molekülverbindungen

> **Molekülverbindungen** sind Molekülsubstanzen, deren Moleküle aus Atomen unterschiedlicher Elemente bestehen. Die Atome sind durch Atombindungen miteinander verknüpft.

Bei den anorganischen Stoffgruppen existieren neben den Molekülverbindungen auch Ionensubstanzen.

Die Vielfalt der Molekülverbindungen ist nahezu unerschöpflich. Dadurch, dass viele Kombinationen an unterschiedlichen Elementen möglich sind, weisen diese ein extrem breites Spektrum an physikalischen und chemischen Eigenschaften auf.
Die Eigenschaften werden durch die Struktur der Moleküle und die zwischenmolekularen Wechselwirkungen bestimmt.

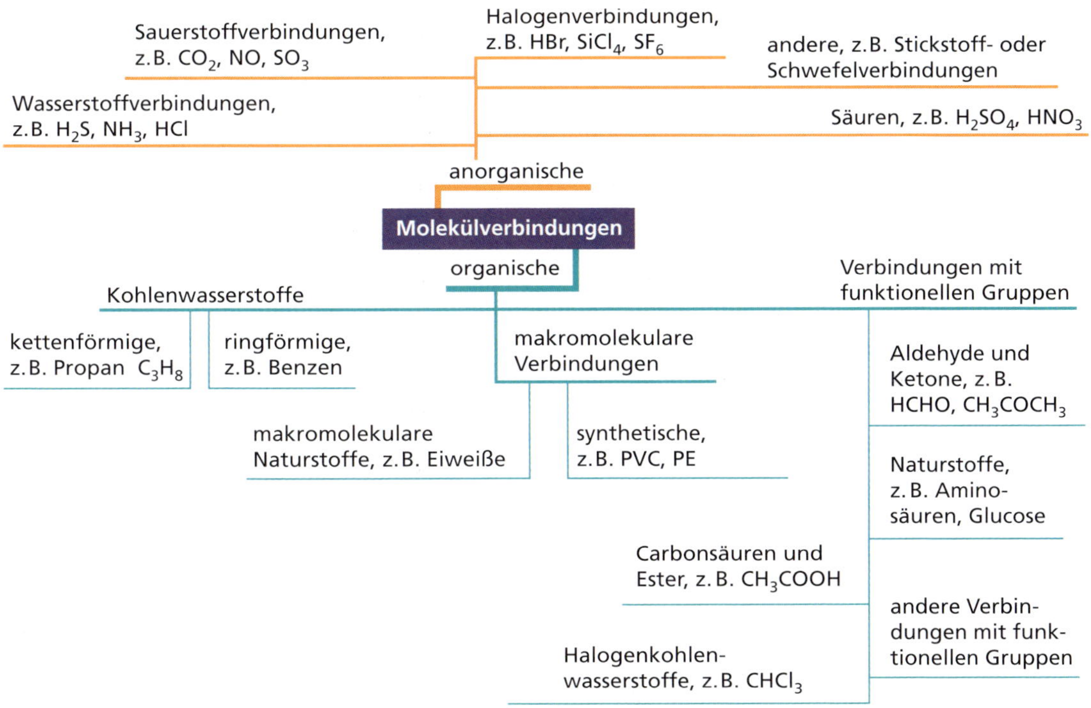

Ausgewählte Molekülverbindungen

Verbindung	Eigenschaften	Bedeutung
Wasser H_2O 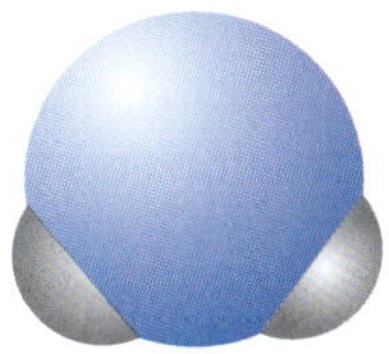	– flüssig, farblos, nicht brennbar, hohe Wärmekapazität, Dichteanomalie zwischen 0 und 4 °C – reagiert mit Säuren, Basen und unedlen Metallen, löst polare Verbindungen (z.B. Salze)	– Lebensmittel für alle Lebewesen – Lösungsmittel in Natur und Technik – Transportmittel – Quellungsmittel – Ausgangsstoff und Hilfsstoff (z.B. Kühlwasser) in der Industrie – Lebensraum vieler Organismen

Ausgewählte Molekülverbindungen

Verbindung	Eigenschaften	Bedeutung
Kohlenstoffdioxid CO_2 	– gasförmig, farblos, nicht brennbar, absorbiert Infrarotstrahlung, schwerer als Luft, wirkt erstickend – chemisch sehr beständig, löst sich in Wasser und anderen Lösungsmitteln	– belastet als Verbrennungsprodukt fossiler Brennstoffe die Atmosphäre (Treibhausgas) – dient zur Herstellung von Methanol, Harnstoff und Soda – als Kohlensäure in Erfrischungsgetränken – Feuerlöscher, Kühlmittel (Trockeneis), Inertgas
Salpetersäure HNO_3 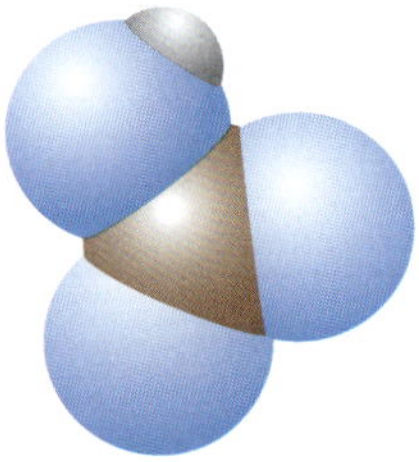	– flüssig, farblos, stechend riechend, giftig, ätzende Wirkung – mit Wasser in jedem Verhältnis mischbar – chemisch sehr reaktiv, greift Metalle, Metalloxide und Carbonate an – wirkt oxidierend, reagiert teilweise heftig mit organischen Verbindungen	– wichtige Grundchemikalie zur Herstellung von Stickstoffdüngemitteln, Sprengstoffen (TNT), Farbstoffen (Azofarbstoffe) usw. – Einsatz als Oxidationsmittel zur Synthese von Nitro- oder anderen Stickstoffverbindungen – Ätzmittel, z. B. für Edelstahl
Methan CH_4 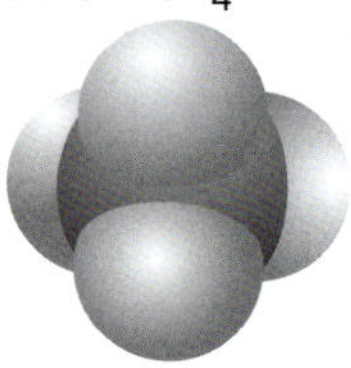	– gasförmig, farblos, geruchlos, sehr gut brennbar – löslich in organischen Lösungsmitteln wie Ether, aber nicht in Wasser – chemisch beständig, geht Substitutionsreaktionen ein	– Treibhausgas in der Atmosphäre – Grubengas in Bergwerken – umweltfreundlicher Brennstoff (Hauptbestandteil von Erdgas) – Ausgangsstoff zur Herstellung von Methanol und Methanal
Ethanol C_2H_5OH 	– flüssig, farblos, charakteristisch riechend, leicht entzündlich, schwach giftig – mischbar mit Wasser und vielen organischen Lösungsmitteln – wirkt reduzierend, geht folgende chemische Reaktionen ein: Dehydrierung, Dehydratisierung und verschiedene Redoxreaktionen	– Trinkalkohol in Bier, Wein und anderen Getränken – alternativer Kraftstoff (Bioethanol) oder Brennstoff (Spiritus) – Lösungsmittel für Arzneistoffe oder Duftstoffe (Kosmetik) – Konservierungs-, Desinfektions- und Reinigungsmittel – Ausgangsstoff für Ester, Chlorethan und andere Chemieprodukte
Methanal HCHO 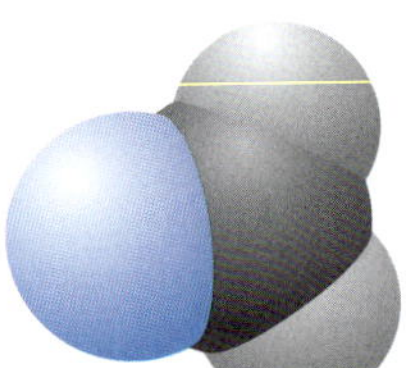	– gasförmig, farblos, stechend riechend, giftig, brennbar – löslich in Wasser und organischen Lösungsmitteln – geht viele Additions-, Kondensations- und Redoxreaktionen ein	– giftiger Schadstoff im Zigarettenrauch und in einigen Kunststoffen – Ausgangsstoff zur Herstellung von Phenoplasten und Formaldehydharzen – Konservierungs- und Desinfektionsmittel in der Industrie

Atome und Atombindung

■ **Atome** bestehen aus einem massereichen, positiv geladenen Kern und einer fast massefreien, negativ geladenen Atomhülle.
Der Atomkern enthält Protonen und Neutronen. Die Protonenzahl entspricht der **Kernladungszahl.** Die Atomhülle enthält die Elektronen.
Die Zahl der Protonen und Elektronen ist gleich, sodass Atome elektrisch neutral sind.

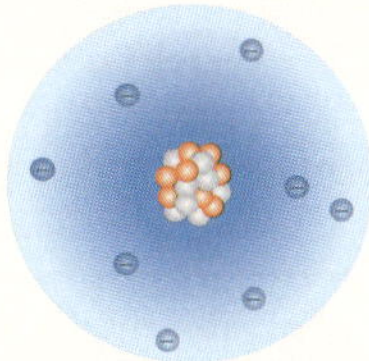

■ Die Elektronen bewegen sich auf stabilen Bahnen um den Atomkern. Diese **Elektronenschalen** entsprechen Energieniveaus und können maximal $2n^2$ Elektronen aufnehmen. Die Außenelektronen besitzen die höchste Energie und bestimmen die chemischen Eigenschaften der Elemente.
Die Elektronenanordnung der Edelgase mit zwei bzw. acht Außenelektronen ist besonders energiearm. Daher streben alle Atome danach, die Achterschale oder eine andere stabile **Edelgaskonfiguration** zu erreichen.

Schalenmodell (Sauerstoffatom)

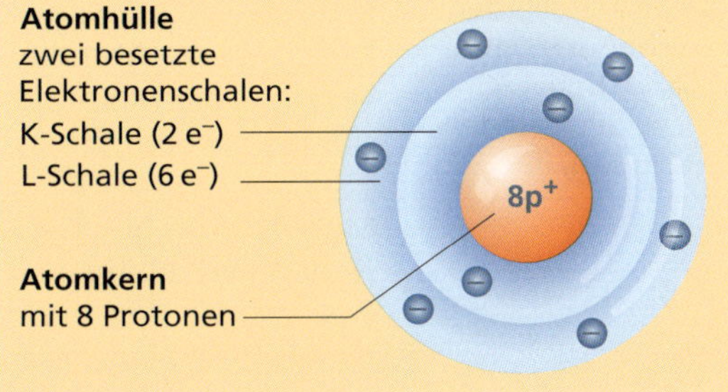

■ **Moleküle** bestehen aus mindestens zwei Atomen, die durch ein oder mehrere gemeinsame Elektronenpaare miteinander verknüpft sind. Diese Art der chemischen Bindung bezeichnet man als **Atombindung** bzw. Elektronenpaarbindung. Sie beruht auf der Anziehung zwischen gemeinsamen Elektronenpaaren (negative Ladung) und Atomkernen (positive Ladung) sowie auf dem Bestreben der Atome, eine **Achterschale** zu erreichen.
Die Atombindung zwischen Elementen gleicher Elektronegativität ist unpolar. Atome unterschiedlicher Elektronegativität bilden polare Atombindungen.

Sauerstoff

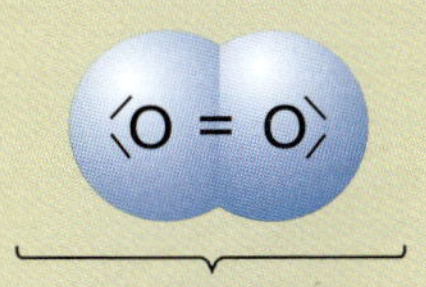

Sauerstoffmolekül

$\Delta EN = 0$, unpolares Molekül

Wasser

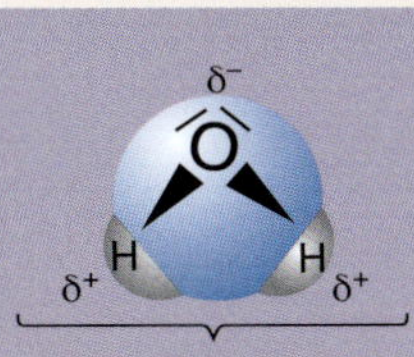

Wassermolekül

$\Delta EN > 0$, polares Molekül

2

2.3 Metalle und Metallbindung

2.3.1 Struktur und Eigenschaften der Metalle

Chemische Bindung in Metallen

Metalle sind Elementsubstanzen, die elektrisch leitfähig sind, eine gute Wärmeleitfähigkeit und einen metallischen Glanz besitzen. Metalle sind meist gut verformbar. Außer Quecksilber sind alle Metalle bei Zimmertemperatur fest.

Die Metallatome sind im Metallgitter so dicht wie möglich gepackt. Dabei unterscheidet man drei **Gittertypen.**

Die typischen Eigenschaften der Metalle ergeben sich aus ihrem Bau, d. h. aus der Anordnung der Teilchen und der zwischen ihnen wirkenden Kräfte. Feste Metalle bilden kristalline Strukturen, weil ihre kleinsten Teilchen, die Metallatome, geometrisch regelmäßig in einem dreidimensionalen Metallgitter angeordnet sind.

Metallatome besitzen meist nur ein bis drei Außenelektronen. Diese befinden sich relativ weit vom Kern entfernt und können leicht abgegeben werden. Sie sind in der Gitterstruktur frei beweglich und bilden das sogenannte **Elektronengas.**
Nach der Elektronenabgabe stimmt die Zahl der Protonen und Elektronen in den Atomen nicht mehr überein. Aus den neutralen Atomen entstehen am selben Gitterplatz positiv geladene **Metall-Ionen** bzw. **Atomrümpfe.**

Dieses Modell der **Metallbindung** wird auch Elektronengasmodell genannt.

Durch Aufnahme und Abgabe von Elektronen findet ein ständiger Wechsel zwischen neutralen Atomen und positiven Atomrümpfen statt.
Zwischen den positiv geladenen Ionen und den frei beweglichen elektrisch negativ geladenen Elektronen wirken relativ starke elektrische Anziehungskräfte. Diese bewirken den Zusammenhalt im Kristall. Die Art der Bindung bezeichnet man als **Metallbindung.**

Die Metallbindung ist eine Art der chemischen Bindung, die auf der Anziehung zwischen frei beweglichen, negativ geladenen Elektronen, dem Elektronengas, und positiv geladenen Metall-Ionen beruht.

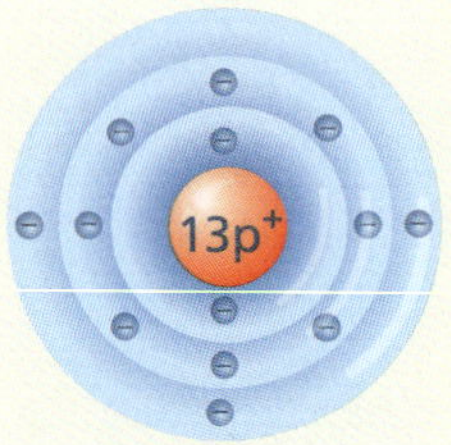

Modell des Aluminiumatoms

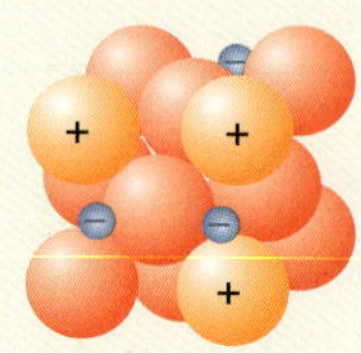
Modell des Metallgitters

Stoff: Aluminium

Mit dem **Elektronengasmodell** lassen sich viele Eigenschaften der Metalle gut erklären. Da starke Kräfte zwischen den Atomrümpfen und den frei beweglichen Elektronen wirken, weisen Metalle meist den festen **Aggregatzustand** auf.

Bei ausreichender Wärmezufuhr beginnen die Teilchen, stärker zu schwingen. Wird die Schmelztemperatur des Metalls erreicht, werden die Schwingungen so stark, dass die Teilchen die Anziehungskräfte im Metallkristall überwinden und ihre festen Gitterplätze verlassen. Das Metall schmilzt und geht in den flüssigen Aggregatzustand über. Bei weiterer Energiezufuhr wird das Metall gasförmig.

Dadurch, dass das Metallgitter aus gleichartigen oder ähnlichen Atomen besteht, können die Atomschichten relativ leicht durch mechanische Krafteinwirkung gegeneinander verschoben werden. Dabei ändern sich die Bindungskräfte zwischen den Metallatomen nicht und sie können in der neuen Position verbleiben. Deshalb sind fast alle Metalle gut **plastisch verformbar**.

Anhand des Baus der Metalle lässt sich auch die **elektrische Leitfähigkeit** erklären. Sie beruht auf den frei beweglichen Elektronen, die im Metallkristall vorhanden sind. Unter dem Einfluss einer Gleichspannung bewegen sie sich gerichtet vom Minus- zum Pluspol, sodass es zu einem Ladungstransport kommt.

Die meisten chemischen Elemente sind **Metalle**. Sie stehen im Periodensystem der Elemente hauptsächlich auf der linken Seite (↗ S. 174).

Auch die gute Wärmeleitfähigkeit der Metalle beruht auf den im Metallgitter frei beweglichen Elektronen.

Schmelz- und Siedetemperaturen

- sehr unterschiedliche Schmelz- und Siedetemperaturen (Natrium: $\vartheta_s = 98\,°C$, $\vartheta_v = 892\,°C$; Wolfram: $\vartheta_s = 3\,410\,°C$, $\vartheta_v = 5\,500\,°C$)
- bei Raumtemperatur fest (Ausnahme: Quecksilber)

Verformbarkeit

- alle Metalle plastisch verformbar
- einige Metalle bzw. ihre Legierungen (Stahl) elastisch verformbar

Härte

- sehr unterschiedliche Härte (Ritzhärte nach MOHS: Blei 1,5; Eisen 4,5; Chrom 9)

Dichte

- Dichte < 5 $g \cdot cm^{-3}$: Leichtmetall (z.B. Aluminium)
- Dichte > 5 $g \cdot cm^{-3}$: Schwermetall (z.B. Eisen)

Leitfähigkeit

- alle Metalle elektrisch leitfähig und wärmeleitfähig, jedoch unterschiedlich gut

metallischer Glanz

- glatte metallische Oberflächen reflektieren das Licht
- silbrig oder farbig glänzend

Einteilung der Metalle

Trotz aller Gemeinsamkeiten unterscheiden sich die Metalle doch in einigen Eigenschaften, z. B. in ihrem spezifischen Gewicht bzw. ihrer Dichte, der Farbe, der Schmelztemperatur oder ihrem Redoxverhalten.
Anhand dieser Eigenschaften lassen sich die Metalle in unterschiedliche Gruppen einteilen.

Nach ihrer Farbe können Metalle in Schwarzmetalle, z. B. **Eisen,** und Buntmetalle, z. B. **Kupfer,** eingeteilt werden.

Edelmetalle kommen in der Natur häufig gediegen, d. h. als reines Metall, vor. Unedle Metalle (↗ S. 137) kommen dagegen nur in gebundener Form vor.

Einteilung der Metalle nach der Dichte	
Leichtmetalle	Schwermetalle
Dichte kleiner als 5 g/cm^3	Dichte größer als 5 g/cm^3
■ Natrium, Magnesium	■ Chrom, Eisen, Gold

Einteilung der Metalle nach der Schmelztemperatur		
niedrig schmelzende Metalle	mittel schmelzende Metalle	hoch schmelzende Metalle
niedriger als 600 °C	600–1 100 °C	ab 1 100 °C
■ Zinn, Cadmium	■ Aluminium	■ Mangan, Eisen

Einteilung der Metalle nach den Redoxeigenschaften	
unedle Metalle	edle Metalle
– geben leicht Elektronen ab – bilden leicht Oxide	– geben schwer Elektronen ab – bilden schwer Oxide
■ Natrium, Magnesium	■ Kupfer, Silber, Gold, Platin

Die chemischen Eigenschaften, insbesondere die Beständigkeit an der Luft, bestimmen maßgeblich die natürlichen Vorkommen und die Anwendungen der Metalle.
Aus der Variabilität der Eigenschaften ergeben sich die vielfältigen Verwendungsmöglichkeiten der Metalle.

Das häufigste Gebrauchsmetall ist **Eisen** mit einer Weltjahresproduktion von ca. 1,1 Mrd. Tonnen. Das unedle Metall ist Hauptbestandteil von **Stahl** (↗ S. 290 f.).

■ So ist das Leichtmetall Magnesium bei gleichem Volumen mehr als zehnmal leichter als das Schwermetall Gold. Wegen seines geringen Gewichts wird Magnesium ebenso wie Aluminium zunehmend im Karosseriebau verarbeitet.

Das edle Gold nutzt man dagegen für Zahnfüllungen, zur Schmuckherstellung und wegen seiner selbst für Metalle hervorragenden Leitfähigkeit in der Elektroindustrie.
Zinn ist wegen seines relativ niedrigen Schmelzpunkts Hauptbestandteil des Lötzinns. Die extrem harten Metalle Chrom und Wolfram eignen sich besonders für die Veredelung von Oberflächen.

2.3.2 Wichtige Metalle und Legierungen

Metall und Eigenschaften	Vorkommen und Verwendung
 **Eisen:** in reinem Zustand silberweiß, Schwermetall, relativ weich, dehnbar, rostet sehr schnell, sehr reaktionsfreudig	– Vorkommen: in metallischer Form z. B. in Meteoriten, in mineralischer Form in Eisenerzen, z. B. Pyrit, Hämatit, Magnetit oder Limonit – Verwendung: wichtigstes Gebrauchsmetall, meist in Form von Legierungen (↗ S. 89) wie Gusseisen und Stahl, z.B. für Brückenbau, Schiffsbau, Maschinenbau oder Fahrzeugbau
 **Aluminium:** silberweißes Leichtmetall, widerstandsfähig gegenüber Luftfeuchtigkeit, korrosionsbeständig durch Ausbildung einer sehr dünnen, harten Schicht aus Aluminiumoxid, gut verformbar	– Vorkommen: in Form von Aluminiumerzen (wichtigstes Aluminiumerz ist das Bauxit) – Verwendung: im Fahrzeugbau und Flugzeugbau, für Haushaltsgeräte, im Bauwesen, in der Verpackungsindustrie, in der Elektrotechnik
 **Kupfer:** hellrot, sehr weich, dehnbar, sehr gute elektrische Leitfähigkeit, oxidiert an der Luft langsam	– Vorkommen: relativ seltenes Element, in metallischer Form in geringen Mengen; gebunden als Kupferkies oder Kupferglanz – Verwendung: in der Elektroindustrie als Kabelmaterial, für Heizanlagen und Kühlanlagen

Der Erdkern mit einem Radius von etwa 3 500 km besteht fast vollständig aus **Eisen.** Eisen gehört in Ionenform auch zu den lebenswichtigen Spurenelementen für Menschen, Tiere, und Pflanzen.

Aluminium ist ein Bestandteil von wertvollen Edelsteinen wie Rubin oder Saphir.

Auch **Kupfer** ist in Ionenform ein wichtiges Spurenelement, das besonders an Elektronenübertragungsprozessen im Körper beteiligt ist.

2

Die Goldreserven der Welt werden auf etwa 60 000 t geschätzt. Legt man den derzeitigen Goldverbrauch zugrunde, reichen die Vorräte noch ca. 30 Jahre.

Genau wie Gold ist auch **Silber** ein beliebtes Schmuckmetall. Schwerlösliche Silberhalogenide spielten eine wichtige Rolle in der klassischen **Fotografie.**

Das Leichtmetall **Titan** ist chemisch sehr beständig und wird u. a. deshalb für medizinische Prothesen (↗ Abb.) eingesetzt. In der Farbenindustrie nutzt man Titandioxid (Titanweiß) als Pigment für Dispersionsfarben.

Metall und Eigenschaften	Vorkommen und Verwendung
 **Gold:** rötlich gelb, sehr weich, Schwermetall, dehnbar, leicht bearbeitbar, sehr reaktionsträge	– Vorkommen: in elementarer Form, z.B. im Ural, in Kanada, in Australien und in Sibirien – Verwendung: fast immer in Form von Legierungen in der Schmuckindustrie, für Münzen, in der Elektronik und Zahntechnik
 **Silber :** weiß glänzend, weich, leicht verformbar und dehnbar, besitzt von allen Metallen die höchste Leitfähigkeit für Elektrizität und Wärme	– Vorkommen: in elementarer Form (gediegen), häufig als Begleitmetall zu Gold, selten in Form von Erzen, z. B. Argyrodit – Verwendung: Schmuck, Bestecke, Münzen, Spiegel, Batterien, Katalysatoren, in der Fotoindustrie in Form von Silbersalzen
 **Titan:** silberweiß, dehnbar, kann kalt gewalzt und zu Drähten gezogen werden, bildet an der Luft eine fest haftende Oxidschicht, ist deshalb sehr korrosionsbeständig	– Vorkommen: in Form von Erzen, z. B. Rutil und Titaneisenerz (Ilmenit) – Verwendung: wegen seiner hohen Festigkeit und des geringen Gewichts, für Triebwerke in der Luft- und Raumfahrt, Apparate in der chemischen Industrie, Medizin und Militärtechnik
 **Uran:** an frischen Oberflächen silberglänzend, an der Luft beständig, überzieht sich schnell mit einer Oxidschicht, radioaktiv	– Vorkommen: in verschiedenen Mineralien, Gewinnung aus Uranpecherz – Verwendung: als Kernbrennstoff, Herstellung von Kernwaffen; Uran mit hoher Dichte als Strahlenschutzmaterial sowie zur Panzerung von Geschossen

Legierungen

Metalle werden selten rein, sondern häufig in Form von **Legierungen** verwendet. Diese homogenen Stoffgemische (↗ S. 63) entstehen, wenn sich ein Metall mit einem weiteren Metall oder mit anderen Stoffen, z. B. in einer Schmelze, verbindet.
Legierungen bestehen also aus mehr als einer Atomsorte. Sie haben überwiegend metallische Eigenschaften. Mit der Herstellung von Legierungen werden die für technische Anwendungen erforderliche Härte, chemische Beständigkeit oder andere spezielle Eigenschaften gezielt verbessert.
Durch das Zusammenschmelzen verschiedener Metalle, mitunter auch durch den Zusatz geringer Mengen an Nichtmetallen, z. B. Kohlenstoff, werden beim Erstarren Fremdatome in das Metallgitter eingebaut.

Substitutionsmischkristall

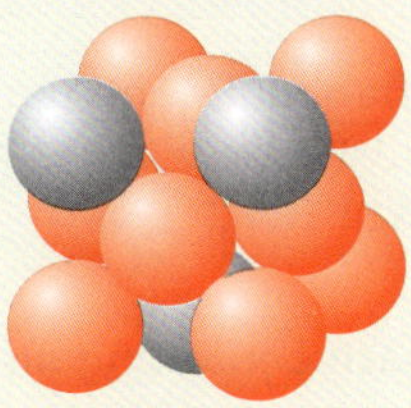

Einlagerungsmischkristall

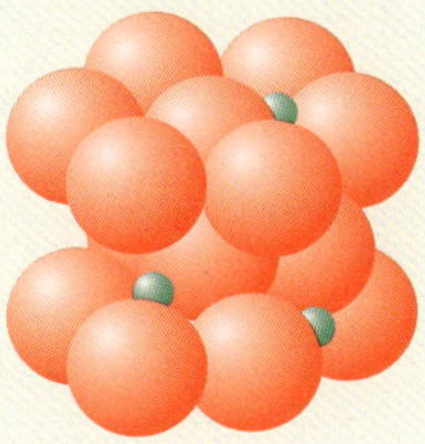

Bei **Legierungen** werden Metallatome im Gitter durch andere Atome ersetzt (Substitutionsmischkristall) oder es befinden sich kleinere Atome zwischen größeren Metallatomen (Einlagerungsmischkristall).

Wenn die Atomgröße und der Gittertyp der Legierungspartner annähernd übereinstimmen, werden Metallatome durch andere Metallatome ersetzt (↗ Abb. links).
Sind die Fremdatome deutlich kleiner als die des Wirtsmetalls, werden sie in die Gitterlücken zwischen den großen Metallatomen eingelagert (↗ Abb. rechts).

> Legierungen sind homogene Stoffgemische aus zwei oder mehr Elementen, von denen mindestens eines ein Metall ist.

Legierungen weisen teilweise ähnliche und teilweise sogar bessere Eigenschaften auf als ihre elementaren Bestandteile.

So ist Eisen relativ weich und rostet an der Luft sehr schnell. Die Eisenlegierung Stahl (↗ S. 290) ist härter, schlagfester und oft beständiger als Eisen. Durch Zusätze von Nickel, Chrom o. a. erhält man Spezialstähle. In der Industrie und im Bauwesen wird hauptsächlich Stahl und kaum Eisen verwendet.
Die Legierung Bronze enthält mindestens 60 % Kupfer und als zweiten Hauptbestandteil Zinn. Während die Reinstoffe Kupfer und Zinn relativ weich sind, erreicht die Legierung eine wesentlich größere Härte. Das wurde bereits in der vorgeschichtlichen Bronzezeit erkannt. Da die Legierung schon bei weniger als 1 000 °C schmilzt, konnten bereits 3 000 v. Chr. Werkzeuge und Waffen aus Bronze hergestellt werden.

Auch Gold wird häufig in Form von Legierungen, z. B. als Schmuckmetall, verwendet. Feingold enthält mindestens 99,9 % Gold; Rot- oder Farbgolde enthalten neben dem Gold vor allem Kupfer (bis zu 30 %) und Silber (bis zu 35 %).
Weißgolde enthalten Palladium oder Nickel, manchmal auch etwas Kupfer und Zink; Blattgolde sind Silber-Kupfer-Legierungen (70–99 % Gold). Goldlegierungen sind gegenüber dem reinen Gold meist härter und verschleißfester.
Der Goldgehalt in Goldlegierungen wird in Anteilen von Tausend, früher auch in Karat angegeben: 100 % Gold entsprechen einem Feingehalt von Tausend, das sind 24 Karat.

Legierungen verschiedener Metalle

Legierung, Zusammensetzung	Eigenschaften	Verwendung
Gusseisen 96–98 % Eisen, 2–4 % Kohlenstoff	spröde, gieß-, aber nicht schmiedbar	Gießen maßgenauer Formstücke, z. B. Gullydeckel
Eisenlegierungen: – Eisenstähle: > 38,3 % Eisen, < 1,7 % Kohlenstoff, – Baustähle: < 0,4 % Kohlenstoff, > 96 % Eisen) – V2A-Stahl: 71 % Eisen, 20 % Chrom, 8% Nickel, je 0,2 % Silicium, Kohlenstoff, Mangan	– relativ elastisch, schmiedbar – sehr hart, korrosionsbeständig, zäh, beständig gegenüber vielen Chemikalien	je nach Legierung als: – Werkzeuge, Federn, Bleche, Nägel, Rohre – Reaktoren in der chemischen Industrie, Haushaltsgeräte
Bronze etwa 60 % Kupfer, 30–40 % Zinn, andere Bestandteile (Aluminium, Blei, Zink)	dehnbar, verschleißfest, korrosionsbeständig, gut zu verarbeiten	Glocken, Medaillen, Geschütze, Plastiken, Kunstgegenstände
Messing 55–90 % Kupfer, 10–45 % Zink	gut verformbar, korrosionsbeständig	Armaturen, Türklinken, Kunstgegenstände
Neusilber 45–67 % Kupfer, 10–26 % Nickel und etwas Zink	sehr korrosionsbeständig, fest, silberfarben	Bestecke, Reißzeuge, Musikinstrumente
Amalgame Quecksilber mit anderen Metallen, z. B. Blei, Gold, Silber, Zink	meist bei leichtem Erwärmen plastisch, sehr gut verformbar	Zahnfüllungen, Elektroden
Duraluminium mehr als 90 % Aluminium, <5 % Kupfer, <2 % Magnesium, <1 % Mangan	sehr leicht, mechanisch und chemisch sehr beständig	Fahrräder, Bahntechnik, Flugzeugbau

Metalle und Legierungen

- **Metalle** sind Elementsubstanzen, die eine charakteristische Kombination gemeinsamer Eigenschaften aufweisen. Sie glänzen metallisch, sind gut verformbar und leiten sowohl den elektrischen Strom als auch die Wärme. Die typischen Eigenschaften ergeben sich aus der Struktur der Metalle, d. h. der Anordnung der Teilchen und der zwischen ihnen wirkenden Kräfte.

- Metallatome bilden ein regelmäßiges Metallgitter. Sie geben ihre Außenelektronen ab, sodass diese frei beweglich sind. Dadurch sind auf den Gitterplätzen positiv geladene Atomrümpfe vorhanden. Die **Metallbindung** beruht auf der Anziehung zwischen den positiv geladenen Atomrümpfen und den negativ geladenen Elektronen.

Metallgitter

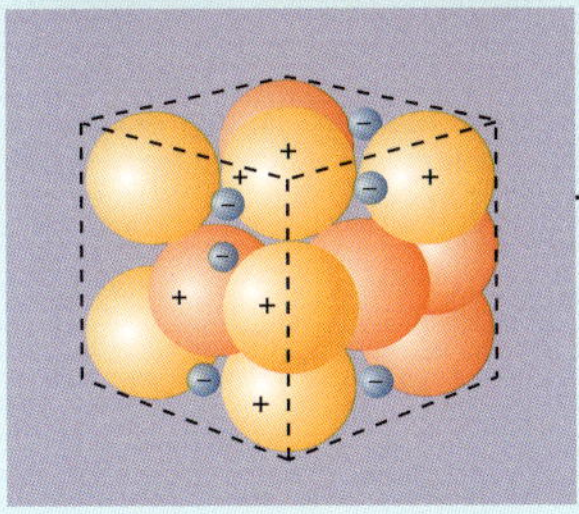

Da zwischen positiven Atomrümpfen und Elektronen relativ starke Anziehungskräfte wirken, bilden Metallatome stabile Gitterstrukturen. Deshalb sind Metalle bei Raumtemperatur im Allgemeinen fest.

Aus der Verschiebung der Atomschichten resultieren keine wesentlichen Änderungen der Bindungskräfte zwischen den Atomen. Aus diesem Grund sind Metalle plastisch verformbar.

Weil mit dem Elektronengas frei bewegliche Ladungsträger in großer Anzahl zur Verfügung stehen, weisen Metalle eine gute elektrische und Wärmeleitfähigkeit auf.

- **Legierungen** sind Gemische von zwei oder mehr Elementen, von denen mindestens eines ein Metall ist. Durch die Legierungsbildung verändern sich die Eigenschaften. Bei technisch wichtigen Legierungen wie Stahl oder Messing werden optimale Eigenschaften erhalten. Legierungen bestehen ebenfalls aus Metallgittern. Darin besetzen große Fremdatome reguläre Gitterplätze. Kleine Fremdatome werden dagegen in Lücken zwischen den anderen Metallatomen eingelagert.

2.4 Ionen und Ionenbindung

2.4.1 Ionen

> **Ionen** sind elektrisch geladene Teilchen. Positiv geladene Ionen heißen Kationen, negativ geladene werden Anionen genannt.

Nach ihrer Zusammensetzung und der Entstehung können einfache Ionen, zusammengesetzte Ionen, Zwitterionen und Komplexionen unterschieden werden.

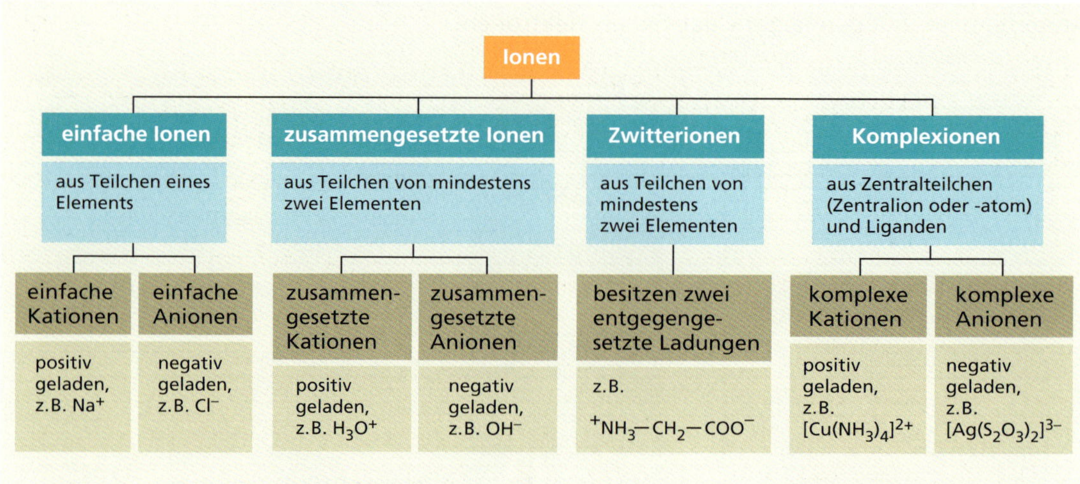

Bildung einfacher Ionen

Einfache Ionen entstehen aus einem Atom eines chemischen Elements durch Aufnahme oder Abgabe von Elektronen. Gibt ein Atom Elektronen ab, wird ein positiv geladenes **Kation** gebildet. Bei Elektronenaufnahme entsteht ein negativ geladenes **Anion**.
Durch die Elektronenaufnahme bzw. -abgabe streben die Atome eine stabile Edelgaskonfiguration (↗S. 184) an, häufig die Achterschale. Aus der Zahl der aufgenommenen bzw. abgegebenen Elektronen ergibt sich die **Ladung der Ionen.**

▶ Durch Ionenbildung wird nicht immer eine Achterschale erreicht. Möglich sind auch andere stabile Edelgaskonfigurationen, z.B. mit zwei (Helium) oder 18 (Krypton) Außenelektronen.

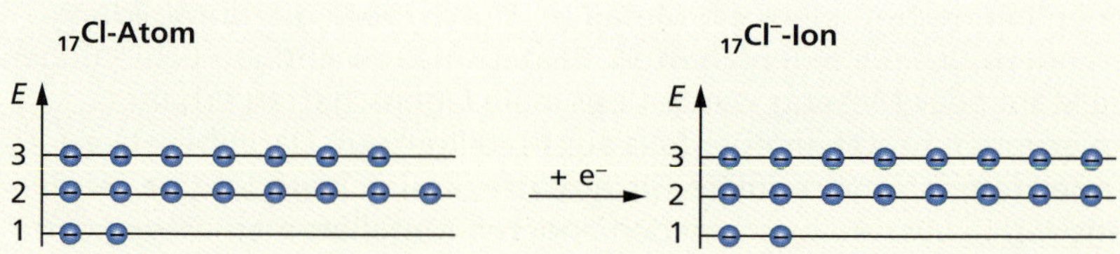

$Cl + e^- \longrightarrow Cl^-$

Chloratom + e^- ⟶ Chlorid-Ion

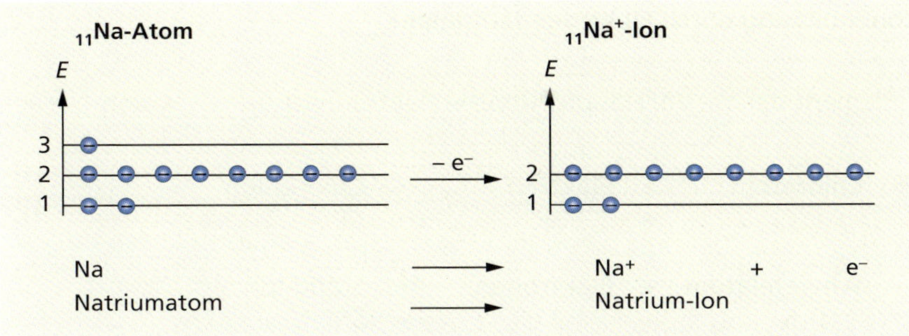

Zusammenhang zwischen Atombau und Bildung einfacher Ionen

Haupt-gruppe	Anzahl der Außen-elektronen	Anzahl der abgegebenen Elektronen	Anzahl der aufgenomme-nen Elektronen	Ladung des Ions
I	1	1		+1
II	2	2		+2
III	3	3		+3
IV	4	4	4	+4 oder –4
V	5		3	–3
VI	6		2	–2
VII	7		1	–1

Diese Zusammenhänge stellen eine starke Vereinfachung dar. Vor allem die Elemente der IV. bis VII. Hauptgruppe bilden auch Ionen mit anderen Ladungen.

Aus dieser Übersicht ergibt sich, dass die Metalle der I.–III. Hauptgruppe nur positiv geladene Ionen bilden. Dabei stimmt die Ladung der Kationen mit der Hauptgruppennummer überein.
Elemente der V.–VII. Hauptgruppe bilden bevorzugt negativ geladene Ionen, also Anionen. Der Zahlenwert der Ladung der Anionen lässt sich nach der einfachen Formel: „Ladung des Ions = acht minus Hauptgruppennummer“ berechnen.
Die Elemente der VIII. Hauptgruppe bilden keine Ionen, da sie schon ein Elektronenoktett (Achterschale) besitzen.

Ionenbildung durch Elektronenabgabe

Element der I.–III. Hauptgruppe ⟶ Kation + Elektron(en)

Kaliumatom	⟶	Kalium-Ion	+	Elektron
K	⟶	K^+	+	e^-
Magnesiumatom	⟶	Magnesium-Ion	+	Elektronen
Mg	⟶	Mg^{2+}	+	$2\ e^-$
Aluminiumatom	⟶	Aluminium-Ion	+	Elektronen
Al	⟶	Al^{3+}	+	$3\ e^-$

Elemente der **IV. Hauptgruppe** (↗ S. 186 ff.) können sowohl Elektronen aufnehmen als auch abgeben, um eine Achterschale zu erreichen. Die Bildung vierfach geladener Ionen ist jedoch selten, weil so hoch geladene Ionen nicht sehr stabil sind.

Ionenbildung durch Elektronenaufnahme

Element der V.–VII. Hauptgruppe + Elektron(en) ⟶ Anion

Chloratom	+	Elektron	⟶	Chlorid-Ion
Cl	+	e^-	⟶	Cl^-
Schwefelatom	+	Elektronen	⟶	Sulfid-Ion
S	+	2 e^-	⟶	S^{2-}

Benennung und chemische Zeichen von einfachen Ionen
Zur Kennzeichnung einfacher Ionen verwendet man – ähnlich wie bei Atomen – das Elementsymbol. Außerdem wird oben rechts neben dem Symbol die Ladung des Ions angegeben.
Ist das Ion mehrfach geladen, wird der Betrag der Ionenladung mit einer Ziffer gekennzeichnet. Die Ziffer Eins wird bei der Angabe des Betrags der Ionenladung üblicherweise weggelassen.
Um Kationen und Anionen auch vom Namen her zu unterscheiden, werden Anionen mit einer Endung versehen. Alle einfachen Anionen erhalten die Endung „-id".

Benennung und Symbole von Ionen:
Bromid-Ion: Br^- Sulfid-Ion: S^{2-}
Lithium-Ion: Li^+ Calcium-Ion: Ca^{2+}

Zusammengesetzte Ionen (↗ S. 62) bestehen aus mehreren durch Atombindung verbundenen Atomen. Ihre Ladung ergibt sich aus der Gesamtzahl der Protonen und Elektronen im Ion.

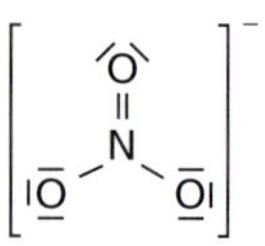

Protonenzahl:
(1 · 7) + (3 · 8) = 31
Elektronenzahl:
(3 · 10) + 2 = 32
Ionenladung:
31 – 32 = 1–

Vergleich von Atomen und Ionen

Teilchen	Atom	einfaches Ion
Verhältnis von Protonen und Elektronen	Anzahl der Protonen = Anzahl der Elektronen	Anzahl der Protonen ≠ Anzahl der Elektronen
Ladung des Teilchens	neutral	positiv oder negativ
Beispiel Magnesium	$12\ p^+ + 12\ e^- = 0$ 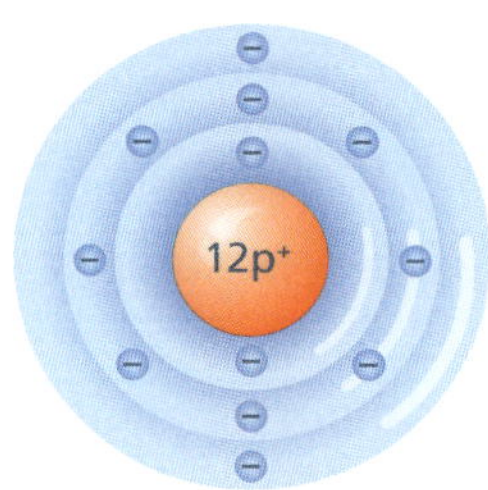 	$12\ p^+ + 10\ e^- = 2+$ 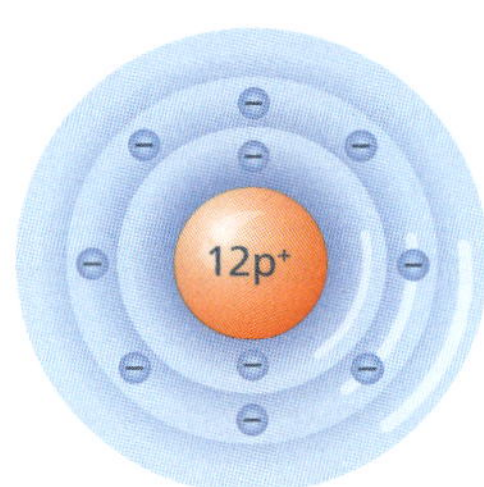

Atome und Ionen eines chemischen Elements besitzen die gleiche Anzahl an Protonen und Neutronen. Sie unterscheiden sich nur in der Elektronenanzahl und damit in ihrer Ladung.

2.4.2 Struktur und Eigenschaften von Ionensubstanzen

Ionenbindung und Ionenkristalle

> Die **Ionenbindung bzw. Ionenbeziehung** ist eine Art der chemischen Bindung, die auf der elektrostatischen Anziehung zwischen den positiv geladenen Ionen (Kationen) und negativ geladenen Ionen (Anionen) beruht.

Die entgegengesetzt geladenen Ionen entstehen beispielsweise bei der chemischen Reaktion zwischen geeigneten Metallen und Nichtmetallen. Durch Elektronenabgabe bilden die Metallatome Kationen. Die Elektronen werden von Nichtmetallatomen aufgenommen, wobei stabile Anionen entstehen.
Die verschiedenen Ionen ordnen sich regelmäßig in einem dreidimensionale **Ionengitter** an. Die positiv und negativ geladenen Ionen ziehen sich aufgrund ihrer entgegengesetzten elektrischen Ladung elektrostatisch an. Diese starken Kräfte wirken in alle Raumrichtungen und führen zum Zusammenhalt der Ionen im **Ionenkristall**.

Im Natriumchloridkristall ist je ein Chlorid-Ion von sechs Natrium-Ionen und umgekehrt ein Natrium-Ion von sechs Chlorid-Ionen umgeben.

Bildung eines Natriumchloridkristalls

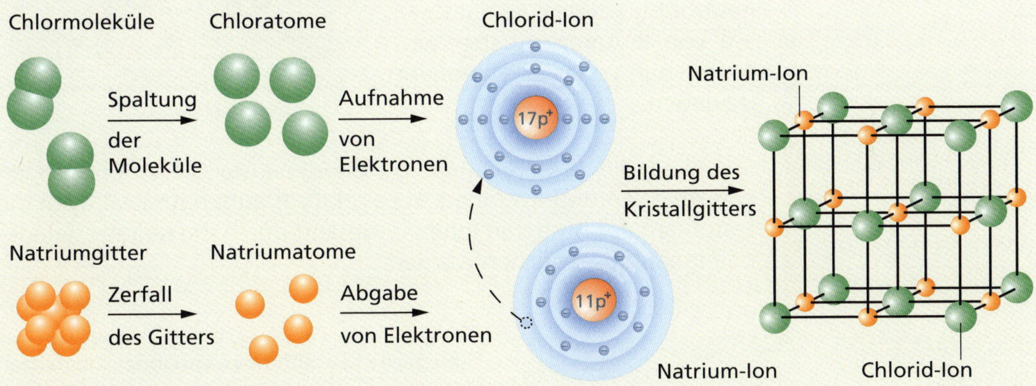

Ionenkristalle können mithilfe eines **Gittermodells** dargestellt werden (↗ Abb. oben rechts). Dabei werden die Abstände zwischen den Ionen verhältnismäßig größer dargestellt, als sie sind. Auf diese Weise wird die räumliche Struktur deutlicher erkennbar.

Ein Ionenkristall kann auch mithilfe eines **Packungsmodells** dargestellt werden. Dabei geht man von einer Anordnung der Ionen in einer dichten Kugelpackung (Teilchenmodell, ↗ S. 59) aus und berücksichtigt auch deren unterschiedliche Größe.

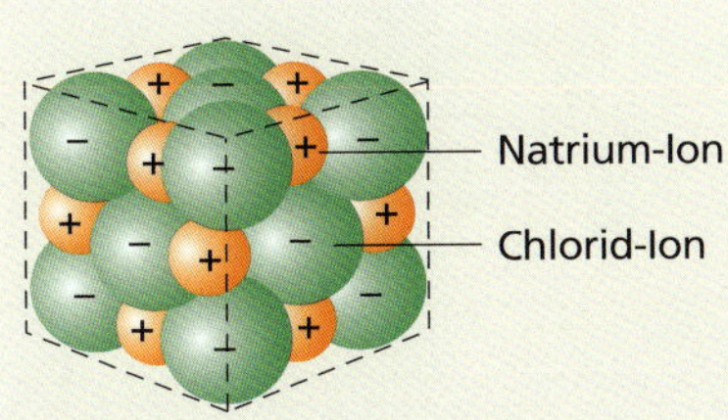

2

Bei anderen Salzen weicht die Anordnung der Ionen von der im NaCl-Kristall ab. Aufgrund der unterschiedlichen Ladungen und Größen der Ionen kommen unterschiedliche Gittertypen zustande. Besonders bei Salzen aus zusammengesetzten Ionen (↗ S. 62) ist die räumliche Struktur häufig kompliziert.

Genau umgekehrt ist die Situation beim ionischen Lithiumoxid Li_2O. Bei der A_2B-Verbindung kommen auf ein O^{2-}-Anion zwei Li^+-Kationen.

- Im Natriumchloridkristall ist die gleiche Anzahl von einfach positiv geladenen Natrium-Ionen und einfach negativ geladenen Chlorid-Ionen enthalten. Das Verhältnis der Ionen beträgt 1 : 1 und ist der Formel des Salzes zu entnehmen. Die Formel NaCl ist eine **Verhältnisformel** und kennzeichnet die **kleinste Baueinheit** von Ionenkristallen.

NaCl

- Stoff: Natriumchlorid
- Verhältnis $Na^+ : Cl^- = 1:1$
- 1 Baueinheit: Natriumchlorid

Dadurch heben sich die Beträge der entgegengesetzten Ionenladungen insgesamt auf und der Kristall ist nach außen **elektrisch neutral.**

- Wenn die Ionen im Kristall unterschiedliche Ladungen besitzen, müssen sich diese ebenfalls ausgleichen. Beim Calciumfluorid ist das Ca^{2+}-Ion zweifach positiv und das F^--Ion einfach negativ geladen. Deshalb müssen pro Ca^{2+}-Ion zwei F^--Ionen vorhanden sein, damit der CaF_2-Kristall elektrisch neutral ist. Folglich ist ein Kation von 8 Anionen, aber ein Anion nur von vier Kationen umgeben.

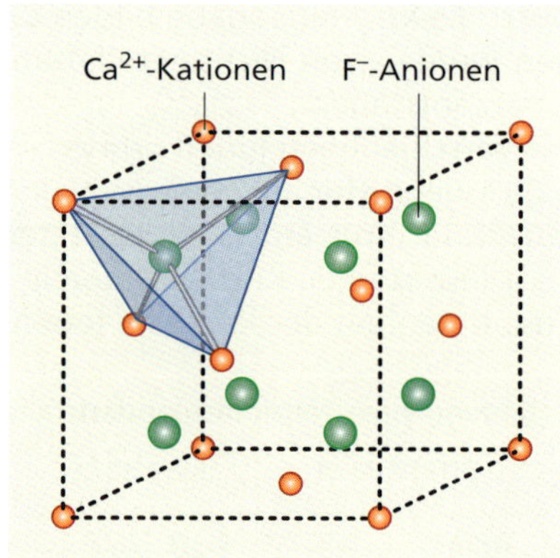

Ionenkristalle sind regelmäßige dreidimensionale Anordnungen von Anionen und Kationen. Sie sind nach außen neutral, weil die Ladungen der positiven Ionen insgesamt durch die negativ geladenen Ionen ausgeglichen werden.

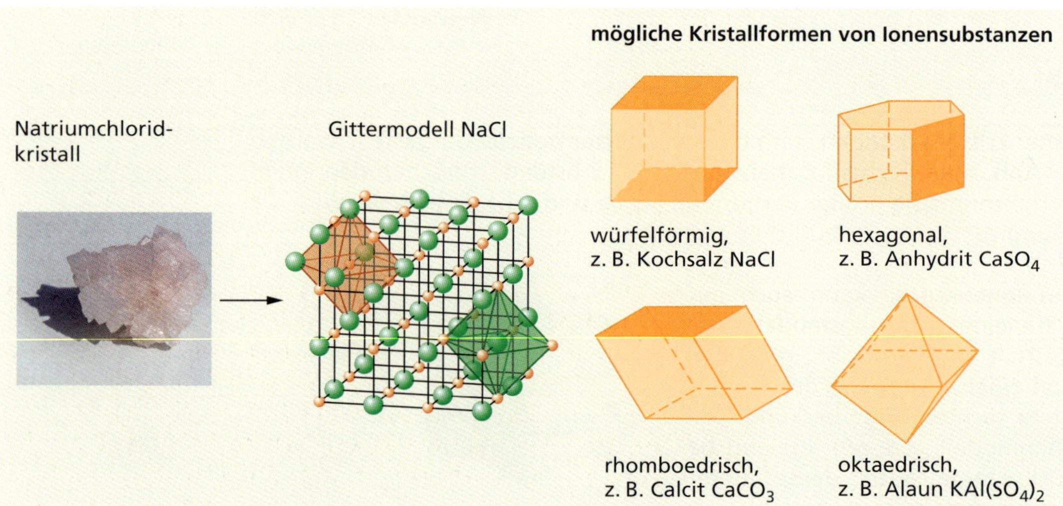

Eigenschaften von Ionensubstanzen

> **Ionensubstanzen** weisen eine stabile Gitterstruktur mit starken elektrostatischen Anziehungskräften zwischen den entgegengesetzt geladenen Ionen im dreidimensionalen Gitter auf.

Salze sind die wichtigste Untergruppe der Ionensubstanzen.

Aufgrund dieser Struktur besitzen alle Ionensubstanzen eine Reihe gemeinsamer charakteristischer Eigenschaften:

1. Aufgrund der starken elektrostatischen Anziehungskräfte im Gitter haben Ionensubstanzen einen festen Aggregatzustand und sind kristallin.
2. Die hohen Schmelz- und Siedetemperaturen ergeben sich aus dem starken Zusammenhalt der Teilchen. Um die Ionen voneinander zu trennen, muss viel Energie (Wärme) aufgewandt werden.
3. Vor allem Salze sind meist hart und spröde. Bei plötzlicher mechanischer Krafteinwirkung zerspringen sie. Durch die Krafteinwirkung werden die Ionenschichten gegeneinander verschoben. Dadurch geraten Ionen mit gleicher Ladung in unmittelbare Nähe. Aufgrund der Abstoßung zwischen den Teilchen zerspringen die Kristalle (↗ Abb.).
4. Die Schmelzen der Ionensubstanzen leiten den elektrischen Strom. Bei genügender Energiezufuhr zerfällt der Kristall in einzelne, frei bewegliche Ionen, die den Ladungstransport ermöglichen.
5. Ionensubstanzen dissoziieren in Wasser. Da Wassermoleküle kleine Dipole (↗ S. 76) sind, können sie mit den elektrisch geladenen Ionen der Salze in Wechselwirkung treten und diese aus dem Ionengitter herauslösen.

Wegen seiner Härte wird z. B. Kochsalz aus **Lagerstätten** auch als **Steinsalz** bezeichnet.

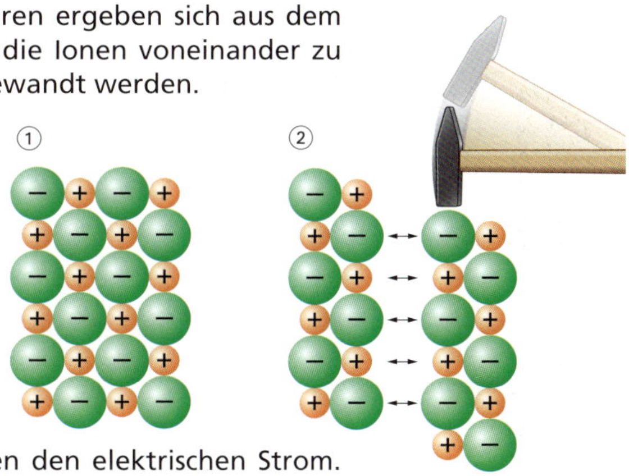

> Ionensubstanzen sind kristalline Stoffe mit hohen Schmelz- und Siedetemperaturen. Die Kristalle sind hart, aber spröde. Feste Ionensubstanzen leiten den elektrischen Strom nicht, sondern nur in Form von Schmelzen oder wässrigen Lösungen.

In Wasser liegen Ionen immer hydratisiert vor!

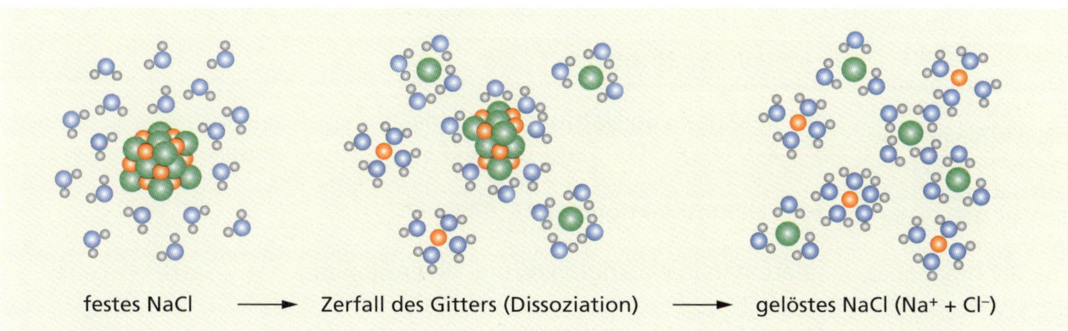

2.4.3 Salzbildungsreaktionen

Neutralisationsreaktionen (↗S. 148) zwischen Säuren und Basen sind immer exotherm.

Salze sind Ionensubstanzen, die aus Metall-Kationen oder Ammonium-Ionen und Säurerest-Anionen bestehen.

Wichtige Salzbildungsreaktionen sind Säure-Base-Reaktionen (1. bis 3.). Aber auch bei Redoxreaktionen (4. und 5.) sowie Fällungsreaktionen (6.) entstehen Salze als Reaktionsprodukte.

1. Neutralisationsreaktionen von Säuren und Basen

Säure(lösung) + Basen(lösung) ⟶ Salz(lösung) + Wasser

- Reaktion von Salzsäure mit Natriumhydroxidlösung
  $HCl + NaOH \longrightarrow NaCl + H_2O$

2. Reaktion von Säuren und Metalloxiden

Säure(lösung) + Metalloxid ⟶ Salz(lösung) + Wasser

Redoxreaktionen, bei denen Elementsubstanzen zu Ionensubstanzen reagieren, sind häufig stark exotherm. Auf diese Weise entstehen nicht nur Salze wie Natriumchlorid, sondern auch salzartige Oxide wie Magnesiumoxid.

- Reaktion von Salzsäure mit Calciumoxid
  $2\ HCl + CaO \longrightarrow CaCl_2 + H_2O$

3. Reaktion von Nichtmetalloxiden und Basen

Nichtmetalloxid + Basen(lösung) ⟶ Salz(lösung) + Wasser

- Reaktion von Kohlenstoffdioxid mit Calciumhydroxid
  $CO_2 + Ca(OH)_2 \longrightarrow CaCO_3 + H_2O$

4. Reaktion von verdünnten Säuren und unedlen Metallen

Säure(lösung) + unedles Metall ⟶ Salz(lösung) + Wasserstoff

- Reaktion von Salzsäure mit Magnesium
  $2\ HCl + Mg \longrightarrow MgCl_2 + H_2$

Die **Löslichkeit** von Salzen in Wasser unterscheidet sich stark. Sie hängt von der Art des Salzes und der Temperatur ab. Die Fällung bzw. Kristallisation ist die Umkehrung des Lösungsprozesses bzw. der Dissoziation in Wasser.

5. Reaktion von Metallen und Nichtmetallen

Metall + Nichtmetall ⟶ Salz

- Reaktion von Natrium mit Chlor
  $2\ Na + Cl_2 \longrightarrow 2\ NaCl$

6. Fällungsreaktionen (↗S. 149):

Kationen in wässriger Lösung + Anionen ⟶ Salz

- $Ag^+ + Cl^- \longrightarrow AgCl\downarrow$

2.4.4 Wichtige Ionensubstanzen

Ionensubstanzen werden aufgrund ihrer Eigenschaften auch salzartige Stoffe genannt. Neben den **Salzen** gehören jedoch auch viele **Metallhydroxide** und **Metalloxide** zu den Ionensubstanzen.

Ionensubstanzen spielen eine wichtige Rolle im Alltag. So benutzen die Menschen schon seit Jahrtausenden verschiedene Salze als **Lebensmittelkonservierungsstoffe,** z. B. Kochsalz und **Nitrate.**

Während viele Salze in Salzlagerstätten in der Natur vorkommen, müssen die meisten ionischen Oxide und Hydroxide wie Natriumhydroxid synthetisch hergestellt werden.

Ionensubstanz	Eigenschaften und Vorkommen	Gewinnung und Verwendung
Natriumchlorid Kochsalz NaCl	– farblos, durchsichtig, fest, würfelförmige Kristalle, gut wasserlöslich – als **Steinsalz (Halit)** in mächtigen Lagerstätten, im Meerwasser, in einigen Binnenseen ohne Abfluss, z. B. im Toten Meer	– Abbau von Steinsalzvorkommen – Auflösen und Eindampfen natürlicher Salzsolen, Eindunsten oder Ausfrieren von Meerwasser – Konservierung von Lebensmitteln – Herstellung von Salzsäure, Chlor, Natronlauge, Natriumcarbonat, Natriumsulfat – Gerbstoffindustrie und keramische Industrie
Natriumcarbonat Soda Na_2CO_3	– fest, weiß, gut wasserlöslich – in Natronseen in Afrika, Nord- und Südamerika sowie in Lagerstätten in Asien	– industrielle Gewinnung aus Natriumchlorid mithilfe des Solvay-Verfahrens oder durch Reinigung von Natursoda – Grundchemikalie zur Herstellung von Glas, Papier, Zellstoff, Seifen und Waschmitteln
Natriumhydroxid NaOH	– fest, weiß, gut wasserlöslich, wasseranziehend (hygroskopisch) und stark ätzend – kommt nicht natürlich vor	– Gewinnung durch Chloralkali-Elektrolyse (↗ S. 302) aus Natriumchloridlösung – Neutralisationsmittel, zum Aufschluss von Erzen in der Metallurgie (↗ S. 304), zur Herstellung von Seifen, Papier, Kunstseide, Gummi usw.
Calciumcarbonat Kalkstein $CaCO_3$	– fest, weiß, schwer wasserlöslich – als Kalkstein, Kreide, Marmor oder Calcit (Kalkspat)	– Abbau im Tagebau – als Baumaterial, Ausgangsstoff für das Kalkbrennen (↗ S. 298), zur Herstellung von Zement

Carbonate und Sulfate können auch im Trinkwasser enthalten sein. Die **Wasserhärte** ist ein Maß für den Anteil vor allem schwer löslicher Ionensubstanzen, zu denen vor allem Calcium- und Magnesiumsalze gehören.

Calciumoxid (Branntkalk) ist ein ionisches Oxid, das durch **Kalkbrennen** aus Calciumcarbonat gewonnen wird.

Der in den Kalilagerstätten vorkommende Kainit enthält **Chloride** und **Sulfate** des Kaliums. Das sind oft sogenannte Doppelsalze, z. B. Carnallit als Doppelsalz des Kaliumchlorids mit Magnesiumchlorid: $KCl \cdot MgCl_2 \cdot 6\ H_2O$.

Ammoniumsalze sind außerordentlich vielseitige Verbindungen, die hauptsächlich als Düngemittel eingesetzt werden.

Ionensubstanz	Eigenschaften und Vorkommen	Gewinnung und Verwendung
Calciumsulfat Anhydrit $CaSO_4$	– farblos bis weiß; fest, pulverförmig, schwer wasserlöslich – als Anhydrit oder als Gips (↗ S. 215)	– Abbau im Tagebau – in der Bauindustrie direkt als Gips oder zur Zementproduktion – in der Keramik-, der Farben- und der Papierindustrie
Calciumhydroxid Löschkalk $Ca(OH)_2$	– fest, weiß, wasserlöslich, ätzend – kommt nicht natürlich vor	– durch Kalklöschen von Branntkalk mit Wasser – als Baumaterial (Löschkalk) zur Zubereitung von Mörtel, zur Reinigung von Abwässern und zur Entschwefelung von Abgasen; als Düngemittel
Kaliumnitrat Salpeter, Kalisalpeter KNO_3	– farblos, fest, kristallin, gut wasserlöslich, in geschmolzenem Zustand starkes Oxidationsmittel – in Salzlagerstätten	– durch Reaktion von Natriumnitrat mit Kaliumchlorid – Bestandteil von Schwarzpulver und Düngemitteln, zur Herstellung von Kaliumnitrit für die Lebensmittelindustrie
Kaliumcarbonat Pottasche K_2CO_3	– weiß, fest, pulverförmig, sehr gut wasserlöslich – in Salzlagerstätten, in einigen Binnengewässern, z. B. im Toten Meer	– aus Kaliumhydroxid und Kohlenstoffdioxid – zur Glas-, Seifen- und Emailleherstellung, für Waschmittel, zur Produktion von Kaliumverbindungen
Aluminiumoxid Al_2O_3	– weiß, fest, schlecht wasserlöslich, extrem hart – als Tonerde oder Korund	– durch Aufschluss von Bauxit mit Natronlauge – als Schleifmittel, Material für keramische Gefäße und Werkzeuge, Katalysator für Reaktionen, Zahnpulver
Ammoniumchlorid Salmiak NH_4Cl	– weiß, fest, sehr gut wasserlöslich – kommt nicht natürlich vor	– als Nebenprodukt beim Solvay-Verfahren – zur Herstellung von Kältemischungen und Sprengstoffen, als Elektrolyt für Batterien und als Lötstein
Ammoniumnitrat NH_4NO_3	– weiß, fest, extrem gut wasserlöslich, zerfällt explosionsartig bei hohen Temperaturen – kommt nicht natürlich vor	– durch Neutralisation von Salpetersäure mit Ammoniak – rein oder als Bestandteil von Sprengstoffen, im Gemisch mit Kalk als ideales Stickstoffdüngemittel

Struktur und Eigenschaften von Ionensubstanzen

- **Ionen** werden durch Elektronenabgabe oder Elektronenaufnahme aus Atomen gebildet, die dadurch eine stabile **Achterschale** erreichen.

	entstehen durch	Ladung	Beispiel
Kationen	Elektronenabgabe	positiv	Na^+, Ca^{2+}, Al^{3+}, NH_4^+
Anionen	Elektronenaufnahme	negativ	Cl^-, S^{2-}, SO_4^{2-}, PO_4^{3-}

- Die Ionen sind in einem regelmäßigen dreidimensionalen Gitter angeordnet. Das Zahlenverhältnis der Ionen im **Kristallgitter** wird durch ihre Ladungen bestimmt. Die Summen der positiven und negativen Ladungen heben sich insgesamt auf, sodass Ionensubstanzen elektrisch neutral sind.

- Zwischen den entgegengesetzt geladenen Ionen wirken starke elektrostatische Anziehungskräfte in alle Raumrichtungen. Auf der **Ionenbindung** beruhen die typischen Eigenschaften aller Ionensubstanzen.

- Zu den Ionensubstanzen gehören Salze, Metallhydroxide und einige Metalloxide, die Ionengitter bilden.

Ionenkristall

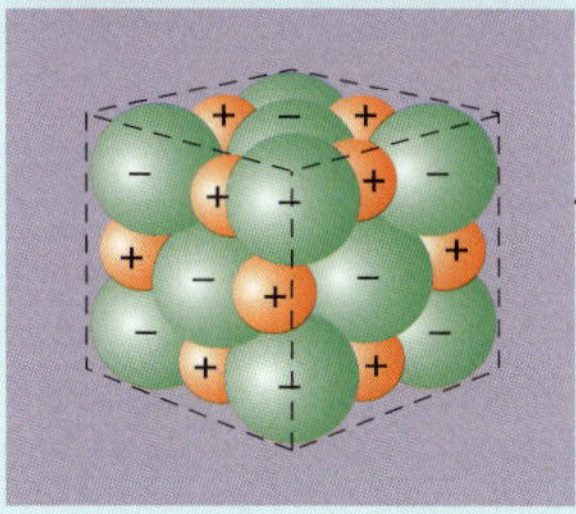

Zwischen den positiv geladenen Kationen und den negativ geladenen Anionen wirken starke Anziehungskräfte. Daher bilden Salze stabile dreidimensionale Ionengitter und sind kristalline Feststoffe.

Bei der Verschiebung der Ionenschichten unter Einwirkung mechanischer Kräfte geraten gleichartige Ionen nebeneinander. Diese stoßen sich untereinander ab, sodass die Kristalle brechen. Deshalb sind Salze spröde und nicht verformbar.

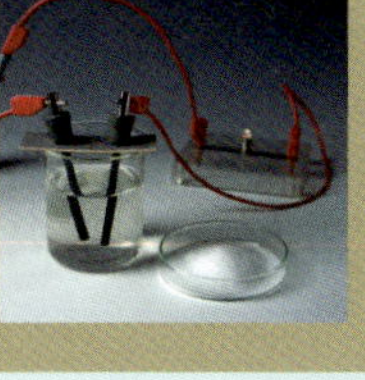

Anders als im Feststoff sind die entgegengesetzt geladenen Ionen in Lösungen und Schmelzen von Salzen frei beweglich. Sie stehen als Ladungsträger für den Stromtransport zur Verfügung, sodass die Flüssigkeiten elektrisch leitfähig sind.

2.5 Säuren und Basen

2.5.1 Der Säure-Base-Begriff

Säure-Base-Definitionen (Definitionen nach ARRHENIUS)

S. A. ARRHENIUS (1859–1927) war ein schwedischer Physikochemiker. Er gilt als Begründer der Lehre von chemischen Reaktionen in wässrigen Lösungen, der Ionentheorie.

Säuren sind chemische Verbindungen, die in wässriger Lösung in elektrisch positiv geladene Wasserstoff-Ionen (Protonen) und elektrisch negativ geladene Säurerest-Ionen dissoziieren.

Dissoziation von Säuren nach ARRHENIUS

$$HNO_3 \rightleftharpoons H^+ + NO_3^-$$
$$H_3PO_4 \rightleftharpoons 3\,H^+ + PO_4^{3-}$$

Allgemein kann eine Säure nach ARRHENIUS mit folgender Gleichung beschrieben werden:

$$\text{Säure} \rightleftharpoons \text{Wasserstoff-Ion (Proton)} + \text{Säurerest-Ion}$$
$$HA \rightleftharpoons H^+ + A^-$$

Die Säure-Base-Theorie von ARRHENIUS bleibt auf wässrige Lösungen begrenzt. Basen müssen immer OH^--Ionen enthalten.

Basen sind chemische Verbindungen, die in wässriger Lösung in elektrisch positiv geladene Metall-Ionen und elektrisch negativ geladene Hydroxid-Ionen dissoziieren.

Dissoziation von Basen nach ARRHENIUS

$$NaOH \rightleftharpoons Na^+ + OH^-$$
$$Ca(OH)_2 \rightleftharpoons Ca^{2+} + 2\,OH^-$$

Allgemein kann eine Base nach ARRHENIUS mit folgender Gleichung beschrieben werden:

$$\text{Base} \rightleftharpoons \text{Metall-Ion} + \text{Hydroxid-Ion}$$
$$MOH \rightleftharpoons M^+ + OH^-$$

Definitionen nach BRÖNSTED

J. N. BRÖNSTED (1879–1947), ein dänischer Physikochemiker, erweiterte die Säure-Base-Theorie von ARRHENIUS. Danach lassen sich die sauren Eigenschaften von Protonendonatoren außerhalb wässriger Lösungen erklären.

Säuren sind Teilchen, die bei chemischen Reaktionen positiv geladene Wasserstoff-Ionen (Protonen) abgeben. Sie werden als **Protonendonatoren** (lat.: *donator* – Geber) bezeichnet.

Protonenabgabe nach BRÖNSTED

$$HCl + H_2O \rightleftharpoons H_3O^+ + Cl^-$$

Säure — H^+ (von HCl auf H_2O übertragen)

Das Chlorwasserstoffmolekül gibt in einer Reaktion mit Protonenübergang (↗S. 147) ein Proton an das Wassermolekül ab. Es ist eine BRÖNSTED-Säure. Das Wassermolekül fungiert dagegen als BRÖNSTED-Base.

Basen nehmen bei chemischen Reaktionen Protonen auf. Sie werden **Protonenakzeptoren** (lat.: *acceptor* – Empfänger) genannt.

Protonenaufnahme nach BRÖNSTED

$$H_2O + NH_3 \rightleftharpoons NH_4^+ + OH^-$$

(H^+ wird von H_2O an NH_3 abgegeben: Base)

Das Ammoniakmolekül nimmt ein Proton vom Wassermolekül auf. Es ist eine BRÖNSTED-Base.

Nach BRÖNSTED wird verständlich, warum Ammoniak eine Base ist, obwohl das Molekül keine OH^--Ionen enthält.

Gibt eine BRÖNSTED-Säure ein Proton ab, so wird sie dadurch zu einer BRÖNSTED-Base, denn das entstandene Teilchen kann nun wieder ein Proton aufnehmen.
An solchen Reaktionen mit Protonenübergang (↗S. 147) sind immer zwei Säure-Base-Paare beteiligt, zwischen denen ein Gleichgewicht besteht. Sie werden als **korrespondierende Säure-Base-Paare** bezeichnet.

Korrespondierende Säure-Base-Paare nach BRÖNSTED

HCl	+	NH_3	$\rightleftharpoons$	NH_4^+	+	Cl^-
Säure 1		Base 2		Säure 2		Base 1

2.5.2 Wichtige anorganische Säuren

Im Labor, in der chemischen Industrie, aber auch im täglichen Leben spielen Säuren bzw. **saure Lösungen** eine große Rolle.
Bekannte Säurelösungen sind die Salzsäure, die Schwefelsäure, die Phosphorsäure oder die Salpetersäure, die zu den anorganischen Säuren gehören. Organische Säuren sind z. B. Carbonsäuren (↗S. 249 ff.).

Wasser ist ein Beispiel für eine amphotere Substanz. **Amphotere** können in Abhängigkeit vom Reaktionspartner sowohl Protonen abgeben (BRÖNSTED-Säure), als auch Protonen aufnehmen (BRÖNSTED-Base).

1. **Salzsäure HCl**
   Salzsäure ist die wässrige Lösung von Chlorwasserstoff. Das Molekül reagiert mit Wasser zu Hydronium-Ionen und Chlorid-Ionen.
   $HCl + H_2O \rightleftharpoons H_3O^+ + Cl^-$

   Eigenschaften: Salzsäure ist eine farblose, stechend riechende Flüssigkeit, sie wirkt ätzend (über 25 %) und greift unedle Metalle an.
   Verwendung: Sie wird zur Metallreinigung, zur Herstellung von Chloriden und organischen Chlorverbindungen sowie zur Neutralisation von Abwässern eingesetzt.

2. **Schwefelsäure H_2SO_4**
   Schwefelsäure reagiert mit Wasser zu Hydronium-Ionen und Sulfat-Ionen.
   $H_2SO_4 + 2\,H_2O \rightleftharpoons 2\,H_3O^+ + SO_4^{2-}$

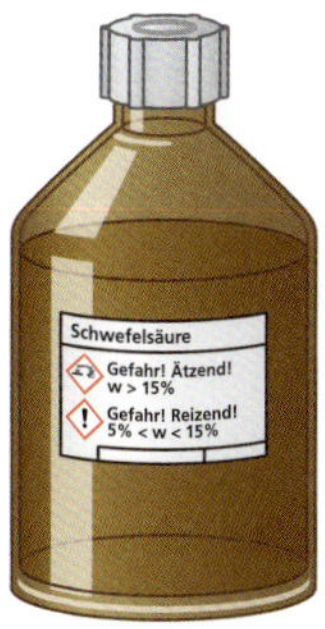

Säuren schmecken tatsächlich sauer. Daher haben sie auch ihren Namen, wie die **Geschichte des Säurebegriffs** zeigt. Die anorganischen Säuren sind fast alle ätzend und dürfen, wie alle Chemikalien, nicht gekostet werden.

Eigenschaften: Schwefelsäure ist eine farblose, ölige Flüssigkeit, mit Wasser unter starker Wärmeentwicklung beliebig mischbar, stark wasseranziehend (hygroskopisch) und stark ätzend.
Verwendung: Sie wird als Trockenmittel, zur Herstellung von Düngemitteln, zur Herstellung anderer Säuren, zur Reinigung von Erdöldestillaten, als Batteriesäure oder zur Herstellung von verschiedenen Estern verwendet.

3. **Phosphorsäure H_3PO_4**
Phosphorsäure reagiert mit Wasser zu Hydronium-Ionen und Phosphat-Ionen.
$$H_3PO_4 + 3\,H_2O \rightleftharpoons 3\,H_3O^+ + PO_4^{3-}$$

Eigenschaften: Phosphorsäure ist farblos, in reiner Form fest, jedoch in Wasser sehr leicht löslich, stark wasseranziehend (hygroskopisch) und ätzend.
Verwendung: Sie wird zur Herstellung von Phosphaten und Phosphatdüngemitteln, zur Wasserenthärtung, zur Herstellung von Weichmachern und Oberflächenschutzmitteln für Eisen und als Lebensmittelzusatzstoff eingesetzt.

4. **Salpetersäure HNO_3**
Salpetersäure reagiert mit Wasser zu Hydronium-Ionen und Nitrat-Ionen.
$$HNO_3 + H_2O \rightleftharpoons H_3O^+ + NO_3^-$$

Eigenschaften: Salpetersäure ist eine farblose, ölige Flüssigkeit, stechend riechend, wasserlöslich und ätzend. Sie löst in konzentrierter Form die meisten unedlen Metalle und Silber, nicht aber Gold und Platin.
Verwendung: Sie wird zur Herstellung von Nitratdüngemitteln, als Nitrier- und Oxidationsmittel und als „Scheidewasser" zur Trennung von Gold und Silber eingesetzt.

Nach den bei der Dissoziation (ARRHENIUS) bzw. Reaktion mit Wasser (BRÖNSTED) entstehenden Säurerest-Ionen sind auch die Salze benannt, die dieses Säurerest-Ion enthalten.

Namen wichtiger Säurerest-Ionen und zugehöriger Salze

Säure	Säurerest-Ion	Salz
Salzsäure	Chlorid-Ion	Chloride
Salpetersäure	Nitrat-Ion	Nitrate
Schwefelsäure	Sulfat-Ion, Hydrogensulfat-Ion	Sulfate, Hydrogensulfate
schweflige Säure	Sulfit-Ion, Hydrogensulfit-Ion	Sulfite, Hydrogensulfite
Phosphorsäure	Phosphat-Ion, Hydrogenphosphat-Ion, Dihydrogenphosphat-Ion	Phosphate, Hydrogenphosphate, Dihydrogenphosphate
Kohlensäure	Carbonat-Ion, Hydrogencarbonat-Ion	Carbonate, Hydrogencarbonate

2.5.3 Der pH-Wert

> Der **pH-Wert** ist eine Maßzahl für die in einer Lösung enthaltenen Wasserstoff-Ionen (Hydronium-Ionen).

Reines Wasser besitzt eine geringfügige elektrische Leitfähigkeit. Es muss daher frei bewegliche Ionen enthalten. Diese Ionen entstehen in einer Säure-Base-Reaktion (↗ S. 147) der Wassermoleküle mit sich selbst. Die Gleichgewichtsreaktion nennt man **Autoprotolyse des Wassers.**

$$H_2O + H_2O \rightleftharpoons H_3O^+ + OH^-$$

(H^+-Übergang von einem H_2O-Molekül auf das andere)

In reinem Wasser ist die Konzentration der Wasserstoff-Ionen (Hydronium-Ionen) und der Hydroxid-Ionen gleich groß. Reines Wasser ist neutral, der pH-Wert beträgt 7.
In sauren Lösungen ist die Konzentration der Wasserstoff-Ionen (Hydronium-Ionen) höher als die der Hydroxid-Ionen. Saure Lösungen weisen einen pH-Wert unter 7 auf.
In basischen bzw. alkalischen Lösungen ist die Konzentration der Wasserstoff-Ionen (Hydronium-Ionen) niedriger als die der Hydroxid-Ionen. Daher besitzen basische bzw. alkalische Lösungen einen höheren pH-Wert als 7.
Der pH-Wert lässt sich beispielsweise mit **Säure-Base-Indikatoren** feststellen. Diese Farbstoffe ändern ihre Farbe in Abhängigkeit vom pH-Wert der Lösung. Der Farbumschlag erfolgt bei unterschiedlichen pH-Werten.

Indikator	Farbe bei pH << 7	Umschlagsbereich	Farbe bei pH >> 7
Methylrot	rot	4,4 < pH < 6,2	gelb
Lackmus	rot	5,0 < pH < 8,0	blau
Bromthymolblau	gelb	6,2 < pH < 7,6	blau
Universalindikator	rot	6,5 < pH < 7,5	blau
Phenolphthalein	farblos	8,0 < pH < 9,8	rot

Die klassische Zuordnung, nach der saure Lösungen rot, neutrale Lösungen grün und basische Lösungen blau gefärbt sind, gilt nur für Universalindikatoren. Dabei handelt es sich um Stoffgemische, deren wässrige Lösungen sich genau entsprechend der unten abgebildeten **pH-Wertskala** färben.

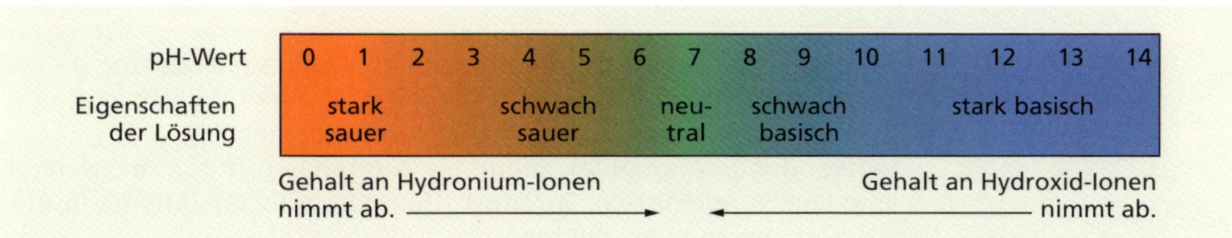

pH-Werte einiger Flüssigkeiten:

Magensaft:	0,9–2,3
Zitronensaft:	2,3
Cola:	2,4
saure Milch:	4,4
Schweiß:	4–6,8
Harn:	5–7
Speichel:	6–8
Milch:	6,4–6,7
Blut:	7,4
Seifenlösung:	8–10

Der **pH-Wert** wässriger Lösungen liegt meist zwischen 0 und 14. Er kann durch **Indikatoren** oder mithilfe des pH-Meters bestimmt werden.

2

2.5.4 Wichtige anorganische Basen

Anorganische Basen wie Natriumhydroxid sind u. a. in Rohrreinigern enthalten. Bei der Reaktion mit Wasser entsteht stark ätzende Natronlauge. Deshalb ist beim Umgang mit diesen Mitteln größte Vorsicht geboten!

Basen und ihre Lösungen, die Laugen, spielen eine wichtige Rolle in der Industrie. Sie sind aber auch im Haushalt anzutreffen.

1. **Natriumhydroxid NaOH**
   Natriumhydroxid wird auch als **Ätznatron** bezeichnet. Die wässrige Lösung heißt **Natronlauge.**
   Eigenschaften: Natriumhydroxid ist weiß, fest, kristallin, stark wasseranziehend (hygroskopisch), gut wasserlöslich unter starker Wärmeentwicklung und stark ätzend.
   Verwendung: Natriumhydroxid wird in großen Mengen in der Metallurgie, in der Glas-, Seifen-, Waschmittel- und Zellstoffindustrie sowie für die Synthese anderer Verbindungen, z. B. Farbstoffe, benötigt.

2. **Kaliumhydroxid KOH**
   Kaliumhydroxid wird auch als Ätzkali bezeichnet. Die wässrige Lösung heißt **Kalilauge.**
   Eigenschaften: Kaliumhydroxid ist weiß, fest, stark wasseranziehend (hygroskopisch), gut wasserlöslich und stark ätzend.
   Verwendung: Es wird als Trockenmittel, zur Herstellung von Waschmitteln, Wasserenthärtern und in der Glasindustrie eingesetzt.

3. **Calciumhydroxid $Ca(OH)_2$**
   Die wässrige Lösung von Calciumhydroxid heißt **Kalkwasser.**
   Eigenschaften: Calciumhydroxid ist weiß, fest, wenig wasserlöslich und ätzend.
   Verwendung: Als Löschkalk dient Calciumhydroxid zur Herstellung von Kalkmörtel. Außerdem wird es zur Rauchgasentschwefelung in Kraftwerken (↗ S. 339) und zur Wasseraufbereitung verwendet.

Barytwasser wird zum Nachweis von Kohlenstoffdioxid (↗ S. 349) verwendet, Vorsicht: Wasserlösliche Bariumverbindungen sind giftig!

4. **Bariumhydroxid $Ba(OH)_2$**
   Die wässrige Lösung von Bariumhydroxid heißt **Barytwasser.**
   Eigenschaften: Bariumhydroxid ist weiß, fest, kristallin, mäßig wasserlöslich und ätzend.
   Verwendung: Es wird zur Herstellung organischer Bariumverbindungen, zur Entwässerung von Fetten, Wachsen und Glycerin benötigt.

5. **Ammoniak NH_3**
   Die wässrige Lösung von Ammoniak heißt **Ammoniakwasser.**
   Eigenschaften: Ammoniak ist farblos, gasförmig und riecht stechend. Es ist hervorragend wasserlöslich und wirkt ätzend.
   Verwendung: Ammoniak dient als Ausgangsstoff für die Herstellung von Düngemitteln, Sprengstoffen, Kunststoffen (Chemiefasern) u. v. a. chemischen Produkten.

2.5.5 Bildung von sauren und basischen Lösungen

Saure Lösungen entstehen durch Reaktionen von Säuren oder Nichtmetalloxiden mit Wasser.

Löst man eine gasförmige, flüssige oder feste Säure in Wasser, erhält man eine saure Lösung. Eine andere Möglichkeit zur Darstellung saurer Lösungen besteht darin, Nichtmetalloxide mit Wasser zur Reaktion zu bringen. In beiden Fällen findet eine Protolyse, d. h. eine **Reaktion mit Protonenübergang** (↗ S. 147) statt.

Chlorwasserstoff ist eine gasförmige Säure, **Essigsäure** ist bei Raumtemperatur flüssig und Citronensäure fest.

- **Lösen von Säuren in Wasser**

$$CH_3COOH + H_2O \rightleftharpoons H_3O^+ + CH_3COO^-$$

Reaktion von Nichtmetalloxiden mit Wasser

$$SO_3 + H_2O \rightleftharpoons H_3O^+ + HSO_4^-$$

Basische Lösungen (Laugen) entstehen durch Reaktionen von Basen, Metalloxiden oder unedlen Metallen mit Wasser.

- **Lösen von Basen in Wasser**

$$NH_3 + H_2O \rightleftharpoons NH_4^+ + OH^-$$
$$KOH + H_2O \rightleftharpoons K^+ + OH^- + H_2O$$

Reaktion von Metalloxiden mit Wasser

$$Na_2O + H_2O \rightleftharpoons 2\,Na^+ + 2\,OH^-$$

Reaktion unedler Metalle mit Wasser

$$Mg + 2\,H_2O \rightleftharpoons Mg^{2+} + 2\,OH^- + H_2$$

Das Lösen von Metallhydroxiden entspricht der Dissoziation nach ARRHENIUS.

Typische Reaktionen von Säuren

Sowohl die anorganischen als auch die meisten organischen Säuren (↗ S. 249 ff.) gehen ähnliche Reaktionen ein. Dazu gehören neben der Dissoziation bzw. Protolyse in Wasser (↗ oben) vor allem die Neutralisation sowie die Reaktionen mit unedlen Metallen und mit Carbonaten.

Die Bildung von Wasser und Salz ist das charakteristische Merkmal von **Neutralisatiosreaktionen** (↗ S. 148).

1. Neutralisationsreaktion mit Basen

- $HNO_3 + NaOH \longrightarrow NaNO_3 + H_2O$

2. Redoxreaktion mit unedlen Metallen

- $2\,HCl + Mg \longrightarrow MgCl_2 + H_2$

3. Zersetzung von Carbonaten

- $H_2SO_4 + CaCO_3 \longrightarrow CaSO_4 + H_2O + CO_2$

2

Säuren und Basen

- **Säuren** sind nach BRÖNSTED Protonendonatoren, d. h. Teilchen, die Protonen abgeben. Durch Reaktion mit Wasser bilden Säuren saure Lösungen.

Bildung von sauren Lösungen

Halogenwasserstoff	+	Wasser	$\rightleftharpoons$	saure Lösung		
HCl	+	H_2O	$\rightleftharpoons$	H_3O^+	+	Cl^-
Nichtmetalloxid	+	Wasser	$\rightleftharpoons$	saure Lösung		
SO_2	+	3 H_2O	$\rightleftharpoons$	2 H_3O^+	+	SO_3^{2-}

- **Basen** sind nach BRÖNSTED Protonenakzeptoren, d. h. Teilchen, die Protonen aufnehmen. Durch Reaktion mit Wasser bilden sie basische bzw. alkalische Lösungen, die als Laugen bezeichnet werden.

Bildung von basischen Lösungen

Metallhydroxid	+	Wasser	$\rightleftharpoons$	Metall-Ionen	+	Hydroxid-Ionen		
NaOH	+	H_2O	$\rightleftharpoons$	Na^+	+	OH^-	+	H_2O
Metalloxid	+	Wasser	$\rightleftharpoons$	Metall-Ionen	+	Hydroxid-Ionen		
CaO	+	H_2O	$\rightleftharpoons$	Ca^{2+}	+	2 OH^-		
unedles Metall	+	Wasser	$\rightleftharpoons$	Metall-Ionen	+	Hydroxid-Ionen	+	Wasserstoff
2 Na	+	2 H_2O	$\rightleftharpoons$	2 Na^+	+	2 OH^-	+	H_2

- Der **pH-Wert** ist eine Maßzahl zur Charakterisierung einer sauren, basischen oder neutralen Lösung. Er gibt an, ob in einer wässrigen Lösung Wasserstoff-Ionen oder Hydroxid-Ionen im Überschuss vorliegen.

- **Universalindikatoren** sind Gemische verschiedener Säure-Base-Indikatoren. Die pH-Wertskala im Bereich von 0 (stark sauer) bis 14 (stark basisch) entspricht der Färbung von Universalindikatoren.

Farbskala des Universalindikators	0	1	2	3	4	5	6	7	8	9	10	11	12	13	14
		stark sauer				schwach sauer		neutral			schwach basisch			stark basisch	
pH-Wertskala	0							7							14
	saurer Bereich							Neutralpunkt	basischer Bereich						

2.6 Chemische Zeichensprache

2.6.1 Grundlagen

> Mithilfe der **chemischen Zeichensprache** lassen sich weltweit Stoffe und chemische Reaktionen kurz, übersichtlich und vor allem einheitlich darstellen.

Schon im Altertum waren einige Metalle, z. B. die Edelmetalle Gold und Silber, aber auch unedle Metalle wie Zinn und Eisen bekannt. Da noch keine Erkenntnisse über den Aufbau der Stoffe vorhanden waren, unterschied man weder Elemente noch Verbindungen oder Stoffgemische voneinander.
Nach ihrem Aussehen oder ihren Eigenschaften verwendete man Symbole und Zeichen zur Darstellung der sieben Metalle, die aus der Astrologie entlehnt waren.

Symbole der Alchemisten

☉	Gold (Sonne)	☽	Silber (Mond)
☿	Quecksilber (Merkur)	♀	Kupfer (Venus)
♂	Eisen (Mars)	♃	Zinn (Jupiter)
♄	Blei (Saturn)		

Im Altertum waren sieben Metalle bekannt, die mit sieben Himmelskörpern gleichgesetzt wurden:
- Gold = Sonne
- Silber = Mond
- Kupfer = Venus
- Eisen = Mars
- Zinn = Jupiter
- Quecksilber = Merkur
- Blei = Saturn

Die **Alchemisten** werden auch als „Chemiker des Mittelalters" bezeichnet. Sie forschten im Dienste von Fürsten nach dem Stein der Weisen, mit dessen Hilfe sie Gold aus minderwertigen Metallen herstellen wollten.
Jeder Alchemist hatte seine eigene Geheimsprache und seine eigenen Geheimzeichen für die Stoffe, damit die Konkurrenten mit den Aufzeichnungen nichts anfangen konnten.

Die Blütezeit der **Alchemie** war zwischen 1200 und 1500.

So entwickelten sie verschiedene Zeichen, um bestimmte Stoffe symbolhaft darzustellen. Diese Symbole dienten eher der Geheimhaltung der Erkenntnisse als einer Verständigung der Alchemisten untereinander.

Zeichen und Symbole aus dem 17. Jahrhundert

Stoff	Zeichen/Symbol	Stoff	Zeichen/Symbol	Stoff	Zeichen/Symbol
Feuer	△	Seife	◇	Grünspan	⊕
Urin	⊡	Salpeter	⦶	Asche	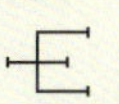
Wachs		Salmiak	✳	Essig	 oder 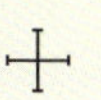

2.6.2 Chemische Symbole

> Chemische Elemente bilden die Grundlage aller Stoffe. Jedem chemischen Element wird genau ein **Symbol** zugeordnet.

Historische Entwicklung der Symbole

Die sieben Metalle des Altertums sind chemische Elemente. Sie wurden anfangs, abhängig von ihren Eigenschaften, sieben Himmelskörpern zugeordnet. Die für die Himmelskörper verwendeten Zeichen wurden auch für die entsprechenden Metalle eingesetzt.
Im Verlauf der Jahrhunderte erfuhren die Zeichen Vereinfachungen und Wandlungen. Andere Stoffe, Elemente, aber auch Verbindungen kamen hinzu.

▶ **JOHN DALTON** (1766–1844) versuchte im Jahre 1803 die bekannten Elemente zu ordnen. Er verwendete zum größten Teil noch Zeichen und keine Buchstaben.

Chemische Symbole von Metallen im Verlauf der Jahrhunderte

Bezeichnung des Metalls		Symbol/Zeichen		
deutsch	lateinisch/griechisch	Alchemie	Dalton	heute
Gold	Aurum	☉		Au
Silber	Argentum	☽	Ⓢ	Ag
Kupfer	Cuprum	♀	Ⓒ	Cu
Eisen	Ferrum	♂	Ⓘ	Fe
Zinn	Stannum	♃		Sn
Quecksilber	Hydrargyrum	☿		Hg
Blei	Plumbum	♄	Ⓛ	Pb

▶ **JÖNS JACOB BERZELIUS** (1799 bis 1848) war ein schwedischer Chemiker. Er begründete im 19. Jh. die chemische Zeichensprache, die wir auch heute noch verwenden.

Erst der Chemiker J. J. BERZELIUS schlug im Jahre 1814 ein System aus Buchstaben vor, um die chemischen Elemente und damit auch die Elementsubstanzen zu kennzeichnen.
Ein **Elementsymbol** besteht entweder aus einem Großbuchstaben oder einem Groß- und einem Kleinbuchstaben.

> Chemische Elemente werden mit einem Symbol gekennzeichnet. Das Elementsymbol leitet sich häufig vom lateinischen oder griechischen Namen des Elements ab.

Symbole können sowohl die Elementsubstanz insgesamt, aber auch ein Element kennzeichnen.
Für Symbole gibt es mehrere verschiedene Schreibweisen, die bestimmte Eigenschaften des Elements wiedergeben, z. B. die Ladung des Ions (↗S. 93 f.) oder die Zahl der Außenelektronen.

Einige Elemente und ihre Symbole

deutsche Bezeichnung	lateinische/griechische Bezeichnung	Elementsymbol
Helium	Helium	He
Sauerstoff	Oxygenium	O
Stickstoff	Nitrogenium	N
Antimon	Stibium	Sb
Silber	Argentum	Ag
Kupfer	Cuprum	Cu

2.6.3 Chemische Formeln

Chemische Formeln sind Anordnungen von Symbolen und Zahlen. Sie kennzeichnen Teilchen und Stoffe, bei denen mindestens zwei Atome oder Ionen miteinander verbunden sind.

Bei den meisten chemischen Stoffen sind entweder Atome oder Ionen miteinander verbunden. Solche chemischen Verbindungen werden in der chemischen Zeichensprache mit Formeln charakterisiert. Die Formel leitet sich aus dem Aufbau der Verbindung ab.

Am Beispiel des Wasserstoffs lässt sich leicht die Ableitung einer Formel aus dem Bau des Stoffs erklären. Ein Wasserstoffmolekül besteht aus zwei miteinander verbundenen Wasserstoffatomen.
Ein Wasserstoffatom wird durch das Symbol H gekennzeichnet. Zwei miteinander verbundene Wasserstoffatome werden dadurch gekennzeichnet, dass die Anzahl der Atome als tiefgestellte Zahl (Index) hinter dem Symbol erscheint.

Wasserstoffatom

H

Wasserstoffmolekül

H_2

Immer dann, wenn mehrere Atome oder Ionen miteinander verbunden sind, wird die Anzahl der Atome oder Ionen in dieser chemischen Verbindung jeweils als tiefgestellte Zahl hinter der Formel oder hinter dem Ion angegeben, z. B. Cl_2, Na_2O, H_2CO_3.

Steht keine tiefgestellte Zahl hinter dem jeweiligen chemischen Zeichen, so bedeutet dies, dass das Teilchen nur einmal in dieser Verbindung vorkommt, z. B. NaCl, HCl, CO, NO.

Arten von Formeln

Je nach Art der beteiligten Teilchen kann zwischen **Molekülformeln** und **Ionenformeln** unterschieden werden.
In der organischen Chemie werden verschiedene Struktur- und Summenformeln zur Darstellung der Moleküle verwendet (↗S. 237).

Ob es sich bei den beteiligten Teilchen um Atome oder einfache Ionen handelt, findet man heraus, wenn man die Differenz der Elektronegativitätswerte (↗S. 76) berechnet. Liegt diese über 1,7, so sind die Teilchen Ionen. Das funktioniert aber nur bei einfachen und nicht bei zusammengesetzten Ionen.

Interpretation chemischer Formeln

Interpretation von Formeln der Molekülsubstanzen	Beispiel H_2O	Beispiel NH_3
1. Stoff	Wasser	Ammoniak
2. Elemente	Wasserstoff und Sauerstoff	Stickstoff und Wasserstoff
3. Zahlenverhältnis der Atome im Molekül	Wassermoleküle, bestehend aus zwei Wasserstoffatomen und einem Sauerstoffatom	Ammoniakmoleküle, bestehend aus einem Stickstoffatom und drei Wasserstoffatomen

Aus chemischen Formeln der Molekülsubstanzen können der Name des Stoffs, die beteiligten Elemente und das Zahlenverhältnis der Atome im Molekül abgeleitet werden.

Calciumphosphat enthält zusammengesetzte Ionen. Hier wird in der Formel nicht nur das Verhältnis der Ionen zueinander angegeben. Auch die Zahl der Sauerstoffatome in der kleinsten Baueinheit des Salzes lässt sich der Ionenformel entnehmen.

Aussagen von Formeln

Interpretation von Formeln der Ionensubstanzen	Beispiel NaCl	Beispiel $Ca_3(PO_4)_2$
1. Stoff	Natriumchlorid	Calciumphosphat
2. Elemente	Natrium und Chlor	Calcium, Phosphor und Sauerstoff
3. Teilchen	Natrium-Ionen Chlorid-Ionen	Calcium-Ionen Phosphat-Ionen
4. Zahlenverhältnis der Ionen	1 : 1	3 : 2
5. Die Formel kennzeichnet die kleinste Baueinheit des jeweiligen Stoffs.	eine kleinste Baueinheit Natriumchlorid	eine kleinste Baueinheit Calciumphosphat

Aus chemischen Formeln der Ionensubstanzen können der Name des Stoffs, die beteiligten Elemente und Ionen sowie deren Zahlenverhältnisse abgeleitet werden. Die Formel der Ionensubstanz kennzeichnet die kleinste Baueinheit dieser Ionensubstanz.

Entwickeln von Formeln

Entwickeln der Formeln von Molekülsubstanzen

Wenn der Name einer Verbindung bekannt ist, kann die Formel nach der folgenden Schrittfolge aufgestellt werden. Dieses System ist jedoch nur für Formeln einfacher Verbindungen möglich.

Die Formeln der Nichtmetalloxide lassen sich direkt aus dem Namen ableiten.

Schrittfolge zum Entwickeln der Formel einer einfachen Molekülsubstanz	Beispiel: Schwefelwasserstoff
1. Angabe der Symbole für die beteiligten Elemente	H S
2. Ermitteln der Wertigkeit der beteiligten Elemente (hier gegenüber Wasserstoff) aus dem Periodensystem	1 2
3. Bilden des kleinsten gemeinsamen Vielfachen der Wertigkeiten	2
4. Kleinstes gemeinsames Vielfaches durch Wertigkeit teilen	2:1 2:2 2 : 1
5. Angeben des Zahlenverhältnisses als tiefgestellte Zahl in der Formel	H_2S

Namen und Formeln von Molekülsubstanzen				
Name	Atome	Zeichen	Verhältnis	Formel
Distickstoff-monooxid	Stickstoffatom Sauerstoffatom	N O	2:1	N_2O

Entwickeln der Formeln von Ionensubstanzen

Das Zahlenverhältnis der Ionen in den Ionensubstanzen wird durch die elektrischen Ladungen der Ionen bestimmt. Positive und negative elektrische Ladungen müssen sich ausgleichen.

Schrittfolge zum Entwickeln der Formel einer Ionensubstanz	Beispiel: Aluminiumoxid
1. Angabe der Symbole für die beteiligten Ionen	Al O
2. Ermitteln der Ionenwertigkeiten der beteiligten Ionen und die daraus resultierenden Ionenladungen	3 2 Al^{3+} O^{2-}
3. Bilden des kleinsten gemeinsamen Vielfachen der Wertigkeiten	6
4. Kleinstes gemeinsames Vielfaches durch Wertigkeit teilen	6:3 6:2 2 : 3
5. Angeben des Zahlenverhältnisses als tiefgestellte Zahl in der Formel	Al_2O_3

Namen und Formeln von Ionensubstanzen				
Name	Ionen	Zeichen	Verhältnis	Formel
Calcium-fluorid	Calcium-Ion Fluorid-Ion	Ca^{2+} F^-	1:2	CaF_2

Die Ladungen der Ionen können meist aus der Stellung der Elemente im Periodensystem (↗ S. 93) abgeleitet werden.

2.6.4 Chemische Reaktionsgleichungen

Reaktionsgleichungen veranschaulichen mit Worten, Symbolen, Formeln und Zeichen die Vorgänge bei chemischen Reaktionen.

▶ **Reaktionsgleichungen** sagen nichts über die Vollständigkeit einer Reaktion aus. In vielen Fällen erfolgt ein unvollständiger Stoffumsatz. Dann kann sich ein chemisches **Gleichgewicht** einstellen, das mit einem Doppelpfeil gekennzeichnet wird (↗S. 130 ff.).

Die Umwandlung der Ausgangsstoffe in die Reaktionsprodukte und die Umordnung der Teilchen (↗S. 120 ff.) kann durch verschiedene Arten von Reaktionsgleichungen beschrieben werden.
Zur kurzen und übersichtlichen Charakterisierung chemischer Reaktionen verwendet man Wortgleichungen oder Formelgleichungen.
Ausführlichere Informationen enthalten Formelgleichungen in Ionen- oder Elektronenschreibweise. Alle chemischen Reaktionsgleichungen sind nach dem gleichen Schema aufgebaut.

Ausgangsstoffe	Reaktionspfeil →	Reaktionsprodukte
liegen vor der Reaktion vor	gibt die Richtung der Reaktion an	liegen nach der Reaktion vor

Wortgleichungen

In einer **Wortgleichung** werden die reagierenden Stoffe mit ihren systematischen Namen angegeben.

▶ Die Reaktion von Wasserstoff mit Sauerstoff verläuft nach der Aktivierung außerordentlich heftig. Sie wird auch als Knallgasreaktion bezeichnet.

Wortgleichungen für chemische Reaktionen
Wasserstoff kann in einem Standzylinder mit Sauerstoff zur Reaktion gebracht werden. Das Reaktionsprodukt Wasser ist durch Wassertropfen an der Glaswand erkennbar.
Die Wortgleichung für diese chemische Reaktion lautet:

Wasserstoff	+	Sauerstoff	→	Wasser
Wasserstoff	und	Sauerstoff	reagieren zu	Wasser.

Die Reaktion von Natronlauge mit Salzsäure wird beschrieben durch:

Natronlauge	+	Salzsäure	→	Natriumchlorid	+	Wasser
Natronlauge	und	Salzsäure	reagieren zu	Natriumchlorid	und	Wasser.

Aus einer Wortgleichung können nur die Ausgangsstoffe und die Reaktionsprodukte abgelesen werden.
Die Stoffmengen und daraus resultierend die Massen der beteiligten Stoffe können aus ihr nicht abgeleitet werden. Eine Wortgleichung kann in eine Formelgleichung umgewandelt werden.

Formelgleichungen

> In einer **Formelgleichung** werden die reagierenden Stoffe mit ihren Symbolen oder Formeln angegeben. Die Stoffmengen der Ausgangsstoffe und der Reaktionsprodukte sind ablesbar.

Bei chemischen Reaktionen reagieren die Teilchen immer in einem festen Zahlenverhältnis miteinander. Deshalb verwendet der Chemiker Formelgleichungen, in denen die reagierenden Teilchen mithilfe der chemischen Zeichensprache ausgedrückt werden. Zahlen vor den Zeichen oder als Fußnote lassen qualitative und quantitative Aussagen zu.

- Da Messungen zeigen, dass ein Wassermolekül immer aus zwei Wasserstoffatomen und einem Sauerstoffatom besteht, muss bei der Reaktion von Wasserstoff und Sauerstoff zu Wasser das Verhältnis der reagierenden Teilchen folgendermaßen sein:

$$\begin{array}{ccccc} H_2 & : & O_2 & : & H_2O \\ 2 & : & 1 & : & 2 \end{array}$$

Ein anderes Zahlenverhältnis würde gegen das **Gesetz von der Erhaltung der Masse** (↗ S. 161) verstoßen.
Folgende modellhafte Darstellung spiegelt die Entstehung der Reaktionsgleichung für die Bildung von Wasser aus Wasserstoff und Sauerstoff wider. Die Darstellung geht von der Bildung von sechs Wassermolekülen aus.

Reaktion von Wasserstoff mit Sauerstoff

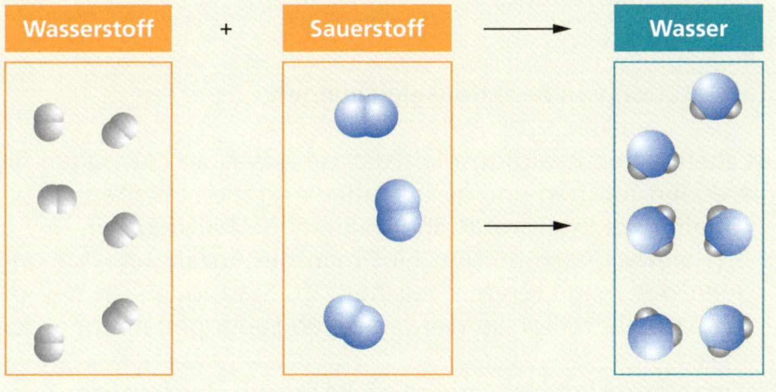

6 Wasserstoffmoleküle 3 Sauerstoffmoleküle 6 Wassermoleküle

Es reagieren also immer zwei Wasserstoffmoleküle mit einem Sauerstoffmolekül. Daraus bilden sich zwei Wassermoleküle. Demnach kann man die Wortgleichung, die das kleinste ganzzahlige Verhältnis wiedergibt, folgendermaßen erweitern:

2 Wasserstoffmoleküle + 1 Sauerstoffmolekül ⟶ 2 Wassermoleküle

Bei der **Elektrolyse** (↗ S. 146) von Wasser, also dessen Zerlegung durch Strom, erhält man das doppelte Volumen an Wasserstoff im Vergleich zu Sauerstoff.

Für die Reaktionspartner werden nun die Formeln oder Elementsymbole eingesetzt. Die Formelgleichung spiegelt das Zahlenverhältnis der reagierenden Teilchen wider:

$$2\,H_2 + O_2 \longrightarrow 2\,H_2O$$

Diese Methode ist nur für einfache Reaktionsgleichungen möglich. In der Reaktionsgleichung steht für jedes Teilchen ein chemisches Zeichen. Die Zahl vor dem Zeichen wird als Faktor bezeichnet.

Bei der Formelgleichung sind Stoff- und Ladungsbilanz der Ausgangsstoffe und Produkte ausgeglichen. D. h., die Summe der Atome jedes beteiligten Elements und die Summe der Ladungen ist auf der rechten und der linken Seite der Reaktionsgleichung gleich.

Schrittfolge zum Aufstellen einer Formelgleichung (Reaktionsgleichung)	**Beispiel: Reaktion von Aluminium mit Sauerstoff**
1. Formulieren der Wortgleichung	Aluminium + Sauerstoff ⟶ Aluminiumoxid
2. Einsetzen der chemischen Zeichen für die Reaktionspartner	$Al + O_2 \longrightarrow Al_2O_3$
3. Ermitteln der Stöchiometriezahlen: – Bilden des kleinsten gemeinsamen Vielfachen (kgV) der Stoffmengen – Dividieren des kgV durch die jeweilige Atomanzahl – Einsetzen in die Reaktionsgleichung	① $Al + O_2 \longrightarrow Al_2O_3$ kgV: 6 (O) $6:2 = 3$ $6:3 = 2$ ② $Al + 3\,O_2 \longrightarrow 2\,Al_2O_3$ kgV: 4 (Al) $4:1 = 4$ $4:4 = 1$ ③ $4\,Al + 3\,O_2 \longrightarrow 2\,Al_2O_3$
4. Kontrolle der Anzahl der Atome: – Aluminiumatome – Sauerstoffatome	$4\,Al + 3\,O_2 \longrightarrow 2\,Al_2O_3$ Aluminiumatome: $4 \cdot 1 = 4$; $2 \cdot 2 = 4$ Sauerstoffatome: $3 \cdot 2 = 6$; $2 \cdot 3 = 6$

Interpretation von Reaktionsgleichungen

Aus chemischen Reaktionsgleichungen lassen sich Aussagen über die reagierenden Teilchen und quantitative Angaben ableiten.

1. **Qualitative Interpretation** (reagierende Teilchen):
   Bei dieser Interpretation gibt man die Anzahl, die Art und den Namen der reagierenden Teilchen an. Sind Ionen an der chemischen Reaktion beteiligt, so werden deren Ladungen mit berücksichtigt.

Zur Ergänzung können mit der Reaktionsgleichung auch die **Bedingungen chemischer Reaktionen** oder die Energiebilanz (↗ S. 121 ff.) angegeben werden.

Qualitative Interpretation von Reaktionsgleichungen

$2\,Mg$	+	O_2	⟶	$2\,MgO$
2 Atome Magnesium	und	1 Molekül Sauerstoff	reagieren zu	2 kleinsten Baueinheiten Magnesiumoxid.
Ca^{2+}	+	$2\,Cl^-$	⟶	$CaCl_2$
1 zweifach positiv geladenes Calcium-Ion	und	2 einfach negativ geladene Chlorid-Ionen	reagieren zu	1 kleinsten Baueinheit Calciumchlorid.

2. **Quantitative Interpretation** (Stoffmengen):
Bei der quantitativen Interpretation werden den Faktoren in der Reaktionsgleichung die entsprechenden Stoffmengen (↗S. 155) zugeordnet.

Die **Stoffmenge** *n* ist eine Größe, die die Teilchenzahl angibt. Zur Kennzeichnung von quantitativen Umsätzen sind auch gebrochene Zahlen möglich, z. B.:

$H_2 + ½\,O_2 \longrightarrow H_2O$

■ **Quantitative Interpretation von Reaktionsgleichungen**

$2\,Mg$	+	O_2	$\longrightarrow$	$2\,MgO$		
2 mol Magnesium	und	1 mol Sauerstoff	reagieren zu	2 mol Magnesiumoxid.		
$6\,CO_2$	+	$6\,H_2O$	$\longrightarrow$	$C_6H_{12}O_6$	+	$6\,O_2$
6 mol Kohlenstoffdioxid	und	6 mol Wasser	reagieren zu	1 mol Glucose	und	6 mol Sauerstoff.

Reaktionsgleichungen in Ionenschreibweise

Bei **Gleichungen in Ionenschreibweise** werden alle dissoziiert vorliegenden Teilchen als Ionen angegeben.

Bei vielen chemischen Reaktionen sind alle oder einige der beteiligten Teilchen Ionen, die häufig in wässriger Lösung vorliegen.

■ Die Reaktion von Salzsäure mit Natronlauge kann mit folgender Reaktionsgleichung wiedergegeben werden:

$NaOH + HCl \longrightarrow NaCl + H_2O$

Diese Reaktionsgleichung gibt jedoch den wahren Sachverhalt dieser Reaktion nur vereinfacht wieder. Die reagierenden Ausgangsstoffe sind in Wasser gelöst, also dissoziiert. Auch das Reaktionsprodukt Natriumchlorid liegt dissoziiert, also in frei beweglichen Ionen, vor. Alle dissoziiert vorliegenden Teilchen werden in der Gleichung in Ionenschreibweise wiedergegeben:

$$\underbrace{H^+ + Cl^-}_{HCl} + \underbrace{Na^+ + OH^-}_{NaOH} \longrightarrow \underbrace{Na^+ + Cl^-}_{NaCl} + H_2O$$

Unter Verwendung der Hydronium-Ionen ergibt sich:

$$\underbrace{H_3O^+ + Cl^-}_{HCl} + \underbrace{Na^+ + OH^-}_{NaOH} \longrightarrow \underbrace{Na^+ + Cl^-}_{NaCl} + 2\,H_2O$$

Wasser dissoziiert unter Normbedingungen nur geringfügig. Deshalb schreibt man es auch nicht in Ionenschreibweise.

Aus den Gleichungen in Ionenschreibweise ist ersichtlich, dass die Natrium-Ionen und die Chlorid-Ionen sich während der Reaktion nicht verändern, sie nehmen nicht an der Reaktion teil. Solche Teilchen werden bei den **vereinfachten Ionengleichungen** weggelassen. Es ergibt sich die vereinfachte Ionengleichung für die Reaktion von Natronlauge mit Salzsäure:

$$H_3O^+ + OH^- \longrightarrow 2\,H_2O$$

Chemische Zeichensprache

■ Mithilfe der **chemische Zeichensprache** lassen sich Teilchen, Stoffe und chemische Reaktionen durch weltweit einheitliche Symbole, Formeln oder Reaktionsgleichungen kurz und übersichtlich darstellen.

Zeichen	Aussage	Beispiel
Chemische Symbole	Symbole kennzeichnen chemische Elemente bzw. Elementsubstanzen.	Das Symbol Al beschreibt die Elementsubstanz Aluminium oder ein Aluminiumatom. Das Symbol Al^{3+} kennzeichnet ein dreifach positiv geladenes Aluminium-Ion.
Chemische Formeln	Formeln beschreiben die Zusammensetzung von Teilchen und Stoffen, bei denen mehrere Atome oder Ionen miteinander verbunden sind.	Die Formel CO_2 beschreibt das Kohlenstoffdioxidmolekül oder die entsprechende Molekülsubstanz. Die Formel CO_3^{2-} kennzeichnet die Zusammensetzung des Carbonat-Ions. Die Formel Na_2CO_3 beschreibt die kleinste Baueinheit des Salzes Natriumcarbonat.
Chemische Reaktionsgleichungen	Reaktionsgleichungen veranschaulichen mit Worten, Symbolen, Formeln und anderen Zeichen den Ablauf chemischer Reaktionen.	Wortgleichung: Calcium + Fluor ⟶ Calciumfluorid Formelgleichung: $Ca + F_2 \longrightarrow CaF_2$

■ Schrittfolge zum Entwickeln einer Formelgleichung:

1. Formulieren der Wortgleichung

$$\text{Eisen} + \text{Sauerstoff} \xrightarrow[\text{zu}]{\text{reagieren}} \text{Eisen(III)-oxid}$$

2. Einsetzen der Symbole bzw. Formeln

$$Fe + O_2 \longrightarrow Fe_2O_3$$

3. Ermitteln der Stöchiometriezahlen

a) $Fe + O_2 \longrightarrow Fe_2O_3$

kgV: 6

$6:2 = 3$ $6:3 = 2$

b) $Fe + 3\,O_2 \longrightarrow 2\,Fe_2O_3$

kgV: 4

$4:1 = 4$ $4:2:2 = 1$

c) $4\,Fe + 3\,O_2 \longrightarrow 2\,Fe_2O_3$

4. Kontrolle der Anzahl der Atome auf beiden Seiten der Gleichung

linke Seite: 4 Eisenatome und 6 Sauerstoffatome
rechte Seite: 4 Eisenatome und 6 Sauerstoffatome

Chemische Reaktion 3

3.1 Grundlagen chemischer Reaktionen

3.1.1 Merkmale chemischer Reaktionen

Beispiele für physikalische Vorgänge:
- Schmelzen von Eis
- Lösen von Zucker in Tee

Wenn wir Wasser auf dem Herd erhitzen, verdampft ein Teil der Flüssigkeit. Der Wasserdampf kondensiert am Topfdeckel und wird wieder flüssig. Im Ergebnis dieser **Zustandsänderungen** liegt wieder der gleiche Stoff Wasser mit seinen charakteristischen Eigenschaften vor.

> **Physikalische Vorgänge** sind Prozesse, bei denen sich nur die Form von Körpern oder der Aggregatzustand ändern.

Beispiele für chemische Reaktionen:
- Verbrennen von Holz
- Entfernen von Kalkflecken mit Essig

Verbrennen wir eine Kerze, wird scheinbar das Kerzenwachs gasförmig. Bei der Kondensation des gebildeten Gases erhält man jedoch nicht festes Wachs, sondern flüssiges Wasser. Als zweites Produkt der **Stoffumwandlung** ist Kohlenstoffdioxid entstanden.

> Bei **chemischen Reaktionen** findet immer eine Stoffumwandlung statt. Es entstehen neue Stoffe mit neuen Eigenschaften.

Aus einem oder mehreren Ausgangsstoffen (Edukten) werden im Reaktionsverlauf ein oder mehrere Reaktionsprodukte (Produkte) mit anderen physikalischen und chemischen Eigenschaften gebildet.

Ausgangsstoffe (Edukte) ⟶ Reaktionsprodukte (Produkte)

Die Stoffumwandlung kann durch Reaktionsgleichungen beschrieben werden.

Die Ursache für die Stoffumwandlung liegen im Teilchenbereich. Teilchen der Edukte reagieren zu neuen Teilchen der Produkte. Die **neue Anordnung der Teilchen** führt zu **veränderten Wechselwirkungen zwischen den Teilchen.** Daraus resultieren andere charakteristische Stoffeigenschaften der Reaktionsprodukte.

	Ausgangsstoffe				**Reaktionsprodukte**
Wortgleichung	Kohlenstoff	+	Sauerstoff	⟶	Kohlenstoffdioxid
Formelgleichung	C	+	O_2	⟶	CO_2
Eigenschaften der reagierenden Stoffe	fest schwarz brennbar		gasförmig farblos fördert Verbrennung		gasförmig farblos wirkt erstickend
Bindungen	unpolare Atombindungen				polare Atombindung
Teilchen	 Atome	+	 Moleküle		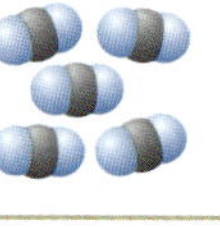 Moleküle

Bei chemischen Reaktionen erfolgt eine Veränderung bzw. Umordnung der Teilchen. Dabei ändern sich auch die Wechselwirkungen zwischen den Teilchen.

Bei der Umordnung der Teilchen müssen chemische Bindungen gelöst und neue Bindungen geknüpft werden. Zum Lösen der Bindungen ist immer die Zufuhr von Energie erforderlich. Dadurch werden die Teilchen in einen aktivierten Zustand versetzt (↗ S. 125).

Beim Knüpfen neuer Bindungen wird dagegen Energie freigesetzt. Wenn die Teilchen der Produkte energieärmer sind als die Teilchen der Edukte, erfolgt die Gesamtreaktion unter **Energieabgabe.** Bei solchen **exothermen Reaktionen** (↗ S. 122), z. B. bei Verbrennungsreaktionen, wird ein Teil der chemischen Energie der Edukte in thermische Energie (Wärme), mechanische oder Lichtenergie umgewandelt und abgegeben.

▶ Die **Aktivierungsenergie** wird meistens in Form von Wärme oder Licht zugeführt.

Bei chemischen Reaktionen sind Stoff- und Energieumwandlung untrennbar miteinander verbunden. Die Ursache der Stoff- und Energieumwandlung sind Veränderungen im Teilchenbereich.

Sind die Produktteilchen energiereicher, muss zur Stoffumwandlung **Energie zugeführt** werden. In diesem Fall wird die aufgenommene Energie (Wärme, Lichte oder elektrische Energie) in chemische Energie der Reaktionsprodukte umgewandelt. Beispiele solcher **endothermer Reaktionen** (↗ S. 123), die unter Energieaufnahme ablaufen, sind das Braten von Eiern bzw. das Garen von Lebensmitteln allgemein oder die Bildung von Ozon unter Einwirkung von Sonnenstrahlung in der Atmosphäre (↗ S. 340).

Der Verlauf chemischer Reaktionen und die Reaktionsgeschwindigkeit hängen von der Reaktionstemperatur, dem Druck und der Konzentration der an der Reaktion beteiligten Stoffe ab. Diese physikalischen Größen werden als **Reaktionsbedingungen** bezeichnet.

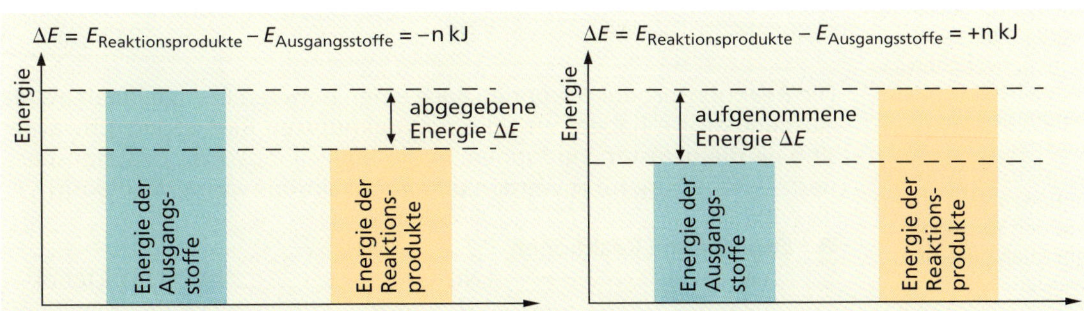

3.1.2 Exotherme und endotherme Reaktionen

Reaktionswärme

Die **Energieumwandlungen** bei chemischen Reaktionen sind vielfältig. So kann chemische Energie auch in mechanische oder elektrische Energie umgewandelt werden.

> Bei chemischen Reaktionen werden Bindungen bei den Ausgangsstoffen gelöst und bei den Reaktionsprodukten neue Bindungen geknüpft. Dabei ändert sich der gesamte Energieinhalt der beteiligten Stoffe. Chemische Energie wird zumeist in **Wärme** umgewandelt, die **Reaktionswärme *Q***.

$2\,Mg_{(s)}$	+	$O_{2(g)}$	$\longrightarrow$	$2\,MgO_{(s)}$	$Q = -1201$ kJ/mol
Metallbindung		Atombindung		Ionenbindung	

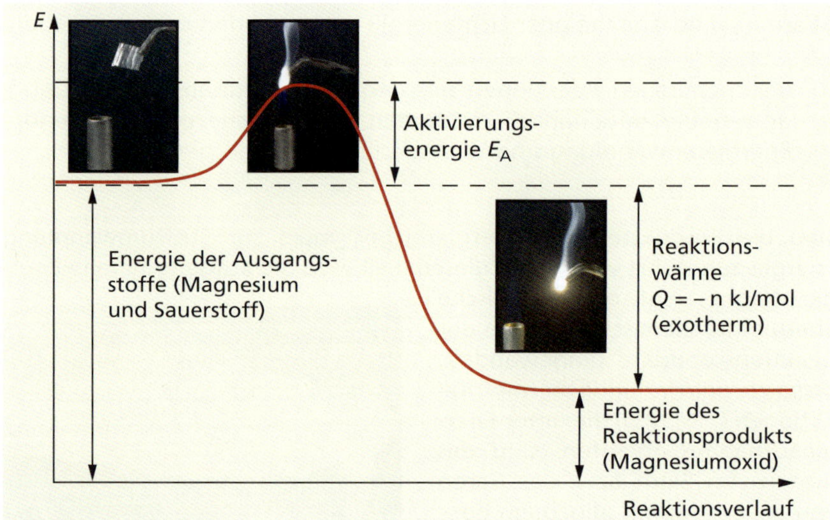

griech.:
exos – außerhalb
thermos – warm

Bei vielen Reaktionen ist die Energie der Reaktionsprodukte niedriger als die Energie der Ausgangsstoffe, weil die neu gebildeten chemischen Bindungen stärker als die gelösten Bindungen sind. Die frei werdende Energie wird bei **exothermen Reaktionen** in Form von Wärme abgegeben. Die Reaktionswärme Q erhält ein negatives Vorzeichen.

Als Bindungsenergie wird die Energie, die bei der Bildung einer Atombindung freigesetzt wird, bezeichnet. Bei der Spaltung einer Atombindung muss Energie aufgewendet werden. Bei Reaktionen, bei denen ausschließlich Atombindungen gelöst und neu geknüpft werden, kann die Reaktionswärme direkt aus den Bindungsenergien berechnet werden.

Exotherme Reaktionen

$2\,Na + Cl_2 \longrightarrow 2\,NaCl$ $Q = -822$ kJ/mol

$H_2 + Cl_2 \longrightarrow 2\,HCl$ $Q = -184$ kJ/mol

Die Reaktionsprodukte können auch einen höheren Energieinhalt als die Ausgangsstoffe haben, weil die neu geknüpften Bindungen schwächer sind als die gelösten Bindungen. In diesem Fall muss den Reaktionspartnern Wärme zugeführt werden und die Reaktionswärme wird positiv.

Endotherme Reaktionen

$N_2 + O_2 \longrightarrow 2\,NO$ $Q = +181$ kJ/mol

$2\,C + 2\,H_2 \longrightarrow C_2H_4$ $Q = +52$ kJ/mol

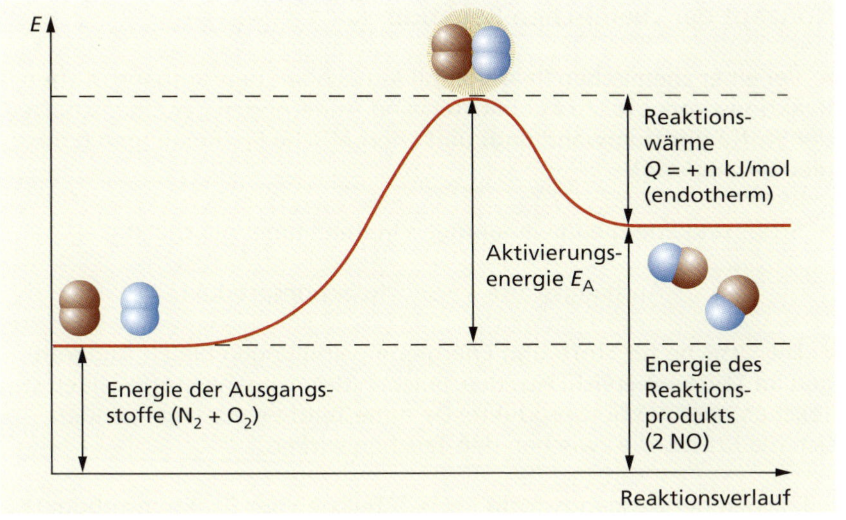

griech.:
endos – innen
thermos – warm

Bei einer **exothermen chemischen Reaktion** wird Wärme abgegeben, während im umgekehrten Fall bei einer **endothermen chemischen Reaktion** Wärme aus der Umgebung aufgenommen wird.

Anwendungen exothermer und endothermer Reaktionen

Die geschichtlich älteste von den Menschen genutzte exotherme Reaktion ist das Verbrennen von Holz. Auch heute noch wird weltweit der größte Teil der Elektroenergie durch die Verbrennung von fossilen Energieträgern gewonnen.

Exotherme Reaktionen zur Energieerzeugung

$C + O_2 \longrightarrow CO_2$ $\quad Q = -393$ kJ/mol

$CH_4 + 2\,O_2 \longrightarrow CO_2 + 2\,H_2O$ $\quad Q = -890$ kJ/mol

Wichtige exotherme Reaktionen sind auch die Oxidation von Schwefeldioxid zu Schwefeltrioxid bei der Produktion von Schwefelsäure und die Ammoniaksynthese aus Wasserstoff und Stickstoff.

Exotherme Reaktionen in der chemischen Industrie

$2\,SO_2 + O_2 \longrightarrow 2\,SO_3$ $\quad Q = -99$ kJ/mol

$N_2 + 3\,H_2 \longrightarrow 2\,NH_3$ $\quad Q = -92{,}2$ kJ/mol

In der chemischen Industrie und in der Metallurgie werden auch endotherme Reaktionen genutzt, z. B. bei der Synthese von Wasserstoff aus Erdgas und bei der Gewinnung von Eisen im Hochofenprozess.

Bei **Gleichgewichtsreaktionen** (↗ S. 130) gilt die nach der Gleichung angegebene Reaktionswärme Q immer für die Hinreaktion.

Endotherme Reaktionen in der chemischen Industrie

$CH_4 + 2\,H_2O \longrightarrow CO_2 + 4\,H_2$ $\quad Q = +165$ kJ/mol

$C + CO_2 \longrightarrow 2\,CO$ $\quad Q = +172$ kJ/mol

$FeO + C \longrightarrow Fe + CO$ $\quad Q = +156$ kJ/mol

Konzept der chemischen Reaktion

- Bei einer **chemischen Reaktion** bilden sich aus den Ausgangsstoffen Reaktionsprodukte. Zu beobachten sind Änderungen der Eigenschaften der Stoffe **(Stoffumwandlung)** und energetische Erscheinungen **(Energieumwandlung)**.

- Stoff- und Energieumwandlungen laufen immer gleichzeitig ab.

$$\text{Ausgangsstoffe} \longrightarrow \text{Reaktionsprodukte}$$

- Die Ursache für Stoff- und Energieumwandlungen bilden **Änderungen im Teilchenbereich.** Aus den Teilchen der Ausgangsstoffe bilden sich Teilchen der Reaktionsprodukte. Da neue Teilchen vorliegen, ändern sich die Kräfte, die zwischen den Teilchen wirken.

$$\text{Teilchen der Ausgangsstoffe} \longrightarrow \text{Teilchen der Reaktionsprodukte}$$

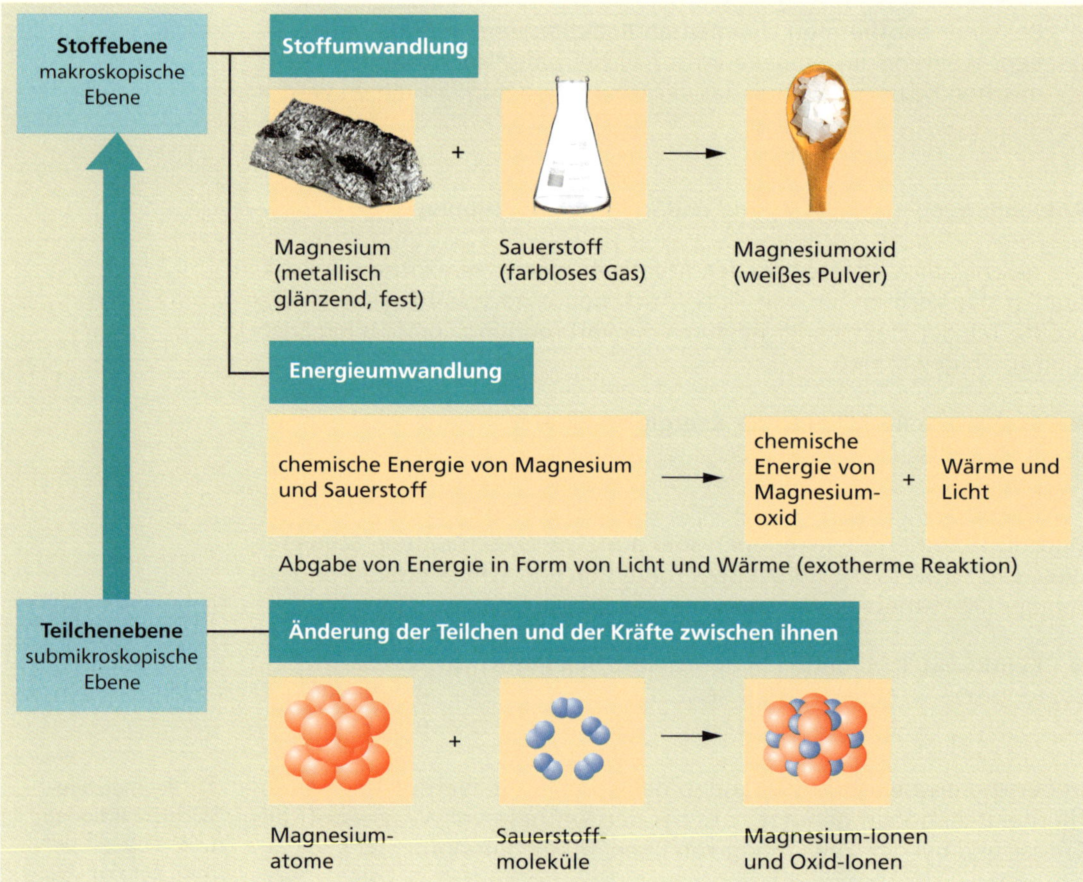

3.1.3 Aktivierungsenergie und Reaktionsgeschwindigkeit

Damit chemische Reaktionen überhaupt stattfinden können, muss den Ausgangsstoffen zuerst eine **Aktivierungsenergie** zugeführt werden, um sie in einen reaktionsfähigen Zustand zu versetzen.

Selbst stark exotherme Prozesse wie die Knallgasreaktion werden erst durch Zufuhr von Energie, z. B. eines Zündfunkens, ausgelöst. Die Notwendigkeit der Aktivierung der Ausgangsstoffe bei allen chemischen Reaktionen lässt sich mithilfe der **Stoßtheorie** erklären.

Der schwedische Physiker und Chemiker **S. A. ARRHENIUS** (1859–1927) gilt als Mitbegründer der Reaktionskinetik.

Aktivierung und wirksamer Zusammenstoß

Damit zwei Teilchen miteinander reagieren können, müssen sie wirksam zusammenstoßen. Dazu müssen sie über eine **Mindestenergie** verfügen und in der richtigen räumlichen Position zusammenstoßen.

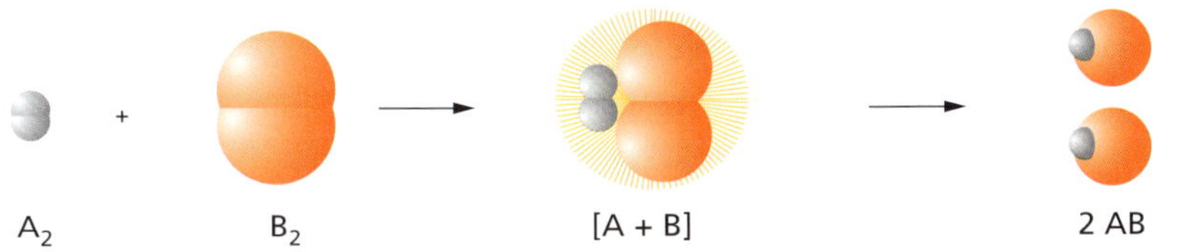

Ist eine der beiden Voraussetzungen nicht erfüllt, läuft keine chemische Reaktion ab. Erst durch Zufuhr von Energie, z. B. Licht, Wärme, mechanischer oder elektrischer Energie, werden die Teilchen der Ausgangsstoffe **aktiviert,** d. h. in einen reaktionsfähigen Zustand versetzt. Dieser wird häufig auch als **Übergangszustand** bezeichnet.
Bei einigen chemischen Reaktionen reicht bereits die Wärme der Umgebung bei Raumtemperatur aus, um die Teilchen zu aktivieren.

Die Bewegungsenergie aller Teilchen ist im zeitlichen Mittel gleich. Bei einer Momentaufnahme gibt es also energiereiche und energiearme Teilchen gleichzeitig. Es können aber nur die Teilchen reagieren, die über die notwendige Mindestenergie verfügen.

Die Energieumwandlung im Verlauf chemischer Reaktionen lässt sich anhand von **Energiediagrammen** (↗ Abb. unten) veranschaulichen.

Energiediagramm einer Molekülreaktion

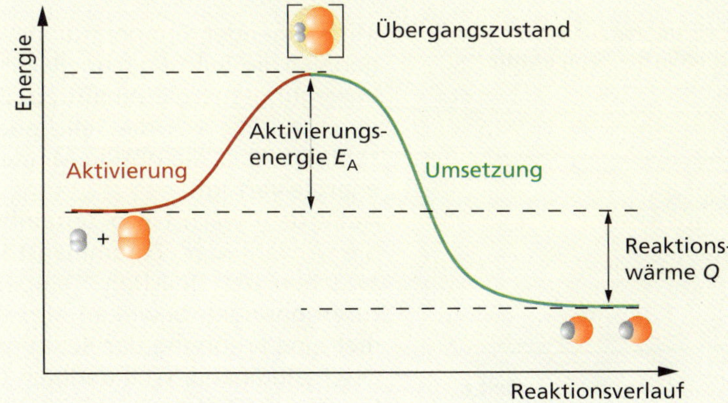

Der Betrag der Aktivierungsenergie E_A ist immer positiv. Die Aktivierungsenergie ist von der Reaktionswärme Q (↗ S. 122) unbedingt zu unterscheiden.

3

Reaktionsgeschwindigkeit

Die **Reaktionsgeschwindigkeit** hängt nach der Arrhenius-Gleichung mit der Aktivierungsenergie zusammen. Je kleiner die Aktivierungsenergie, umso schneller verläuft die Reaktion.

Die **Reaktionsgeschwindigkeit** kennzeichnet den zeitlichen Verlauf einer chemischen Reaktion, d. h. wie schnell die Umwandlung der Ausgangsstoffe in die Reaktionsprodukte erfolgt.

Im zeitlichen Verlauf einer Reaktion ändern sich die Konzentrationen der an der Reaktion beteiligten Stoffe. Die Konzentrationen der Ausgangsstoffe nehmen ab und die der Endprodukte zu. Den Quotienten aus der Konzentrationsänderung Δc in der dazugehörigen Zeitspanne Δt bezeichnet man als **mittlere Reaktionsgeschwindigkeit v_R.**

Die **Reaktionsgeschwindigkeit** kann aus den Konzentrationsänderungen sowohl der Ausgangsstoffe als auch der Reaktionsprodukte berechnet werden.

c-t-Diagramm eines Ausgangsstoffs im Verlauf einer chemischen Reaktion

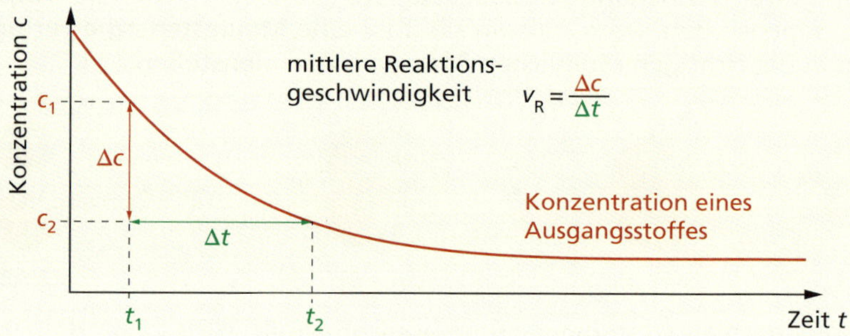

Der Niederländer **J. H. VAN'T HOFF** (1852–1911) befasste sich mit der Reaktionsgeschwindigkeit. Die Formulierung der **Reaktionsgeschwindigkeits-Temperatur-Regel (RGT-Regel)** stammt von ihm.

Beeinflussung der Reaktionsgeschwindigkeit

Die Reaktionsgeschwindigkeit einer chemischen Reaktion wird von der Temperatur, den Konzentrationen der beteiligten Stoffe, der Oberfläche der reagierenden Stoffe und der Anwesenheit von Katalysatoren beeinflusst.

Abhängigkeit von der Temperatur

c-t-Diagramm eines Ausgangsstoffs im Verlauf einer chemischen Reaktion bei unterschiedlicher Temperatur

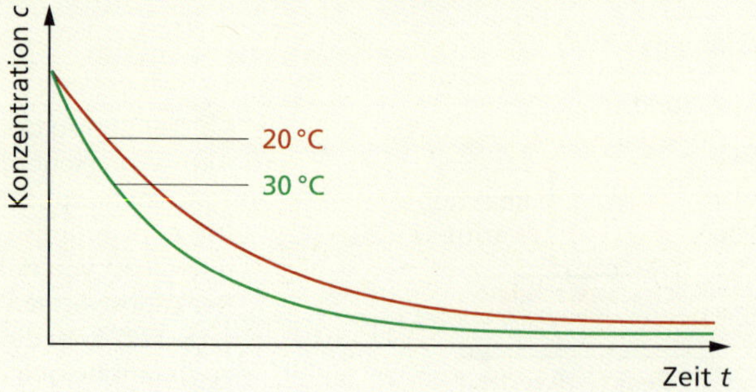

Mit steigender Temperatur bewegen sich die Teilchen schneller, ihre Bewegungsenergie nimmt zu. Dadurch erhöht sich die Teilchenanzahl, die über die nötige Mindestenergie verfügt.
Außerdem wächst pro Zeiteinheit die Anzahl der Zusammenstöße zwischen den Teilchen. Temperaturerhöhungen bewirken also immer eine Erhöhung der Reaktionsgeschwindigkeit, weil dadurch die Energie der Teilchen zunimmt.

Abhängigkeit von der Konzentration

Eine höhere Konzentration der Edukte entspricht einer höheren Teilchendichte. Dadurch steigt die Wahrscheinlichkeit von unwirksamen und wirksamen Zusammenstößen der Teilchen. Bei einer Verdopplung der Teilchenzahl in einem bestimmten Volumen vervierfacht sich die Zahl der Zusammenstöße (↗ Abb.).

Folglich nimmt die Reaktionsgeschwindigkeit mit steigender Konzentration der Ausgangsstoffe zu.

Aus dem gleichen Grund laufen Gasreaktionen bei hohem Druck schneller ab als bei niedrigen Drücken.

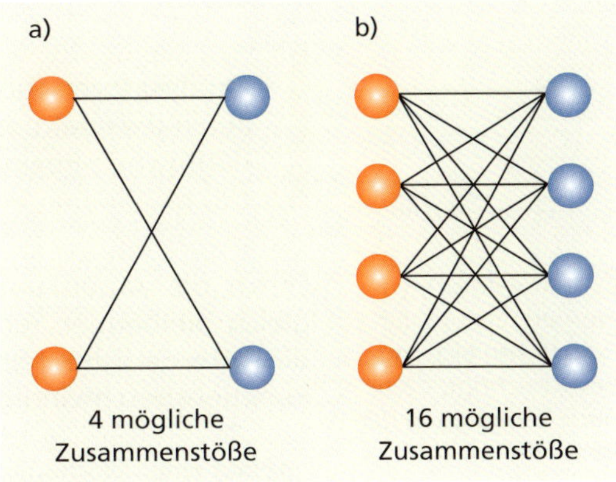

Durchmischung und Zerteilungsgrad

Mithilfe der Stoßtheorie wird verständlich, warum auch die **Durchmischung** der Ausgangsstoffe eine wichtige Rolle für den Reaktionsverlauf spielt. Je gleichmäßiger die Teilchen der verschiedenen Ausgangsstoffe verteilt sind, umso häufiger können sie zusammenstoßen.

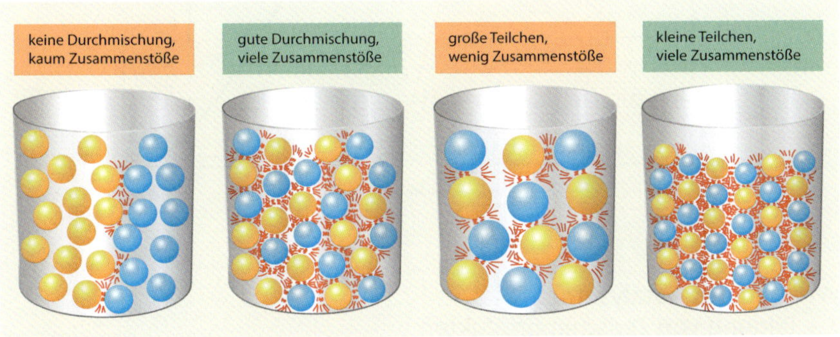

Aus dem gleichen Grund beeinflusst der **Zerteilungsgrad** der Ausgangsstoffe die Reaktionsgeschwindigkeit heterogener Reaktionen. Je höher die aktive Oberfläche pro Volumeneinheit ist, desto besser können die Teilchen in Kontakt treten und umso schneller erfolgt die Reaktion.

▶ Kleinste Metallteilchen finden vielfältige Anwendungen u. a. in der Nanotechnologie oder auf der Oberfläche von Katalysatoren.

Diesen Effekt nutzen wir beim Entzünden eines Feuers mit kleinen Zweigen anstelle von großen Holzklötzen. Extrem kleine Teilchen sind besonders reaktiv. Deshalb können Gemische aus brennbaren Metallpartikeln und Luft schon bei relativ niedrigen Temperaturen heftig miteinander reagieren.

Gefürchtet sind auch plötzliche Explosionen von Mehlstaub in Mühlen oder von Kohlestaub in Bergwerken.

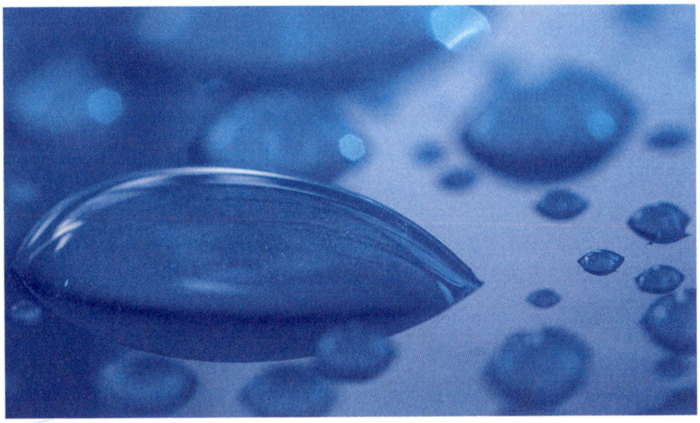

3

Katalysatoren

> **Katalysatoren** verringern die Aktivierungsenergie und erhöhen dadurch die Reaktionsgeschwindigkeit. Der Verlauf von katalysierten chemischen Reaktionen wird als **Katalyse** bezeichnet.

Katalysatoren werden nicht in der Reaktionsgleichung berücksichtigt, da sie nach Beendigung der Reaktion unverändert vorliegen.

Durch die Absenkung der Aktivierungsenergie (↗ S. 125) verfügt bei gleich bleibender Temperatur eine größere Anzahl von Teilchen über die erforderliche Mindestenergie für wirksame Zusammenstöße. Die Reaktionsgeschwindigkeit wird erhöht.

Ablauf einer exothermen chemischen Reaktion mit und ohne Katalysator

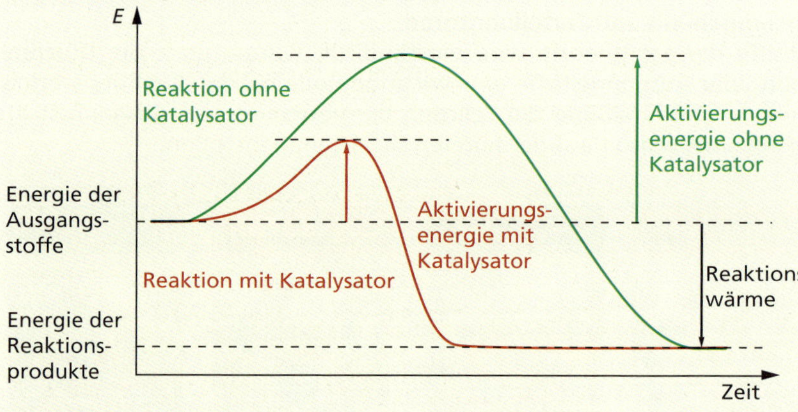

Wirkung des Katalysators

1. Bildung von Zwischenprodukten:
   Katalysatoren bilden mit den Ausgangsstoffen mehr oder weniger instabile Zwischenverbindungen, die im Verlauf der Reaktion zu den Reaktionsprodukten zerfallen. Der Katalysator selbst liegt nach der Reaktion unverändert vor.
2. Spezifische Wirkung:
   Katalysatoren beeinflussen chemische Reaktionen unterschiedlich stark. So kann man in der Industrie bei verschiedenen möglichen Reaktionswegen nur den gewünschten ablaufen lassen.

Der **Abgaskatalysator** für Ottomotoren besteht aus Platin und Rhodium auf einer Trägersubstanz. Er ermöglicht die Umwandlung der bei der Benzinverbrennung entstehenden Giftstoffe in unschädliche Reaktionsprodukte. Er verringert so die Umweltbelastung durch Benzinmotoren.

Je nach Aggregatzustand von reagierenden Stoffen und Katalysator unterscheidet man homogene und heterogene Katalyse.

1. **Heterogene Katalyse (Kontaktkatalyse):** Katalysator und reagierende Stoffe bilden verschiedene Phasen, die Katalyse findet an der Oberfläche des Katalysators (Phasengrenze) statt.

Schwefelsäureherstellung (Kontaktverfahren):
- Katalysator: Vanadium(V)-oxid; fest
- Reaktionspartner: Schwefeldioxid, Sauerstoff und Schwefeltrioxid; alle gasförmig

2. **Homogene Katalyse:** Katalysator und reagierende Stoffe bilden ein homogenes Stoffgemisch (↗ S. 63).

■ **Herstellung von Ethanal durch Oxidation von Ethen (in Wasser):**
- Katalysator: Palladium(II)-chlorid; in Wasser gelöst
- Reaktionspartner: Ethen, Sauerstoff und Ethanal in Wasser gelöst

▶ Positive Katalyse wird das Beschleunigen der Reaktion genannt. Negative Katalyse ist eine Verzögerung des Ablaufs durch sogenannte **Inhibitoren.**

Katalytische Reaktionen

Als Katalysatoren werden unterschiedliche chemische Stoffe, z. B. Metalle, ihre Oxide, Nichtmetalloxide, Säuren und Basen oder Komplexverbindungen, eingesetzt. Die Katalysatoren können sowohl anorganischer als auch organischer Natur sein.
Bilden unterschiedliche Stoffe einen Katalysator, spricht man von Mischkatalysatoren.
In der chemischen Industrie wird häufig mit Katalysatoren gearbeitet.

■ **Großtechnische Prozesse, in denen Katalysatoren eingesetzt werden**
- Schwefelsäure-Kontakt-Verfahren (↗ S. 296)
- Ammoniaksynthese (↗ S. 292)
- Reformieren von Benzin (↗ S. 312)
- Katalytisches Cracken (↗ S. 310)
- Methanolsynthese (↗ S. 313)

▶ Ein Beispiel für die selten vorkommenden negativen Katalysen sind die gesteuerten Redoxreaktionen bei der biologischen **Zellatmung** (Endoxidation). Hier wird die Reaktion zwischen Sauerstoff und Wasserstoff durch **Enzyme** stark verlangsamt.

Biokatalysatoren

Auch in der Natur spielen Katalysatoren eine große Rolle. Die **Biokatalysatoren** sind Wirkstoffe (oft Enzyme), welche in geringsten Mengen Stoffwechselvorgänge erst ermöglichen oder beschleunigen.
Aufgrund ihrer speziellen Eiweißstruktur wirken **Enzyme** außerordentlich spezifisch. Sie erkennen unter verschieden Substanzen ein ganz bestimmtes Substrat.
Mit diesem gehen sie nach dem **Schlüssel-Schloss-Prinzip** eine reaktive Zwischenverbindung ein (↗ Abb.).

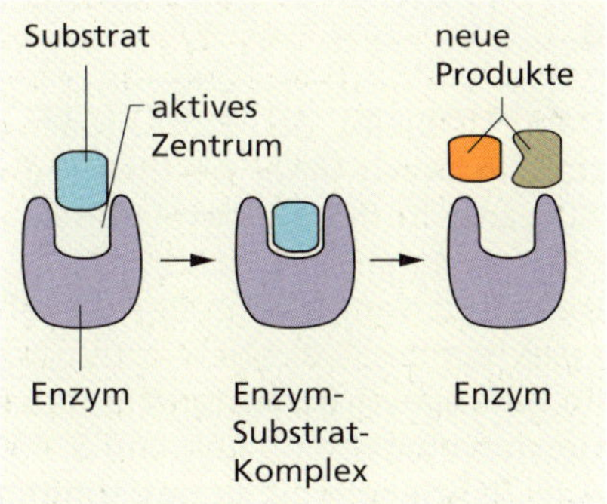

Dadurch ermöglichen die Enzyme nur ganz spezifische Reaktionen zu ganz bestimmten Produkten.
Enzyme müssen höhere Anforderungen erfüllen als andere Katalysatoren. Sie gewährleisten, dass biochemische Prozesse bei niedrigen Temperaturen – beim Menschen etwa 37 °C – und im neutralen pH-Bereich mit der gewünschten Geschwindigkeit ablaufen. Außerdem sollten bei enzymatischen Reaktionen keine giftigen Nebenprodukte entstehen.

▶ Im engeren Sinne sind Biokatalysatoren nur die **Enzyme.** Oft jedoch werden auch **Hormone, Vitamine** oder Pflanzenwuchsstoffe dazugerechnet. Auch diese Verbindungen beschleunigen bestimmte Reaktionen.

■ **Stoffwechselvorgänge, in denen Biokatalysatoren wirken:**
- Fotosynthese
- Zellatmung
- alkoholische Gärung
- Verdauungsvorgänge
- Fixierung von Luftstickstoff durch Knöllchenbakterien

3.1.4 Chemisches Gleichgewicht

Grundlagen

Gleichgewichtsreaktionen werden mit einem Doppelpfeil gekennzeichnet. Die Hinreaktion verläuft von links nach rechts, die Rückreaktion von rechts nach links.

Wenige chemische Reaktionen laufen nur in eine Richtung ab. Viele chemische Reaktionen sind **umkehrbar,** bei ihnen können aus den gebildeten Reaktionsprodukten wieder die entsprechenden Ausgangsstoffe entstehen.

Allgemeines Schema einer umkehrbaren chemischen Reaktion

$$\text{Ausgangsstoffe} \underset{\text{Rückreaktion}}{\overset{\text{Hinreaktion}}{\rightleftharpoons}} \text{Reaktionsprodukte}$$

Veresterung

Säure	+	Alkohol	$\longrightarrow$	Ester	+	Wasser
Ester	+	Wasser	$\longrightarrow$	Säure	+	Alkohol
Säure	+	Alkohol	$\rightleftharpoons$	Ester	+	Wasser

Ein chemisches Gleichgewicht kann sich nur in Reaktionssystemen einstellen, bei denen kein Stoffaustausch mit der Umgebung erfolgt.

Ein **chemisches Gleichgewicht** stellt sich ein, wenn bei einer umkehrbaren chemischen Reaktion Hin- und Rückreaktion gleichzeitig nebeneinander ablaufen.

Dadurch bleibt der Stoffumsatz bei Gleichgewichtsreaktionen unvollständig. Nach einer bestimmten Zeit bleiben die Konzentrationen an Ausgangsstoffen (Edukte) und Reaktionsprodukten konstant (makroskopisch stationärer Zustand).
Diese Zeit vom Beginn der umkehrbaren chemischen Reaktion bis zum Erreichen des Gleichgewichtszustands, nennt man **Einstellzeit.**
Im **Gleichgewichtszustand** laufen die Hin- und Rückreaktion mit gleicher Geschwindigkeit (↗ Abb. auf S. 131) ab.
Auf Teilchenebene findet somit immer ein Stoffumsatz statt (submikroskopisch dynamischer Zustand), obwohl die Konzentrationen der Ausgangsstoffe und Reaktionsprodukte konstant sind.

Ausgehend vom Gleichgewichtszustand hängt die Richtung, in welche die chemische Reaktion abläuft, von den **Reaktionsbedingungen** Druck, Temperatur und Konzentration ab.

Reaktion von Iod mit Wasserstoff

Iod	+	Wasserstoff	$\rightleftharpoons$	Iodwasserstoff
I_2	+	H_2	$\rightleftharpoons$	2 HI

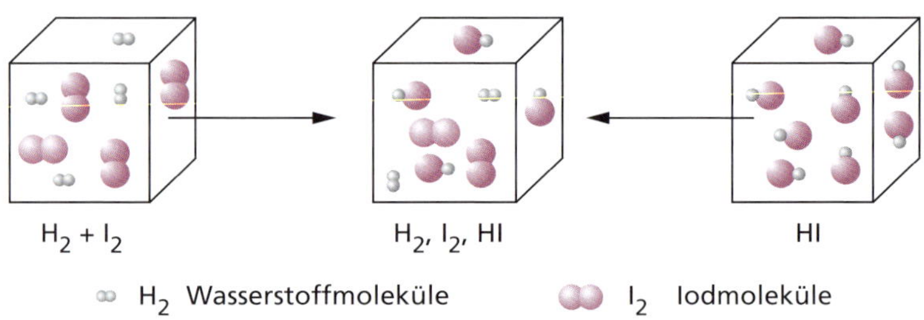

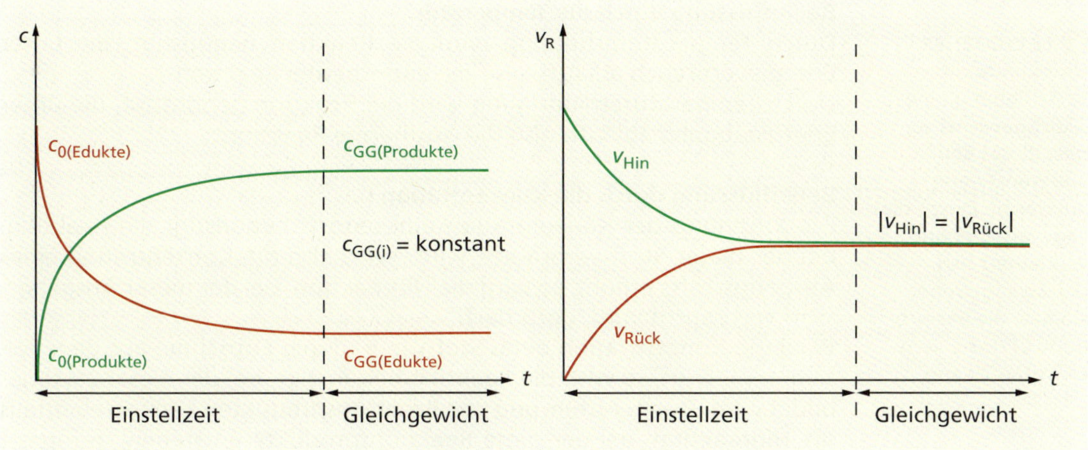

Kennzeichen der Einstellzeit	Kennzeichen des Gleichgewichts
– Konzentration der Ausgangsstoffe nimmt ab – Konzentration der Reaktionsprodukte nimmt zu	– Konzentrationen von Ausgangsstoffen und Reaktionsprodukten ändern sich nicht mehr
– Reaktionsgeschwindigkeit der Hinreaktion nimmt ab – Reaktionsgeschwindigkeit der Rückreaktion nimmt zu	– Reaktionsgeschwindigkeiten von Hin- und Rückreaktion sind gleich

Quantitativ lässt sich die Lage des chemischen Gleichgewichts durch das **Massenwirkungsgesetz (MWG)** beschreiben.

Nach der Einstellung des chemischen Gleichgewichts bleiben die Konzentrationen der reagierenden Stoffe konstant. Die Geschwindigkeiten von Hin- und Rückreaktion sind gleich. Das chemische Gleichgewicht ist sowohl vonseiten der Ausgangsstoffe aus auch vonseiten der Reaktionsprodukte einstellbar.

Beeinflussung von Gleichgewichtsreaktionen

Durch veränderte Reaktionsbedingungen kann in einem Gleichgewichtssystem die **Lage des Gleichgewichts** verschoben werden.
Durch Veränderung der Faktoren
- Temperatur,
- Konzentration,
- Druck (bei Gasen)

kann das Gleichgewicht beeinflusst werden.

Katalysatoren verringern die Einstellzeit des chemischen Gleichgewichts, da die Reaktionsgeschwindigkeit durch Herabsetzung der Aktivierungsenergie erhöht wird.
Katalysatoren verändern jedoch *nicht* die Lage des Gleichgewichts, da sie die Hin- und die Rückreaktion gleichermaßen beschleunigen.

Der Franzose **H. L. LE CHATELIER** (1850–1936) formulierte 1884 das „Prinzip des kleinsten Zwangs", in dem er den Einfluss äußerer Bedingungen auf chemische Gleichgewichte darlegte. Nach ihm wurde es auch als **Prinzip von LE CHATELIER** benannt.

LE CHATELIER formulierte die Verschiebung eines Gleichgewichts so, dass dieses dem äußeren Zwang ausweicht. Durch die Lageverschiebung verkleinert sich der Zwang. Daher stammt die Bezeichnung „Prinzip vom kleinsten Zwang".

Beeinflussung durch die Temperatur

Durch Temperaturerhöhung wird die Reaktion begünstigt, die unter Energieverbrauch abläuft, also die endotherme Reaktion.
Durch Temperaturerniedrigung wird die Reaktion begünstigt, die unter Energieabgabe abläuft, also die exotherme Reaktion.

Beeinflussung durch die Konzentration

Die Erhöhung der Konzentration eines Stoffs begünstigt die Reaktion, bei der dieser Stoff verbraucht wird. Wird also die Konzentration eines Ausgangsstoffs erhöht, so wird die Hinreaktion, bei der dieser Ausgangsstoff verbraucht wird, gefördert.
Wird die Konzentration eines Stoffs, z. B. durch Entnahme aus dem System, erniedrigt, so wird die Reaktion begünstigt, bei der dieser Stoff gebildet wird. Durch Abführung von Reaktionsprodukten kann so ebenfalls die Hinreaktion, bei der diese Reaktionsprodukte entstehen, gefördert werden.

Beeinflussung durch den Druck

Der Druck hat nur Einfluss auf chemische Gleichgewichtsreaktionen, wenn Gase beteiligt sind und sich die Volumina der Ausgangsstoffe von den Volumina der Reaktionsprodukte unterscheiden. Druckerhöhung fördert die Reaktion, die unter Volumenabnahme verläuft. Druckerniedrigung fördert die Reaktion, die unter Volumenzunahme verläuft.

Volumenänderung bei chemischen Reaktionen

$$N_2 + 3\,H_2 \underset{\text{Volumen nimmt zu}}{\overset{\text{Volumen nimmt ab}}{\rightleftharpoons}} 2\,NH_3$$

$$\underbrace{22{,}4\ l \quad 3 \cdot 22{,}4\ l}_{89{,}6\ l} \quad > \quad \underbrace{2 \cdot 22{,}4\ l}_{44{,}8\ l}$$

Veränderte Bedingungen	Beeinflussung der Lage des chemischen Gleichgewichts
Temperatur: – Erhöhung – Verringerung	 – fördert die endotherme Reaktion – fördert die exotherme Reaktion
Konzentration: – Erhöhung – Verringerung	 – fördert die den Stoff verbrauchende Reaktion – fördert die den Stoff bildende Reaktion
Druck: – Erhöhung – Verringerung	 – fördert die Reaktion mit Volumenabnahme – fördert die Reaktion mit Volumenzunahme

Bei sehr vielen chemischen Reaktionen spielen mehrere Gleichgewichte eine Rolle. Man spricht dann von gekoppelten Gleichgewichten.

Jede Beeinflussung des Gleichgewichts durch Temperatur, Konzentration oder Druck führt zu einer solchen Änderung des Gleichgewichtszustands, die den störenden Einfluss verringert.

Reaktionsgeschwindigkeit und chemisches Gleichgewicht

- Die **Reaktionsgeschwindigkeit** v_R beschreibt die zeitliche Veränderung der Stoffmengen bzw. Konzentrationen der an einer Reaktion beteiligten Stoffe.

$$v_R = \frac{\Delta c}{\Delta t}$$

- Sie wird von der Art der reagierenden Teilchen bestimmt und hängt außerdem von der Temperatur und dem Druck sowie der Durchmischung und dem Zerteilungsgrad der Edukte ab.

- **Katalysatoren** beschleunigen chemische Reaktionen durch Herabsetzung der Aktivierungsenergie. Sie liegen nach der Reaktion wieder unverändert vor.

- Ein **chemisches Gleichgewicht** kann sich nur bei einer reversiblen Reaktion einstellen, solange kein Stoffaustausch zwischen System und Umgebung stattfindet. Es ist durch folgende allgemeine **Merkmale** gekennzeichnet:

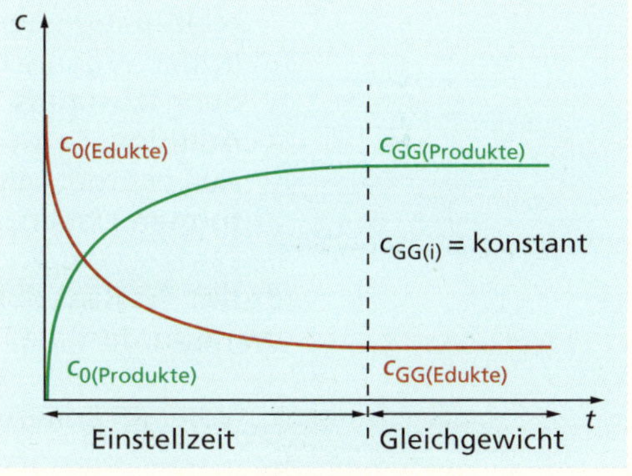

1. Der Stoffumsatz erfolgt unvollständig. Edukte und Produkte liegen nach der Einstellung des Gleichgewichts nebeneinander in einem konstanten Konzentrationsverhältnis vor.
2. Hin- und Rückreaktion laufen gleichzeitig nebeneinander ab. Im Gleichgewicht sind die Beträge der Reaktionsgeschwindigkeiten identisch, $|v_{Hin}| = |v_{Rück}|$.
3. Obwohl makroskopisch die Konzentrationen der Reaktanten konstant sind, findet mikroskopisch eine ständige Umwandlung von Teilchen statt.
4. Der Gleichgewichtszustand ist von beiden Seiten (Edukt- bzw. Produktseite) einstellbar.

Einfluss der Reaktionsbedingungen auf die Lage chemischer Gleichgewichte		
Reaktionsbedingungen		**Auswirkung**
Temperatur	Erhöhung	begünstigt endotherme Reaktionen
	Verringerung	begünstigt exotherme Reaktionen
Druck	Erhöhung	begünstigt Gasphasenreaktionen, die unter Volumenabnahme verlaufen
	Verringerung	begünstigt Gasphasenreaktionen, die unter Volumenzunahme verlaufen
Konzentration	Erhöhung	begünstigt die Reaktion, bei der der Stoff verbraucht wird
	Verringerung	begünstigt die Reaktion, bei der der Stoff gebildet wird

3

3.2 Arten chemischer Reaktionen

3.2.1 Klassifizierung chemischer Reaktionen

Es gibt eine Reihe weiterer Möglichkeiten zur Klassifizierung chemischer Reaktionen.

Chemische Reaktionen können nach einer Vielzahl verschiedener Kriterien eingeteilt werden.

1. Nach dem **Aggregatzustand der reagierenden Stoffe** werden Gasphasenreaktionen, Reaktionen in (wässrigen) Lösungen und Reaktionen von Feststoffen unterschieden.
2. In Abhängigkeit von der **Art der miteinander reagierenden Teilchen** bezeichnet man Stoffumwandlungen als Molekülreaktionen, Ionenreaktionen oder radikalische Reaktionen.
3. In der organischen Chemie betrachtet man die **Änderung des Bindungszustands der Kohlenstoffatome** und unterscheidet zwischen Addition, Substitution und Eliminierung (↗S. 276 ff.).
4. Aus energetischer Sicht lassen sich Reaktionen anhand der **Energieformen** klassifizieren, die bei der Reaktion benötigt oder frei wird.

ausgetauschte Energieform	Reaktionstyp
Wärme	thermochemische Reaktion (exotherm bzw. endotherm)
UV-Strahlung	fotochemische Reaktion
Elektroenergie	elektrochemische Reaktion
mechanische Energie	tribochemische Reaktion

Nach manchen Kriterien können nicht alle chemischen Reaktionen zugeordnet werden.

5. Eine weitere Möglichkeit zur Klassifizierung beruht auf der **Art der bei der Reaktion ausgetauschten Teilchen.** Danach unterscheidet man vor allem in der anorganischen Chemie zwischen Säure-Base-Reaktionen (↗S. 147), Redoxreaktionen (↗S. 136) und Fällungsreaktionen (↗S. 149).

ausgetauschte Teilchen	Reaktionstyp
Protonen (Wasserstoff-Ionen)	Säure-Base-Reaktionen
Elektronen	Redoxreaktionen
Ionen	Fällungs- und Komplexreaktionen
Atome bzw. Atomgruppen	Substitutionsreaktionen

3.2.2 Redoxreaktionen – Reaktionen mit Elektronenübergang

Der Begriff **Redoxreaktion** stammt ursprünglich von Reduktions-Oxidations-Reaktionen. Nach der Aufklärung von Verbrennungsvorgängen durch A. L. DE LAVOISIER wurde die Aufnahme von Sauerstoff *(oxygenium)* als **Oxidation** bezeichnet.

Redoxreaktionen im engeren Sinn	
Oxidation im engeren Sinn	Reduktion im engeren Sinn
– Aufnahme von Sauerstoff	– Abgabe von Sauerstoff
– Bildung von Oxiden	– Zerfall von Oxiden
Beispiel: Bildung von Schwefeldioxid	Beispiel: Zerfall von Stickstoffmonooxid
Gleichung: $S + O_2 \longrightarrow SO_2$	Gleichung: $2\,NO \longrightarrow N_2 + O_2$

Der Entzug von Sauerstoff aus einer Verbindung wurde **Reduktion** genannt. Daraus ergab sich die damalige Definition der **Redoxreaktionen im engeren Sinn.**

> Bei Redoxreaktionen im engeren Sinn gibt das **Oxidationsmittel** Sauerstoff ab und wird dabei selbst reduziert. Das **Reduktionsmittel** nimmt Sauerstoff auf und wird dabei selbst oxidiert. Oxidation und Reduktion laufen immer gleichzeitig nebeneinander ab.

▶ Nachdem der Sauerstoff von **J. PRIESTLEY** (1733 bis 1804) und gleichzeitig von **C. W. SCHEELE** (1742–1786) entdeckt worden war, konnte **A. L. LAVOISIER** (1749 bis 1794) mit seiner Sauerstofftheorie die **Phlogistontheorie** widerlegen. Er bewies experimentell, dass eine Verbrennung Sauerstoffaufnahme und damit Massenzunahme bedeutet.

Redoxreaktion zwischen Kupferoxid und Wasserstoff

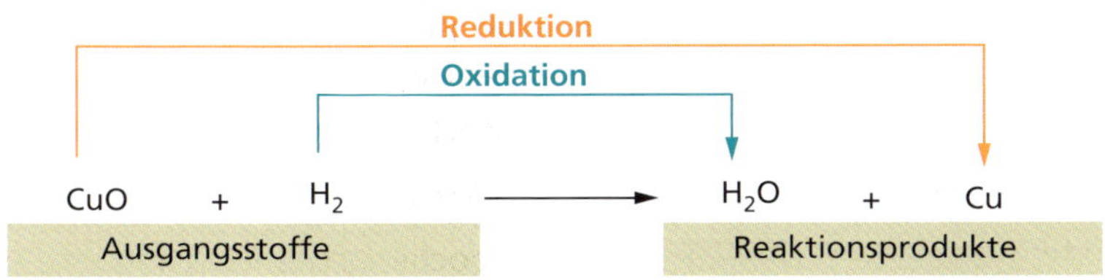

Kupferoxid	Wasserstoff	Wasser	Kupfer
Der Stoff, der den Sauerstoff liefert, ist das **Oxidationsmittel,** er wird reduziert.	Der Stoff, der den Sauerstoff aufnimmt, ist das **Reduktionsmittel,** er wird oxidiert.	Der Stoff, der durch die Oxidation entsteht.	Der Stoff, der durch die Reduktion entsteht.

Allgemeines Schema einer Redoxreaktion im engeren Sinn

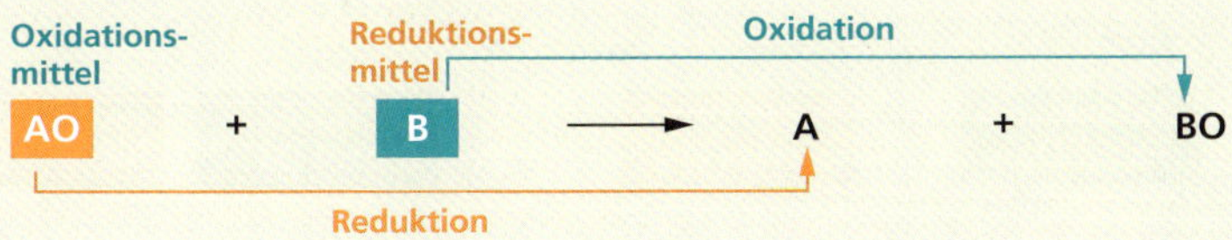

▶ Mit dieser Definition der **Redoxreaktion** im engeren Sinn, werden Redoxprozesse, an denen keine Sauerstoffverbindungen beteiligt sind, nicht erfasst.

Nach der Aufklärung des Atombaus wurde erkannt, dass einer Oxidationsreaktion stets eine **Abgabe von Elektronen** zugrunde liegt. Die von einem Atom abgegebenen Elektronen werden von einem anderen Atom aufgenommen. Diese **Elektronenaufnahme** ist die Reduktion.
Aus diesen Erkenntnissen entwickelte sich die Theorie von der Redoxreaktion im erweiterten Sinn.

Die Elektronendonatoren sind Reduktionsmittel, sie werden durch die Elektronenabgabe gleichzeitig oxidiert. Die Elektronenakzeptoren sind Oxidationsmittel, sie werden durch die Elektronenaufnahme reduziert. Elektronenaufnahme und -abgabe laufen immer gleichzeitig ab, sodass keine Elektronen erzeugt oder vernichtet werden.

Redoxreaktionen im erweiterten Sinn	
Oxidation im erweiterten Sinn	Reduktion im erweiterten Sinn
– Abgbae von Elektronen	– Aufnahme von Elektronen
Beispiel: Bildung von Magnesium-Ionen	Beispiel: Bildung von Chlorid-Ionen
Gleichung: $Mg \longrightarrow Mg^{2+} + 2\,e^-$	Gleichung: $Cl_2 + 2\,e^- \longrightarrow 2\,Cl^-$

Teilchen, die Elektronen abgeben, sind **Elektronendonatoren.** Teilchen, die Elektronen aufnehmen, sind **Elektronenakzeptoren**.

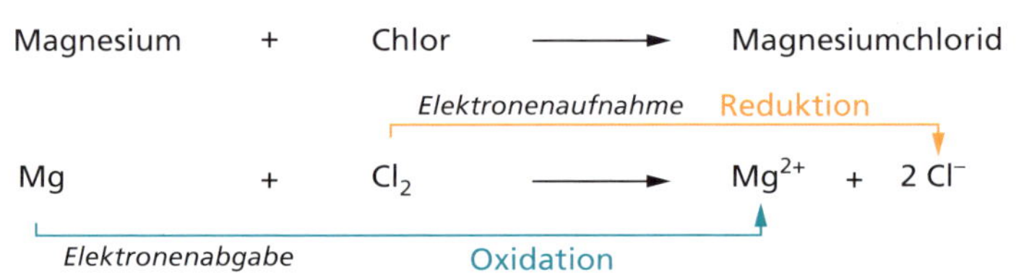

Das Magnesiumatom (Reduktionsmittel) gibt Elektronen an das Chloratom ab und wird selbst oxidiert. Das Chloratom (Oxidationsmittel) nimmt Elektronen auf und wird selbst reduziert.

Die Änderung der **Oxidationszahlen** ist das charakteristische Merkmal für **Redoxreaktionen.**

Redoxpaare

Jedem Oxidationsmittel entspricht ein dazugehöriges Reduktionsmittel. Man nennt diese ein Redoxpaar.

Zwischen zwei Redoxpaaren bildet sich durch die Elektronenaustauschreaktion ein chemisches Gleichgewicht aus. Dieses wird als Redoxgleichgewicht bezeichnet.

Bei einer Redoxreaktion reagieren immer zwei Redoxpaare miteinander. Die reagierenden Teilchen werden als Redoxsystem zusammengefasst.

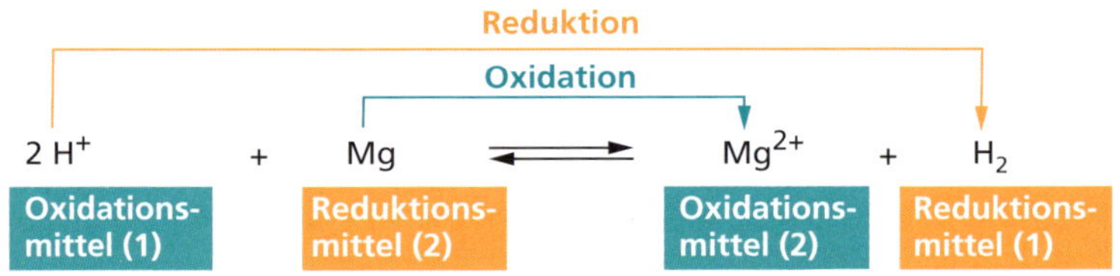

Redoxreaktionen sind chemische **Reaktionen mit Elektronenübertragung.** Bei der Teilreaktion Oxidation werden von dem Reduktionsmittel (2) Elektronen abgegeben. Bei der Teilreaktion Reduktion werden vom Oxidationsmittel (1) Elektronen aufgenommen. Beide Teilreaktionen finden gleichzeitig nebeneinander statt.

Die Redoxreihe der Metalle

Entsprechend ihrer Stellung im Periodensystem haben die Metalle ein unterschiedliches Bestreben, Elektronen abzugeben oder aufzunehmen. Nach der Tendenz, Elektronen abzugeben, können die Metalle in einer **Redoxreihe** angeordnet werden:

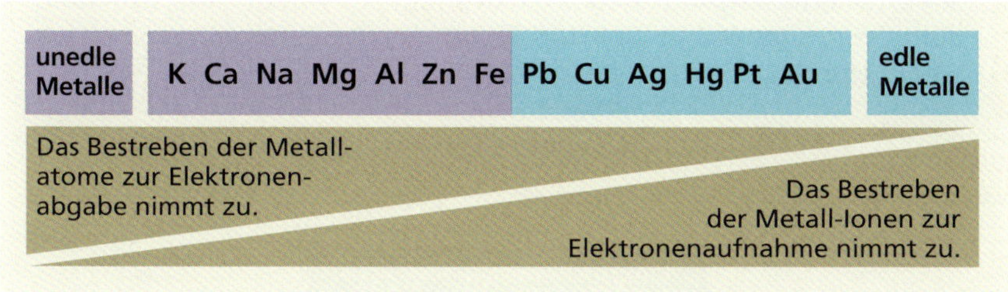

▶ **Metalle**, die ihre Außenelektronen leicht abgeben, bezeichnet man als unedle Metalle. Die unedlen Metalle sind gute Reduktionsmittel (Elektronendonatoren) und werden deshalb leicht oxidiert. Zu den unedlen Metallen zählen die Alkali- und Erdalkalimetalle, Aluminium, Zink und Eisen.

Wird ein **unedles Metall** in eine wässrige Lösung eines Salzes eines edleren Metalls getaucht, so scheidet sich das **edlere Metall** auf dem unedleren ab. Es nimmt Elektronen auf (wird reduziert). Das unedlere geht in Lösung, es gibt Elektronen ab (wird oxidiert).

Taucht ein Eisennagel in eine Kupfer(II)-sulfatlösung, so wird nach einiger Zeit das Eisen als unedles Metall in Lösung gehen, es bildet Eisen(II)-Ionen und gibt Elektronen an die Kupfer(II)-Ionen ab. Diese werden zu Kupfer reduziert. Das Kupfer scheidet sich am Eisennagel ab.
Eine ähnliche Reaktion ist beim Eintauchen eines Zinkblechs in die Kupfer(II)-sulfatlösung zu beobachten.
Dagegen erfolgt zwischen einem Silberdraht und Kupfer(II)-Ionen keine Reaktion.

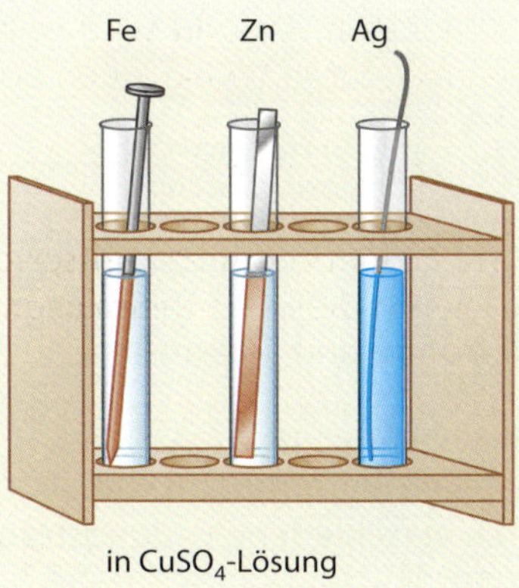

$$Cu^{2+} + Fe \longrightarrow Cu + Fe^{2+}$$
$$Cu^{2+} + Zn \longrightarrow Cu + Zn^{2+}$$

▶ **Metalle**, die ihre Außenelektronen nur schwer abgeben, bezeichnet man als edle Metalle. Die edlen Metalle sind nur schwer zu oxidieren, ihre Ionen aber sind sehr gute Oxidationsmittel (Elektronenakzeptoren). Beispiele für edle Metalle sind Kupfer, Quecksilber, Silber und Platin.

Eine technische Anwendung der Redoxreihe der Metalle ist die Zementation (Abscheidung) von Kupfer durch Eisen. Durch Zugabe von Eisenschrott zu einer Kupfer(II)-sulfatlösung, die man beim Auslaugen kupferarmer Erze erhält, wird das Kupfer ausgefällt und Eisen geht als Eisen(II)-sulfat in Lösung.

▶ Die Redoxreihe spielt eine wichtige Rolle im Alltag, z. B. beim Korrosionsschutz und bei **Batterien** (↗ S. 141 ff.).

Unedle Metalle stehen in der Redoxreihe links und sind gute Reduktionsmittel, d. h., sie lassen sich leicht oxidieren. Edle Metalle stehen in der Redoxreihe rechts und sind schlechte Reduktionsmittel. Ihre Kationen wirken in wässriger Lösung stark oxidierend, sodass sich edle Metalle leicht aus ihren Salzlösungen abscheiden lassen.

3.2.3 Elektrochemische Reaktionen

Grundlagen

Elektrochemische Reaktionen sind spezielle **Redoxreaktionen.**

Elektrochemische Reaktionen gehören zu den Reaktionen mit Elektronenübergang (Redoxreaktionen). Es findet eine Umwandlung von chemischer Energie in elektrische Energie oder umgekehrt statt.

Einteilung elektrochemischer Prozesse

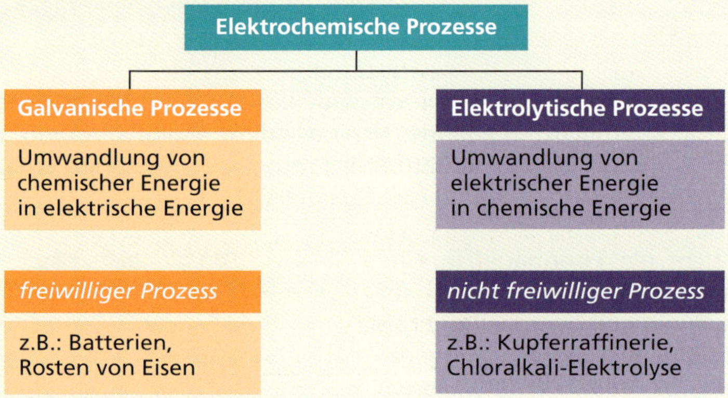

In **Metallen** fungieren frei bewegliche Elektronen als Ladungsträger.

Elektrolyte und Elektroden

Elektrochemische Reaktionen finden an Elektroden statt, die im Kontakt mit Elektrolytlösungen stehen. Die Leitung des elektrischen Stroms kann durch verschiedene Ladungsträger, Elektronen oder Ionen, erfolgen.

Elektrolyte sind Stoffe, in denen der Ladungstransport durch Wanderung von positiv oder negativ geladenen Ionen erfolgt.

Die **Elektrolyte** werden anhand der Verfügbarkeit der Ionen in verschiedene Gruppen unterteilt.

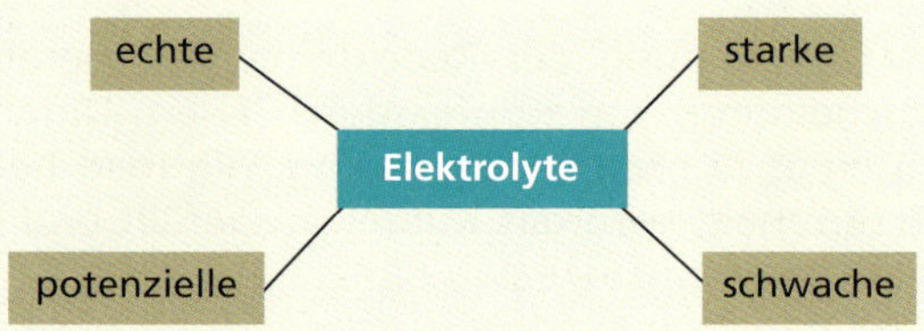

Als **Elektrode** wird der Teil eines metallischen Leiters bezeichnet, der den elektrischen Strom auf in Gasen, Flüssigkeiten oder Festkörpern vorhandene Ladungsträger (Ionen) überträgt.

Die einfachsten Beispiele sind Metallelektroden, bei denen sich das Metall im Kontakt zu einem in Wasser leicht löslichen Salz des Metalls befindet (↗ Abb.).
Taucht man ein Zinkblech in eine verdünnte Zinksulfatlösung, dann werden an der Metalloberfläche durch Oxidation Zn^{2+}-Ionen gebildet. Diese gehen durch die Phasengrenze in die wässrige Phase über, die dadurch partiell positiv aufgeladen wird.

Zink/Zink(II)-Ionen-Elektrode

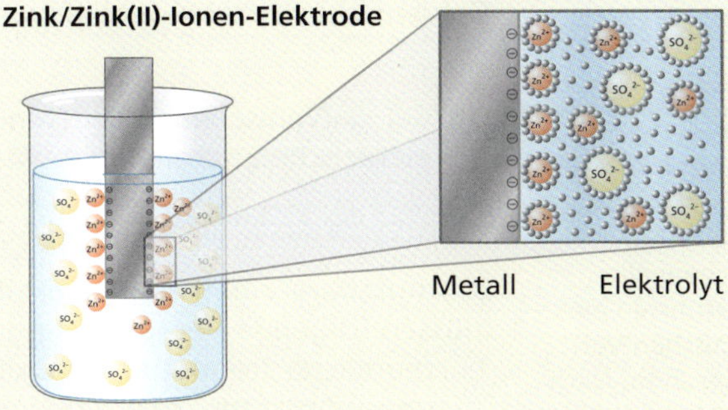

Die Elektronen verbleiben im Metall, das sich an der Phasengrenze negativ auflädt. Zwischen der metallischen Phase und dem Elektrolyt stellt sich ein **elektrochemisches Gleichgewicht** ein.
Die dargestellte Metallelektrode wird mit dem Elektrodensymbol Zn/Zn^{2+} gekennzeichnet. Der Schrägstrich symbolisiert die Phasengrenze, durch die die Ladungsträger durchtreten.

Die Teilchen ● symbolisieren Wassermoleküle, die die Hydrathülle der Ionen bilden. ⊖ sind Elektronen in der metallischen Phase.

Kennzeichnung einer Metallelektrode

Me / Me^{2+}

- Elementsymbol des Metalls
- Symbol für die (heterogene) Phasengrenze
- Ladungszahl der Metall-Kationen
- Symbol des Metall-Kations

Aufgrund der elektrostatischen Anziehung zwischen Elektronen und in der Lösung hydratisierten Kationen bildet sich eine **elektrochemische Doppelschicht** aus.
Die entgegengesetzten Ladungen führen zu einem elektrischen Feld und damit zur Ausbildung des **elektrochemischen Potenzials *E*** der Elektrode (Elektrodenpotenzial oder Redoxpotenzial).

Gleichung für die Bildung des elektrochemischen Potenzials

$$Me \underset{\text{Reduktion}}{\overset{\text{Oxidation}}{\rightleftharpoons}} Me^{z+} + ze^-$$

Me – Metall
Me^{z+} – Metall-Kation
e^- – Elektronen
z – Anzahl der Elektronen

Die Potenzialdifferenz zwischen der festen Phase und dem Elektrolyten hängt von der Art des Metalls und von der Konzentration der Metall-Ionen in der Lösung ab. Zudem sind Elektrodenpotenziale temperatur- und konzentrationsabhängig.

> Infolge der Redoxreaktionen und des Ladungsträgerübergangs zwischen Metall und Elektrolyt bildet sich eine elektrochemische Doppelschicht aus. Daraus resultiert das elektrochemische Potenzial der Elektrode.

Edle Metalle lassen sich leicht elektrochemisch aus ihren Salzlösungen abscheiden. An der Elektrode läuft ein Reduktionsprozess ab. Unedle Metalle gehen dagegen leicht in Lösung, d. h., das Metall löst sich auf. An der Elektrode läuft ein Oxidationsprozess ab.

3

Galvanische Prozesse und galvanische Elemente

Der italienische Arzt und Naturforscher **LUIGI GALVANI** (1737–1798) wurde durch seine an Froschschenkeln durchgeführten elektrochemischen Versuche berühmt. Nach ihm sind zahlreiche Prozesse mit dem Wortstamm *„galvan"* benannt.

> Bei **galvanischen Prozessen** wird chemische Energie freiwillig in elektrische Energie umgewandelt.

Um nutzbare elektrische Energie durch Redoxreaktionen zu erzeugen, müssen folgende Voraussetzungen gegeben sein:

1. räumliche Trennung von Oxidations- und Reduktionsvorgängen, um unerwünschten Kontakt von verschiedenen Metallen und Metall-Ionen zu verhindern
2. Verbindung der getrennt ablaufenden Vorgänge durch einen elektrischen Leiter

Zur Realisierung dieser Voraussetzungen verwendet man das galvanische Element.

> Das **galvanische Element** ist eine **elektrochemische Zelle.** Es besteht aus zwei miteinander kombinierten Elektroden.

Jede elektrochemische Zelle besteht aus zwei Elektroden oder auch aus zwei elektrochemischen Halbzellen, die miteinander elektrisch leitend, z. B. über einen Stromschlüssel, verbunden sind.
Der Stromschlüssel enthält eine Elektrolytlösung, z. B. Kaliumchloridlösung oder Kaliumnitratlösung, und ermöglicht den Ladungstransport zwischen den Halbzellen.
Als Stromschlüssel kann auch eine halbdurchlässige Membran verwendet werden, die den Übergang von Ionen als Ladungsträgern zwischen den beiden Elektrolytlösungen erlaubt.

J. F. DANIELL (1790–1845) ein englischer Chemiker und Physiker, entwickelte 1836 als Erster ein galvanisches Element. Es bestand aus einer Kupferelektrode in einer Kupfersulfatlösung und einer Zinkelektrode in einer Zinksulfatlösung. Es lieferte eine Spannung von etwa 1,05 V.

Das Daniell-Element

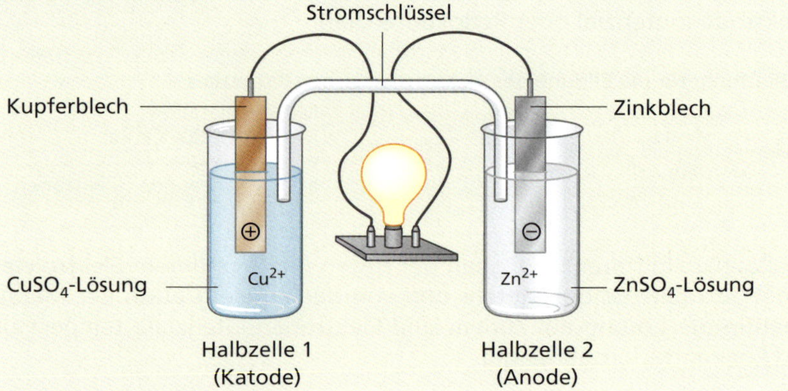

Werden die beiden Metalle durch einen leitenden Draht verbunden, so fließt durch die Kombination von zwei Elektroden ein elektrischer Strom durch das System, der mit einem Messgerät gemessen werden kann. Chemische Energie wird in elektrische Energie umgewandelt.

Prozesse im Daniell-Element		
	Elektrode I (Halbzelle I)	Elektrode II (Halbzelle II)
Vorgänge	Kupfer-Ionen aus der Lösung nehmen Elektronen auf, Kupfer scheidet sich am Kupferstab ab	Zinkatome geben Elektronen ab, die Zink-Ionen wandern in die Lösung
chemische Reaktion	Reduktion von Kupfer-Ionen	Oxidation von Zinkatomen
Teilgleichung	$Cu^{2+} + 2\,e^- \longrightarrow Cu$	$Zn \longrightarrow Zn^{2+} + 2\,e^-$
Ladung der Elektrode	im Vergleich zur Elektrode II: ⊕	im Vergleich zur Elektrode I: ⊖
Zellreaktion	$Zn + Cu^{2+} \rightleftharpoons Zn^{2+} + Cu$	

Diese Prozesse laufen freiwillig (ohne äußeren Zwang) so lange bei konstanter Temperatur und konstantem Druck ab, bis die Potenzialdifferenz zwischen den beiden Elektroden null ist.

> Das **Daniell-Element** ist eine elektrochemische Zelle, bei der eine Kupfer/Kupfer(II)-Ionen-Elektrode und eine Zink/Zink(II)-Ionen-Elektrode gekoppelt sind.

Alle elektrochemischen Prozesse sind immer eine Kombination aus Reduktions-/Oxidationsvorgängen. In der einen Halbzelle läuft die Reduktion (Elektronenaufnahme) und in der anderen Halbzelle die Oxidation (Elektronenabgabe) ab.

Die Kombination der beiden Halbzellenreaktionen ergibt die Gesamtreaktion (Zellreaktion). Reduktion und Oxidation laufen gekoppelt, aber in getrennten Räumen (elektrochemischen Halbzellen) ab.

> Die Elektrode bzw. Halbzelle, an der die Oxidation abläuft, bezeichnet man als **Anode (Donatorhalbzelle)** und die Elektrode, an der die Reduktion erfolgt, als **Katode (Akzeptorhalbzelle).**

Bei galvanischen Zellen ist das Vorzeichen der Katode positiv, da Elektronen aus dem Metall der Elektrode abgezogen werden. Die Katode lädt sich dabei selbst positiv auf. Die Anode wird durch die Übertragung der Elektronen auf das Metall der Anode negativ.

Batterien

> **Batterien** sind galvanische Elemente, die als Energiespeicher dienen. Die freiwillige Zellreaktion läuft nur in eine Richtung, wobei die gespeicherte chemische Energie in elektrische Energie umgewandelt wird.

Das Daniell-Element liefert eine positive Zellspannung von etwas mehr als 1 V und diente als eine der ersten Batterien in der Elektrotechnik des 19. Jh. Es wurde später durch das leistungsfähigere Leclanché-Element abgelöst, das auch als **Zink-Kohle-Batterie** bekannt geworden ist.

3

▶ Es gibt verschiedene **Batterietypen.** Als ortsunabhängige Stromquellen sind sie flexibel einsetzbar.

Heute nutzen wir hauptsächlich **Alkali-Mangan-Batterien** für Taschenlampen, Wecker oder Fernbedienungen. Dabei handelt es sich um Zink-Mangandioxid-Zellen mit alkalischen Elektrolyten.

Zellreaktion:

$$Zn_{(s)} + 2\,MnO_{2(s)} + H_2O_{(l)} \longrightarrow ZnO_{(s)} + 2\,MnO(OH)_{(s)}$$

Die aus der Zellreaktion resultierende Nennspannung beträgt 1,5 V. Je nach Belastung sinkt sie nach mehreren Stunden unter 0,8 V. Die Entladung erfolgt jedoch deutlich langsamer als bei Zink-Kohle-Batterien.

Bau einer Alkali-Mangan-Batterie

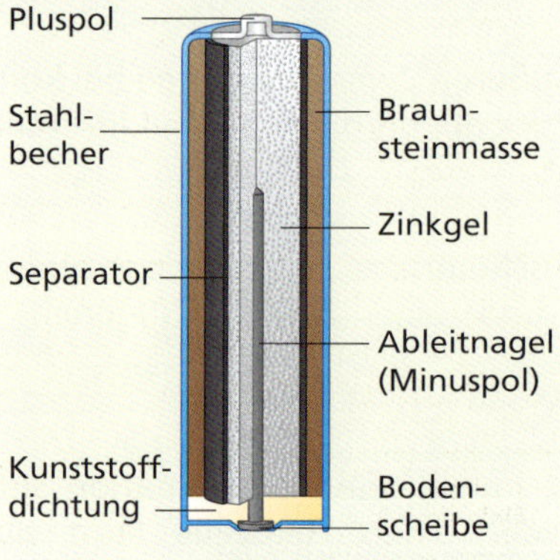

Bau einer Zink-Silberoxid-Batterie

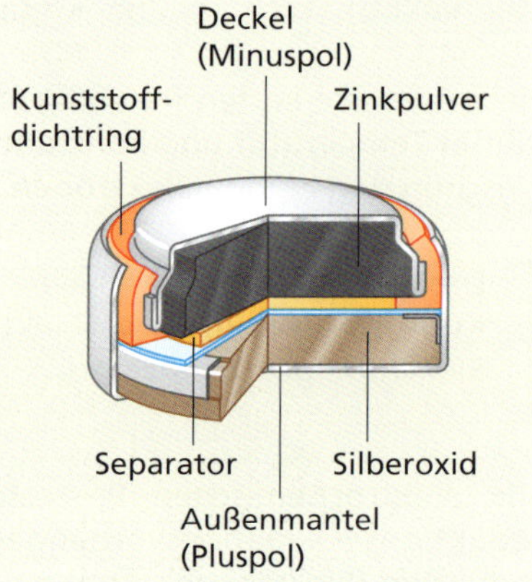

▶ Entladene Batterien sind nicht wieder aufladbar. Sie werden daher als Primärzellen bezeichnet.

Für kleinere Anwendungen, z.B. in Armbanduhren, verwendet man dagegen **Knopfzellen,** die häufig aus anderen Elektrodenmaterialien bestehen. So finden Zink-Silberoxid-Batterien Verwendung in Taschenrechnern oder Fernbedienungen von Autos.
Als Oxidationsmittel diente früher giftiges Quecksilberoxid, das aber inzwischen durch Silberoxid ersetzt wurde. An der Anode wird ähnlich wie bei der Alkali-Mangan-Batterie Zink oxidiert. Als Elektrolyt verwendet man Kalilauge. Die Zellreaktion liefert eine Spannung von ca. 1,55 V.

Zellreaktion: $Zn_{(s)} + Ag_2O_{(s)} \longrightarrow ZnO_{(s)} + 2\,Ag_{(s)}$

▶ Lithiumbatterien enthalten organische Elektrolyte. Der Aufbau und der Elektrolyt variieren mit dem Katodenmaterial.

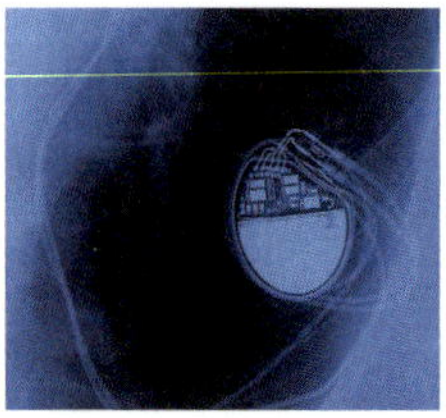

Lithiumbatterien werden in Fotoapparaten, Computern und sogar in Herzschrittmachern (↗ Abb.) eingesetzt. Es gibt verschiedene Typen von Lithiumbatterien, die über zehn Jahre halten können.
Die Anode besteht immer aus Lithium, als Katodenmaterial dienen z.B. Mangandioxid, Iod oder Kupfersulfid. Bei der Entladung einer Lithium-Kupfersulfid-Batterie läuft folgende Zellreaktion ab:

Zellreaktion: $2\,Li_{(s)} + CuS_{(s)} \longrightarrow Li_2S_{(s)} + Cu_{(s)}$

Hauptsächlich wegen ihres Gehalts an mehr oder weniger giftigen Metallen gehören Batterien nicht in den Hausmüll, sondern müssen separat entsorgt werden. Durch moderne Recycling-Verfahren können die Metalle daraus zurückgewonnen werden.

Akkumulatoren

> Auch **Akkumulatoren** sind galvanische Elemente zur Erzeugung elektrischer Energie. Im Gegensatz zu Batterien sind Akkumulatoren mehrfach wieder aufladbar.

Weitere Typen von **Akkumulatoren** sind Nickel-Cadmium und Nickel-Metallhydrid-Akkumulatoren.

Der bekannteste Akkumulator ist der **Bleiakkumulator,** der in vielen Kraftfahrzeugen als **Autobatterie** Verwendung findet. Er besteht im einfachsten Fall aus einer Blei- und einer Blei(IV)-oxidelektrode in verdünnter Schwefelsäure als Elektrolyt.
Beim freiwilligen Entladevorgang werden Bleiatome oxidiert und Blei(IV)-Ionen reduziert (↗ Abb.). Die dabei zwischen den Elektroden fließenden Elektronen betreiben einen angeschlossenen Verbraucher (Glühlampe usw.), bis der Akkumulator vollständig entladen ist.
Um den Akkumulator wieder aufzuladen, müssen die umgekehrten Reaktionen ablaufen. Diese werden durch Anlegen einer äußeren Spannung durch Elektrolyse (↗ S. 146) erzwungen.

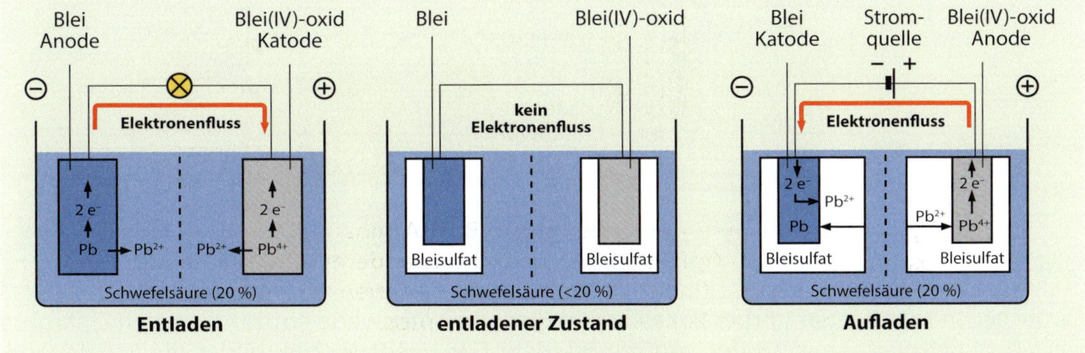

$$Pb_{(s)} + PbO_{2(s)} + 4\,H_3O^+_{(aq)} + 2\,SO_4^{2-}{}_{(aq)} \underset{\text{Laden}}{\overset{\text{Entladen}}{\rightleftharpoons}} 2\,PbSO_{4(s)} + 6\,H_2O_{(l)}$$

Modernere Akkumulatoren sind **Lithium-Ionen-Akkumulatoren.** Sie sind viel leichter als Bleiakkumulatoren und deshalb besser für mobile Anwendungen geeignet. Mit 3,8 V weisen sie eine hohe Nennspannung und eine lange Lebensdauer auf. Der Pluspol besteht aus Mischoxiden wie Li_2MnO_2 und der Minuspol aus Grafit mit eingelagertem Lithium. An der Redoxreaktion ist nur das Elektrodenmaterial beteiligt, die Lithium-Ionen dienen zum Ladungsausgleich zwischen den Polen.

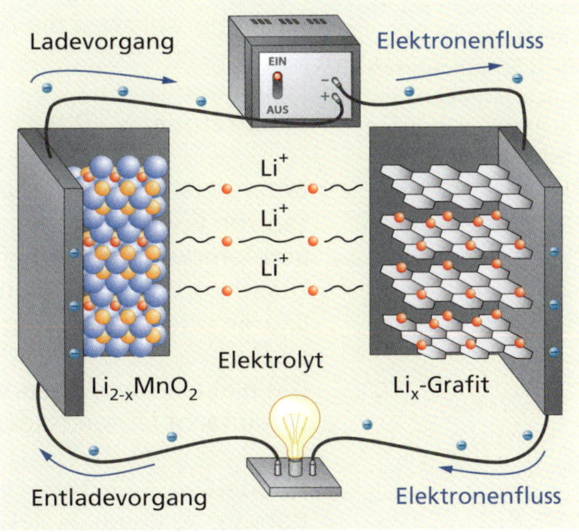

Zellreaktion:

$$MnO_2 + \text{Li-Grafit} \underset{\text{Entladen}}{\overset{\text{Laden}}{\rightleftharpoons}} \text{Li-}MnO_2 + \text{Grafit}$$

3

Elektrochemische Korrosion

Elektrochemische Korrosion ist die Auflösung oder Zerstörung einer metallischen Oberfläche durch elektrochemische Reaktionen.

Aus der Stellung der Metalle in der Redoxreihe (↗S. 137) kann das elektrochemische Verhalten abgeschätzt und beurteilt werden. Unedle Metalle werden leichter oxidiert. Sie korrodieren dadurch stärker als edle Metalle.

Elektrochemische Korrosion kann immer dort auftreten, wo zwei unterschiedliche Metalle im direkten elektrischen Kontakt stehen.
Sind diese unterschiedlichen Metalle direkt miteinander verbunden oder durch einen Elektrolyten miteinander in Kontakt, so bildet sich ein Lokalelement aus.

Lokalelemente sind spezielle galvanische Elemente, die auf einen sehr kleinen Bereich begrenzt sind.

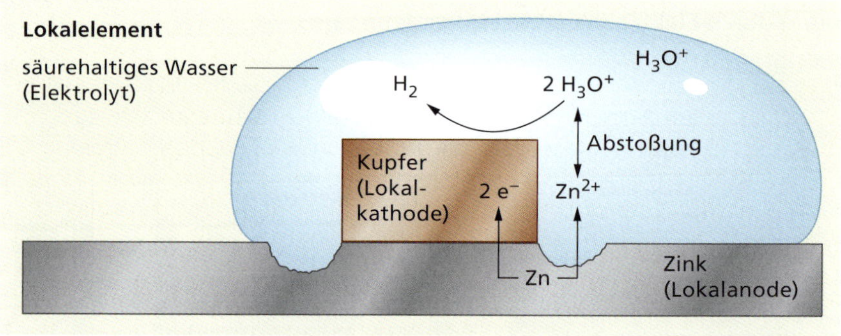

Der Begriff Korrosion (lat. *corrodere* = zernagen) wird heute auch auf nichtmetallische Werkstoffe angewendet. Häufig werden darunter auch Schädigungen durch physikalische, biologische und chemische Prozesse zusammengefasst.

Ein solches Lokalelement kann beispielsweise entstehen, wenn Zinkrohre mit Kupfer verlötet werden. Das unedlere Zink bildet die Lokalanode. Der anodische Oxidationsprozess führt dazu, dass Zink sich langsam aufzulösen beginnt. Die Elektronen fließen zum Kupfer, das als Lokalkatode fungiert. Da Kupfer ein edles Metall ist, erfolgt an der Lokalkatode als Reduktionsprozess die Abscheidung von Wasserstoff.

Lokalanode: $Zn_{(s)} \longrightarrow Zn^{2+}_{(aq)} + 2\,e^-$

Lokalkatode: $2\,H_3O^+_{(aq)} + 2\,e^- \longrightarrow H_{2(g)} + 2\,H_2O_{(l)}$

Besonders stark unterliegen Eisenwerkstoffe der Korrosion. Durch Rosten von Eisen entstehen jährlich Schäden in Milliardenhöhe. Ca. 30 % der Stahlproduktion wird dafür benötigt, Korrosionsschäden zu ersetzen. Ursachen der Rostbildung sind Redoxreaktionen mit Sauerstoff, Wasser, Säuren oder die Bildung von Lokalelementen mit Verunreinigungen des Eisens.
Die elektrochemischen Vorgänge beim **Rosten** sind sehr komplex. Stark vereinfacht laufen folgende Prozesse ab:

Anode: $Fe_{(s)} \longrightarrow Fe^{2+}_{(aq)} + 2\,e^-$

Katode: $\frac{1}{2}\,O_{2(g)} + H_2O_{(l)} + 2\,e^- \longrightarrow 2\,OH^-_{(aq)}$

In einer Folgereaktion wird schwer lösliches Eisen(II)-hydroxid gebildet, das mit weiterem Sauerstoff zu dem umgangssprachlich als Rost bezeichneten Eisen(III)-oxidhydroxid oxidiert wird.

$$Fe^{2+}_{(aq)} + 2\,OH^-_{(aq)} \longrightarrow Fe(OH)_{2(s)}$$
$$2\,Fe(OH)_{2(s)} + \tfrac{1}{2}\,O_{2(g)} \longrightarrow 2\,FeO(OH)_{(s)} + H_2O_{(l)}$$

Die Geschwindigkeit des Rostens hängt von den äußeren Bedingungen in der Umwelt, z. B. saurer Regen (↗ S. 338), ab.

An trockener Luft oxidert reines Eisen nur sehr langsam. Roheisen, das Verunreinigungen edlerer Metalle enthält, rostet viel schneller, weil sich Lokalelemente herausbilden, an denen das unedle Eisen oxidiert wird. Die Luftfeuchte und der Säuregehalt des Elektrolyten beschleunigen die Rostbildung ebenfalls.

Im Gegensatz zu anderen Oxidschichten haftet Rost nicht fest an der Oberfläche, sodass die Korrosion immer weiter fortschreiten kann.

Korrosionsschutz

Angesichts der immensen Schäden durch elektrochemische Korrosion von Metallen, insbesondere von Eisenteilen, hat der **Korrosionsschutz** eine enorme volkswirtschaftliche Bedeutung.

Beim passiven Korrosionsschutz versucht man, durch zusätzlich aufgebrachte Lack- oder Kunststoffüberzüge bzw. andere Beschichtungen das Metall vor dem Angriff von Oxidationsmitteln zu schützen.

Beim aktiven Korrosionsschutz wird die Korrosion dadurch verhindert, dass anstelle der anodischen Oxidation des zu schützenden Metalls Oxidationsprozesse von anderen Metallen ermöglicht bzw. gefördert werden.

Die Vermeidung der **Korrosion** beginnt bei der Auswahl korrosionsbeständiger Werkstoffe, z. B. Messing oder Edelstahl, die durch ihre Zusammensetzung sehr korrosionsbeständig sind.

passiver Korrosionsschutz	aktiver Korrosionsschutz
Passivierung durch fest haftende Metalloxidschichten, z. B. bei Zink, Aluminium, Nickel	Schutz durch Verbindung des unedlen Metalls mit noch unedleren Opferanoden, z. B. Magnesium bei Schiffskörpern
Emaillieren oder Feuerverzinken	elektrolytische Abscheidung von unedleren Metallen, z. B. Verzinken von Eisen (Galvanisieren)
Erzeugen fest haftender Polymer- oder Phosphatschichten, z. B. Eisenphosphat	Schalten des zu schützenden Metalls als Katode mit einer inerten Anode, z. B. Kohle, durch Anlegen einer Gleichspannung
Aufbringen organischer Lacke, z. B. Öl-, Nitro- oder Alkydharzfarben	Legierungen, die die Bildung einer dichten, korrosionsbeständigen Oxidschicht fördern, z. B. Edelstahl

Eine der wichtigsten Methoden ist das **Galvanisieren,** bei dem elektrolytisch unedle Metalle wie Zn oder Cr, z.B. auf Stahl, abgeschieden werden.

Die Korrosion von Metallen kann durch Aufbringen korrosionsbeständiger Oberflächenschichten auf das zu schützende Metall verlangsamt werden. Auch durch Legierungsbildung oder durch Opferanoden lassen sich Metalle effektiv vor Korrosion schützen.

Auf ähnliche Weise werden kleinere **Akkumulatoren** für Smartphones, Notebooks usw. mit speziellen Ladegeräten an der Steckdose aufgeladen.

Die **Elektrotauchlackierung** von Metallteilen kommt z. B. bei Autokarosserien zum Einsatz.

In Elektrolysezellen sind die Vorzeichen von Katode und Anode anders als in den galvanischen Zellen. Hier ist die Katode negativ geladen und die Anode positiv geladen. In diesen Elektrolysezellen wandern somit die Kationen zur Katode und die Anionen zur Anode.

Elektrolytische Prozesse

Elektrolytische Prozesse sind elektrochemische Reaktionen, bei denen nicht freiwillig ablaufende Stoffumwandlungen durch Anlegen einer äußeren Spannung erzwungen werden. Dabei wird elektrische Energie in chemische Energie umgewandelt. Es handelt sich um die Umkehrung der entsprechenden galvanischen Reaktion.

Elektrolytische Verfahren finden vielfältige Anwendungen im Alltag sowie in Wissenschaft und Technik.
Im Alltag lädt die Lichtmaschine des Autos während der Fahrt den Bleiakkumulator (↗ S. 143) auf. Sie wandelt mechanische Energie in elektrische Energie um und leitet sie an den Akku weiter. Dort wird durch Umkehrung der galvanischen Reaktion wieder chemische Energie gespeichert.
Industriell sind vor allem elektrolytische Synthesen oder großtechnische Reinigungsverfahren von Metallen von Bedeutung. Auf diese Weise werden Stoffe gewonnen, die durch chemische Reduktionsmittel bzw. Oxidationsmittel nur mit extrem hohem Aufwand herstellbar sind (↗ Tab. unten).
Das Galvanisieren ist trotz seines Namens ein elektrolytisches Verfahren zum Korrosionsschutz. Dabei werden metallische Überzüge auf anderen Werkstoffen elektrolytisch abgeschieden. Die fest haftende Schutzschicht aus Chrom, Zinn oder Zink schützt das darunter liegende Metall vor dem Zutritt von Luft und Feuchtigkeit.

Anwendung	Prinzip	Beispiele
Aufladen von Akkumulatoren	Umkehrung der galvanischen Reaktion durch Zufuhr von elektrischer Energie	– Bleiakkumulator – Nickel-Metallhydrid und Lithium-Ionen-Akkumulator
technische Synthesen von Elementen und Verbindungen	Zersetzung von Ionenverbindungen durch Zufuhr elektrischer Energie in Elementsubstanzen oder Umwandlung in andere Verbindungen	– Chloralkali-Elektrolyse zur Herstellung von Chlor und Natronlauge – Kupferraffination – Elektrolyse zur Gewinnung von Aluminium
Korrosionsschutz durch Elektrolyse	Aufbringen einer meist metallischen Schutzschicht auf einem Werkstück	– Galvanisieren – Elektrotauchlackierung – Eloxal-Verfahren
elektrolytische Analyseverfahren	Messen der Ladungsmenge und der Masse von elektrolytisch abgeschiedenen Stoffen zur quantitativen Analyse mithilfe der faradayschen Gesetze	– Elektrogravimetrie – Coulometrie

3.2.4 Säure-Base-Reaktionen – Reaktionen mit Protonenübergang

Säuren sind nach BRÖNSTED Protonendonatoren, d.h. Teilchen, die Protonen abgeben. Basen sind nach BRÖNSTED Protonenakzeptoren, d.h. Teilchen, die Protonen aufnehmen.

Säuren geben Protonen ab, Basen nehmen Protonen auf. Durch Abgabe eines Protons entsteht aus einer Säure die **korrespondierende Base.** Aus einer Base entsteht durch Aufnahme eines Protons die **korrespondierende Säure.**

korrespondierend (HCl → Cl^-)

$$HCl + H_2O \rightleftharpoons Cl^- + H_3O^+$$

korrespondierend (H_2O → H_3O^+)

Ein **korrespondierendes Säure-Base-Paar** besteht immer aus der protonenreicheren Form und der protonenärmeren Form der gleichen Grundverbindung.

Bei der Reaktion von Ammoniak mit Wasser wirken Wassermoleküle als Protonendonatoren. Bei der Rückreaktion fungieren Hydroxid-Ionen als dazu korrespondierende Protonenakzeptoren. Somit bilden auch H_2O und OH^- ein korrespondierendes Säure-Base-Paar.

H^+ (Hinreaktion)				H^+ (Rückreaktion)		
H_2O	+	NH_3	$\rightleftharpoons$	OH^-	+	NH_4^+
Säure (1)	+	Base (2)	$\rightleftharpoons$	Base (1)	+	Säure (2)

Bei all diesen **Säure-Base-Reaktionen** handelt es sich um **Reaktionen mit Protonenübergang (Protolysen).** Dabei stehen zwei korrespondierende Säure-Base-Paare miteinander im Gleichgewicht. Dieses beruht auf der Übertragung eines Protons von einer Säure auf eine andere Base.

Proton (Säure (1) → Base (2)) *Proton* (Säure (2) → Base (1))

Säure (1) + Base (2) $\rightleftharpoons$ Base (1) + Säure (2)

Säure-Base-Reaktionen sind Reaktionen, die unter Protonenübertragung verlaufen. An jeder Säure-Base-Reaktion sind zwei korrespondierende Säure-Base-Paare beteiligt.

Teilchen, die sowohl Protonen abgeben als auch anlagern können, nennt man **Ampholyte.** Ob sie als Säure oder als Base reagieren, hängt vom jeweiligen Reaktionspartner ab (↗ S. 178).

korrespondierende Säure-Base-Paare

Säure	Base
H_2SO_4	HSO_4^-
HCl	Cl^-
H_3O^+	H_2O
HNO_3	NO_3^-
H_2CO_3	HCO_3^-
NH_4^+	NH_3
HCO_3^-	CO_3^{2-}
H_2O	OH^-

Der **pH-Wert** (↗ S. 105) ist ein Maß für die Konzentration der Hydronium-Ionen (H_3O^+) in einer wässrigen Lösung.

Die **Autoprotolyse** ist eine Reaktion mit Protonenübergang zwischen zwei gleichen Molekülen, z.B. zwei Wasser- oder zwei Ammoniakmolekülen.

Neutralisationsreaktionen

Neutralisationsreaktionen spielen eine wichtige Rolle z. B. in Kläranlagen und bei der Kalkung von Böden in der Landwirtschaft.

Gibt man tropfenweise Natronlauge zu einer sauren Lösung, dann erwärmt sich die Lösung. Bei der **exothermen Reaktion** reagieren die Hydronium-Ionen der Säurelösung mit den Hydroxid-Ionen der basischen Lösung zu Wassermolekülen.

$$\underset{\text{Säure}}{H_3O^+} + \underset{\text{Base}}{OH^-} \rightleftharpoons \underset{\text{Wasser}}{2\,H_2O}$$

Wenn die Stoffmenge der zugefügten Hydroxid-Ionen gleich der Stoffmenge der ursprünglich enthaltenen Hydronium-Ionen ist, dann ist die erhaltene Lösung neutral. Aus diesem Grund bezeichnet man solche Säure-Base-Reaktionen als **Neutralisation.**
Die Natrium-Ionen und die Säurerest-Ionen verbleiben in der Lösung. Beim Eindampfen dieser Salzlösung bilden sich Salzkristalle.
Auf ähnliche Wiese verlaufen viele Säure-Base-Reaktionen in wässriger Lösung. Als Reaktionsprodukte der Neutralisation entstehen immer Wasser und ein Salz. Deshalb gehört die Neutralisation zu den **Salzbildungsreaktionen** (↗ S. 98).

Die Reaktionsgleichungen für **Neutralisationsreaktionen** werden als einfache Formelgleichungen oder in Ionenschreibweise angegeben.

$$HCl + NaOH \rightleftharpoons NaCl + H_2O$$

$$H_3O^+ + Cl^- + Na^+ + OH^- \rightleftharpoons Na^+ + Cl^- + 2\,H_2O$$

> Neutralisationsreaktionen sind spezielle Säure-Base-Reaktionen, bei denen Hydronium-Ionen und Hydroxid-Ionen zu Wassermolekülen zusammentreten. Als zweites Reaktionsprodukt der exothermen Reaktion entsteht ein Salz.

Neutralisation der Salzsäure durch Natriumhydroxidlösung

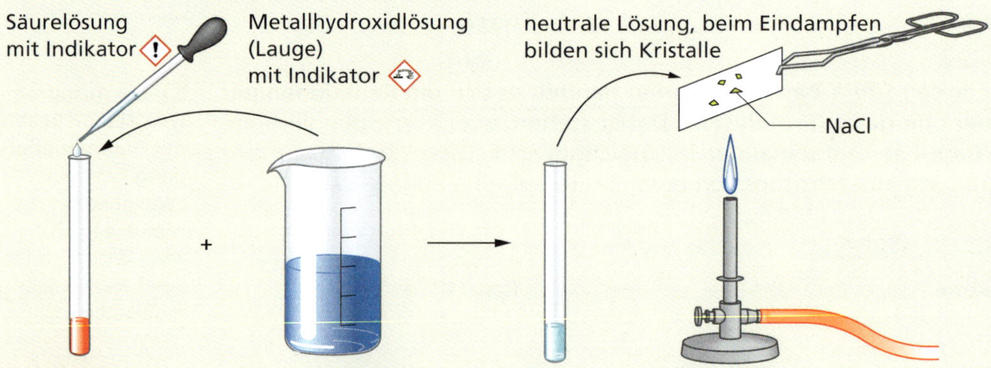

$$H_3O^+_{(aq)} + Cl^-_{(aq)} + Na^+_{(aq)} + OH^-_{(aq)} \longrightarrow Na^+_{(aq)} + Cl^-_{(aq)} + 2\,H_2O \qquad \Delta Q = -n\,\text{kJ} \cdot \text{mol}^{-1}$$

3.2.5 Fällungsreaktionen

Fällungsreaktionen sind Reaktionen, bei denen aus Lösungen frei beweglicher Ionen ein Feststoff ausfällt. Die **Löslichkeit des Feststoffs** im Lösungsmittel wird dabei überschritten.

Fällungsreaktionen werden u. a. zum Nachweis von Stoffen genutzt (↗ S. 348).

Unter der Löslichkeit eines Stoffs in einem Lösungsmittel versteht man die maximale Menge an Substanz, die das Lösungsmittel bei einer bestimmten Temperatur aufnehmen kann.

Löslichkeit verschiedener Stoffe (in 100 g Wasser bei 20 °C):
- Natriumchlorid NaCl: 35,9 g
- Silbernitrat $AgNO_3$: 215,5 g
- Silberchlorid AgCl: 0,00015 g

Salze lösen sich unter Dissoziation in Wasser. Werden Natriumchlorid und Silbernitrat in unterschiedlichen Gefäßen in Wasser gelöst, so dissoziieren diese Salze. In der Lösung liegen die entsprechenden Ionen vor.

Dissoziation von Natriumchlorid und Silbernitrat

$$NaCl \longrightarrow Na^+ + Cl^-$$
$$AgNO_3 \longrightarrow Ag^+ + NO_3^-$$

Vermischt man nun die beiden Salzlösungen, so bildet sich ein Niederschlag (Feststoff) aus schwer löslichem Silberchlorid, der sich am Boden absetzt.

Die Natrium-Ionen und die Nitrat-Ionen beteiligen sich nicht an der Reaktion, sie liegen unverändert frei beweglich vor. Die Fällungsreaktion kann mit einer Gleichung in Ionenschreibweise dargestellt werden. Durch einen nach unten gerichteten Pfeil hinter dem schwerlöslichen Stoff wird das Ausfällen gekennzeichnet.

Reaktion von Natriumchloridlösung mit Silbernitratlösung

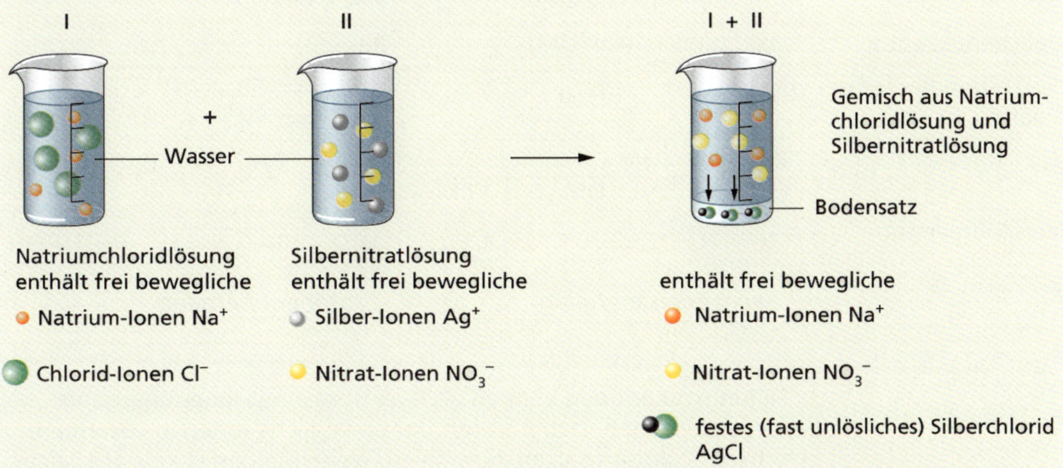

$$Na^+ + Cl^- \quad + \quad Ag^+ + NO_3^- \rightleftharpoons Na^+ + NO_3^- + AgCl\downarrow$$

vereinfachte Ionengleichung:

$$Cl^- \quad + \quad Ag^+ \rightleftharpoons AgCl\downarrow$$

Arten chemischer Reaktionen

- **Redoxreaktionen** sind Reaktionen mit Elektronenübergang, bei denen die Teilreaktionen Oxidation und Reduktion miteinander gekoppelt ablaufen. Die bei der Oxidation abgegebenen Elektronen werden bei der Reduktion aufgenommen.

- **Elektrochemische Reaktionen** sind Redoxreaktionen, bei denen chemische in elektrische Energie (galvanische Prozesse) oder elektrische in chemische Energie (elektrolytische Prozesse) umgewandelt wird.

Redoxreaktionen

- **elektrochemische Reaktionen**
  - **galvanische Reaktionen**
    - Umwandlung chemischer Energie in elektrische Energie
  - **Elektrolysen**
    - Umwandlung elektrischer Energie in chemische Energie
- **Verbrennungsreaktionen**
  - exotherme Reaktion von Stoffen mit Sauerstoff
- **weitere Reaktionen**
  - viele Elektronenübertragungsreaktionen z. B. mit Wasserstoff oder Halogenen

- **Säure-Base-Reaktionen** sind Reaktionen mit Protonenübergang. Dabei fungieren Säuren als Protonendonatoren, die Wasserstoff-Ionen an Basen (Protonenakzeptoren) abgeben.

Vergleich von Redoxreaktionen und Säure-Base-Reaktionen

	Redoxreaktionen	Säure-Base-Reaktionen
übertragene Teilchen	Elektronen	Protonen
Teilchendonator	Reduktionsmittel (RM)	Säure (S)
Teilchenakzeptor	Oxidationsmittel (OM)	Base (B)
korrespondierende Paare	$RM_{(1)} \rightleftharpoons OM_{(1)} + e^-$	$S_{(1)} \rightleftharpoons B_{(1)} + H^+$ oder $HA \rightleftharpoons A^- + H^+$
Gleichgewicht	$RM_{(1)} + OM_{(2)} \rightleftharpoons OM_{(1)} + RM_{(2)}$	$S_{(1)} + B_{(2)} \rightleftharpoons B_{(1)} + S_{(2)}$
Beispielreaktion	$Fe + Cu^{2+} \rightleftharpoons Fe^{2+} + Cu$ *Elektronenübergang*	$H_2O + NH_3 \rightleftharpoons NH_4^+ + OH^-$ *Protonenübergang*

- **Fällungsrekationen** können als Reaktionen mit Ionenübergang betrachtet werden. Dabei treten frei bewegliche Ionen in Lösungen zu schwer löslichen Salzen zusammen, wenn die Löslichkeit des Salzes unter den gegebenen Bedingungen überschritten wird.

Chemisches Rechnen

4

4.1 Stoffproben kennzeichnende Größen

Atom- und Molekülmasse

Absolute und relative Atommasse

Die **absoluten Massen der einzelnen Atome** von Stoffproben sind sehr, sehr klein und liegen im Bereich von 10^{-24} bis 10^{-22} g.
Um das chemische Rechnen mit solch kleinen Zahlenwerten zu vermeiden, hat man eine atomare Masseneinheit eingeführt und vergleicht die absoluten Atommassen mit dieser Masseneinheit.

▶ Die atomare Masseneinheit ist eine willkürliche Festlegung. Die Bezeichnung „*u*" kommt aus dem Englischen von „*unit*" für Einheit.

> Die **atomare Masseneinheit 1 *u*** entspricht einem Zwölftel der Masse eines Kohlenstoffatoms, $^{12}_{6}C$.
>
> $$\frac{m_{\text{Kohlenstoffatom}}}{12} = \frac{0{,}000\,000\,000\,000\,000\,000\,000\,019\,932\text{ g}}{12} = u$$
>
> $$= 0{,}000\,000\,000\,000\,000\,000\,000\,001\,661\text{ g}$$
> $$= 1{,}661 \cdot 10^{-24}\text{ g}$$

▶ Die relative Atommasse kann aus dem Periodensystem der Elemente (↗ S. 366) abgelesen werden.

> Die **relative Atommasse** gibt an, wie viel mal größer die Masse eines Atoms als die atomare Masseneinheit ist.
>
> Formelzeichen: A_r
> Einheit: 1 (Verhältniszahl)

16	32,06
S	

Schwefel hat eine relative Atommasse von 32,06. Die Masse eines Schwefelatoms entspricht demnach etwa dem Zweiunddreißigfachen der atomaren Masseneinheit. Die relativen Atommassen der anderen Elemente liegen zwischen 1 (Wasserstoff) und 294 (Organesson).

Berechnung der relativen Atommasse A_r

relative Atommasse = $\frac{\text{absolute Masse eines Atoms}}{\text{atomare Masseneinheit}}$ $\qquad A_r = \frac{m_a}{u}$

▶ Für die Umrechnung der Einheiten gilt: 1 kg = 1 000 g

Aufgabe: Berechne die Masse eines Bleiatoms.

Analyse: Im Periodensystem der Elemente kann man die relative Atommasse von Blei ablesen und daraus die absolute Atommasse berechnen.

Gesucht: $m_{a(\text{Blei})}$

Gegeben: $A_{r(\text{Blei})} = 207{,}2 \qquad u = 1{,}661 \cdot 10^{-24}$ g

Lösung:

$$A_r = \frac{m_a}{u}$$
$$m_{a(\text{Blei})} = A_r \cdot u$$
$$m_{a(\text{Blei})} = 207{,}2 \cdot 1{,}661 \cdot 10^{-24}\text{ g}$$
$$\underline{m_{a(\text{Blei})} = 3{,}442 \cdot 10^{-22}\text{ g}}$$

Ergebnis: Ein Bleiatom hat eine Masse von $3{,}442 \cdot 10^{-22}$ g.

Relative Molekülmasse

Die atomare Masseneinheit kann auch auf Moleküle angewendet werden. Da Moleküle aus Atomen aufgebaut sind, ergibt sich die relative Molekülmasse als Summe der einzelnen relativen Atommassen.

> Die **relative Molekülmasse** ist die Summe der relativen Atommassen aller Atome, die in dem Molekül enthalten sind.
>
> Formelzeichen: M_r
> Einheit: 1 (Verhältniszahl)

Einige relative Molekülmassen können aus Stofftabellen entnommen werden. Recherchiere dazu im Internet.

Aufgabe: Berechne die relative Molekülmasse eines Schwefeldioxidmoleküls.

Analyse: Schwefeldioxid hat die Formel SO_2. Ein Schwefeldioxidmolekül besteht aus einem Schwefelatom und zwei Sauerstoffatomen. Im Periodensystem der Elemente kann man die relativen Atommassen von Schwefel und Sauerstoff ablesen.

Gesucht: $M_{r(SO_2)}$
Gegeben: $A_{r(S)} = 32{,}06$ $A_{r(O)} = 16{,}0$

Lösung: Die relative Molekülmasse ist die Summe der relativen Atommassen der Atome, die im Molekül enthalten sind.

$$M_{r(SO_2)} = A_{r(S)} + 2 \cdot A_{r(O)}$$
$$M_{r(SO_2)} = 32{,}06 + 2 \cdot 16{,}0$$
$$\underline{M_{r(SO_2)} = 64{,}06}$$

Ergebnis: Ein Schwefeldioxidmolekül hat eine relative Molekülmasse von 64,06.

Masse, Volumen und Teilchenanzahl

Masse von Stoffen

Die Menge von Stoffproben oder Stoffportionen wird im Allgemeinen mit den Größen Masse oder Volumen gekennzeichnet.

> Die **Masse** gibt an, wie schwer oder wie leicht und wie träge eine Stoffprobe oder Stoffportion ist.
>
> Formelzeichen: m
> Einheiten: ein Kilogramm (1 kg)
> ein Gramm (1 g)

Die Einheit 1 kg ist eine Basiseinheit des **Internationalen Einheitensystems.** Im Alltag sind auch veraltete Einheiten wie Pfund und Zentner gebräuchlich, die aber in der naturwissenschaftlichen Fachsprache vermieden werden:
- 1 Pfund = 500 g
- 1 Zentner = 50 kg.

Teile und Vielfache der Masseneinheiten sind ein Milligramm (1 mg) und eine Tonne (1 t). Es gelten folgende Zusammenhänge:

1 t = 1 000 kg = 1 000 000 g = 1 000 000 000 mg
1 kg = 1 000 g = 1 000 000 mg
1 g = 1 000 mg

4

Volumen von Stoffen

> Das **Volumen** gibt an, wie viel Raum eine Stoffprobe oder Stoffportion einnimmt.
>
> Formelzeichen: V
> Einheiten: ein Kubikmeter (1 m^3)
> ein Liter (1 l)

▶ Zwischen den Einheiten gelten folgende Beziehungen:

1 m^3 = 1000 l
1 dm^3 = 1 l
1 cm^3 = 1 ml

Beziehungen zwischen den Volumeneinheiten

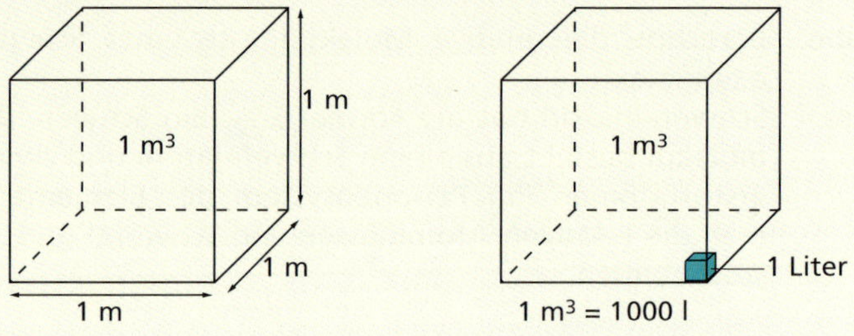

▶ Der Rauminhalt von Schiffen wird in Bruttoregistertonnen (BRT) angegeben. Eine Registertonne entspricht 2,832 m^3. Das Volumen von Erdöl wird häufig in der Einheit *„barrel"* angegeben. Ein Barrel entspricht 158,758 l.

Teile der Volumeneinheit 1 m^3 sind Kubikdezimeter (1 dm^3) und Kubikmillimeter (1 mm^3). Es gelten folgende Zusammenhänge:

1 m^3 = 1 000 dm^3 = 1 000 000 cm^3 = 1 000 000 000 mm^3
1 dm^3 = 1 000 cm^3 = 1 000 000 mm^3
1 cm^3 = 1 000 mm^3

Teile und Vielfache der Volumeneinheit 1 l sind ein Milliliter (1 ml) und ein Hektoliter (1 hl). Es gelten folgende Zusammenhänge:

1 l = 1 000 ml
1 hl = 100 l

Anzahl der Teilchen

Eine Stoffprobe beinhaltet eine bestimmte Anzahl von Teilchen. Somit kann die Menge einer Stoffprobe oder Stoffportion auch durch die Teilchenanzahl oder die Stoffmenge gekennzeichnet werden.

> Die **Teilchenanzahl** gibt an, wie viele Teilchen in einer Stoffprobe oder Stoffportion vorhanden sind.
>
> Formelzeichen: N

Da jedes Teilchen eines Stoffs eine ganz bestimmte Masse hat, sind umso mehr Teilchen in einer Stoffportion vorhanden, je größer die Masse ist. Es gilt folgender Zusammenhang:

Teilchenanzahl und Masse einer Stoffportion

Die Teilchenzahl ist proportional zur Masse: $N \sim m$

Stoffmenge

Selbst kleine Portionen chemischer Stoffe wie 1 g Natriumchlorid enthalten eine riesige Anzahl von Teilchen. Zur Vereinfachung von Berechnungen führte man darum eine neue physikalische Grundgröße ein, die **Stoffmenge *n***. Als Einheit der Stoffmenge wurde die Anzahl von 602 200 000 000 000 000 000 000 = $6{,}022 \cdot 10^{23}$ Teilchen = 1 mol festgelegt. Diese Anzahl von Teilchen, die in einem Mol eines Stoffs enthalten sind, wird durch die **Avogadro-Konstante N_A** angegeben.

▶ Die Avogadro-Konstante ist nach dem italienischen Physiker und Chemiker **AMEDEO AVOGADRO** (1776–1856) benannt.

▶ Die Einheit 1 mol ist seit 1971 eine Basiseinheit des **Internationalen Einheitensystems.**

Die Stoffmenge gibt an, wie viele Teilchen eines Stoffs in einer Stoffprobe oder Stoffportion vorliegen.

Formelzeichen: n
Einheit: ein Mol (1 mol)

Die Teilchenanzahl, die ein Mol eines jeden Stoffs enthält, beträgt:
$N_A = 6{,}022 \cdot 10^{23}\ \text{mol}^{-1}$ (Avogadro-Konstante).

Die Teilchenanzahl in einer Stoffportion ist umso größer, je größer die Stoffmenge des Stoffs ist. Der Quotient aus Teilchenanzahl und Stoffmenge ist konstant und entspricht der Avogadro-Konstante.

▶ Stoffproben bestehen aus einer unvorstellbar großen Anzahl von Teilchen.

Stoffprobe Kupfer:
$m = 40$ g
$V = 4{,}46\ \text{cm}^3$
$N_{Cu} = 3{,}79 \cdot 10^{23}$
$n = 0{,}629$ mol

Zusammenhang zwischen Teilchenanzahl *N* und Stoffmenge *n*

$N \sim n$	oder	$\frac{N}{n} = \text{konstant}$
$N = N_A \cdot n$	oder	$\frac{N}{n} = N_A$ oder $n = \frac{N}{N_A}$

Aufgabe: Berechne, aus wie vielen Teilchen (Molekülen) eine Stoffprobe von 10 g Wasser besteht.

Analyse: Die Stoffmenge an Wasser ergibt sich aus dem Quotienten aus Masse und molarer Masse. Mithilfe der Stoffmenge kann man die Teilchenanzahl berechnen.

Gesucht: N

Gegeben: $m_{H_2O} = 10\ \text{g}$; $N_A = 6{,}022 \cdot 10^{23}\ \text{mol}^{-1}$; $M_{H_2O} = 18\ \text{g/mol}$

Lösung:

$$N_{H_2O} = N_A \cdot n \qquad n = \frac{m}{M}$$

$$N_{H_2O} = N_A \cdot \frac{m_{H_2O}}{M_{H_2O}} \qquad N_{H_2O} = \frac{6{,}022 \cdot 10^{23} \cdot 10\ \text{g} \cdot \text{mol}}{18\ \text{g} \cdot \text{mol}}$$

$$\underline{N_{H_2O} = 3{,}35 \cdot 10^{23}}$$

Ergebnis: 10 g Wasser enthalten $3{,}35 \cdot 10^{23}$ Wassermoleküle.

▶ Die **molaren Massen** und die **Avogadro-Konstante** kann man Stofftabellen oder Tafelwerken entnehmen.

Stoffproben können durch die Größen Masse, Volumen, Teilchenanzahl und Stoffmenge gekennzeichnet werden.

4.2 Stoff kennzeichnende Größen

Dichte von Stoffen

▶ In der Chemie wird die Dichte von Gasen meist in Gramm je Liter angegeben. Es gilt:

$1\,\frac{g}{l} = 1\,\frac{kg}{m^3}$

Die **Dichte** gibt an, welche Masse jeder Kubikzentimeter Volumen eines Stoffs hat.

Formelzeichen: ϱ (griechischer Buchstabe rho)
Einheiten: ein Gramm je Kubikzentimeter ($1\,\frac{g}{cm^3}$; g/cm^3)
ein Kilogramm je Kubikmeter ($1\,\frac{kg}{m^3}$; kg/m^3)

Ein Stoff hat eine Dichte von 1 g/cm^3, wenn jeder Kubikzentimeter dieses Stoffs eine Masse von 1 g besitzt.
Für die Einheiten gilt:

$1\ g/cm^3 = 1\ kg/dm^3 = 1\,000\ kg/m^3$
$1\ kg/m^3 = 0{,}001\ kg/dm^3 = 0{,}001\ g/cm^3$

▶ Die **Dichte von Stoffen** findet man in Stofftabellen. Recherchiere dazu im Internet.

Jeder Stoff hat bei einer bestimmten Temperatur und einem bestimmten Druck eine bestimmte Dichte.

Berechnung der Dichte

$$\text{Dichte} = \frac{\text{Masse}}{\text{Volumen}} \qquad \varrho = \frac{m}{V}$$

Mit Veränderung der Temperatur ändert sich das Volumen vieler Stoffe merklich und damit auch ihre Dichte.
Bei Reinstoffen entspricht der ermittelte Wert für die Dichte genau der Dichte eines Stoffs. Die Dichte kennzeichnet den Stoff, aus dem dieser Körper besteht.
Bei Stoffgemischen ergibt sich die Dichte aus den nach Anteilen gewichteten Dichten der Reinstoffe, die das Stoffgemisch bilden.

Molare Masse

▶ Die **molaren Massen** kann man Tabellen und Tafelwerken entnehmen. Für Elemente sind häufig nicht die molaren Massen, sondern die relativen Atommassen in Tabellen angegeben. Dem Betrag nach entsprechen sich die Größen.

Die **molare Masse** eines Stoffs gibt an, welche Masse jedes Mol, das sind $6{,}022 \cdot 10^{23}$ Teilchen, dieses Stoffs besitzt.

Formelzeichen: M
Einheit: ein Gramm je Mol ($1\,\frac{g}{mol}$; 1 g/mol)

Da die Massen der Teilchen der Stoffe unterschiedlich sind, besitzen verschiedene Stoffe auch unterschiedliche molare Massen. Aufgrund des proportionalen Zusammenhangs zwischen der Masse und der Stoffmenge einer Stoffprobe kann man die molare Masse berechnen.

Berechnung der molaren Masse

$$\text{molare Masse} = \frac{\text{Masse der Stoffprobe}}{\text{Stoffmenge der Stoffprobe}} \qquad M = \frac{m}{n}$$

Aufgabe: Berechne die molare Masse von Zinkchlorid.
Analyse: Die molare Masse von Zinkchlorid ergibt sich aus den molaren Massen der Zink-Ionen und der Chlorid-Ionen. Aus der Formel der Verbindung $ZnCl_2$ folgt, dass 1 mol des Salzes 1 mol Zink-Ionen und 2 mol Chlorid-Ionen enthält.

Gesucht: M_{ZnCl_2}
Gegeben: $M_{Zn} = 65{,}38$ g/mol $\quad M_{Cl} = 35{,}45$ g/mol

Lösung:
$M_{ZnCl_2} = M_{Zn} + 2 \cdot M_{Cl}$
$M_{ZnCl_2} = 65{,}38 \text{ g/mol} + 2 \cdot 35{,}45 \text{ g/mol}$
$\underline{M_{ZnCl_2} = 136{,}28 \text{ g/mol}}$

Ergebnis: Die molare Masse von Zinkchlorid beträgt 136,28 g/mol.

Die Beträge der molaren Massen von Zink- und Chlorid-Ionen stimmen mit den Beträgen der relativen Atommassen von Zink- und Chloratomen überein.

17 35,45
Cl

$M_{Cl} = 35{,}45$ g/mol

30 65,38
Zn

$M_{Zn} = 65{,}38$ g/mol

Molares Volumen

Das **molare Volumen** eines Stoffs gibt an, welches Volumen ein Mol, das sind $6{,}022 \cdot 10^{23}$ Teilchen, dieses Stoffs besitzt.

Formelzeichen: V_m
Einheit: ein Liter je Mol ($1 \frac{\text{l}}{\text{mol}}$; 1 l/mol)

Für Gase gilt das **Gesetz von AVOGADRO.**

Das Gesetz von AVOGADRO besagt, dass gleiche Volumina gasförmiger Stoffe bei gleichem Druck und gleicher Temperatur gleich viele Teilchen enthalten.

Verhältins von Teilchenanzahl und Volumen bei Gasen

22,4 l Wasserstoff

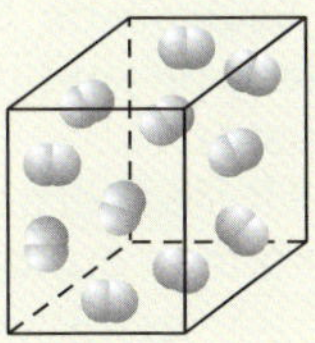

$6{,}022 \cdot 10^{23}$ Teilchen (Wasserstoffmoleküle) ≙ 2,0 g

22,4 l Neon

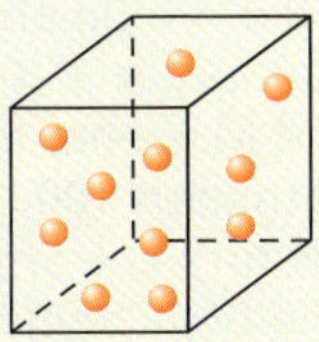

$6{,}022 \cdot 10^{23}$ Teilchen (Neonatome) ≙ 20,2 g

22,4 l Kohlenstoffdioxid

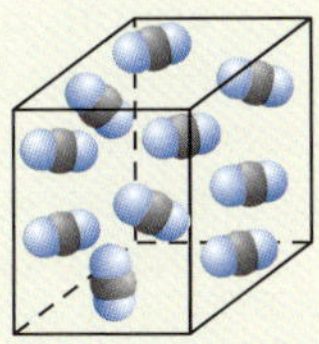

$6{,}022 \cdot 10^{23}$ Teilchen (Kohlenstoffdioxidmoleküle) ≙ 44,0 g

Das **molare Volumen** aller idealen Gase beträgt unabhängig von ihrer Zusammensetzung bei 0 °C und 101,3 kPa etwa 22,4 l/mol.

$V_m = 22{,}4$ l/mol

Bei einem Druck von 101,3 kPa und einer Temperatur von 0 °C sind das $6{,}022 \cdot 10^{23}$ Gasteilchen. Diese nehmen ein Volumen von 22,4 l ein.

Berechnung des molaren Volumens

$$\text{molares Volumen} = \frac{\text{Volumen der Stoffprobe}}{\text{Stoffmenge der Stoffprobe}} \qquad V_m = \frac{V}{n}$$

4

4.3 Zusammensetzungsgrößen

In der Chemie und im Alltag haben wir es häufig mit Gemischen aus mehreren Stoffen zu tun. Die Eigenschaften der Stoffgemische werden durch ihre Zusammensetzung beeinflusst.

Aus den verschiedenen Zusammensetzungsgrößen können mithilfe der molaren Größen wieder die **Stoffmengen** berechnet werden.

Steinkohle enthält mehr Kohlenstoff und weniger Wasser als Braunkohle und hat deshalb einen höheren Heizwert.
Je höher die Konzentration der Hydroxid-Ionen in der wässrigen Lösungen ist, umso stärker ist die ätzende Wirkung der Laugen.
Die Wärmekapazität von Luft und damit der Treibhauseffekt der Atmosphäre hängen davon ab, wie viel Kohlenstoffdioxid, Wasser und andere Treibhausgase die Luft enthält.

Die Zusammensetzung von Stoffgemischen wird durch verschiedene **Zusammensetzungsgrößen** angegeben. Dabei benutzt man für Feststoffe und Gasgemische meist Anteilsgrößen, da die Masse von Feststoffen und der Druck oder das Volumen von Gasen sehr einfach gemessen werden können.

Größe	Berechnung	Beispiele
Massenanteil ω_i	$\omega_i = \frac{m_i}{m_{gesamt}}$	Der Massenanteil an Natriumchlorid in einem Gemisch aus 10 g NaCl und 90 g $PbCl_2$ beträgt 0,1 bzw. 10 Gew.-%.
Stoffmengenanteil x_i	$x_i = \frac{n_i}{n_{gesamt}}$	Der Stoffmengenanteil an Natriumchlorid in diesem Gemisch (0,171 mol NaCl und 0,324 mol $PbCl_2$) beträgt 0,35 bzw. 35 mol-%.
Volumenanteil φ_i	$\varphi_i = \frac{V_i}{V_{gesamt}}$	Der Volumenanteil von Stickstoff in einem Gemisch aus 7,9 l Stickstoff und 2,1 l Sauerstoff beträgt 0,79 oder 79 Vol.-%.

Aufgabe: In einem idealen Gasgemisch von Stickstoff und Sauerstoff beträgt der Volumenanteil des Sauerstoffs bei Normbedingungen φ_{O_2} = 21,0 Vol.-%. Wie groß sind der Stoffmengen- und Massenanteil von Sauerstoff?

Analyse: Bei $\varphi_{O_2} = 0{,}21$ enthalten 100 Liter Gas 21 Liter Sauerstoff und 79 Liter Stickstoff. Die Stoffmengen können aus den molaren Volumina berechnet werden.
Aus den Stoffmengen erhält man die Massen mithilfe der molaren Massen von Sauerstoff und Stickstoff.

Die Summe der Anteile *aller Bestandteile* in einem Stoffgemisch ergibt 100 % oder 1 (einheitenlos).

Gesucht: x_{O_2} und ω_{O_2}

Gegeben: $V_{O_2} = 21\ l$ $\quad V_{N_2} = 79\ l$
$M_{O_2} = 32\ g/mol$ $\quad M_{N_2} = 28\ g/mol$
$V_m = 22{,}4\ l/mol$

Lösung: $n_{O_2} = \frac{V_{O_2}}{V_m}$ $\quad n_{N_2} = \frac{V_{N_2}}{V_m}$

$n_{O_2} = 0{,}937\ mol$ $\quad n_{N_2} = 3{,}53\ mol$

$m_{O_2} = M_{O_2} \cdot n_{O_2}$ $\quad$ $m_{N_2} = M_{N_2} \cdot n_{N_2}$

$m_{O_2} = 30{,}0\ g$ $\quad$ $m_{N_2} = 98{,}75\ g$

$$x_{O_2} = \frac{0{,}937\ mol}{(0{,}937 + 3{,}53)\ mol} = \underline{0{,}21}$$

$$\omega_{O_2} = \frac{30{,}0\ g}{(30{,}0 + 98{,}75)\ g} = \underline{0{,}233}$$

Ergebnis: Der Stoffmengenanteil x_{O_2} des idealen Gasgemischs beträgt 21,0 mol-% und ist gleich dem Volumenanteil. Der Massenanteil des Sauerstoffs, ω_{O_2} = 23,3 Gew.-%, ist größer als der Stoffmengenanteil.

Wenn Chemiker von der Konzentration einer Lösung sprechen, ist damit fast immer die Stoffmengenkonzentration gemeint.

Für Lösungen ist die gebräuchlichste Zusammensetzungsgröße die **Stoffmengenkonzentration c_i**, weil aus dieser Größe die Stoffmenge eines gelösten Stoffs direkt aus dem Volumen der Lösung ermittelt werden kann. Der Gehalt des gelösten Stoffs kann aber auch als **Massenanteil** ω_i oder als **Massenkonzentration β_i** angegeben werden.

Größe	Berechnung	Beispiele
Stoffmengen-konzentration c_i	$c_i = \frac{n_i}{V_{Lösung}}$	Eine Natronlauge einer Konzentration von 2 mol/l enthält 0,2 mol NaOH in 100 ml Lösung.
Massen-konzentration β_i	$\beta_i = \frac{m_i}{V_{Lösung}}$	Dies entspricht einer Massenkonzentration von 80 g NaOH pro Liter Natronlauge.
Massenanteil ω_i	$\omega_i = \frac{m_i}{m_{Lösung}}$	Der Massenanteil von NaOH beträgt 7,4 Gew.-% bei einer Dichte der Lösung von ϱ = 1,079 g/cm³.

Aufgabe: Für eine Titration werden 100 ml einer Natronlauge mit einer Konzentration von c_{NaOH} = 0,1 mol/l benötigt. Beschreibe, wie diese Lösung hergestellt wird.

Analyse: Aus der Stoffmengenkonzentration und dem Volumen der Lösung ergibt sich die benötigte Stoffmenge an festem Natriumhydroxid. Daraus kann mithilfe der molaren Masse die Einwaage an Natriumhydroxid berechnet werden. Beide Gleichungen werden nach der Stoffmenge umgestellt und gleichgesetzt.

Die Masse einer Lösung ergibt sich aus der Summe der Massen des gelösten Stoffs und des Lösungsmittels. Das Volumen einer Lösung ist jedoch nicht identisch mit der Summe der Volumina ihrer Bestandteile. Deshalb ist bei vielen Rechnungen die Dichte der Lösungen zu berücksichtigen.

Gesucht: m_{NaOH}

Gegeben: c_{NaOH} = 0,1 mol/l

$V_{Lösung}$ = 100 ml $\quad$ M_{NaOH} = 40,0 g/mol

Lösung: $n_{NaOH} = c_{NaOH} \cdot V_{NaOH}$ und $n_{NaOH} = \frac{m_{NaOH}}{M_{NaOH}}$

$m_{NaOH} = M_{NaOH} \cdot c_{NaOH} \cdot V_{NaOH}$

$m_{NaOH} = 40{,}0\ g/mol \cdot 0{,}1\ mol/l \cdot 0{,}1\ l$

$\underline{m_{NaOH} = 0{,}4\ g = 400\ mg}$

Ergebnis: Um 100 ml einer Natronlauge mit c_{NaOH} = 0,1 mol/l herzustellen, müssen 400 mg festes Natriumhydroxid eingewogen werden. Diese werden in ein Glasgefäß gegeben und vorsichtig mit etwa 50 ml Wasser gelöst. Danach wird die Lösung mit Wasser auf genau 100 ml aufgefüllt.

4

Mischungsrechnen

Beim Mischen von Lösungen ist immer darauf zu achten, dass die konzentriertere Lösung zur verdünnten Lösung (erst das Wasser, dann die Säure!) gegeben wird.

Das Mischen von Lösungen unterschiedlicher Konzentrationen oder das Verdünnen hoch konzentrierter Lösungen sind alltägliche Aufgaben, sowohl in chemischen Laboren als auch in der chemischen Industrie, z. B. bei der Chloralkali-Elektrolyse (↗ S. 302).
Den Gesamtgehalt ω_i eines Stoffs in einer Mischung oder das Massenverhältnis $m_1 : m_2$, in dem die Teillösungen gemischt werden müssen, lassen sich mit der Mischungsgleichung berechnen.

Mischungsgleichung für ein Gemisch aus zwei Lösungen:

$$m_1 \cdot \omega_{1(i)} + m_2 \cdot \omega_{2(i)} = (m_1 + m_2) \cdot \omega_i$$

m_1, m_2 – Masse der Lösungen 1 und 2
$\omega_{1(i)}$, $\omega_{2(i)}$ – Massenanteile der Komponente i in den Teillösungen
ω_i – Massenanteil der Komponente i in der Mischung

Um anstelle des Massenverhältnisses der Lösungen das Volumenverhältnis zu erhalten, muss man die Massen mithilfe der Dichten in die Volumina umrechnen.

Beim **Mischungsrechnen** kann auch das Mischungskreuz benutzt werden:

$$\frac{m_1}{m_2} = \frac{\omega_i - \omega_{2(i)}}{\omega_{1(i)} - \omega_i}$$

Beide Rechenwege führen zum gleichen Ergebnis.

Aufgabe: Handelsübliche konzentrierte Salzsäure enthält 37 Gew.-% Chlorwasserstoff. Mit destilliertem Wasser soll daraus 1 kg Salzsäure mit einem Massenanteil von 5 Gew.-% hergestellt werden. Wie kann man diese 5 %ige Salzsäure herstellen?

Analyse: Die Summe der Massen Salzsäure m_1 und Wasser m_2 beträgt 1 kg. Die Beziehung $m_2 = 1\,\text{kg} - m_1$ setzt man in die Mischungsgleichung ein und stellt nach m_1 um. Da Wasser kein Chlorwasserstoff enthält, beträgt $\omega_{2(HCl)} = 0$. Dementsprechend vereinfacht sich die Rechnung mit der Mischungsgleichung.

Gesucht: Massenteile bzw. Mischungsverhältnis $m_1 : m_2$

Gegeben: $\omega_{1(HCl)} = 0{,}37$ $\quad \omega_{2(HCl)} = 0$
$\omega_{HCl} = 0{,}05$ $\quad m_1 + m_2 = 1\,\text{kg}$

Lösung:

$$m_2 = 1\,\text{kg} - m_1$$

$$m_1 \cdot \omega_{1(HCl)} + (1\,\text{kg} - m_1) \cdot \omega_{2(HCl)} = 1\,\text{kg} \cdot \omega_{HCl}$$

$$m_1 = \frac{1\,\text{kg} \cdot \omega_{HCl} - 1\,\text{kg} \cdot \omega_{2(HCl)}}{\omega_{1(HCl)} - \omega_{2(HCl)}}$$

$$m_1 = \frac{1\,\text{kg} \cdot 0{,}05 - 0}{0{,}37 - 0}$$

$$\underline{m_1 = 135\,\text{g}}$$

$$\underline{m_2 = 1\,\text{kg} - m_1 = 865\,\text{g}}$$

Ergebnis: Um eine 5%ige Salzsäure herzustellen, gibt man 865 g Wasser in ein Becherglas und fügt vorsichtig 135 g konzentrierte Salzsäure mit einem Massenanteil von 37 Gew.-% dazu.

4

4.4 Stöchiometrisches Rechnen

Die **Stöchiometrie** ist die Lehre von der Berechnung der Zusammensetzung chemischer Verbindungen sowie von den Massen-, Volumen- und Ladungsverhältnissen chemischer Reaktionen.
Bei stöchiometrischen Berechnungen wird im Allgemeinen von einem **vollständigen Stoffumsatz** der Ausgangsstoffe zu den Produkten ausgegangen. Die Stöchiometrie basiert auf folgenden grundlegenden Gesetzen:

Das Wort „Stöchiometrie" kommt aus dem Griechischen von *„stoicheion"* für Grundstoff und *„metrein"* für Messen.

Gesetze der Erhaltung der Masse und der Anzahl der Atome

> Bei allen chemischen Reaktionen bleibt die Masse der an der Reaktion beteiligten Stoffe erhalten. Die Gesamtmasse der Ausgangsstoffe ist gleich der Gesamtmasse der Reaktionsprodukte.
>
> $$\Delta m = m_{\text{Reaktionsprodukte}} - m_{\text{Ausgangsstoffe}} = 0$$

Das **Gesetz von der Erhaltung der Masse** gründet sich auf die wissenschaftlichen Erkenntnisse von **M. W. LOMONOSSOW** und **A. L. LAVOISIER**. Voraussetzung für ihre Entdeckungen war die Einführung der Waage in die Chemie.

$$\begin{array}{lclcl} C & + & O_2 & \longrightarrow & CO_2 \\ 12\,g & & 32\,g & & 44\,g \end{array}$$

Die Masse der Stoffe ergibt sich aus der Masse der Teilchen bzw. der Atome, aus denen die Stoffe bestehen. Deshalb gilt bei chemischen Reaktionen das **Gesetz der Erhaltung der Anzahl der Atome.**

> Bei allen chemischen Reaktionen bleibt die Anzahl der Atome erhalten. Die Anzahl der Atome der Ausgangsstoffe ist gleich der Anzahl der Atome der Reaktionsprodukte.

Reaktion von Kohlenstoff mit Sauerstoff

$$\begin{array}{lclcl} C & + & O_2 & \longrightarrow & CO_2 \\ 1\text{ Atom} & + & 2\text{ Atome} & \longrightarrow & 3\text{ Atome} \end{array}$$

Der französische Chemiker und Apotheker **J. L. PROUST** ergründete die Gesetze der Stöchiometrie und formulierte 1797 das **Gesetz von den konstanten Proportionen.**

Gesetze der konstanten und multiplen Proportionen

> In jeder chemischen Verbindung sind die Elemente, aus denen die Verbindung besteht, in konstanten Proportionen (Massenverhältnissen) enthalten.
>
> $m_1 \sim m_2$ oder $\frac{m_1}{m_2} = \text{konstant}$

Massenverhältnis von Wasserstoff und Sauerstoff im Wasser

Masse H_2	Masse O_2	Masse H_2O
2,0 g	16,0 g	18,0 g
0,2 t	1,6 t	1,8 t
1,0 kg	8,0 kg	9,0 kg

Die Masse Wasserstoff verhält sich zur Masse Sauerstoff unabhängig von der betrachteten Masse an Wasser wie 1 zu 8 ($m_{H_2} : m_{O_2} = 1:8$).

Kohlenwasserstoff	$n_C : n_H$
CH_4	1 : 4
C_2H_6	1 : 3
C_2H_4	1 : 2
C_2H_2	1 : 1
C_3H_8	3 : 8

JOHN DALTON (1866–1644) fand 1804 bei der Untersuchung des Verhältnisses zwischen Kohlenstoff und Wasserstoff im Methan und Ethin das **Gesetz der multiplen Proportionen (daltonsches Gesetz).**

> Bilden zwei Elemente verschiedene Verbindungen miteinander, so stehen die Stoffmengenanteile des selben Elements im Verhältnis kleiner ganzer Zahlen zueinander.

Daraus lässt sich die chemische Formel (Summenformel) der Verbindungen ableiten. Sie gibt das Zahlenverhältnis der Teilchen (Atome) der Elemente in der betrachteten Verbindung wieder.

> Folglich reagieren die Stoffe bei chemischen Reaktionen immer in konstanten Stoffmengenverhältnissen miteinander.
>
> $n_1 \sim n_2$ oder $\frac{n_1}{n_2} = \text{konstant}$

▶ Beim **stöchiometrischen Rechnen** solltest du Folgendes beachten:

1. Analysiere zunächst den Sachverhalt der Aufgabe. Stelle eine Reaktionsgleichung auf.
2. Stelle die gesuchten und die gegebenen Größen der Aufgabe zusammen! Ermittle fehlende Größen aus Tafelwerken und Tabellen.
3. Suche einen Ansatz für die Berechnungen über
   a) eine Verhältnisgleichung oder
   b) eine Größengleichung.
4. Stelle die Gleichung nach der gesuchten Größe um. Setze die gegebenen Größen ein und berechne die gesuchte Größe.
5. Formuliere das Ergebnis der Aufgabe. Beantworte dabei die Fragen im Aufgabentext.

Stöchiometrische Berechnungen

Die Erkenntnis, dass Stoffe in konstanten Massen- und Stoffmengenverhältnissen miteinander reagieren, lässt sich auf unterschiedliche Weise für stöchiometrische Berechnungen nutzen.

1. Berechnungen mit Verhältnisgleichungen:

$$\begin{array}{lcccl} m_1 & & & & m_2 \\ \textbf{A} & + & \textbf{B} & \longrightarrow & \textbf{C} \\ n_1 \cdot M_1 = \text{Wert 1} & & & & n_2 \cdot M_2 = \text{Wert 2} \end{array}$$

$$\frac{m_1}{\text{Wert 1}} = \frac{m_2}{\text{Wert 2}}$$

2. Berechnungen mit Größengleichungen:

$$\frac{m_1}{m_2} = \frac{M_1 \cdot n_1}{M_2 \cdot n_2}$$

■ Aufgabe: Berechne die Masse des Magnesiumoxids, die bei der Verbrennung von 0,5 g Magnesium theoretisch entsteht!

Analyse: Zunächst muss die Reaktionsgleichung entwickelt werden. Danach geht man schrittweise so vor, wie in der Randspalte angegeben.

$$2\,Mg + O_2 \longrightarrow 2\,MgO$$

Gesucht: m_{MgO}

Gegeben: $m_{Mg} = 0{,}5\,g$ $M_{Mg} = 24{,}3\,g/mol$ $M_{MgO} = 40{,}3\,g/mol$
$n_{Mg} = 2\,mol$ $n_{MgO} = 2\,mol$

Lösung: 1. Möglichkeit:
Berechnung mithilfe von Verhältnisgleichungen: Dazu werden die entsprechenden Werte ermittelt und die gegebenen und gesuchten Größen werden eingesetzt.

0,5 g		m_{MgO}
2 Mg + O_2	⟶	**2 MgO**
2 mol · 24,3 g/mol		2 mol · 40,3 g/mol
Wert 1 = 48,6 g		Wert 2 = 80,6 g

Die Werte werden in die Verhältnisgleichung eingesetzt, nach der gesuchten Größe umgestellt und die Berechnung durchgeführt.

$$\frac{0{,}5\ \text{g}}{48{,}6} = \frac{m_{MgO}}{80{,}6\ \text{g}} \qquad m_{MgO} = \frac{0{,}5\ \text{g} \cdot 80{,}6\ \text{g}}{48{,}6\ \text{g}} \qquad \underline{m_{MgO} = 0{,}83\ \text{g}}$$

2. Möglichkeit: Berechnung mit der Größengleichung:

$$\frac{m_{MgO}}{m_{Mg}} = \frac{M_{MgO} \cdot n_{MgO}}{M_{Mg} \cdot n_{Mg}}$$

Anschließend erfolgt das Einsetzen der Größen in die Größengleichung:

$$m_{MgO} = \frac{40{,}3\ \frac{\text{g}}{\text{mol}} \cdot 2\ \text{mol} \cdot 0{,}5\ \text{g}}{24{,}3\ \frac{\text{g}}{\text{mol}} \cdot 2\ \text{mol}} \qquad \underline{m_{MgO} = 0{,}83\ \text{g}}$$

Ergebnis: Bei der Reaktion von 0,5 g Magnesium mit Sauerstoff entstehen 0,83 g Magnesiumoxid.

Bei Reaktionen, an denen Gase beteiligt sind, berechnet man die Stoffmengen der Gase aus dem gegebenen Volumen und dem molaren Volumen idealer Gase.

Da das Volumen des gasförmigen Wasserstoffs gesucht ist, wird diesem als molare Bezugsgröße das **molare Volumen** zugeordnet. Der gegebenen Masse von Zink wird entsprechend die **molare Masse** von Zink zugeordnet. Da das molare Volumen nur im Normzustand gilt, entstehen nur bei 0 °C und 1013 hPa exakt 17 l Wasserstoff.

Aufgabe: Welches Volumen an Wasserstoff kann vom kippschen Gasentwickler freigesetzt werden, wenn er mit 50 g Zink und ausreichend Salzsäure gefüllt ist?

Analyse: Ausgangspunkt der Berechnung ist wieder die Reaktionsgleichung. Danach wird das Volumen Wasserstoff über die Verhältnisgleichung berechnet.

$$Zn + 2\,HCl \longrightarrow ZnCl_2 + H_2$$

Gesucht: V_{H_2}

Gegeben: $M_{Zn} = 65{,}4$ g/mol $\quad m_{Zn} = 50$ g $\quad n_{Zn} = 1$ mol
$V_m = 22{,}4$ l/mol $\quad n_{H_2} = 1$ mol

Lösung:

50 g				V_{H_2}
Zn + 2 HCl	⟶	**$ZnCl_2$**	+	**H_2**
1 mol · 65,4 g/mol				1 mol · 22,4 l/mol

Verhältnisgleichung:

$$\frac{m_{Zn}}{n_{Zn} \cdot M_{Zn}} = \frac{V_{H_2}}{n_{H_2} \cdot V_m}$$

$$\frac{50\ \text{g}}{1\ \text{mol} \cdot 65{,}4\ \text{g/mol}} = \frac{V_{H_2}}{1\ \text{mol} \cdot 22{,}4\ \text{l/mol}}$$

$$V_{H_2} = \frac{50\ \text{g} \cdot 1\ \text{mol} \cdot 22{,}4\ \text{l/mol}}{1\ \text{mol} \cdot 65{,}4\ \text{g/mol}} = \underline{17{,}1\ \text{l}}$$

Ergebnis: Beim Einsatz von 50 g Zink können im kippschen Gasentwickler 17,1 l Wasserstoff freigesetzt werden.

Wichtige Größen in der Chemie

Volumen V

gibt an, wie viel Raum eine Stoffportion einnimmt.

Einheit: 1 m³, 1 l

Masse m

gibt an, wie schwer oder wie leicht bzw. wie träge die Stoffportion ist.

Einheit: 1 g, 1 kg

Stoffmenge n

gibt an, wie viele Teilchen einer Stoffportion vorliegen.

Einheit:
1 mol ≈ $6 \cdot 10^{23}$ Teilchen

Teilchenanzahl N

ist eine einheitenlose Größe zur Angabe der Teilchenanzahl in einer Stoffportion.

Molares Volumen V_m

gibt an, welches Volumen jedes Mol einer Stoffportion einnimmt.

Einheit: $1\ l \cdot mol^{-1}$
$1\ cm^3 \cdot mol^{-1}$

$$V_m = \frac{V}{n}$$

Molare Masse M

gibt an, welche Masse jedes Mol dieser Stoffportion besitzt.

Einheit: $1\ g \cdot mol^{-1}$

$$M = \frac{m}{n}$$

Avogadro-Konstante N_A

ist die Anzahl der Teilchen, die in einem Mol eines Stoffs enthalten sind.

$N_A = 6{,}022 \cdot 10^{23} \cdot mol^{-1}$

$$N_A = \frac{N}{n}$$

Stöchiometrische Berechnungen

- Bei chemischen Reaktionen reagieren die Stoffe in festen Massen- und Stoffmengenverhältnissen und festen Volumen- und Massenverhältnissen miteinander.

$m_1 \sim m_2$ bzw. $\frac{m_1}{m_2}$ = konstant

$n_1 \sim n_2$ bzw. $\frac{n_1}{n_2}$ = konstant

$m_1 \sim V_2$ bzw. $\frac{m_1}{V_2}$ = konstant

- Stöchiometrische Berechnungen sind über Verhältnisgleichungen oder über Größengleichungen möglich.

Verhältnisgleichungen

$n_1 \cdot M_1$ = Wert 1 $n_2 \cdot M_2$ = Wert 2 oder $n_2 \cdot V_m$ = Wert 2	$\frac{m_1}{\text{Wert 1}} = \frac{m_2}{\text{Wert 2}}$ $\frac{m_1}{\text{Wert 1}} = \frac{V_2}{\text{Wert 2}}$

Größengleichungen

$\frac{m_1}{m_2} = \frac{M_1 \cdot n_1}{M_2 \cdot n_2}$	$\frac{m_1}{V_2} = \frac{M_1 \cdot n_1}{V_m \cdot n_2}$

5 Periodensystem der Elemente

5

5.1 Ordnung in der Vielfalt der Elemente

5.1.1 Grundlagen

Der innere Bau der Atome (↗ S. 68 ff.) bestimmt die Stellung der Elemente im **Periodensystem** und die Eigenschaften der Elementsubstanzen.

Das **Periodensystem der Elemente (PSE)** ist eine Anordnung der chemischen Elemente, die sich aus ihrem Atombau ergibt.

Elemente

Chemische Elemente sind dadurch gekennzeichnet, dass alle Atome die gleiche Anzahl von Protonen im Kern enthalten.

Elemente werden in der chemischen Zeichensprache mit Elementsymbolen gekennzeichnet, die sich meist aus dem lateinischen oder griechischem Namen des Elements ableiten.

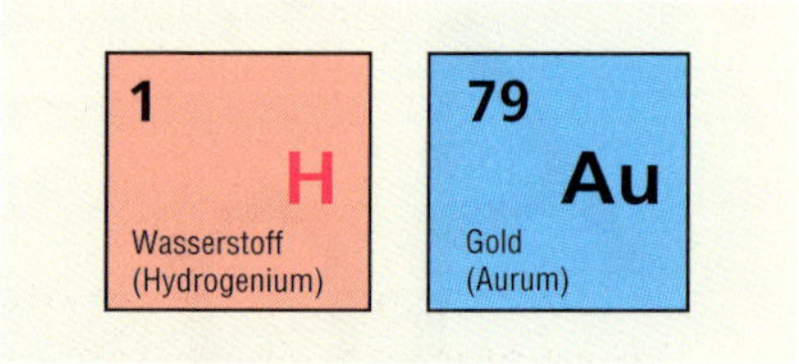

2 Ag kann bedeuten:
1. Es sind zwei Atome Silber.
2. Es handelt sich um das Element Silber.
3. Es liegen 2 mol Silber vor.

Das **Elementsymbol** kann mehrere Bedeutungen haben:
1. Es ist das Zeichen für ein Atom des Elements.
2. Es ist das Zeichen für das Element bzw. die Elementsubstanz (↗ S. 60).
3. Es handelt sich um die Stoffmenge von 1 mol des Elements.

Historische Entwicklung des Periodensystems

Im 19. Jahrhundert gab es verschiedene Versuche, die damals bekannten chemischen Elemente systematisch zu ordnen.

1816: JOHANN WOLFGANG DÖBEREINER wies nach, dass sich bestimmte Elemente nach ihrem chemischen Verhalten zu Gruppen von je drei Elementen („Triade“) zusammenfassen lassen. 1816 erfolgte die erste Mitteilung über die Triade Calcium–Strontium–Barium. DÖBEREINER bildete weitere Dreiergruppen chemischer Elemente mit ähnlichen Eigenschaften.

Er nutzte die Dreiteilung als allgemeines Ordnungsprinzip und stellte dabei fest, dass die Atommassendifferenzen jeweils nahezu gleich waren oder dass die Atommasse des zweiten Elements etwa dem arithmetischen Mittel aus den Atommassen des ersten und dritten Elements entsprach.

„Triaden“ sind Dreiergruppen chemischer Elemente, die von **J. W. DÖBEREINER** (1780–1849) nach ihrer Analogie aufgestellt wurden, z. B.:
- Ca–Sr–Ba
- Cl–Br–I
- Li–Na–K

Seine Ergebnisse veröffentlichte DÖBEREINER 1829 unter dem Titel „Versuch einer Gruppierung der elementaren Stoffe nach ihrer Analogie". Das Verdienst DÖBEREINERs besteht darin, als Erster zahlenmäßige Beziehungen zwischen chemisch ähnlichen Elementen gefunden zu haben.

1850: MAX VON PETTENKOFER stellte größere Gruppen chemischer Elemente als DÖBEREINER zusammen, z. B. Stickstoff–Arsen–Antimon–Bismut. Diese Elementgruppen verglich er mit homologen Reihen organischer Verbindungen.

1862: BEGUYER DE CHANCOURTOIS entwarf ein Modell, bei dem die Elemente nach ihrer steigenden Atommasse auf einer Schraubenlinie um einen Zylinder angeordnet waren.

Zu NEWLANDs Zeiten waren z. B. die Edelgase noch unbekannt. Auch andere in der Natur selten vorkommende Elemente wurden erst später entdeckt.

1863–1866: JOHN ALEXANDER NEWLANDS ordnete die damals bekannten 62 Elemente nach steigender Atommasse so an, dass nach jeweils sieben Elementen ein achtes Element folgte, das dem ersten in der Reihe chemisch ähnlich ist (Gesetz der Oktaven).

1868–1870: LOTHAR MEYER benutzte für seine Anordnung der Elemente die von ihm entdeckte Beziehung zwischen Atommassen und Atomvolumina. Das Atomvolumen ist demnach eine periodische Funktion der Atommasse. Es gelang ihm bereits, Gruppen von Elementen mit chemisch ähnlichen Eigenschaften zusammenzustellen. Schon 1864 führte er die Periodizität in den Differenzen von DÖBEREINERs Triaden auf Unterschiede im Atombau zurück.

DMITRI IWANOWITSCH MENDELEJEW (1834–1907) und **LOTHAR MEYER** (1830–1895) veröffentlichten unabhängig voneinander ihre Arbeiten zur systematischen Ordnung der chemischen Elemente.

1869: DMITRI MENDELEJEW ordnete die Elemente ebenfalls nach steigenden Atommassen und stellte dabei Elemente mit ähnlichen chemischen Eigenschaften konsequent untereinander. So entdeckte er das Gesetz der Periodizität (↗S. 172) und konnte auf dieser Grundlage die Existenz und wesentliche Eigenschaften damals noch unbekannter Elemente voraussagen. Die entstandene Anordnung der Elemente wurde als **Periodensystem der Elemente** bezeichnet.

1894–1904: Das Periodensystem der Elemente wurde durch die Entdeckungen der Edelgase vervollständigt.

1913–1925: HENRY MOSELEY wies 1913 nach, dass die Elemente im Periodensystem nicht nach ihren Atommassen, sondern nach der Anzahl der Protonen im Kern angeordnet sind. Weitere Forschungen zeigten, dass die Einteilung des Periodensystems in Perioden, Haupt- und Nebengruppen auf der Verteilung der Elektronen in der Atomhülle beruht.

Nach 1904 wurden noch weitere Elemente entdeckt bzw. künstlich erzeugt. 2006 gelang es einem russisch-amerikanischen Forscherteam, einige Atome des Elements mit der Ordnungszahl 118 herzustellen.

5

5.1.2 Aufbau des Periodensystems

Das heutige Periodensystem der Elemente ist eine Übersicht der chemischen Elemente auf der Grundlage ihres Atombaus. Es zeigte sich mit der Entwicklung physikalischer Untersuchungsmethoden, dass die Protonen im Atomkern ausschlaggebend sind. Je nach ihrer Anzahl wurde jedem Element eine Ordnungszahl zugeteilt.

Die Ordnungszahl

Die Reihenfolge der Ordnungszahlen wurde 1913 von HENRY MOSELEY (1887–1915) experimentell aus Röntgenspektren der Elemente abgeleitet.

> Die **Ordnungszahl** bestimmt die Reihenfolge der Elemente. Sie ergibt sich aus der Anzahl der Protonen im Atomkern eines Elements **(Kernladungszahl)** und entspricht damit auch der Anzahl der Elektronen in der Atomhülle.

Atommodell

Nach dem rutherfordschen Atommodell (↗ S. 68) besitzt ein Aluminiumatom 13 Protonen im Atomkern und 13 Elektronen in der Atomhülle. Aus der Protonenzahl ergibt sich die Kernladungszahl und damit die Ordnungszahl 13 für das Element Aluminium.

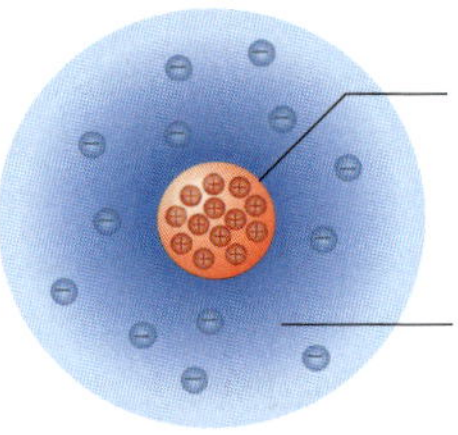

Ordnungszahl des Elements = Anzahl der Protonen (Kernladungszahl) = Anzahl der Elektronen

Perioden

> Die bei der Anordnung der Elemente im Periodensystem entstehenden waagerechten Reihen nennt man **Perioden.**

Je höher die Periodennummer, desto instabiler und damit seltener werden die Elemente. Die superschweren Elemente der 7. Periode zerfallen alle radioaktiv.

Die Perioden werden von oben nach unten mit arabischen Ziffern nummeriert. Eine Periode beginnt immer dann, wenn hinzukommende Elektronen ein höheres Energieniveau einnehmen. Damit wird in der Atomhülle eine neue Elektronenschale besetzt. Die Nummer der Periode entspricht der Anzahl der besetzten Elektronenschalen in der Atomhülle.

Nummer der Periode = Anzahl der besetzten Elektronenschalen (Energieniveaus) = Nummer der äußersten (besetzten) Elektronenschale

> Elemente, deren Atome die gleiche Anzahl besetzter Elektronenschalen besitzen, werden der gleichen Periode zugeordnet.

Daraus ergibt sich, dass die Atome aller Elemente einer Periode die gleiche Anzahl von Energieniveaus (Elektronenschalen) besitzen, z. B. in der 1. Periode eine Schale, in der 2. Periode zwei Schalen usw.
Die Atome der bisher bekannten Elemente weisen höchstens sieben Elektronenschalen auf. Innerhalb einer Periode nimmt die Anzahl der Außenelektronen mit steigender Ordnungszahl zu, die Anzahl der Außenelektronen steigt von 1 bis 8 (Ausnahme: 1. Periode).

2. Periode des Periodensystems

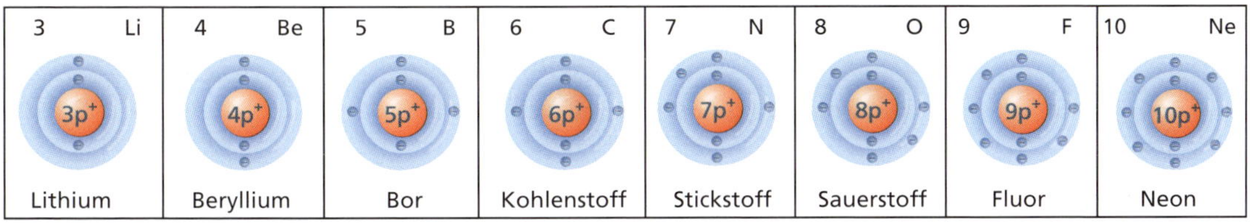

Gruppen

> Die bei der Anordnung der Elemente im Periodensystem entstehenden senkrechten Reihen nennt man **Gruppen.** Es gibt **Hauptgruppen** und **Nebengruppen.** Sie unterscheiden sich in der Besetzung der Elektronenschalen (Energieniveaus).

Die Anordnung der Elemente nach steigender Protonenanzahl in den Perioden ergibt, dass Atomsorten mit der gleichen Anzahl an Außenelektronen untereinander stehen (Ausnahme: Helium). Diese Elemente bilden Elementgruppen mit ähnlichen Eigenschaften.
Im Periodensystem gibt es acht Hauptgruppen und acht Nebengruppen. In der I. Hauptgruppe stehen Elemente mit einem Außenelektron, in der II. Hauptgruppe Elemente mit zwei Außenelektronen usw. Die Anzahl der Außenelektronen eines Atoms bestimmt die Zuordnung zu einer Hauptgruppe.
Die Hauptgruppennummer entspricht der Außenelektronenzahl der Atome aller in dieser Gruppe stehenden Elemente. Nur das Element Helium besitzt nicht acht, sondern nur zwei Außenelektronen.

Hauptgruppennummer = Anzahl der Außenelektronen

> Innerhalb der Hauptgruppe nimmt die Anzahl der besetzten Energieniveaus (Elektronenschalen) mit steigender Ordnungszahl zu.

Bei den auf Calcium folgenden Elementen werden die Elektronen nicht weiter auf der 4. Schale positioniert, sondern die 3. Schale wird weiter aufgefüllt. Alle Elemente nach dem Calcium bis zum Zink (30), aber auch die auf Strontium, Barium und Radium folgenden Elemente füllen Innenschalen auf. Diese Elemente werden **Nebengruppenelemente** genannt. Alle Nebengruppenelemente sind **Metalle.**

Aus dem Periodensystem können die Anzahl der Protonen, Elektronen und Außenelektronen sowie die Anzahl der Elektronenschalen abgelesen werden.
Jedes Feld im Periodensystem enthält für das betreffende Element wesentliche Angaben zum Atombau.

Die Zahl der besetzten Elektronenschalen n entspricht der Periodennummer. Eine Elektronenschale kann maximal $2n^2$ Elektronen aufnehmen.

Angaben zum Atombau eines Elements im Periodensystem

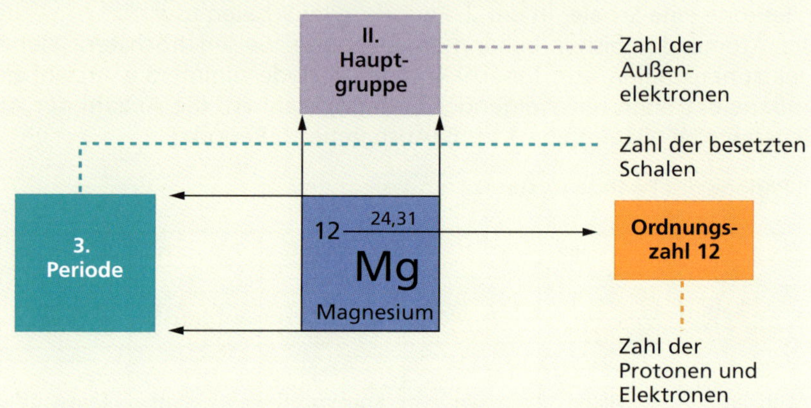

Stellung des Elements im Periodensystems	Aussagen zum Atombau
Ordnungszahl	– Anzahl der Protonen (Kernladungszahl) – Anzahl der Elektronen
Periode	– Anzahl der besetzten Energieniveaus (Elektronenschalen)
Hauptgruppennummer	– Anzahl der Außenelektronen

Stellung im PSE und Atombau

– Stickstoff: Ordnungszahl 7 = 7 Protonen, 7 Elektronen
2. Periode = 2 besetzte Energieniveaus (Schalen)
V. Hauptgruppe = 5 Außenelektronen

– Argon: Ordnungszahl 18 = 18 Protonen, 18 Elektronen
3. Periode = 3 besetzte Energieniveaus (Schalen)
VIII. Hauptgruppe = 8 Außenelektronen

Die Farbe der Felder im **Periodensystem** gibt Auskunft über den Metallcharakter der Elemente. Metalle sind blau, **Nichtmetalle** rosa und **Halbmetalle** grün unterlegt (↗ S. 366).

Aus den Feldern im Periodensystem können für das entsprechende Element noch weitere Angaben entnommen werden.

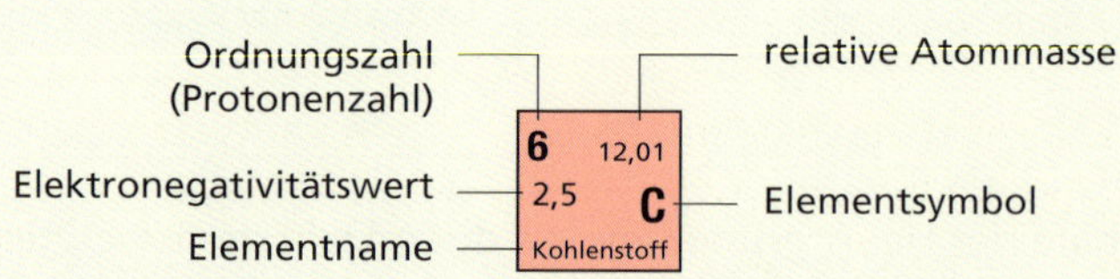

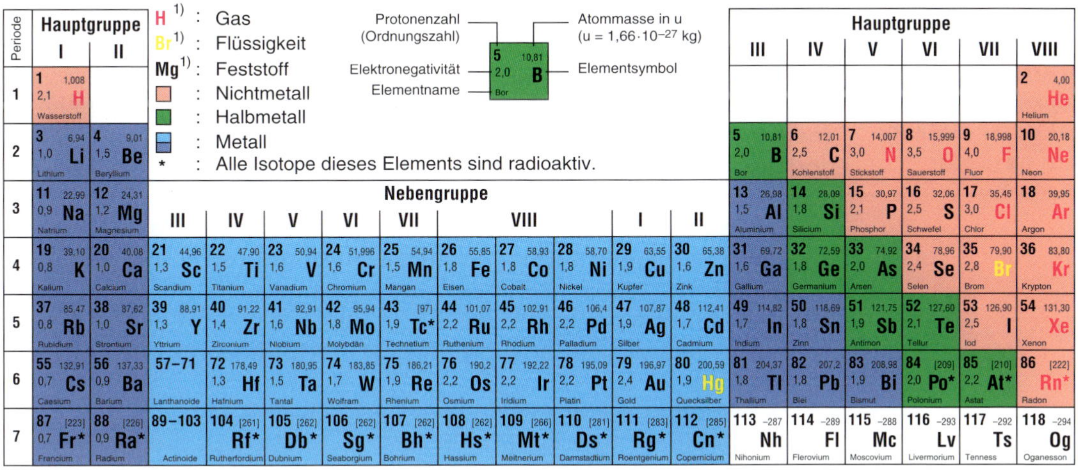

Der Aufbau des Periodensystems (↗ Abb.) ergibt sich aus der Kernladungszahl der Atome und der unterschiedlichen Besetzung der Energieniveaus mit Elektronen. Umgekehrt lassen sich deshalb aus der Stellung eines Elements im Periodensystem Informationen zum Atombau entnehmen.

Die Besetzung der Elektronenschalen bezeichnet man auch als **Elektronenkonfiguration** der Elemente.

Daraus leiten sich die Eigenschaften der Elementsubstanzen ab. Die chemischen Eigenschaften werden hauptsächlich von der Zahl der Elektronenschalen (Periodennummer) und der Anzahl der **Außenelektronen** (Hauptgruppennummer) bestimmt. Davon hängt die Reaktivität des Elements ab und welche chemischen Bindungen gebildet werden.

Fluor ist ein Element der 2. Periode und der VII. Hauptgruppe. Da das Atom 7 Außenelektronen besitzt, muss es ein Elektron aufnehmen, um eine **Edelgaskonfiguration** zu erreichen. Deshalb neigt Fluor sehr stark dazu, Anionen zu bilden und mit Metallen zu Salzen zu reagieren. Mit manchen Atomen bilden Fluoratome ein **gemeinsames Elektronenpaar** aus (↗ S. 73). Als Atome eines Elements der 2. Periode ist das Fluoratom relativ klein. Daher wird bei der Bindungsbildung sehr viel Energie frei, sodass Fluor ein sehr reaktives Element ist.

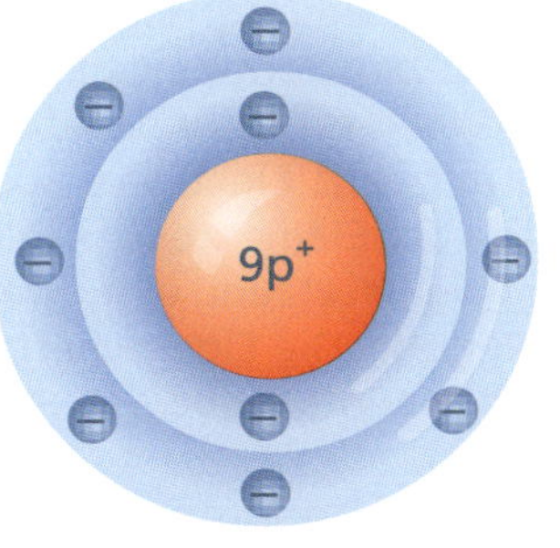

Ionenbildung:

$$|\overline{\underline{F}}\cdot + e^- \longrightarrow |\overline{\underline{F}}|^-$$

Molekülbildung:

$$|\overline{\underline{F}}\cdot + \cdot\overline{\underline{F}}| \longrightarrow |\overline{\underline{F}}-\overline{\underline{F}}|$$

Die Gemeinsamkeiten im Atombau der Elemente innerhalb einer Periode und innerhalb einer Hauptgruppe führen zu ähnlichen Eigenschaften der Elemente. Daraus resultiert die von MENDELEJEW entdeckte Periodizität der Eigenschaften.

5

5.1.3 Periodizität der Eigenschaften

MENDELEJEW und MEYER ordneten damals die Elemente nach steigender Atommasse.

Schon MENDELEJEW und MEYER erkannten im 19. Jahrhundert, dass sich die Eigenschaften der Elemente **periodisch,** d.h. immer wiederkehrend ändern. Auf Grundlage dieser Erkenntnis benutzte MENDELEJEW sein Periodensystem für Voraussagen von Elementen, die zur damaligen Zeit noch unbekannt waren.
Dies wurde möglich, weil er beim Untereinanderstellen von Elementen mit ähnlichen Eigenschaften Lücken lassen musste. An diesen Stellen vermutete MENDELEJEW noch unentdeckte Elemente, für die er die Eigenschaften voraussagte:

1. Eka-Aluminium: Entdeckung 1875 durch **P. E. LECOQ DE BOISBAUDRAN** (Gallium)
2. Eka-Bor: Entdeckung 1879 durch **L. F. NILSON** (Scandium)
3. Eka-Silicium: Entdeckung 1886 durch **C. A. WINKLER** (Germanium)

Gallium ist ein glänzend weißes, weiches und dehnbares Metall. Schmelztemperatur: 29,78 °C, Siedetemperatur: über 2300 °C.

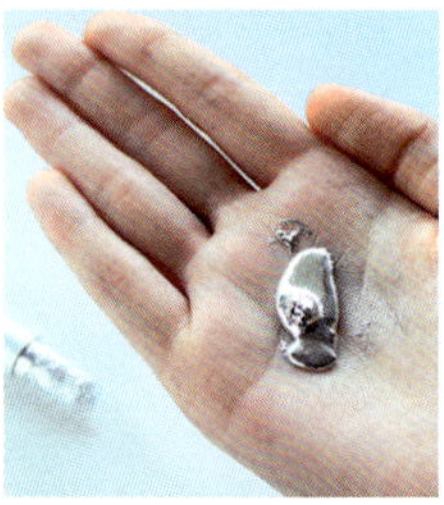

Eigenschaften von Germanium

	Voraussage von MENDELEJEW	Ermittlung durch WINKLER
Atommasse	etwa 72 u	72,59 u
Aussehen	dunkelgrau, metallisch	weißlich grau, metallisch
Schmelzpunkt	hoch	958 °C
Dichte	5,5 g/cm^3	5,36 g/cm^3
Oxid	XO_2	GeO_2

Der deutsche Chemiker **CLEMENS WINKLER** (1838–1904) benannte das Halbmetall **Germanium** nach seinem Heimatland.

Die **Periodizität der Eigenschaften** ist vor allem bei den Hauptgruppenelementen ausgeprägt. Sie beruht auf dem ähnlichen Atombau der Elemente einer Hauptgruppe.
Innerhalb der Perioden nimmt die Zahl der Protonen und Elektronen bis zur VIII. Hauptgruppe kontinuierlich zu, bis die äußerste Elektronenschale mit acht Elektronen besetzt ist. Folglich ändern sich die Eigenschaften der Elemente innerhalb der Perioden allmählich.
Erfolgt die Besetzung einer weiteren Schale mit Elektronen, beginnt eine neue Periode. Die Eigenschaften ändern sich sprunghaft von den Edelgasen (VIII. Hauptgruppe, ↗S. 184) zu den Alkalimetallen (I. Hauptgruppe, ↗S. 180 f.).
Dadurch stehen in den Hauptgruppen Elemente mit unterschiedlicher Anzahl an Elektronenschalen aber gleicher Zahl an Außenelektronen untereinander. Deshalb weisen sie abgestuft ähnliche Eigenschaften auf.

Das **Gesetz der Periodizität** beruht darauf, dass die Eigenschaften der Elemente vom Atombau der Elemente abhängen. Sie ändern sich innerhalb einer Periode allmählich und beim Übergang von der VIII. zur I. Hauptgruppe sprunghaft. Die Eigenschaften der Elemente einer Hauptgruppe ähneln sich immer wiederkehrend.

Atomradius und Elektronegativität

> Als **Atomradius** r_A wird der Radius der äußersten besetzten Elektronenschale betrachtet. Er kann durch die Messung des Abstands zwischen den Kernen benachbarter Atome bestimmt werden.

Innerhalb einer Hauptgruppe nimmt die Größe der Atome der Elemente von oben nach unten zu, weil die Zahl besetzter Elektronenschalen und damit deren Abstand zum Atomkern wächst.
Innerhalb einer Periode sinkt der Atomradius mit steigender Ordnungszahl (↗ Abb. unten). Die zunehmende Kernladung wird durch den Einbau der entsprechenden Elektronen auf die äußerste Elektronenschale kompensiert. Diese Elektronen werden allerdings von der gleichen Zahl innerer Elektronenschalen vor der positiven Kernladung abgeschirmt.

▶ Der unterschiedliche Gang der Atomradien innerhalb der Gruppen und Perioden bedingt die Schrägbeziehung im PSE. Elemente wie Bor und Silicium weisen ähnliche Atomradien und ein ähnliches Reaktionsverhalten auf.

> Die **Elektronegativität** ***(EN)*** charakterisiert das Bestreben eines Atoms, das bindende Elektronenpaar in einer Atombindung (↗ S. 75) anzuziehen.

Die Elektronegativität ist abhängig von der Kernladung eines Atoms und vom Atomradius. Je größer die Kernladung eines Atoms bei gleicher Anzahl an Elektronenschalen ist, desto größer ist die Elektronegativität und umso stärker wird ein bindendes Elektronenpaar angezogen.
Nimmt die Anzahl der Elektronenschalen zu, wird die Anziehungskraft des Atomkerns auf die äußeren Elektronen aufgrund des abschirmenden Effekts der inneren Elektronenschalen schwächer.
Innerhalb einer Periode nimmt die Elektronegativität von links nach rechts zu. Innerhalb einer Hauptgruppe sinkt die Elektronegativität von oben nach unten. Beim Übergang in eine neue Periode nimmt die Elektronegativität sprunghaft ab.
Die Differenz der Elektronegativitätswerte von Atomen, die miteinander eine Reaktion eingehen, wird genutzt, um zwischen unpolarer und polarer Atombindung bzw. Ionenbindung zu unterscheiden (↗ S. 76).

▶ Die Elektronegativität ist kein Maß für die Reaktivität der Elemente, sondern bestimmt die Polarität von Atombindungen.

Atomradien und Elektronegativitäten der Elemente der 2. und 3. Periode

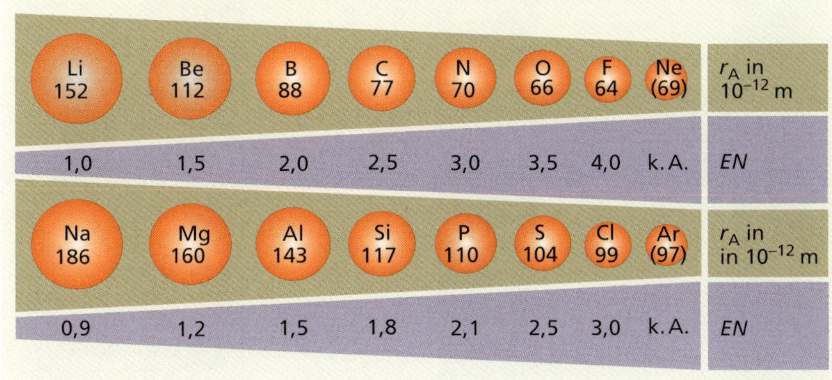

▶ Die Grafik verdeutlicht auch die Sonderstellung der **Edelgase** innerhalb ihrer Perioden. Dadurch, dass sie kaum Verbindungen eingehen, lässt sich der Atomradius nur schwer bestimmen. Elektronegativitätswerte werden für Edelgase gar nicht angegeben.

Metallcharakter der Elemente

Metalle besitzen relativ wenig Außenelektronen, die leicht den Anziehungsbereich des Atomkerns verlassen und sich innerhalb eines dicht gepackten Gitters von Metall-Ionen (Atomrümpfen) frei bewegen können. Durch die frei beweglichen Elektronen leiten Metalle den elektrischen Strom.

> Im Periodensystem findet man auf der linken Seite die Metalle, auf der rechten die Nichtmetalle.

Nach ihren chemischen Eigenschaften werden die Elemente in Metalle (↗ S. 84) und Nichtmetalle (↗ S. 78) unterteilt. Als wichtigstes unterscheidendes Merkmal gilt die elektrische Leitfähigkeit.

> Innerhalb einer Periode nehmen die metallischen Eigenschaften bei Hauptgruppenelementen von links nach rechts ab. Die nichtmetallischen Eigenschaften nehmen bei den Hauptgruppenelementen innerhalb einer Periode zu.

Die Ursache für die abnehmenden metallischen Eigenschaften liegt im größer werdenden Einfluss der Atomkerne. Die Außenelektronen werden stärker angezogen.

Bei Nichtmetallen treten keine frei beweglichen Elektronen innerhalb von Atomverbänden auf. Nichtmetalle leiten in der Regel den elektrischen Strom nicht.

In einer Hauptgruppe wächst die Kernladung mit steigender Ordnungszahl von oben nach unten. Der Abstand zwischen Atomkern und Außenschale wird in der Hauptgruppe nach unten hin größer, weil je eine neue Schale hinzukommt. Gleichzeitig wird die Anziehungskraft des Atomkerns durch die „Innenschalen" abgeschirmt. In der Folge können sich die Außenelektronen relativ leicht aus der Atomhülle lösen.

> Der **Metallcharakter** nimmt in den Hauptgruppen von oben nach unten zu, der **Nichtmetallcharakter** ab.

Zwischen Metallen und Nichtmetallen stehen im PSE Elemente, die weder typisch metallische noch typisch nichtmetallische Eigenschaften zeigen. Diese werden als **Halbmetalle** bezeichnet. So besitzt z. B. Silicium (↗ S. 192) sowohl nichtmetallische als auch metallische Eigenschaften. Es steht zwischen dem Metall Aluminium und dem Nichtmetall Phosphor.

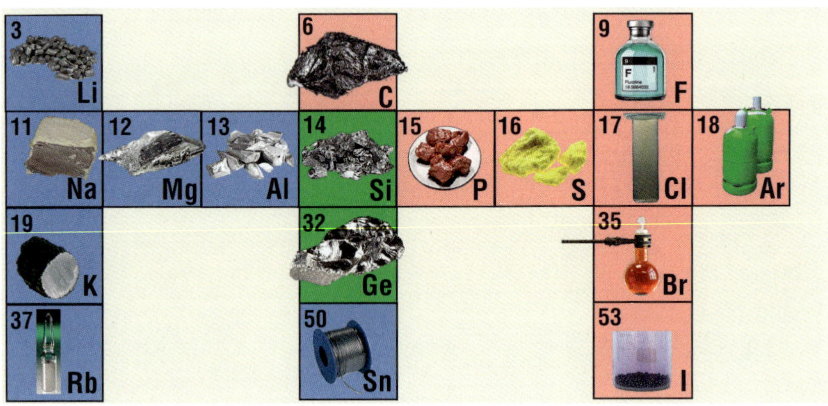

Halbmetalle sind im Periodensystem grün unterlegt, Metalle blau und Nichtmetalle rot.

Halbmetalle

> Als **Halbmetalle** werden chemische Elemente bezeichnet, die in ihren Eigenschaften eine Mittelstellung zwischen Metallen und Nichtmetallen einnehmen.

Die elektrische Leitfähigkeit der **Halbmetalle** nimmt auch dann zu, wenn dem Halbmetall Fremdatome zugegeben werden (Dotierung).

Eigenschaften	Metalle	Halbmetalle	Nichtmetalle
Leitfähigkeit bei Zimmertemperatur	leiten den elektrischen Strom	leiten den elektrischen Strom kaum	leiten den elektrischen Strom nicht
Leitfähigkeit bei steigender Temperatur	elektrischer Widerstand nimmt zu, Leitfähigkeit nimmt ab	elektrischer Widerstand nimmt ab, Leitfähigkeit nimmt zu	keine Veränderungen
saurer bzw. basischer Charakter der Oxide	Oxide reagieren in Wasser basisch	Oxide können sauer oder basisch reagieren	Oxide reagieren in Wasser sauer
Elektronegativität	gering (0,7 bis 1,9)	mittel (1,8 bis 2,4)	hoch (2,1 bis 4,0)

Halbmetalle weisen halbleitende Eigenschaften (↗Tab.) auf, sie sind aber nicht mit der Stoffklasse der Halbleiter identisch.
Ihre Oxide sind amphoter (↗S. 178), sie können sowohl sauer als auch basisch reagieren.

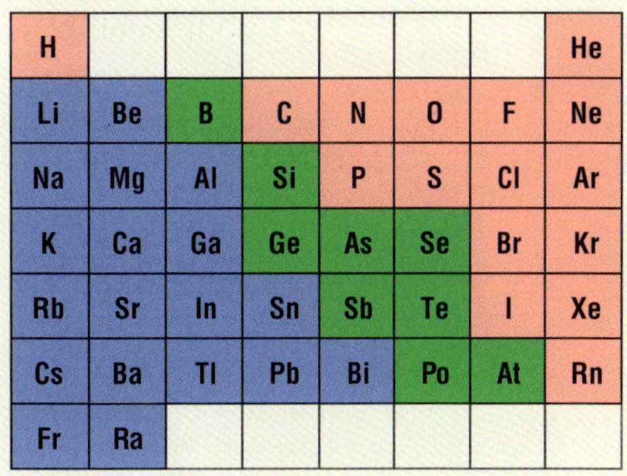

Bei Halbmetallen gibt es häufig eine metallische und eine nichtmetallische Modifikation.
Halbmetalle bilden hauptsächlich Molekülverbindungen und seltener salzartige Verbindungen. Die Verbindungen wurden bereits von den Menschen genutzt, lange bevor die Halbmetalle als Elemente entdeckt und isoliert wurden.

- So wurden Borverbindungen bereits im antiken Rom zur Glasherstellung verwendet. Die Herstellung von reinem kristallinem Bor gelang jedoch erst 1909.
Siliciumhaltige Verbindungen dienen seit jeher als Baumaterialien (Gesteine, Lehm, Zement, Beton). Silicium wurde vermutlich schon im 18. Jahrhundert entdeckt, aber erst 1824 von JÖNS JAKOB BERZELIUS als Element erkannt und benannt.
Arsen lässt sich schon in den Haaren von Mumien aus dem 3. Jahrtausend v. Chr. nachweisen. Dies wird als Verbindung zur Kupferherstellung gedeutet, da Arsen als Verunreinigung in Kupfererzen vorkommen kann. Auch Antimon wurde in seinen Verbindungen schon in der Bronzezeit als Zuschlag zu Kupfer verwendet, um Bronze herzustellen.

Halbmetall	Eigenschaften	Vorkommen	Verwendung
Bor	– tritt in einer amorphen Modifikation als braunes Pulver und in drei kristallinen Modifikationen auf – das β-rhomboedrische Bor ist schwarzgrau, kristallin und mit einer MOHS-Härte von 9,5 nach dem Diamant das härteste Element – kristallines Bor ist bei Raumtemperatur reaktionsträge	– tritt in der Natur nur in Form von Verbindungen auf, wie z. B. Kernit, Borax, Sassolin, Ulexit, Boracit, Pandermit und Colemanit – wichtiges Spurenelement, besonders für höhere Pflanzen	– zur Dotierung von Silicium- und Germaniumhalbleitern – zur Herstellung von Hartstoffen – als Neutronenabsorber in Kernreaktoren – als Ferrobor zur Erzeugung von Stählen mit hoher Härte – als Perborat in Waschmitteln
Silicium	– metallisch-grau, spröde, sehr leicht – wenig reaktionsfähig	– als Siliciumdioxid (z. B in Quarz) und in Silicaten – in Form von Kieselsäure z. B. bei Kieselalgen, Gräsern, in Haaren und Knochen	– zur Herstellung von Siliciumverbindungen (u. a. Silicone) – in der Halbleitertechnologie und Mikroelektronik – zum Bau von Solarzellen
Germanium	– grauweiß – spröde – an der Luft bei Raumtemperatur sehr beständig	– in den Mineralien Argyrodit und Germanit, – als Begleiter von Kupfer- und Zinkerzen	– in der Halbleitertechnologie – in optischen Bauelementen – in der Hochfrequenztechnik
Arsen	– verschiedene Modifikationen, u. a.: – graues Arsen (kristallisierend, grau, metallisch) – gelbes Arsen (wachsartig, gelb, sehr instabil) – Arsen und Asenverbindungen sind sehr giftig.	– in den Mineralien Arsenolamprit, Allemontit, Arsenopyrit und Löllingit – in Form von Arsensulfiden (Realgar, Auripigment)	– Legierungsbestandteil für Blei- und Kupferlegierungen – als Dotierungsmaterial in der Halbleitertechnologie – als Bestandteil einiger Arzneimittel – als Bestandteil von Schädlingsbekämpfungsmitteln
Selen	– verschiedene Modifikationen: – graues Selen (metallisch, leitet im Dunkeln den Strom nur wenig, bei Belichtung nimmt die Leitfähigkeit stark zu) – mehrere rote und schwarze Modifikationen (nichtmetallisch, nichtleitend)	– sehr selten in Selenmineralien – in Form von Metallseleniden als Begleiter verschiedener schwefelhaltiger Erze	– zur Herstellung von Fotozellen und Belichtungsmessern – Legierungszusatz in der Stahlindustrie – Färbemittel in der Glasindustrie – Spurenelement für Mensch und Tier

Halbmetall	Eigenschaften	Vorkommen	Verwendung
Antimon	– mehrere Modifikationen, die wichtigste ist das graue Antimon (zinnweiß, hell glänzend, sehr spröde, metallisch, elektrisch gering leitfähig)	– kann gediegen vorkommen – im Allemontit – im Antimonit und in anderen sulfidischen Erzen	– als Legierungsbestandteil – in der Halbleiterindustrie – zur Herstellung von Antimonverbindungen z. B. für Medikamente

Saure oder basische Eigenschaften der Oxide

> Aus dem Periodensystem können Aussagen zur Reaktion der Oxide der Elemente mit Wasser abgeleitet werden. Metalloxide reagieren mit Wasser basisch. Nichtmetalloxide bilden mit Wasser saure Lösungen.

Saure oder basische Lösungen können mit **Indikatoren** identifiziert werden (↗ S. 350). Daher rührt die farbliche Markierung der Metalle und der Nichtmetalle im Periodensystem.

Die Oxide der Metalle der I. bis III. Hauptgruppe reagieren mit Wasser zu Metallhydroxiden bzw. basischen Lösungen von Hydroxiden.

Reaktion von Metalloxiden mit Wasser

Metalloxid + Wasser ⟶ Metallhydroxid

$Na_2O + H_2O \longrightarrow 2\ NaOH$

$CaO + H_2O \longrightarrow Ca(OH)_2$

Die Oxide der Nichtmetalle der IV. bis VII. Hauptgruppe bilden mit Wasser Säuren bzw. saure Lösungen.

Reaktion von Nichtmetalloxiden mit Wasser

Nichtmetalloxid + Wasser ⟶ Säure

$CO_2 + H_2O \longrightarrow H_2CO_3$

$P_2O_5 + 3\ H_2O \longrightarrow 2\ H_3PO_4$

Die basischen Eigenschaften der Hydroxidlösungen nehmen in den Perioden von der I. bis zur III. Hauptgruppe ab.
Die sauren Eigenschaften nehmen innerhalb einer Periode von der IV. bis zur VII. Hauptgruppe zu.

Stärke von Säuren und Basen

3. Periode	I	II	III	IV	V	VI	VII
	NaOH	$Mg(OH)_2$	$Al(OH)_3$	H_4SiO_4	H_3PO_4	H_2SO_4	$HClO_4$
	basische Eigenschaften			saure Eigenschaften			

5

In der Mitte des Periodensystems stehen die Halbmetalle. Die Oxide dieser Elemente können in Abhängigkeit von ihren Reaktionspartnern sowohl als Säuren als auch als Basen reagieren.

Neben den Halbmetallen bilden auch einige Metalle wie Aluminium und Blei **amphotere Oxide.** In Wasser sind diese Oxide meist sehr schwer löslich, sie reagieren aber mit Säuren oder Basen.

Die amphoteren Reaktionen des Aluminiumoxids werden nur mit nicht zu hoch erhitztem Al_2O_3 beobachtet.

Ampholyte verhalten sich gegenüber starken Säuren als Basen, d. h., sie bilden mit starken Säuren Salze.

Reaktionen amphoterer Oxide mit Schwefelsäure

$$Al_2O_3 + 3\,H_2SO_4 \longrightarrow Al_2(SO_4)_3 + 3\,H_2O$$
$$PbO + H_2SO_4 \longrightarrow PbSO_4 + H_2O$$

Mit starken Basen reagieren amphotere Oxide jedoch wie Säuren. Dabei entstehen ebenfalls Salze, die teilweise zu den Komplexverbindungen gehören.

Reaktionen amphoterer Oxide mit Natriumhydroxid

$$Al_2O_3 + 2\,NaOH + 3\,H_2O \longrightarrow 2\,Na[Al(OH)_4]$$
$$PbO + 2\,NaOH + H_2O \longrightarrow Na_2[Pb(OH)_4]$$

Komplexverbindungen sind eine besondere Stoffklasse, die sich aufgrund spezieller Bindungseigenschaften von einfachen Salzen und Molekülverbindungen unterscheiden.

Amphotere Oxide können von den Elementen der Hauptgruppen II bis VI gebildet werden. Auch viele Oxide der Nebengruppenmetalle besitzen amphotere Eigenschaften.

Amphotere Verbindungen (Ampholyte) können entweder als Säuren oder als Basen reagieren, je nachdem, wie stark sauer bzw. basisch ihr jeweiliger Reaktionspartner ist.

Wertigkeit der Elemente

Die **Wertigkeit** bezeichnet die Fähigkeit der Elemente chemische Bindungen, z. B. mit Wasserstoffatomen oder mit Sauerstoffatomen einzugehen. Sie wird mit römischen Zahlen angegeben und ändert sich ebenfalls periodisch.

Wertigkeit gegenüber Wasserstoff

Die stöchiometrische Wertigkeit eines Elements gegenüber Wasserstoff gibt an, wie viele Wasserstoffatome das Element binden oder in einer Verbindung ersetzen kann. Wasserstoff selbst ist immer einwertig.

Wertigkeit der Elemente der 2. Periode gegenüber Wasserstoff							
Hauptgruppe	I	II	III	IV	V	VI	VII
Wasserstoffverbindungen	LiH	BeH_2	BH_3	CH_4	NH_3	H_2O	HF
Wertigkeit	I	II	III	IV	III	II	I

Die höchstmögliche Wertigkeit der Hauptgruppenelemente gegenüber Wasserstoff nimmt von der I. bis zur IV. Hauptgruppe innerhalb der Periode zu, sie entspricht der Hauptgruppennummer.
Die Höchstwertigkeit der Hauptgruppenelemente gegenüber Wasserstoff nimmt von der V. bis zur VII. Hauptgruppe ab. Die maximale Wertigkeit der Elemente der V. bis VII. Hauptgruppe kann berechnet werden, indem man die Hauptgruppennummer von acht abzieht.

Innerhalb der Hauptgruppen bleibt die maximale Wertigkeit gegenüber Wasserstoff immer gleich.

Wertigkeit gegenüber Sauerstoff

Da sich ein Sauerstoffatom mit zwei Wasserstoffatomen verbindet und Wasserstoff einwertig ist, wurde festgelegt, dass Sauerstoff zweiwertig ist. Mit steigender Ordnungszahl nimmt innerhalb einer Periode die höchstmögliche Wertigkeit eines Elements gegenüber Sauerstoff von der I. bis zur VII. Hauptgruppe kontinuierlich zu.

Wertigkeit der Elemente der 3. Periode gegenüber Sauerstoff							
Hauptgruppe	I	II	III	IV	V	VI	VII
Sauerstoffverbindungen	Na_2O	MgO	Al_2O_3	SiO_2	P_2O_5	SO_3	Cl_2O_7
Wertigkeit	I	II	III	IV	V	VI	VII

Die höchstmögliche Wertigkeit der Elemente gegenüber Sauerstoff entspricht der Hauptgruppennummer. Sie nimmt demzufolge innerhalb einer Periode kontinuierlich zu.

Neben der maximalen Wertigkeit können viele Elemente, vor allem Nichtmetalle (↗Tab.) und Nebengruppenelemente, noch andere Wertigkeiten annehmen. Die Ursache dafür liegt im Atombau der einzelnen Elemente und lässt sich nicht so einfach mit dem Gesetz der Periodizität begründen.
Die Wertigkeit darf nicht mit der Oxidationszahl der Elemente verwechselt werden.

Häufige Wertigkeiten von Nichtmetallen	
Wasserstoff	I
Kohlenstoff	II, IV
Stickstoff	II, III, IV
Sauerstoff	II
Schwefel	II, IV, VI
Chlor	I, VII

5.1.4 Gruppeneigenschaften

I. Hauptgruppe

> Die Elemente der I. Hauptgruppe (außer Wasserstoff) sind Metalle. Diese Metalle werden als **Alkalimetalle** bezeichnet.

Wasserstoff bildet eine Ausnahme, denn das Atom besitzt nur ein einziges Proton und ein einziges Elektron. Das Element bildet zweiatomige Moleküle und gehört damit nicht zu den Alkalimetallen.

Atombau

Die Atome der Elemente der I. Hauptgruppe besitzen alle ein Elektron auf dem äußersten Energieniveau (der äußeren Schale), das relativ leicht abgegeben werden kann. Diese bei den Alkalimetallen besonders leicht herauslösbaren Elektronen bewegen sich frei zwischen den Atomrümpfen und sind die Grundlage der Metallbindungen im Atomverband.

Außer Wasserstoff besitzen die Elemente der I. Hauptgruppe metallische Eigenschaften. Das einzige Außenelektron befindet sich in relativ großem Abstand zum Atomkern. Der Abstand nimmt innerhalb der Hauptgruppe in Richtung Francium noch zu, da weitere Elektronenschalen hinzukommen. Deshalb sind die Elemente der I. Hauptgruppe leicht ionisierbar.

Je größer die Entfernung des Außenelektrons zum Kern, desto größer ist die Reaktionsfähigkeit. Das gemeinsame Merkmal der Alkalimetalle, der Besitz eines Außenelektrons, führt zu übereinstimmenden Eigenschaften. Die unterschiedliche Anzahl der besetzten Elektronenschalen führt zu abgestuften Eigenschaften innerhalb der Hauptgruppe.

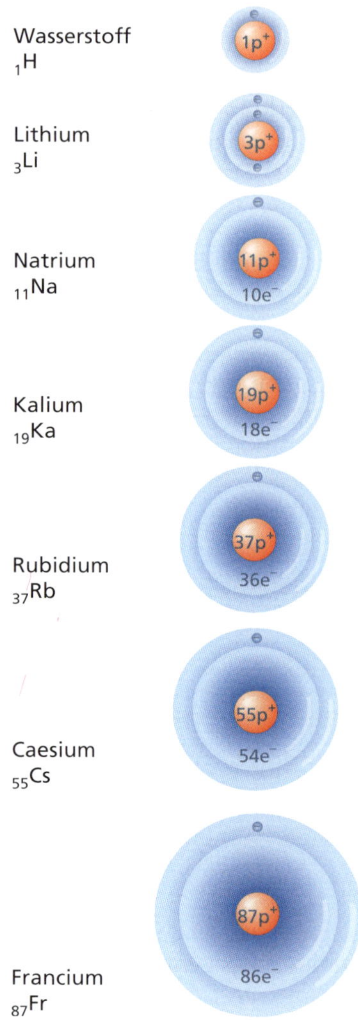

Eigenschaften der Alkalimetalle

1. Elektrische Leitfähigkeit
   Die Alkalimetalle leiten den elektrischen Strom gut, weil durch die Metallbindung (↗ S. 84 f.) frei bewegliche Elektronen als Ladungsträger vorhanden sind. Wird an das Metall eine elektrische Spannung angelegt, so wandern die frei beweglichen Elektronen durch das Metallgitter.

2. Ionenbildung (Ionisierbarkeit)
   Alkalimetalle sind leicht ionisierbar. Sie geben das eine Außenelektron ab, sodass einfach positiv geladene Ionen entstehen.

Ionenbildung bei Alkalimetallen

$$\mathrm{Na} \longrightarrow \mathrm{Na^+} + \mathrm{e^-}$$
$$\mathrm{K} \longrightarrow \mathrm{K^+} + \mathrm{e^-}$$

Aufgrund ihrer hohen Reaktionsfreudigkeit sind die **Alkalimetalle** sehr unedle Metalle (↗ S. 137). Sie müssen unter Luftabschluss aufbewahrt werden, da sie schon bei Raumtemperatur mit der Luftfeuchte reagieren.

3. Chemische Reaktionen
   Die leichte Ionisierbarkeit führt dazu, dass die Alkalimetalle sehr reaktionsfreudig sind. Sie sind ideale Reaktionspartner für Halogene und bilden mit diesen Salze (↗ S. 95).
   Mit Wasser reagieren die Alkalimetalle zu basischen Lösungen und Wasserstoff. Die Heftigkeit der Reaktion nimmt innerhalb der Hauptgruppe zu.

Reaktion von Alkalimetallen mit Wasser

$$2\,\mathrm{Na} + 2\,\mathrm{H_2O} \longrightarrow 2\,\mathrm{NaOH} + \mathrm{H_2}$$
$$2\,\mathrm{K} + 2\,\mathrm{H_2O} \longrightarrow 2\,\mathrm{KOH} + \mathrm{H_2}$$

Bei der Verbrennung von **Alkalimetallen** bzw. beim Einbringen ihrer Salze in die Brennerflamme treten Flammenfärbungen (↗ S. 346) auf, die zum Nachweis genutzt werden.

Beim Erhitzen verbrennen Lithium, Natrium und Kalium in Abhängigkeit von den Reaktionsbedingungen zu Oxiden oder Peroxiden.

Reaktion von Alkalimetallen mit Luftsauerstoff

$$4\,\mathrm{Li} + \mathrm{O_2} \longrightarrow 2\,\mathrm{Li_2O}$$
$$2\,\mathrm{Na} + \mathrm{O_2} \longrightarrow \mathrm{Na_2O_2}$$

Alkalimetalle im Vergleich

Periode	Element	Flammenfärbung	Schmelztemperatur (in °C)	Siedetemperatur (in °C)	Dichte (in g/cm³)	Atomradius (in pm)	Elektronegativität	metallische Eigenschaften	Reaktionsfähigkeit	Basencharakter	Löslichkeit von Salzen	Wertigkeit
2	Li	karminrot	180	1 330	0,53	133	1,0					
3	Na	gelb	97,5	892	0,97	157	0,9					
4	K	rotviolett	63,7	760	0,86	203	0,8					
5	Rb	rot	39,0	700	1,53	216	0,8					
6	Cs	blau	29,0	690	1,90	235	0,7					
7	Fr		27,0	680	2,20	282	0,7					

VII. Hauptgruppe

> Die Elemente der VII. Hauptgruppe sind Nichtmetalle. Sie werden als **Halogene** bezeichnet.

Atombau der Halogene

▶ griech.: *halo* – Salz, *genann* – bilden

Die Bezeichnung Halogene für die Elemente Fluor, Chlor, Brom, Iod und Astat stammt aus dem Griechischen.

Das gemeinsame Merkmal der Halogene im Atombau ist das Vorhandensein von sieben Elektronen auf der Außenschale. Eine stabile Elektronenkonfiguration (Achterschale) kann durch Aufnahme eines Elektrons oder durch Ausbildung einer unpolaren Atombindung erreicht werden.

Dieses Merkmal führt zu einer Reihe gemeinsamer Gruppeneigenschaften, die aber durch die unterschiedliche Anzahl der besetzten Elektronenschalen abgestuft auftreten.

Halogene sind Molekülsubstanzen. Je zwei Atome bilden eine unpolare Atombindung.

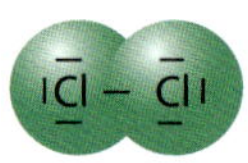

Fluor $_{9}F$

Chlor $_{17}Cl$

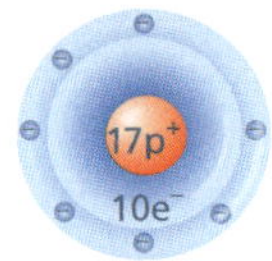

Brom $_{35}Br$

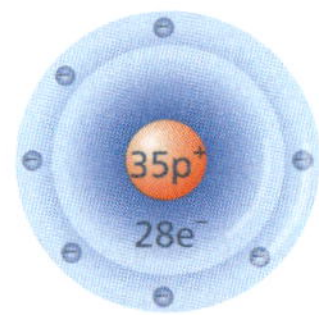

Iod $_{53}I$

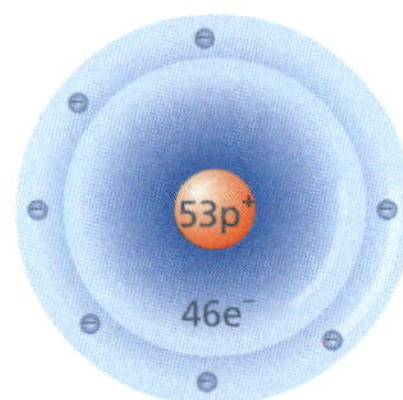

Astat $_{85}At$

Die Elemente der VII. Hauptgruppe besitzen nichtmetallische Eigenschaften. Nur das radioaktive Astat kann schon teilweise metallische Eigenschaften aufweisen und wird deshalb zu den Halbmetallen (↗ S. 175) gerechnet.

Eigenschaften der Halogene

▶ Die Tendenz zur Elektronenaufnahme nimmt innerhalb der **VII. Hauptgruppe** von oben nach unten ab.

1. Ionenbildung
   Halogene können ein Elektron aufnehmen, sodass einfach negativ geladene Ionen, die Halogenid-Ionen (z. B. Chlorid-Ionen, Cl^-, oder Iodid-Ionen, I^-), entstehen.

Ionenbildung bei Halogenen

$$Cl + e^- \longrightarrow Cl^-$$
$$Br + e^- \longrightarrow Br^-$$

2. Chemische Reaktionen
   Halogene sind sehr reaktionsfreudig. Die Reaktionsfähigkeit nimmt in Richtung Astat ab. Die Reaktionen der Halogene mit unedlen Metallen verlaufen im Allgemeinen heftig.

▶ **Fluor** ist das reaktionsfähigste Element im Periodensystem.

Reaktion von Halogenen mit Metallen

$$Cl_2 + 2\,Na \longrightarrow 2\,NaCl$$
$$Br_2 + 2\,K \longrightarrow 2\,KBr$$
$$3\,I_2 + 2\,Al \longrightarrow 2\,AlI_3$$

Mit Wasserstoff bilden Halogene Halogenwasserstoffe. Auch hier nimmt die Heftigkeit der Reaktion mit steigender Periodennummer ab. Während Fluor und Chlor explosionsartig mit Wasserstoff reagieren (Knallgasbildung), erfolgt die Umsetzung von Iod mit Wasserstoff langsam.

Reaktion von Halogenen mit Wasserstoff

$$F_2 + H_2 \longrightarrow 2\,HF$$
$$Br_2 + H_2 \longrightarrow 2\,HBr$$

Halogene sind leicht flüchtige Nichtmetalle. Die Flüchtigkeit und der Nichtmetallcharakter nehmen zum Iod hin ab. Fluor und Chlor sind bei Raumtemperatur gasförmig. Brom ist eine braune Flüssigkeit und Iod ist unter Standardbedingungen fest, aber beim Erwärmen leicht flüchtig. Astat ist ein radioaktives Halbmetall.

▶ **Oxidationszahlen** sind formale Größen und kennzeichnen den Ladungszustand von Atomen oder Ionen in Verbindungen.

Mit vielen Metallen reagieren die Halogene stark exotherm unter Bildung von Salzen. Daraus resultiert auch der Name Halogene (griech.: Salzbildner).

Halogene im Vergleich

Periode	Element	häufige Oxidationszahlen	Schmelztemperatur (in °C)	Siedetemperatur (in°C)	Atomradius (in pm)	Elektronegativität	Nichtmetallcharakter	Farbtiefe	Reaktionsfähigkeit	Säurestärke der H-Verbindungen
2	F	−1	−223	−188	72	4,0				
3	Cl	−1 +1, +3, +5, +7	−101	−34	99	3,0				
4	Br	−1 +1, +5, +7	−7	59	114	2,8				
5	I	−1 +1, +5, +7	114	185	133	2,5				
6	At	−1 +1, +5, +7	302	335	227	2,2				

VIII. Hauptgruppe

Der Begriff **Edelgase** entstand als analoger Begriff zu den Edelmetallen, als man feststellte, dass die Elemente der VIII. Hauptgruppe kaum mit anderen Stoffen reagieren.

Die Elemente der VIII. Hauptgruppe sind gasförmige Nichtmetalle. Aufgrund ihrer Reaktionsträgheit werden sie **Edelgase** genannt.

Atombau

Edelgasatome besitzen zwei (Helium) oder acht Elektronen (Neon bis Radon) auf der äußersten Schale. Damit ist das höchste Energieniveau vollständig besetzt, sodass Edelgasatome nicht danach streben, Elektronen abzugeben bzw. aufzunehmen.

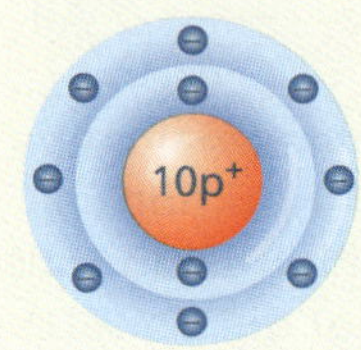

Aus diesem Grund bilden Edelgase keine mehratomigen Moleküle. Sie reagieren nur unter extremen Bedingungen mit anderen sehr reaktionsfreudigen Elementen wie Fluor oder Sauerstoff.

Eigenschaften und Verwendung

Helium als das „edelste" aller Edelgase geht keinerlei chemische Verbindungen ein. Vom **Xenon** sind einige Fluoride und Oxide bekannt.

Aufgrund ihrer stabilen Elektronenkonfiguration sind Edelgase **reaktionsträge.** Sie kommen in atomarer Form in der Atmosphäre der Erde vor. Alle Edelgase sind farblos, geruchlos und gasförmig.
Aus dem Alltag sind sie als Füllgase von Leuchtstoffröhren bekannt. In der Technik dienen sie als Schutzgase und als Kühlmittel.

Vertreter	Gewinnung und Verwendung
Helium	– Gewinnung: aus heliumhaltigen Gasquellen – Verwendung: Füllgas in Ballons und Luftschiffen, Schutzgas beim Lichtbogenschweißen, Kühlgas in Kernreaktioren, Zusatz in Gasflaschen für Taucher, in flüssiger Form als Kühlmittel
Neon	– Gewinnung: durch Destillation von verflüssigter Luft – Verwendung: Füllgas in Leuchtstoffröhren und Glimmlampen
Argon	– Gewinnung: durch Destillation von verflüssigter Luft – Verwendung: Schutzgas beim Schweißen und bei der Stahlherstellung, Füllgas in Glühlampen
Krypton	– Gewinnung: durch Destillation von verflüssigter Luft – Verwendung: in Glühlampen (Kryptonlampen), Isolationsgas für Fensterverglasungen
Xenon	– Gewinnung: durch Destillation von verflüssigter Luft – Verwendung: in Straßenlampen, Blitzlampen, in Autoscheinwerfern, Leuchttürmen, in der UV-Spektroskopie
Radon	– Gewinnung: entsteht bei radioaktiven Zerfallsprozessen, z. B. von Uran – Verwendung: für hydrologische Untersuchungen in der Erdbebenvorhersage

Die Gewinnung von **Edelgasen** ist durch Luftverflüssigung möglich. Dazu kühlt man Luft stark ab, bis sich die verschiedenen Gase verflüssigt haben. Danach folgt durch Destillation die Luftzerlegung.

5.2 Ausgewählte Elemente und ihre Verbindungen

5.2.1 Grundlagen

Elementsubstanzen sind reine Stoffe, die aus Atomen einer einzigen Atomsorte bestehen. **Chemische Verbindungen** setzen sich aus mindestens zwei verschiedenen Elementen zusammen. Im Gegensatz zu den Verbindungen können Elementsubstanzen mit chemischen Mitteln nicht weiter aufgetrennt werden.

Moleküle (↗ S. 72) sind Teilchen, in denen mindestens zwei Atome miteinander verknüpft sind.

Elemente und Verbindungen
Elementsubstanzen:
- atomar: Helium, Magnesium
- molekular: Sauerstoff, Schwefel

Verbindungen bestehen aus mehreren Elementen:
- Molekülsubstanz: Wasser, Kohlenstoffdioxid
- Ionensubstanz: Natriumchlorid, Natriumhydroxid

Atomar auftretende Elemente werden mit dem Elementsymbol gekennzeichnet. Für molekular vorkommende Elemente und chemische Verbindungen werden Formeln (↗ S. 112) verwendet.

Eine Formel enthält die Symbole der an der Verbindung beteiligten Elemente und gibt das kleinste Zahlenverhältnis der miteinander verbundenen Atome oder Ionen an.

Stoff	Zusammensetzung	Formel
Neon	1 Atom Neon	Ne
Chlor	2 Atome Chlor	Cl_2
Schwefel	8 Atome Schwefel	S_8 (vereinfacht S)
Kohlenstoff	viele Atome Kohlenstoff	vereinfacht C
Kohlenstoffmonooxid	1 Atom Kohlenstoff, 1 Atom Sauerstoff	CO
Magnesiumfluorid	1 Magnesium-Ion, 2 Fluorid-Ionen	MgF_2

Anorganische Verbindungen sind Verbindungen aller Elemente des Periodensystems mit Ausnahme der in der organischen Chemie (↗ S. 222 ff.) betrachteten Kohlenstoffverbindungen.

Heute sind ca. 200 000 anorganische Verbindungen bekannt. Die Vielfalt der organischen Stoffe ist mit mehr als 30 Mio. aber deutlich größer.

Zu den anorganischen Verbindungen gehören z. B. die Oxide (↗ S. 204 ff.), Säuren (↗ S. 102), Basen (↗ S. 106) und Salze (↗ S. 97 ff.).
Sie können auch anhand ihrer chemischen Bindungen in Molekülsubstanzen oder Ionensubstanzen unterteilt werden.
Eine andere Möglichkeit besteht darin, die verschiedenen Hauptgruppenelemente und ihre Verbindungen zu betrachten.

5

5.2.2 Kohlenstoff und Kohlenstoffverbindungen

Das Element Kohlenstoff

> **Kohlenstoff** ist ein Element der IV. Hauptgruppe. Es hat die Ordnungszahl 6.

Modifikationen sind Erscheinungsformen eines Elements bzw. einer Verbindung. Sie bestehen aus den gleichen Atomen, haben aber durch unterschiedliche Anordnung der Atome unterschiedliche physikalische und z. T. auch chemische Eigenschaften.

Atombau:
Das Kohlenstoffatom besitzt 6 Protonen und meist 6 Neutronen im Atomkern sowie 6 Elektronen in der Atomhülle. Auf der ersten Schale (dem ersten Energieniveau) befinden sich zwei und auf der zweiten Schale (dem zweiten Energieniveau) vier Elektronen. Kohlenstoff hat vier Außenelektronen.

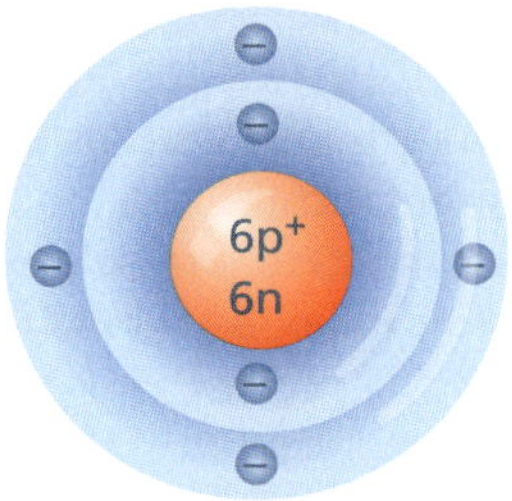

Um eine stabile Achterschale (↗S. 74) zu erreichen, kann ein Kohlenstoffatom vier weitere Elektronen aufnehmen. Durch Atombindungen entsteht ein Elektronenoktett.

Ausbildung von Atombindungen
- unpolare Atombindungen mit weiteren Kohlenstoffatomen: Diamant, Grafit, Fullerene
- polare Atombindungen mit anderen Atomen: Kohlenstoffdioxid, Kohlensäure

> Das Element Kohlenstoff kommt in mehreren Modifikationen als Grafit, Diamant und in Form der Fullerene vor.

Grafit kommt je nach Herstellungstemperatur in verschiedenen Erscheinungsformen vor:
- ca. 400 °C: Ruß, Holzkohle, schwarz, porös, locker
- ca. 800 °C: Koks, Glanzkohlenstoff, schwarz, kleinere Kristalle
- ca. 1 500 °C: Retortengrafit, schwarz, dichte, kristalline Aggregate

Die unterschiedlichen Eigenschaften der Kohlenstoffmodifikationen sind in der verschiedenen Anordnung der Kohlenstoffatome begründet.

Grafit
Die Kohlenstoffatome sind in gleich seitigen Sechsecken wabenartig angeordnet. Diese „Wabennetze" liegen in vielen ebenen Schichten so übereinander, dass unter der Mitte jedes Sechsecks ein Kohlenstoffatom der vorigen Ebene liegt. In diesen Ebenen (Sechseckebenen) besitzt jedes Kohlenstoffatom nur drei Bindungspartner. Das vierte Außenelektron ist nicht in einer Atombindung fest gebunden.

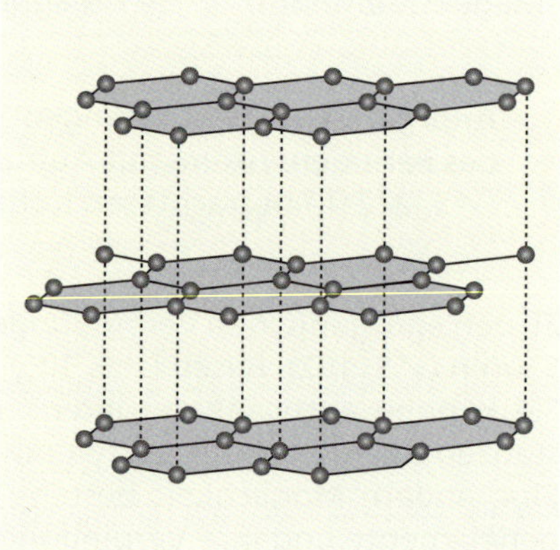

Deshalb kann sich das vierte Außenelektron frei im Gitter bewegen. Durch diese Variabilität kommen die elektrische Leitfähigkeit parallel zu den Schichten und die tiefschwarze Farbe des Grafits zustande.

Im Kristallgitter des **Grafits** ist jedes Kohlenstoffatom mit drei anderen Kohlenstoffatomen verbunden. Zwischen den so gebildeten Schichten existieren frei bewegliche Elektronen.

Diamant

Jedes Kohlenstoffatom ist tetraedrisch mit vier weiteren Kohlenstoffatomen verbunden. Alle vier Außenelektronen sind an Atombindungen beteiligt, und alle Atome sind gleich weit voneinander entfernt. Es bildet sich ein völlig regelmäßiges Kristallgitter. Das regelmäßige Kristallgitter ist der Grund für die extreme Härte des Diamants. Da im Diamantgitter keine frei beweglichen Außenelektronen vorhanden sind, besitzt Diamant keine elektrische Leitfähigkeit.

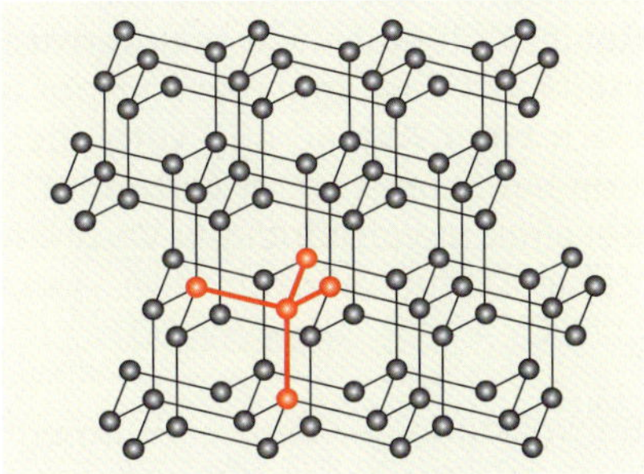

„Ideale" Diamanten sind farblos. Die Farbigkeit vieler Diamanten erklärt sich durch Fehlstellen im Kristallgitter und durch die Anwesenheit geringer Beimengungen anderer Atome.

Im Kristallgitter des **Diamants** ist jedes Kohlenstoffatom mit vier anderen Kohlenstoffatomen verbunden. Es gibt keine frei beweglichen Elektronen.

Verdampft man Grafit im Lichtbogen (unter Helium), so enthält der entstehende Ruß Fullerene. Sie wurden 1985 durch die Wissenschaftler **SMALLEY** (1943–2005), **KROTO** (1939–2016) und **CURL** (geb. 1933) entdeckt.

Fullerene

Die Kohlenstoffatome im Fulleren sind in Form regelmäßiger Fünf- und Sechsecke angeordnet. Das gesamte Molekül ähnelt einer Hohlkugel. Jedes Kohlenstoffatom ist mit drei weiteren Kohlenstoffatomen verbunden. Das vierte Außenelektron ist ungebunden.

Die kugelförmige Anordnung hat sich als außerordentlich stabil erwiesen.

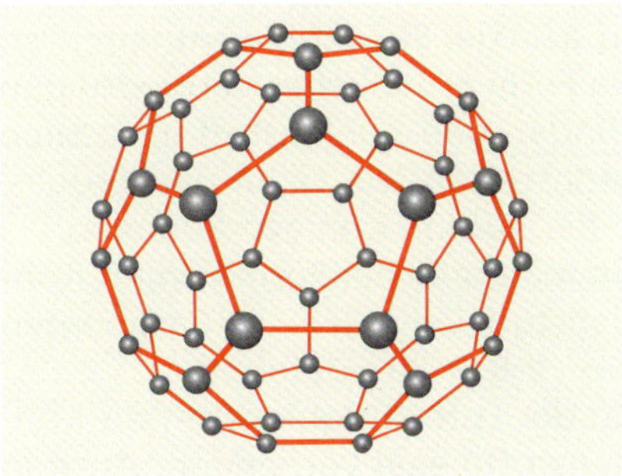

Die wichtigsten Vertreter sind das Buckminster-Fulleren C60, das aus 60 Kohlenstoffatomen besteht, und das Fulleren C70. Beide kommen auch in der Natur vor. Sie wurden in Trümmern von Meteoriten und im Weltraum nachgewiesen.

Fullerene sind symmetrische Moleküle aus regelmäßigen Fünf- und Sechsringen von Kohlenstoffatomen. Jedes Kohlenstoffatom ist mit drei weiteren Kohlenstoffatomen verbunden. Es existieren ungebundene Elektronen.

Eine weitere Erscheinungsform des **Kohlenstoffs** sind die 2000 entdeckten **Nanotubes**.

5

Eigenschaften der Modifikationen des Kohlenstoffs		
Diamant	Grafit	Fulleren (C60)
farblos, kristallin, durchsichtig, stark lichtbrechend, sehr hart, nicht elektrisch leitfähig	grauschwarz, blättrig, metallisch glänzend, sehr weich, elektrisch leitfähig	dunkelbraun, pulverförmig, geringere Dichte als Diamant und Grafit

Reaktionen des Kohlenstoffs:
Reiner Kohlenstoff ist reaktionsträge. Bei Zimmertemperatur reagiert er außer mit dem aggressiven Fluor mit keinem Partner.
Nach einer Aktivierung verbindet sich Kohlenstoff in einer Redoxreaktion mit Sauerstoff, er verbrennt.
Bei einer unvollständigen Verbrennung unter Sauerstoffmangel entsteht Kohlenstoffmonooxid.

$$2\,C + O_2 \longrightarrow 2\,CO$$

Bei vollständiger Verbrennung entsteht Kohlenstoffdioxid.

$$C + O_2 \longrightarrow CO_2$$

In seinen Verbindungen bildet Kohlenstoff (außer bei den salzartigen Carbiden) polare Atombindungen aus.

Vorkommen von Kohlenstoff:
In elementarer Form kommt Kohlenstoff in der Natur in allen drei Modifikationen vor.
Am häufigsten ist der Grafit, der u. a. in der Steinkohle enthalten ist.
In Form organischer Verbindungen findet man Kohlenstoff in fossilen Rohstoffen wie Erdöl und Erdgas, aber auch in Kohlevorkommen.
In mineralischer Form kommt Kohlenstoff vor allem in Carbonaten vor, z. B. in Kreidefelsen.
In der Luft ist Kohlenstoff als Kohlenstoffdioxid vorhanden. Auch in allen Naturstoffen (↗ S. 254 ff.) ist Kohlenstoff enthalten.

Kohle ist im Laufe vieler Mio. Jahre aus abgestorbenen Pflanzen entstanden. Neben **Kohlenstoff und Kohlenstoffverbindungen** enthalten Steinkohle und Braunkohle u. a. Wasser, Schwefel- und Stickstoffverbindungen.

Verwendung von Kohlenstoff:
- Naturgrafit zur Herstellung feuerfester Produkte, für Ofenauskleidungen und Bleistifte
- Elektrografit für Elektroden und Schmelzflusselektrolysen
- Koks zur Stahlherstellung (↗ S. 290)
- Ruß für Tusche, Druckereifarben und als Zusatzstoff in Autoreifen
- Aktivkohle zur Adsorption von Giftstoffen (auch in der Medizin)
- Diamanten zu 95 % für technische Zwecke (Industriediamanten)
- Diamanten als Schmucksteine

99 % des gesamten organischen **Kohlenstoffs** auf der Erde sind in Pflanzen gebunden.

Anorganische Kohlenstoffverbindungen

> In anorganischen Verbindungen kommt Kohlenstoff in Form von Kohlenstoffmonooxid CO, Kohlenstoffdioxid CO_2, Kohlensäure H_2CO_3,Carbonaten und Kohlenstoffdisulfid CS_2 vor.

Kohlenstoffmonooxid CO

> **Kohlenstoffmonooxid** ist ein Molekül. Es besteht aus einem Atom Kohlenstoff und einem Atom Sauerstoff, die durch polare Atombindungen verbunden sind.

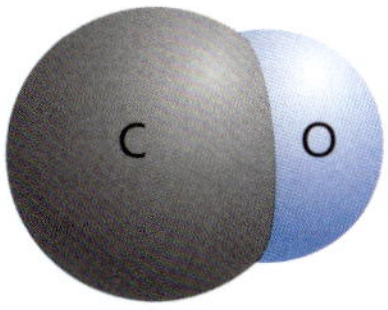

Eigenschaften:
Kohlenstoffmonooxid ist ein farbloses, geruchloses, gasförmiges Atemgift und leichter als Luft. Es ist wenig wasserlöslich und verbrennt mit bläulicher Flamme zu Kohlenstoffdioxid.

$$2\,CO + O_2 \longrightarrow 2\,CO_2$$

Kohlenstoffmonooxid kann Metalloxide reduzieren. Diese Eigenschaft wird z. B. im Hochofenprozess genutzt.

Reaktion von Kohlenstoffmonooxid mit Eisen(II)-oxid

$$CO + FeO \longrightarrow CO_2 + Fe$$

Die Anlagerung von Wasserstoff (Hydrierung, ↗S. 278) an Kohlenstoffmonooxid führt zu Methanol und anderen Alkoholen.

Hydrierung von Kohlenstoffmonooxid zu Methanol

$$CO + 2\,H_2 \rightleftharpoons CH_3OH$$

Kohlenstoffmonooxid ist sehr giftig. Das kommt von seiner Eigenschaft, eine 300-mal stärkere Bindung zum roten Blutfarbstoff Hämoglobin einzugehen als Sauerstoff. Der Sauerstofftransport im Blut wird dadurch gehemmt oder verhindert.

Herstellung:
Generatorgas entsteht, wenn Luft über glühenden Koks geleitet wird. Hierbei verbrennt der Kohlenstoff zunächst zu Kohlenstoffdioxid (1), welches sich bei Temperaturen von über 1000 °C mit unverbranntem Kohlenstoff zu Kohlenstoffmonooxid (2) umsetzt.

1. $C + O_2 \longrightarrow CO_2$
2. $CO_2 + C \longrightarrow 2\,CO$

Wassergas erhält man durch Überleiten von Wasserdampf über glühende Kohle. Dabei müssen Temperaturen über 1000 °C eingehalten werden, da sich das gebildete Kohlenstoffmonooxid bei tieferen Temperaturen mit weiterem Wasserdampf zu Kohlenstoffdioxid umsetzt.

$$C + H_2O \longrightarrow CO + H_2$$

Generatorgas enthält etwa 30 % Kohlenstoffmonooxid und 60 % Stickstoff aus der Luft. Wassergas enthält etwa 50 % Wasserstoff und 40 % Kohlenstoffmonooxid.

Verwendung:
Generatorgas und Wassergas werden als Synthesegase (↗S. 293) u. a. für die Herstellung von Ammoniak, Methanol, Essigsäure und andere organische Verbindungen verwendet.

Kohlenstoffdioxid CO_2

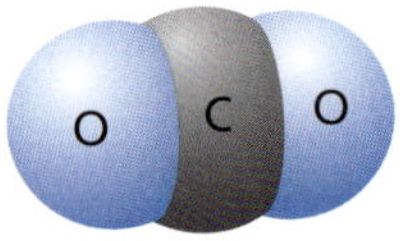

Kohlenstoffdioxid ist ein Molekül. Es besteht aus einem Atom Kohlenstoff und zwei Atomen Sauerstoff, die durch polare Atombindungen verbunden sind.

▶ Kohlenstoffdioxid sammelt sich am Boden an, da es schwerer ist als Luft. In Neapel gibt es die sogenannte Hundsgrotte, in die CO_2 entweicht. Sie hat ihren Namen daher, dass z. B. Hunde wegen des am Boden entströmenden CO_2 ersticken, während Menschen ungehindert atmen können. In der atmosphärischen Luft sind etwa 0,035 Vol.-% CO_2 enthalten. Es kommt auch in Mineralquellen (Sauerbrunnen) vor. In gebundenem Zustand ist es in Carbonaten als Carbonat-Ion (CO_3^{2-}) enthalten.

Eigenschaften:
Kohlenstoffdioxid ist farblos, geruchlos, gasförmig, schwerer als Luft, nicht brennbar, unterhält die Verbrennung nicht, wirkt erstickend und kann unter Druck zu einer farblosen Flüssigkeit verdichtet werden, die bei Abkühlung fest wird („Trockeneis"). Es ist wasserlöslich, dabei entsteht Kohlensäure (↗ S. 191).

$$CO_2 + H_2O \rightleftharpoons H_2CO_3$$

Durch Wasserstoff und einige sehr unedle Metalle kann Kohlenstoffdioxid zu Kohlenstoffmonooxid reduziert werden.

Reduktion von Kohlenstoffdioxid durch Wasserstoff

$$CO_2 + H_2 \rightleftharpoons H_2O + CO$$

Beim Nachweis des Kohlenstoffdioxids (↗ S. 349) nutzt man seine Reaktion mit Hydroxidlösungen von Metallen der II. Hauptgruppe. Dabei entstehen schwer lösliche Metallcarbonate. Im Labor wird Bariumhydroxidlösung (Barytwasser) als Nachweisreagenz verwendet.

$$CO_2 + Ba(OH)_2 \rightleftharpoons BaCO_3\downarrow + H_2O$$

Herstellung:
Kohlenstoffdioxid fällt bei der Verbrennung von Kohlenstoff oder organischen Verbindungen als Reaktionsprodukt an.

Verbrennung von Methan

$$CH_4 + 2\,O_2 \longrightarrow CO_2 + 2\,H_2O$$

Auch durch Reaktion von Carbonaten mit den meisten Säuren entsteht Kohlenstoffdioxid.

Reaktion von Salzsäure mit Calciumcarbonat

$$CaCO_3 + 2\,HCl \longrightarrow CaCl_2 + H_2O + CO_2$$

Außerdem entsteht Kohlenstoffdioxid beim Kalkbrennen:

$$CaCO_3 \longrightarrow CaO + CO_2$$

▶ In Gewächshäusern können mit einer leichten Kohlenstoffdioxidbegasung höhere Erträge in der **Fotosynthese** erzielt werden.

Verwendung:
Kohlenstoffdioxid ist Ausgangsstoff zur Herstellung von Soda und Harnstoff. In der Getränkeindustrie wird es zur Herstellung kohlensäurehaltiger Getränke verwendet. Beim Schweißen dient es als Schutzgas. Feuerlöscher enthalten häufig flüssiges Kohlenstoffdioxid (Kohlensäureschneelöscher). Festes Kohlenstoffdioxid wird als Trockeneis in der Technik zur Kühlung eingesetzt.

Kohlensäure H_2CO_3

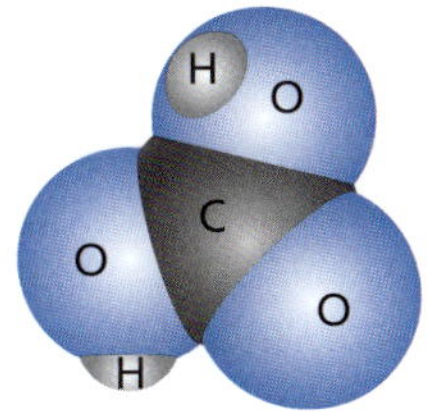

> **Kohlensäure** ist eine schwache Säure, die nur in wässriger Lösung vorliegt.

Eigenschaften:
Kohlensäure ist farblos, geruchlos, leicht säuerlich schmeckend, leicht zersetzlich, liegt nur in wässriger Lösung vor und dissoziiert nur schwach.

$$H_2CO_3 \rightleftharpoons H^+ + HCO_3^-$$

Herstellung:
Kohlensäure entsteht beim Einleiten von Kohlenstoffdioxid in Wasser.

$$CO_2 + H_2O \rightleftharpoons H_2CO_3$$

Verwendung:
„Kohlensäure" wird in Form von Kohlenstoffdioxid Getränken zugesetzt, um deren Geschmack und die Haltbarkeit zu verbessern. Das CO_2 entweicht nach dem Öffnen der Flaschen in Form kleiner Gasbläschen.

▶ In wässriger Lösung reagieren nur 0,1 % des Kohlenstoffdioxids zu Kohlensäure. 99,9 % liegen als physikalisch gelöstes Oxid vor. Die in der Getränkeindustrie verwendete „Kohlensäure" ist ebenfalls gelöstes Kohlenstoffdioxid.

Salze der Kohlensäure

Kohlensäure dissoziiert schrittweise. Im ersten Dissoziationsschritt entsteht das Hydrogencarbonat-Ion HCO_3^-. Die dazugehörigen Salze heißen **Hydrogencarbonate.** Im zweiten Dissoziationsschritt entsteht das Carbonat-Ion CO_3^{2-}. Die dazugehörigen Salze heißen **Carbonate.** Zahlreiche Carbonate (z. B. Marmor) kommen in der Natur vor, während andere (z. B. Soda) wichtige Produkte der chemischen Industrie sind.

■ Kalkstein, Kreide, Marmor $CaCO_3$, Magnesit $MgCO_3$, Dolomit $MgCO_3 \cdot CaCO_3$, Siderit $FeCO_3$ und Soda Na_2CO_3

Kohlenstoffdisulfid (Schwefelkohlenstoff) CS_2

> **Kohlenstoffdisulfid** ist ein Molekül. Es besteht aus einem Atom Kohlenstoff und zwei Atomen Schwefel, die durch Atombindungen verbunden sind.

Kohlenstoffdisulfid ist farblos, flüssig, unangenehm riechend, in Wasser schlecht löslich, bildet sehr leicht entzündliche Dämpfe und verbrennt dann zu Kohlenstoffdioxid und Schwefeldioxid.

$$CS_2 + 3\,O_2 \longrightarrow CO_2 + 2\,SO_2$$

Herstellung und Verwendung:
Kohlenstoffdisulfid wird durch Einwirkung von Schwefeldampf auf Kohle hergestellt.
Die Flüssigkeit dient zur Herstellung von Viskose. Kohlenstoffdisulfid ist ein gutes Lösungsmittel für Fette, Öle, Polymere und anderen Stoffe.

▶ Kohlenstoffdisulfid ist außerordentlich giftig. Es wird über das Atmungssystem und die Haut aufgenommen und kann in höheren Dosen zur Atemlähmung führen. Dämpfe von Kohlenstoffdisulfid können mit Luft heftig explodieren.

5.2.3 Silicium und Siliciumverbindungen

Das Element Silicium

Silicium ist ein Element der IV. Hauptgruppe. Es hat die Ordnungszahl 14.

Silicium kommt in der Natur nur in Form von Verbindungen vor, die sich fast ausschließlich vom Siliciumdioxid SiO_2 ableiten lassen. Reines Silicium kann nur industriell hergestellt werden.

Atombau:
Das Siliciumatom besitzt 14 Protonen und meist 14 Neutronen im Atomkern sowie 14 Elektronen in der Atomhülle. Auf der ersten Elektronenschale (dem ersten Energieniveau) befinden sich zwei, auf der zweiten Elektronenschale (dem zweiten Energieniveau) acht und auf der dritten Elektronenschale (dem dritten Energieniveau) vier Elektronen. Silicium hat vier Außenelektronen.

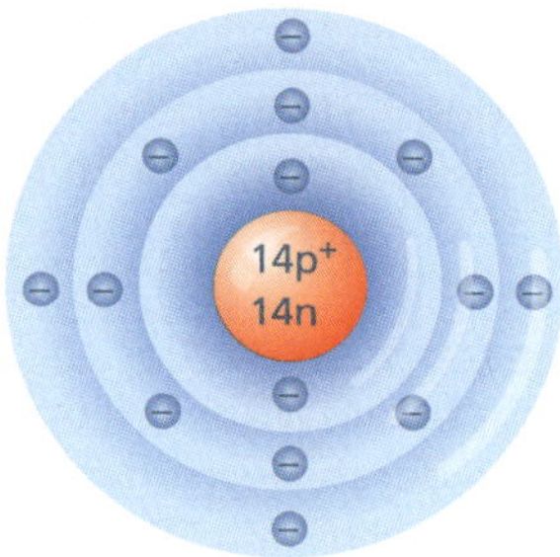

Um eine stabile Achterschale (↗ S. 74) zu erreichen, kann ein Siliciumatom vier weitere Elektronen aufnehmen. Durch Atombindungen entsteht ein Elektronenoktett.

Ausbildung von Atombindungen
- unpolare Atombindungen: mit weiteren Siliciumatomen (kristallines Silicium)
- polare Atombindungen: mit anderen Atomen (Siliciumdioxid, Silicate, Silane)

Die beiden Formen des **Siliciums**, das pulverförmige braune und das kristalline dunkelgraue Silicium, wurden früher als verschiedene Modifikationen des Siliciums angesehen. Durch weiterführende Untersuchungen konnte jedoch bewiesen werden, dass sie sich in Wirklichkeit nur durch ihre Teilchengröße, Oberflächenausbildung und im Gehalt an Verunreinigungen unterscheiden. Im Kristallaufbau sind sie identisch.

Aufbau des reinen Siliciums
Jedes Siliciumatom ist tetraedrisch mit vier weiteren Siliciumatomen verbunden. Alle vier Außenelektronen sind an Atombindungen beteiligt und gleich weit voneinander entfernt. Dadurch bildet sich ein völlig regelmäßiges Kristallgitter, das dem Diamantgitter entspricht.

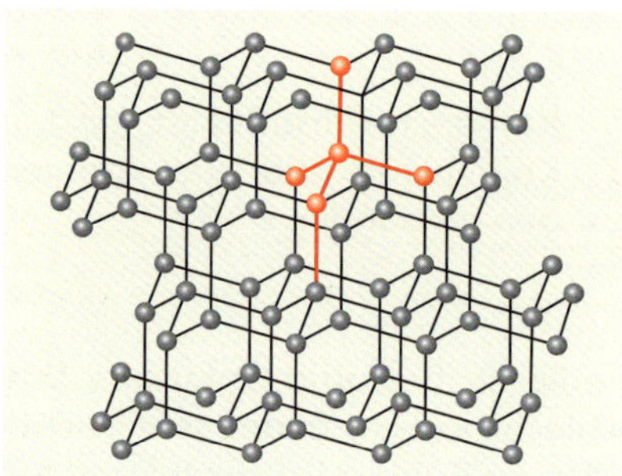

Eine dem Grafit ähnliche Struktur kann Silicium nicht ausbilden. Es ist jedoch ein Halbleiter; bei hohen Temperaturen leitet der Kristall den elektrischen Strom. Silicium ist ein Halbmetall (↗ S. 175).
Bei Zimmertemperatur sind alle vier Außenelektronen in Atombindungen gebunden. Mit zunehmender Temperatur lösen sich immer mehr Elektronen und werden frei beweglich, sodass die Leitfähigkeit mit der Temperatur steigt.

> Im Kristallgitter des Siliciums ist jedes Siliciumatom mit vier anderen Siliciumatomen verbunden. Es gibt bei Zimmertemperatur keine frei beweglichen Elektronen.

Chemische Reaktionen
Reines Silicium ist reaktionsträge. Bei Zimmertemperatur reagiert es nur mit dem aggressiven Fluor unter Feuererscheinung zu Siliciumtetrafluorid SiF_4, mit den übrigen Halogenen reagiert es beim Erhitzen zu den entsprechenden Tetrahalogeniden.
An der Luft verbrennt Silicium erst bei sehr hohen Temperaturen (oberhalb 1 000 °C) zu SiO_2, da die sich sofort bildende dünne Schicht aus Siliciumdioxid SiO_2 den weiteren Zutritt von Sauerstoff erschwert.

$$Si + O_2 \longrightarrow SiO_2$$

▶ Vor allem das Siliciumtetrachlorid $SiCl_4$ besitzt als Ausgangsstoff für die Synthese organischer Siliciumverbindungen **(Silicone)** große Bedeutung.

Mit Stickstoff reagiert Silicium bei etwa 1 400 °C zu Siliciumnitrid Si_3N_4.

$$3\,Si + 2\,N_2 \longrightarrow Si_3N_4$$

In allen Säuren (ausgenommen in Flusssäure, HF) ist Silicium praktisch unlöslich. Das liegt an der unlöslichen Schutzschicht aus Siliciumdioxid, welche einen Angriff der Säure verhindert. Dagegen löst sich Silicium leicht in heißen Laugen in einer exothermen Reaktion unter Wasserstoffentwicklung. Es entstehen Silicate.

▶ Viele Metalle gehen beim Erhitzen mit **Silicium** in elektrischen Schmelzöfen in Silicide (↗ S. 195), intermetallische Verbindungen von Metallen und Silicium über, z. B. Ca_2Si, CaSi, Mg_2Si, $CaSi_2$.

Reaktion von Silicium mit Natriumhydroxidlösung

$$Si + 2\,NaOH + H_2O \longrightarrow Na_2SiO_3 + 2\,H_2$$

Vorkommen:
Silicium kommt in der Natur nie in reiner Form vor. In Form seiner Verbindungen (↗ S. 194) ist Silicium jedoch nach Sauerstoff das zweithäufigste Element der Erde.

Bedeutung:
Vom Silicium werden drei Handelsformen unterschieden: Ferrosilicium, technisches Silicium und Reinstsilicium.

1. **Ferrosilicium FeSi:** Siliciumgehalt zwischen 10 und 90 %, Herstellung durch Reduktion von Quarz (Siliciumdioxid) mit Kohlenstoff in Lichtbogenreduktionsöfen, Verwendung als Legierungsbestandteil für Eisen und korrosionsbeständige Gusslegierungen.
2. **Technisches Silicium:** Reinheitsgrad zwischen 98,5 und 99 %, Herstellung durch Reduktion von Quarz (Siliciumdioxid) mit Kohlenstoff in Lichtbogenreduktionsöfen, Verwendung (ca. 50 %) als Legierungsbestandteil für Aluminium, zur Herstellung von Siliciumverbindungen (↗ S. 194) .
3. **Reinstsilicium** (Halbleitersilicium): Reinheitsgrad über 99,999 %, Verwendung in der Mikroelektronik und der Solarzellenproduktion (Fotovoltaik). Für integrierte Schaltkreise wird das hochreine Silicium bewusst mit Antimon-, Aluminium- oder Arsenatomen versetzt. Durch diese **Dotierung** kann man die Leitfähigkeit des Halbmetalls gezielt beeinflussen.

▶ Reinstsilicium wird für Mikrochips benötigt. Kein Computer würde ohne dieses Element funktionieren. Reines **Silicium** leitet den elektrischen Strom schlecht. Wenn die Einführung von Fremdatomen gezielt erfolgt, erhält man ein Halbleitersilicium.

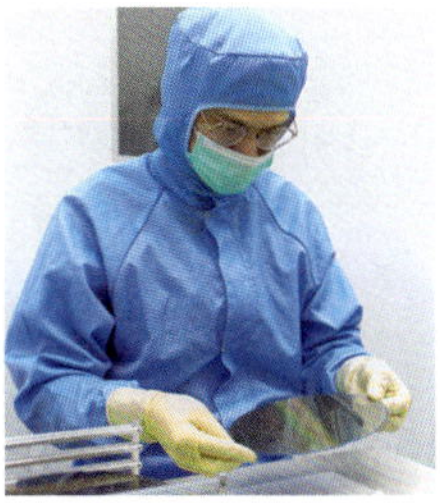

Anorganische Siliciumverbindungen

Tetraeder (Vierflächner) sind pyramidenähnliche, von vier Dreiecken begrenzte geometrische Körper.

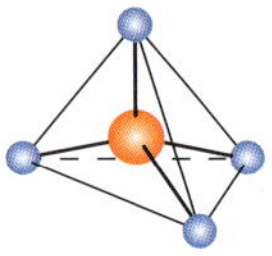

Tetraedrische Anordnungen sind sehr stabil und kommen in vielen chemischen Strukturen von Molekülen und kristallinen Festkörpern vor.

> Wichtige anorganische Verbindungen des Siliciums sind Siliciumdioxid, Kieselsäure und ihre Salze, die Silicate.

Siliciumdioxid SiO_2

Siliciumdioxid liegt anders als Kohlenstoffdioxid nicht als Molekül vor. Anstelle von zwei Doppelbindungen werden vom Silicium vier Einfachbindungen zum Sauerstoff ausgebildet, sodass stabile SiO_4-Einheiten entstehen. Diese tetraedrischen SiO_4-Einheiten sind so miteinander verknüpft, dass ein regelmäßiges Gitter mit der Verhältnisformel SiO_2 entsteht.

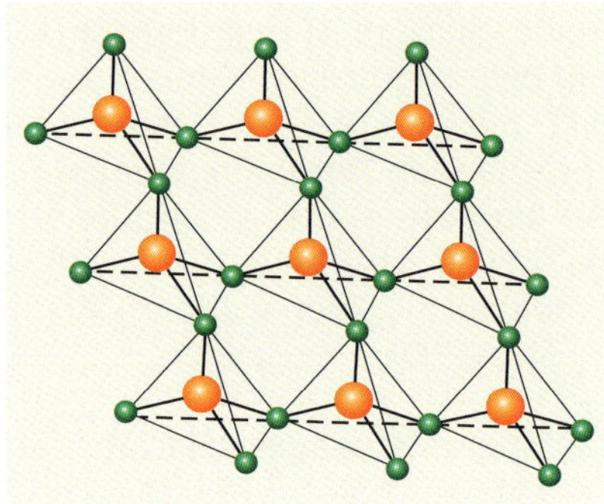

Eigenschaften:
Polymeres Siliciumdioxid ist fest, kristallin, in reiner Form farblos und geruchlos.

Vorkommen:
Siliciumdioxid kommt in der Natur als **Quarz** vor. Quarz kann in verschiedenen Erscheinungsformen auftreten. Als Bergkristall findet er sich in Gesteinshöhlen. Auch Sand besteht aus kleinen Quarzkristallen. Verschiedene Mineralien, z.B. Granit, enthalten Quarz.

Verwendung:
Sand wird zur Glasherstellung benötigt. Durch die große Härte der Kristalle ist Quarz als Schleifmittel einsetzbar. Siliciumdioxid wird als Bestandteil natürlicher Füllstoffe eingesetzt, z.B. für Beschichtungen, flüssige Kunststoffe, Dichtungsmassen und Hausanstriche.

Kieselsäure H_4SiO_4

Aufbau:
Monokieselsäure besteht aus einem Molekül mit einem Siliciumatom und jeweils vier Sauerstoff- und Wasserstoffatomen.

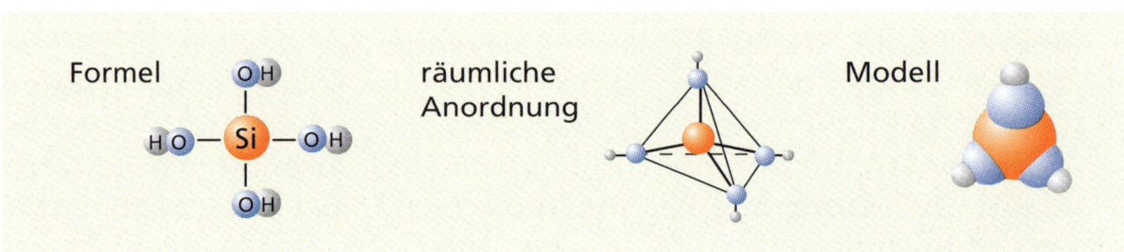

Eigenschaften:

Mono- oder Orthokieselsäure ist eine sehr schwache Säure, die nur in großer Verdünnung ($c < 3 \cdot 10^{-3}\,mol \cdot l^{-1}$) einige Zeit beständig ist. Durch Wasserabspaltung können diese Monomere zu Polykieselsäuren kondensieren. Dabei bilden sich Ketten oder Ringe, die aus tetraederförmigen SiO_4^{4-}-Einheiten bestehen, welche über Sauerstoffatome auf verschiedene Weise miteinander verknüpft sein können.

In der Natur kommen nur die Salze der Kieselsäure, die **Silicate,** vor. So enthalten z. B. Kieselalgen ein kristallines Gerüst von Silicaten.

Silicate

> Die Salze der Kieselsäuren sind die aus unterschiedlich angeordneten SiO_4^{4-}-Bausteinen und den dazugehörigen Kationen bestehenden **Silicate.** Die Strukturen der Silicate sind sehr vielfältig.

Die Strukturen der Salze ähneln denen der entsprechenden Kieselsäuren. Je nach Verknüpfung der SiO_4^{4-}-Tetraeder können Silicate kettenförmig (Kettensilicate), flächig (Blattsilicate) oder räumlich (Gerüstsilicate) aufgebaut sein.
Mit der Vielfalt der Strukturen ändern sich die Eigenschaften, sodass Silicate viele technische Anwendungen finden.
Silicatgläser werden u. a. als Laborglas oder in optischen Geräten eingesetzt. Alkalisilicate (Natrium- und Kaliumsilicate) werden für Betonimprägnierungen und als Bindemittel für Mauerputze sowie zur Herstellung von Wasch- und Reinigungsmitteln verwendet.

Durch Zusammenschmelzen von Sand SiO_2 mit Natrium- oder Kaliumcarbonat bei 1 400 °C bilden sich Alkalisilicate, deren wässrige Lösungen als „Wasserglas" bezeichnet werden.

Technisch hergestellte Siliciumverbindungen

Siliciumcarbid SiC

Siliciumcarbid ist ein wichtiger Vertreter der keramischen Baustoffe (Nichtoxidkeramik). Die hohe chemische Beständigkeit sowie die guten mechanischen Eigenschaften, z. B. hohe Festigkeit und Härte auch bei hohen Temperaturen (über 1 000 °C), machen das Siliciumcarbid zu einem modernen Werkstoff.

Siliciumnitrid Si_3N_4

Auch aus Siliciumnitrid werden keramische Werkstoffe hergestellt. Diese haben ähnliche Eigenschaften wie Siliciumcarbidkeramiken. Die Anwendungsgebiete ähneln denen des Siliciumcarbids. Der Einbau von Metalloxiden (Al_2O_3, Y_2O_3, ZrO_2 oder BeO) verändert die Eigenschaften.

Metallsilicide

Silicide gehören zu den metallischen Hartstoffen. Sie besitzen eine hohe Beständigkeit gegenüber chemischen Einflüssen. Molybdänsilicid $MoSi_2$ wird als elektrisches Heizelement eingesetzt. Calciumsilicide wie Ca_2Si dienen als Zusatzstoffe für die Stahlherstellung.

Die meisten Silicide besitzen unter den metallischen Hartstoffen die niedrigsten Schmelztemperaturen und Härtewerte. Sie eignen sich daher nicht für den Einbau in Hartmetalllegierungen.

Siliciumhalogenide

Die wichtigsten Siliciumhalogenide sind das Siliciumtetrachlorid $SiCl_4$ und das Silicochloroform $SiHCl_3$. Sie werden zur Herstellung von Reinstsilicium und organischen Siliciumverbindungen eingesetzt.

5.2.4 Stickstoff und Stickstoffverbindungen

Das Element Stickstoff

Stickstoff ist ein Element der V. Hauptgruppe. Es hat die Ordnungszahl 7.

Atombau:
Das Stickstoffatom besitzt 7 Protonen und meist 7 Neutronen im Atomkern sowie 7 Elektronen in der Atomhülle. Auf der ersten Elektronenschale (dem ersten Energieniveau) befinden sich zwei und auf der zweiten Elektronenschale (dem zweiten Energieniveau) fünf Elektronen. Stickstoff hat fünf Außenelektronen.

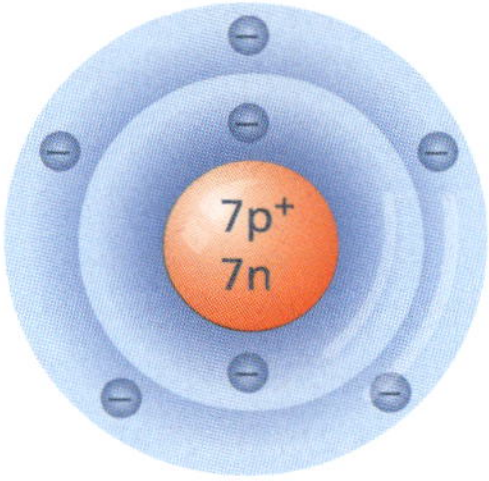

Um eine stabile Achterschale (↗ S. 74) zu erreichen, kann ein Stickstoffatom drei weitere Elektronen aufnehmen. Durch Atombindungen entsteht ein Elektronenoktett.

> Der Name **Stickstoff** kommt von „ersticken", z. B. von Flammen. Das Element wurde in der zweiten Hälfte des 18. Jahrhunderts von mehreren Chemikern z. B. **D. RUTHERFORD** (1749–1819), **C. W. SCHEELE** (1742–1786) und **H. CAVENDISH** (1731–1810) unabhängig voneinander entdeckt.

Ausbildung von Atombindungen
- unpolare Atombindungen mit anderen Stickstoffatomen: Stickstoffmolekül
- polare Atombindungen mit anderen Atomen: Stickstoffoxide, Ammoniak

Das Element Stickstoff kommt immer als Molekül vor.

Aufbau des Stickstoffmoleküls:
Das Stickstoffmolekül besteht aus zwei Stickstoffatomen. Die Atome sind durch drei gemeinsame Elektronenpaare (unpolare Atombindungen) miteinander verbunden. Jedes Stickstoffatom besitzt noch zwei nichtbindende Elektronen.

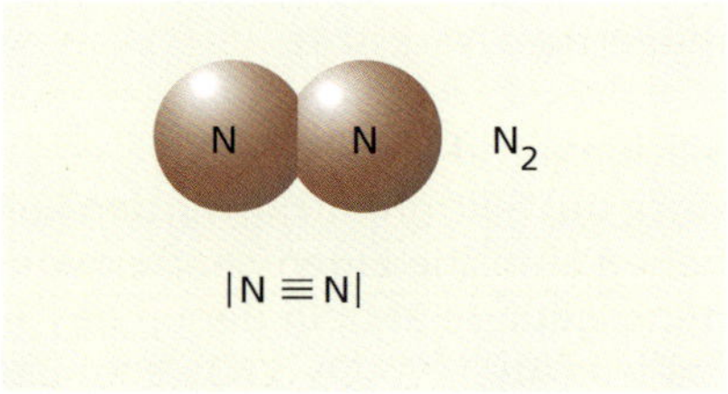

> Aus der hohen Stabilität der Dreifachbindung des Stickstoffmoleküls ergibt sich die geringe chemische Reaktivität (Reaktionsträgheit) des **Stickstoffs.**

Eigenschaften:
Das Element Stickstoff ist ein farbloses, geruchloses, nicht brennbares Gas. Das Gas unterhält Verbrennungsvorgänge nicht.

Reaktionen des Stickstoffs:
Stickstoff ist sehr reaktionsträge. Bei Zimmertemperatur reagiert das Gas nur mit sehr unedlen Metallen zu Nitriden.

> **Stickstoff** ist das am häufigsten in freier Form vorkommende bekannte Element auf der Erde.

Reaktion von Stickstoff mit Lithium

$$N_2 + 6\,Li \longrightarrow 2\,Li_3N$$

Vorkommen:
Stickstoff ist der Hauptbestandteil der Luft. Das Gas hat einen Anteil von 78,1 Vol.-% in der Atmosphäre.

Herstellung:
Großtechnisch kann Stickstoff auf physikalischem Wege durch fraktionierte Destillation von flüssiger Luft gewonnen werden (↗ S. 32).
Auf chemischem Wege erhält man Stickstoff durch die Verbrennung von Kohle mit Luft und anschließender Abtrennung des gebildeten Kohlenstoffdioxids aus dem Gasgemisch.

Im Labor kann elementarer **Stickstoff** durch thermische Zersetzung von Ammoniumnitrit gewonnen werden.

Verwendung:
Aufgrund seiner Reaktionsträgheit wird Stickstoff als Schutzgas (Inertgas) verwendet, z. B. in der Lebensmittelindustrie. Flüssiger Stickstoff wird in der Kältetechnik zur Konservierung von Zellen und z. T. sogar schon von Organen eingesetzt.

Anorganische Stickstoffverbindungen

> Stickstoff bildet eine Reihe von anorganischen Verbindungen, z. B. Ammoniak, verschiedene Stickstoffoxide, Salpetersäure und deren Salze, die Nitrate.

Ammoniak NH_3

> **Ammoniak** ist ein Molekül. Es besteht aus einem Atom Stickstoff und drei Atomen Wasserstoff, die durch polare Atombindungen verbunden sind.

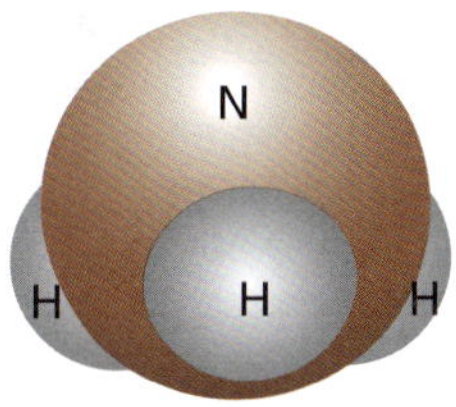

Eigenschaften:
Ammoniak ist farblos, gasförmig, mit charakteristischem Geruch, leichter als Luft und gut wasserlöslich. Die wässrige Lösung reagiert schwach basisch, weil das Ammoniakmolekül als Protonenakzeptor (↗ S. 147) wirkt, und in wässriger Lösung Hydroxid-Ionen entstehen.

$$NH_3 + H_2O \longrightarrow NH_4^+ + OH^-$$

Trotz seiner basischen Eigenschaften ist Ammoniak in der Lage, mit Metallen unter Abgabe von Wasserstoff zu reagieren. Dabei bilden sich Amide ($MeNH_2$), Imide (Me_2NH) oder Nitride (Me_3N).

Herstellung:
Das wichtigste Verfahren zur Herstellung von Ammoniak ist die Ammoniaksynthese nach dem Haber-Bosch-Verfahren (↗ S. 292).

Das **Haber-Bosch-Verfahren** wurde 1913 entwickelt. Es ermöglichte Deutschland während des Ersten Weltkriegs die zur Waffenproduktion notwendigen Nitrate unter Umgehung des Handelsembargos selbst herzustellen.

Verwendung:
Ammoniak wird zu etwa 80 % für die Herstellung von Stickstoffdüngemitteln gebraucht. Der Rest dient zur Herstellung von Kunststoffen, Sprengstoffen auf Nitratbasis und Pflanzenschutzmitteln.

5

Stickstoffoxide

Distickstoffmonooxid N_2O wird in der Medizin als Narkosemittel verwendet.

Mit Sauerstoff bildet Stickstoff verschiedene Oxide. Dazu gehören Distickstoffmonooxid N_2O, **Stickstoffmonooxid** NO, Distickstofftrioxid N_2O_3, **Stickstoffdioxid** NO_2 und Distickstoffpentoxid N_2O_5. NO/NO_2-Gemische heißen **nitrose Gase.**

Name	Stickstoffmonooxid	Stickstoffdioxid
Molekülmodell	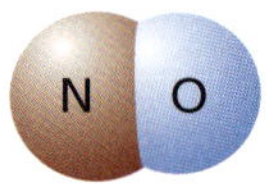	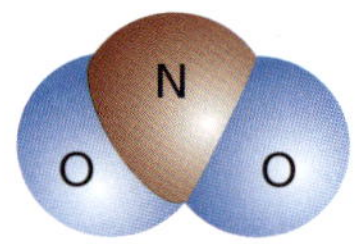
Formel	NO	NO_2
Eigenschaften	farblos, gasförmig, geruchlos, sehr giftig, kaum wasserlöslich, sehr reaktionsfreudig	braunrot, gasförmig, stechend riechend, sehr giftig, starkes Oxidationsmittel, gut wasserlöslich
Vorkommen	im menschlichen Körper als blutgefäßerweiternde Substanz, in Abgasen, im Zigarettenrauch	entsteht durch spontane Oxidation von Stickstoffmonooxid, in Abgasen, im Zigarettenrauch
Verwendung	zur Salpetersäureherstellung; entsteht aus blutdrucksenkenden Mitteln	als Zwischenstufe bei der Herstellung der Salpetersäure

In blutdrucksenkenden Medikamenten ist oft Glyceroltrinitrat (Nitroglycerin) enthalten. Daraus setzt der Körper durch enzymatische Reaktionen das gefäßerweiternde Stickstoffmonooxid frei.

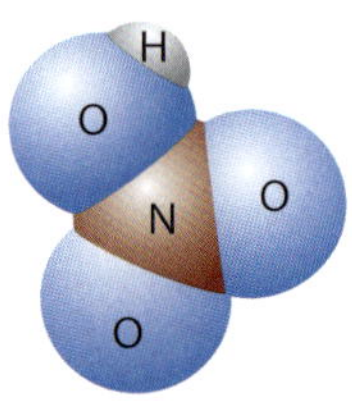

Die Oxide des Stickstoffs reagieren mit Wasser zu verschiedenen Säuren. Stickstoffmonooxid bildet mit Luftsauerstoff Stickstoffdioxid.

$$2\,NO + O_2 \rightleftharpoons 2\,NO_2$$

Stickstoffdioxid reagiert mit Wasser zu einem Gemisch aus Salpetersäure und salpetriger Säure.

$$2\,NO_2 + H_2O \rightleftharpoons HNO_3 + HNO_2$$

Salpetersäure HNO_3

Salpetersäure ist eine starke Säure, die mit Wasser in Wasserstoff-Ionen (Hydronium-Ionen) und Nitrat-Ionen dissoziiert.

Eigenschaften:
Reine Salpetersäure ist eine farblose, stark ätzende Flüssigkeit und wirkt als starkes Oxidationsmittel.

1. Konzentrierte Salpetersäure
   Sie ist eine farblose Flüssigkeit und löst Edelmetalle wie Kupfer und Silber, aber nicht Gold und Platin. Salpetersäure wird zur Herstellung von Düngemitteln, Kunstfasern, Nitrolacken, Farbstoffen und deren Zwischenprodukten (Anilin) verwendet.

2. Verdünnte Salpetersäure
   Sie ist eine farblose Flüssigkeit, stark sauer (ähnlich der Salzsäure) und reagiert mit unedlen Metallen zu Nitraten.
   $2\ HNO_3 + Mg \longrightarrow Mg(NO_3)_2 + H_2$

Salpetersäure ist die wichtigste der stickstoffhaltigen Säuren. Sie dient vor allem zur Herstellung von Nitraten.

Im Labor werden konzentrierte (68 %) und verdünnte (12 %) Salpetersäure verwendet. Höher konzentrierte Salpetersäure (65–100 %) kann rotes Stickstoffdioxid enthalten. Beim Öffnen der Flasche entweicht das Stickstoffdioxid unter Rauchbildung, sodass die hoch konzentrierte Säure auch rote, rauchende Salpetersäure genannt wird.

5

Salze der Salpetersäure – Nitrate

Nitrate bestehen aus positiv geladenen Metall- oder Ammonium-Ionen und negativ geladenen Nitrat-Ionen.

Die Salze der Salpetersäure, die Nitrate, entstehen entweder durch Reaktion der Säure mit Metallen oder indem Salpetersäure mit entsprechenden Carbonaten oder Hydroxiden umgesetzt wird.

Bildung von Nitraten aus Carbonaten und Hydroxiden

$2\ HNO_3 + Na_2CO_3 \longrightarrow 2\ NaNO_3 + H_2O + CO_2$

$HNO_3 + KOH \longrightarrow KNO_3 + H_2O$

Salpetrige Säure HNO_2 ist eine schwache Säure. Die Salze der salpetrigen Säure sind die Nitrite.

Alle Nitrate sind wasserlösliche Salze, sie dissoziieren in Metall-Ionen und Nitrat-Ionen (↗ S. 97).

Dissoziation von Natriumnitrat

$NaNO_3 \rightleftharpoons Na^+ + NO_3^-$

Wichtige Nitrate sind Kaliumnitrat, Natriumnitrat und Ammoniumnitrat.

1. Kaliumnitrat KNO_3
   Kaliumnitrat, ein weißes, kristallines Salz, wird auch als „Salpeter“ bezeichnet. Schon vor Jahrhunderten verwendete man es zur Herstellung von Schwarzpulver. Auch heute noch ist es ein Ausgangsstoff für Sprengstoffe und wird außerdem für Kunststoffe und Farbstoffe gebraucht.
2. Natriumnitrat $NaNO_3$
   Wie Kaliumnitrat ist auch das Natriumnitrat ein weißes, kristallines Salz. Es ist Hauptbestandteil des Chilesalpeters. Natriumnitrat wird als Düngemittel und zur Herstellung von Feuerwerk verwendet.
3. Ammoniumnitrat NH_4NO_3
   Das Salz ist weiß, kristallin und zerfällt beim Erhitzen explosionsartig. Ammoniumnitrat ist ein idealer Stickstoffdünger, darf jedoch nach dem Sprengstoffgesetz nur in Gemischen eingesetzt werden.

Silbernitrat ist ein bekanntes Nachweismittel für Halogenid-Ionen (↗ S. 347). Zur Herstellung von Feuerwerkskörpern verwendet man u. a. Barium- und Strontiumnitrat.

Stickstoff kommt auf der Erde nicht nur in anorganischen Verbindungen vor. In verschiedenen organischen Stoffen ist ebenfalls Stickstoff gebunden. Alle Eiweiße (↗ S. 255) sind aus Stickstoff enthaltenden Aminosäuren aufgebaut, die über Peptidbindungen miteinander verknüpft sind. Luftstickstoff, anorganisch und organisch gebundener Stickstoff stehen über einen Stickstoffkreislauf (↗ S. 324) miteinander in Verbindung.

5

5.2.5 Phosphor und Phosphorverbindungen

Das Element Phosphor

Phosphor ist ein Element der V. Hauptgruppe. Es hat die Ordnungszahl 15.

Atombau:
Das Phosphoratom besitzt 15 Protonen und 16 Neutronen im Atomkern sowie 15 Elektronen in der Atomhülle. Auf dem ersten Energieniveau befinden sich zwei, auf dem zweiten Energieniveau acht und auf dem dritten Energieniveau fünf Elektronen. Phosphor hat fünf Außenelektronen.

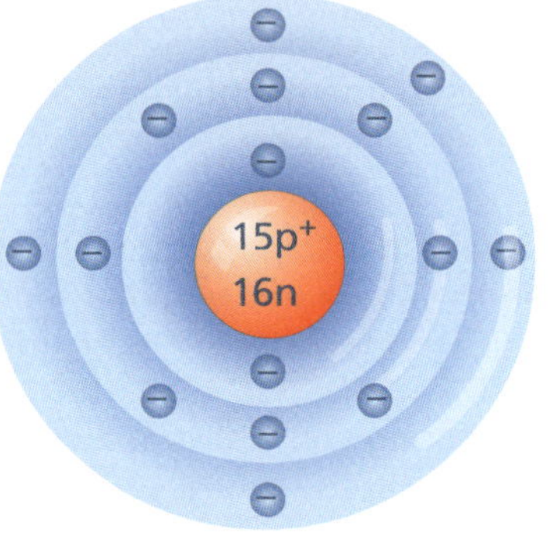

Um eine stabile Elektronenkonfiguration (↗ S. 74) zu erreichen, kann Phosphor drei Elektronen aufnehmen und Phosphidanionen P^{3-} bilden. Wesentlich häufiger jedoch geht Phosphor polare oder unpolare Atombindungen mit geeigneten Partnern ein. Anders als Stickstoff bildet Phosphor nur selten Mehrfachbindungen aus und kommt daher nicht als P_2-Molekül vor.

Phosphor wurde 1669 von dem Alchemisten HENNING BRAND (um 1630 bis nach 1692) auf der Suche nach Gold bzw. dem „Stein der Weisen" entdeckt, als er im eingedampften Harn unter Luftabschluss eine feste Substanz erhielt. Bei Lufteinwirkung leuchtete diese Substanz im Dunkeln und bekam deshalb den Namen Phosphor (griech. *phosphoros* – Lichtträger, lichttragend).

Ausbildung von Atombindungen
- unpolare Atombindungen mit anderen Phosphoratomen: weißer Phosphor, roter Phosphor
- polare Atombindungen mit anderen Atomen: Tetraphosphorhexaoxid, Tetraphosphordecaoxid

Vom elementaren Phosphor existieren mehrere Modifikationen, so z. B. weißer, roter, violetter und schwarzer Phosphor.

Weißer Phosphor
Phosphoratome bilden untereinander keine Mehrfachbindungen. Um ein Elektronenoktett zu erhalten, werden bei der weißen Modifikation drei unpolare Atombindungen zu anderen Phosphoratomen und ein freies Elektronenpaar ausgebildet. Dadurch entstehen tetraederförmige P_4-Moleküle, die sehr energiereich und damit außerordentlich reaktionsfreudig sind.

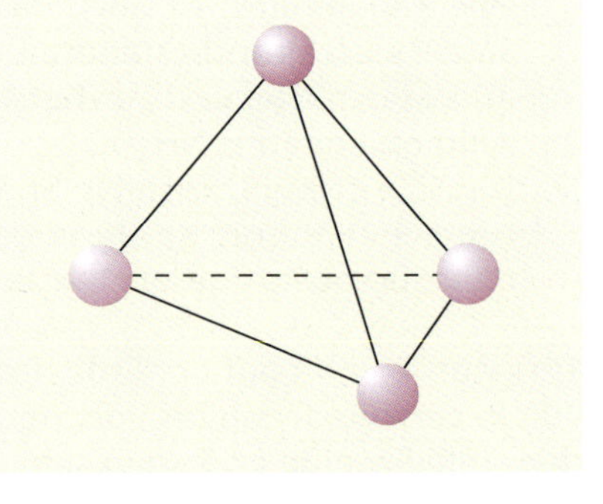

Auch JOHANN KUNKEL (um 1630 bis 1703) und **ROBERT BOYLE** (1627–1691) entdeckten unabhängig voneinander den Phosphor. KUNKEL stellte ihn erstmalig aus Knochen dar. **LAVOISIER** (1743–1794) beschreibt den Phosphor als nichtmetallisches chemisches Element.

Die einzelnen Modifikationen unterscheiden sich in ihren Strukturen und somit auch in ihren physikalischen und chemischen Eigenschaften.

Weißer Phosphor ist kristallin, bei Zimmertemperatur wachsartig, nicht wasserlöslich, bildet sehr giftige Dämpfe und leuchtet im Dunkeln.
Roter, schwarzer und violetter Phosphor können aus der weißen Modifikation hergestellt werden.

Weißer **Phosphor** wird unter Wasser gelagert. Dadurch wird verhindert, dass er mit dem Luftsauerstoff reagiert oder sich selbst entzündet.

Andere Modifikationen des Phosphors	
roter Phosphor	– bildet sich beim Erhitzen von weißem Phosphor unter Luftabschluss – besteht aus unregelmäßig dreidimensional vernetzten Phosphoratomen – dunkelrot, amorph, pulverförmig, nicht giftig, entzündet sich erst oberhalb 400 °C, explodiert im Gemisch mit starken Oxidationsmitteln schon bei geringer Energiezufuhr, z. B. Reibung
violetter Phosphor	– entsteht durch langes Erhitzen aus dem weißen Phosphor – besteht aus einem kompliziert aufgebauten Schichtgitter, in dem die Phosphoratome röhrenförmig verknüpft sind – kristallin, kristallisiert in gut spaltbaren Tafeln
schwarzer Phosphor	– entsteht u. a. unter Hochdruck aus dem weißen Phosphor – besteht aus gewellten Doppelschichten aus P_6-Ringen – kristallin, glänzend, eisengrau, leitet elektrischen Strom und Wärme, wasserunlöslich, ungiftig

Das Leuchten des weißen **Phosphors** im Dunkeln beruht darauf, dass er an der Luft in Spuren verdampft und langsam zu P_4O_{10} oxidiert wird. Bei dieser Reaktion wird Energie frei, die z. T. als Licht abgegeben wird (Phosphoreszens).

Reaktionen des Phosphors:
Weißer Phosphor ist äußerst reaktionsfreudig und schon bei tiefen Temperaturen selbstentzündlich. An trockener Luft verbrennt er zu Tetraphosphordecaoxid P_4O_{10} (↗ S. 202).

$$P_4 + 5\,O_2 \longrightarrow P_4O_{10}$$

Mit Halogenen, z. B. Chlor, reagiert Phosphor zu Halogeniden.

■ $P_4 + 6\,Cl_2 \longrightarrow 4\,PCl_3$

Vorkommen:
Phosphor kommt in der Natur nur gebunden in Form von Phosphaten in Sedimentgesteinen vor. Zu den wichtigsten Phosphatmineralien gehört Apatit.
Verbindungen des Phosphors sind wichtige Bestandteile aller Lebewesen. Sie kommen besonders im Gehirn, in Nerven, im Blut und in Muskeln vor. Knochen und Zähne bestehen zum großen Teil aus Phosphorverbindungen. Phosphor ist auch in Nucleinsäuren und Enzymen enthalten.

Phosphor ist ein unentbehrlicher Nährstoff für die Entwicklung der Pflanzen. Urin und Exkremente sind reich an Phosphaten. Die ausgetrockneten Exkremente von Seevögeln der südamerikanischen Pazifikküste (Guano) werden deshalb auch als **Düngemittel** genutzt.

Verwendung:
Weißer Phosphor dient zur Gewinnung verschiedener Phosphorverbindungen, z. B. Tetraphosphordecaoxid, Phosphorsäure und Phosphaten. Roter Phosphor wird zur Herstellung von Zündhölzern, Feuerwerk und Brandbomben sowie zur Erzeugung künstlichen Nebels genutzt.

5

Anorganische Phosphorverbindungen

> In Form von anorganischen Verbindungen kommt Phosphor in verschiedenen Oxiden, deren Säuren und den Salzen dieser Säuren vor.

Phosphor bildet mit Sauerstoff verschiedene Oxide, z. B. Tetraphosphorhexaoxid P_4O_6 oder Tetraphosphordecaoxid P_4O_{10}, die technisch bedeutsamste Verbindung.

Tetraphosphordecaoxid P_4O_{10}

Um die Formel des Phosphor(V)-oxids P_4O_{10} zu vereinfachen, kürzt man die Zahlen, die das Atomzahlverhältnis angeben. So entsteht die Formel P_2O_5, bezeichnet als Diphosphorpentoxid oder nur Phosphorpentoxid. Die Moleküle des P_4O_{10} bilden eine Käfigstruktur.

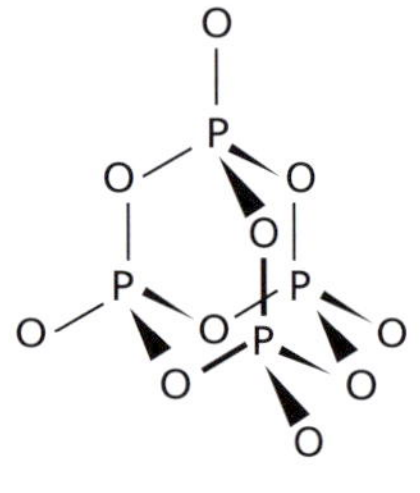

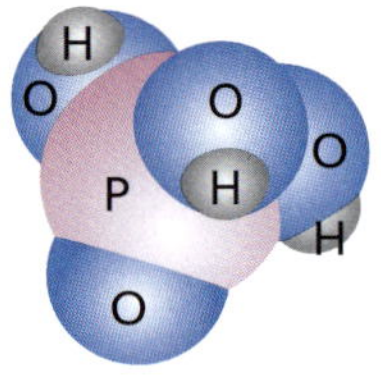

> **Tetraphosphordecaoxid** oder Phosphor(V)-oxid ist ein Molekül. Es besteht aus vier Phosphoratomen und zehn Sauerstoffatomen, die durch polare Atombindungen miteinander verbunden sind.

Eigenschaften:
Tetraphosphordecaoxid ist farblos, geruchlos, fest und stark wasseranziehend (hygroskopisch). Mit Wasser reagiert das Oxid sehr heftig unter Bildung der Phosphorsäure.

Herstellung und Verwendung:
Tetraphosphordecaoxid wird technisch durch Verbrennen von weißem Phosphor in trockener Luft hergestellt.

$$P_4 + 5\,O_2 \longrightarrow P_4O_{10}$$

Das stark hygroskopische Oxid wird in der Industrie und im Labor als Trockenmittel eingesetzt.

Phosphorsäure H_3PO_4

> **Phosphorsäure** ist eine mittelstarke Säure, die mit Wasser teilweise in Wasserstoff-Ionen (Hydronium-Ionen) und Phosphat-Ionen dissoziiert.

Eigenschaften:
Phosphorsäure ist eine farblose, kristalline, in Wasser leicht lösliche Substanz. Bei der Reaktion mit Wasser dissoziiert die Phosphorsäure stufenweise.

$$H_3PO_4 + 3\,H_2O \rightleftharpoons 3\,H_3O^+ + PO_4^{3-}$$

Herstellung und Verwendung:
Phosphorsäure wird technisch durch Umsetzung von Calciumphosphat mit Schwefelsäure oder durch die Reaktion von Tetraphosphordecaoxid mit Wasser hergestellt.

Herstellung von Phosphorsäure:

$$Ca_3(PO_4)_2 + 3\ H_2SO_4 \longrightarrow 2\ H_3PO_4 + 3\ CaSO_4$$
$$P_4O_{10} + 6\ H_2O \longrightarrow 4\ H_3PO_4$$

Die Phosphorsäure dient als Ausgangsstoff für die Herstellung phosphathaltiger Düngemittel und von Natriumphosphaten für die Enthärtung von Wasser. Sie findet in der Emailleindustrie, bei der Herstellung von Porzellankitt und Zahnfüllungen Verwendung. In der Getränkeindustrie wird sie als Säuerungsmittel, z. B. in Cola, genutzt.
Durch die schrittweise Dissoziation gibt es drei mögliche Säurerest-Ionen der Phosphorsäure: das Dihydrogenphosphat-, das Hydrogenphosphat- und das Phosphat-Ion.
Demzufolge gibt es drei mögliche Salze der Phosphorsäure. Die Dihydrogenphosphate (primäre Phosphate), die Hydrogenphosphate (sekundäre Phosphate) und die eigentlichen Phosphate (tertiäre Phosphate). Alle werden unter dem Sammelbegriff Phosphate zusammengefasst.

Reine Phosphorsäure, z. B. für die Lebensmittelindustrie, wird durch Verbrennen von weißem **Phosphor** in einem Luft-Wasserdampf-Strom gewonnen.

5

Salze der Phosphorsäure – Phosphate

In Form von anorganischen Verbindungen kommt Phosphor in verschiedenen Oxiden, deren Säuren und vor allem den Salzen dieser Säuren, den **Phosphaten,** vor.

Einige wichtige Phosphate

Gruppe	Namen und Formeln	Bedeutung
Natrium-phosphate	– Natriumdihydrogenphosphat NaH_2PO_4 – Dinatriumhydrogenphosphat Na_2HPO_4 – Trinatriumphosphat Na_3PO_4 (vereinfacht auch Natriumphosphat) – Natriumdiphosphat $Na_4P_2O_7$ – Natriumtriphosphat $Na_5P_3O_{10}$	– zur Metallreinigung – für Puffersysteme – in der Tierernährung – in der Lebensmittelindustrie – zur Wasserenthärtung in Geschirrspülmitteln
Ammonium-phosphate	– Diammoniumhydrogenphospat $(NH_4)_2HPO_4$	– als Düngemittel (kommt im Guano vor)
Calcium-phosphate	– Calciumdihydrogenphosphat $Ca(H_2PO_4)_2$ – Calciumhydrogenphosphat $CaHPO_4$ – Calciumphosphat $Ca_3(PO_4)_2$ – Superphosphat $Ca(H_2PO_4)_2 \cdot 2\ CaSO_4$	– als Düngemittel – in der Futtermittelindustrie – in der Lebensmittelindustrie – als Bestandteil von Zahnpasta

In der Natur kommen große Mengen an Calciumphospat in Form von Apatit in Lagerstätten vor.

5.2.6 Sauerstoff und Oxide

Das Element Sauerstoff

> **Sauerstoff** ist ein Element der VI. Hauptgruppe. Es hat die Ordnungszahl 8.

Das Element **Sauerstoff** wurde 1771 von **C. W. SCHEELE** (1742–1786) entdeckt.

Atombau:
Das Sauerstoffatom besitzt 8 Protonen und meist 8 Neutronen im Atomkern sowie 8 Elektronen in der Atomhülle. Auf der ersten Elektronenschale (dem ersten Energieniveau) befinden sich zwei und auf der zweiten Elektronenschale (dem zweiten Energieniveau) sechs Elektronen. Sauerstoff hat sechs Außenelektronen.

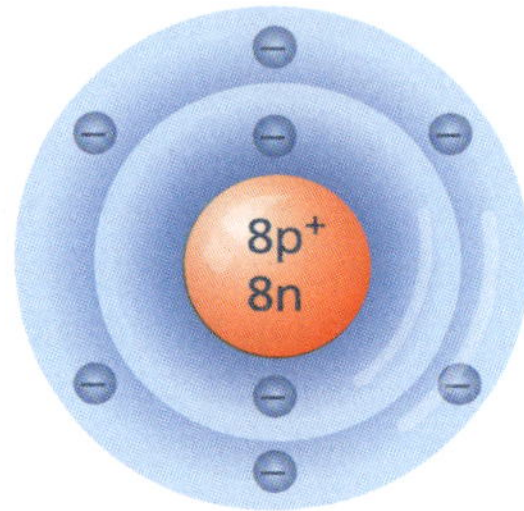

Um eine stabile Achterschale (↗ S. 74) zu erreichen, kann ein Sauerstoffatom zwei Elektronen aufnehmen. Sauerstoff kann mit anderen Sauerstoffatomen Moleküle mit Atombindungen bilden. Das Element Sauerstoff kommt immer molekular vor.

Ozon ist ein bläuliches, charakteristisch riechendes, giftiges Gas mit der Formel O_3. Es zerfällt bei Energiezufuhr (Licht, Wärme) sehr schnell zu Sauerstoff.

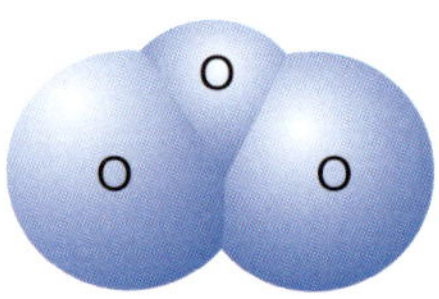

O_3

Aufbau des Sauerstoffmoleküls:
Das Sauerstoffmolekül besteht aus zwei Sauerstoffatomen. Die Atome sind durch zwei gemeinsame Elektronenpaare (unpolare Atombindung) miteinander verbunden.
Jedes Sauerstoffatom besitzt noch vier nichtbindende Elektronen (zwei Paare).

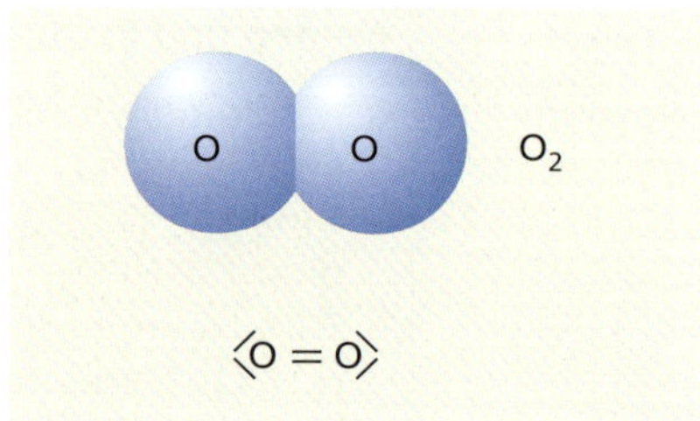

Eigenschaften:
Das Element Sauerstoff ist ein farbloses, geruchloses Gas. Sauerstoff ist selbst nicht brennbar, unterhält jedoch die Verbrennung und die Atmung. Das Gas ist in Wasser relativ gut löslich.

Reaktionen:
Da die Atombindungen im Sauerstoffmolekül sehr stark sind, ist das Gas bei Raumtemperatur relativ reaktionsträge. Bei höheren Temperaturen reagiert Sauerstoff jedoch z. T. sehr heftig mit vielen Elementen.

Reaktionen verschiedener Elemente mit Sauerstoff

$$S + O_2 \longrightarrow SO_2$$
$$C + O_2 \longrightarrow CO_2$$
$$2\,H_2 + O_2 \longrightarrow 2\,H_2O$$
$$2\,Na + O_2 \longrightarrow Na_2O_2$$
$$2\,Mg + O_2 \longrightarrow 2\,MgO$$

Vorkommen:
Sauerstoff kommt molekular mit ca. 21 Vol.-% in der Luft vor. In anorganischen Verbindungen tritt Sauerstoff in Form von Silicaten, Carbonaten oder Oxiden, z. B. Wasser, und in vielen organischen Verbindungen (↗ S. 240 ff.) auf.

Herstellung und Verwendung:
Die gasförmigen Nichtmetalle Wasserstoff und Sauerstoff können aus Wasser durch elektrolytische Zersetzung gewonnen werden.
Reiner Sauerstoff wird z. B. in der Medizin in Beatmungsgeräten eingesetzt. Im Gemisch mit brennbaren Gasen wird das Gas zum Schweißen und Brennschneiden genutzt. Sauerstoff dient in der chemischen Industrie z. B. zur Herstellung von Schwefelsäure (↗ S. 296) und als Synthesegas in der organischen Chemie.
Flüssiger Sauerstoff wird als Raketentreibstoff genutzt. Weiterhin findet er u. a. Anwendung beim Bleichen und in der biologischen Abwasserreinigung.

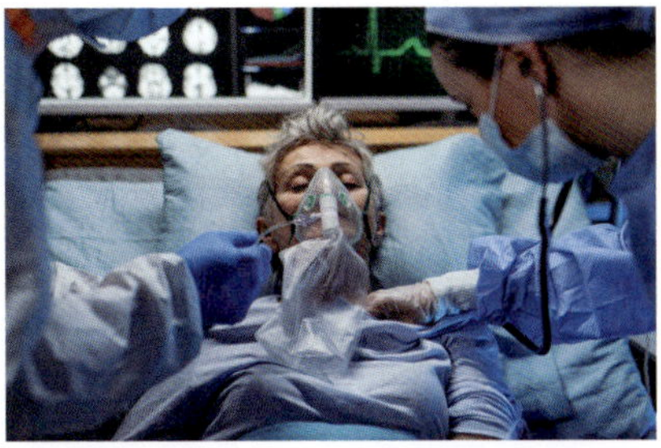

Im hoffmannschen Wasserzersetzungsapparat wird Wasser, das mit verdünnter Schwefelsäure angesäuert wurde (Erhöhung der Leitfähigkeit), durch **Elektrolyse** in Wasserstoff und Sauerstoff zerlegt.

Anorganische Sauerstoffverbindungen

> Wichtige anorganische Verbindungen des Sauerstoffs sind Oxide, sauerstoffhaltige Säuren und ihre Salze sowie Basen.

Oxide

> **Oxide** sind chemische Verbindungen, in denen das Element Sauerstoff mit mindestens einem weiteren Element verbunden ist.

Viele Elemente, vor allem Nichtmetalle, können verschiedene Oxide bilden. Nach der Anzahl der im Molekül vorhandenen Sauerstoffatome werden Monooxide, Dioxide, Trioxide, Tetraoxide usw. unterschieden.

Nichtionische Oxide

CO	Kohlenstoffmonooxid
CO_2	Kohlenstoffdioxid
SO_3	Schwefeltrioxid
NO_2	Stickstoffdioxid
N_2O_4	Distickstofftetraoxid
P_4O_{10}	Tetraphosphordecaoxid

Oxide werden nach ihrem Reaktionsverhalten gegenüber Wasser (↗ S. 177) geordnet.

Oxide

Säure bildende Oxide	Basen bildende Oxide	amphotere Oxide
Oxide, die mit Wasser eine Säure bilden	Oxide, die mit Wasser eine Base bilden	Oxide, die mit einer Säure wie eine Base und mit einer Base wie eine Säure reagieren
– Nichtmetalloxide, z. B. Kohlenstoffdioxid, Schwefeltrioxid, Phosphor(V)-oxid – wenige Metalloxide, z. B. Chrom(VI)-oxid, Mangan(VII)-oxid	– vor allem Oxide der Alkali- und der Erdalkalimetalle, z. B. Calciumoxid, Magnesiumoxid	– Aluminiumoxid, Arsentrioxid, Blei(II)-oxid, Wasser

Oxide entstehen durch die Reaktion von Metallen mit Sauerstoff nach der allgemeinen Gleichung:

$$\text{Metall} + \text{Sauerstoff} \longrightarrow \text{Metalloxid}$$

Reaktion von Calcium mit Sauerstoff

$$2\,Ca + O_2 \longrightarrow 2\,CaO$$

▶ Metalloxide (CaO, Na_2O_2 usw.) und Nichtmetalloxide (CO_2, NO usw.) unterscheiden sich grundlegend in den Bindungsverhältnissen und dadurch auch in ihren Eigenschaften.

Auch durch die Reaktion von Nichtmetallen mit Sauerstoff können sich Oxide bilden.

$$\text{Nichtmetall} + \text{Sauerstoff} \longrightarrow \text{Nichtmetalloxid}$$

Reaktion von Schwefel mit Sauerstoff

$$S + O_2 \longrightarrow SO_2$$

Die Reaktion eines Stoffs mit Sauerstoff wird allgemein als **Oxidation** (↗ S. 134) bezeichnet. Wichtige Oxide sind z. B. einige Metalloxide, wie Calciumoxid, Magnesiumoxid oder Aluminiumoxid, und Nichtmetalloxide, wie Wasser oder Tetraphosphordecaoxid (↗ S. 202).

Wasser H_2O

▶ Wasser ist keine systematische Bezeichnung. Die chemisch exakte Bezeichnung wäre Diwasserstoffmonooxid.

Wasser ist ein Molekül. Es besteht aus einem Atom Sauerstoff und zwei Atomen Wasserstoff, die durch polare Atombindungen verbunden sind.

Wasser ist das Oxid des Wasserstoffs. Im Wassermolekül sind zwei Wasserstoffatome mit einem Sauerstoffatom miteinander verbunden. Sie bilden ein gewinkeltes Molekül mit einem Bindungswinkel von 104,5°.

Modellhafte Darstellung des Wassermoleküls

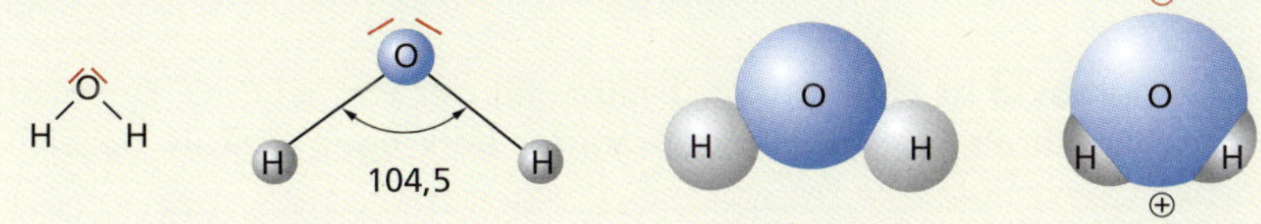

Die gewinkelte Struktur kommt dadurch zustande, dass das Sauerstoffatom noch zwei nichtbindende Elektronenpaare besitzt. Deren Aufenthaltsräume beanspruchen mehr Platz als die beiden Wasserstoffatome. Da Sauerstoff elektronegativer ist als Wasserstoff, zieht das Sauerstoffatom die bindenden Elektronenpaare stärker an. Deshalb entsteht am am Sauerstoffatom ein negativer Pol. Am anderen Molekülende, an dem sich die Wasserstoffatome befinden, bildet sich ein positiver Pol, sodass Wassermoleküle **Dipole** sind.

Hinsichtlich seiner Dichte zeigt Wasser ein ungewöhnliches Verhalten. Erwärmt man es von 0 °C beginnend, steigt seine Dichte zunächst an und erreicht bei 4 °C ein Maximum. Wird das Wasser weiter erwärmt, nimmt die Dichte wieder ab. Diese und andere spezielle Eigenschaften fasst man unter der Bezeichnung **Anomalie des Wassers** zusammen.

Eigenschaften:
Wasser ist farblos, geruchlos, erstarrt (unter Normaldruck) bei 0 °C zu Eis und geht bei 100 °C in Wasserdampf über. Reines Wasser ist kaum elektrisch leitfähig.
Wasser ist ein amphoteres Oxid. Es kann als Brönsted-Säure oder als Brönsted-Base (↗ S. 102 f.) reagieren.
Durch seinen Dipolcharakter ist Wasser eines der besten Lösungsmittel für alle polaren Verbindungen und Ionensubstanzen. Die gelösten Stoffe dissoziieren dabei oft. An die dabei gebildeten Ionen lagern sich Wassermoleküle an, sodass man von aquatisierten oder hydratisierten Ionen spricht (↗ S. 97).

Dissoziation von Kaliumchlorid in Wasser

$$KCl_{(s)} \longrightarrow K^{+}_{(aq)} + Cl^{-}_{(aq)}$$

Herstellung:
Reines Wasser wird über Destillation oder Entmineralisierung an Ionenaustauschern hergestellt.

In Industrie und Landwirtschaft wird Wasser noch für viele andere Zwecke benötigt (↗ S. 320).

Vorkommen und Bedeutung:
Wasser kommt auf der Erde nicht nur in flüssiger Form, sondern auch als Eis oder als Wasserdampf in der Atmosphäre vor. Die Zirkulation des Wassers wird im Wasserkreislauf (↗ S. 318 ff.) beschrieben. Auch in Verbindungen, z. B. in Kristallen als gebundenes Kristallwasser, oder in Komplexverbindungen kann Wasser enthalten sein.

Wasser ist in der Natur ein universelles Lösungsmittel, Lebensraum, Baustoff aller Lebewesen, Transportmittel und Nährstoff.
Der Körper des Menschen besteht zu ungefähr 70 % aus Wasser. Den höchsten Wasseranteil haben dabei Blut und Lymphe mit über 93 %, aber auch die Muskulatur enthält fast 80 % Wasser und das Gehirn und Rückenmark noch über 70 %.
Fehlt eine ausreichende Wasserzufuhr, werden die Funktionen des Körpers schnell gestört. Im Durchschnitt wird davon ausgegangen, dass jeder Mensch pro Tag ungefähr 2 Liter Wasser zum Trinken benötigt.

5

Calciumoxid CaO

Calciumoxid ist eine Ionensubstanz mit der Formel CaO. Der Stoff wird auch als Branntkalk, gebrannter Kalk oder Ätzkalk bezeichnet.

Magnesit und Dolomit sind Mineralien mit der chemischen Zusammensetzung $MgCO_3$ bzw. $CaCO_3 \cdot MgCO_3$. Aus ihnen können die Oxide, z. B. durch Calcinieren, gewonnen werden.

Eigenschaften:
Calciumoxid ist weiß, fest, pulverförmig bis stückig und wirkt stark ätzend. Calciumoxid ist ein Basen bildendes Oxid. Es reagiert mit Wasser unter heftiger Wärmeentwicklung zu Calciumhydroxid $Ca(OH)_2$. Dieser Vorgang wird als Kalklöschen bezeichnet, die entstehende Kalklösung wird Löschkalk (gelöschter Kalk) genannt.

$$\underset{\text{Branntkalk}}{CaO} + H_2O \longrightarrow \underset{\text{Löschkalk}}{Ca(OH)_2}$$

Herstellung und Verwendung:
Calciumoxid wird technisch durch das **Kalkbrennen** (Brennen von Calciumcarbonat $CaCO_3$, ↗ S. 298) gewonnen. Deshalb wird es Branntkalk genannt. Branntkalk und Löschkalk werden vor allem in der Bauindustrie für Kalkmörtel benötigt. Das sich im Kalkmörtel bildende Calciumhydroxid reagiert mit dem Kohlenstoffdioxid der Luft zu wasserunlöslichem Calciumcarbonat, der Mörtel bindet ab.

$$\underset{\text{Löschkalk}}{Ca(OH)_2} + CO_2 \longrightarrow \underset{\text{Kalk}}{CaCO_3} + H_2O$$

Magnesiumoxid MgO

Magnesiumoxid ist eine Ionensubstanz mit der Formel MgO. Der Stoff wird auch als Magnesia bezeichnet.

In der Lebensmittelindustrie wird Magnesiumoxid als **Lebensmittelzusatzstoff** (E 530) als Säureregulator eingesetzt. Außerdem findet es Verwendung als Trennmittel für Waffelblätter und als Aufschlussmittel für Rohkakao.

Eigenschaften:
Magnesiumoxid ist weiß, fest und pulverförmig. In Wasser ist es fast unlöslich, zeigt jedoch je nach unterschiedlichen Herstellungsbedingungen verschiedene Reaktionsfähigkeit. Magnesiumoxid, das bei einer Temperatur zwischen 700 °C und 800 °C gebrannt wurde, kann mit Wasser langsam zu Magnesiumhydroxid $Mg(OH)_2$ reagieren.

$$MgO + H_2O \longrightarrow Mg(OH)_2$$

Herstellung und Verwendung:
Magnesiumoxid wird aus Magnesit $MgCO_3$ oder Dolomit gebrannt. Dabei wird das Magnesiumcarbonat erhitzt, sodass es in Magnesiumoxid und Kohlenstoffdioxid zerfällt. Das Magnesiumoxid, welches bei Temperaturen über 1 000 °C gebrannt wurde, findet als Rohmaterial für feuerfeste Steine Verwendung.
Es kann ebenfalls als Isoliermaterial in der Elektroindustrie genutzt werden. Bei 600 °C gebranntes Magnesium (Magnesia) dient als Pulver in der Medizin zur Neutralisation von Magensäuren.

Wichtige Oxide und ihre Verwendung

Name und Formel	Eigenschaften	Verwendung
Eisen(II,III)-oxid (Magnetit) Fe_3O_4	fest, schwarz, magnetisch, elektrisch leitfähig	– als Magnetitelektrode – als schwarzes Farbpigment, Glasfärbemittel – als Poliermittel
Eisen(III)-oxid Fe_2O_3	rot bis schwarz, kristallin	– als Poliermittel – als rotes Farbpigment – als Hämatit in der Schmuckindustrie
Titandioxid TiO_2	weiß, kristallin, pulverförmig, widerstandsfähig gegenüber chemischen Einflüssen	– als Weißpigment in Farben – als Rutil und Anatas in der Schmuckindustrie – in der Kosmetik- und pharmazeutischen Industrie
Cobalt(II,III)-oxid Co_3O_4	stahlgrau bis schwarz, kristallin	– in der Emailleindustrie – zur Herstellung von Solarkollektoren – als Katalysator
Blei(II)-oxid (Bleiglätte) PbO	nicht wasserlöslich, aber löslich in Essigsäure, Salpetersäure und Basenlösungen	– in der Glasindustrie, – als Stabilisator für PVC – als Aktivator für Kautschuk – zur Bleiglasherstellung
Blei(IV)-oxid PbO_2	braun, stark oxidierend, nicht wasserlöslich, in Basenlösungen löslich	– Bestandteil der Reibmasse für Zündhölzer – in Bleiakkumulatoren
Blei(II,IV)-oxid (Mennige) Pb_3O_4	rot, nicht wasserlöslich	– für Korrosionsschutzanstriche – zur Bleiglasherstellung
Chrom(III)-oxid Cr_2O_3	schwarz-grün, metallisch glänzend, kristallin, in Wasser, Säuren, Basenlösungen und Alkoholen unlöslich	– zur Herstellung von Chrom – als Farbpigment – als Poliermittel – als Katalysator
Aluminiumoxid Al_2O_3	– Tonerde: pulvrig weiß, wasseranziehend (hygroskopisch), in Säuren und Basen löslich – Korund: hart, kristallin, in Säuren und Basen unlöslich	– als Katalysator – als Absorptionsmittel – zur Herstellung von Schleifmitteln – zur Herstellung von Glas- und Keramikprodukten

Wichtige Oxide und ihre Verwendung (Fortsetzung)		
Name und Formel	Eigenschaften	Verwendung
Tetraphosphordecaoxid P_4O_{10}	farblos, geruchlos, wasseranziehend (hygroskopisch), ätzend, reagiert heftig mit Wasser	– als Trockenmittel – zur Abspaltung von Wasser aus Verbindungen – zur Herstellung von Phosphorsäure
Kupfer(I)-oxid Cu_2O	karminrot bis gelb, fest, kristallin	– als pilztötendes Mittel (Fungizid) – als Katalysator – zum Rotfärben von Glas
Kupfer(II)-oxid CuO	dunkelbraun bis schwarz, amorph oder kristallin	– als Katalysator – zum Entschwefeln von Erdöl – als Wärmesammler in Sonnenkollektoren – zur Herstellung farbiger Gläser und Glasuren

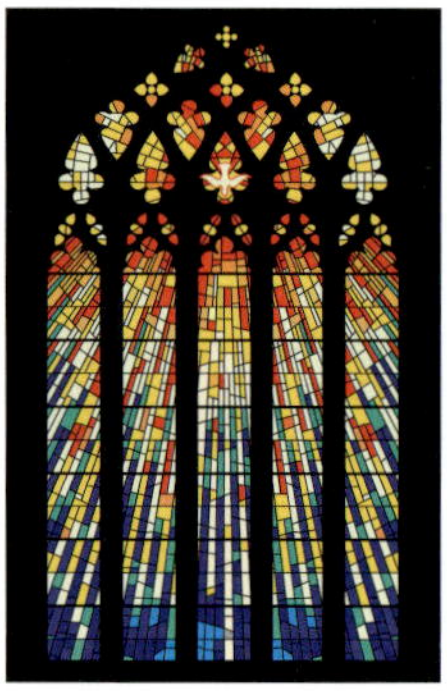

Farbgebende Oxide

Eine Reihe von Metalloxiden wird in der Glasindustrie zum Färben der Produkte verwendet (↗ Abb.). Dabei wird zwischen einer Anlauffärbung und einer Ionenfärbung unterschieden. Die Ionenfärbung wird oft durch Metalloxide hervorgerufen.

Glasfärbung durch Oxide

Eisen(III)-oxid: gelbbraun
Eisen(II)-oxid: blaugrün
Manganoxid: violett
Chromoxid: grüngelb bis rotgelb
Wolframoxid: gelb
Kupfer(II)-oxid: blau
Kupfer(I)-oxid: rot
Neodymoxid: purpur
Cobaltoxid: meist blau
Uranoxid: gelb

Die rote Farbe des Rubins beruht auf Spuren von Chrom(III)-Ionen im Korundgitter.

Oxide als Schmucksteine

Einige wertvolle Schmuck- und Edelsteine gehören ihrer chemischen Zusammensetzung nach zu den Oxiden (↗ Tab.).

Schmuckstein	Zusammensetzung
Korund als Rubin (rot) oder Saphir (blau)	Al_2O_3 mit farbgebenden Verunreinigungen
Quarz als Bergkristall, Rosenquarz, Amethyst, Citrin, Achat u. a. m.	SiO_2 mit farbgebenden Verunreinigungen
Spinell	$MgAl_2O_4$
Opal	$SiO_2 \cdot n\,H_2O$

Verbrennung – Feuer – Brände – Brandschutz

Eine **Verbrennung** ist eine sehr schnell verlaufende chemische Reaktion eines Stoffs mit Sauerstoff oder mit einem anderen Oxidationsmittel (↗ S. 135).

Die **Entzündung** oder **Entflammung** (bei Gasen) bezeichnet den Beginn einer Verbrennung.

Die **Entzündungstemperatur** ist die Temperatur, bei der ein Stoff bei Vorhandensein von Luftsauerstoff von selbst zu brennen anfängt.

Entzündungstemperaturen verschiedener Stoffe
Torf: 230 °C, Fichtenholz: 280 °C, Braunkohle: 250–280 °C, Steinkohle: 330–440 °C, Teer: 500 °C, weißer Phosphor: 50 °C

Die **Verbrennungstemperatur** ist die bei der Verbrennung wirksame Temperatur.

Das **Feuer** ist die sichtbare äußere Begleiterscheinung einer Verbrennung und kann als Flamme oder Glut (auch in Kombination beider Formen) auftreten. **Flammen** sind brennende, Wärme und Licht ausstrahlende Gase.
Als **Glut** werden glühende Festkörper bezeichnet, die ebenfalls Wärme und Licht ausstrahlen.
Als **Verbrennungswärme** wird die bei der vollständigen Verbrennung eines Stoffs frei werdende Wärmemenge bezeichnet.

Für die Verbrennung sind drei Voraussetzungen erforderlich:
1. Vorhandensein eines brennbaren Stoffs
2. Vorhandensein von Sauerstoff
3. Erreichen der Entzündungstemperatur/Vorhandensein einer Zündquelle

Die Brandklassen (A, B, C, D und F) werden nach den brennbaren Stoffen unterteilt. **Brände** können sich in Sekundenschnelle ausbreiten. Wer über mögliche Maßnahmen bei ausbrechenden Bränden und das richtige Verhalten informiert ist, kann im Notfall gezielt und schnell handeln. Je nach Brandklasse werden verschiedene Löschmittel (Pulver, Kohlenstoffdioxid, Wasser und Schaum) eingesetzt.

Brandschutz und Brandbekämpfung

Zum Schutz vor Bränden und zur Brandbekämpfung muss mindestens eine der drei Voraussetzungen für die Verbrennung ausgeschlossen werden.

- Entfernen der brennbaren Stoffe vom Brandherd: Anlegen von Feuerschneisen (z. B. bei Waldbränden), Anlegen von Wassersperren zwischen einem Brand und brennbaren Stoffen
- Verhindern des Sauerstoffzutrittes: z. B. durch Abdecken mit einer Löschdecke oder durch Zuschütten mit Sand
- Abkühlen unter die Entzündungstemperatur: z. B. durch Löschen mit Wasser oder Kohlenstoffdioxidschaum

5.2.7 Schwefel und Schwefelverbindungen

Das Element Schwefel

> **Schwefel** ist ein Element der VI. Hauptgruppe. Es hat die Ordnungszahl 16.

▶ Das Element **Schwefel** war in elementarer Form und in Form von Verbindungen schon in der Antike bekannt. Schwefel besitzt verschiedene **Isotope.** Diese haben entweder 16, 17 oder 18 Neutronen im Kern.

Atombau:
Das Schwefelatom besitzt 16 Protonen und meist 16 Neutronen im Atomkern sowie 16 Elektronen in der Atomhülle. Auf der ersten Elektronenschale (dem ersten Energieniveau) befinden sich zwei, auf der zweiten Elektronenschale acht und auf der dritten Elektronenschale sechs Elektronen.

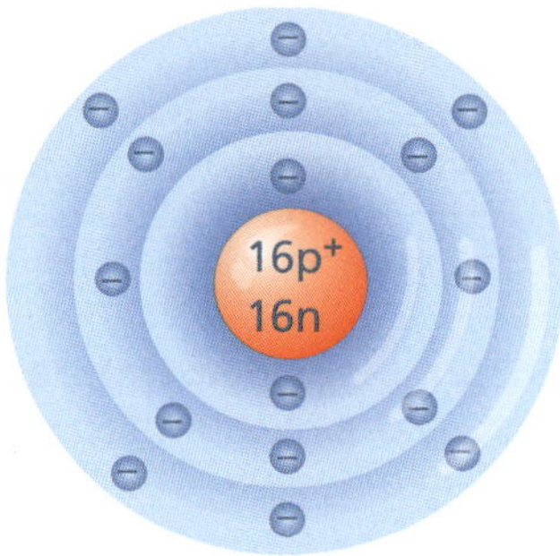

Schwefel hat sechs Außenelektronen. Um eine stabile Achterschale (↗S. 74) zu erreichen, kann ein Schwefelatom zwei weitere Elektronen aufnehmen, wobei das Sulfid-Ion entsteht. Auch durch Atombindungen kann ein Elektronenoktett erreicht werden.

Ausbildung von Atombindungen
- unpolare Atombindungen mit weiteren Schwefelatomen: rhombischer Schwefel, monokliner Schwefel
- polare Atombindungen mit anderen Atomen: Schwefeldioxid, Schwefeltrioxid

Elementarer Schwefel kommt in verschiedenen temperaturabhängigen Modifikationen vor, z.B. als rhombischer, monokliner oder plastischer Schwefel. Einzig der rhombische Schwefel (α-Schwefel) ist bei Zimmertemperatur stabil.

▶ Bei Vulkanausbrüchen können sich durch Reaktion zwischen unterschiedlichen **Schwefelverbindungen** dichte Schwefelwolken bilden:

$$SO_2 + 2\,H_2S \longrightarrow 3\,S + 2\,H_2O$$

Rhombischer Schwefel (α-Schwefel)
Jedes Schwefelatom ist mit zwei benachbarten Schwefelatomen verbunden. Zwei der Außenelektronen gehen jeweils eine unpolare Atombindung ein, sodass jedes Schwefelatom noch vier nichtbindende Elektronen (zwei Paare) besitzt.

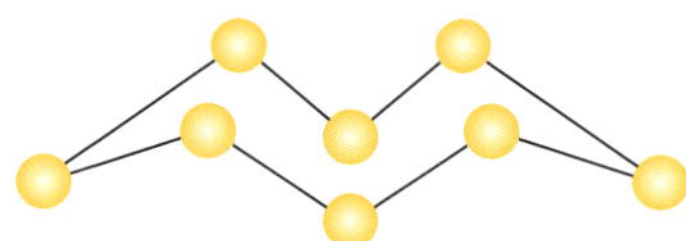

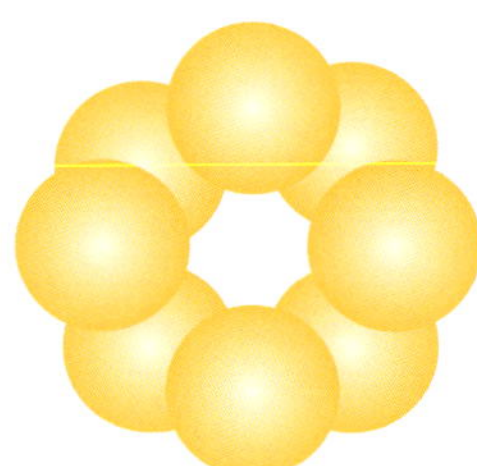

Insgesamt bilden acht Schwefelatome eine ringförmige, gewellte Struktur, die als Kronenform bezeichnet wird. Schwefel hat die Molekülformel S_8. Vereinfacht wird häufig das Symbol S verwendet.

Rhombischer Schwefel ist bei Zimmertemperatur beständig, fest und bildet rhombische Kristalle. Er ist zitronengelb, nicht wasserlöslich, kaum in organischen Lösungsmitteln, aber sehr gut in Schwefelkohlenstoff löslich. Schwefel tritt bei unterschiedlichen Temperaturen in verschiedenen Zustandsformen mit unterschiedlichen Aggregatzuständen auf.

Schwefel kommt in elementarer Form in zahlreichen **Schwefellagerstätten** vor. Sulfidmineralien sind Kiese, Glanze und Blenden. Sulfatmineralien sind **Gips** (↗ S. 215), Anhydrit, Bittersalz und Glaubersalz.

Reaktionen des Schwefels:
Schwefel reagiert schon bei geringer Wärmezufuhr mit sehr vielen Elementen. An der Luft verbrennt er nach Entzündung mit blauer Flamme zu Schwefeldioxid.

$$S + O_2 \longrightarrow SO_2$$

Mit vielen Metallen bildet Schwefel nach Erhitzen Metallsulfide.

Reaktion von Schwefel mit Eisen

$$S + Fe \longrightarrow FeS$$

Vorkommen und Verwendung:
Schwefel kommt sowohl elementar als auch in vielen Mineralien vor, z. B. in Sulfiden und Sulfaten. Er wird zur Herstellung von Schwefeldioxid (↗ S. 296), Schwefelkohlenstoff, Schwefeldioxid, Schwefelfarbstoffen und für die Vulkanisation von Kautschuk verwendet.

Weitere Zustandsformen des Schwefels bei unterschiedlichen Aggregatzuständen		
monokliner Schwefel (β-Schwefel)	– entsteht bei 95,6 °C aus rhombischem Schwefel – besteht aus ringförmigen S_8-Molekülen – hellgelbe, nadelförmige (monokline) Kristalle – schmilzt bei 119,0 °C	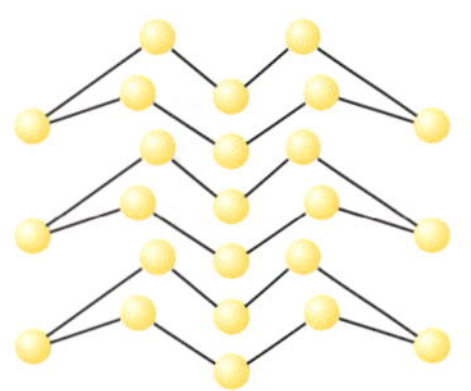
flüssiger Schwefel (λ-Schwefel)	– entsteht bei 119 °C aus monoklinem Schwefel – besteht aus ringförmigen S_8-Molekülen, die sich bei steigender Temperatur zu Ketten aufspalten – flüssig, hellgelb, leicht beweglich	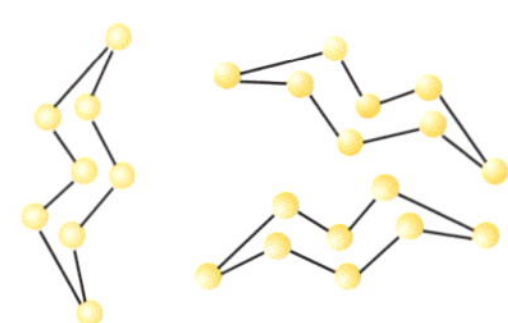
zähflüssiger Schwefel plastischer Schwefel (μ-Schwefel)	– entsteht bei etwa 160 °C aus flüssigem Schwefel – besteht aus längeren Schwefelketten und ringförmigen S_n-Molekülen – braun, viskos, harzartig, wird bei etwa 400 °C wieder dünnflüssig	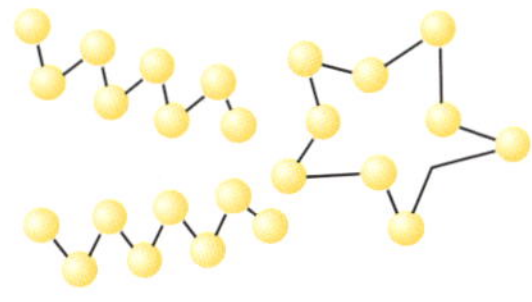
Schwefeldampf	– entsteht bei 444,6 °C (Sieden des Schwefels) – besteht anfangs aus S_8-Molekülen, die mit steigender Temperatur in kleinere Bruchstücke zerfallen, bei ca. 2 000 °C besteht der Dampf aus einzelnen Schwefelatomen – S_7–S_5 gelb–orangerot, S_4 rot, S_3 blau, S_2 violett	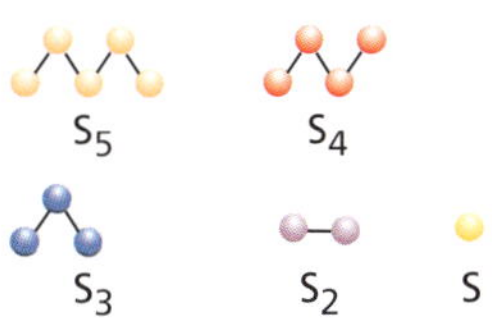

Anorganische Schwefelverbindungen

In Form von anorganischen Verbindungen kommt Schwefel in verschiedenen Oxiden, deren Säuren und den Salzen dieser Säuren sowie als Schwefelwasserstoff vor.

Schwefeldioxid SO_2

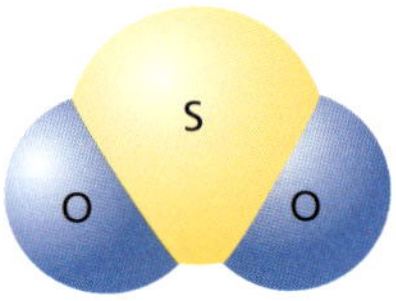

Schwefeldioxid ist ein Molekül. Es besteht aus einem Schwefelatom und zwei Sauerstoffatomen, die durch polare Atombindungen miteinander verbunden sind.

Eigenschaften:
Schwefeldioxid ist farblos, stechend riechend, gasförmig, giftig und wasserlöslich. Bei der Reaktion mit Wasser entsteht eine Lösung, die gelöstes Schwefeldioxid, Hydronium-Ionen und Hydrogensulfit-Ionen enthält und als **schweflige Säure** bezeichnet wird.

Herstellung und Verwendung:
Schwefeldioxid kommt in vulkanischen Gasen vor und entsteht als Nebenprodukt beim Verbrennen fossiler Brennstoffe.
Schwefeldioxid wird zur Herstellung von Schwefelsäure, für die Produktion schwefelhaltiger Chemikalien, in der Zellstoffproduktion, in der Manganerzaufbereitung und als Desinfektions- und Reinigungsmittel genutzt.

▶ Schwefel bildet mit Sauerstoff verschiedene Oxide.

Schwefeltrioxid SO_3

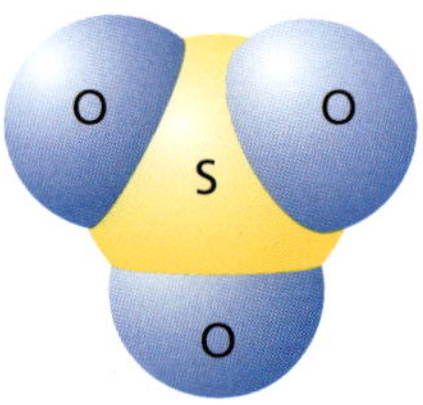

Schwefeltrioxid ist ein vieratomiges Molekül. Es besteht aus einem Schwefelatom und drei Sauerstoffatomen, die durch polare Atombindungen miteinander verbunden sind.

Eigenschaften:
Schwefeltrioxid ist eine feste Substanz, die in drei Modifikationen auftreten kann. Es ist stark wasseranziehend (hygroskopisch), wirkt mäßig oxidierend und reagiert unter starker Wärmeentwicklung heftig mit Wasser zu Schwefelsäure.

$$SO_3 + H_2O \longrightarrow H_2SO_4$$

Herstellung und Verwendung:
Schwefeltrioxid wird durch katalytische Oxidation aus Schwefeldioxid (als Zwischenprodukt bei der Herstellung von Schwefelsäure) oder im Labor durch Destillation von rauchender Schwefelsäure gewonnen.
Es wird zur Herstellung verschiedener Chemikalien, z. B. Schwefelsäure im Kontaktverfahren (↗ S. 296) oder Chlorsulfonsäure, und zur Sulfonierung (Einführung der Sulfogruppe $-SO_3H$) organischer Substanzen (z. B. in der Waschmittelindustrie) genutzt.

Schwefelsäure H_2SO_4

Schwefelsäure ist eine starke Säure, die mit Wasser in Wasserstoff-Ionen (Hydronium-Ionen) und Sulfat-Ionen dissoziiert.

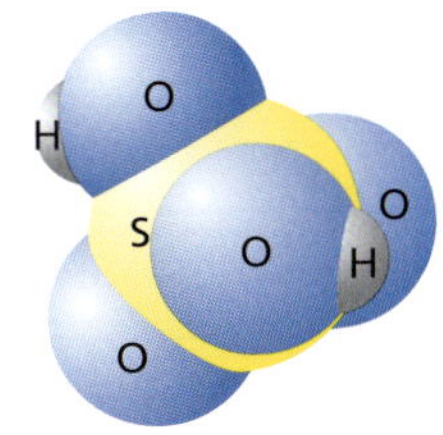

Eigenschaften:
Reine Schwefelsäure ist eine farblose, ölige Flüssigkeit, die bereits bei 10,4 °C erstarrt. Auf der Haut wirkt die Säure stark ätzend. Die konzentrierte Schwefelsäure enthält zu etwa 4 % Wasser. Schwefelsäure ist mit Wasser in beliebigem Verhältnis mischbar.
Die Reaktion mit Wasser (Protolyse) verläuft stark exotherm.

$$H_2SO_4 + 2\,H_2O \longrightarrow 2\,H_3O^+ + SO_4^{2-}$$

Beim Verdünnen der Schwefelsäure ist die Säure immer in das Wasser zu gießen, nie umgekehrt. Dabei ist intensiv zu rühren. Wegen der großen Wärmeentwicklung kann es sonst zum Verspritzen der überhitzten Säure kommen.

Herstellung und Verwendung:
Schwefelsäure wird im Kontaktverfahren (↗ S. 296) hergestellt. Die Säure wird als Trockenmittel, zur Herstellung von Düngemitteln, zur Gewinnung von Titanoxid, zur Herstellung von Sprengstoffen, von Zellwolle und Kunstseide oder als Akkumulatorsäure benötigt.

Salze der Schwefelsäure – Sulfate

Sulfate bestehen aus positiv geladenen Metall- oder Ammonium-Ionen und negativ geladenen Sulfat-Ionen.

Sulfate kommen in der Natur häufig vor.

- Calciumsulfat $CaSO_4$ (in der wasserfreien Form als Anhydrit $CaSO_4$ oder als Gips $CaSO_4 \cdot 2\,H_2O$)
- Bariumsulfat $BaSO_4$ (Schwerspat, Baryt)

Sulfate werden wie Gips in der Bauindustrie verwendet. Bariumsulfat wird als weißes Füllmaterial und zur Herstellung von Kunstdruckpapier eingesetzt.

Sulfate können z. B. durch Reaktion von Schwefelsäure mit Metallen, Metalloxiden und Metallhydroxiden entstehen.

Schwefelwasserstoff H_2S

Schwefelwasserstoff ist ein Molekül. Es besteht aus einem Schwefelatom und zwei Wasserstoffatomen, die durch polare Atombindung miteinander verbunden sind.

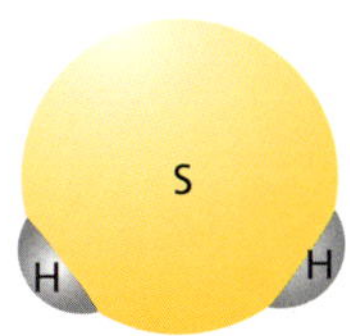

Eigenschaften:
Schwefelwasserstoff ist gasförmig, farblos und riecht nach faulen Eiern. Es ist sehr giftig und lähmt das Atemzentrum. Das Gas ist wasserlöslich, die Lösung reagiert sauer. Dabei entsteht Schwefelwasserstoffsäure.

Sulfide sind die Salze der Schwefelwasserstoffsäure. In der Natur treten sie wie Zinkblende (ZnS) als Mineralien auf.

Vorkommen:
In der Natur kommt Schwefelwasserstoff in vulkanischen Gasen, im Erdöl und Erdgas und bei der Zersetzung von Eiweiß durch Fäulnis vor. Schwefelwasserstoff wird technisch aus den Elementen hergestellt.

5

5.2.8 Chlor und Chlorverbindungen

Das Element Chlor

> **Chlor** ist ein Element der VII. Hauptgruppe. Es hat die Ordnungszahl 17.

▶ **Chlor** hat seinen Namen vom griechischen *„chloros"* für grün wegen der Farbe des Gases.

Atombau:
Das Chloratom besitzt 17 Protonen und meist 18 Neutronen im Atomkern sowie 17 Elektronen in der Atomhülle. Auf der ersten Elektronenschale (dem ersten Energieniveau) befinden sich zwei, auf der zweiten Elektronenschale acht und auf der dritten Elektronenschale sieben Elektronen. Chlor hat sieben Außenelektronen. Um eine stabile Achterschale (↗S. 74) zu erreichen, kann ein Chloratom ein Elektron aufnehmen. Chlor kann mit anderen Chloratomen Moleküle mit unpolaren Atombindungen bilden. Durch Aufnahme eines Elektrons kann auch ein negativ geladenes Chlorid-Ion entstehen. Das Element Chlor kommt immer als Molekül vor.

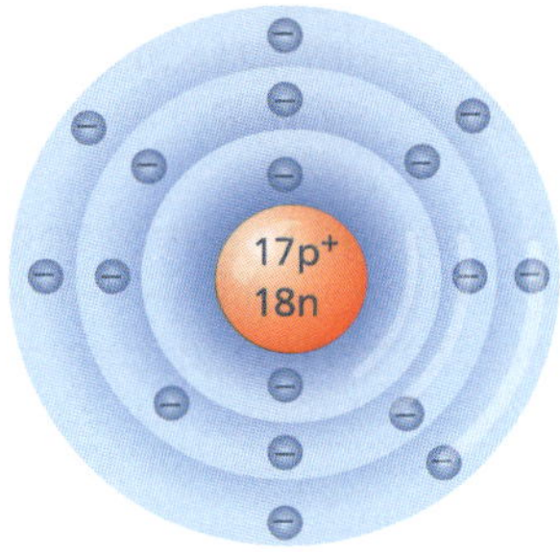

▶ Die Reaktion von **Chlor** ist umso heftiger, je größer das Reduktionsvermögen des anderen Reaktionspartners ist. Aufgrund seines hohen Oxidationsvermögens kommt Chlor in der Natur nicht in freier Form vor.

Aufbau des Chlormoleküls:
Das Chlormolekül besteht aus zwei Chloratomen. Die Atome sind durch ein gemeinsames Elektronenpaar (unpolare Atombindung) miteinander verbunden. Jedes Chloratom besitzt noch sechs nichtbindende Elektronen (drei Paare).

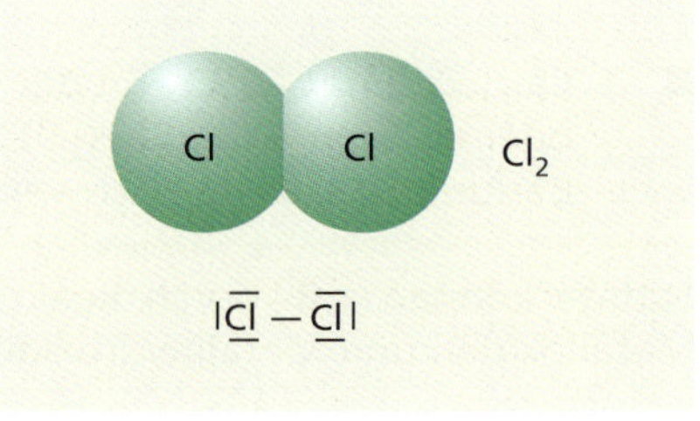

Eigenschaften:
Das Element Chlor ist ein stechend riechendes, grüngelbes, sehr giftiges Gas. In Wasser ist Chlor nur wenig löslich, die ca. 0,5%ige Lösung wird als Chlorwasser bezeichnet. Chlor ist schwerer als Luft (ca. 2,5-fach).

Reaktionen:
Chlor gehört neben Fluor zu den reaktionsfreudigsten Elementen. So reagiert es schon bei Raumtemperatur mit den meisten Elementen unter großer Wärmeentwicklung (exotherme Reaktionen). Alkalimetalle, Erdalkalimetalle und auch viele andere Elemente, z. B. Phosphor, Bor, Silicium oder Zinn, reagieren teilweise heftig mit Chlor zu Chloriden.

Reaktionen verschiedener Elemente mit Chlor

$$Mg + Cl_2 \longrightarrow MgCl_2$$
$$2\,P + 3\,Cl_2 \longrightarrow 2\,PCl_3$$

Vorkommen:
Da Chlor ein äußerst reaktionsfreudiges Element ist, kommt es außer in einigen Vulkangasen nie elementar, dafür jedoch in zahlreichen Verbindungen vor, hauptsächlich in Chloriden.

Verwendung:
Der größte Teil des produzierten Chlors (etwa 80 %) dient der Herstellung organischer Produkte, z. B. Lösungsmittel wie Chloroform, Tetrachlorkohlenstoff, Trichlorethen.
Chlor ist außerdem ein Ausgangsstoff für Bleichmittel, Polyvinylchlorid (PVC), Waschmittel, Herbizide und Pestizide. Chlor wird durch Elektrolyse aus wässrigen Kochsalzlösungen, hauptsächlich durch das Membranverfahren (↗ S. 302), gewonnen.

Chlorgas wirkt stark toxisch. Es zerstört pflanzliche und tierische Gewebe. Im Ersten Weltkrieg wurde es als Kampfgas eingesetzt. Das Gas kann Bakterien und Algen vernichten. Diese Eigenschaft macht man sich bei der Wasserbehandlung zur Desinfektion, z. B. in Schwimmbädern, zunutze.

Anorganische Chlorverbindungen

Wichtige anorganische Verbindungen des Chlors sind Chlorwasserstoff und Chloride.

Chlorwasserstoff HCl

Chlorwasserstoff ist ein Molekül. Es besteht aus einem Atom Chlor und einem Atom Wasserstoff, die durch polare Atombindung verbunden sind.

Eigenschaften:
Chlorwasserstoff ist farblos, gasförmig, stechend riechend, nicht brennbar und gut wasserlöslich. Die wässrige Lösung reagiert sauer, da Chlorwasserstoff in einer Reaktion mit Protonenübergang (↗ S. 147) ein Wasserstoff-Ion an das Wassermolekül abgibt. Es entstehen Hydronium-Ionen und Chlorid-Ionen.

$$HCl + H_2O \rightleftharpoons H_3O^+ + Cl^-$$

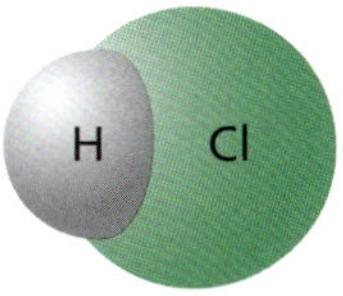

Reines Chlorwasserstoffgas leitet den elektrischen Strom nicht. Die polare Atombindung im Molekül ist stabil. Chlorwasserstoff ist wesentlich reaktionsträger als seine wässrige Lösung, die Salzsäure.

Oft wird Chlorwasserstoff mit seiner in Wasser gelösten Form, der Salzsäure, verwechselt oder gleichgesetzt.

Chlorwasserstoffsäure (Salzsäure)

In wässriger Lösung dissoziiert Chlorwasserstoff in Wasserstoff-Ionen und Chlorid-Ionen. Die wässrige Lösung wird **Chlorwasserstoffsäure** oder **Salzsäure** genannt.

Reaktionen der Chlorwasserstoffsäure (Salzsäure):
Salzsäure ist ein starke Säure. Sie dissoziiert in wässriger Lösung vollständig in Wasserstoff-Ionen und Chlorid-Ionen.
Salzsäure reagiert mit unedlen Metallen unter Bildung von Wasserstoff und Metallchloriden (↗ S. 107).

Die Magensäure des Menschen ist eine verdünnte Salzsäure (pH-Wert ≈ 2). Sie aktiviert das Eiweiß verdauende Enzym Pepsin und tötet Keime ab, die mit der Nahrung in den Magen gelangt sind. Der Magen selber wird vor dem Angriff der ätzenden Säure mit einer dicken Schleimschicht geschützt. Wird zu viel Salzsäure produziert oder steigt diese in der Speiseröhre nach oben, entsteht Sodbrennen.

Reaktion von Salzsäure mit Zink

$$\underbrace{2\,H^+ + 2\,Cl^-}_{2\,HCl\ \text{(vereinfacht)}} + Zn \longrightarrow \underbrace{Zn^{2+} + 2\,Cl^-}_{ZnCl_2} + H_2$$

Salzsäure reagiert mit vielen in Wasser schwer löslichen Salzen, z. B. Calciumcarbonat, sodass sich diese auflösen. Kalkablagerungen können so entfernt werden.

Reaktion von Salzsäure mit Calciumcarbonat

$$\underbrace{2\,H^+ + 2\,Cl^-}_{2\,HCl\ \text{(vereinfacht)}} + CaCO_3 \longrightarrow \underbrace{Ca^{2+} + 2\,Cl^-}_{CaCl_2} + CO_2 + H_2O$$

Vorkommen und Verwendung von Salzsäure:
Freie **Salzsäure** kommt nur in geringen Mengen vor, z. B. in Verdauungssäften und den Ausdünstungen einiger Vulkane. Übliche Handelsformen sind verdünnte Salzsäure (etwa 7 %ig), konzentrierte Salzsäure (etwa 30 %ig) und rauchende Salzsäure (etwa 37 %ig).
Salzsäure fällt zu fast 90 % als Nebenprodukt bei Chlorierungen (Halogenaustauschreaktionen in der organischen Chemie) an und muss deshalb nicht noch zusätzlich in größeren Mengen hergestellt werden.
Zur Herstellung kleinerer Mengen kann Chlorwasserstoff durch die Reaktion von Kochsalz mit Schwefelsäure gebildet werden.

$$2\,NaCl + H_2SO_4 \longrightarrow Na_2SO_4 + 2\,HCl$$

Ein Gemisch aus drei Teilen konzentrierter Salzsäure und einem Teil konzentrierter Salpetersäure wird als Königswasser bezeichnet, da es den „König der Metalle“, das Gold, auflöst.

Die Verwendungszwecke der Salzsäure sind vielfältig. Sie wird eingesetzt für:
- die Reinigung von Metalloberflächen
- das Beizen von Metallen
- die Herstellung von Metallchloriden
- Neutralisationsreaktionen in der anorganischen und organischen Chemie
- Hydrolyse (Spaltung) von Eiweißen und Kohlenhydraten
- Säurebehandlung von Ölquellen

Salze der Chlorwasserstoffsäure – Chloride

Chloride sind die Salze der Chlorwasserstoffsäure (Salzsäure). Sie bestehen aus positiv geladenen Metall- oder Ammonium-Ionen und negativ geladenen Chlorid-Ionen.

Chloride können durch Reaktionen der Salzsäure mit unedlen Metallen gebildet werden.

Reaktion von Salzsäure mit Magnesium

$$2\,HCl + Mg \longrightarrow MgCl_2 + H_2$$

Chloride bilden sich auch durch Reaktion von Chlorwasserstoffsäure mit Metalloxiden oder durch Neutralisationsreaktion mit Metallhydroxiden.

Reaktion von Chlorwasserstoffsäure mit Magnesiumoxid

$$\underbrace{2\,H^+ + 2\,Cl^-}_{2\,HCl\ \text{(vereinfacht)}} + MgO \longrightarrow \underbrace{Mg^{2+} + 2\,Cl^-}_{MgCl_2} + H_2O$$

$$2\,HCl + MgO \longrightarrow MgCl_2 + H_2O$$

Reaktion von Chlorwasserstoffsäure mit Calciumhydroxid

$$\underbrace{2\,H^+ + 2\,Cl^-}_{2\,HCl\ \text{(vereinfacht)}} + \underbrace{Ca^{2+} + 2\,OH^-}_{Ca(OH)_2} \longrightarrow \underbrace{Ca^{2+} + 2\,Cl^-}_{CaCl_2} + 2\,H_2O$$

Eigenschaften:
Chloride sind meist in Wasser sehr gut löslich. Die starken Elektrolyte (↗ S. 138) dissoziieren in Metall-Ionen (oder Ammonium-Ionen) und Chlorid-Ionen.

Dissoziation von Magnesiumchlorid

$$MgCl_2 \longrightarrow Mg^{2+} + 2\,Cl^-$$

Wichtige Chloride sind Natriumchlorid und Kaliumchlorid. Für die Herstellung von Chloriden gibt es zahlreiche Methoden. Wichtige Herstellungsverfahren von anorganischen Chloriden sind die folgenden Reaktionen zwischen:
- Elementen, z. B. Alkalimetall, und Chlor
- Element und Chlorwasserstoffsäure
- Metalloxid, Kohlenstoff und Chlor
- Hydroxid und Chlorwasserstoffsäure
- Carbonat und Chlorwasserstoffsäure

Neben den anorganischen **Chlorverbindungen** existieren auch einige organische Chlorverbindungen (↗ S. 239).

Chloride kommen auch in der Natur in großen Lagerstätten vor, z. B. Natriumchlorid als Steinsalz oder Kaliumchlorid als Sylvin.

Weitere anorganische Chlorverbindungen
Neben den Metallchloriden lassen sich Chlorverbindungen mit Sauerstoff und Wasserstoff (Sauerstoffsäuren und deren Salze) synthetisieren.

Wichtige Sauerstoffsäuren des Chlors und deren Salze		
Name der Säure und des Salzes	**Formel der Säure**	**Verwendung**
hypochlorige Säure, Hypochlorite	$HClO$	Bleichlauge, Desinfektionsmittel
chlorige Säure, Chlorite	$HClO_2$	Zellstoffbleiche
Chlorsäure, Chlorate	$HClO_3$	Zellstoffbleiche, Streichhölzer
Perchlorsäure, Perchlorate	$HClO_4$	Feuerwerkskörper, Raketenantrieb

5

Periodensystem der Elemente

■ Der Aufbau des **Periodensystems der Elemente** ergibt sich aus dem inneren Bau der Atome.
- Die Elemente sind nach steigender Ordnungszahl bzw. Kernladungszahl geordnet.
- Elemente mit ähnlichem Atombau und daraus resultierenden ähnlichen Eigenschaften werden zu Perioden und Gruppen zusammengefasst.

Atombau	Stellung im PSE
Zahl der Protonen	Ordnungszahl
Anzahl der besetzten Elektronenschalen	Nummer der Periode
Anzahl der Außenelektronen (Hauptgruppenelemente)	Nummer der Hauptgruppe

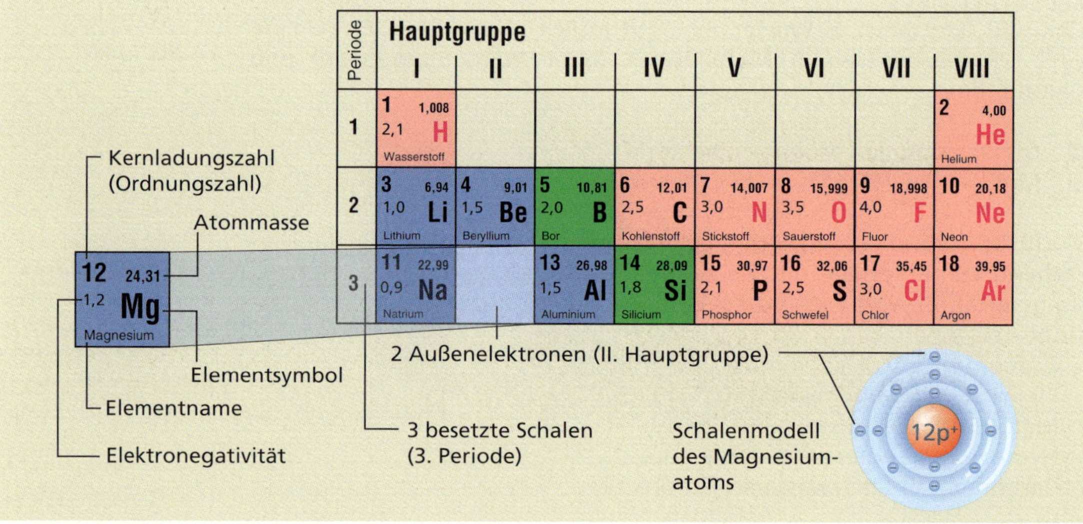

■ **Gesetz der Periodizität:** Die Eigenschaften der Elemente ähneln sich immer wiederkehrend innerhalb einer Hauptgruppe und ändern sich allmählich innerhalb einer Periode. Deutliche Unterschiede ergeben sich beim Übergang von der VIII. zur I. Hauptgruppe.

Eigenschaft	in einer Periode	in einer Hauptgruppe
Atomradius r_A	nimmt ab	nimmt zu
Elektronegativität *EN*	nimmt zu	nimmt ab
Metallcharakter	nimmt ab	nimmt zu
saure Reaktion der Oxide	nimmt zu	nimmt ab

Organische Verbindungen

6

6.1 Kohlenwasserstoffe

6.1.1 Grundlagen

Manchmal wird der in den **Kohlenwasserstoffen** gebundene Kohlenstoff wieder „sichtbar". So kann bei der unvollständigen Verbrennung einiger Kohlenwasserstoffe Ruß entstehen. **Ruß** ist feinstverteilter Kohlenstoff.

> Als **Kohlenwasserstoffe** wird eine große Gruppe chemischer Verbindungen bezeichnet, die aus den Elementen Kohlenstoff und Wasserstoff bestehen. Die Kohlenstoffatome sind hier untereinander durch Einfach-, Doppel- oder Dreifachbindungen zu einem stabilen Kohlenstoffgerüst verknüpft. Die frei bleibenden Bindungsstellen werden von Wasserstoffatomen besetzt.

Kohlenwasserstoffe können in verschiedene Gruppen eingeteilt werden. Als Grundlage für eine Einteilung kann das Kohlenstoffgerüst herangezogen werden. Entsprechend der Anordnung der Atome werden **kettenförmige** und **ringförmige Kohlenwasserstoffe** unterschieden.

kettenförmiger Kohlenwasserstoff

ausführliche Strukturformeln:

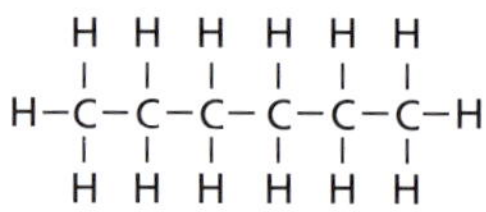

vereinfachte Strukturformeln:

$CH_3-CH_2-CH_2-CH_2-CH_2-CH_3$

Hexan

ringförmiger Kohlenwasserstoff

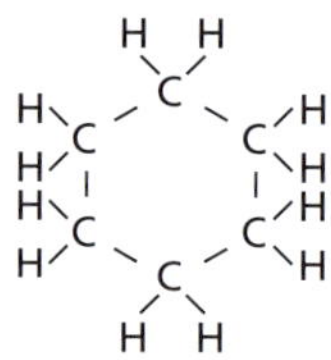

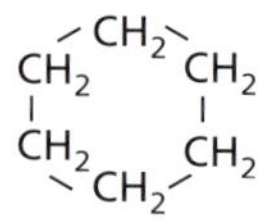

Cyclohexan

Gesättigte **Kohlenwasserstoffe** sind in der Natur weit verbreitet. Sie sind z. B. im **Erdöl** und **Erdgas** enthalten.

Kohlenwasserstoffe werden als **gesättigt** bezeichnet, wenn die Kohlenstoffatome in ihrem Molekül untereinander nur durch Einfachbindungen verknüpft sind.
Sie sind **ungesättigt,** wenn zwei oder mehrere Kohlenstoffatome untereinander durch Doppel- oder Dreifachbindungen (Mehrfachbindungen) verbunden sind.

gesättigter Kohlenwasserstoff

ausführliche Strukturformeln:

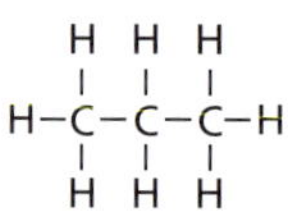

vereinfachte Strukturformeln:

$CH_3-CH_2-CH_3$

Propan

ungesättigter Kohlenwasserstoff

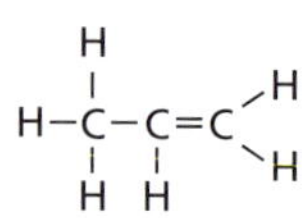

$CH_3-CH=CH_2$

Propen

Bei den Kohlenwasserstoffen können die Kohlenstoffatome **linear unverzweigt** oder **verzweigt** angeordnet sein.

- *linear unverzweigte* Kette

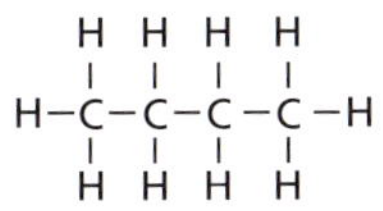

Butan

verzweigte Kette

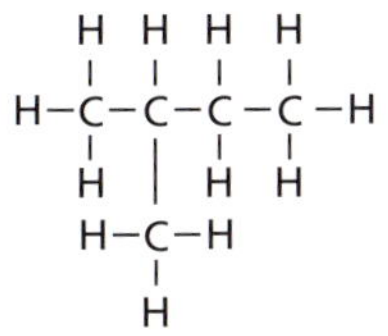

2-Methylbutan
(2-Monomethylbutan)

Ringförmige Kohlenwasserstoffe können aus einem oder mehreren Ringen bestehen.

- Kohlenwasserstoff mit *einem* Ring

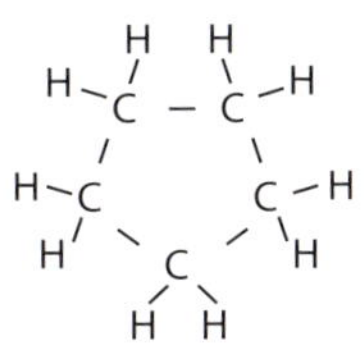

Cyclopentan

mit *zwei* Ringen

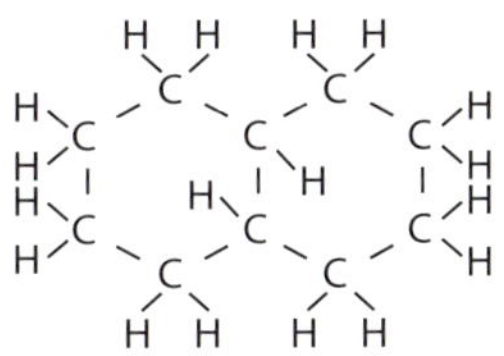

Decalin (Bicyclo-4,4,0-decan)

Einige der kettenförmigen Kohlenwasserstoffe und einige der gesättigten ringförmigen Kohlenwasserstoffe wie die Cycloalkane (↗ S. 233) bilden homologe Reihen.

Eine **homologe Reihe** ist eine Folge chemisch ähnlicher Verbindungen, bei der sich zwei aufeinanderfolgende Glieder in der Reihe durch eine $-CH_2$-Atomgruppe unterscheiden. Ähnliche Strukturmerkmale bedingen weitgehend übereinstimmende chemische Eigenschaften. Unterschiedliche Molekülmassen führen zu abgestuft unterschiedlichen physikalischen Eigenschaften.

▶ Homologe Reihen treten auch bei organischen Verbindungen auf, die außer Kohlenstoff und Wasserstoff weitere Elemente im Molekül haben. So bilden z. B. **Alkanale** (↗ S. 244) oder **Alkansäuren** (↗ S. 249) **homologe Reihen.**

Einteilung der Kohlenwasserstoffe

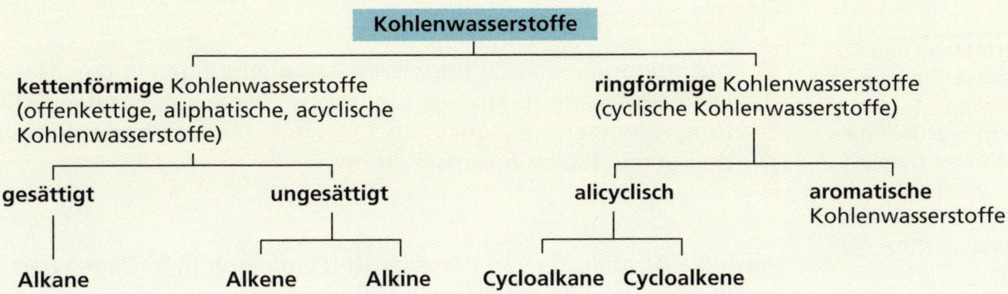

6.1.2 Kettenförmige Kohlenwasserstoffe

Alkane

> **Alkane** sind kettenförmige Kohlenwasserstoffe, deren Kohlenstoffatome ausschließlich durch einfache Atombindungen (Einfachbindungen) miteinander verknüpft sind. Alle anderen Bindungen sind mit Wasserstoffatomen besetzt.

Alkane bilden eine homologe Reihe mit der allgemeinen Summenformel C_nH_{2n+2}.
Die ersten vier Alkane der homologen Reihe sind bei Raumtemperatur gasförmig, n-Pentan bis n-Heptadecan sind flüssig und alle höheren fest. Die flüssigen Alkane besitzen einen typischen Benzingeruch.
Alkane sind in Wasser unlöslich, weil die Moleküle unpolar sind und mit Wassermolekülen nur schwache Wechselwirkungen eingehen. Dafür lösen sich Alkane hervorragend in unpolaren Lösungsmitteln wie Toluen.

Homologe Reihe der Alkane mit 1 bis 5 Kohlenstoffatomen

Name	Summenformel	vereinfachte Strukturformel und Kalottenmodell	Siedetemperatur in °C
Methan	CH_4	CH_4 	–161,5
Ethan	C_2H_6	$CH_3–CH_3$ 	–88,6
Propan	C_3H_8	$CH_3–CH_2–CH_3$ 	–42,2
n-Butan	C_4H_{10}	$CH_3–CH_2–CH_2–CH_3$ 	–0,5
n-Pentan	C_5H_{12}	$CH_3–CH_2–CH_2–CH_2–CH_3$ 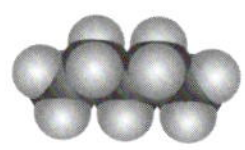	36,1

Einige Reaktionen von Alkanen

Methan und Sauerstoff bilden im Verhältnis 1:2 ein leicht entzündliches, explosives Gemisch, das „schlagende Wetter", z. B. in Kohlegruben, verursachen kann.

> Aufgrund der starken unpolaren Atombindungen in den Molekülen sind Alkane relativ reaktionsträge. Bei ausreichender Aktivierung reagieren sie jedoch mit Sauerstoff **(Redoxreaktion)** und mit Halogenen **(Substitutionsreaktion)**.

Auch die Abspaltung von Wasserstoff (Eliminierung) in Gegenwart eines Katalysators ist eine mögliche Reaktion.

1. Verbrennung (Redoxreaktion)

vollständige Verbrennung

$$CH_4 + 2\,O_2 \longrightarrow CO_2 + 2\,H_2O$$

unvollständige Verbrennung (Rußbildung bei Sauerstoffmangel)

$$CH_4 + O_2 \longrightarrow C + 2\,H_2O$$

2. Reaktion mit Halogenen (Substitutionsreaktion nach Aktivierung durch Licht)

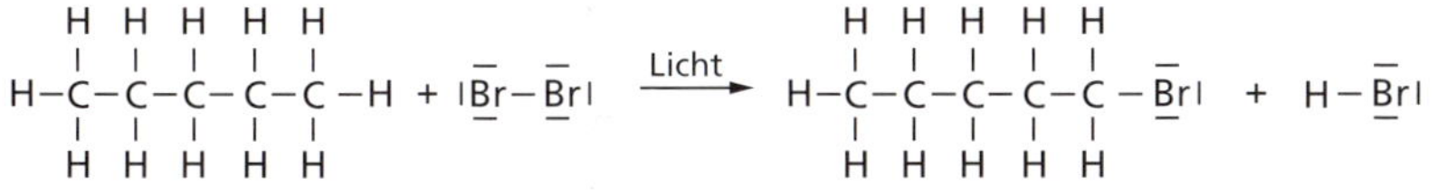

Pentan — Brom (Br_2) — 1-Brompentan — Bromwasserstoff (HBr)

3. Dehydrierung (Eliminierung)

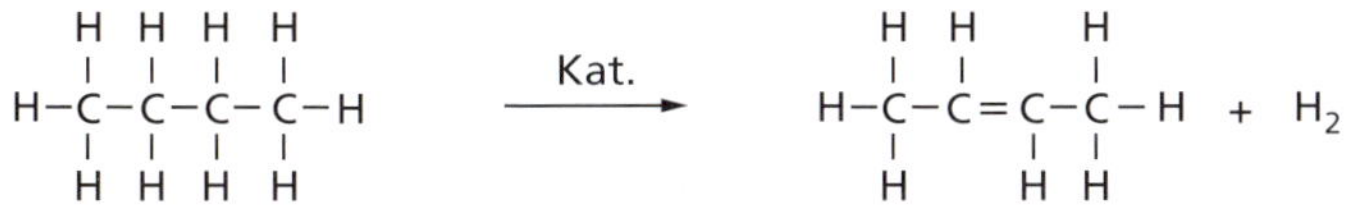

Butan — But-2-en

Auf der exothermen Verbrennung der **Alkane** beruht ihre hauptsächliche Verwendung als Energieträger in Kraftstoffen, Erdgas oder Heizöl.

Name	Eigenschaften	Vorkommen	Verwendung
Methan	farblos, geruchlos, gasförmig, brennt mit schwach leuchtender Flamme, in Wasser schlecht löslich, bildet mit Luft explosive Gemische	– in Erdgas und Grubengas – im Sumpfgas	– als Heizgas oder Stadtgas – in der chemischen Industrie zur Herstellung von Kohlenstoffmonooxid, Wasserstoff, Ruß (für Kautschukindustrie und Farbenindustrie) – als Ausgangsstoff für verschiedene Synthesen
Ethan	farblos, brennbar, geruchlos, gasförmig, in Wasser schlecht löslich	– im Erdgas – in Abgasen der Erdölverarbeitung	– als Heizgas – zur Herstellung von Ethen
Propan und Butan	farblos, brennbar, geruchlos, gasförmig, in Wasser schlecht löslich	– im Erdgas – in Abgasen der Erdölverarbeitung	– als Rohstoff für die Petrochemie – als Heizgas – als Treibmittel für Aerosole

Viele Pflanzen nutzen höhere **Alkane** zum Aufbau einer Schutzschicht. Äpfel sind mit einem Gemisch von Alkanen mit 27 bis 29 Kohlenstoffatomen im Molekül überzogen, Kohlblätter mit einem kettenförmigen Alkan mit 29 Kohlenstoffatomen. Diese wasserunlöslichen Alkane setzen die Verdunstung herab. Auch Bienenwachs enthält hochmolekulare Alkane.

Alkene

Das Vorliegen von Mehrfachbindungen kann mit der Baeyer-Probe nachgewiesen werden (↗ S. 353).

Alkene sind kettenförmige Kohlenwasserstoffe, die in ihrem Molekül neben Einfachbindungen auch mindestens eine Doppelbindung zwischen zwei benachbarten Kohlenstoffatomen enthalten. Alkene gehören zu den ungesättigten Kohlenwasserstoffen.

Alkene sind ungesättigte Kohlenwasserstoffe. Sie bilden eine homologe Reihe mit der allgemeinen Summenformel C_nH_{2n}.

Homologe Reihe der Alkene mit 2 bis 5 Kohlenstoffatomen

Name	Summenformel	vereinfachte Strukturformel und Kalottenmodell	Siedetemperatur in °C
Ethen (Ethylen)	C_2H_4	$CH_2{=}CH_2$ 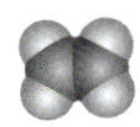	−103,7
Propen (Propylen)	C_3H_6	$CH_3{-}CH{=}CH_2$ 	−47,7
But-1-en (Butylen)	C_4H_8	$CH_3{-}CH_2{-}CH{=}CH_2$ 	−6,5
Pent-1-en	C_5H_{10}	$CH_3{-}CH_2{-}CH_2{-}CH{=}CH_2$ 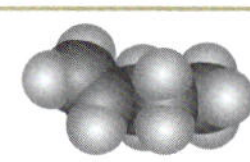	30,0

Wichtige Alkene

Name	Eigenschaften	Verwendung
Ethen	farblos, bildet mit Luft explosive Gemische, leicht süßlicher Geruch, gasförmig, in Wasser fast unlöslich, brennbar	– zur Herstellung von Kunststoffen (Polyethen, PVC), Lösungsmitteln (Ethanol) und Klebstoffen – in der pharmazeutischen Industrie – in der Lebensmittelindustrie zum Nachreifen von Obst
Propen	farblos, gasförmig, in höherer Konzentration narkotisierend, brennbar, in Wasser nicht löslich	– als Brenngas (Flüssiggas) – zur Kunststoffherstellung (Polypropen) – zur Benzinherstellung – als Ausgangsstoff für die chemische Industrie
Buten	farblos, gasförmig, brennbar, in Wasser nicht löslich	– zur Herstellung von Kunststoffen, Synthesekautschuk und anderen Verbindungen

Einige Reaktionen von Alkenen

Die typische Reaktion der Alkene ist die **Additionsreaktion** (↗ S. 278).

1. Addition von Wasserstoff (Hydrierung)

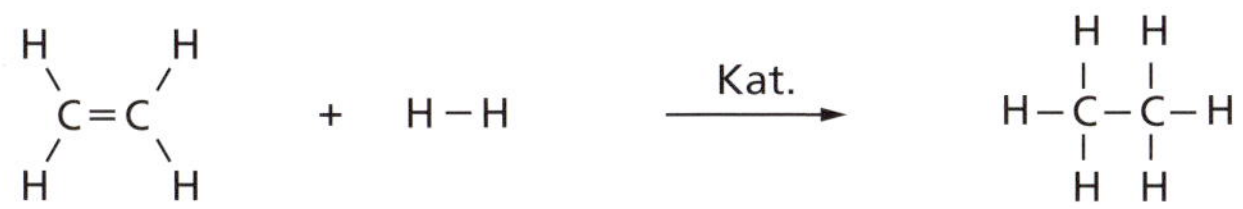

Ethen → Ethan

2. Addition von Wasser (Hydratisierung)

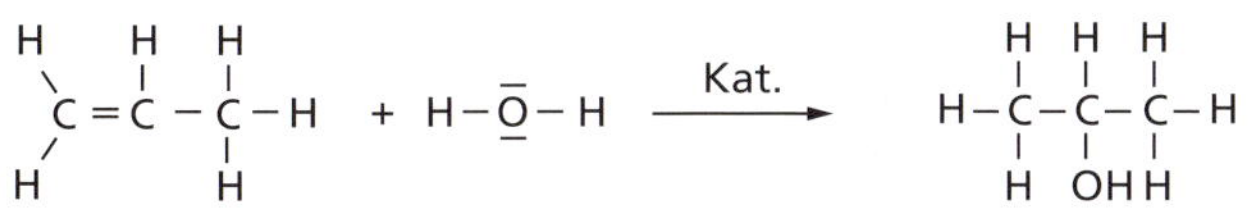

Propen → Propan-2-ol

Als Katalysator wirkt bei dieser Reaktion das Proton (Wasserstoff- oder Hydronium-Ion) einer Säure, z. B. der Schwefelsäure.

3. Addition von Halogenen

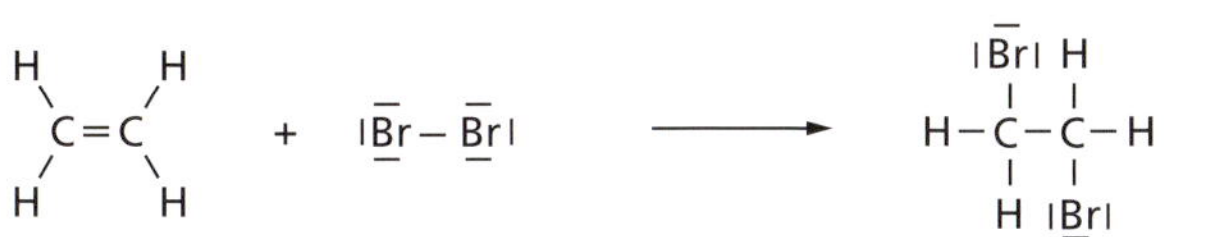

Ethen → 1,2-Dibromethan

Bei der Reaktion von Ethen mit Brom entfärbt sich das braune Reaktionsgemisch (↗ S. 353).

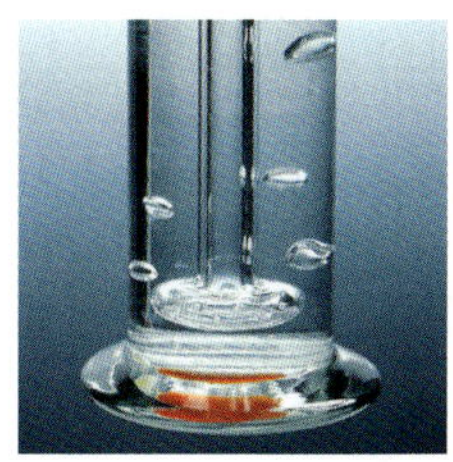

4. Addition von Halogenwasserstoff

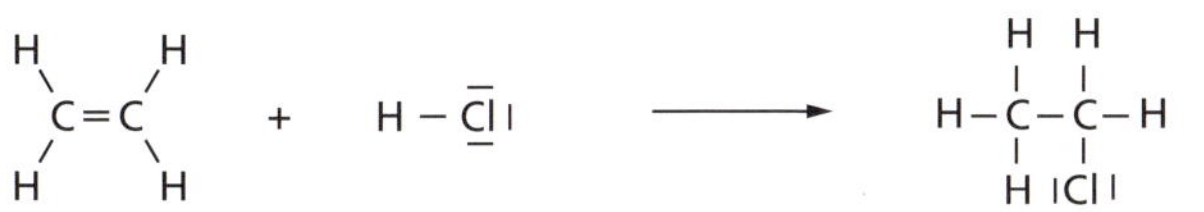

Ethen → Chlorethan (Ethylchlorid)

5. Polymerisation

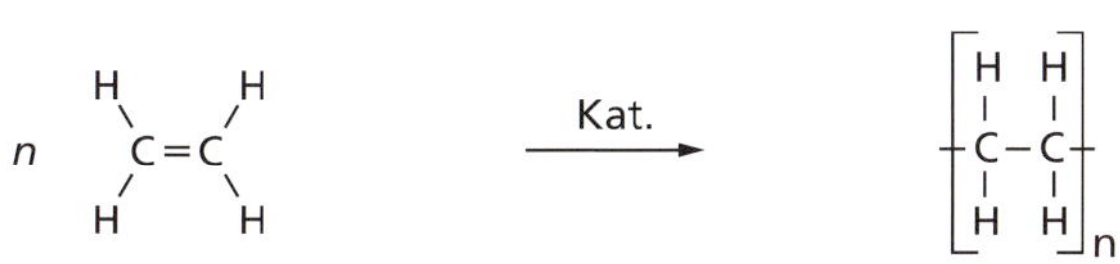

Ethen → Polyethen (Polyethylen)

Polyethen (PE ↗ S. 273) ist ein wichtiger Kunststoff, der sehr gut verformt werden kann. Er wird z. B. als Folie für die Lebensmittelverpackung genutzt.

Die Polymerisation kann über unterschiedliche Verfahren erfolgen. Je nach Reaktionsbedingungen und Struktur der Ausgangsstoffe (Monomere) können stark verzweigte kettenförmige Makromoleküle oder auch kaum verzweigte Makromoleküle entstehen.

Alkine

Alkine bilden eine homologe Reihe mit der allgemeinen Summenformel C_nH_{2n-2}.

Alkine sind kettenförmige Kohlenwasserstoffe, die in ihrem Molekül neben Einfachbindungen auch mindestens eine Dreifachbindung zwischen zwei benachbarten Kohlenstoffatomen enthalten. Alkine gehören zu den ungesättigten Kohlenwasserstoffen.

Ausgewählte Alkine

Name	Summenformel	vereinfachte Strukturformel und Kalottenmodell	Siedetemperatur in °C
Ethin (Acetylen)	C_2H_2	$H-C\equiv C-H$ 	−83,6
Propin	C_3H_4	$CH_3-C\equiv CH$ 	−27,5
But-1-in	C_4H_6	$CH\equiv C-CH_2-CH_3$ 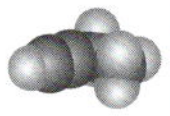	18,0
But-2-in	C_4H_6	$CH_3-C\equiv C-CH_3$ 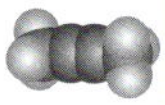	27,2

Einige Reaktionen von Alkinen

In Carbidlampen, die früher in den Bergwerken zur Beleuchtung eingesetzt wurden, wurde Calciumcarbid mit Wasser versetzt. Dabei entsteht u. a. Ethin. Das Ethin verbrennt mit dem Sauerstoff der Luft und spendet Licht. Die Umsetzung von Calciumcarbid mit Wasser wird auch zur Darstellung von Ethin im Labor genutzt.

Die typische Reaktion der Alkine ist die **Addition.**

1. Addition von Wasserstoff (Hydrierung)
   Die Hydrierung erfolgt in Gegenwart eines Katalysators (z. B. Platin oder Nickel). Sie verläuft über die Stufe der Alkene zu den Alkanen.

$$\underset{\text{Ethin}}{CH\equiv CH} + H-H \xrightarrow{\text{Kat.}} \underset{\text{Ethen}}{CH_2=CH_2}$$

$$\underset{\text{Ethen}}{CH_2=CH_2} + H-H \xrightarrow{\text{Kat.}} \underset{\text{Ethan}}{CH_3-CH_3}$$

2. Addition von Wasser (Hydratisierung)
   Diese Reaktion verläuft katalytisch bei Anwesenheit von Quecksilber-Ionen in Schwefelsäure.

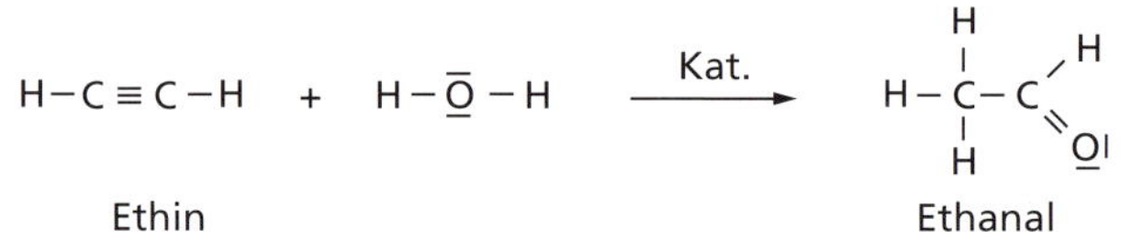

3. Addition von Halogenen (Halogenierung mit Brom oder Chlor)
   Die Reaktion erfolgt in mehreren Stufen und kann durch Katalysatoren (z. B. Metallhalogenide) beschleunigt werden. Zuerst entstehen Halogenalkene, die zu Halogenalkanen weiterreagieren können.

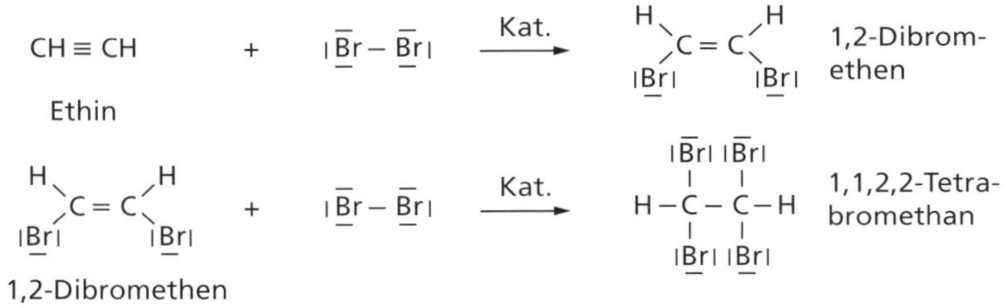

Ethin + Brom → 1,2-Dibromethen; 1,2-Dibromethen + Brom → 1,1,2,2-Tetrabromethan

4. Addition von Halogenwasserstoff (Hydrohalogenierung)

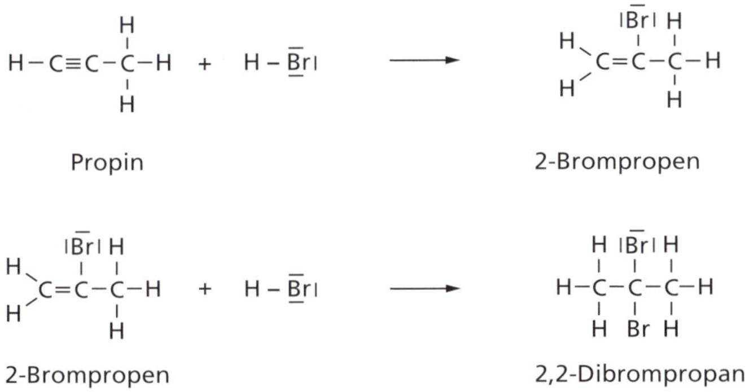

Propin + HBr → 2-Brompropen; 2-Brompropen + HBr → 2,2-Dibrompropan

Ethin (Acetylen)

Ethin wird heute hauptsächlich aus Methan (Erdgas) hergestellt.

$$2\ CH_4 \xrightarrow{1\,500\,°C} C_2H_2 + 3\ H_2$$

Ethin wird hauptsächlich als Brenngas zum Schweißen und in der chemischen Industrie zur Herstellung anderer organischer Stoffe genutzt.

Ethin (Acetylen) wird in Stahlflaschen mit gelbem Anstrich (↗ Abb. rechte Seite) in Aceton/Kieselgur gelöst aufbewahrt.

Eigenschaften	Verwendung
– farblos, gasförmig, narkotisch wirkend, etherischer Geruch, brennt mit hell leuchtender Flamme, gut wasserlöslich – verflüssigtes Ethin explodiert bei Stoß oder beim Erhitzen – explosiv im Gemisch mit Luft und Sauerstoff (Acetylen-Knallgas)	– zum autogenen Schweißen und Schneiden im Gemisch mit Sauerstoff – als Ausgangsstoff für Synthesen von Vinylchlorid, Butan-1,4-diol, Vinylacetat und Acrylsäure, die u. a. zur Kunststoffherstellung benötigt werden

Isomerie von Kohlenwasserstoffen

> **Isomere** sind chemische Verbindungen mit gleicher Summenformel, aber unterschiedlicher Struktur.

Die unterschiedliche Struktur der Moleküle führt zu unterschiedlichen physikalischen und chemischen Eigenschaften der Stoffe.
Es werden zwei Hauptformen der **Isomerie** unterschieden, die Konstitutionsisomerie (Strukturisomerie) und die Stereoisomerie.

▶ Isomere ähneln sich mehr oder weniger in ihren Eigenschaften. Die Unterschiede in den Eigenschaften hängen u. a. davon ab, welche Form der **Isomerie** vorliegt.

> **Konstitutionsisomere (Strukturisomere)** sind Verbindungen mit gleicher Summenformel, aber unterschiedlicher Verknüpfung der Atome im Molekül.

Beispiele sind alle verzweigten und unverzweigten Kohlenwasserstoffe gleicher Summenformel. Diese Form der Konstitutionsisomerie wird auch **Kettenisomerie** genannt.

■ n-Butan („Normal"-Butan)

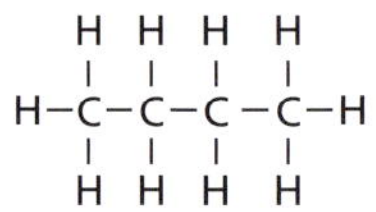

$\vartheta_v = -0{,}5$ °C

i-Butan (Methylpropan) („Isomer"-Butan; vereinfacht *Iso*-Butan)

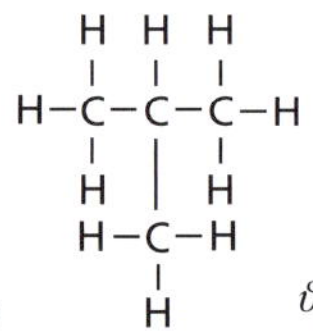

$\vartheta_v = -11{,}8$ °C

Summenformel: C_4H_{10}

Eine andere Form ist die **Doppelbindungsisomerie,** bei der sich die Isomere nur durch die Lage der Doppelbindung im Molekül unterscheiden.

■ But-1-en

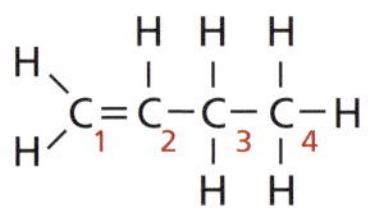

$\vartheta_v = -6{,}3$ °C

But-2-en

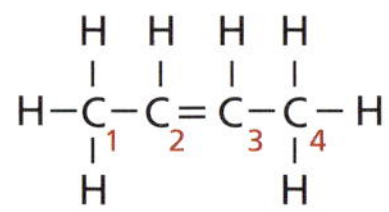

$\vartheta_v = 3{,}7$ °C

Summenformel: C_4H_8

> **Stereoisomere** sind Verbindungen mit gleicher Konstitution, aber unterschiedlicher räumlicher Anordnung der Atome im Molekül.

▶ Bei den Verbindungen mit funktionellen Gruppen (↗ S. 237 ff.) gibt es noch weitere Formen der **Isomerie organischer Verbindungen.**

Zur Steroisomerie gehört u. a. die ***cis-trans*-Isomerie,** die an Molekülen mit Doppelbindungen auftritt.

■ *cis*-But-2-en (*Z*-But-2-en)

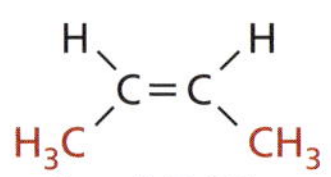

$\vartheta_v = 3{,}7$ °C

trans-But-2-en (*E*-But-2-en)

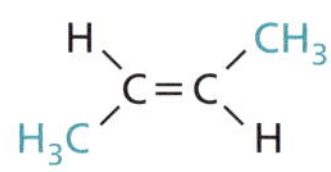

$\vartheta_v = 0{,}9$ °C

Summenformel: C_4H_8

Nomenklatur kettenförmiger Kohlenwasserstoffe

Die Wortstämme der Verbindungen entsprechen der Anzahl der Kohlenstoffatome in der Molekülkette.
Die Endungen kennzeichnen den Bindungsgrad in der Molekülkette.

Früher wurden organische Verbindungen mit **Trivialnamen** bezeichnet. Später wurde eine systematische Namensgebung notwendig. Die heute gültigen Regeln wurden von der **IUPAC** ausgearbeitet. Die nebenstehende Nomenklatur entspricht diesen IUPAC-Regeln.

Anzahl der Kohlenstoffatome und Benennung			
1 C: Meth-	6 C: Hex-	11 C: Undec-	16 C: Hexadec-
2 C: Eth-	7 C: Hept-	12 C: Dodec-	17 C: Heptadec-
3 C: Prop-	8 C: Oct-	13 C: Tridec-	18 C: Octadec-
4 C: But-	9 C: Non-	14 C: Tetradec-	19 C: Nonadec-
5 C: Pent-	10 C: Dec-	15 C: Pentadec-	20 C: Eicos-

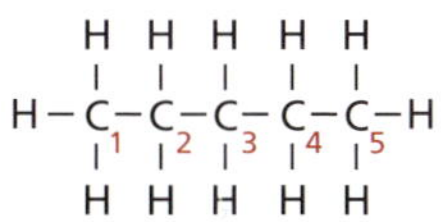

Pentan besitzt fünf Kohlenstoffatome im Molekül.

Endung	Bindungsgrad	Beispiel Name	Formel
-an	nur Einfachbindungen zwischen den Kohlenstoffatomen	Ethan	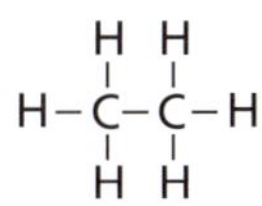
-en	mindestens eine Doppelbindung zwischen zwei Kohlenstoffatomen	Ethen	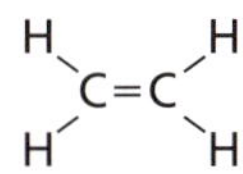
-in	mindestens eine Dreifachbindung zwischen zwei Kohlenstoffatomen	Ethin	H – C ≡ C – H

Ab einer Anzahl von vier Kohlenstoffatomen wird auch die Lage der Mehrfachbindung mit arabischen Ziffern angegeben.

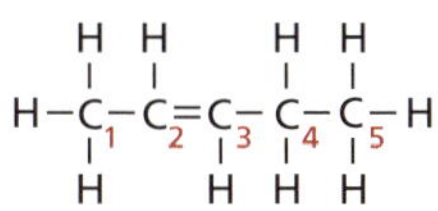

Doppelbindung am 2. Kohlenstoffatom: Pent-2-en

Für die Anzahl der Bindungen oder Seitenketten gilt:

2 di-
3 tri-
4 tetra-
5 penta-
6 hexa-
7 hepta-
8 octa-
9 nona-
10 deca-

Bei verzweigten kettenförmigen Kohlenwasserstoffen wird der Grundname von der längsten unverzweigten Kette im Molekül (Wortstamm und Endung) abgeleitet. Der Name der Seitenkette ergibt sich aus dem Wortstamm des Kohlenwasserstoffrests mit der Endung -yl (Alkylrest).

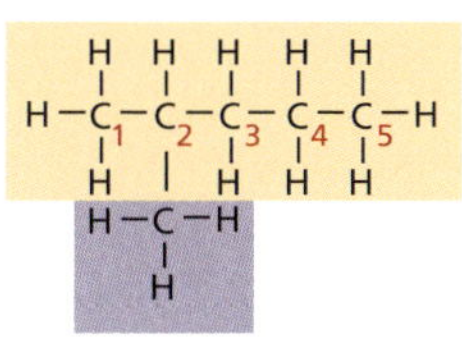

längste Kette: mit 5 Kohlenstoffatomen -Pentan
Alkylrest: -methyl
Position: am 2. Kohlenstoffatom

2-Methylpentan (2-Monomethylpentan)

Kohlenwasserstoffe mit mehreren Doppelbindungen im Molekül

Es gibt auch Verbindungen mit mehr als einer Dreifachbindung im Molekül. Moleküle mit zwei Dreifachbindungen heißen z. B. Diine.

Neben Molekülen, die nur eine Doppelbindung enthalten, gibt es auch Verbindungen mit zwei oder mehr Doppelbindungen. Sie werden als **Diene oder Polyene** bezeichnet. Je nach Lage der Doppelbindungen werden verschiedene Verbindungstypen unterschieden.

Anordnung der Doppelbindungen		
Die Doppelbindungen liegen unmittelbar nebeneinander und haben somit ein gemeinsames Kohlenstoffatom.	Die Doppel- und Einfachbindungen wechseln sich ab, sie alternieren.	Die Doppelbindungen sind durch mehr als eine Einfachbindung voneinander getrennt.
kumulierte Doppelbindungen	**konjugierte Doppelbindungen**	**isolierte Doppelbindungen**
Propa-1,2-dien	Penta-1,3-dien	Hexa-1,5-dien
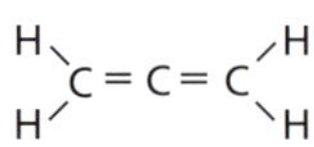	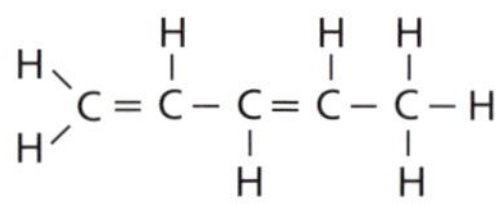	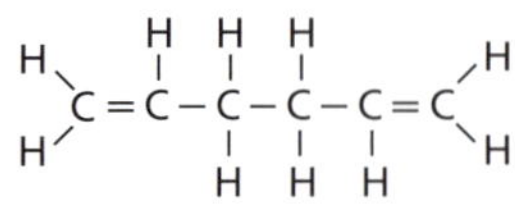

Wichtige Diene und Polyene
Die Diene Butadien und Isopren sind wichtige Ausgangsstoffe für die Synthese von Kautschuk, z. B. für Autoreifen. Isopren ist darüber hinaus Baustein einiger Naturstoffe.
So lassen sich beispielsweise die polyenen **Terpene** vom Isopren ableiten. Sie treten u. a. als Pflanzeninhaltsstoffe auf. Zu den Terpenen gehören etherische Öle, Harze, Farbstoffe, Milchsäfte oder Bitterstoffe.
Auch **Carotinoide** gehören zu den Polyenen. Das β-Carotin ist als Provitamin A bekannt. Carotinoide besitzen eine große Bedeutung für die Gesundheit des Menschen. Sie kommen beispielsweise in Lachs, Möhren und Paprika vor.

Der natürliche Farbstoff β-Carotin ist ein Polyen.

Wichtige Diene	Eigenschaften	Verwendung
Buta-1,3-dien 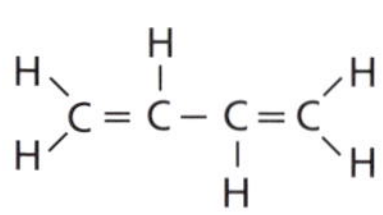	– farbloses, leicht zu verflüssigendes Gas – in Alkohol und Ether gut löslich – sehr reaktionsfreudig (Polymerisation)	– zur Herstellung verschiedener Arten von Synthesekautschuk – zur Herstellung von Kunststoffen
2-Methylbuta-1,3-dien (Isopren) 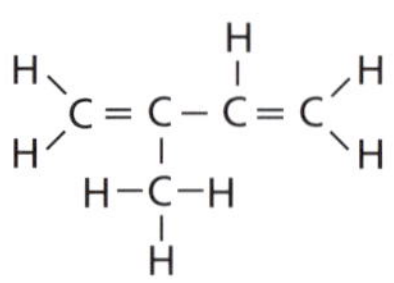	– farblose, ölige Flüssigkeit – polymerisiert sehr langsam	– zur Herstellung von Synthesekautschuk – Baustein vieler Naturstoffe (Naturkautschuk, Terpene, Carotinoide)

6.1.3 Ringförmige Kohlenwasserstoffe

Cycloalkane

Cycloalkane sind ringförmige Kohlenwasserstoffe, deren Kohlenstoffatome ausschließlich durch Einfachbindungen verknüpft sind.

Ringförmige **Kohlenwasserstoffe** mit mindestens einer Doppelbindung im Molekül gehören zu den Cycloalkenen.

Die Cycloalkane bilden eine homologe Reihe mit der allgemeinen Summenformel C_nH_{2n}. Die Namen der Cycloalkane werden aus den Namen der entsprechenden Alkane und der Vorsilbe Cyclo- gebildet.
In ihren chemischen und physikalischen Eigenschaften ähneln die Cycloalkane den entsprechenden Alkanen.

Strukturformeln einiger Cycloalkane:

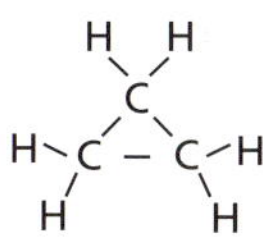
Cyclopropan

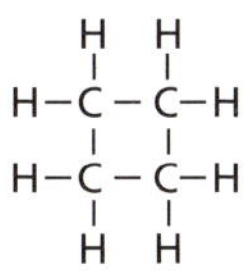
Cyclobutan

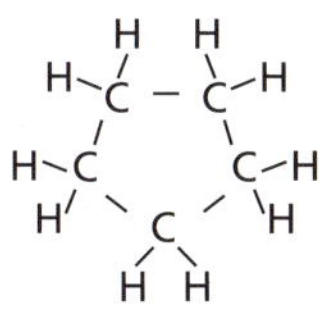
Cyclopentan

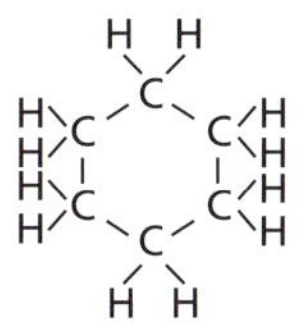
Cyclohexan

Die Kohlenstoffatome des Cyclohexanmoleküls sind nicht in einer Ebene, sondern räumlich angeordnet. Dabei gibt es verschiedene Möglichkeiten der Anordnung der Atome im Raum.

Cyclohexan – ein wichtiger Vertreter der Cycloalkane

Eigenschaften	Vorkommen	Verwendung
– farblos – flüssig – leicht brennbar – benzinähnlicher Geruch	– in Erdöl	– als Lösungsmittel für Fette, Harze, Wachse – zur Herstellung von Adipinsäure und Caprolactam – als Ausgangsstoff zur Produktion von Perlon und Nylon

Aromatische Verbindungen

Aromaten sind ringförmige, ungesättigte organische Verbindungen, die ein besonders stabiles Elektronensystem aufweisen.

Aromatische Verbindungen wurden ursprünglich aus Pflanzen gewonnen und erhielten ihren Namen wegen des angenehmen „aromatischen" Geruchs, z.B. **Vanillin.**

Die auch als **Arene** bezeichneten aromatischen Kohlenwasserstoffe haben in ihrem Molekül nur Kohlenstoff- und Wasserstoffatome. Andere Aromaten enthalten noch weitere Atome, z.B. Sauerstoff- oder Stickstoffatome, in ihren Molekülen (↗ S. 235).
Da die aromatischen Ringsysteme sehr stabil sind, ist die bevorzugte Reaktionsart die Substitution. Besondere Bedeutung haben die aromatischen Verbindungen, die sich vom Benzen (Benzol) ableiten. Sie sind wichtige Ausgangsstoffe für die chemische Industrie.

Benzen

▶ **Benzen** wurde 1825 erstmals aus Kokereigas isoliert. Heute werden aromatische Kohlenwasserstoffe meist aus Steinkohlenteer oder aus Erdöl gewonnen.

Benzen (Benzol) ist der bekannteste aromatische Kohlenwasserstoff. In seinem Molekül sind sechs Kohlenstoffatome und sechs Wasserstoffatome in einem Ring miteinander verbunden. Die Summenformel lautet C_6H_6.

Nach dieser Summenformel gehört Benzen zu den ungesättigten Kohlenwasserstoffen. Es geht jedoch nicht die für Alkene und Alkine typischen Additionsreaktionen ein (↗ S. 278).
Stattdessen ist Benzen ähnlich reaktionsträge wie die Alkane. Erst nach ausreichender Aktivierung bzw. in Gegenwart von Katalysatoren sind Substitutionsreaktionen möglich (↗ S. 277).

Struktur

Die ungewöhnlichen Eigenschaften des Benzens sind auf die besondere Molekülstruktur zurückzuführen, an deren Aufklärung die Chemiker im 19. Jahrhundert jahrelang forschten.

Cyclohexa-1,3,5-trien

Cyclohexa-2,4,6-trien

Erst 40 Jahre nach der Entdeckung des Benzens entwickelte ERNST AUGUST VON KEKULÉ (1829–1896) eine Ringstruktur mit drei konjugierten Doppelbindungen, die die Bindungsverhältnisse annähernd korrekt beschreibt. Er vermutete, dass diese Doppelbindungen hin- und herschwingen und deshalb zwei gleichwertige **mesomere Grenzstrukturen** des Benzenmoleküls existieren.

Diese **Oszillationstheorie** entwickelte ERICH HÜCKEL (1896–1980) weiter. Auf der Grundlage theoretischer Betrachtungen erkannte er, dass sich oberhalb und unterhalb des Benzenmoleküls sechs ungepaarte Elektronen frei bewegen. Sie bilden ein **delokalisiertes Elektronensextett,** das durch einen Ring in der vereinfachten Strukturformel bzw. im Molekülsymbol dargestellt wird.

Strukturformel (von KEKULÉ)	**Strukturformel (heutiger Stand)**	**Schematische Darstellung (Symbol)**
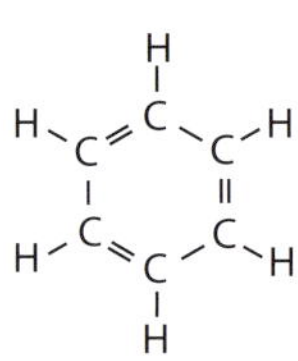	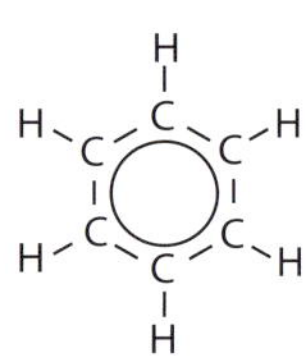	
Die Kohlenstoffatome im Benzenring sind abwechselnd durch Einfach- und Doppelbindungen miteinander verknüpft.	Im Innern des Benzenrings bilden insgesamt sechs Außenelektronen der sechs Kohlenstoffatome ein stabiles Sextett.	An den sechs Eckpunkten befinden sich Kohlenstoffatome. Das Elektronensextett wird durch einen Kreis im Innern gekennzeichnet.

▶ **Benzen** wird häufig auch Benzol genannt, obwohl das Molekül keine Hydroxylgruppe enthält.

Eigenschaften und Verwendung des Benzens

Eigenschaften	Vorkommen	Verwendung
– farblos, flüssig – charakteristischer, aromatischer Geruch – brennt mit stark rußender Flamme – mit den meisten organischen Lösungsmitteln (Ether, Alkohole, Aceton) beliebig mischbar – giftig und krebserregend	– im Erdöl – entsteht in geringen Mengen bei der unvollständigen Verbrennung organischer Stoffe, z. B. beim Tabakrauchen und Räuchern – entsteht in größeren Mengen bei der Verkokung von Steinkohle	– Ausgangsstoff in der chemischen Industrie, z. B. für Farbstoffe, Insektizide und pharmazeutische Präparate – für die Herstellung von Kunststoffen, z. B. Polystyren, Synthesekautschuk und Polyamiden

Chemische Reaktionen

HÜCKEL wies nach, dass das Benzenmolekül durch die Delokalisierung der Elektronen energetisch stabilisiert wird. Auf dieser sogenannten **Mesomeriestabilisierung** beruht die Reaktionsträgheit des Benzens und der anderen aromatischen Verbindungen.

Aus dem gleichen Grund sind am Benzen hauptsächlich Substitutionsreaktionen möglich. Beim Austausch eines Wasserstoffatoms gegen andere Atome oder Atomgruppen bleibt der stabile aromatische Zustand erhalten. Durch Substitution lassen sich verschiedene Abkömmlinge (Derivate) des Benzens herstellen.

Auch **Phenol** (↗ S. 243 ff.) und Anilin (↗ S. 248) sind Derivate des **Benzens.**

Nitrierung des Benzens (vereinfacht):

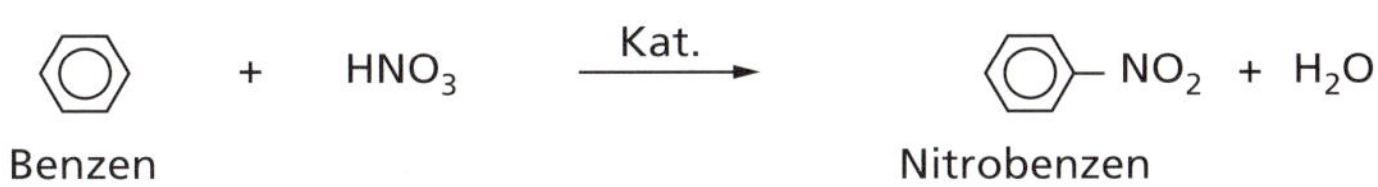

Abkömmlinge des Benzens

Name und Formel	Eigenschaften	Verwendung
Toluen (Toluol; Methylbenzen) 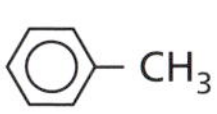	farblos, flüssig, brennbar, aromatischer Geruch, wenig wasserlöslich, gut in organischen Lösungsmitteln löslich	– als Lösungsmittel für Lacke, Fette, Öle – Ausgangsstoff für Synthesen von weiteren Aromaten
Nitrobenzen (Nitrobenzol) 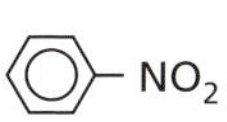	gelblich, flüssig, riecht nach Bittermandeln, kaum wasserlöslich, sehr giftig	– als Lösungsmittel – zur Herstellung von Anilin für Farbstoffe und Harze
Styren (Styrol, Vinylbenzen) 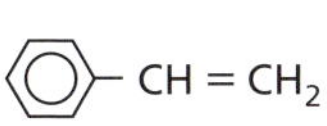	farblos, flüssig, erstarrt schon bei Zimmertemperatur (unter Lichteinfluss) zu einer glasartigen Masse (Polystyren)	– zur Herstellung von Polystyren als Plastwerkstoff und als Schaumstoff – zur Herstellung von Synthesekautschuk

6

Kohlenwasserstoffe

■ **Kohlenwasserstoffe** sind unpolare organische Verbindungen, deren Moleküle ausschließlich Kohlenstoff- und Wasserstoffatome enthalten. Die Atome sind durch Atombindungen miteinander verknüpft.

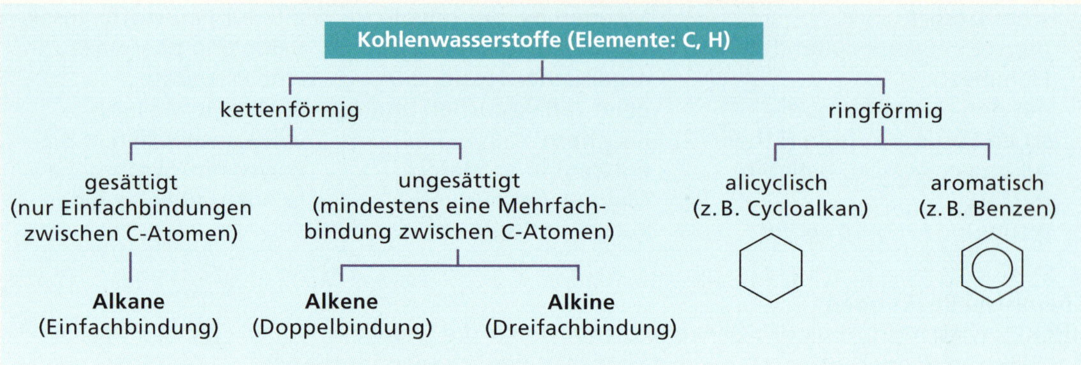

Kettenförmige Kohlenwasserstoffe

■ **Alkane, Alkene** und **Alkine** bilden **homologe Reihen,** deren Glieder sich um jeweils eine $-CH_2$-Gruppe unterscheiden und ähnliche Eigenschaften aufweisen. Aus der Zunahme der Molekülmassen resultieren abgestufte Unterschiede in den physikalischen Eigenschaften.

Stoffgruppe	Alkane	Alkene	Alkine
Strukturmerkmal	nur Einfachbindungen	eine Doppelbindung	eine Dreifachbindung
Summenformel	C_nH_{2n+2}	C_nH_{2n}	C_nH_{2n-2}
typische Reaktion	Oxidation, Substitution, Eliminierung	Oxidation, Addition, Eliminierung	Oxidation, Addition
Beispiel	Ethan C_2H_6 	Ethen C_2H_4 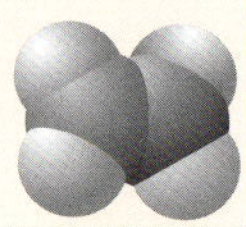	Ethin C_2H_2 

Aromatische Kohlenwasserstoffe

Benzen C_6H_6

■ **Aromatische Kohlenwasserstoffe** sind ringförmige ungesättigte organische Verbindungen. Sie sind besonders stabil, weil die Moleküle ein sehr stabiles Elektronensystem aufweisen. Aromatische Verbindungen gehen bevorzugt Substitutionsreaktionen ein.

6.2 Verbindungen mit funktionellen Gruppen

6.2.1 Grundlagen

> **Funktionelle Gruppen** sind Atome oder Atomgruppen in den Molekülen organischer Verbindungen. Sie bestimmen die chemischen und physikalischen Eigenschaften der Stoffe

Verbindungen mit der gleichen funktionellen Gruppe, die sich nur in der Kettenlänge des Alkylrests unterscheiden, bilden eine **homologe Reihe.**

Das Reaktionsverhalten von Molekülen mit der gleichen funktionellen Gruppe ist für alle Verbindungen ähnlich. So reagieren alle Carbonsäuren in gleicher Weise, z. B. mit unedlen Metallen oder mit Carbonaten.

$$2\ R{-}COOH + Na \longrightarrow 2\ R{-}COONa + H_2\uparrow$$

$$2\ R{-}COOH + CaCO_3 \longrightarrow (R{-}COO)_2Ca + H_2O + CO_2\uparrow$$

Das gilt prinzipiell auch für die physikalischen Eigenschaften. So weisen Alkansäuren höhere Siedetemperaturen auf als Alkanole ähnlicher Kettenlänge und diese wiederum höhere als Alkanale.
Allerdings ändern sich die physikalischen Eigenschaften mit der Größe und Verzweigung der Moleküle. Mit wachsender Kettenlänge des Alkylrests steigen die Siede- und die Schmelztemperatur der Verbindungen schrittweise an. Dagegen nimmt die Löslichkeit in Wasser ab.

Neben den **Summenformeln und Strukturformeln** dienen Kalotten- und Kugel-Stab-Modelle zur vereinfachten Darstellung von Molekülstrukturen.

Um die Strukturen organischer Moleküle und damit auch der funktionellen Gruppen vereinfacht darzustellen, wurden unterschiedliche Modelle entwickelt. Welches der Formeln bzw. Modelle benutzt werden, richtet sich nach dem Informationsgehalt, den das Modell liefert.

Darstellungsform	Beispiel	Merkmale und Informationsgehalt
Summenformel	C_3H_6O	Die Summenformel gibt nur die qualitative und quantitative atomare Zusammensetzung des Moleküls an. Sie enthält aber keine Information zur Struktur des Moleküls bzw. der Verbindung.
vereinfachte Strukturformel	$CH_3 - CH_2 - CHO$	Aus der vereinfachten Strukturformel lassen sich ebenfalls Aussagen zur Zusammensetzung der Verbindung ableiten. Zudem werden bei dieser rationellen Darstellung wichtige Bindungen und funktionelle Gruppen im Molekül gezeigt.
vollständige Strukturformel (LEWIS-Formel)	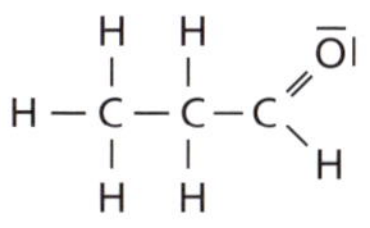	In der vollständigen Strukturformel werden alle Bindungen zwischen den Atomen, freie Elektronenpaare und funktionelle Gruppen angegeben. Trotzdem sind die räumliche Struktur und die realen Bindungswinkel aufgrund der zweidimensionalen Darstellung nicht erkennbar.

Stoffklasse	funktionelle Gruppe			Beispiel	
	Name	Formel	Bezeichnung	Name und Strukturformel	Formel
Halogenkohlenwasserstoffe	Halogenid (Halogenatom)	–F –Cl –Br –I (Hal)	Halogen-	Bromethan (Ethylbromid) 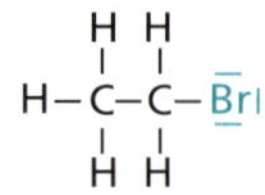	C_2H_5Br
Alkohole	Hydroxylgruppe	–OH	-ol	Ethanol (Ethylalkohol) 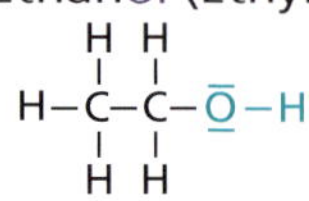	C_2H_5OH
Phenole	Hydroxylgruppe	–OH	Hydroxy-	Hydroxybenzen (Phenol) 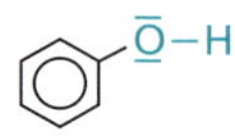	C_6H_5OH
Aldehyde	Aldehydgruppe	–CHO	-al	Ethanal (Acetaldehyd) 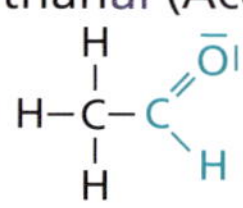	CH_3CHO
Ketone	Ketogruppe	$-\underset{\Vert}{\overset{}{C}}-$ O	-on	Propan-2-on (Aceton) 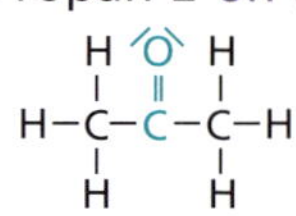	$(CH_3)_2CO$
Ether	Ethergruppe	–O–	-ether	Diethylether 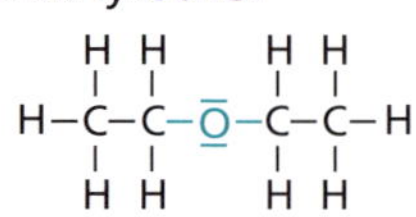	$(C_2H_5)_2O$
Amine	Aminogruppe	$-NH_2$	-amin	Ethylamin (Aminoethan) 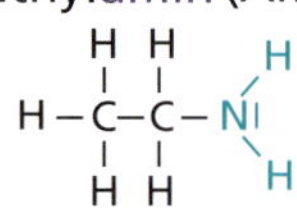	$C_2H_5NH_2$
Carbonsäuren	Carboxylgruppe	–COOH	-säure	Ethansäure (Essigsäure) 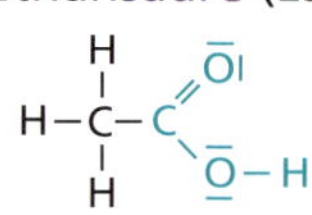	CH_3COOH
Carbonsäureester	Estergruppe	–COOR	-ester	Methansäuremethylester 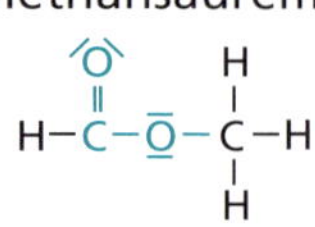	$HCOOCH_3$

6.2.2 Halogenkohlenwasserstoffe (Alkylhalogenide)

Halogenkohlenwasserstoffe sind organische Verbindungen mit Halogenatomen im Molekül.

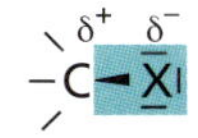

X – Halogenatom (X = F, Cl, Br)

Die **Halogenalkane** leiten sich von den Alkanen ab. Dabei sind ein oder mehrere Wasserstoffatome durch ein Halogenatom ausgetauscht.
Sie sind meist Zwischenprodukte in organischen Synthesen. Verbindungen mit niedriger Anzahl an Kohlenstoffatomen im Molekül werden häufig als Lösungsmittel verwendet.
Halogenalkene und **Halogenalkine** sind ungesättigt, sie besitzen Doppel- oder Dreifachbindungen. Die aromatischen Halogenkohlenwasserstoffe nennt man Halogenarene (Arylhalogenide).

Die sehr giftigen und krebserregenden **Dioxine** können beim Verbrennen von Chlorkohlenwasserstoffen entstehen.

Halogenkohlenwasserstoffe:
Chlormethan (Methylchlorid) CH_3Cl
Dichlormethan (Methylenchlorid) CH_2Cl_2
Trichlormethan (Chloroform) $CHCl_3$
Tetrachlormethan (Tetra) CCl_4
Chlorethen (Vinylchlorid) $CHCl{=}CH_2$

Herstellung von Halogenkohlenwasserstoffen:

1. Reaktion von Alkanen mit Halogenen

2. Reaktion eines Alkohols mit einem Halogenwasserstoff

3. Addition eines Halogenwasserstoffs an ein Alken

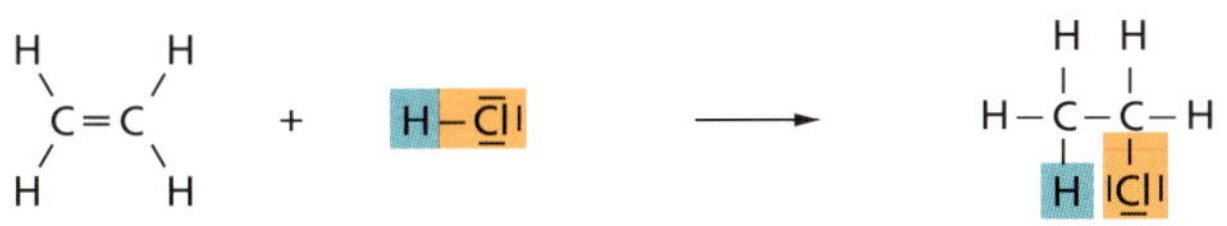

Früher wurden **Fluorchlorkohlenwasserstoffe** als Treibgase in Sprühflaschen bzw. in Kühlaggregaten verwendet. Heute weiß man, dass die leicht flüchtigen FCKW für die Zerstörung der Ozonschicht maßgeblich verantwortlich sind. Deshalb wurden die FCKW durch andere Treibgase ersetzt oder die Technik auf Pumpsprays umgestellt.

Halogenkohlenwasserstoffe wurden wegen ihrer flexiblen Eigenschaften und preiswerten Synthese jahrelang vielfältig im Alltag genutzt, z. B. als Insektizide, Treibgase und Kühlmittel.
Heute wissen wir von der gesundheitsschädlichen und umweltschädigenden Wirkung der meisten Halogenkohlenwasserstoffe. Deshalb ist ihre Verwendung heute größtenteils verboten bzw. stark eingeschränkt.

6.2.3 Alkohole und Phenole

Alkohole

▶ Für einwertige Alkanole gilt die allgemeine Summenformel: $C_nH_{2n+2}O$.

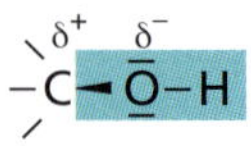

Hydroxylgruppe

Alkohole sind organische Verbindungen mit einer oder mehreren Hydroxylgruppen im Molekül. Von den Alkanen abgeleitete Alkohole mit einer Hydroxylgruppe heißen **Alkanole.**

Nach der Anzahl der funktionellen Gruppen werden die Alkohole in zwei Klassen eingeteilt.

Einwertige Alkohole besitzen nur **eine** Hydroxylgruppe im Molekül. **Mehrwertige Alkohole** besitzen **mindestens zwei** Hydroxylgruppen im Molekül. Die Gruppe der einwertigen Alkohole kann noch nach der Stellung der Hydroxylgruppe in primäre, sekundäre und tertiäre (*tert.*-) Alkohole unterteilt werden.

Einwertige und mehrwertige Alkohole

einwertig			mehrwertig	
primär	sekundär	tertiär		
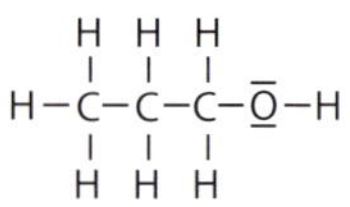	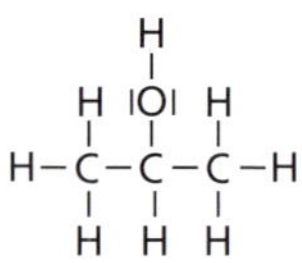	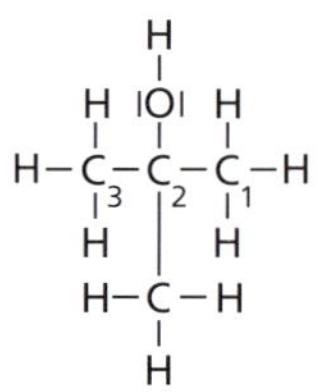	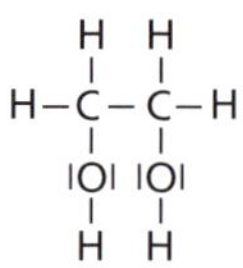	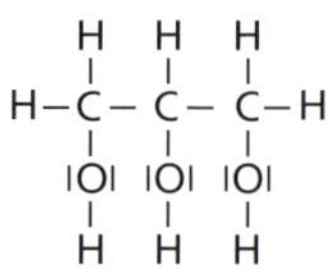
Propan-1-ol (n-Propanol)	Propan-2-ol (Isopropanol)	2-Methylpropan-2-ol (*tert.*-Butanol)	Ethan-1,2-diol (Ethylenglykol)	Propan-1,2,3-triol (Glycerol, Glycerin)

Einwertige Alkohole

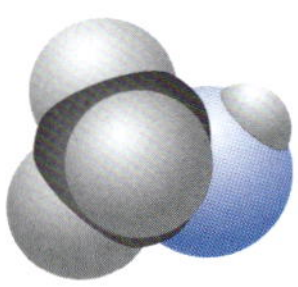

1. **Methanol** (Methylalkohol, Carbinol, Holzgeist ↗ S. 313)
   Formeln:

   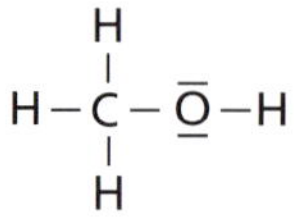 CH_3-OH CH_3OH CH_4O

   Eigenschaften: Methanol hat eine Siedetemperatur von 64,7 °C und eine Dichte von 0,791 g/cm^3. Es ist eine farblose, giftige, mit Wasser und einigen organischen Lösungsmitteln mischbare Flüssigkeit. Methanol brennt mit blassblauer Flamme.
   Verwendung: Methanol dient als Lösungsmittel und Kraftstoffzusatz sowie als Ausgangsstoff zur Synthese von Methanal (Formaldehyd), Essigsäure, Methylhalogeniden und anderen Chemikalien.

▶ Eine Vergiftung mit **Methanol** führt in kleinen Mengen zur Erblindung, in größeren zum Tode.

2. **Ethanol** (Ethylalkohol, Alkohol, Weingeist ↗S. 314)
Formeln:

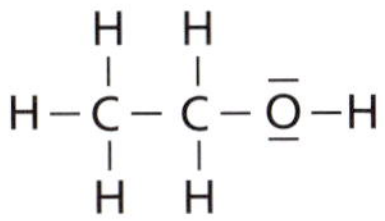

CH_3-CH_2-OH C_2H_5OH C_2H_6O

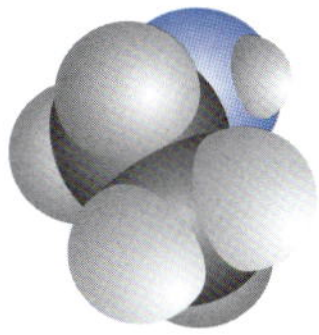

Eigenschaften: Ethanol hat eine Siedetemperatur von 78 °C und eine Dichte von 0,785 g/cm^3. Es ist eine farblose, gesundheitsschädliche, mit Wasser und einigen organischen Lösungsmitteln mischbare Flüssigkeit. Es brennt mit blassblauer Flamme.
Verwendung: Ethanol wird zur Herstellung von Farben, pharmazeutischen Präparaten, als Kraftstoffzusatz und in der Medizin zur Konservierung anatomischer Präparate verwendet. Ein großer Teil des durch **Gärung** gewonnenen Ethanols dient zur Herstellung alkoholischer Getränke.
Alkoholische Gärung: Einige Bakterien sind in der Lage, Glucose in Abwesenheit von Sauerstoff mithilfe von Enzymen zu Ethanol zu vergären. Bei der biochemischen Reaktion wird Glucose schrittweise unter Abgabe von Kohlenstoffdioxid zu Ethanol abgebaut.

Die **alkoholische Gärung** erfolgt unter anaeroben Bedingungen, d. h. unter Ausschluss von Sauerstoff. Deshalb wird der Weinballon mit einem mit Wasser gefüllten Gärröhrchen verschlossen.

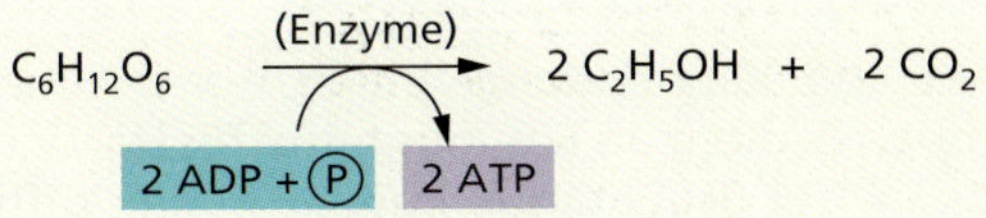

Weinballon

Dabei wird Energie frei, die in Form von Adenosintriphosphat (ATP) gespeichert wird. In Gegenwart von Sauerstoff bildet sich bei der Gärung sehr leicht Essigsäure als Oxidationsprodukt des Ethanols.

3. **Propanole**
Propan-1-ol (n-Propanol):
Formeln:
$CH_3-CH_2-CH_2-OH$ C_3H_7OH C_3H_8O

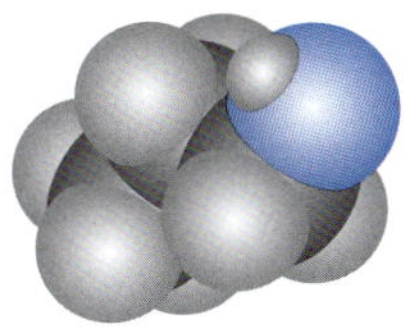

Eigenschaften: Propan-1-ol hat eine Siedetemperatur von 97,2 °C und eine Dichte von 0,804 g/cm^3. Es ist eine farblose, angenehm riechende, brennbare, gesundheitsschädliche Flüssigkeit.
Verwendung: Propan-1-ol wird als Lösungsmittel verwendet.

Propan-2-ol (Isopropanol):
Formeln:
$CH_3-CH(OH)-CH_3$ C_3H_7OH C_3H_8O

Eigenschaften: Propan-2-ol hat eine Siedetemperatur von 82,4 °C und eine Dichte von 0,785 g/cm^3. Es ist eine farblose, angenehm riechende, brennbare, gesundheitsschädliche Flüssigkeit.
Verwendung: Propan-2-ol wird als Lösungsmittel, in Kraftstoffen gegen Vergaservereisung und als Ausgangsstoff für die Acetonherstellung verwendet.

4. **Butanole**
Die unterschiedlichen **Butanole** zeigen, dass die physikalischen Eigenschaften auch von der Struktur des Alkylrests im Molekül beeinflusst werden.

systematischer Name	Butan-1-ol	Butan-2-ol	2-Methyl-propan-1-ol	2-Methyl-propan-2-ol
Strukturformeln ausführlich	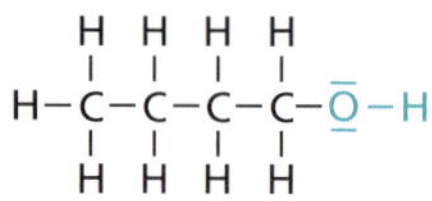	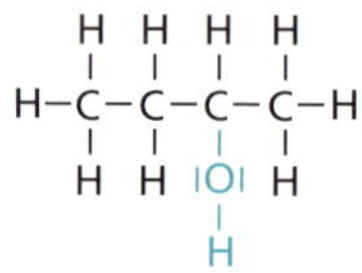	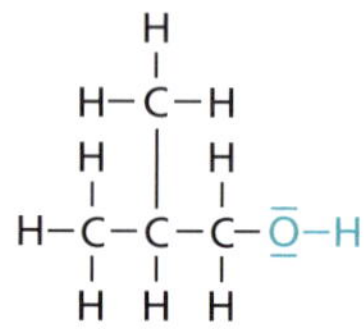	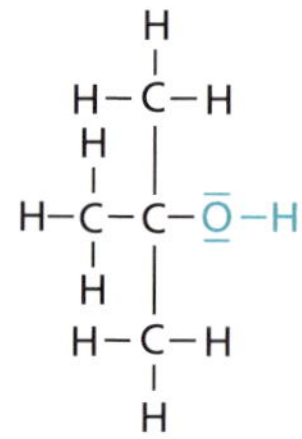
vereinfacht	$CH_3-CH_2-CH_2-CH_2-OH$	$CH_3-CH_2-CH(OH)-CH_3$	$CH_3-CH(CH_3)-CH_2OH$	$CH_3-C(CH_3)_2-OH$
Siedetemperatur	117,5 °C	99,5 °C	108,4 °C	82,5 °C
Schmelztemperatur	−90 °C	−115 °C	−108 °C	25,4 °C

Eigenschaften und Verwendung: Butan-1-ol ist nur begrenzt mit Wasser mischbar. Es dient als Lösungsmittel für Harze und Nitrolacke. 2-Methylpropan-1-ol (Isobutanol) kommt in den giftigen Fuselölen vor.

Mehrwertige Alkohole

Cholesterol (Cholesterin) ist aus Sicht der funktionellen Gruppe ein Alkohol, wird aber zu den Steroiden oder Lipiden gerechnet. Es ist eine lipophile (fettliebende) Substanz. Gleichzeitig ist sie hydrophob (wasserabweisend). Ein hoher Cholesterinspiegel im Blut erhöht die Gefahr eines Herzinfarkts.

1. **Ethan-1,2-diol** (Ethylenglykol, Glykol)
Formeln:
$HO-CH_2-CH_2-OH$ $\quad$ $C_2H_4(OH)_2$ $\quad$ $C_2H_6O_2$

Eigenschaften: Ethan-1,2-diol hat eine Siedetemperatur von etwa 197 °C und eine Dichte von 1,113 g/cm^3. Es ist eine farblose, gesundheitsschädliche Flüssigkeit.
Verwendung: Ethan-1,2-diol wird als Frostschutzmittel für Motoren (Glysantin) und zur Synthese von Kunststoffen (Polyester) genutzt.

2. **Propan-1,2,3-triol** (Glycerol, Glycerin)
Formeln:
$HO-CH_2-CH(OH)-CH_2-OH$ $\quad$ $C_3H_5(OH)_3$ $\quad$ $C_3H_8O_3$

Eigenschaften: Propan-1,2,3-triol hat eine Schmelztemperatur von 20 °C und eine Dichte von 1,223 g/cm^3. Es ist eine farblose, ölige, stark wasseranziehende Flüssigkeit.
Verwendung: Propan-1,2,3-triol ist Bestandteil aller Fette und Öle (↗S. 259). Die Verbindung selbst wird als Bremsflüssigkeit, Frostschutzmittel in Kraftfahrzeugen, zur Herstellung von Kunststoffen, und Sprengstoffen, z. B. Nitroglycerin, sowie als Feuchthaltemittel in der Kosmetik-, Tabak- und Lebensmittelindustrie verwendet.

Phenole

> **Phenole** sind aromatische Verbindungen, bei denen mindestens ein Wasserstoffatom am Benzenring durch eine Hydroxylgruppe ersetzt ist.

Phenol:
C_6H_5OH

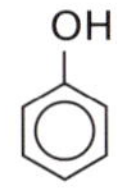

Resorcin:
$C_6H_4(OH)_2$

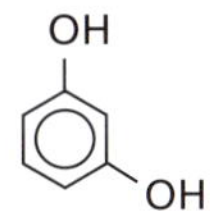

Hydrochinon:
$C_6H_4(OH)_2$

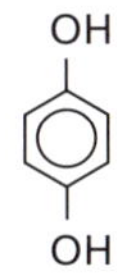

Im Unterschied zu den Alkoholen ist die Hydroxylgruppe nicht an einen kettenförmigen Alkylrest, sondern direkt an ein Kohlenstoffatom des aromatischen Benzenrings gebunden.
In wässrigen Lösungen reagieren Phenole sauer, da von der funktionellen Hydroxylgruppe der Phenole ein Wasserstoff-Ion abgespalten werden kann. In der Reaktion mit Protonenübergang entstehen Phenolat-Anionen und Hydronium-Ionen.

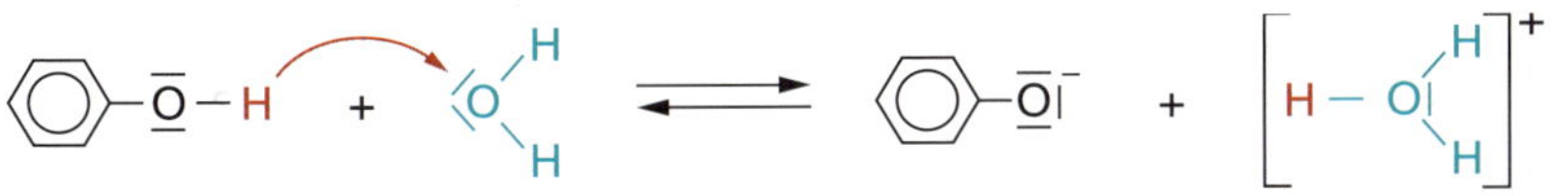

Phenolmolekül Wassermolekül Phenolat-Ion Hydronium-Ion

Vertreter der Phenole:

Phenol (Hydroxybenzen, Hydroxybenzol)
Phenol bildet farblose Kristalle mit typischem Geruch, die in Wasser wenig, aber in Ethanol gut löslich sind. Es ist giftig und wirkt ätzend.

1,3-Dihydroxybenzen (1,3-Dihydroxybenzol, Resorcin) ist farblos, geruchlos, kristallin, wasserlöslich und wirkt verdünnt desinfizierend, in höheren Konzentrationen ist es giftig.

1,4-Dihydroxybenzen (1,4-Dihydroxybenzol, Hydrochinon) wurde in der klassischen Fotografie als Entwickler benutzt.

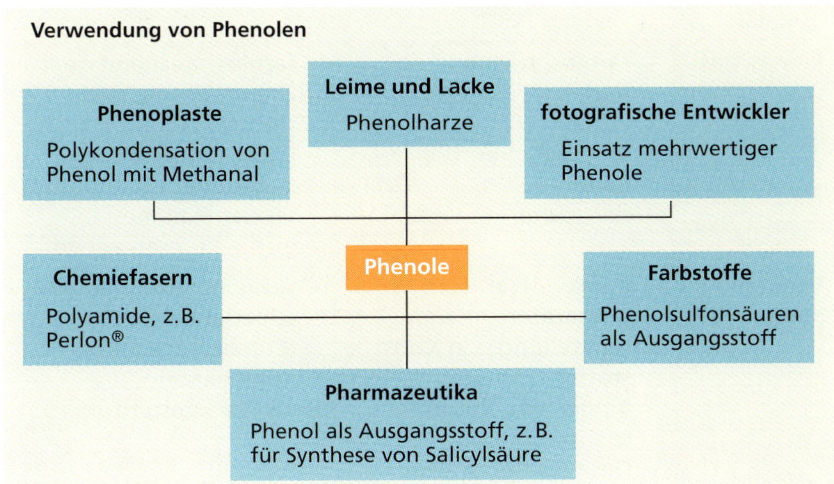

Phenole sind Ausgangsstoffe für die Herstellung vieler organischer Verbindungen, die beispielsweise in Arzneimitteln, Farbstoffen, Sprengstoffen und Holzschutzmitteln Anwendung finden.

6.2.4 Aldehyde und Ketone

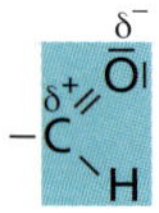

Aldehydgruppe

Aldehyde

> **Aldehyde** sind organische Verbindungen mit einer Aldehydgruppe im Molekül. Die Aldehydgruppe hat die Formel –CHO.

Typisch für die Aldehydgruppe ist ihre reduzierende Wirkung. Aldehyde reduzieren die Silber-Ionen der ammoniakalischen Silbernitratlösung zu elementarem Silber. Ein Silberspiegel entsteht. Mit fehlingscher Lösung reagieren Aldehyde zu rotem Kupfer(I)-oxid (↗ S. 352).

Für Alkanale gilt die allgemeine Summenformel: $C_nH_{2n}O$.

> Als **Alkanale** bezeichnet man die Aldehyde, die sich von den Alkanen ableiten.

Man spricht von einer reduzierenden Wirkung, wenn ein Stoff Elektronen abgibt. Dabei wird der Stoff selbst oxidiert. Der Reaktionspartner nimmt Elektronen auf und wird reduziert (↗ S. 136).

Alkanale bilden eine homologe Reihe, in der besonders Methanal und Ethanal bedeutsam sind.

Methanal und Ethanal als Vertreter der Alkanale		
systematischer Name	Methanal	Ethanal
Trivialname	Formaldehyd	Acetaldehyd
Strukturformeln	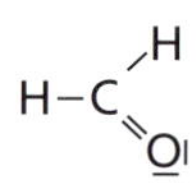 H–CHO	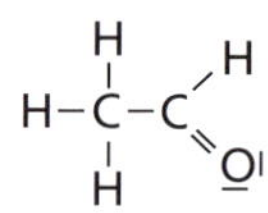 CH_3–CHO
Modell	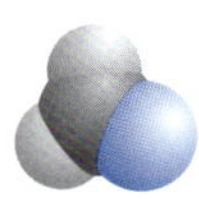	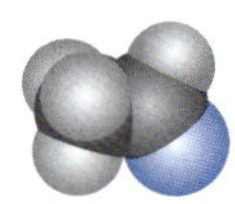
Eigenschaften	– farblos, stechend riechend, gasförmig, wasserlöslich – sehr giftig, krebserregend – denaturiert Eiweiß	– farblos, stechend riechend, flüssig, leicht flüchtig (Sdp.: 21 °C – leicht entzündlich, brennt mit blass leuchtender Flamme – giftig, krebserregend
Verwendung	– Konservieren von Tierpräparaten – Herstellung von Kunststoffen – Bindemittel für Holzspanplatten – Desinfektionsmittel	– Ausgangsstoff für verschiedene Produkte (Ethanol, Ethansäure, Kunstharze) – als Trockenspiritus

Benzaldehyd ist der einfachste aromatische Aldehyd, eine farblose, nach bitteren Mandeln riechende, ölige Flüssigkeit. In der Lebensmittelindustrie wird der Stoff als Zusatzstoff (Bittermandelaroma) eingesetzt.

Ketone

> **Ketone** sind organische Verbindungen mit dem Element Sauerstoff im Molekül. Sie besitzen die Ketogruppe als funktionelle Gruppe.

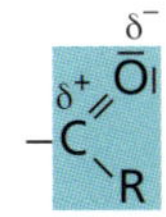

Ketogruppe

Im Unterschied zu den Aldehyden befindet sich statt des Wasserstoffatoms der Aldehydgruppe am Kohlenstoffatom ein zweiter organischer Rest. Sind die beiden Reste gleich, handelt es sich um ein symmetrisches Keton.
Die Aldehyd- und die Ketogruppe zeigen ein sehr ähnliches Reaktionsverhalten. Deshalb fasst man beide als **Carbonylgruppe** zusammen. Alle Reaktionen an der Carbonylgruppe finden am Kohlenstoffatom statt.
Die Reaktionen der Ketone ähneln denen der Aldehyde, es gibt aber auch deutliche Unterschiede. Ketone können z. B. nicht oxidiert und deswegen auch nicht mit fehlingscher Lösung nachgewiesen werden.

> **Alkanone** werden kettenförmige Ketone genannt, die sich von den Alkanen ableiten.

Für Alkanone gilt die gleiche allgemeine Summenformel wie für Alkanale: $C_nH_{2n}O$.

Niedermolekulare Ketone sind wasserlösliche, oft angenehm riechende Flüssigkeiten. Höhermolekulare Ketone sind fest. Viele Ketone sind häufig nur als Zwischenprodukte in der pharmazeutischen Industrie von Interesse.
Der bekannteste Vertreter der Ketone ist das **Aceton (Propanon).**
Formeln:

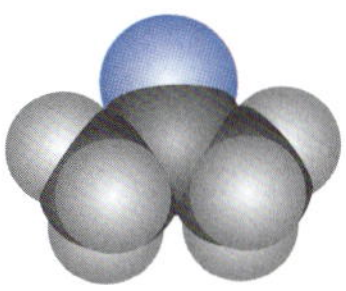

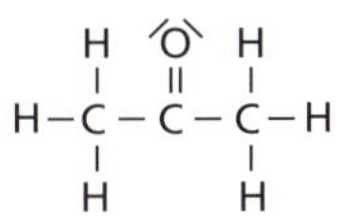

$CH_3-CO-CH_3$

Eigenschaften: Aceton (Propanon) hat eine Siedetemperatur von 56 °C und eine Dichte von 0,791 g/cm^3. Es ist eine farblose, brennbare, mit Wasser und organischen Stoffen mischbare Flüssigkeit mit typischem Geruch.
Verwendung: Aceton (Propanon) dient als universelles Lösungsmittel und ist Bestandteil von Farben, Fleckentfernern und Klebstoffen. In der Industrie dient es als Ausgangsstoff für verschiedene organische Synthesen.
Herstellung: Aceton kann durch das Hock-Verfahren aus Benzen und Propen oder durch katalytische Dehydrierung (↗ S. 279) von Isopropanol hergestellt werden.

Synthese von Aceton aus Propan-2-ol:

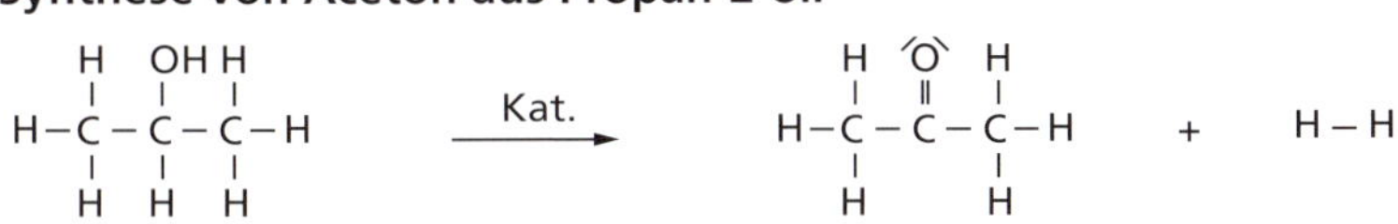

Alkohole, Aldehyde und Ketone

- **Alkohole** sind Sauerstoffabkömmlinge (Derivate) der kettenförmigen und gesättigten ringförmigen Kohlenwasserstoffe, deren Moleküle mindestens eine Hydroxylgruppe enthalten.

- **Alkanole** sind Sauerstoffabkömmlinge der Alkane. Unverzweigte einwertige Alkanole mit einer endständigen Hydroxylgruppe bilden eine **homologe Reihe** der allgemeinen Summenformel $C_nH_{2n+1}OH$. Mehrwertige Alkohole wie Propan-1,2,3-triol (Glycerol) enthalten mehrere Hydroxylgruppen.

Alkohol	Methanol	Ethanol	Propan-1-ol	Propan-1,2,3-triol
Formel	CH_3OH	C_2H_5OH	C_3H_7OH	$C_3H_5(OH)_3$
Struktur (Kalottenmodell)	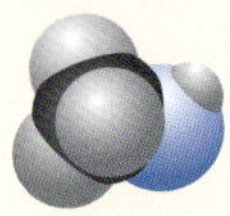	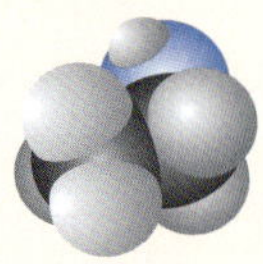	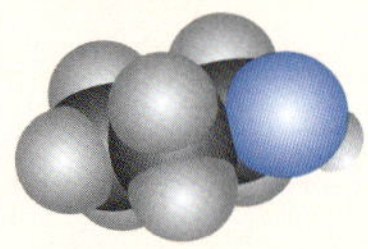	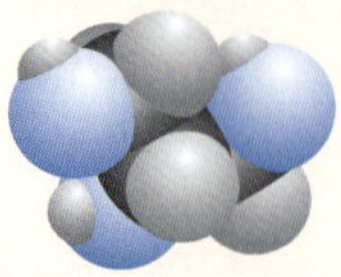
typische chemische Reaktionen	– unvollständige Oxidation zu Aldehyden oder Carbonsäuren – vollständige Oxidation (Verbrennung) zu Kohlenstoffdioxid und Wasser – Veresterung mit Carbonsäuren			

- **Phenole** sind aromatische Verbindungen, die mindestens eine Hydroxylgruppe am Benzenring tragen. Sie gehören nicht zu den Alkoholen.

- **Aldehyde** und **Ketone** sind unterschiedliche Sauerstoffabkömmlinge (Derivate) der Kohlenwasserstoffe, die eine Aldehydgruppe bzw. eine Ketogruppe im Molekül enthalten. Aufgrund ihrer unterschiedlichen funktionellen Gruppen unterscheiden sie sich in ihren Eigenschaften.

	Aldehyde	Ketone
funktionelle Gruppe	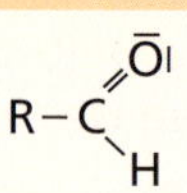	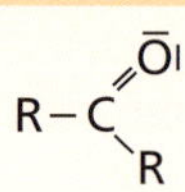
Beispiel	Methanal (Formaldehyd) H–CHO 	Propanon (Aceton) $CH_3–CO–CH_3$ 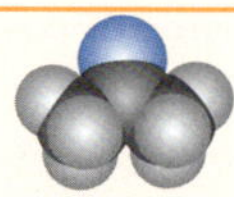
Entstehung	durch Oxidation primärer Alkohole	durch Oxidation sekundärer Alkohole
Eigenschaften	– verbrennen vollständig zu Kohlenstoffdioxid und Wasser – stark reduzierende Wirkung – häufig giftig oder krebserregend	– verbrennen vollständig zu Kohlenstoffdioxid und Wasser – keine reduzierende Wirkung – chemisch relativ beständig

6.2.5 Ether

Ether sind organische Verbindungen mit dem Element Sauerstoff im Molekül. Bei der Ethergruppe befindet sich das Sauerstoffatom zwischen zwei Kohlenstoffatomen.

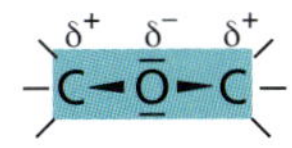

Ethergruppe

Ether haben die allgemeine Formel R[1]–O–R[2]. Die Bezeichnungen R[1] und R[2] stehen für organische Reste. Das können sowohl beliebige Alkylreste (von Alkanen stammend) als auch Arylreste sein, die von Aromaten stammen. Sind beide Reste gleich, spricht man von symmetrischen Ethern. Es gibt auch cyclische Ether, z. B. Tetrahydrofuran.
Ether können durch Kondensation (↗S. 277) zweier Alkoholmoleküle in Gegenwart eines Katalysators entstehen.

Mit dem Symbol „R" wird hier ein organischer Rest bezeichnet, bei dem das erste Atom nach der Bindung immer ein Kohlenstoffatom ist.

Bildung von Diethylether aus zwei Molekülen Ethanol:

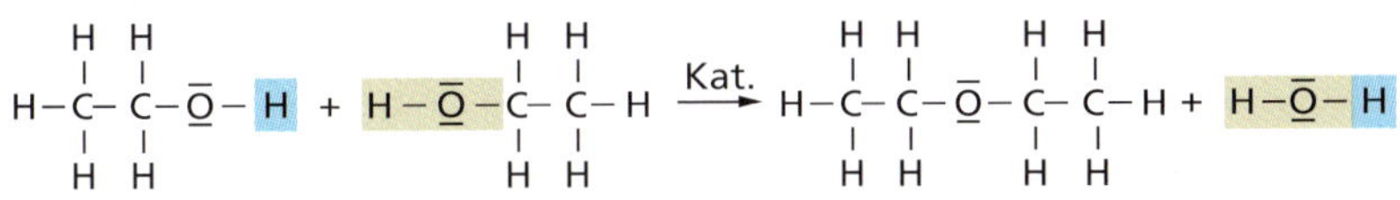

Eine Bildung von Ethern kann auch aus einem Alkohol und einem anderen organischen Molekül erfolgen, z.B. einem Halogenalkan.

Bildung von Ethylphenylether aus Phenol und Monochlorethan:

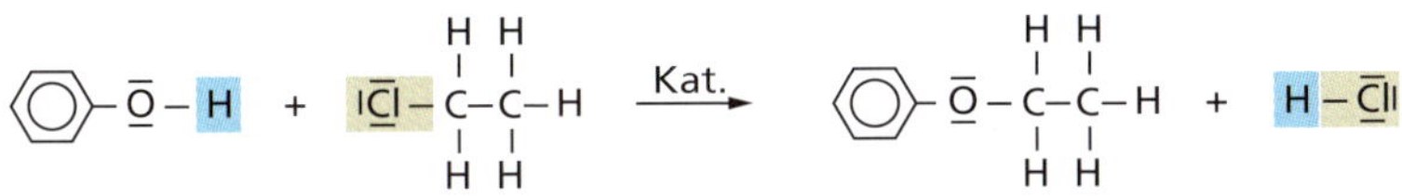

Die Dämpfe von niedermolekularen Ethern sind leicht entflammbar, mit Luft bilden Etherdämpfe hochexplosive Gemische. Ether sind hervorragende Lösungsmittel für Fette und Harze. Verwendung finden sie deshalb vor allem als Lösungs- und Extraktionsmittel. Höhere Ether dienen auch als Weichmacher für Kunststoffe.

Butanol und **Diethylether** sind Isomere. Obwohl sie die gleiche Summenformel $C_4H_{10}O$ haben, sind sie von der Struktur, und daraus resultierend, in den chemischen und physikalischen Eigenschaften, völlig unterschiedliche Verbindungen.

Diethylether wird oft auch vereinfacht nur als Ether bezeichnet. Er ist eine farblose, leicht bewegliche Flüssigkeit. Seine Siedetemperatur beträgt nur 34,5 °C.
Früher wurde Diethylether als Narkosemittel verwendet. Wegen der Nebenwirkungen ist der Ether aber heute als medizinisches Narkosemittel nicht mehr zugelassen.
Das berühmte Hausmittel „Hoffmanns Tropfen" enthält pflanzliche Wirkstoffe gelöst in Ether und Ethanol. Es hilft bei Schwächeanfällen und wirkt krampflösend.
1
2
3 Zeilen

6.2.6 Amine

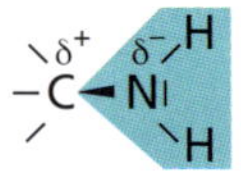

Aminogruppe

Amine sind organische Verbindungen mit dem Element Stickstoff im Molekül. Sie besitzen die Aminogruppe mit der Formel $-NH_2$ als funktionelle Gruppe.

▶ Es gibt auch **Amine,** bei denen das Stickstoffatom der funktionellen Gruppe mit zwei oder drei organischen Resten verbunden ist. Im Stresshormon Adrenalin sind am Stickstoffatom nur noch ein Wasserstoffatom, aber zwei organische Reste gebunden.

Verbindungen mit einer Aminogruppe im Molekül kommen in der Natur häufig vor. So erfüllen Amine u. a. wichtige Aufgaben bei der Reizleitung (Histamin) oder bei der Blutdruckregulierung (Adrenalin) im Organismus. Außerdem tragen Aminosäuremoleküle, die Bausteine der Eiweiße neben der Carboxylgruppe mindestens eine Aminogruppe.

Verbindungen mit Aminogruppe im Molekül

vereinfachte Strukturformel	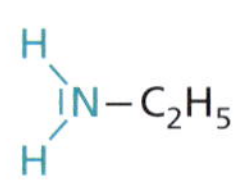	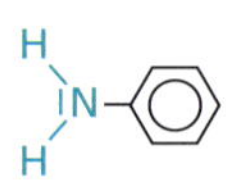	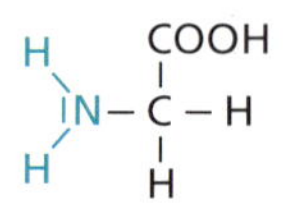
Name	Ethylamin	Phenylamin (Anilin)	Aminoethansäure (Glycin)

Amine reagieren in wässrigen Lösungen basisch, da an die Aminogruppe ein Proton angelagert werden kann. Durch die Reaktion mit Protonenübergang entstehen Hydroxid-Ionen und organische Ammonium-Ionen.

Anilinmolekül + Wassermolekül ⇌ Anilium-Kation + Hydroxid-Anion

Ein technisch bedeutsames Amin ist das aromatische **Anilin (Phenylamin).** Trotz seiner Giftigkeit ist es ein wichtiges Zwischenprodukt für organische Synthesen.

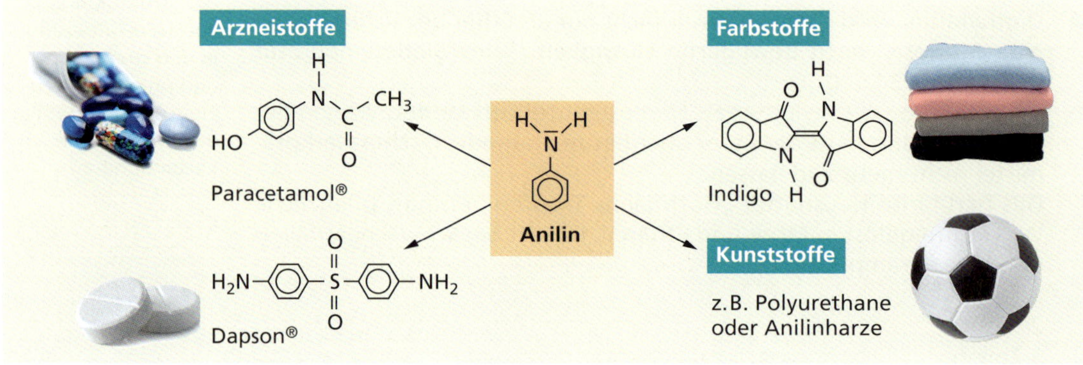

6.2.7 Carbonsäuren

Carbonsäuren sind organische Verbindungen, die mindestens eine Carboxylgruppe mit der Formel –COOH als funktionelle Gruppe besitzen.

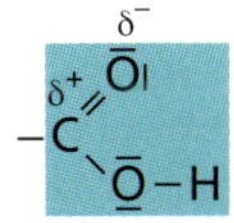

Carboxylgruppe

Carbonsäuren können eine oder mehrere Carboxylgruppen im Molekül haben. Monocarbonsäuren besitzen eine, Dicarbonsäuren zwei und Tricarbonsäuren drei Carboxylgruppen.

Für Alkansäuren gilt die allgemeine Summenformel: $C_nH_{2n}O_2$.

Alkansäuren sind Carbonsäuren mit einer Carboxylgruppe, die sich von einem Alkan ableiten.

Carbonsäuren zeigen ähnliche chemische Eigenschaften wie anorganische Säuren. In wässriger Lösung dissoziieren sie in Säurerest-Ionen und Wasserstoff-Ionen (Protonen), die mit Wassermolekülen Hydronium-Ionen bilden. Die Wasserlöslichkeit der Carbonsäuren nimmt mit der Kettenlänge ab.

Namen und Formeln einiger Alkansäuren

Name (Trivialname)	ausführliche Strukturformel	vereinfachte Strukturformel	Anzahl der C-Atome	Name des Säurerest-Ions
Methansäure (Ameisensäure)	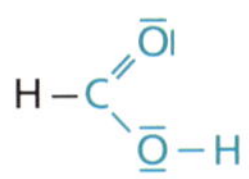	H–COOH	1	Methanoat-Ion (Formiat-Ion)
Ethansäure (Essigsäure)	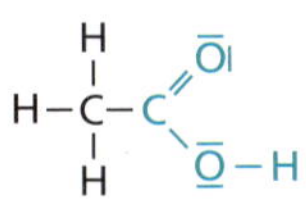	CH_3–COOH	2	Ethanoat-Ion (Acetat-Ion)
Propansäure (Propionsäure)	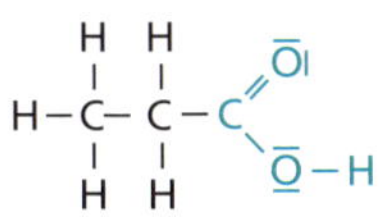	CH_3–CH_2–COOH	3	Propanoat-Ion (Propionat-Ion)
Butansäure (Buttersäure)	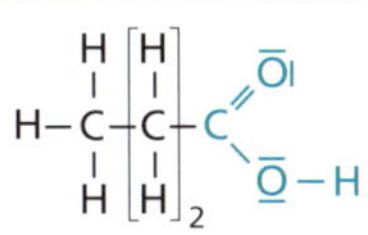	CH_3–$(CH_2)_2$–COOH	4	Butanoat-Ion (Butyrat-Ion)
Hexadecansäure (Palmitinsäure)	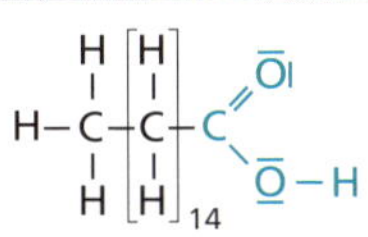	CH_3–$(CH_2)_{14}$–COOH	16	Hexadecanoat-Ion (Palmitat-Ion)
Octadecansäure (Stearinsäure)	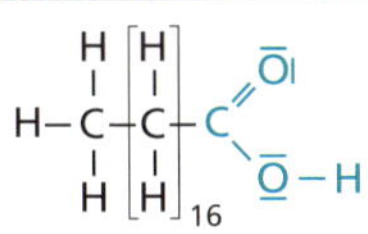	CH_3–$(CH_2)_{16}$–COOH	18	Octadecanoat-Ion (Stearat-Ion)

Weitere typische Reaktionen der Alkansäuren sind die **Veresterung** (↗ S. 252) sowie die Reaktionen mit unedlen Metallen und Carbonaten (↗ S. 253).

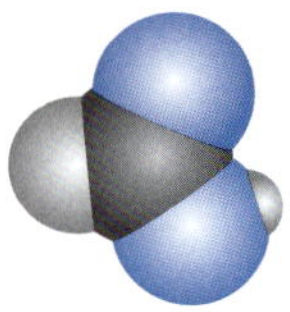

■ **Dissoziation einer Alkansäure:**

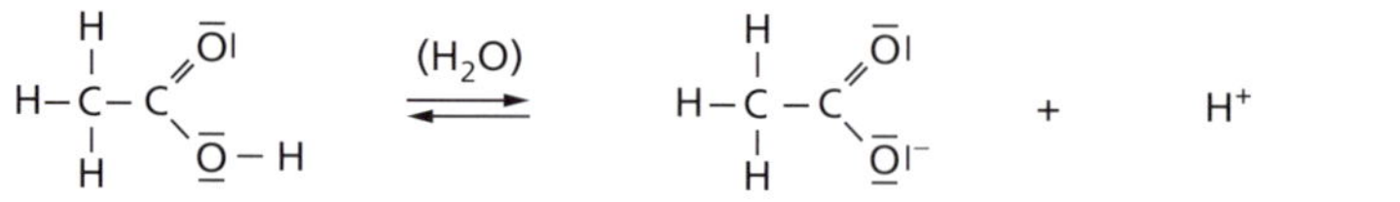

Ethansäure — Acetat-Ion — Wasserstoff-Ion

Mit Basen findet eine Neutralisationsreaktion (↗ S. 148) statt. Dabei entstehen Salze der organischen Säuren und Wasser.

■ **Neutralisationsreaktion einer Alkansäure mit einer Base:**

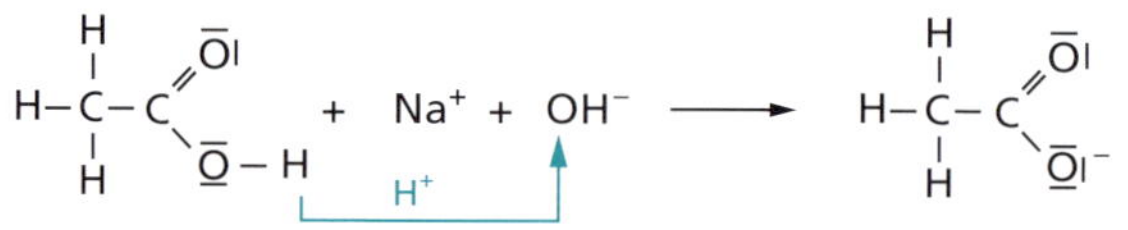

Ethansäure — Natriumhydroxid — Natriumacetat — Wasser

Ameisen produzieren **Ameisensäure,** die sie beim Biss absondern. Legt man angefeuchtetes Indikatorpapier auf einen Ameisenhaufen, färbt es sich rot.

Essigsäure ist die wichtigste der Monocarbonsäuren. Wasserfreie Essigsäure wird als Eisessig bezeichnet.

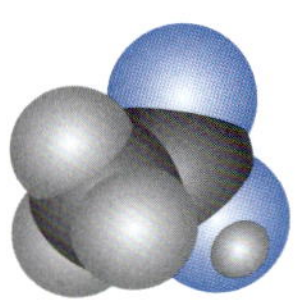

Wichtige Alkansäuren

1. **Methansäure** (Ameisensäure):
   Eigenschaften: Methansäure ist eine farblose, stechend riechende, stark ätzende, brennbare, gut mit Wasser und organischen Lösungsmitteln mischbare Flüssigkeit. Es ist die stärkste Monocarbonsäure.
   Verwendung: Methansäure wird zum Imprägnieren, Beizen (Textil- und Lederindustrie), als Entkalkungs- und Desinfektionsmittel verwendet.

2. **Ethansäure** (Essigsäure):
   Eigenschaften: Ethansäure ist eine farblose, stechend riechende, mit Wasser und organischen Lösungsmitteln gut mischbare Flüssigkeit.
   Verwendung: Sie wird in der Lebensmittelindustrie als Speiseessig, in Färbereien sowie als Lösungs- und Entkalkungsmittel eingesetzt.

3. **Propansäure** (Propionsäure):
   Eigenschaften: Propansäure ist eine farblose, stechend riechende, mit Wasser und organischen Lösungsmitteln gut mischbare Flüssigkeit.
   Verwendung: Propansäure dient als Konservierungsmittel, weil sie hemmend auf das Wachstum von Schimmelpilzen wirkt. Zudem wird sie zur Herstellung von Lösungsmitteln, Riechstoffen und Pflanzenschutzmitteln genutzt.

4. **Butansäure** (Buttersäure):
   Eigenschaften: Butansäure ist eine farblose, ölige, unangenehm riechende, gut mit Wasser und organischen Lösungsmitteln mischbare Flüssigkeit. Sie wird beim Ranzigwerden der Butter frei und ist im Schweiß enthalten.
   Verwendung: Butansäure wird zur Herstellung von Lösungsmitteln, Geschmacks- und Riechstoffen verwendet.

Andere Carbonsäuren

> **Alkandisäuren** sind Carbonsäuren mit zwei Carboxylgruppen im Molekül. Sie leiten sich von Alkanen ab.

Alkandisäuren gehören zu den Dicarbonsäuren. Es sind farblose, kristalline Substanzen.

Wichtige Alkandisäuren

1. **Oxalsäure** findet man als Säure in der Natur häufig, z.B. in Rhabarber, Spinat, Sauerklee oder in Rüben. Calciumoxalat, das Salz der Oxalsäure, kommt im Blut und Harn des Menschen und vieler Säugetiere vor. Die Säure wird als Hilfsmittel in der Färberei, zur Herstellung blauer Tinte und als Bleichmittel für Stroh und Holz verwendet.

2. **Malonsäure** ist in der Natur nur sehr wenig verbreitet. Sie wird für die Synthese vieler organischer Verbindungen eingesetzt, z.B. Ketone, Ester oder Aromastoffe.

3. **Bernsteinsäure** ist Bestandteil unreifer Früchte und von Pilzen. Sie kommt aber auch in Bernstein und anderen fossilen Harzen vor. Im Stoffwechsel tritt sie bei der Zellatmung auf. Bernsteinsäure dient zur Herstellung von Farbstoffen und pharmazeutischen Präparaten, die Ester werden als Weichmacher für Kunststoffe eingesetzt.

Die Abkömmlinge der **Carbonsäuren** werden als Carbonsäurederivate bezeichnet. Die Carbonsäureamide, -ester und -thioester kommen in der Natur häufig vor und haben auch im menschlichen Stoffwechsel eine große Bedeutung.

Oxalsäure (Ethandisäure)

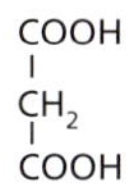

Malonsäure (Propan-1,3-disäure)

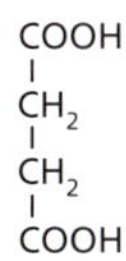

Bernsteinsäure (Butan-1,4-disäure)

Carbonsäuren mit weiteren funktionellen Gruppen

Neben der Carboxylgruppe können Carbonsäuren auch weitere funktionelle Gruppen im Molekül enthalten. Carbonsäuren mit Hydroxylgruppe heißen Hydroxycarbonsäuren. Sind eine oder mehrere Aminogruppen gebunden, handelt es sich um Aminosäuren (↗ S. 254).

Hydroxycarbonsäuren

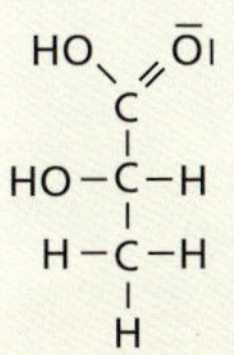

Milchsäure (2-Hydroxypropansäure)

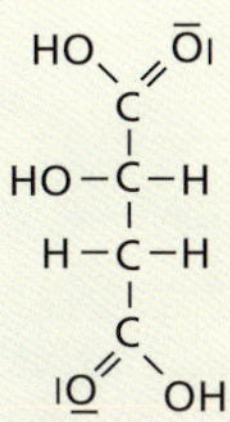

Äpfelsäure (2-Hydroxybutan-1,4-disäure)

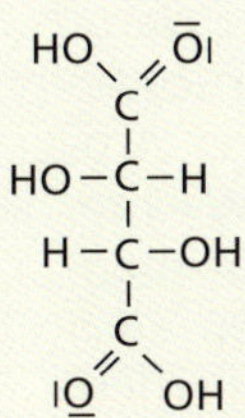

Weinsäure (2,3-Dihydroxybutan-1,4-disäure)

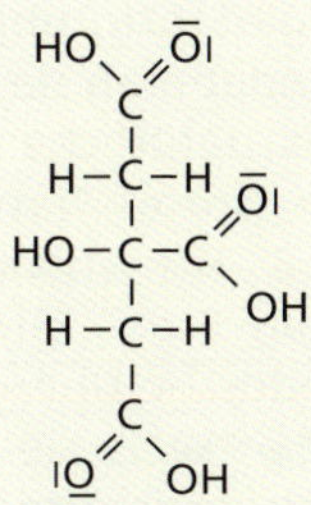

Citronensäure (3-Carboxy-3-hydroxypentan-1,5-disäure)

Namen der Säuerest-Ionen

Milchsäure	Äpfelsäure	Weinsäure	Citronensäure
Lactat-Ion	Malat-Ion	Tartrat-Ion	Citrat-Ion

Lebensmittelzusatzstoffe werden mit E-Nummern gekennzeichnet. **Carbonsäuren als Konservierungsstoffe** sind häufig. Dazu gehören z.B. E 236 (Ameisensäure), E 260 (Essigsäure), E 270 (Milchsäure) und E 330 (Citronensäure).

6.2.8 Ester (Carbonsäureester)

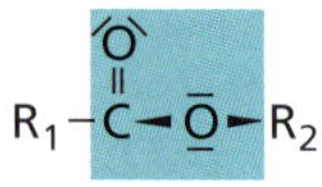

Estergruppe

Ester sind Verbindungen, die aus organischen oder anorganischen Säuren und Alkoholen unter Wasserabspaltung entstanden sind. Die Esterbildung wird als **Veresterung** bezeichnet.

Bei der Veresterung einer organischen Säure und eines Alkohols reagieren die Hydroxylgruppe und die Carboxylgruppe miteinander. Aus diesen funktionellen Gruppen wird Wasser abgespalten.

Die **Veresterung** ist eine Gleichgewichtsreaktion. Um sie möglichst weit auf die Seite des Esters zu verlagern, muss entweder der Ester oder das Wasser dem Gleichgewicht entzogen werden.

- **Reaktion von Ethansäure mit Ethanol – Veresterung:**

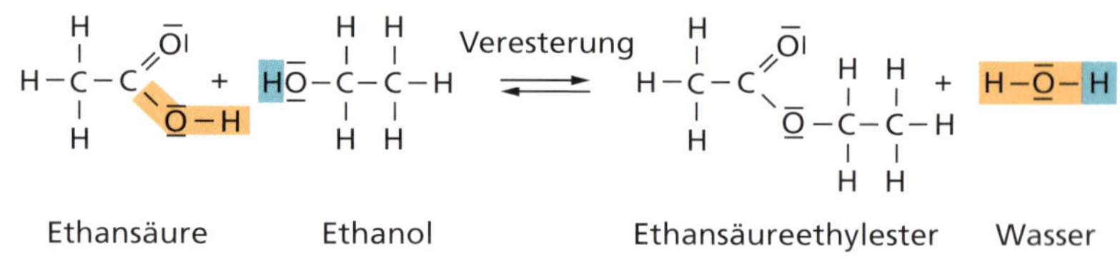

Die Molekülreste von Alkohol und Carbonsäure sind über das Sauerstoffatom über eine **Esterbindung** verknüpft. Der Ester wird benannt, indem man zuerst den Namen der Säure, z. B. Ethansäure, angibt und dann die Bezeichnung des Alkylrests, z. B. -ethyl, mit der Endung -ester anfügt.
Die Rückreaktion, also die Spaltung des Esters mittels Wasser (hydrolytische Spaltung) in eine Säure und den Alkohol, nennt man **Hydrolyse.**

- **Spaltung von Essigsäuremethylester – Hydrolyse:**

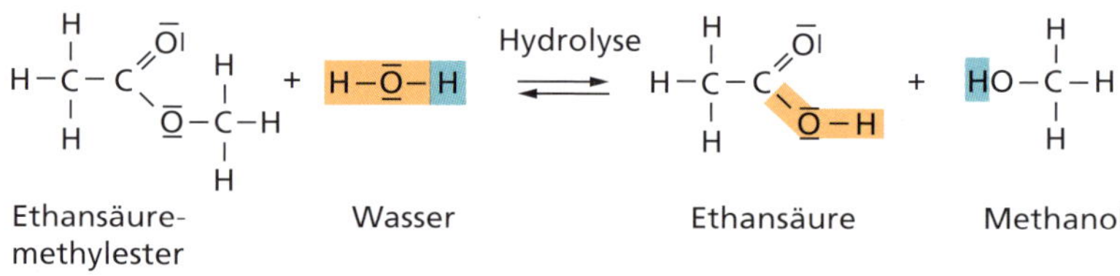

- Ester sind eine sehr vielfältige Stoffgruppe. In der Natur findet man sie z. B. in Früchten als natürliche Duft- und Aromastoffe. Natürliche Wachse, z. B. Bienenwachs, sind ebenfalls Ester. Ester können auch industriell hergestellt werden. Man setzt sie als Lösungsmittel, Aromastoffe oder in der Parfümindustrie ein.

Aspirin (Acetylsalicylsäure) ist das am häufigsten verwendete Schmerzmittel (Analgetikum). Der Stoff hat außerdem eine gerinnungshemmende Wirkung und dient daher zur Vorbeugung von Embolien. Aspirin ist gleichzeitig eine Benzoesäure und ein Ethansäureester.

Auch im Stoffwechsel der Tiere und im menschlichen Körper spielen Ester eine bedeutende Rolle. **Fette** (↗ S. 259 ff.) sind Gemische verschiedener Ester des Glycerols (Glycerins) mit Carbonsäuren, die als Fettsäuren bezeichnet werden.

6

Carbonsäuren und Ester

- **Carbonsäuren** sind organische Verbindungen, die mindestens eine Carboxylgruppe im Molekül enthalten.

- **Alkansäuren** sind Carbonsäuren und Sauerstoffabkömmlinge der Alkane. Die allgemeine Summenformel der Alkansäuren lautet $C_nH_{2n+1}COOH$. Alkansäuren mit einer endständigen Carboxylgruppe bilden eine homologe Reihe.

Alkansäuren	z. B. Essigsäure: CH_3-COOH
Fettsäuren	z. B. Stearinsäure $CH_3-(CH_2)_{16}-COOH$
Carbonsäuren mit mehreren funktionellen Gruppen	z. B. Milchsäure $CH_3-CHOH-COOH$

- Aufgrund der Carboxylgruppe im Molekül gehen Carbonsäuren folgende **typische chemische Reaktionen** ein:

saure Reaktion in wässriger Lösung

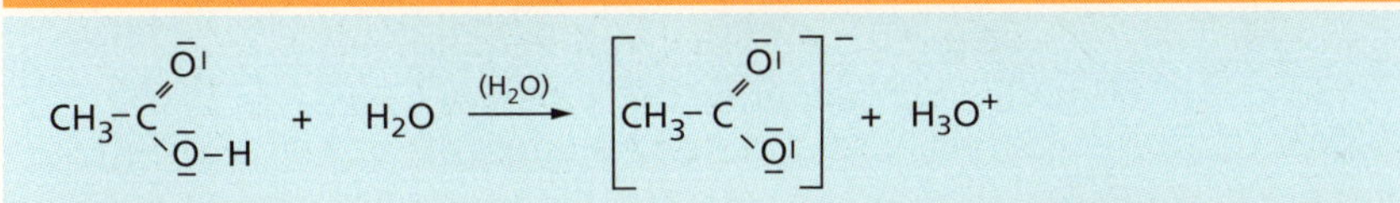

Salzbildungsreaktion (Beispiel Neutralisationsreaktion)

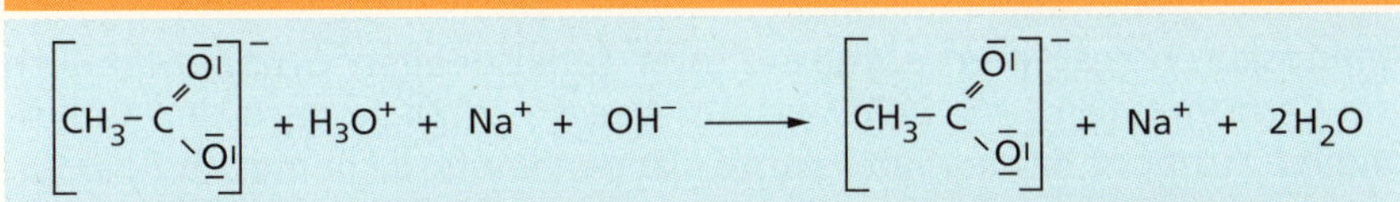

Zersetzung von Carbonaten

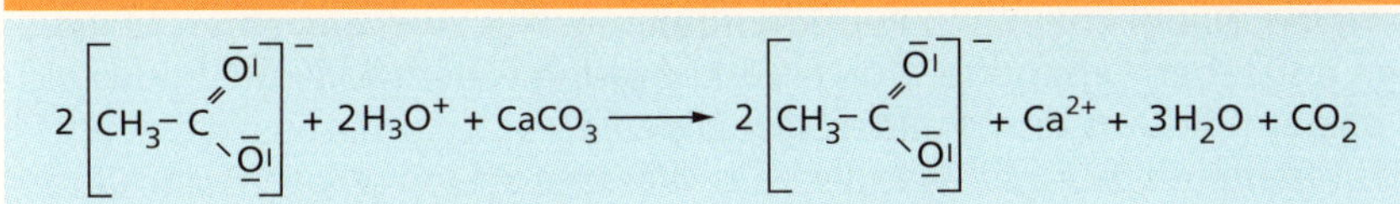

- **Carbonsäureester** entstehen durch Reaktionen von Carbonsäuren mit Alkoholen. Bei der Kondensation wird Wasser abgespalten. Die Esterbildung ist eine umkehrbare Reaktion. Die Rückreaktion heißt **Hydrolyse.**

Säure + Alkohol ⇌ Ester + Wasser

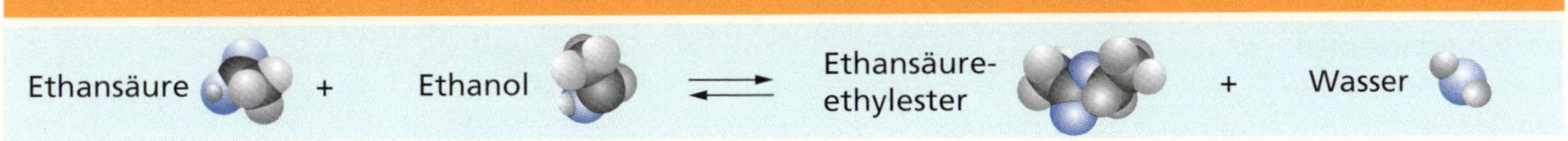

6.2.9 Aminosäuren

Aminosäuren sind farblose, relativ hoch schmelzende Feststoffe.

> **Aminosäuren** sind organische Verbindungen mit mindestens zwei verschiedenen funktionellen Gruppen. Aminosäuremoleküle enthalten mindestens je eine Carboxylgruppe und eine Aminogruppe.

Als α-Aminosäuren (2-Aminosäuren) werden alle Aminosäuren bezeichnet, bei denen sowohl die Aminogruppe als auch die Carboxylgruppe am 2. Kohlenstoffatom gebunden sind. „R" steht für einen beliebigen organischen Rest.

Allgemeine Formel: α-Aminosäure

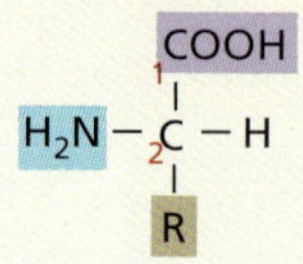

NH_2: Aminogruppe

COOH: Carboxylgruppe

R: Seitenkette

Der menschliche Organismus kann nur einen Teil der benötigten Aminosäuren selbst herstellen. Die anderen heißen **essenzielle Aminosäuren** und müssen mit der Nahrung aufgenommen werden.

Einige ausgewählte Aminosäuren

Glycin (Gly) Alanin (Ala) Cystein (Cys) Glutaminsäure (Glu) Tyrosin (Tyr)

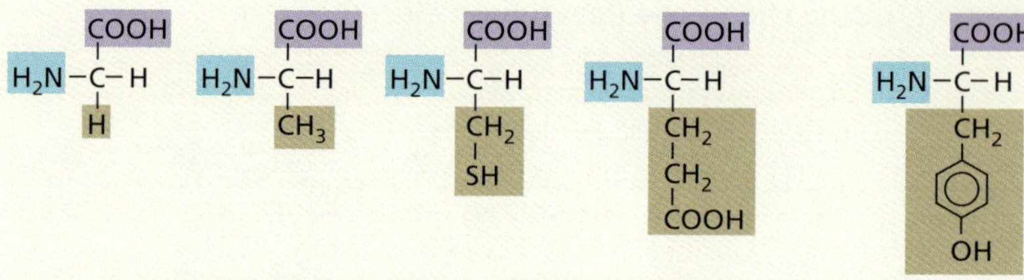

Aminosäuren reagieren aufgrund ihrer funktionellen Gruppen ähnlich wie Carbonsäuren (↗ S. 249) und Amine (↗ S. 248). Je nach den funktionellen Gruppen in der Seitenkette können weitere chemische Reaktionen auftreten.

Typisch für fast alle Aminosäuren ist die Bildung von Carbonsäureamiden. Dabei entstehen **Peptidbindungen.** Aus zwei einzelnen Molekülen entstehen Dipeptide. Durch Verknüpfung vieler Moleküle bilden sich Polypeptide. Aus ihnen bilden sich Eiweiße.

In wässrigen Lösungen wandert das Wasserstoff-Ion (Proton) der Carboxylgruppe zur Aminogruppe. Die Aminosäure liegt dann als **Zwitterion** vor, das insgesamt neutral ist. Die negative Ladung an der Carboxylatgruppe und die positive Ladung an der Ammoniumgruppe heben sich gegenseitig auf.

In der Natur kommen über 500 verschiedene Aminosäuren vor. Nur 22 von ihnen sind am Aufbau der **Eiweiße** lebender Organismen beteiligt. Sie werden proteinogene oder biogene **Aminosäuren** genannt.

Reaktion einer Aminosäure (Alanin in Wasser)

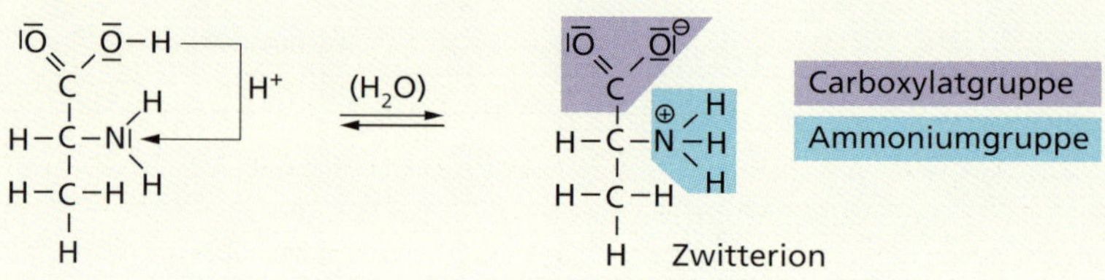

6.2.10 Peptide und Eiweiße

Peptide sind Verbindungen, die durch die Reaktion mehrerer Aminosäuren miteinander entstehen. Sie stellen die Grundlage der **Eiweiße** dar.

Bei der **Kondensation** zweier Aminosäuren entsteht unter Abspaltung von Wasser ein **Dipeptid.** Es besteht aus zwei Aminosäureresten, die über eine Peptidbindung verbunden sind.
Bei der Kondensation können sich sowohl gleiche als auch unterschiedliche Aminosäuren zu Peptiden verbinden.

Die –CO-NH-Gruppe zwischen zwei Aminosäureresten nennt man die Peptidgruppe. Sie ist ein besonderes Strukturmerkmal der Peptide.

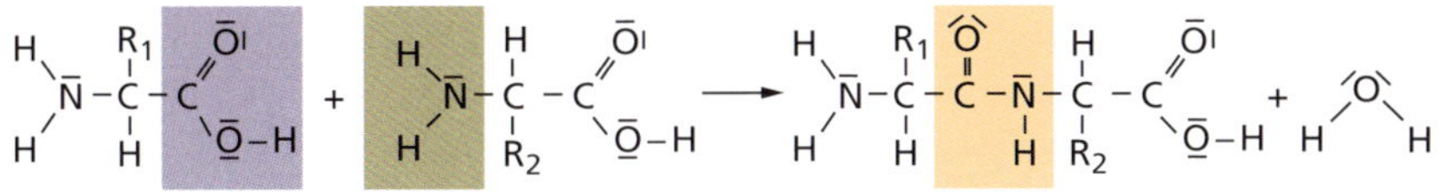

R_1, R_2 – Reste der Seitenketten

Peptidgruppe

Da Peptidmoleküle ebenfalls über mindestens eine Carboxylgruppe und eine Aminogruppe verfügen, können weitere Aminosäuren angelagert werden. Durch mehrfache Kondensation entstehen kettenförmige **Oligo- oder Polypeptide** (↗ Tab.).
Durch Kondensation vieler Aminosäuren bilden sich makromolekulare Strukturen. Diese stellen die Grundlage der **Eiweiße (Proteine)** dar, die aus mehreren Polypeptidketten bestehen können. Aufgrund ihrer räumlichen Struktur (↗ S. 256) üben Eiweiße wichtige Funktionen im Organismus aus.
Obwohl nur die 22 biogenen Aminosäuren an der Synthese der menschlichen Eiweiße beteiligt sind, ergeben sich daraus unzählige Kombinationsmöglichkeiten. Bei einer Länge einer Polypeptidkette von 100 Aminosäuremolekülresten und 22 verschiedenen Aminosäuren können theoretisch 22^{100} verschiedene Polypeptide entstehen.
Die richtige Reihenfolge der Aminosäuren aller körpereigenen Eiweiße ist über die DNA im Genom verschlüsselt.

Peptid	Beispiel
Dipeptid 2 Aminosäurereste im Molekül	– Der Süßstoff Aspartam ist aus den Aminosäureresten der Asparaginsäure und des Phenylalanins aufgebaut.
Oligopeptid 2–10 Aminosäurereste im Molekül	– Je nach Anzahl der Aminosäurereste heißen sie Di-, Tri-, Tetrapeptide usw. – Das Gift des grünen Knollenblätterpilzes α-Amanitin ist ein Octapeptid.
Polypeptid 11–100 Aminosäurereste	– Das Hormon Insulin ist ein Polypeptid mit 51 Aminosäureresten im Molekül.
Eiweiß (Protein) mehr als 100 Aminosäurereste im Molekül	– Das Bewegungsprotein Myosin ermöglicht die Kontraktion der Muskeln. Es besteht aus zwei Peptidketten mit je 2000 Aminosäureresten.

Struktur der Eiweiße

▸ Erst in der endgültigen Form erlangt das Eiweiß seine volle Wirksamkeit im Organismus.

Eiweiße sind aus Aminosäureresten aufgebaute komplexe makromolekulare Verbindungen. Die jeweiligen Polypeptidketten sind charakteristisch in mehreren Ebenen strukturiert.

▸ In einigen Fällen lagern sich mehrere Peptidketten zu einem Eiweißmolekül zusammen. Die Wechselwirkungen zwischen den einzelnen Ketten bestimmen die **Quartärstruktur** und damit die Raumstruktur des gesamten Makromoleküls.

Die außerordentlich komplizierte Struktur der Eiweiße wird zur besseren Übersicht modellhaft in vier Ebenen unterteilt.
Die jeweiligen Polypeptidketten von Eiweißen unterscheiden sich durch ihre **Primärstruktur.** Diese wird durch die Art, Anzahl und Reihenfolge ihrer Aminosäuren, die sogenannte Aminosäuresequenz bestimmt.
An verschiedenen Stellen des Proteinmoleküls bilden sich Wasserstoffbrückenbindungen zwischen den –CO- und –NH-Gruppen der Peptidgruppen. Dadurch entsteht die **Sekundärstruktur,** die die räumliche Anordnung einzelner Abschnitte der Peptidkette beschreibt. Bei der **α-Helixstruktur** sind die Polypeptidketten spiralförmig angeordnet. Eine **β-Faltblattstruktur** bildet sich durch die Zusammenlagerung gestreckter Peptidketten.
Die **Tertiärstruktur** beschreibt den vollständig räumlichen Aufbau einer Polypeptidkette und wird u. a. durch Wasserstoffbrücken und Disulfidbindungen (Schwefelbrücken) stabilisiert.

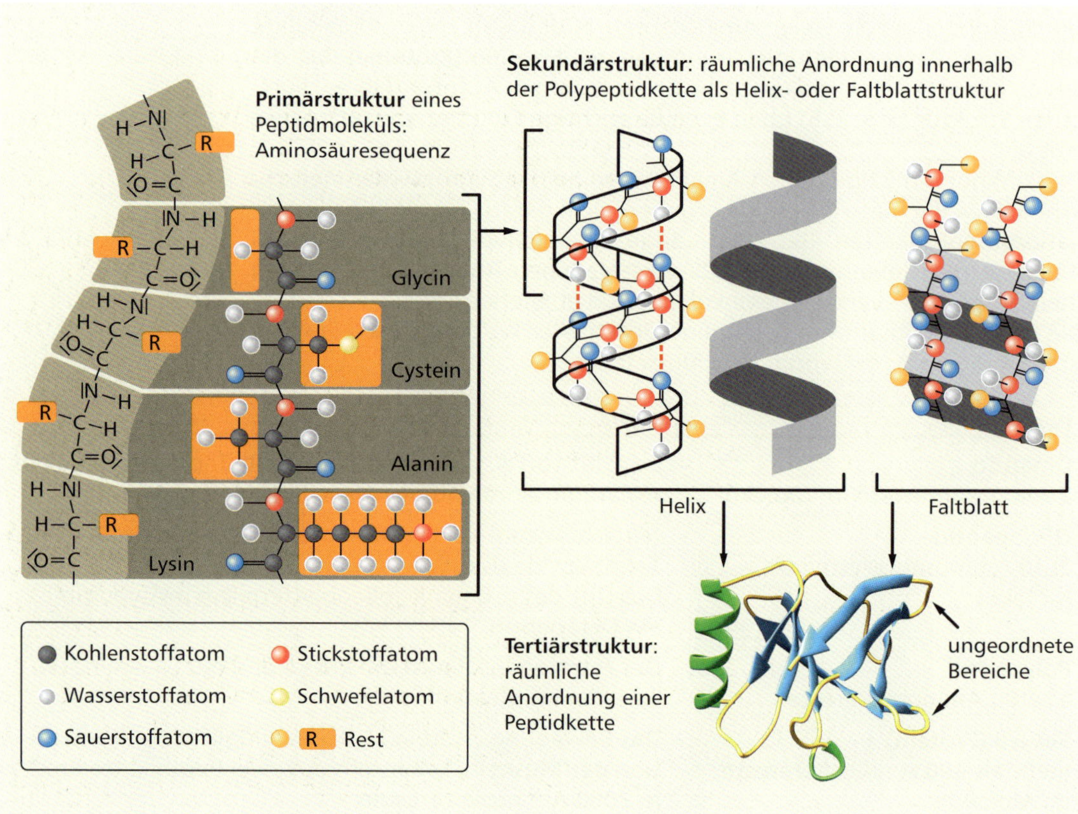

Eigenschaften der Eiweiße

Unter physiologischen Bedingungen (37 °C, pH = 7) ist die Struktur der Eiweiße sehr stabil. Sie ist aber empfindlich gegenüber einigen Umwelteinflüssen und wird durch Erhitzen, durch Kontakt mit Säuren, Schwermetallsalzen oder organischen Lösungsmitteln angegriffen.

Dabei werden speziell Wasserstoffbrücken- und andere Bindungen im Makromolekül aufgebrochen. Dadurch wird die räumliche Anordnung der Polypeptidketten zerstört und das Eiweiß biologisch inaktiv. Man bezeichnet diese unumkehrbare (irreversible) Zerstörung der Proteinstruktur als **Denaturierung.**
Die Denaturierung von Eiweißen durch Hitzeeinwirkung hat jeder schon beobachtet, wenn er sich verbrannt hat. Beim Braten eines Spiegeleis nutzen wir die Denaturierung, um das Essen in eine appetitliche Form zu bringen.
Durch die Magensäure werden mit der Nahrung aufgenommene Eiweiße ebenfalls denaturiert. Auf diese Weise wird die Eiweißverdauung eingeleitet. Zusätzlich werden die Eiweißstrukturen eindringender Mikroorganismen zerstört und diese abgetötet.
Die Denaturierung von Eiweißen ist auch eine Ursache der Giftwirkung von Schwermetall-Ionen. Sie bilden besonders mit Peptidgruppen und Schwefelatomen stabile Verbindungen, sodass die denaturierten Eiweiße ihre biologischen Funktionen nicht mehr erfüllen können.

Beim Eiweißnachweis durch die Xanthoproteinreaktion (↗ S. 355) erfolgt ebenfalls eine Denaturierung.

> Eiweiße sind unter physiologischen Bedingungen chemisch beständig. Unter Einwirkung von Hitze, Schwermetallsalzen, Säuren und organischen Lösungsmittel erfolgt jedoch die Denaturierung.

Beim Dauerwellen von Haaren laufen dagegen umkehrbare chemische Reaktionen ab: Am Aufbau der Haare sind Eiweiße beteiligt, die man Keratine nennt. Keratine enthalten viele Cysteinreste, die Schwefelbrücken (Disulfidbindungen) zu anderen Polypeptidketten ausbilden können.
Durch reduzierende Chemikalien löst der Friseur die Disulfidbindungen und bringt das Haar in die gewünschte lockige Form. Anschließend fixiert er die Dauerwelle, indem er die Haare mit einem Oxidationsmittel behandelt, sodass sich neue Disulfidbindungen bilden und die Locken formen.

Ausschnitt aus der Struktur des Keratins (Schema)

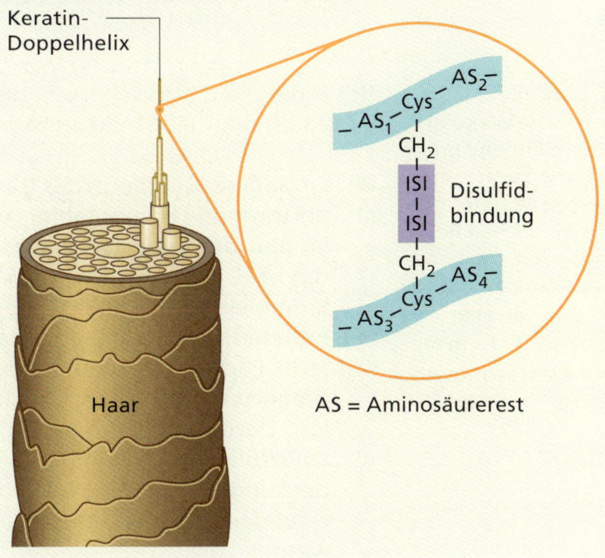

Bedeutung der Eiweiße

▶ Mit der Nahrung werden auch die essenziellen **Aminosäuren** zugeführt, die der Organismus nicht selbst herstellen kann.

Proteine sollen mindestens 12 % unserer täglichen Nahrung ausmachen. Eiweißreiche **Nahrungsmittel** sind Fisch, Fleisch, Sojabohnen, Eier, Milch und Käse.

Die Eiweiße werden während des Verdauungsvorgangs in Aminosäuren aufgespalten. Über die Darmzotten gelangen sie ins Blut und werden zu den Zellen transportiert.

Proteine sind die **Grundbausteine aller Zellen.** In den Ribosomen kann die Zelle aus den verschiedenen Aminosäuren selbst körpereigene Eiweiße herstellen. Dieser Vorgang wird als **Proteinbiosynthese** bezeichnet.

▶ Die Proteinbiosynthese ist eng mit der DNA verbunden. Die DNA kodiert den Bauplan der körpereigenen Eiweiße durch Verschlüsselung der Aminosäuresequenz. Mithilfe einer anderen **Nucleinsäure,** der RNA, werden die Eiweiße synthetisiert.

Funktionen im Organismus

Eiweiße erfüllen eine Vielzahl unterschiedlicher Funktionen im lebenden Organismus. Danach unterteilt man die Eiweiße in sieben Gruppen.

Unterteilung der Eiweiße nach ihrer Funktion

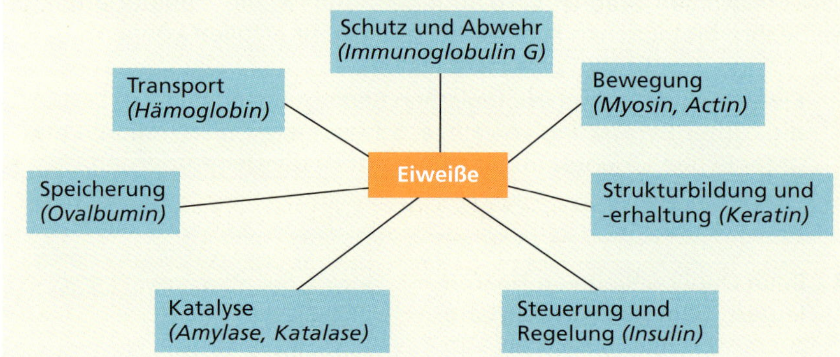

▶ Durch ihre spezifische Wirkung steuern **Enzyme** praktisch alle Stoffwechselprozesse unter physiologischen Bedingungen. Die hohe Spezifität lässt sich mit dem von **EMIL FISCHER** (1852–1919) entdeckten Schlüssel-Schloss-Prinzip erklären (↗ S. 129).

Besonders wichtig ist ihre Funktion als Biokatalysatoren bzw. **Enzyme** (↗ S. 129) oder als **Strukturproteine** (↗ S. 257).

Ein anderes Beispiel ist das Transportprotein **Hämoglobin,** das im Blut der Wirbeltiere enthalten ist. Die kugelförmigen Makromoleküle des Hämoglobins bestehen aus vier Peptidketten. Jede Peptidkette enthält eine Hämgruppe mit einem Eisen(II)-Ion. Daran können Sauerstoffmoleküle gebunden und von der Lunge zu den Muskeln oder zu anderen Zellen transportiert werden.

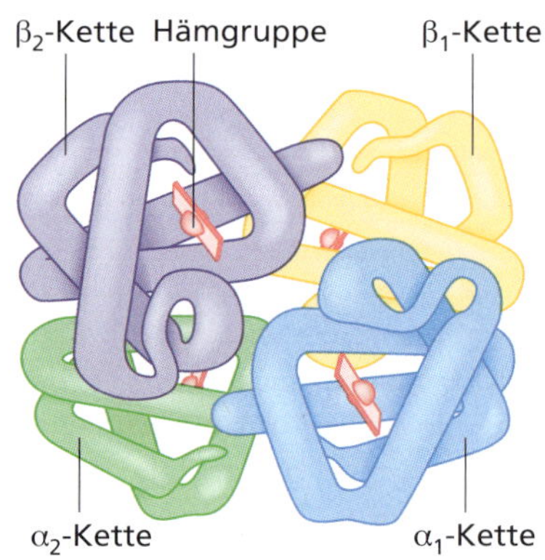

6.2.11 Fette

Fette sind Gemische verschiedener Ester des Glycerols. In einem Fettmolekül sind drei Fettsäurereste mit einem Glycerolrest (Glycerinrest) verknüpft.

Fette entstehen durch Veresterung (↗S. 252). **Glycerol** (Glycerin) ist ein dreiwertiger Alkohol (systematischer Name: Propan-1,2,3-triol). Die Hydroxylgruppen des Glycerols reagieren mit Carboxylgruppen verschiedener Carbonsäuren (↗S. 249) unter Abspaltung von Wasser.

Für die **Fette** werden auch die Begriffe Glyceride oder Triester verwendet.

Bildung eines Fetts

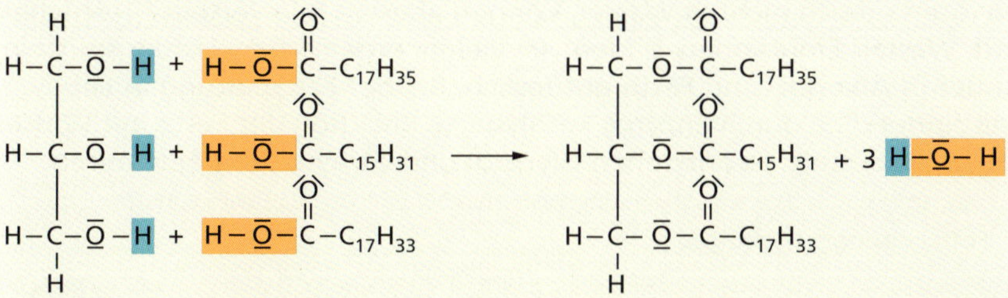

Propan-1,2,3-triol + Fettsäuren → Fett + Wasser

Fettsäuren

Fettsäuren sind unverzweigte Monocarbonsäuren. Die meist langkettigen Moleküle (Ausnahme: Butansäure) weisen eine gerade Anzahl von Kohlenstoffatomen (oft 12 bis 20) auf.

Der Anteil verschiedener Fettsäuren ist in tierischen und pflanzlichen **Fetten** unterschiedlich:
- Butter: 60 % gesättigt (Palmitinsäure, Myristinsäure), 40 % ungesättigt (Ölsäure)
- Schweineschmalz: 45 % gesättigt (Palmitinsäure), 55 % ungesättigt (Ölsäure)
- Sonnenblumenöl: 10 % gesättigt, 90 % ungesättigt (Linolsäure)
- Olivenöl: 15 % gesättigt, 85 % ungesättigt (Ölsäure)

Ungesättigte Fettsäuren enthalten mindestens eine Doppelbindung in der Alkylgruppe. Sie sind bevorzugt in pflanzlichen Fetten und Ölen gebunden und von besonderer Bedeutung für die menschliche Ernährung. Tierische Fette enthalten dagegen hauptsächlich gesättigte Fettsäuren.

	Gesättigte Fette	Ungesättigte Fette
Strukturmerkmal	enthalten nur gesättigte Fettsäurereste (ohne Doppelbindungen in der Alkylgruppe)	enthalten ungesättigte Fettsäurereste: – einfach ungesättigt (mit einer Mehrfachbindung) – mehrfach ungesättigt (mit mindestens zwei Mehrfachbindungen)
Beispiele enthaltener Fettsäuren	Butansäure C_3H_9COOH Palmitinsäure $C_{15}H_{31}COOH$ Stearinsäure $C_{17}H_{35}COOH$	Ölsäure $C_{17}H_{33}COOH$ Linolsäure $C_{17}H_{31}COOH$ Linolensäure $C_{17}H_{29}COOH$

Vorkommen und Bedeutung:
Fette sind Bestandteil jeder lebenden Zelle. Bei Tieren kommen sie in fester Form im Fettgewebe vor. Pflanzenfette (Öle) sind dagegen meist flüssig und vor allem in Früchten und Samen enthalten.
Lebewesen nutzen Fette bevorzugt als Energiespeicher. Fettschichten schützen die inneren Organe und dienen auch zur Wärmeisolation. Zudem lösen Fette bestimmte Vitamine, die der Organismus benötigt.

Einige ungesättigte Fettsäuren sind essenziell und müssen mit der Nahrung aufgenommen werden. Sie werden auch **Omega-Fettsäuren** genannt. Fehlen Sie, kommt es zu Mangelerscheinungen.

Eigenschaften der Fette:
Da es sich bei den natürlichen Fetten um Stoffgemische mit unterschiedlichen Anteilen gesättigter und ungesättigter Fettsäurereste handelt, besitzen sie keine definierte Schmelztemperatur, sondern einen Schmelzbereich.
In ihren chemischen Eigenschaften sind die Fette untereinander ähnlich. So lösen sie sich nicht in Wasser, können aber als fein verteilte Tröpfchen mit Wasser Emulsionen bilden. In vielen organischen Lösungsmitteln, außer in Alkohol, sind Fette gut löslich. Bei der Fettspaltung in Lebewesen findet eine durch Enzyme katalysierte Reaktion der Fette mit Wasser (Hydrolyse) statt. Es entstehen Glycerol und verschiedene Fettsäuren.

Fettspaltung – Hydrolyse

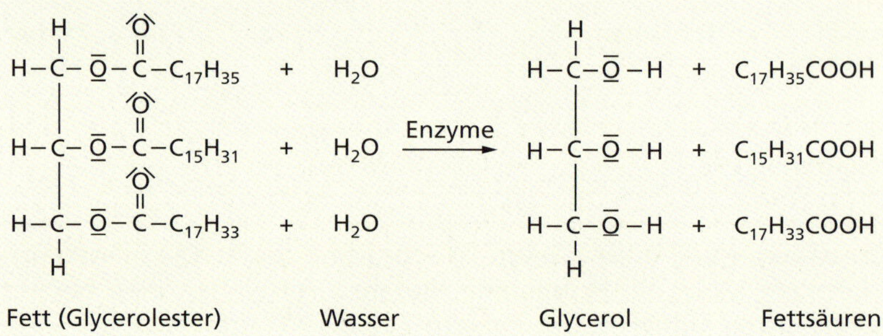

Fette können durch Natronlauge in Glycerol und die Natriumsalze der Fettsäuren gespalten werden. Diese Stoffgemische (Natriumcarboxylate) werden als Seife verwendet. Deshalb wird die Esterspaltung mit Natronlauge (Natriumhydroxidlösung) auch als **Verseifung** bezeichnet.

Die Natriumsalze der Fettsäuren werden als Kernseifen bezeichnet. Wird die Verseifung mit Kalilauge durchgeführt, erhält man die Kaliumcarboxylate, die als weiche Schmierseifen benutzt werden.

Verseifung

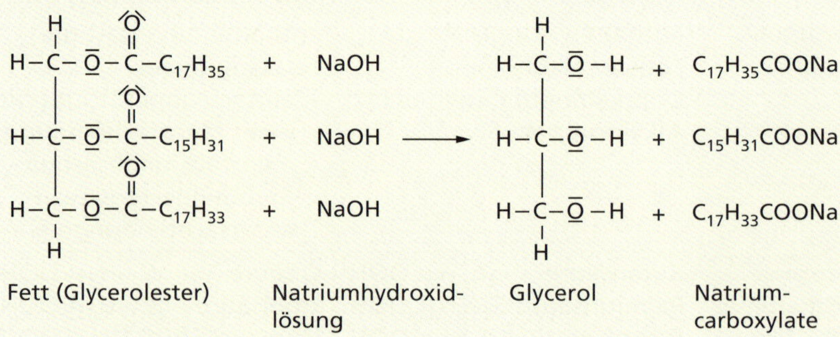

Waschwirkung von Seifen

> **Seifen** sind Gemische von Natrium- oder Kaliumsalzen von Fettsäuren mittlerer oder höherer Kettenlänge.

Verbindungen wie **Seifen,** die mit Wasser und Fetten mischbar sind und die Grenzflächenspannung herabsetzen, heißen **Tenside.**

Die Waschwirkung der Seifen beruht auf ihrer Struktur und den daraus resultierenden Wechselwirkungen mit Wasser- und Schmutzteilchen. In Wasser dissoziieren Seifen in **Seifen-Anionen** und Metall-Kationen:

$$C_{17}H_{35}-COOK \xrightarrow{(H_2O)} C_{17}H_{35}COO^- + K^+$$

Die Seifen-Anionen bestehen aus einem langen unpolaren Alkylrest und einer polaren Carboxylatgruppe. Das polare Ende wird von den polaren Wassermolekülen angezogen und ist demzufolge **wasserfreundlich (hydrophil).** Der unpolare Teil geht kaum Wechselwirkungen mit Wassermolekülen ein und wird als **wasserabweisend (hydrophob)** bezeichnet.

Umgekehrt ist das unpolare Ende fettfreundlich (lipophil), während der polare Teil fettabweisend (lipophob) ist.

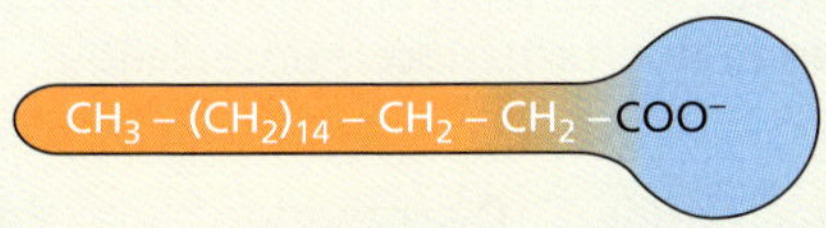

Die wasserabweisenden Alkylreste durchstoßen die Oberfläche von Wassertropfen. Dadurch verringern sich die Anziehungskräfte zwischen den Wassermolekülen und die **Oberflächenspannung** nimmt ab. Die Schmutzteilchen werden durch die Seifenlösung benetzt.
An der Grenzfläche zwischen Wasser und unpolaren Schmutzteilchen reichern sich die Seifen-Anionen an. Die fettfreundlichen Enden der Seifen-Anionen dringen in die Schmutzteilchen ein. Diese werden durch die nach außen ragenden ionischen Teile negativ aufgeladen und von der Textilfaser abgestoßen.

Moderne **Waschmittel** enthalten eine Vielzahl von Komponenten.
Die eigentlichen Reinigungsmittel, die Tenside, machen weniger als 20 % des Waschpulvers aus.

Die Schmutzteilchen lösen sich ab und schweben als sogenannte **Micellen** in der Waschlauge. Da auch die Fasern negativ aufgeladen sind können die Schmutzteilchen sich nicht mehr daran anlagern. Die Waschwirkung von Seifen ist jedoch nur selten optimal. Aufgrund der basischen Reaktion der Seifen-Anionen werden Naturfasern wie Wolle oder die Haut geschädigt.
Außerdem bilden die Seifen-Anionen mit im Leitungswasser gelösten Calcium- und Magnesium-Ionen schwer lösliche Kalkseifen. Bei hartem Wasser wird der Reinigungseffekt erheblich beeinträchtigt und die Wäsche vergraut.

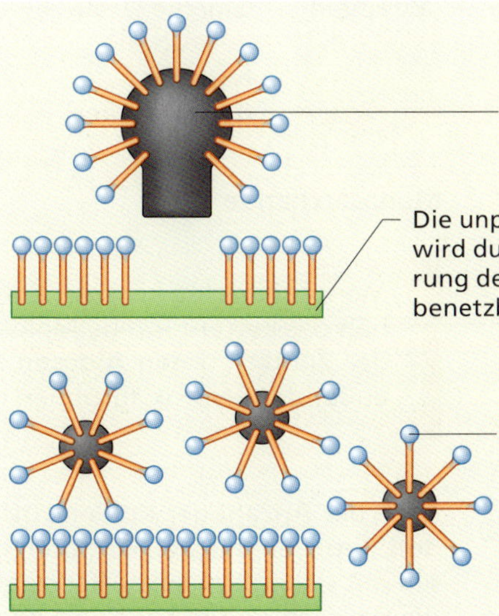

6.2.12 Kohlenhydrate

Überblick

Die Strukturen der **Kohlenhydrate** können vereinfacht dargestellt werden:

Monosaccharid

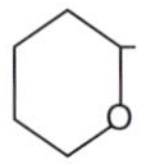

Disaccharid

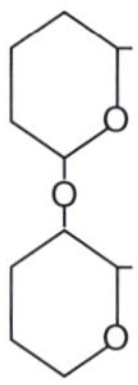

Polysaccharid (Ausschnitt)

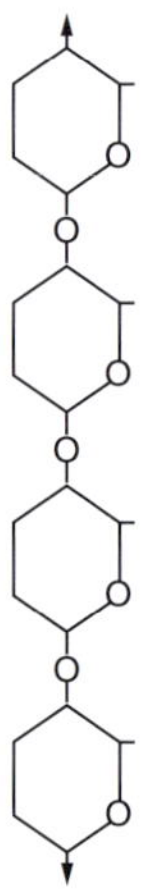

Kohlenhydrate sind organische Verbindungen mit den Elementen Kohlenstoff, Sauerstoff und Wasserstoff im Molekül.

Der Anteil des Sauerstoffs in den Kohlenhydraten ist sehr hoch. Ursache dafür sind die vielen Hydroxylgruppen, die in den Molekülen enthalten sind. Die meisten Moleküle können mit der allgemeinen Formel $C_m(H_2O)_n$ charakterisiert werden.
Einige der Kohlenhydrate schmecken süß und werden deshalb als **Zucker** (Saccharide) bezeichnet. Je nach der Zahl der beteiligten Kohlenhydratbausteine können die Kohlenhydrate in drei Gruppen eingeteilt werden.

Kohlenhydrate werden nach der Zahl der Kohlenhydratbausteine in Monosaccharide (Einfachzucker), Disaccharide (Zweifachzucker) und Polysaccharide (Vielfachzucker) unterteilt.

Bezeichnung	**Monosaccharide (Einfachzucker)**	**Disaccharide (Zweifachzucker)**	**Polysaccharide (Vielfachzucker)**
Struktur	– bestehen nur aus einem Ring – können nicht in einfachere Kohlenhydrate zerlegt werden	– bestehen aus zwei miteinander verknüpften Ringen – können in Monosaccharide zerlegt werden	– bestehen aus vielen miteinander verknüpften Ringen – können in einfachere Kohlenhydrate zerlegt werden
Beispiele	– Glucose (Traubenzucker) – Fructose (Fruchtzucker)	– Saccharose (Rohrzucker) – Maltose (Malzzucker)	– Stärke – Cellulose

Monosaccharide

Kohlenhydrate mit 2 bis 10 Monosaccharidbausteinen werden unter der Bezeichnung Oligosaccharide zusammengefasst.

Monosaccharide können in Ketten- oder Ringform auftreten. Enthält das kettenförmige Molekül eine Aldehydgruppe, dann gehört der Zucker zu den **Aldosen.** Im Gegensatz dazu tragen **Ketosen** außer den Hydroxylgruppen noch die Ketogruppe im Molekül.

Nach der Anzahl der Kohlenstoffatome im Molekül werden Triosen mit drei, Tetrosen mit vier, Pentosen mit fünf, Hexosen mit sechs und Heptosen mit sieben Kohlenstoffatomen unterschieden. Nur die Pentosen und die Hexosen sind in der Natur bedeutsam.

Glucose (Traubenzucker)

Glucose (Traubenzucker) ist ein Monosaccharid mit sechs Kohlenstoffatomen. Das Molekül kann in einer **Ringform** oder einer **Kettenform** vorliegen. In der Ringform haben sich fünf Kohlenstoffatome über ein Sauerstoffatom verbunden.

Zwischen der Ringform und der Kettenform des Glucosemoleküls bildet sich in wässriger Lösung ein Gleichgewicht, das sich ständig neu einstellt. In beiden Formen besitzt das Molekül fünf Hydroxylgruppen. Bei der kettenförmigen Struktur befindet sich am ersten Kohlenstoffatom eine Aldehydgruppe.
Daher zählt Glucose sowohl zu den Aldosen als auch zu den Hexosen und wird auch als eine **Aldohexose** bezeichnet.

Da die Kettenform durch die Aldehydgruppe reduzierende Eigenschaften besitzt, kann man Glucose mit fehlingscher Lösung oder auch mit ammoniakalischer Silbernitratlösung nachweisen (↗ S. 354).

Ausführliche Strukturformel — Ringform, Kettenform

Vereinfachte Strukturformel — Ringform, Symbol

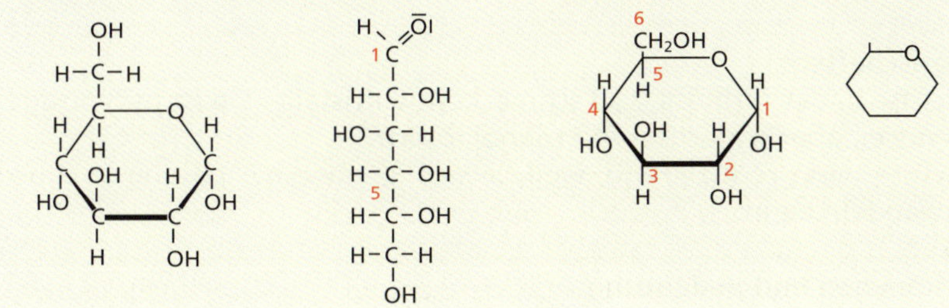

Eigenschaften:
Glucose bildet farblose, süß schmeckende Kristalle. Sie ist hervorragend in Wasser, aber schlecht in Ethanol löslich.
Wie alle Aldosen wirkt Glucose reduzierend. Bei der partiellen Oxidation von Glucose entsteht Gluconsäure. Prinzipiell ist Glucose brennbar und wird dabei vollständig zu Kohlenstoffdioxid und Wasser oxidiert.
Von einigen Reduktionsmitteln wird Glucose zu Sorbit reduziert.

Vorkommen und Bedeutung:
Glucose ist das häufigste Monosaccharid. Sie kommt in verschiedenen Früchten und in Honig vor. Grüne Pflanzen bilden Glucose bei der Fotosynthese.
Menschen und Tiere nehmen Glucose mit der Nahrung auf. Im Blut des Menschen sind einige Gramm des Monosaccharids gelöst. Der Blutzuckergehalt ist lebensnotwendig, weil Glucose bei der Zellatmung benötigt wird. In den Mitochondrien wird sie unter Freisetzung von Energie zu Kohlenstoffdioxid und Wasser abgebaut.

Durch das Blut wird Glucose zu allen Zellen des Körpers transportiert. Der Glucosegehalt im menschlichen Körper liegt zwischen 0,07 und 0,12 %, also ca. 0,1 g pro 100 ml Blut. Ist der Blutzuckergehalt höher, tritt Diabetes (Zuckerkrankheit) auf. Diabetiker müssen deshalb bei der Nahrungsaufnahme den Kohlenhydratanteil streng kontrollieren.

6

6

Fructose (Fruchtzucker)

▶ Fructose ist ein Monosaccharid mit sechs Kohlenstoffatomen. Das Molekül besitzt die gleiche Summenformel wie Glucose – $C_6H_{12}O_6$ – aber eine andere Struktur.

Fructose (Fruchtzucker) ist ein Monosaccharid mit sechs Kohlenstoffatomen. Fructose kann in mehreren Ringformen oder in einer Kettenform vorliegen. In der häufigsten Ringform haben sich vier Kohlenstoffatome über ein Sauerstoffatom verbunden.

Ausführliche Strukturformel

Ringform

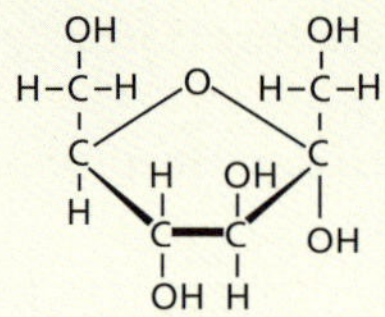

Kettenform

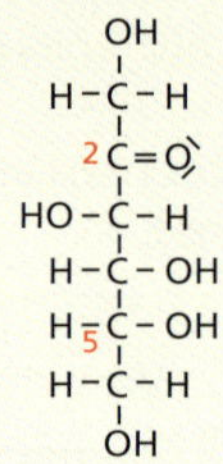

Vereinfachte Strukturformel

Ringform

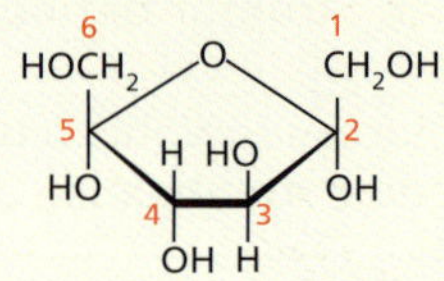

Symbol

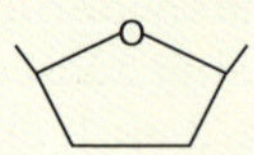

Eigenschaften:
Fructose bildet farblose, süß schmeckende Kristalle. Sie ist hervorragend in Wasser, aber schlechter in Ethanol löslich.
Fructose wirkt reduzierend, weil sie sich in wässriger Lösung in Glucose umwandeln kann.

Vorkommen und Bedeutung:
Fructose kommt in vielen Früchten und Honig vor und kann im Stoffwechsel der Lebewesen als Zwischenprodukt auftreten.

▶ Auch die in den **Nucleinsäuren** DNA und RNA enthaltenen Zucker Ribose und Desoxyribose gehören zu den Monosacchariden. Es handelt sich um Pentosen.

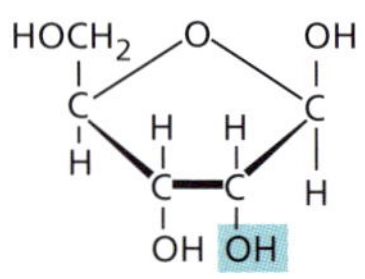

Ribose

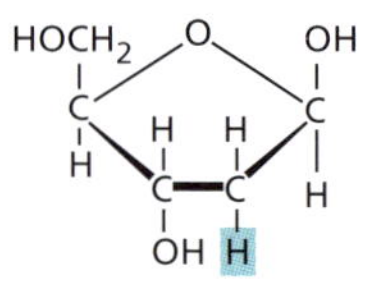

Desoxyribose

Disaccharide

Die **Disaccharide (Zweifachzucker)** bestehen aus zwei miteinander verknüpften Monosacchariden. Zu den Disacchariden gehören z. B. Saccharose (Rohrzucker), Maltose (Malzzucker) und Lactose (Milchzucker).

Saccharose (Rohrzucker)

Saccharose ist ein Disaccharid (Zweifachzucker). Ein Glucosemolekülrest und ein Fructosemolekülrest sind über ein Sauerstoffatom verknüpft.

Eigenschaften:
Saccharose bildet farblose, süß schmeckende, gut wasserlösliche Kristalle.
Sie besitzt keine reduzierende Wirkung. Beim Erhitzen entsteht zuerst Karamellzucker, später zersetzt sich die Saccharose.

Vereinfachte Strukturformel

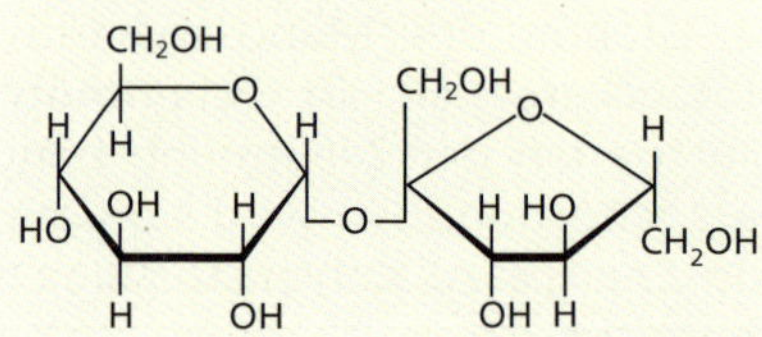

Vorkommen und Bedeutung:
Saccharose kann sowohl aus Zuckerrohr (Zuckergehalt 14–16 %) als auch aus Zuckerrüben (Zuckergehalt 16–20 %) gewonnen werden. Sie wird daher als Rohrzucker oder Rübenzucker bezeichnet.
Der handelsübliche Zucker ist reine Saccharose, der in Europa durch Raffination aus Zuckerrüben hergestellt wird.
Er wird zum Süßen, Konservieren und zur Herstellung zuckerhaltiger Nahrungsmittel verwendet.

Maltose (Malzzucker)

> **Maltose (Malzzucker)** ist ein Disaccharid. Im Molekül sind zwei Glucosereste durch ein Sauerstoffatom miteinander verknüpft.

Eigenschaften:
Maltose bildet farblose, süß schmeckende Kristalle. Sie ist in Wasser gut löslich. In Ethanol löst sich Maltose nicht.
Sie reduziert fehlingsche Lösung, weil sie in wässriger Lösung eine offenkettige Aldehydform bilden kann.

Vereinfachte Strukturformel

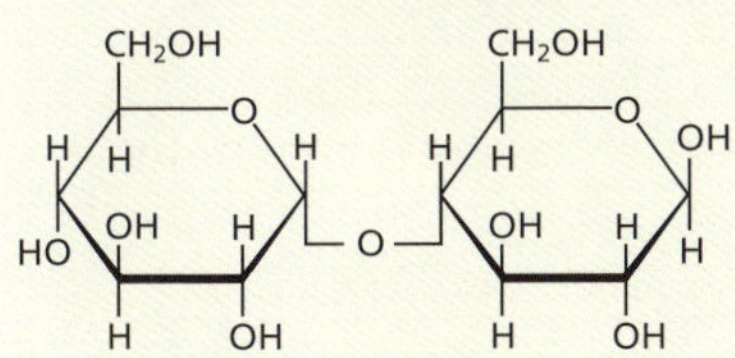

Auch Lactose gehört zu den **Disacchariden.** Die deutsche Bezeichnung Milchzucker weist auf das Vorkommen der Lactose in Milch hin.

Vorkommen und Bedeutung:
Die Maltose kommt in der Natur in keimendem Getreide und in Kartoffeln vor. Sie ist z. B. im Malzbier enthalten. Im Körper spalten Enzyme die Maltose durch Hydrolyse in zwei Moleküle Glucose.

Polysaccharide

> **Polysaccharide** sind makromolekulare Stoffe, die aus vielen miteinander verknüpften Monosaccharidresten bestehen.

Je nach Anzahl der verknüpften Monosaccharidreste und der Art ihrer Verknüpfung gibt es sehr unterschiedliche Polysaccharide. Zu ihnen gehören Cellulose mit mehr als 10 000 Einzelbausteinen, Stärke mit bis zu 1 200 (Amylose) bzw. bis zu 12 000 (Amylopektin) Einzelbausteinen. Glykogen, oft als „tierische Stärke“ bezeichnet, ist ein Polysaccharid mit bis zu 100 000 verknüpften Monosaccharidresten. Chitin, Baustoff von Insekten oder Krebstieren, ist ebenfalls ein Polysaccharid.

Am Abbau der **Kohlenhydrate** ist das Vitamin B1 beteiligt. Ein Mangel an Vitaminen kann zu schweren Erkrankungen führen. **Vitamine** sind organische Stoffe, die zur Aufrechterhaltung der Körperfunktionen notwendig sind.

Stärke

Stärke wird mit Iod-Kaliumiodid-Lösung nachgewiesen (↗ S. 355).

Stärke ist ein Polysaccharid. Sie setzt sich aus zwei makromolekularen Bestandteilen zusammen: **Amylose** und **Amylopektin.** Die Grundbausteine (Monomere) sind Glucosemoleküle.

Bausteine der natürlichen Stärke

Bezeichnung	Amylose	Amylopektin
Anteil	20–30 %	70–80 %
Monomer	Glucoserest $(C_6H_{10}O_5)_n$	Glucoserest $(C_6H_{10}O_5)_n$
Anzahl der Monomere	300–1 200	1 500–12 000
Anordnung der Monomere	– unverzweigte Ketten – schraubenartig gewunden – Glucosemoleküle am ersten und am vierten Kohlenstoffatom verknüpft	– verzweigt sich bei ca. jedem 8. bis 9. Glucosemolekül astähnlich – Glucosemoleküle sowohl am ersten, vierten als auch am sechsten Kohlenstoffatom verknüpft
schematische Darstellung	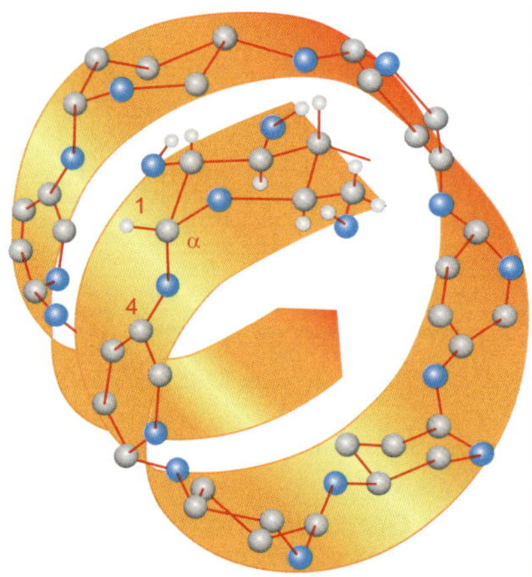	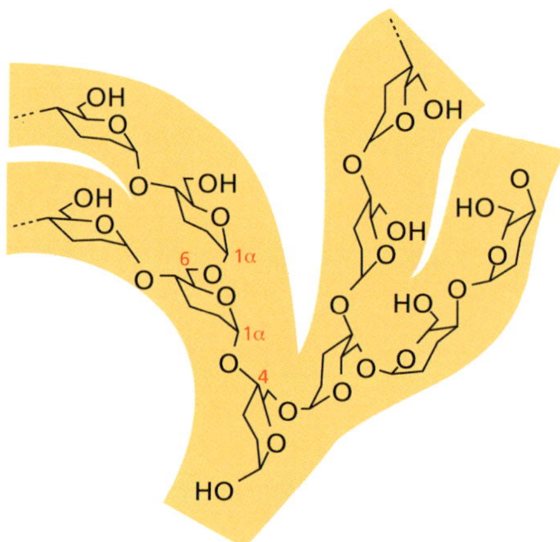

Das Polysaccharid Stärke wird in den pflanzlichen Zellen in Form von Stärkekörnchen gespeichert.

Eigenschaften:

Natürliche Stärke ist ein farbloses, nicht süß schmeckendes Pulver. Sie ist in kaltem Wasser und Ethanol nur teilweise löslich, bildet in siedendem Wasser eine kolloidale Lösung, die beim Abkühlen zum Gel erstarrt.
Durch Enzyme oder verdünnte Säuren wird Stärke schrittweise zu Glucose abgebaut (Hydrolyse). Fehlingsche Lösung wird nicht reduziert.

Vorkommen und Bedeutung:

Stärke entsteht aus Glucose in Pflanzen als Endprodukt der Fotosynthese. In den einzelnen Zellen der Speicherorgane wird das Makromolekül eingelagert.
Stärke dient auch als wichtiges Nahrungsmittel für den Menschen. Im Stoffwechsel wird sie zu Glucose abgebaut. Stärkehaltige Nahrungsmittel sind alle Getreideprodukte, z. B. Mehl und Backwaren oder Nudeln, aber auch Kartoffeln.

Cellulose

Cellulose ist ein Polysaccharid. Die Makromoleküle bestehen aus mehreren Tausend verknüpften Glucosebausteinen.

Die einzelnen Glucosebausteine sind am ersten und am vierten Kohlenstoffatom miteinander verknüpft. Sie bilden lange unverzweigte Makromoleküle. Benachbarte Molekülketten sind durch Wasserstoffbrücken miteinander verbunden. Aufgrund dieser Struktur bildet Cellulose Fasern von hoher mechanischer und chemischer Stabilität.

Struktur der Cellulose

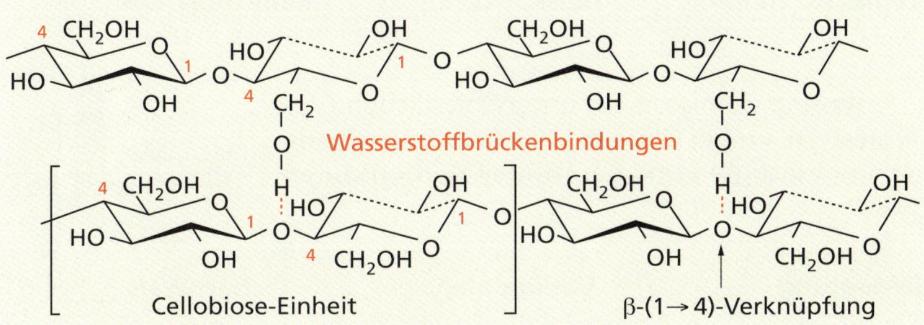

▶ Die Struktur von Amylose und Cellulose ist unterschiedlich, obwohl in beiden Makromolekülen Glucosemoleküle am ersten und vierten Kohlenstoffatom verknüpft sind. Aber: In der Natur kommen α-Glucose und β-Glucose vor. Sie unterscheiden sich nur in der Stellung der OH-Gruppe am ersten Kohlenstoffatom in der Ringform.

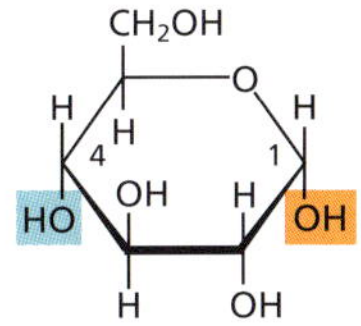

α-Glucose

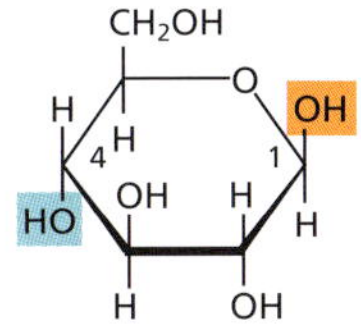

β-Glucose

In der Amylose ist α-Glucose, in der Cellulose β-Glucose glykosidisch verknüpft.

Eigenschaften:
Cellulose ist farblos, brennbar, in Wasser und verdünnten Säuren unlöslich. In alkalischen Lösungen quillt Cellulose auf, weil kurzkettige Anteile gelöst werden.
Der Abbau von Cellulose erfolgt nur durch niedere Lebewesen, wie Bakterien, Pilze und bestimmte Insekten, die das Enzym Cellulase besitzen. Mit Säuren kann Cellulose in Abhängigkeit von Säurestärke und Temperatur durch Holzverzuckerung bis zur Glucose abgebaut werden.

Vorkommen und Bedeutung:
Cellulose ist der Hauptbestandteil der pflanzlichen Zellwand und damit die am häufigsten vorkommende organische Verbindung.
Je nach Herkunft unterscheidet sich die Zusammensetzung der Cellulose. In den Samenhaaren der Baumwolle sind bis zu 7000 Glucosemoleküle verknüpft, in Holz nur etwa 2500.
Aus Holz und Stroh wird Cellulose gewonnen, die als Zellstoff in den Handel gelangt. Zellstoff ist ein wichtiger technischer Rohstoff, der z. B. zu Papier verarbeitet wird.

▶ In Verbindung mit Laugen quillt **Cellulose** auf. Man verwendet das Produkt dann zur Herstellung von Viskose.

6

Naturstoffe

■ **Naturstoffe** sind alle organischen Stoffe, die im Stoffwechsel von Organismen, also durch biochemische Prozesse, gebildet werden.

■ **Eiweiße (Proteine)** sind makromolekulare Stoffe, die aus vielen Aminosäureresten bestehen. Diese sind über Peptidbindungen verknüpft. Die Eiweiße besitzen eine komplizierte räumliche Struktur.

Grundbausteine	Bedeutung	Vorkommen	Nachweis
Aminosäurereste	Gerüstsubstanz, Enzyme, Hormone	Ei, Milch, Fleisch, Hülsenfrüchte	Xanthoproteinreaktion, Biuretreaktion

■ **Fette** sind Gemische aus unterschiedlichen Glycerolestern, wobei Glycerol jeweils mit verschiedenen ungesättigten und gesättigten **Carbonsäuren** verestert sein kann.

Grundbausteine	Bedeutung	Vorkommen	Nachweis
Glycerolreste und Fettsäurereste	Energiereserve, Wärmeisolation, Schutzfunktion	feste Fette wie Butter, Schmalz; fette Öle wie Olivenöl	Fettfleckprobe

■ **Kohlenhydrate** sind organische Stoffe, die aus den Elementen Kohlenstoff, Wasserstoff und Sauerstoff zusammengesetzt sind. Sie werden nach der Anzahl ihrer Grundbausteine in **Monosaccharide, Disaccharide** und **Polysaccharide** eingeteilt.

Stoff	Grundbausteine	Bedeutung	Vorkommen	Nachweis
Glucose (Monosaccharid)	–	Energielieferant	Obst, Produkt der Fotosynthese	fehlingsche Probe, Tollens-Probe
Saccharose (Disaccharid)	Glucose, Fructose	Haushaltszucker	Zuckerrohr Zuckerrübe	kein spezifischer Nachweis
Stärke (Polysaccharid)	Glucosereste	Speicherstoff, Energiereserve	Getreide, Kartoffel	Blaufärbung bei Zugabe von Iod-Kaliumiodid-Lösung

6.2.13 Synthetische makromolekulare Stoffe

> **Synthetische makromolekulare Stoffe** sind industriell hergestellte Verbindungen mit sehr großer Molekülmasse von mehr als 10 000 g/mol. Sie werden auch als **Kunststoffe** bezeichnet.

Die Herstellung der makromolekularen Kunststoffe erfolgt durch Polymerisation, Polykondensation oder Polyaddition.

Polymerisation

> Die **Polymerisation** ist ein Sonderfall der Addition. Dabei reagieren viele gleichartige Moleküle (Monomere) mit Mehrfachbindungen unter deren Aufspaltung zu einem Makromolekül.

Die Moleküle der Ausgangsstoffe bezeichnet man als Monomere.

Polymerisationsreaktionen verlaufen in drei Teilschritten:

1. Bei der **Startreaktion** wird die Mehrfachbindung des Ausgangsstoffs, z. B. durch einen geeigneten Initiator aufgespalten. Dabei entsteht ein Radikal, also ein Teilchen mit einem ungepaarten Elektron.

Die Eigenschaften der Polymere können durch die Wahl der Monomere, verschiedene Zusatzstoffe und die Optimierung der Reaktionsbedingungen gezielt beeinflusst werden.

2. Das Startradikal reagiert mit weiteren Monomeren unter Bildung neuer Radikale. Durch vielfache Wiederholung der **Kettenwachstumsreaktion** entsteht eine makromolekulare Polymerkette.

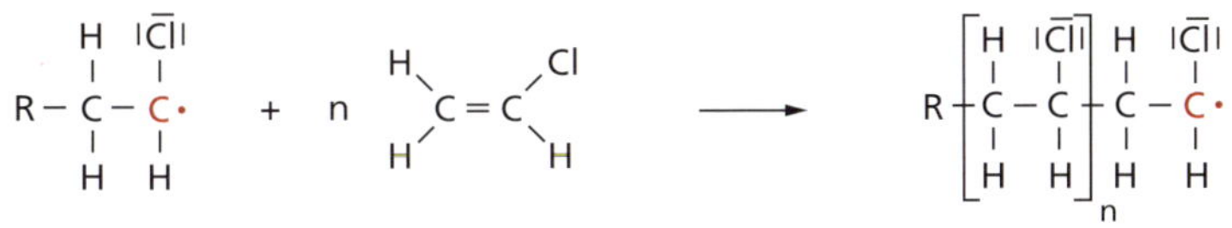

Andere wichtige Kunststoffe, die durch **Polymerisation** synthetisiert werden, sind **Polyvinylchlorid** (PVC), Polyacrylnitril (PAN) und Polystyrol (PS).

3. Durch Kombination zweier Radikale kommt es zum **Kettenabbruch**.

Bei der stark exothermen Kettenreaktion entstehen keine Nebenprodukte. Nach dem Prinzip der Polymerisation werden viele aus dem Alltag bekannte Kunststoffe synthetisiert. **Polyethen bzw. Polyethylen (PE)** wird zur Herstellung von Haushaltsgegenstände (Folien, Rohre, Mülltonnen) und Industrieprodukte (Chemikalienbehälter) gefertigt.

Polykondensation

> Die **Polykondensation** ist ein Sonderfall der Substitution. Dabei reagieren verschiedene Monomere mit mehreren funktionellen Gruppen meist unter Abspaltung von Wasser zu Makromolekülen.

Eine Reihe makromolekularer Stoffe wird durch Polykondensation synthetisiert. Dazu müssen die Monomere mindestens zwei funktionelle Gruppen oder andere reaktionsfähige Stellen im Molekül besitzen.
Bei der Kondensation der Moleküle entsteht unter Abspaltung von Wasser zunächst ein ebenfalls reaktionsfähiges Dimer. Dieses reagiert mit weiteren Monomeren unter vielfacher Wiederholung der Kondensation zum Makromolekül.

1. Kondensation (Veresterung)

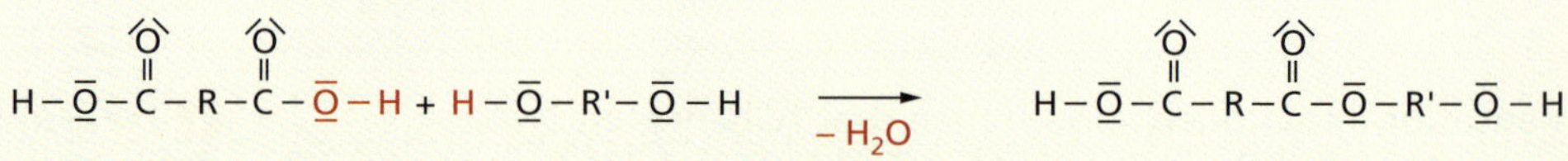

2. Vielfache Wiederholung der Kondensation (Veresterung)

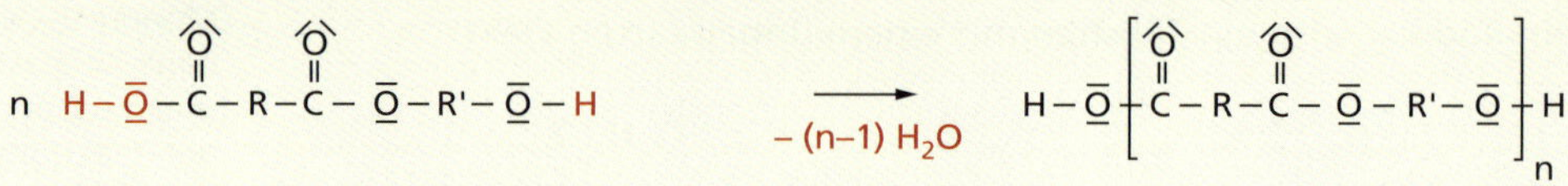

Auf diese Weise werden u. a. **Polyester** (↗ Abb. oben) und **Polyamide** hergestellt. Zur Synthese der Polyamide wird anstelle eines Diols ein Diamin als Ausgangsstoff verwendet.
Polyester wie Polyethylenterephthalat (PET) dienen zur Produktion von Kunstfasern oder Getränkeflaschen.
Polyamide wie Nylon werden hauptsächlich als Synthesefasern oder als technische Werkstoffe genutzt. Aus den Fasernn stellt man Freizeitbekleidung, Bodenbeläge oder Taue her. Auch Folien oder Heizöltanks können aus thermoplastischen Polyamiden gefertigt werden.

Die **Polyaddition** ist wiederum ein Sonderfall der Addition. Sie wird vor allem zur Synthese der **Polyurethane** genutzt.

Einteilung nach der Syntheseart

Polymere	Polykondensate	Polyadditionsprodukte
– entstehen durch Polymerisation	– entstehen durch Polykondensation	– entstehen durch Polyaddition
– es gibt nur einen Ausgangsstoff, der mindestens eine Doppelbindung im Molekül enthält	– es reagieren zwei verschiedene Ausgangsstoffe – beide Ausgangsstoffe haben zwei funktionelle Gruppen im Molekül	– es reagieren zwei verschiedene Ausgangsstoffe – mindestens ein Ausgangsstoff besitzt eine Doppelbindung im Molekül
– Reaktionsprodukt: Polymer – kein Nebenprodukt	– Reaktionsprodukte: Polykondensat und Nebenprodukt (meist Wasser)	– ein Reaktionsprodukt – kein Nebenprodukt

Plaste und Elastomere

Kunststoffe können nach verschiedenen Kriterien unterteilt werden. Für uns als Verbraucher ist vor allem die Unterteilung anhand der Materialeigenschaften von Interesse.
Am bekanntesten ist die Gruppe der Plaste. Sie sind weitgehend beständig gegenüber Witterungseinflüssen und Chemikalien wie Säuren und Laugen. Die meisten Plaste leiten weder den elektrischen Strom noch die Wärme, weshalb sie häufig als Isolationsmaterial eingesetzt werden. Anhand ihres Verhaltens beim Erhitzen und ihrer mechanischen Eigenschaften lassen sich Plaste in drei Gruppen einteilen: in Thermoplaste, Duroplaste (Duromere) und Elastomere.

Hermann Staudinger (1881 – 1965) erkannte die Besonderheiten der Strukturen von Kunststoffen. Er gilt als Begründer der makromolekularen Chemie.

Thermoplaste und **Duroplaste** unterscheiden sich durch das Verhalten beim Erhitzen: Thermoplaste werden weich, Duroplaste zersetzen sich bei hoher Temperatur.

Bei langsamem Erwärmen werden Thermoplaste weich, sodass sie sich beliebig plastisch verformen lassen. Die Ursache dafür liegt in der Struktur der Makromoleküle.
Thermoplaste bestehen aus linear angeordneten Makromolekülen, die nur wenig verzweigt und räumlich praktisch nicht verknüpft sind (↗ Abb.). Der Zusammenhalt erfolgt vor vor allem über **zwischenmolekulare Kräfte** (↗ S. 77).
Bei Zufuhr von Wärme werden diese überwunden und die Moleküle können verschoben und gestreckt werden. Dabei nimmt die Festigkeit ab und eine Verformung wird möglich. Beim Abkühlen wirken wieder die zwischenmolekularen Kräfte und der Kunststoff behält die beim Erwärmen angenommene Form. Aufgrund der leichten Formbarkeit bei erhöhter Temperatur können Thermoplaste zu unterschiedlichsten Bauteilen verarbeitet und sogar **Chemiefasern** daraus gezogen werden.

Wichtige Thermoplaste sind **Polyethen, Polyethylenterephthalat,** Polystyrol u. v. a. m.

Chemiefasern und andere **technisch wichtige Kunststoffe** sind im modernen Alltag unverzichtbar.

Thermoplaste bestehen aus schwach verzweigten, räumlich nicht verknüpften Makromolekülen. Sie lassen sich durch Erwärmen beliebig plastisch verformen.

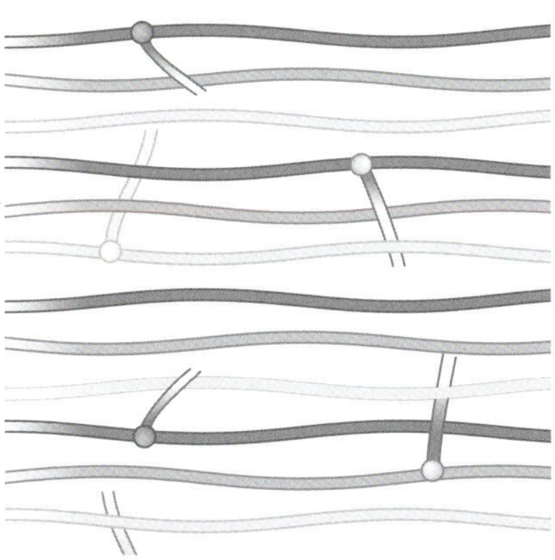

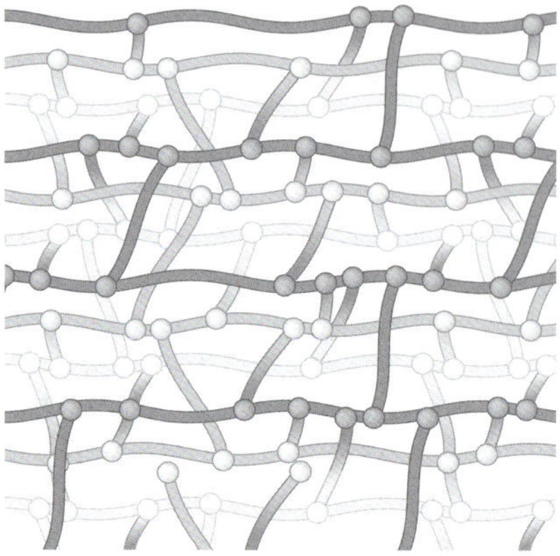

▶ Zu den Duroplasten (Duromere) gehören **Phenoplaste,** Aminoplaste und einige **Polyurethane.**

Vielfach räumlich vernetzte Polymere bilden **Duroplaste** mit großer mechanischer Festigkeit, hoher chemischer und Wärmebeständigkeit. Die Makromoleküle sind in alle Raumrichtungen durch Atombindungen vernetzt. Beim Erwärmen werden die Bindungen aufgebrochen und die dreidimensionale Struktur wird zerstört.

Duroplaste zersetzen sich bei hohen Temperaturen. Durch die Vernetzung der Moleküle wird die Beweglichkeit der Ketten so stark behindert, dass die entstandenen Kunststoffe bei der Herstellung sofort in die angestrebte Form gebracht werden müssen.

▶ Elastomere wie Gummi oder Synthesekautschuk lassen sich nicht thermisch umformen.

Die Makromoleküle der **Elastomere** sind weitmaschig vernetzt (↗ Abb.). Im ungedehnten Zustand nehmen die Makromoleküle eine Knäuelgestalt an. Durch die Einwirkung von Zugkraft werden sie gestreckt. Bei Raumtemperatur können sie mindestens auf das Zweifache ihrer Länge gedehnt werden.
Nach Aufhebung der Krafteinwirkung nehmen sie aufgrund der ursprünglichen Vernetzung wieder ihren ehemaligen Zustand an.

Elastomere sind Kunststoffe, die elastisch verformbar sind, da ihre Makromoleküle weitmaschig vernetzt sind.

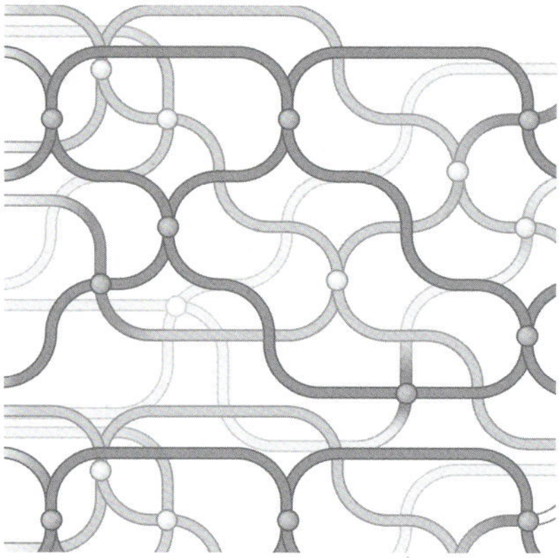

Name Einteilung	Formel	Verwendung	Herstellung
Polyethen (Polyethylen) **PE** Thermoplast	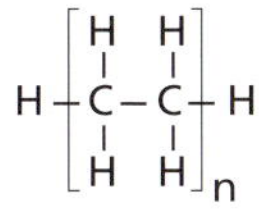	– LDPE: Folien, Verpackungen – HDPE: Rohre, Flaschen, Haushaltsartikel	Polymerisation von Ethen bei hohem Druck (150–300 MPa) oder in Gegenwart spezieller Katalysatoren bei niedrigem Druck (<2 MPa)
Polyvinylchlorid **PVC** Thermoplast	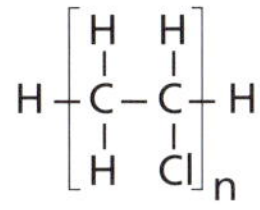	– Hart-PVC: Rohre, Fensterrahmen – Weich-PVC: Folien, Fußbodenbeläge	Polymerisation von Monochlorethen (Vinylchlorid)
Polystyren (Polystyrol) **PS** Thermoplast	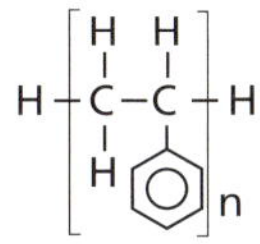	– Formteile, Haushaltsartikel – aufgeschäumt als Wärmedämmstoff	Polymerisation von Styren (Styrol)
Polyamid **PA** Thermoplast Chemiefaser	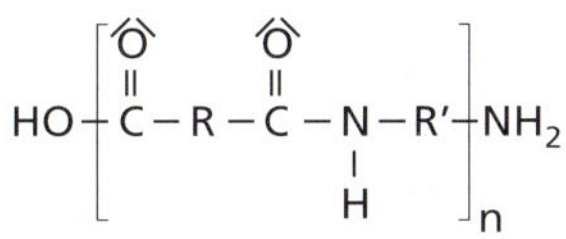	– Plast: Folien, Maschinenteile, Gehäuse – Faser: Nylon, Perlon, Teppiche	Polykondensation von Dicarbonsäuren mit verschiedenen Diaminen
Polyester **PET** Thermoplast Chemiefaser	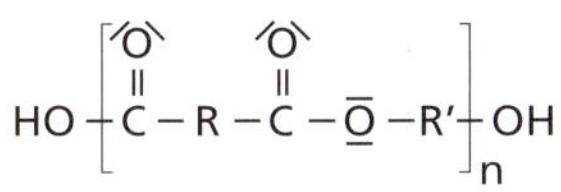	– Plast: Getränkeflaschen, Maschinenteile, Gehäuse – Textilfasern – Lacke, Verbundstoffe	Polykondensation verschiedener Carbonsäuren mit Alkoholen
Polyacrylnitril **PAN** Chemiefaser	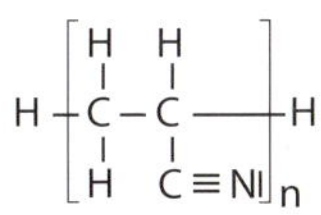	– Strickwaren, Heimtextilien	Polymerisation von Acrylnitril
Phenoplast **PF** Duroplast	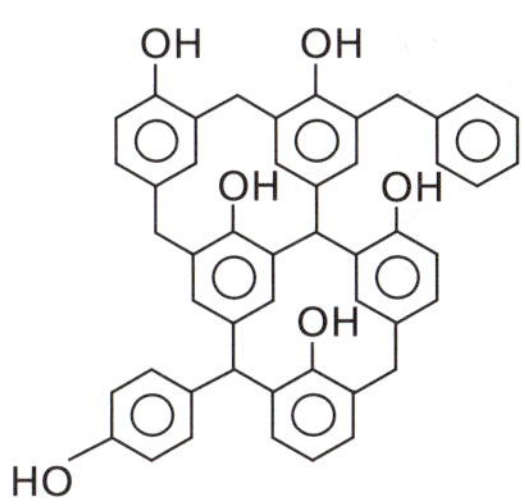	– Harze, Lacke und Leime – Schichtpressstoff und Formteile	Polykondensation von Phenol mit Methanal (Formaldehyd)
Synthesekautschuk **SR, SBR** Elastomer	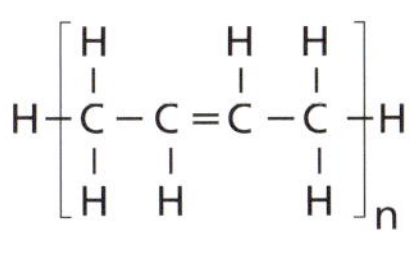	– Gummiherstellung, Reifen, Schläuche, Kabelisolierung – Arbeitsschutzbekleidung, Latexprodukte, Klebstoffe	Polymerisation von: – Butadien – Butadien mit Styren – Butadien mit Acrylnitril u. a. m.

Kunststoffverwertung

Die moderne Kunsttoffindustrie entwickelt inzwischen biologisch abbaubare Polymere. Diese zerfallen in niedermolekulare Verbindungen, die von Mikroorganismen abgebaut werden können.

> Kunststoffabfälle belasten die Umwelt und sind selbst als Rohstoffe nutzbar. Sie können verbrannt werden, zu niedermolekularen Rohstoffen abgebaut oder als Werkstoffe wiederverwertet werden.

Die hohe Beständigkeit von Kunststoffen erweist sich nach ihrem Gebrauch als Nachteil, denn die wenigsten Kunststoffe sind biologisch abbaubar. Da in Deutschland jährlich über 4,5 Mio. Tonnen Kunststoffmüll anfallen, ist die **Entsorgung** problematisch.
Derartige Abfallmengen können nicht auf Deponien gelagert werden. Angesichts der abnehmenden Erdölvorräte stellen Kunststoffabfälle auch wertvolle Rohstoffe dar und müssen wiederverwertet werden.

Die giftigen Bestandteile der Abgase von Müllverbrennungsanlagen müssen durch leistungsfähige Filteranlagen entfernt werden.

Bei der **energetischen Verwertung** werden die organischen Polymere verbrannt. Die dabei frei werdende Energie ist u.a. als Heizwärme nutzbar. Allerdings entstehen dabei auch Giftstoffe wie Dioxine, halogenierte Kohlenwasserstoffe und saure Gase.

Effektiver und umweltfreundlicher ist die **rohstoffliche Verwertung** der Kunststoffabfälle. Dabei werden durch chemische Prozesse die Monomere oder andere niedermolekulare Bestandteile der Polymere zurückgewonnen. So kann man durch Umsetzung von Altkunststoffen mit Wasserstoff Benzin, Dieselöl oder Synthesegas produzieren. Auf diese Weise wird aus Kunststoffmüll Synthesegas und Wärme für den Hochofenprozess erzeugt.

Die Voraussetzung für eine wirtschaftliche **Verwertung von Kunststoffen** ist eine konsequente Mülltrennung.

Sortenreine Abfälle von Thermoplasten lassen sich auch **werkstofflich wiederverwerten.** Dazu werden die gereinigten und zerkleinerten Abfälle geschmolzen und in neue Formen gebracht. Durch **Umschmelzen** werden Parkbänke, Klettergerüste, Lärmschutzwände, Rohre und Klappboxen u.v.a.m. hergestellt. Aufgrund von Verunreinigungen, Oxidationsprozessen oder zu hoher Wärmebelastung beim Umschmelzen sind die **Recyclingkunststoffe** normalen Thermoplasten aber qualitativ unterlegen.

Kunststoffe

■ **Kunststoffe** sind makromolekulare Werkstoffe, die aus unterschiedlichen Monomeren synthetisiert werden. Thermoplaste, Duroplaste und Elastomere unterscheiden sich in ihrer Struktur, durch ihr Verhalten beim Erhitzen und ihre mechanischen Eigenschaften.

	Thermoplaste	**Duroplaste**	**Elastomere**
Struktur	Die Makromoleküle sind linear angeordnet oder gering verzweigt. 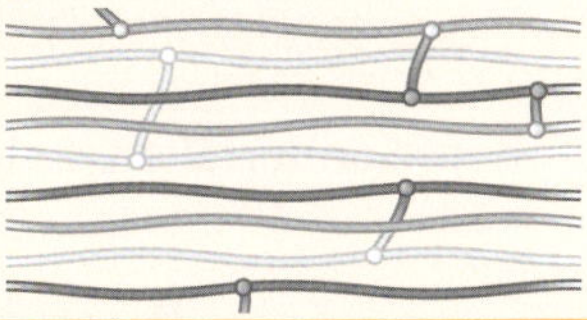	Die Makromoleküle sind engmaschig vernetzt. 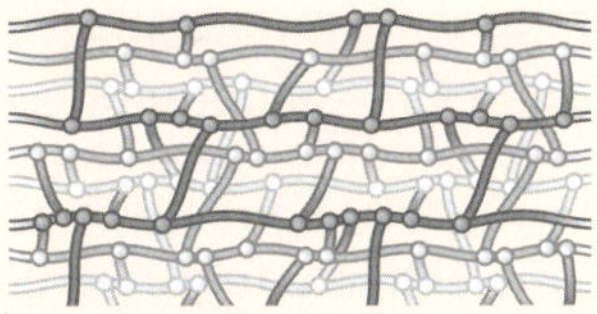	Die Makromoleküle sind weitmaschig vernetzt. 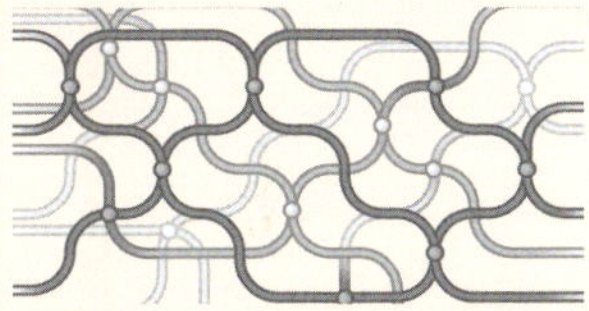
Eigenschaften	Erweichen bei Erwärmung, plastische Verformung möglich	Zersetzen sich bei Erwärmung, plastische Verformung nicht möglich	elastische Verformung bei Krafteinwirkung, plastische Verformung nicht möglich
Beispiele	Polyvinylchlorid – PVC, Polyethen – PE	Phenoplaste, einige Polyester	Synthesekautschuk einige Polyurethane

■ Kunststoffe entstehen u. a. durch durch **Polymerisation** oder **Polykondensation**.
Die Polymerisation ist ein Spezialfall der Addition, bei der sich viele Monomere zu einem Polymer verbinden. Dabei werden die Mehrfachbindungen zwischen Kohlenstoffatomen der Monomere aufgespalten.

■ Die Polykondensation ist eine spezielle Substitution, bei der die Monomere unter Abspaltung kleiner Moleküle zu Makromolekülen verknüpft werden.

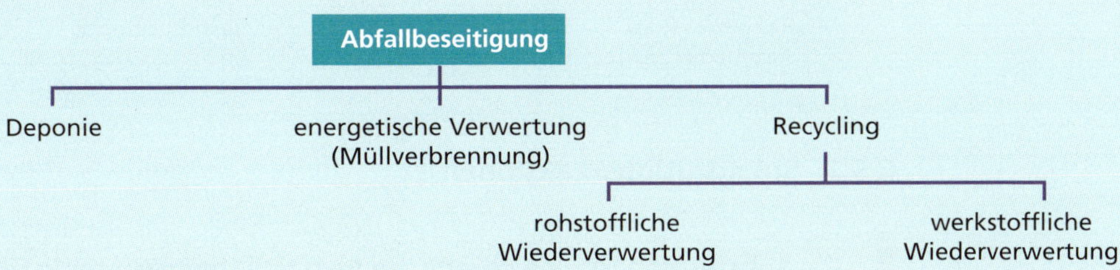

6.3 Reaktionen organischer Stoffe

6.3.1 Grundlagen

Im Gegensatz zu den schnell verlaufenden Ionenreaktionen (↗S. 149) anorganischer Stoffe verlaufen Umsetzungen organischer Substanzen relativ langsam.
Die zur Aufspaltung von Atombindungen (Elektronenpaarbindungen) notwendige Energie wird deshalb häufig in Form von Wärme oder Licht zugeführt. In anderen Fällen kommen Katalysatoren zum Einsatz.

Organische Reaktionen lassen sich grundsätzlich auf drei Reaktionstypen zurückführen:
1. die **Substitutionsreaktion** mit den Sonderfällen Kondensation und Polykondensation,
2. die **Additionsreaktion** mit den Sonderfällen Polymerisation und Polyaddition,
3. die **Eliminierungsreaktion.**

Mit dieser Einteilung nach dem Mechanismus, d. h. dem Reaktionsweg und der Art der Umgruppierung von Atomen bzw. Atomgruppen, werden aber nicht alle organischen Reaktionen erfasst.
Deshalb bezeichnet der organische Chemiker Verbrennungsreaktionen und oxidative sowie reduktive Veränderungen an funktionellen Gruppen (Nachweisreaktionen, ↗S. 354) als **Redoxreaktionen**, obwohl auch viele Additionen und Eliminierungen sowie manche Substitutionen Redoxreaktionen sind.

▶ Carbonylreaktionen nehmen eine Sonderstellung ein, da es sich dabei um eine Kombination unterschiedlicher Mechanismen handelt.

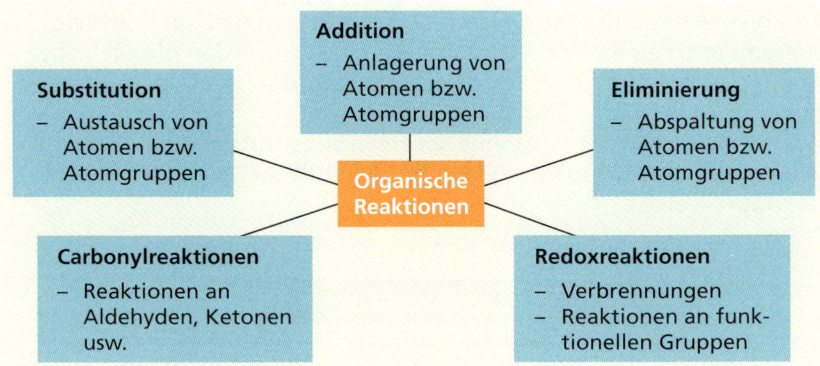

6.3.2 Substitutionsreaktionen

▶ Mit dem Bindungsgrad (↗S. 231) wird die Zahl der **Atombindungen** zwischen zwei Atomen bezeichnet.

Die **Substitution** ist eine organische Reaktion, bei der Atome oder Atomgruppen zwischen den Molekülen der Ausgangsstoffe ausgetauscht werden. Dabei bleibt der Grad der an der chemischen Reaktion beteiligten Bindung erhalten. Meist entstehen aus zwei Ausgangsstoffen zwei Reaktionsprodukte.

Substitutionsreaktionen treten oft bei organischen Stoffen mit Einfachbindungen auf. Es sind also bevorzugte Reaktionen der gesättigten Kohlenwasserstoffe.
So reagieren Alkane nach Aktivierung durch Licht oder Wärme mit Chlor oder Brom. Diese Form der Substitution nennt man **Halogenierung.**

Halogenierung von Alkanen

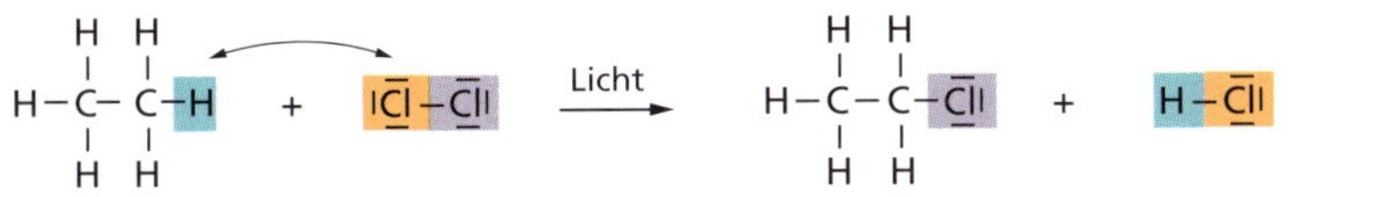

Ethan | Chlor | Monochlorethan | Chlorwasserstoff

Bei der Halogenierung werden Wasserstoffatome der organischen Moleküle durch Halogenatome ersetzt. Die entstehenden Abkömmlinge der ursprünglichen Stoffe nennt man Halogenderivate.

Die Halogenalkane können ebenfalls Substitutionsreaktionen eingehen. Bei der Reaktion mit Basen wie Metallhydroxide oder Ammoniak wird das Halogenatom durch andere funktionelle Gruppen, z. B. die OH-Gruppe oder die NH_2-Gruppe, ersetzt.
In umgekehrter Weise können Alkohole oder Amine mit Halogenwasserstoffsäuren wieder zu Halogenalkanen umgesetzt werden.

Substitution von Halogenalkanen

Monobromethan | Kaliumhydroxid | Ethanol | Kaliumbromid

Aromaten gehen hauptsächlich Substitutionsreaktionen ein, weil das stabile Elektronensextett (↗ S. 234) nur bei der Substitution erhalten bleibt.

Halogenierung von Aromaten

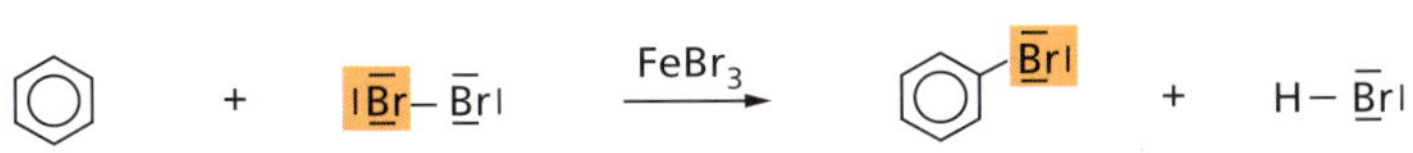

Benzen | Brom | Brombenzen | Bromwasserstoff

Kondensationsreaktionen sind Sonderfälle der Substitution, bei denen kleine, einfach gebaute Moleküle, meist Wasser, aus organischen Stoffen abgespalten werden.

Veresterung einer Carbonsäure mit einem Alkohol

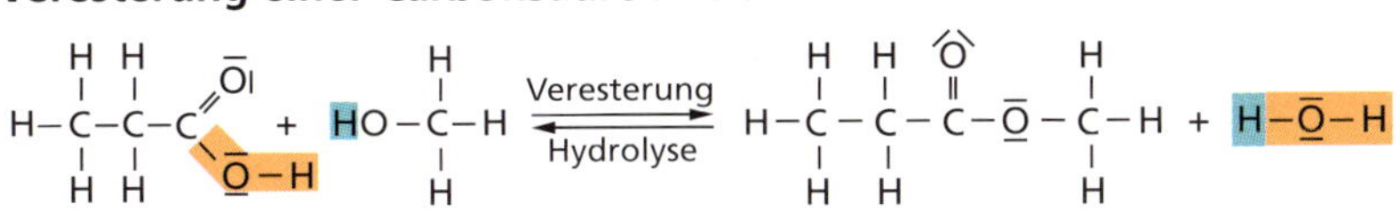

Propansäure | Methanol | Propansäuremethylester | Wasser

6.3.3 Additionsreaktionen

> Die **Addition** ist eine organische Reaktion, bei der ein kleineres Molekül an die Mehrfachbindung eines ungesättigten Moleküls angelagert wird. Der Grad dieser Bindung nimmt ab. Meist entsteht aus zwei Ausgangsstoffen ein Reaktionsprodukt.

▶ Additionen sind die bevorzugten Reaktionen ungesättigter organischer Verbindungen, insbesondere der **Alkene** und **Alkine.**

Die **Hydrierung** ist eine Additionsreaktion, bei der in Anwesenheit von Katalysatoren Wasserstoffatome an Mehrfachbindungen ungesättigter Kohlenwasserstoffe oder anderer Verbindungen angelagert werden.

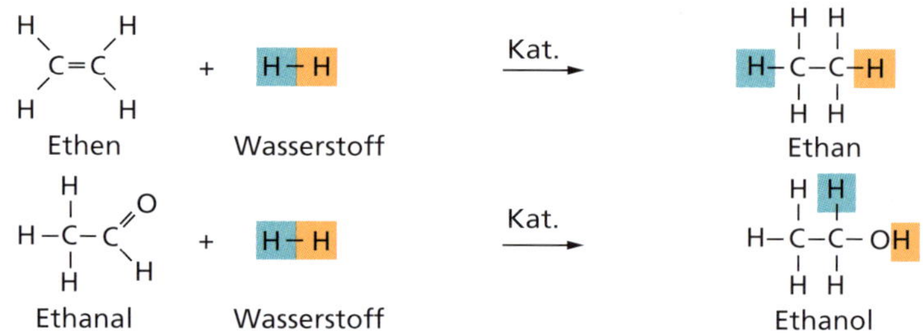

Bei der **Halogenierung** als Additionsreaktion werden Halogenatome an die Mehrfachbindung von Alkenen oder Alkinen angelagert.

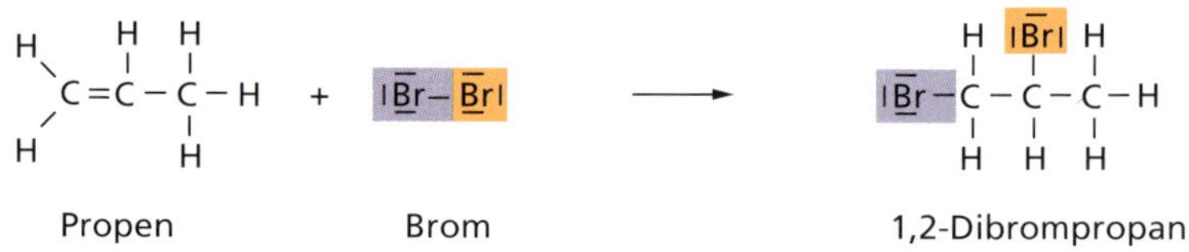

Bei der **Hydrohalogenierung** reagieren die ungesättigten Verbindungen mit Halogenwasserstoffen unter Anlagerung eines Halogenatoms und eines Wasserstoffatoms an die Mehrfachbindung.

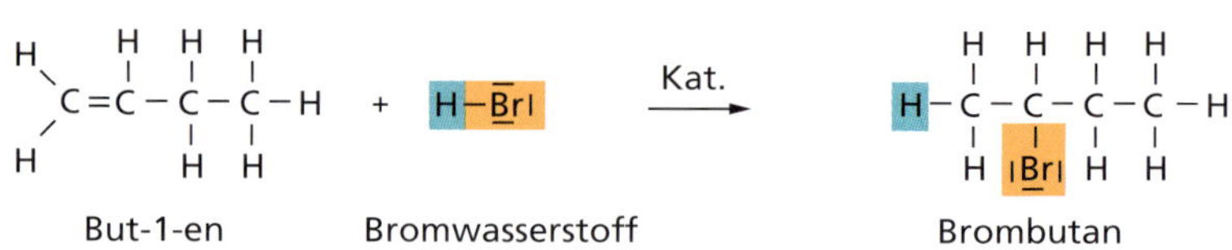

▶ Die **Polyaddition** ist ein Sonderfall, bei dem nicht Mehrfachbindungen zwischen Kohlenstoffatomen, sondern an funktionellen Gruppen aufgespalten werden.

Die **Hydratisierung** ist die Addition von Wasser. Dabei lagern sich ein Wasserstoffatom und eine Hydroxylgruppe an die Mehrfachbindung an.

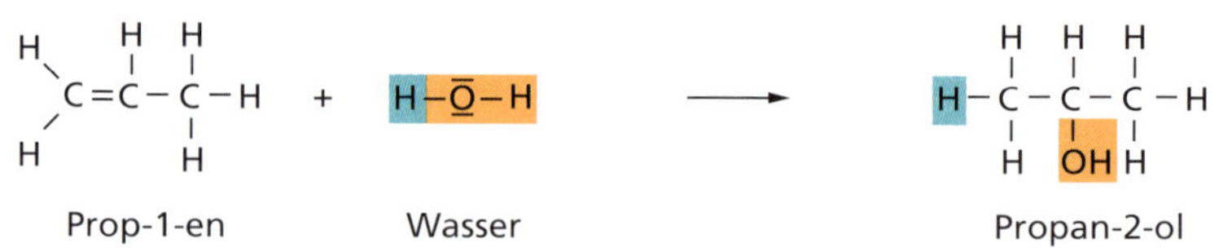

6.3.4 Eliminierungsreaktionen

Die **Eliminierung** ist eine organische Reaktion, bei der Atome oder Atomgruppen aus den Molekülen der Ausgangsstoffe abgespalten werden. Dabei wird an zwei benachbarten Kohlenstoffatomen je ein gebundenes Atom oder eine Atomgruppe entfernt. Der Bindungsgrad zwischen diesen beiden Kohlenstoffatomen nimmt zu. Aus einem Ausgangsstoff entstehen zwei Reaktionsprodukte.

Eliminierungsreaktionen sind die Rückreaktionen der Additionsreaktionen. Ein typisches Beispiel ist die **Dehydrierung,** die Umkehrung der Hydrierung.
Bei der Dehydrierung werden in Gegenwart von Katalysatoren und bei hohen Temperaturen Wasserstoffatome aus Molekülen gesättigter Verbindungen abgespalten. Auf diese Weise entstehen aus Alkanen wie Propan Alkene (Propen) und Wasserstoff.

Eliminierungen spielen eine große Rolle bei der Synthese von ungesättigten Kohlenwasserstoffen. Diese sind die wichtigsten Ausgangsstoffe für die **Polymerisation** von Kunststoffen (↗ S. 269).

Dehydrierung von Alkanen

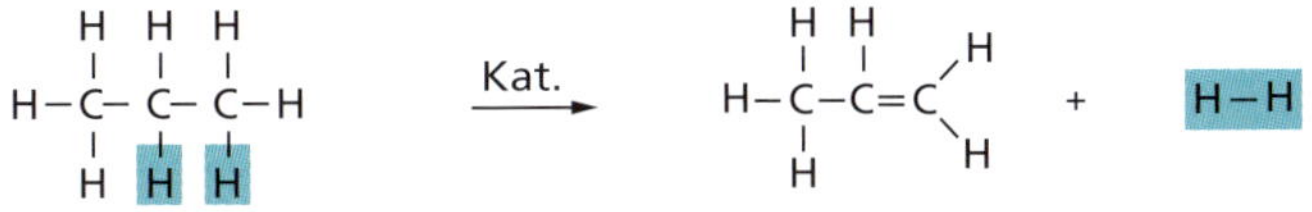

Propan Propen Wasserstoff

Bei der **Dehydratisierung** werden Wassermoleküle aus den Molekülen von Alkoholen oder anderen organischen Verbindungen abgespalten. Als Reaktionsprodukte werden ungesättigte Verbindungen und Wasser gebildet.

Dehydratisierung von Alkoholen

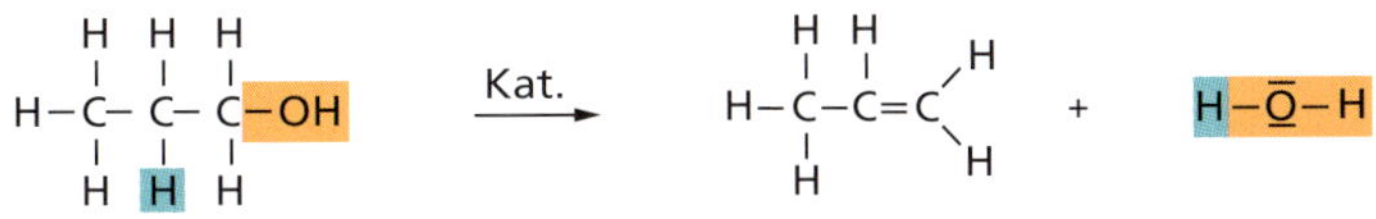

Propan-1-ol Propen Wasser

Bei der **Dehydrohalogenierung** werden ein Halogenatom und ein Wasserstoffatom aus dem Molekül eines Halogenalkans abgespalten. Dabei entstehen der Halogenwasserstoff und ein Alken.

Dehydrohalogenierung von Halogenalkanen

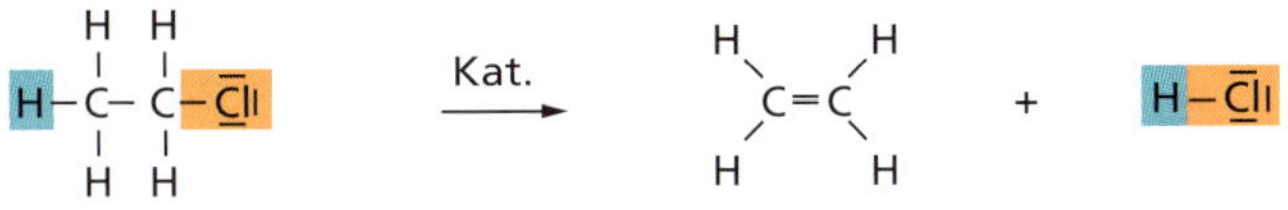

Monochlorethan Ethen Chlorwasserstoff

6

Reaktionen organischer Verbindungen

■ **Organische Reaktionen** werden nach dem Reaktionsmechanismus in drei grundlegende Reaktionstypen unterteilt.

Substitution	Addition	Eliminierung
– Atome oder Atomgruppen werden ersetzt. – Zwei Ausgangsstoffe reagieren zu zwei Reaktionsprodukten. – Der Bindungsgrad der beteiligten Bindung bleibt erhalten.	– Atome oder Atomgruppen werden angelagert. – Zwei Ausgangsstoffe reagieren zu einem Reaktionsprodukt. – Der Bindungsgrad der beteiligten Bindung nimmt ab.	– Atome oder Atomgruppen werden abgespalten. – Ein Ausgangsstoff reagiert zu zwei Reaktionsprodukten. – Der Bindungsgrad der beteiligten Bindung nimmt zu.

■ Die Klassifizierung nach dem Mechanismus erfasst nicht alle Redoxreaktionen organischer Verbindungen. Beispiele sind die vollständige Verbrennung von Kohlenwasserstoffen oder die Oxidation bzw. Reduktion von Verbindungen mit funktionellen Gruppen.

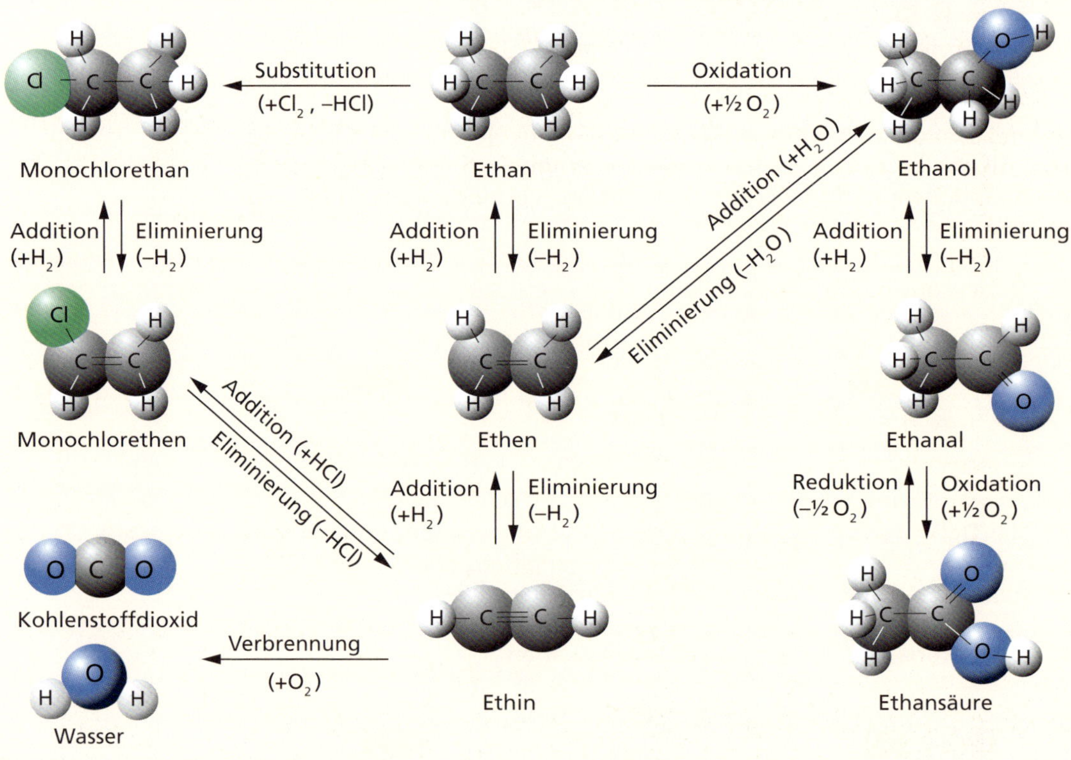

Chemisch-technische Prozesse

7

7

7.1 Grundlagen chemisch-technischer Prozesse

In **Lagerstätten** werden verschiedene mineralische Rohstoffe gefunden. Der Abbau erfolgt in Bergwerken oder über Tage (Eisenerz).

Seit vielen Jahrzehnten werden großtechnische chemische Verfahren sowohl zur Erzeugung von anorganischen Stoffen, z. B. Roheisen und Stahl, Aluminium, Düngemitteln oder Branntkalk, als auch zur Produktion organischer Stoffe, z. B. Erdölprodukte, Plaste, Elastomere und Fasern, angewendet.

Rohstoffe

Die für chemisch-technische Prozesse als Ausgangsstoffe benötigten **Rohstoffe** müssen häufig erst aufbereitet werden.

Angesichts der wirtschaftlichen Entwicklung solcher Länder wie China und Indien ist zu erwarten, dass der Bedarf bei einigen Rohstoffen in einigen Jahrzehnten nicht mehr gedeckt werden kann.

Die zur Herstellung chemischer Produkte notwendigen Rohstoffe liegen fast nie in reiner Form vor, sondern müssen vor ihrem Einsatz oft durch die Abtrennung störender Begleitstoffe aufbereitet werden. Je nach Herkunft und Zusammensetzung werden mehrere Gruppen von Rohstoffen unterschieden.

Fossile Rohstoffe oder **fossile Kohlenstoffträger,** wie Kohle, Erdgas oder Erdöl, entstanden während der Erdgeschichte aus lebenden Organismen, welche nach ihrem Absterben im Verlauf der Jahrmillionen umgewandelt wurden.

Erdgas wird sowohl mit **Erdöl** zusammen als auch getrennt aus eigenen Erdgaslagerstätten gefördert.

Erdgas ist ein Gemisch gasförmiger Kohlenwasserstoffe, das hauptsächlich aus Methan besteht. Es enthält aber z. T. auch Kohlenstoffdioxid und Schwefelwasserstoff. Man verwendet das geförderte Erdgas als Heizgas oder zur Weiterverarbeitung für Synthesegas.
Erdöl ist ein komplexes, flüssiges Stoffgemisch aus vielen verschiedenen ketten- und ringförmigen Kohlenwasserstoffen. Seine Verwendung ist vielseitig (↗ S. 308 ff.).
Bei der **Kohle** wird je nach der Entstehungszeit in Steinkohle (erdgeschichtlich älter) und Braunkohle (erdgeschichtlich jünger) unterschieden. Bei beiden Formen handelt es sich um Stoffgemische aus hochmolekularen Kohlenwasserstoffen, welche auch Wasser und Mineralbestandteile enthalten.

Braunkohle und Steinkohle werden in Deutschland hauptsächlich in Kraftwerken zur Wärme- und Stromerzeugung genutzt. Sie decken mit 14 bzw. 18 % etwa ein Drittel des Strombedarfes. Aber auch chemische Rohstoffe gewinnt man aus Kohle (↗ S. 307).

Mineralische Rohstoffe sind natürliche Bestandteile der Erdkruste, die als Erze, Gestein oder als Salze auftreten können.

Beispiele für mineralische Rohstoffe

Bezeichnung	Zusammensetzung	Verwendung
Apatit	Phosphatmineral	Herstellung von Phosphatdüngemitteln und Phosphorsäure
Bauxit	Sedimentgestein mit bis zu 50–60 % Aluminiumhydroxid	Herstellung von Aluminium
Eisenerze	Eisenoxide, Eisensulfide, Eisencarbonate	Roheisenherstellung
Kalisalze	Salzgemisch aus 20–50 % Kaliumchlorid sowie Natriumchlorid, Magnesiumchlorid, Magnesiumsulfat, Bromiden	Herstellung von Kalidüngemitteln, Kaliumhydroxid und Brom
Kalkstein	Calciumcarbonat mit Spuren von Eisenoxiden und Siliciumdioxid	Herstellung von Branntkalk, Zement, Glas
Quarzsand	Siliciumdioxid, z. T. mit Spuren von Eisenoxiden	Herstellung von Glas, Halbleitersilicium
Schwefel	meist ohne Verunreinigungen	Herstellung von Schwefeldioxid, Schwefelsäure, Gummi
Steinsalz	mehr als 99 % Natriumchlorid	Herstellung von Natriumhydroxid, Chlor, Speisesalz
sulfidische Erze	aus den Sulfiden zahlreicher Metalle wie Eisen, Kupfer, Blei, Zink	Gewinnung der jeweiligen Metalle und von Schwefeldioxid

Obwohl heute die Hauptmenge der organischen Chemieprodukte auf der Basis von Erdöl und Erdgas hergestellt werden, entstammen seit geraumer Zeit etwa 10 % der Produkte der chemischen Industrie **nachwachsenden Rohstoffen.**

Die in den nachwachsenden Rohstoffen enthaltenen organischen Stoffe entstehen bei allen Pflanzen mithilfe der **Fotosynthese** aus anorganischen Stoffen (Kohlenstoffdioxid, Wasser) und unter Einwirkung von Sonnenlicht.

Der wichtigste nachwachsende Rohstoff ist Holz mit einem Anteil von über 90 %. Weltweit werden etwa 1,2 Mrd. Tonnen Holz industriell genutzt. Dabei hat die Nutzung der Cellulose als Hauptbestandteil des Holzes die größte Bedeutung, z. B. für die chemische und für die Papierindustrie.

7

Nachwachsende Rohstoffe werden zwar als unbegrenzt angesehen, können aber den riesigen Rohstoffbedarf der Menschheit nicht vollständig abdecken.

Unter nachwachsenden Rohstoffen versteht man molekulare oder hochmolekulare Stoffe, die hauptsächlich pflanzlichen Ursprunges sind. Tierische Produkte haben dabei nur einen kleinen Anteil.

Nachwachsende Rohstoffe

Rohstoff	Gewinnung aus	Bestandteile	Verwendung
Fette, Öle	Pflanzensamen	verschiedene Glycerolester (Glycerinester)	Speiseöl, zur Herstellung von Kosmetika, Treibstoff (Biodiesel)
Holz	verholzten Pflanzenteilen (Baumstämme)	Polysaccharid: Cellulose	Baustoff, Brennstoff, Herstellung von Zellstoff, Papier, Fasern, Klebstoffen
Rohrzucker	Zuckerrüben, Zuckerrohr	Disaccharid: Saccharose	Nahrungsmittel, Herstellung von Bioethanol
Stärke	Getreide, Kartoffeln	Polysaccharide: Amylose und Amylopektin	Nahrungsmittel, Herstellung von Klebstoffen
Pflanzenfasern	Baumwolle, Faserlein (Flachs), Faserhanf	Polysaccharide: Cellulose und andere	zur Herstellung von Geweben, Seilen und Kleidung
Latex	Gummibaum	Makromolekül: Polyisopren	Naturkautschuk

In die CO_2-Bilanz alternativer Energieträger gehen viele Faktoren ein, z. B. der beim Transport oder für die Düngung anfallende CO_2-Anteil.

Nachwachsende Rohstoffe bieten nicht nur den Vorteil, dass sie immer wieder in der Natur neu gebildet werden. Wenn sie wie einheimischer Biodiesel sinnvoll als alternative Energieträger genutzt werden, kann ihre CO_2-Bilanz besser werden als die fossiler Energieträger.
Ein weiterer Vorteil nachwachsender Rohstoffe besteht darin, dass die Produkte, z. B. aus Stärke (↗ Abb. rechts), biologisch abbaubar sind.

Sekundärrohstoffe sind Nebenprodukte und Abfälle von Produktionsverfahren oder Produkte, die ihren ursprünglichen Gebrauchswert verloren haben, aber noch als Rohstoffe eingesetzt werden können.

Altmaterial wird meist wieder aufbereitet. Die dazu nötigen Vorgänge bezeichnet man als **Recycling.** Zur Gruppe des Altmaterials gehören sowohl Altpapier, Glasbruch, Reste aus der Metall verarbeitenden Industrie, Plastikabfälle als auch verunreinigte Schwefelsäure.
Industrielle Nebenprodukte dienen oft als Rohstoffe für andere Produkte. So wird die Hochofenschlacke im Straßenbau genutzt und das Schwefeldioxid in den Abgasen der Kohlekraftwerke wird mit einer Aufschlämmung von Calciumcarbonat absorbiert und in Gips überführt. Dieser wird dann unter anderem im Bauwesen genutzt.
Beim Recycling von Altmaterial kann es vorkommen, dass das Recyclat in einigen Eigenschaften nicht mehr die Qualität von Neuware erreicht. Beispielsweise führen Verunreinigungen im Altglas dazu, dass es kaum möglich ist, dieses zur Herstellung von farblosem Glas zu nutzen.

Das **duale System** erfasst alle Verpackungen, die mit einem grünen Punkt gekennzeichnet sind. Diese werden einer Wiederverwertung zugeführt.

Als **Hilfsstoffe** bezeichnet man chemische Zusätze, welche für die Durchführung der Reaktionen nötig sind, aber nicht ins Endprodukt eingehen.

Neben Rohstoffen braucht man für viele Verfahren noch Hilfsstoffe. Diese Stoffe werden nach der erfolgten chemischen Reaktion abgetrennt und regeneriert. Oft können sie wieder verwendet werden. Dann führt man sie in den Prozess zurück.

Großtechnische Verfahren bestehen oft aus mehreren aufeinanderfolgenden Stufen, z. B. Überführen der Ausgangsstoffe in einen geeigneten Zustand (z. B. Auflösen), Erwärmen, chemische Umsetzung, Abkühlen, Trennen des anfallenden Gemisches (Reinigung des Produkts).

- Hilfsstoffe sind Katalysatoren, Lösungsmittel, Extraktionsmittel, Adsorptionsmittel oder Emulgatoren, die nach der Reaktion abgetrennt, regeneriert und in den Prozess zurückgeführt werden.

Rohstoffe müssen vor ihrem Einsatz aufbereitet werden. Je nach ihrer Herkunft unterscheidet man mineralische, fossile, nachwachsende und Sekundärrohstoffe. Zusätzlich werden noch oft Hilfsstoffe im Produktionsprozess eingesetzt.

7

Besonderheiten chemisch-technischer Verfahren

Bei der industriellen Herstellung von Stoffen spielen zahlreiche Faktoren eine große Rolle, die unter Laborbedingungen oft vernachlässigt werden können. So muss die Produktion so **wirtschaftlich** wie möglich erfolgen und die **Umweltbelastungen** müssen so gering wie möglich gehalten werden.
Das führt einerseits dazu, dass sich die Herstellung eines Stoffs im Labor von der technischen Synthese grundlegend unterscheidet.
Zum anderen kommt bei technischen Verfahren der Abtrennung, Verwertung oder schadlosen Entsorgung von Nebenprodukten eine viel größere Bedeutung zu als im Labor oder im Chemieunterricht.

Problem	Technisches Arbeitsprinzip	Beispiel
Verfügbarkeit und Qualität von Rohstoffen	– Aufbereitung der Rohstoffe, Abtrennung störender Begleitstoffe	– Gewinnung von reinem Aluminiumoxid aus Bauxit für die Aluminiumherstellung (↗ S. 304)
Einsatz von Abfällen als Rohstoffe	– Recycling von Wertstoffen aus Abfällen	– Schrotteinsatz bei der Stahlherstellung (↗ S. 290) – Kunststoffrecycling (↗ S. 274)
Lage des chemischen Gleichgewichts	– Temperatur- und Druckoptimierung nach dem **Prinzip von LE CHATELIER** – Abtrennung der Produkte aus dem Reaktionsgemisch und Rückführung der nicht umgesetzten Ausgangsstoffe **(Kreislaufprinzip)**	– Optimierung der Reaktionsbedingungen bei der Synthese von Ammoniak (↗ S. 292) und Schwefelsäure (↗ S. 296)
Geringe Reaktionsgeschwindigkeit	– Einsatz technischer **Katalysatoren**	– Synthese von Salpetersäure (↗ S. 294) und Methanol (↗ S. 313)
Entstehung von Nebenprodukten	– Abtrennung und Verwertung oder Entsorgung der Nebenprodukte	– Nutzung von Schwefel aus der Erdölentschwefelung zur Herstellung von Schwefelsäure (↗ S. 296)
Entstehung von Schadstoffen	– Umwandlung der Schadstoffe in ungiftige Produkte – sichere Entsorgung der Schadstoffe	– Rauchgasreinigung von Kraftwerken (↗ S. 339)
Hohe Reaktionstemperaturen und Abwärme exothermer Prozesse	– Kopplung endotherrmer und exothermer Prozesse **(Gegenstromprinzip)** – Einsatz von Wärmetauschern	– Hochofenprozess (↗ S. 287) – Synthese von Methanol (↗ S. 313)
Hoher Aufwand beim Anfahren technischer Anlagen	– kontinuierliche Betriebsweise bzw. periodische Zugabe von Ausgangsstoffen	– Rohöldestillation (↗ S. 308) – Kalkbrennen (↗ S. 298) – Chloralkalielektrolyse (↗ S. 302)

7.2 Prozesse zur Gewinnung anorganischer Stoffe

7.2.1 Technische Herstellung von Eisen und Stahl

Grundlagen

Eisen (↗ S. 87) ist das wichtigste Gebrauchsmetall. Reines Eisen findet nur selten Verwendung, z. B. als Magnetkern in der Magnettechnik. Weit häufiger passt man es den vielfältigen Gebrauchszwecken durch Veränderungen wie **Legieren** (↗ S. 89) mit anderen Metallen an. Im Hochofenprozess gewinnt man aus Eisenerz großtechnisch **Roheisen**. Roheisen enthält etwa 4 % Kohlenstoff und andere Elemente, ist hart und spröde und daher nicht verformbar. Verringert man den Kohlenstoffgehalt unter 2 %, so erhält man schmiedbaren **Stahl.**
Roheisen wird durch Reduktion (↗ S. 134) oxidischer Eisenerze wie Magnetit (Eisen(II, III)-oxid), Hämatit (Eisen(III)-oxid) oder Limonit (Eisen(III)-oxid mit gebundenem Wasser) hergestellt. Sulfidische Erze, z. B. Pyrit, werden durch Rösten in ihre Oxide überführt und anschließend reduziert.

Gediegenes **Eisen** macht etwa 90 % des Erdkerns aus. Damit ist es das verbreitetste Element der Erde. In der Erdkruste finden sich etwa 4,7 % in Form von **Eisenerzen.** Auch in unserem Sonnensystem kommt Eisen häufig vor, was die zahlreichen Eisenmeteorite beweisen.

Roheisengewinnung

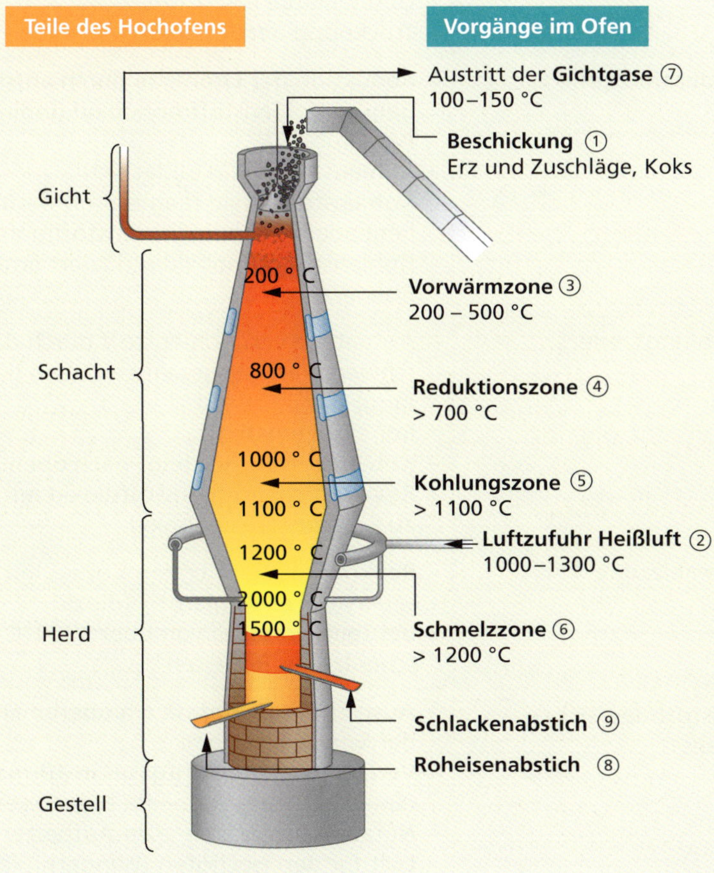

Pro Jahr werden durch den **Hochofenprozess** weltweit fast 1,1 Mrd. Tonnen Roheisen erzeugt.

Große Hochöfen haben ein Gesamtvolumen von 6 000 m^3 und einen Durchmesser von 15 m. Sie liefern ca. 4 Mio. Tonnen Roheisen im Jahr.

Ablauf des Hochofenprozesses:

Die Wirtschaftlichkeit der Roheisenherstellung hängt maßgeblich von der Umsetzung der **technischen Arbeitsprinzipien im Hochofenprozess** ab.

Im **Hochofen** wird durch Reduktion von Eisenerzen mithilfe von Koks und Heißluft flüssiges Roheisen erzeugt. Als Nebenprodukte entstehen Schlacke und Gichtgas.

Abschnitt	Vorgänge
Beschickung ①	– periodische Zufuhr von Erz, Koks und Zuschlägen – Zusatz (Zuschlag) von Kalk, um die in den Erzen enthaltenen Verunreinigungen („Gangart" aus Silicium-, Mangan-Schwefel- und Phosphorverbindungen) zu binden
Luftzufuhr ②	– kontinuierliches Einblasen von heißer Luft (Sauerstoff) – Gegenstrom von Luft und Feststoffen
Vorwärmzone ③	– Abgabe der Wärme von aufsteigenden Gasen an die Feststoffe – Trocknung der Feststoffe
Reduktionszone ④	– Reduktion der Eisenerze durch aufsteigendes Kohlenstoffmonooxid (indirekte Reduktion) – Kohlenstoffdioxid bildet sich – Kohlenstoffdioxid reagiert mit darüber liegendem Koks zu Kohlenstoffmonooxid – Kohlenstoffmonooxid reduziert erneut Eisenerz
Kohlungszone ⑤	– Aufnahme von Kohlenstoff durch das schwammartige metallische Eisen (Kohlung) – Roheisen entsteht – Kohlenstoffdioxid steigt nach oben – Reaktion von Kohlenstoffdioxid mit Koks zu Kohlenstoffmonooxid
Schmelzzone ⑥	– Reaktion des glühenden Kokses mit Luftsauerstoff zu Kohlenstoffdioxid – bei Temperaturen von über 1200 °C schmilzt das Roheisen
Austritt des Gichtgases ⑦	– Austritt der Gichtgase am oberen Ende der Vorwärmzone ③ – Verbrennen des Gichtgases in Türmen (Speichern der Wärme im Mauerwerk) – Nutzung der Wärme zum Aufheizen der Luft für den Hochofen (Winderhitzer)

Durch die Aufnahme von Kohlenstoff wird die Schmelztemperatur des Eisens von 1 540 °C auf etwa 1 200 °C abgesenkt.

Gichtgas ist ein Gasgemisch. Es besteht aus etwa 50 % Stickstoff, 15–20 % Kohlenstoffdioxid und 25–30 % Kohlenstoffmonooxid. Es dient als Brennstoff.

Roheisenabstich ⑧	– flüssiges Roheisen enthält etwa 4 % Kohlenstoff und andere Elemente – Ansammlung am Boden des Hochofens – periodische Entnahme (Abstich)
Schlackenabstich ⑨	– Bildung flüssiger **Schlacke** (Hauptkomponente Calciumsilicat) durch Reaktion der Verunreinigungen (Gangart) mit dem zugesetzten Kalk – Schlacke schwimmt auf dem flüssigen Roheisen und schützt es vor Oxidation – periodische Entnahme (Abstich)

Hochofenschlacke wird auch Hüttenschlacke genannt. Man verwendet sie z. B. als Baustoff.

Chemische Reaktionen im Hochofen:

Ausgangsstoffe:
verschiedene Eisenerze, Koks, Kalkstein (Zuschlag), Luft

Reaktionsprodukte:
Roheisen (Eisen mit 3,5–4 % Kohlenstoff, 1 % Silicium, 2–3 % Mangan, bis 0,2 % Phosphor)
Hochofenschlacke, Gichtgas

Reaktionen in den einzelnen Abschnitten des Hochofens:

in der Schmelzzone ⑥

$$C + O_2 \longrightarrow CO_2 \qquad Q = -393\ \text{kJ/mol}$$

in der Kohlungszone ⑤

$$C + CO_2 \longrightarrow 2\,CO \qquad Q = +174\ \text{kJ/mol}$$

$$3\,Fe + 2\,CO \longrightarrow Fe_3C + CO_2 \qquad \text{(Kohlung)}$$

in der Reduktionszone ④

$$Fe_2O_3 + CO \longrightarrow 2\,FeO + CO_2 \qquad Q = -4\ \text{kJ/mol}$$

$$FeO + CO \longrightarrow Fe + CO_2 \qquad Q = -12\ \text{kJ/mol}$$

$$FeO + C \longrightarrow Fe + CO \qquad Q = +156\ \text{kJ/mol}$$

Schlackenbildung unter der Schmelzzone ⑨

$$SiO_2 + CaCO_3 \longrightarrow CaSiO_3 + CO_2$$

Als **Roheisen** wird Eisen mit einem Kohlenstoffgehalt von mehr als 3,5 % bezeichnet. Durch den hohen Anteil an Kohlenstoff ist es druckfest, aber sehr spröde. Festes Roheisen ist weder in der Hitze noch in der Kälte verformbar. In flüssiger Form lässt es sich aber in Formen gießen und so direkt zu **Gussartikeln (Gusseisen)** verarbeiten.

Gusseisen gewinnt man durch Umschmelzen von Roheisen. Je nach Behandlung gibt es verschiedene Sorten für die unterschiedlichen Einsatzgebiete. Aus Gusseisen bestehen Rohre, Gullideckel, Bratpfannen usw.

Stahlerzeugung

Im höchsten Gebäude der Welt, dem 828 m hohem Burj Khalifa sind mehr als 30 000 Tonnen **Stahl** verbaut.

Bei der **Stahlerzeugung** wird Roheisen durch Oxidationsprozesse von den enthaltenen Verunreinigungen befreit. Der enthaltene Kohlenstoff wird mit Sauerstoff oxidiert. Andere Elemente reagieren mit Zuschlägen zu Schlacke.

Wegen der schlechten Materialeigenschaften des Gusseisens wird nur ein kleiner Teil des Roheisens zu Gussartikeln verarbeitet, während der größte Teil zu **Stahl** weiterverarbeitet wird. Als Stahl bezeichnet man Eisen mit einem Kohlenstoffgehalt unter 2,1 %, welches schmied- und walzbar ist.
Um aus Roheisen Stahl herzustellen, müssen die störenden Beimengungen, vor allem Kohlenstoff, abgereichert werden. Das erfolgt durch Oxidation mit Sauerstoff (Frischen) in einem kippbaren Konverter. Dabei kann auch Schrott zugegeben werden.
Über die Dauer der Sauerstoffeinleitung (maximal 15–20 min.) kann der Kohlenstoffgehalt im Stahl je nach Verwendungszweck zwischen 0,04 und 1,5 % eingestellt werden. Zur Verbesserung der Eigenschaften gibt man nach dem Frischen z. T. verschiedene **Legierungsmetalle** hinzu, sodass niedrig legierte oder hoch legierte Stähle entstehen.
Mehr als 75 % vor allem niedrig legierte Stähle werden durch das Sauerstoff-Aufblasverfahren erzeugt. Dabei wird Sauerstoff in das flüssige Eisen geblasen, um die Verunreinigungen zu verbrennen. Außerdem setzt man Schrott zur Kühlung und Kalk hinzu, um Silicium und Phosphor in der Schlacke zu binden.

Hoch legierte Stähle stellt man häufig nach dem Elektrostahl-Verfahren her, weil damit die Zusammensetzung besser eingestellt und ein störender Sauerstoffüberschuss in der Schmelze vermieden werden kann. Dazu werden fast ausschließlich hoch legierter Stahlschrott sowie die gegebenenfalls benötigten Legierungsmetalle im Lichtbogen geschmolzen und die Zusammensetzung optimiert.

Sauerstoffblaskonverter

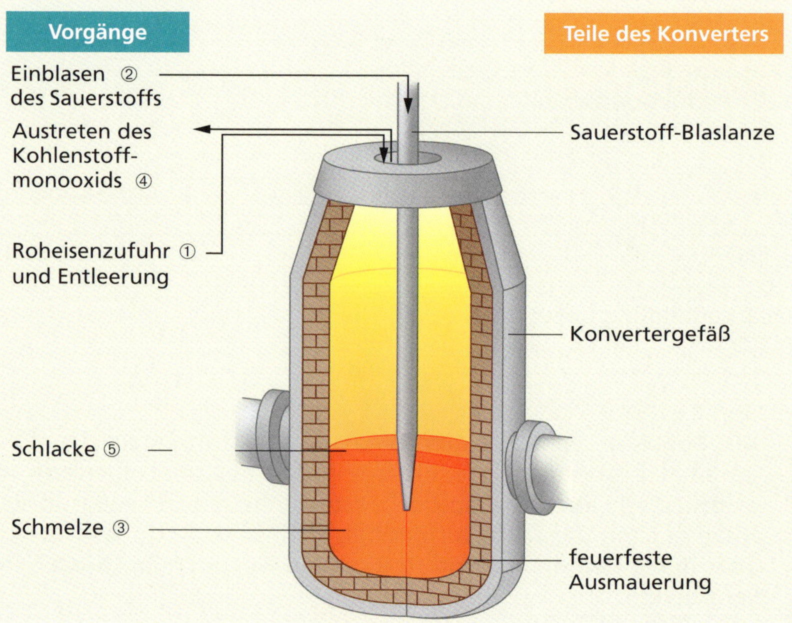

Ablauf des Sauerstoff-Aufblasverfahrens:

Abschnitt	Vorgänge
Roheisen-zufuhr ①	– Beschickung mit flüssigem Roheisen und bis zu 40 % Eisenschrott – Kalkzuschläge zum Binden der Begleitelemente Silicium und Phosphor
Sauerstoff-zufuhr ②	– Einblasen des erforderlichen Sauerstoffs in die Schmelze durch ein Rohr (Blaslanze)
Schmelze ③	– enthaltener Kohlenstoff reagiert mit dem eingeblasenen Sauerstoff und dem Sauerstoff aus Schrott (Eisenoxid) zu Kohlenstoffmonooxid – bei der exothermen Reaktion wird Wärme zum Aufheizen der Schmelze frei
Austritt des Abgases ④	– Kohlenstoffmonooxid entweicht aus der oberen Öffnung
Schlacken-bildung ⑤	– Schlacke entsteht durch Reaktion der Zuschläge mit den anderen Elementen des Roheisens und schwimmt über der Schmelze

Insgesamt werden pro Jahr weltweit über 4 Mrd. Tonnen Stahl erzeugt.

Chemische Reaktionen bei der Stahlerzeugung:

Ausgangsstoffe:
Roheisen, Eisenschrott (enthält Eisenoxide als Rost), Sauerstoff

Reaktionsprodukte:
Stahl (Eisen < 2,1 % Kohlenstoff), Schlacke, Kohlenstoffmonooxid

Chemische Reaktionen in den Abschnitten:
in der Schmelze ③

$$2\,C + O_2 \longrightarrow 2\,CO \text{ (Entkohlung)} \qquad Q = -221\text{ kJ/mol}$$

$$3\,C + Fe_2O_3 \longrightarrow 2\,Fe + 3\,CO$$

in der Schlacke ⑤

$$Si + O_2 \longrightarrow SiO_2$$

$$SiO_2 + CaCO_3 \longrightarrow CaSiO_3 + CO_2$$

Stähle sind Legierungen aus Eisen und bis zu 2,1 % Kohlenstoff. Zusätzlich können noch Legierungsmetalle, z. B. Mangan, Chrom, Nickel, Titan, Vanadium oder Molybdän, zugesetzt werden.
Die Eigenschaften und Verwendungsmöglichkeiten der verschiedenen **Stahlsorten** hängen von ihrer Zusammensetzung ab. Die mechanischen Eigenschaften wie Härte und Zähigkeit des Stahls können auch durch eine thermische Behandlung (Anlassen) beeinflusst werden. Durch Tempern und Abschrecken des Stahls werden gezielt bestimmte Gefügeeigenschaften erzeugt.

Stähle können verschieden zusammengesetzt sein.
- wetterfester Baustahl:
  0,1–0,4 % C,
  0,1–0,4 % Si,
  0,3–0,8 % Mn,
  0,5–0,8 % Cr
- hochfester Stahl (für hohe Zugbelastung):
  0,2–0,4 % C,
  0,2–1,5 % Si,
  0,5–1,0 % Mn,
  0,8–1,0 % Cr,
  0,3–0,4 % Mo,
  1,0–2,0 % Ni,
  0,1–0,5 % V
- rostfreier Stahl
  < 0,1 % C,
  18 % Cr,
  10 % Ni,
  2 % Mo,
  < 2 % Mn,
  0,1–0,2 % Ti

7.2.2 Technische Herstellung von Ammoniak

Stickstoffdüngemittel werden in der Landwirtschaft als Pflanzennährstoff eingesetzt. Die Pflanzen benötigen Stickstoffsalze, um daraus in ihrem Stoffwechsel **Eiweiße** aufzubauen.

> Die **Ammoniaksynthese** ist eine Gleichgewichtsreaktion, die an einem Katalysator durchgeführt wird. Um einen Umsatz von etwa 20 % zu erreichen, muss mit hohem Druck gearbeitet werden. Der eingesetzte Eisenkatalysator arbeitet bei 400–500 °C.

Ammoniak (↗S. 197) ist die technisch wichtigste Stickstoffverbindung. Die Weltproduktion übersteigt 125 Mio. Tonnen pro Jahr. Ein Großteil des erzeugten Ammoniaks wird zur Herstellung von Stickstoffdüngemitteln verwendet. Außerdem dient Ammoniak u. a. zur Herstellung von Salpetersäure, Soda und Kunststoffen.
Ammoniak wird in einem Synthesereaktor, den man auch als Kontaktofen bezeichnet, aus Stickstoff und Wasserstoff erzeugt. Das Verfahren wird nach seinen geistigen Vätern FRITZ HABER und CARL BOSCH auch als Haber-Bosch-Verfahren bezeichnet.

FRITZ HABER (1868–1934)

Ablauf der Ammoniaksynthese:
Die technische Ammoniaksynthese ist eine **Gleichgewichtsreaktion.** Nach dem **Prinzip von LE CHATELIER** begünstigen hoher Druck und niedrige Temperatur die Hinreaktion (↗Abb.), da sie exotherm ist und unter Volumenabnahme erfolgt. Man arbeitet daher mit hohen Drücken von p = 25–30 MPa.

Ammoniakanteile im Gleichgewicht

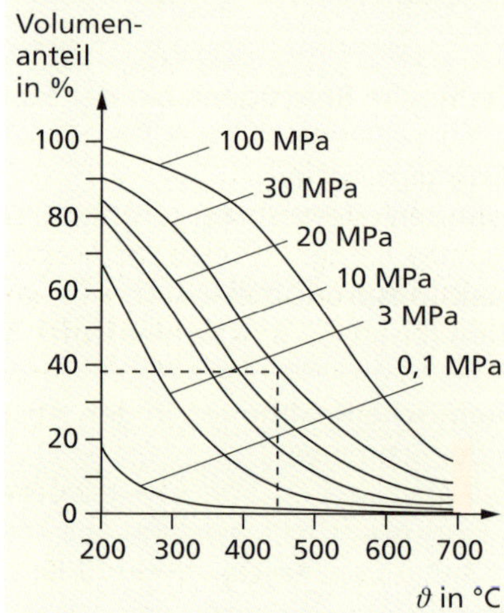

Die Reaktion läuft an einem **Katalysator** ab, dessen Arbeitstemperatur 400–500 °C beträgt. Der Eisenkatalysator entsteht durch Reduktion von Eisenoxid mit Zusätzen von Aluminiumoxid, Kaliumoxid und Calciumoxid.

Die Ausgangsstoffe werden auf die entsprechende Arbeitstemperatur des Katalysators vorgeheizt. Weil die Hinreaktion exotherm ist, heizt sich das Reaktionsgas ständig weiter auf. Das ist sowohl für den Katalysator als auch für den Umsatz ungünstig. Deshalb wird im Reaktor mehrmals eine Zwischenkühlung des Gasgemisches durchgeführt.
Je nach Druck und Temperatur erhält man Ausbeuten von 15–20 % Ammoniak pro Reaktordurchgang. Diese liegen unter den theoretisch möglichen Ammoniakanteilen (↗Abb. oben), weil sich beim einmaligen Durchgang das Gleichgewicht nicht vollständig einstellt.
Nach Austritt aus dem Reaktor trennt man das gebildete Ammoniak durch Kondensation bei etwa –10 °C von den nicht umgesetzten Ausgangsstoffen ab. Diese werden zusammen mit dem Frischgas in den Reaktor zurückgeführt **(Kreislaufprinzip).**

CARL BOSCH (1874–1940)

Ammoniaksynthese

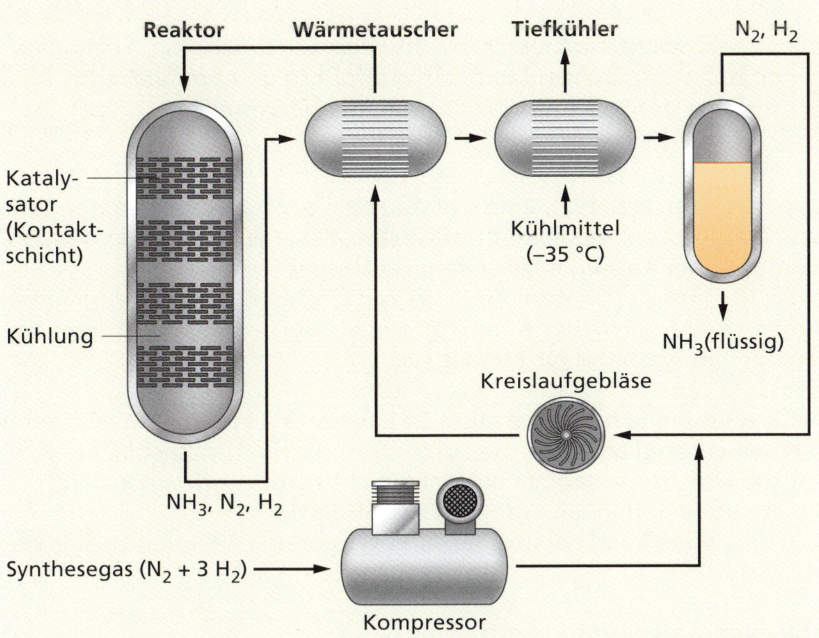

Die Leuna-Werke in Halle-Merseburg wurden eigens für die **Ammoniaksynthese** erbaut. Seit 1916 wurde dort das Haber-Bosch-Verfahren bis in die neunziger Jahre durchgeführt.

Das Verfahren zur Ammoniakerzeugung wurde von FRITZ HABER in den Jahren 1905 bis 1910 im Labor entwickelt und ab 1913 von CARL BOSCH industriell umgesetzt.
Wichtig für den Erfolg der Ammoniaksynthese war die Entwicklung eines preiswerten Katalysators hoher Lebensdauer durch ALWIN MITTASCH. Er fand nach intensivem Forschen den geeigneten Eisen-Katalysator. Dazu wurden in etwa 20000 Versuchen mehr als 3000 unterschiedliche Katalysatoren getestet.

ALWIN MITTASCH (1869–1953)

Chemische Reaktionen bei der Ammoniaksynthese:
Ausgangsstoffe:
Synthesegas (aus Kohle, Erdöl, Erdgas) mit Stickstoff und Wasserstoff im Verhältnis 1:3

Reaktionsprodukt:
Ammoniak

Bedingungen:
Reaktionstemperatur = 400–500 °C
Druck = 25–30 MPa
Katalysator: Eisen

Reaktionsgleichung:

$$N_2 + 3\,H_2 \rightleftharpoons 2\,NH_3 \qquad Q = -92\ \text{kJ/mol}$$

Heute erzeugt eine moderne Syntheseanlage (↗ Abb. rechts) täglich bis zu 1500 Tonnen Ammoniak.

7.2.3 Technische Herstellung von Salpetersäure

Salpetersäure wird durch schrittweise Oxidation von Ammoniak zu Stickstoffmonooxid und Stickstoffdioxid und anschließende Absorption des Stickstoffdioxids in Wasser hergestellt.

Sprengstoffe, die aus Salpetersäure hergestellt werden, sind z. B. Nitroglycerin (Glycerintrinitrat) oder Cellulosenitrat (Schießbaumwolle).

Salpetersäure (↗ S. 198), eine der stärksten anorganischen Säuren, wird hauptsächlich zur Herstellung von **Stickstoffdüngemitteln,** z. B. Ammoniumnitrat oder Kalkammonsalpeter, verwendet.
Etwa 10–15 % der Säure nutzt man zur Erzeugung organischer Verbindungen wie Fasern oder Kunststoffen, zur Herstellung von **Sprengstoffen** oder als Ätzmittel für Metalle.

Die Erzeugung von Salpetersäure ist ein kontinuierlicher Prozess, der in drei Teilschritten abläuft:
1. katalytische Oxidation von Ammoniak zu Stickstoffmonooxid
2. Weiteroxidation mit Luft zu Stickstoffdioxid
3. Absorption von Stickstoffdioxid in Wasser und Reaktion zu Salpetersäure

Ablauf der Salpetersäureherstellung:

Die nach diesem Prozess hergestellte Salpetersäure hat einen Gehalt von 60–65 %. Das ist für die meisten Anwendungen ausreichend. Für die Herstellung von Sprengstoffen benötigt man jedoch 95 %ige Salpetersäure.

Abschnitt	Vorgänge
Zuleitung ①	– Mischen von Ammoniak und Luft im Verhältnis 1:10 – Einleiten in einen Verbrennungsofen (Kontaktofen)
Kontaktofen ②	– Oxidation von Ammoniak mit Luft zu Stickstoffmonooxid am Katalysator (Platin-Netze) – kurze Verweilzeit am Katalysator verhindert den Zerfall des gebildeten Stickstoffmonooxids
Abhitzekessel ③	– Nutzung der entstehenden Wärme im nachgeschalteten Abhitzekessel zur Erzeugung von Wasserdampf – Gasgemisch kühlt sich schnell ab, sodass es nicht in Stickstoff und Sauerstoff zerfallen kann
Oxidationsturm ④	– Reaktion des gebildeten Stickstoffmonooxids mit dem Sauerstoff der zugeführten Luft zu Stickstoffdioxid
Absorptionskolonne ⑤	– Umsetzung des Stickstoffdioxids mit Wasser im Gegenstrom zu Salpetersäure – gleichzeitige Oxidation des sich erneut bildenden Stickstoffmonooxids mit Sauerstoff zu Stickstoffdioxid, welches wieder mit Wasser reagiert
Austritt des Restgases ⑥	– Restgas enthält 95–97 % Stickstoff, 2–4 % Sauerstoff, 1 % Edelgase und bis zu 0,05 % Stickstoffoxide; wird gereinigt

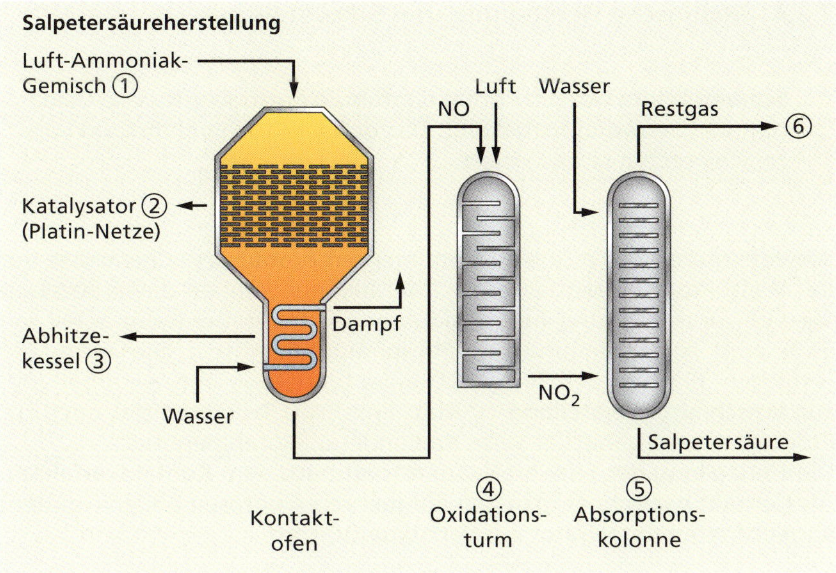

Die **Salpetersäureherstellung** wird auch als OSTWALD-Verfahren bezeichnet. Das Verfahren wurde von dem deutschen Chemiker **WILHELM FRIEDRICH OSTWALD** (1853 bis 1932) entwickelt.

Chemische Reaktionen bei der Salpetersäureherstellung:

Ausgangsstoffe:
Ammoniak, Luft, Wasser

Reaktionsprodukte:
Salpetersäure, Restgas

Bedingungen im Kontaktofen:
Reaktionstemperatur = 850–950 °C
Druck = 0,3–1,5 MPa
Katalysator: Platin (zum Teil mit Rhodium)
Kontaktzeit am Katalysator: 0,0002–0,001 s

Reaktionsgleichungen:
im Kontaktofen ②
Hauptreaktion (läuft zu 95–97 % ab)

$$4\,NH_3 + 5\,O_2 \longrightarrow 4\,NO + 6\,H_2O \qquad Q = -904\ kJ/mol$$

Nebenreaktion (läuft zu 3–5% ab)

$$4\,NH_3 + 3\,O_2 \longrightarrow 2\,N_2 + 6\,H_2O \qquad Q = -1\,268\ kJ/mol$$

im Oxidationsturm ④

$$2\,NO + O_2 \longrightarrow 2\,NO_2 \qquad Q = -116\ kJ/mol$$

in der Absorptionskolonne ⑤

$$3\,NO_2 + H_2O \longrightarrow 2\,HNO_3 + NO \qquad Q = -73\ kJ/mol$$

Das Stickstoffmonooxid reagiert sofort mit überschüssigem Sauerstoff zu Stickstoffdioxid, das anschließend wieder mit Wasser zu Salpetersäure umgesetzt wird.

Das Restgas der Salpetersäureherstellung enthält Stickstoffoxide NO_x. Durch **Abgasreinigung** wird der Gehalt an umweltschädlichen NO_x minimiert.

7.2.4 Technische Herstellung von Schwefelsäure

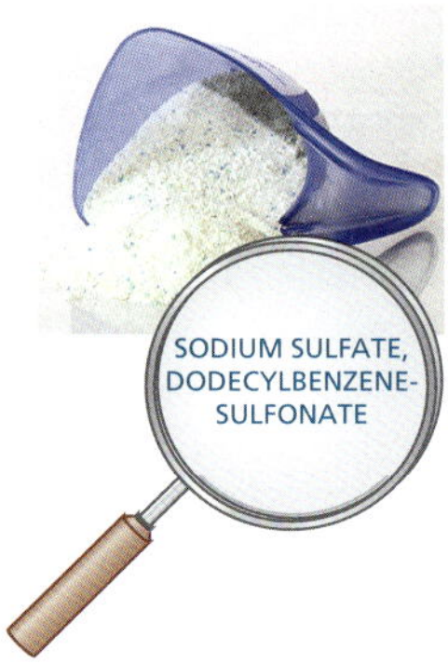

Schwefelsäure wird im Kontaktverfahren durch schrittweise Oxidation von Schwefel hergestellt. Das gebildete Schwefeltrioxid wird zu Schwefelsäure absorbiert.

Schwefelsäure (↗S. 215) ist die am meisten produzierte Chemikalie auf der Welt. Pro Jahr werden etwa 150 Millionen Tonnen davon erzeugt. Sie wird zur Herstellung vieler Produkte verwendet. Der Hauptanteil von 65 % wird zur Erzeugung von Phosphatdüngemitteln gebraucht. Die restlichen 35 % werden für die Metallaufbereitung und -verarbeitung, zur **Waschmittelherstellung** (↗Abb. links), als Trockenmittel oder zur Produktion anorganischer Salze und anderer Säuren benötigt.
Die Herstellung der Schwefelsäure erfolgt nach dem **Kontaktverfahren.** Als Kontakt bezeichnet man den auf mehreren porösen Böden (Horden) angeordneten Katalysator aus Vanadium(V)-oxid.

Auch bei Schwefelsäure bekommt das Recycling verunreinigter Säure zunehmende Bedeutung. Damit spart man die Entsorgung des Säureabfalls.

Das Kontaktverfahren verläuft kontinuierlich in drei Teilschritten:
1. Gewinnung von Schwefeldioxid aus Schwefel
2. Katalytische Oxidation des Schwefeldioxids zu Schwefeltrioxid
3. Absorption des Schwefeltrioxids zu Schwefelsäure
   Wegen der sehr heftigen Reaktion des Schwefeltrioxids mit Wasser wird das Gas nicht in Wasser, sondern in 96%ige Schwefelsäure eingeleitet und die entstehende 100%ige Säure danach kontinuierlich mit Wasser wieder verdünnt.

Schwefelsäuresynthese

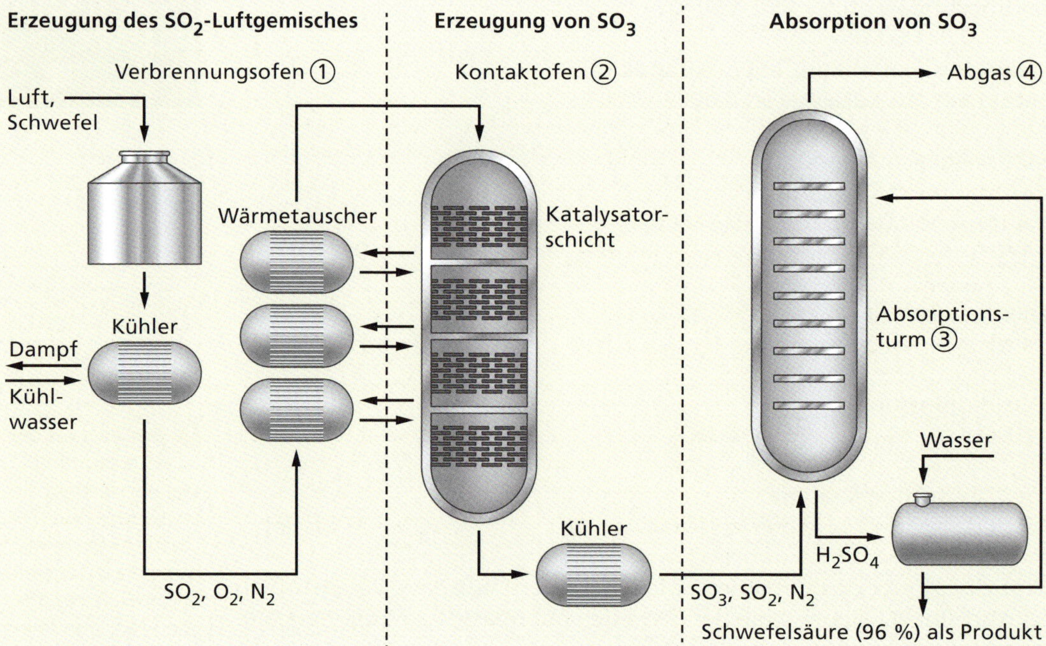

Ablauf der Schwefelsäureherstellung:

Abschnitt	Vorgänge
Verbrennungsofen ①	– Oxidation (Verbrennung) von elementarem Schwefel mit Luft zu Schwefeldioxid
Luftzufuhr ②	– katalytische Oxidation von Schwefeldioxid zu Schwefeltrioxid – Gleichgewichtsreaktion bei 420–450 °C (günstigste Bedingung für den Katalysator) – Katalysator: Vanadium(V)-oxid mit Zusätzen – die bei der exothermen Reaktion frei werdende Wärme beeinflusst die Ausbeute an Schwefeltrioxid negativ, Wärmeüberschuss wird durch Zwischenkühlung abgeführt
Absorptionsturm ③	– Einleitung des Schwefeltrioxids in 96 %ige Schwefelsäure und Absorption – Herstellen der gewünschten Konzentration (96–99 %) durch Versetzen der 100%igen Schwefelsäure mit verdünnter Schwefelsäure
Abgasreinigung ④	– Senkung des Schwefeldioxidgehaltes im Abgas (enthält mehr als 90 % Stickstoff, etwas Sauerstoff, weniger als 0,1 % Schwefeldioxid) auf unter 0,05 %

In einigen Ländern der Erde finden sich **Schwefellagerstätten,** in welchen elementarer Schwefel abgebaut wird. Heutzutage nimmt die Gewinnung von Schwefel durch Entschwefelung von Erdöl und Erdgas immer mehr zu. Durch das **Rösten sulfidischer Erze** oder Recycling verunreinigter Abfallschwefelsäure kann Schwefeldioxid ebenfalls hergestellt werden.

Chemische Reaktionen bei der Schwefelsäureherstellung:

Ausgangsstoffe:
Schwefel, Luft, Wasser

Reaktionsprodukte:
Schwefelsäure, Abgas

Bedingungen im Kontaktofen:
Reaktionstemperatur = 420–450 °C, Normaldruck
Katalysator: Vanadium(V)-oxid mit Zusätzen

Reaktionsgleichungen:
im Verbrennungsofen ①

$$S + O_2 \longrightarrow SO_2 \qquad Q = -297\ \text{kJ/mol}$$

im Kontaktofen ②

$$2\,SO_2 + O_2 \longrightarrow 2\,SO_3 \qquad Q = -99\ \text{kJ/mol}$$

im SO_3-Absorptionsturm (vereinfacht) ③

$$SO_3 + H_2O \longrightarrow H_2SO_4$$

Das Verdünnen der 100%igen Schwefelsäure erfolgt mit verdünnter Schwefelsäure von 100 % auf etwa 96 %.

In modernen Anlagen erfolgt die **technische Herstellung von Schwefelsäure** im Doppelkontaktverfahren. Dabei absorbiert man das Schwefeltrioxid nach dem Katalysatorkontakt und leitet das verbliebene Gasgemisch nochmals über eine weitere Katalysatorschicht. Dadurch wird der Umsatz von 98 % auf mehr als 99,8 % gesteigert und die **Abgasreinigung** vereinfacht.

7.2.5 Technische Herstellung von Branntkalk

Durch thermische Zersetzung von Calciumcarbonat (Kalk), dem sogenannten **Kalkbrennen,** wird technisch **Calciumoxid (Branntkalk)** gewonnen. Branntkalk reagiert beim Kalklöschen mit Wasser zu **Calciumhydroxid (Löschkalk).**

Calciumcarbonat kommt in vielfältigen Variationen auf der Erde vor. Kalkspat (Calcit) kann als Doppelspat aus kristallinem Calciumcarbonat bestehen. **Kalkstein** ist ein gebirgsbildendes Mineral. Zwei Formen sind Marmor und Kreide. Kalktuff entsteht aus kalkhaltigem Wasser unter Beteiligung von Pflanzen. Das Gestein wird auch Travertin genannt.

Calciumoxid CaO (↗S. 208) wird als Ätzkalk, gebrannter Kalk, Branntkalk oder Luftkalk bezeichnet.
Man verwendet Branntkalk als Ausgangsmaterial für die Calciumcarbidsynthese, in der Metallverhüttung als basischen Zuschlag, in der Zucker- und Zellstoffindustrie, zur Abwasserreinigung oder zur Herstellung von Glas und Soda. Die Bauindustrie stellt aus gebranntem Kalk durch Zugabe von Sand und Wasser Kalkmörtel her.
Die chemische Reaktion des Branntkalks mit Wasser wird als Löschen bezeichnet. Es entsteht Calciumhydroxid $Ca(OH)_2$ das als Löschkalk bezeichnet wird.

Als Ausgangsstoff für die Erzeugung von Calciumoxid wird reines Calciumcarbonat verwendet, das in der Natur als Kalkstein (↗S. 188) vorkommt.
Das Brennen ist eine thermische Zersetzung des Calciumcarbonats bei Temperaturen von 900–1 000 °C.
Der Brennvorgang findet als kontinuierlicher Prozess in einem **Schachtofen,** dem Kalkschachtofen, statt.

Die zur Zersetzung des Calciumcarbonats erforderliche Wärme wird durch Verbrennung von Koks erzeugt. Zum Kalkbrennen von 1 Tonne Calciumcarbonat sind etwa 1 750 MJ Energie erforderlich.

Kalkbrennen

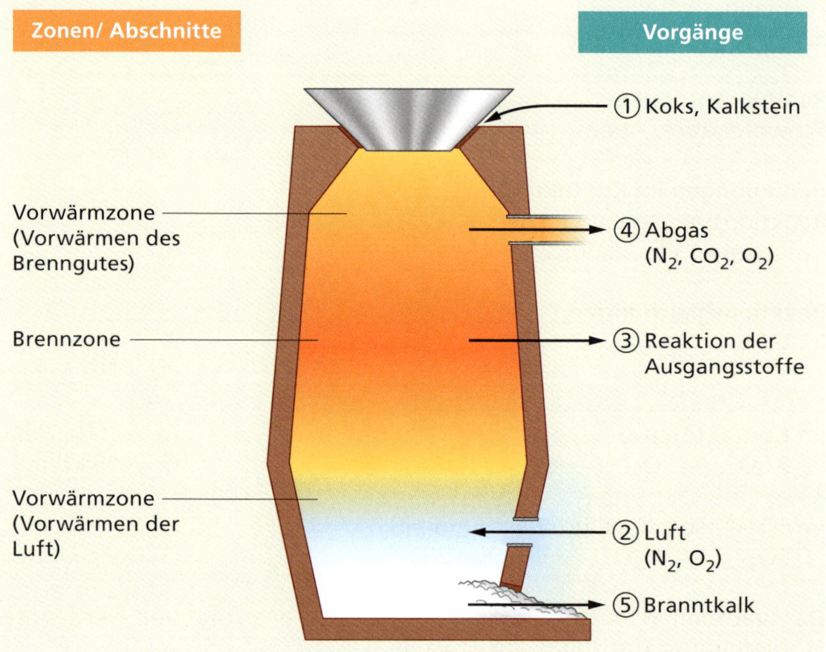

Ablauf des Kalkbrennens:

Abschnitt	Vorgänge
Zufuhr der Ausgangsstoffe ①	– Kalkstein (Calciumcarbonat) und Koks werden periodisch von oben in den Schachtofen gegeben – Erhitzen des Brennguts in der Vorwärmzone durch aufsteigendes Abgas
Luftzufuhr ②	– Einblasen von Luft von unten in den Ofen, die sich beim Aufsteigen erwärmt
Brennzone ③	– Koks (Kohlenstoff) reagiert mit Luftsauerstoff – die erforderliche Reaktionstemperatur von 1 000 °C wird erreicht – Calciumcarbonat wird thermisch zu Calciumoxid und Kohlenstoffdioxid zersetzt
Austritt des Abgases ④	– austretendes Abgas besteht aus Stickstoff, nicht umgesetztem Sauerstoff und dem Reaktionsprodukt Kohlenstoffdioxid
Entnahme des Produkts ⑤	– das Hauptprodukt Calciumoxid (Branntkalk) wird am unteren Ende des Ofens periodisch entnommen

Kalkstein wird seit Jahrtausenden als Baumaterial benutzt, hier in Hagar Qim auf Malta.

Chemische Reaktionen beim Kalkbrennen:

Ausgangsstoffe:
Calciumcarbonat, Koks, Luft

Reaktionsprodukte:
Branntkalk, Abgase (Stickstoff, Sauerstoff, Kohlenstoffdioxid)

Bedingungen im Schachtofen:
Reaktionstemperatur: 1 000 °C

Reaktionsgleichungen:

in der Brennzone ③
Reaktion von Koks mit Luftsauerstoff

$$C + O_2 \longrightarrow CO_2 \qquad Q = -393\ \text{kJ/mol}$$

thermisches Zersetzen von Kalkstein

$$CaCO_3 \longrightarrow CaO + CO_2 \qquad Q = +181\ \text{kJ/mol}$$

Beim Verarbeiten zu Löschkalk wird der Branntkalk mit Wasser versetzt (Kalklöschen). Es bildet sich Calciumhydroxid.

$$CaO + H_2O \longrightarrow Ca(OH)_2 \qquad Q = -64\ \text{kJ/mol}$$

Das Calciumhydroxid reagiert mit dem Kohlenstoffdioxid der Luft wieder zu Calciumcarbonat. Dadurch wird der Kalkmörtel fest (Abbinden).

Das **Kalkbrennen** und das Abbinden von Kalkmörtel ist ein Kohlenstoffdioxidkreislauf. Allerdings wird beim Kalkbrennen mehr Kohlenstoffdioxid freigesetzt als dann vom Mörtel wieder gebunden wird, da man auch die CO_2-Emission des Brennstoffs einrechnen muss.

7.2.6 Wichtige Baustoffe und ihre Herstellung

Baustoffe sind alle Materialien, aus denen Bauwerke entstehen. Das können Metalle und deren Legierungen, Steine, Stoffgemische wie Zement und Beton, Glas oder auch pflanzliche Materialien wie Holz sein.

Für Wohnhäuser und Industriebauten werden die vielfältigsten Baumaterialien verwendet. Jeder **Baustoff** hat bestimmte wünschenswerte, aber auch nachteilige Eigenschaften.

▶ **Beton** ist der weltweit am meisten genutzte **Baustoff.** Pro Jahr werden weltweit mehr als 2 Mrd. Tonnen Zement zu Beton verarbeitet.

Beton wird aus **Zement,** Sand und Wasser hergestellt. Das flüssige Gemisch kann in beliebige Formen gegossen werden. Beton härtet durch die Reaktion der Inhaltsstoffe des Zements mit Wasser auch unter Luftabschluss aus. Der Baustoff ist sehr druckfest und gegen Witterungseinflüsse beständig.

Ziegel werden aus Lehm, Sand, Wasser und Zusatzstoffen hergestellt. Auch dieses Baumaterial besitzt eine gute Druckfestigkeit und kann zudem durch enthaltene Poren Gase und Wasserdampf austauschen. Klinker werden bei hoher Temperatur gebrannt und sind sehr hart und witterungsbeständig.

▶ Durch geeignete Zusätze können die Eigenschaften von **Glas** gezielt beeinflusst werden. Dadurch sind vielfältige Anwendungen von **Spezialgläsern,** z. B. für Laborgeräte oder als optische Gläser, möglich.

Glas stellt man aus Quarzsand mit Kalk, Soda und anderen Zusatzstoffen her. Es ist lichtdurchlässig, lässt sich in geschmolzenem Zustand in jede beliebige Form bringen und mit Metalloxiden einfärben (↗ S. 210). Ein großer Nachteil ist die Sprödigkeit von Glas, es zerbricht sehr schnell.

Andere **keramische Baustoffe** (Fliesen) entstehen aus Tonmineralien mit verschiedenen Zusätzen. Ihre Eigenschaften ähneln denen von Ziegeln. Synthetisch hergestellte Hochleistungskeramiken (Carbide, ↗ S. 195) werden dagegen nur selten als Baustoffe eingesetzt.

Wichtige mineralische Baustoffe			
Name (Zusammensetzung)	**Rohstoffe/ Vorkommen**	**Verwendung**	**Herstellung**
Gips (Calciumsulfat und gebundenes Kristallwasser)	im Gestein als Gipsstein, Alabaster, Marienglas	**Baugips:** Stuck, Verbände, Gipskartonplatten, Estrich für Fußböden	– Brennen von Gipsgestein (Abspaltung des Kristallwassers) – bei 200 °C entsteht **Stuckgips** ($CaSO_4 \cdot 0{,}5\ H_2O$; Halbhydrat) – bei 800–1 000 °C entsteht Estrichgips ($CaSO_4$; Anhydrit) – Abbinden (Das Kristallwasser lagert sich wieder an.)
Kalkmörtel (Löschkalk und Sand)	Calciumhydroxid aus gelöschtem Branntkalk, Wasser, Sand	Verbinden von Mauersteinen, Verputzen von Wänden (härtet nur an der Luft)	– Löschkalk (Calciumhydroxid) wird mit Wasser versetzt – Sand dient als Füllstoff – reagiert mit Kohlenstoffdioxid der Luft zu Calciumcarbonat, wird dabei fest (Abbinden)
Zement (Calciumsilicate und Calciumaluminate)	Calciumcarbonat (Kalkstein) und Ton	als steinähnliches Material; härtet auch unter Wasser	– Brennen von Kalkstein und Ton zusammen bei 1 500 °C im Drehrohrofen – Mahlen des entstehenden Klinkers – Vermischen mit Wasser zu Zementmörtel
Beton (Zementmörtel, grober Kies oder Steinsplitt)	Zement, Wasser, Sand, Kies oder Schotter	Baustoff für Häuser und Straßen, **Stahlbeton** mit Stahlelementen	– **Zementmörtel** wird durch Mischen von Zement, Wasser und Sand hergestellt – Zugabe der Füllstoffe – für Stahlbeton: Einbetten von Eisenstäben oder -gittern, gibt dem spröden Beton Biegefestigkeit
Ziegel (Alumosilicate, Eisenoxide)	Ton, Lehm, Hochofenschlacke, Zusätze	Mauer- und Dachziegel, Klinker	– Mischen der Komponenten mit Wasser – Formen der Rohlinge – Brennen bei 1 000–1 500 °C
Baukeramik (Alumosilicate, Quarz)	Ton, Feldspat, Kaolin, Quarz, Zusätze	Dränagerohre, Fliesen	– Mischen der Komponenten mit Wasser – Formen der Rohlinge – Brennen bei 900–1 300 °C
Glas Normalglas (Natrium und Calciumsilicate)	Sand (Siliciumdioxid), Kalk (Calciumcarbonat) und Soda (Natriumcarbonat)	**Normalglas** als Fensterglas oder Flaschenglas, **Spezialglas,** z. B. Bleikristall, Laborglas, optisches Glas	– Zusammenschmelzen von Sand, Kalk und Soda bei 1 200–1 650 °C – beim Abkühlen entsteht eine nichtkristalline (amorphe), durchsichtige Struktur – Färbungen durch Zusatz von Metalloxiden – Spezialgläser durch Zusätze

7.2.7 Elektrochemische Prozesse

Herstellung von Chlor und Natronlauge durch Chloralkali-Elektrolyse

Beim **Membranverfahren der Chloralkali-Elektrolyse** wird eine wässrige Natriumchloridlösung elektrolysiert. Dabei entstehen an den Elektroden die Hauptprodukte Chlor und Natronlauge.

Es existieren mehrere **Varianten der Chloralkali-Elektrolyse.** Neben dem Membranverfahren werden noch das Diaphragma- und das Amalgam-Verfahren betrieben.

Sowohl **Chlor** (↗S. 216) als auch **Natronlauge** (Natriumhydroxidlösung, ↗S. 106) werden vielfältig genutzt. 75–80% des erzeugten Chlors dienen zur Herstellung organischer Verbindungen, z. B. Polyvinylchlorid. Die restlichen 20–25 % setzt man u. a. zum Bleichen von Zellstoff oder zur Desinfektion von Wasser ein.
Natronlauge wird als Neutralisationsmittel, in der Zellstoff- und Papierindustrie, bei der Aluminiumherstellung aus Bauxit sowie für Waschmittel und Seifen gebraucht.
Das Membranverfahren ist das modernste Verfahren der Chloralkali-Elektrolyse. Durch Zufuhr elektrischer Energie zu einer wässrigen Natriumchloridlösung entstehen Chlor und Natronlauge gleichzeitig. Wasserstoff bildet sich als Nebenprodukt. Die an den Elektroden stattfindenden Redoxreaktionen werden durch den elektrischen Strom bewirkt. Die Zellspannung beträgt dabei 3 bis 4 Volt.
Eine gasdichte, aber kationendurchlässige Membran trennt beim Membranverfahren Anoden- und Katodenraum. Dies verhindert das Vermischen von Chlor und Wasserstoff. Die beiden Gase bilden miteinander ein Chlor-Knallgasgemisch, das schon durch normale Lichteinwirkung explosionsartig miteinander reagiert.

Membranverfahren

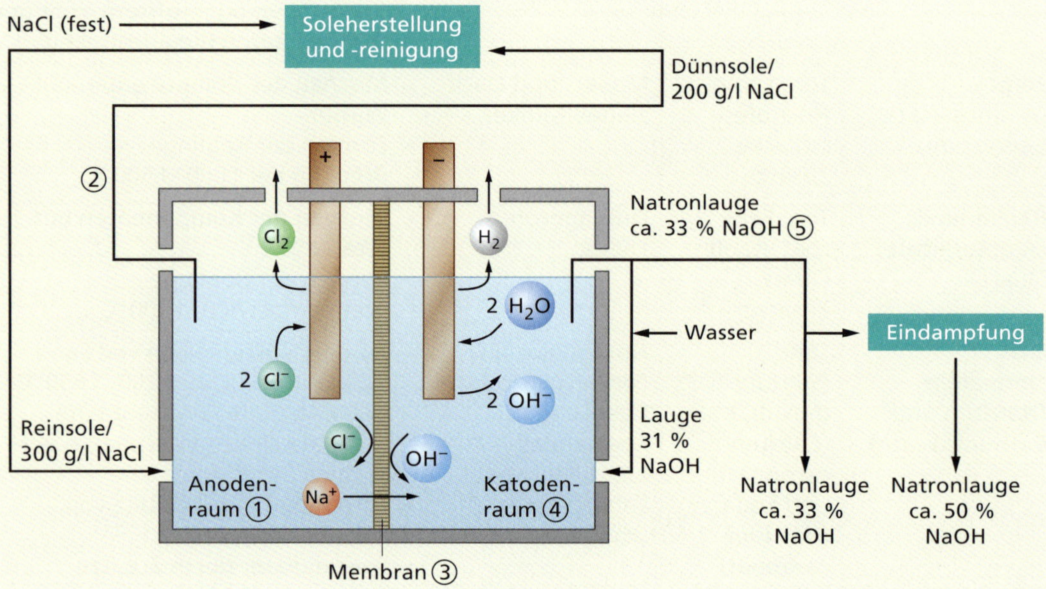

Ablauf des Membranverfahrens:

Abschnitt	Vorgänge
Anodenraum ①	– kontinuierlicher Zufluss von konzentrierter Natriumchloridlösung (Reinsole) – Oxidation der Chlorid-Ionen an der Anode aus beschichtetem Titan – Ableiten des gasförmigen Chlors im oberen Bereich des Anodenraums
Dünnsole-Abfluss ②	– Zuführung der verdünnten Natriumchloridlösung (Dünnsole) zur Sole-Aufsättigung – Herstellen der ursprünglichen Konzentration durch Zugabe von festem Natriumchlorid
Membran ③	– Natrium-Ionen wandern vom Anodenraum durch die selektive Membran in den Katodenraum
Katodenraum ④	– kontinuierlicher Wasserzufluss – Reduktion der Wassermoleküle an der Katode aus Stahl zu Wasserstoffmolekülen und Hydroxid-Ionen – Ableiten des gasförmigen Wasserstoffs im oberen Bereich des Katodenraums – Hydroxid-Ionen (aus Wassermolekülen) bilden mit eingewanderten Natrium-Ionen Natriumhydroxidlösung
Natronlauge-Abfluss ⑤	– kontinuierliche Entnahme der Natriumhydroxidlösung (Natronlauge)

Die Chlorid-Ionen werden nur teilweise an der Anode oxidiert. Der andere Teil wird mit der Dünnsole dem Prozess wieder zugeführt.

Chemische Reaktionen beim Membranverfahren:

Ausgangsstoffe:
festes Natriumchlorid, Wasser

Reaktionsprodukte:
Chlor, Natronlauge (bis 33 %ige Natriumhydroxidlösung), Wasserstoff

Chemische Reaktionen:
Anode:

$$2\,Cl^- \longrightarrow Cl_2\uparrow + 2\,e^-$$

Katode:

$$2\,H_2O + 2\,e^- \longrightarrow H_2\uparrow + 2\,OH^-$$
$$Na^+ + OH^- \longrightarrow NaOH$$

Beim Membranverfahren erhält man sehr reine, bis zu 33 %ige Natronlauge. Durch anschließendes Eindampfen kann man die Natronlauge bis auf einen NaOH-Gehalt von 50 % aufkonzentrieren.

Elektrolyseprozesse sind sehr energieaufwendig. Allein für die Chloralkali-Elektrolyse werden etwa 2 % der in Deutschland erzeugten Elektroenergie benötigt. Andere Verfahren zur Chlorherstellung wären aber kaum weniger energieintensiv und außerdem viel teurer.

Gewinnung von Aluminium durch Schmelzflusselektrolyse

> Aluminium wird mittels **Schmelzflusselektrolyse** hergestellt. Aus dem Rohstoff Bauxit gewinnt man Aluminiumoxid. Dieses wird durch elektrischen Strom zu Aluminium reduziert.

Nach Eisen ist **Aluminium** (↗ S. 87) das zweitwichtigste technische Metall. Der größte Teil dieses Leichtmetalls, etwa 40 %, wird im Fahrzeug- und Flugzeugbau verwendet. 20–25 % werden für das Bauwesen benötigt und die restliche Menge im Maschinenbau, in der Verpackungsindustrie und in der Elektrotechnik.
Die Aluminiumgewinnung erfolgt in zwei Stufen:

▶ Aluminiumlegierungen mit Magnesium, Silicium und weiteren Metallen zeichnen sich durch hohe Festigkeit und Korrosionsbeständigkeit aus.

Erste Stufe:
Reines Aluminiumoxid wird aus dem Rohstoff Bauxit gewonnen. Mittels Natronlauge kann Aluminiumhydroxid $Al(OH)_3$ aus dem Bauxit herausgelöst werden. Die Begleitstoffe, verschiedene Eisenoxide und Siliciumdioxid, sind unlöslich und bleiben zurück.
Danach muss Aluminiumhydroxid aus der Lösung ausgefällt werden. Durch Entwässerung und Trocknung des Hydroxids entsteht reines Aluminiumoxid Al_2O_3.

Zweite Stufe:
Aluminium ist ein sehr unedles Metall. Deshalb gewinnt man es durch Elektrolyse aus einer Schmelze von Aluminiumoxid mit Kryolith Na_3AlF_6 (↗ Abb.). Wegen des hohen Energieverbrauchs wird Aluminium hauptsächlich in Ländern wie Norwegen produziert, die billige Elektroenergie aus Wasserkraftwerken nutzen können.

Schmelzflusselektrolyse

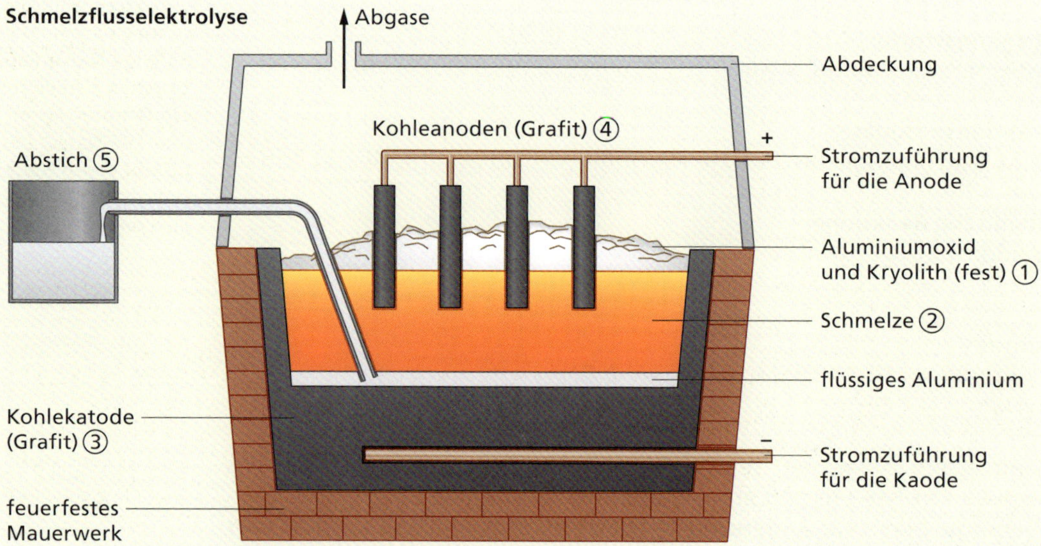

Ablauf der Schmelzflusselektrolyse:

Abschnitt	Vorgänge
Zufuhr der Ausgangsstoffe ①	– der Schmelzpunkt des reinen Oxids liegt bei über 2 000 °C, daher löst man 5–10 % Aluminiumoxid in einem geschmolzenen Gemisch von Kryolith Na_3AlF_6 und anderen Salzen bei 950 °C – Aluminiumoxid wird periodisch zugeführt
Schmelze ②	– Elektrolyse bei 950–1 000 °C und einer Zellspannung von etwa 5 Volt – formal betrachtet liegt Aluminiumoxid in dieser Schmelze in Form von Aluminium-Ionen Al^{3+} und Oxid-Ionen O^{2-} vor
Katode ③	– Reduktion der Aluminium-Ionen zu Aluminium – Katode aus Kohlenstoff in Form von Grafit, welcher mit einer Stromzuführung verbunden ist
Anode ④	– Oxidation der „Oxid-Ionen“ zu Sauerstoff an einer Anode aus Kohlenstoff (mehrere Grafitstäbe tauchen in die Schmelze ein) – sofortige Reaktion des gebildeten Sauerstoffs mit Kohlenstoff zu Kohlenstoffmonooxid und weiter zu Kohlenstoffdioxid – die entstehenden Abgase entweichen oben aus der Schmelze und werden gereinigt
Abstich ⑤	– Ansammlung des gebildeten Aluminiums (Schmelzpunkt 660 °C) unter der Schmelze – periodischer Abstich erfolgt

Aus einer wässrigen Lösung lässt sich Aluminium mittels Elektrolyse nicht abscheiden, da Wasserstoff sich leichter als Aluminium an der Katode bildet. Deshalb erfolgt die Elektrolyse aus der Schmelze. Für die energieaufwendige **Schmelzflusselektrolyse** werden in Deutschland mehr als 2 % der jährlich erzeugten Elektroenergie aufgewendet.

Chemische Reaktionen bei der Schmelzflusselektrolyse:

Ausgangsstoffe:
Aluminiumoxid (aus Bauxit)

Reaktionsprodukte:
Aluminium, Abgas (Kohlenstoffdioxid und Kohlenstoffmonooxid)

Chemische Reaktionen:
Anode:

$$3\,O^{2-} + 2\,C \longrightarrow CO + CO_2 + 6\,e^-$$

Katode:

$$2\,Al^{3+} + 6\,e^- \longrightarrow 2\,Al$$

Eine wirtschaftliche Alternative zur Schmelzflusselektrolyse ist das **Aluminiumrecycling**. Für das Trennen und Einschmelzen von Aluminiumschrott braucht man nur 10 % der Energie. Dabei entfallen die Energiekosten für die Gewinnung von Aluminiumoxid. Zudem schmilzt Aluminium bei 660 °C, sodass bei Temperaturen unter 700 °C gearbeitet werden kann.

Auch für Verpackungen, z. B. Getränkedosen, wird Aluminium verwendet. Durch Recycling kann das Aluminium wieder aufbereitet werden.

7.3 Prozesse zur Gewinnung organischer Stoffe

7.3.1 Grundlagen

Große Erdöllagerstätten finden sich in Russland, in den USA, in Mexiko, in Afrika, am Persischen Golf, am Kaspischen Meer und in der Nordsee.

Fossile Rohstoffe sind aus abgestorbener Biomasse unter Einwirkung von Druck und Wärme darüberliegender Erdschichten entstanden. Sie sind Rohstoffbasis für die meisten organischen Produkte.

Bei fossilen Rohstoffen handelt es sich um komplexe Gemische kohlenstoffhaltiger organischer Verbindungen, welche auch die Elemente Sauerstoff, Schwefel oder Stickstoff enthalten können.

elementare Zusammensetzung fossiler Rohstoffe in %

Rohstoff	C	H	O	S	N
Steinkohle	85–90	5	3–7	1–2	1
Braunkohle	65–70	5–8	15–30	1–3	1
Erdöl	85–90	10–14	0–2	0,1–7	1
Erdgas	55–80	20–25	0	0–25	0

Erdöl hat sich innerhalb von über 10 Millionen Jahren aus abgestorbenen Kleinlebewesen gebildet. Die Weltvorräte an förderbarem Erdöl wurden 2018 auf ungefähr $2{,}4 \cdot 10^{11}$ Tonnen geschätzt.

Diese Rohstoffe werden zu etwa 90 % für die Energieerzeugung und zu 10 % für die Gewinnung organischer Grundchemikalien verwendet. Bei der Verbrennung zur Energieerzeugung entsteht neben Wasserdampf Kohlenstoffdioxid, das zum Treibhauseffekt beiträgt. Auch die Schadstoffe Schwefeldioxid und Stickstoffoxide werden freigesetzt.
Zur Gewinnung verschiedener Grundchemikalien, z.B. Methanol oder Ethen aus fossilen Rohstoffen, müssen die Gemische getrennt und chemisch umgewandelt werden.

Zwar sind die Vorräte an Kohle größer als die an Erdöl und Erdgas, aber es ist in den meisten Fällen viel einfacher, die Grundstoffe, z.B. Alkane, Alkene, Aromaten und Treibstoffe, aus Erdöl- und Erdgas zu gewinnen. Gemessen am derzeitigen Verbrauch reichen die bekannten Kohlevorräte noch etwa 150 Jahre, die Erdöl- und Erdgasvorräte ca. 40 Jahre.
Wegen der begrenzten Vorräte, aber auch wegen der Umweltschäden, die durch die Verbrennung fossiler Rohstoffe verursacht werden (↗ S. 337 ff.), muss sparsam mit ihnen umgegangen werden.

7.3.2 Kohleveredlung

Durch **Kohleveredlung** werden aus Kohle hochwertige Brennstoffe (Koks, Stadtgas) und wichtige Grundchemikalien, z. B. aromatische Verbindungen, gewonnen. Es gibt drei wichtige Verfahren der Kohleveredlung: die Kohleentgasung, die Kohlehydrierung und die Synthesegaserzeugung.

Zur Gewinnung hochwertiger Produkte aus dem Rohstoff Kohle müssen Steinkohle und Braunkohle chemischen Umwandlungen unterzogen werden. Dazu wurden verschiedene Veredlungsverfahren entwickelt.

1. Bei der **Kohleentgasung** (Verkokung, Schwelung) wird Kohle unter Luftabschluss auf hohe Temperaturen bis zu 1400 °C erhitzt. Dabei werden flüchtige Bestandteile (Teer, Aromaten, Gase) abgespalten. Es bleibt Koks als hochwertiger Brennstoff zurück.
   Die Kohleentgasung dient insbesondere der Gewinnung von Koks für den Hochofenprozess. Der anfallende Teer enthält viele Stoffe, von denen einige als Grundchemikalien daraus gewonnen werden.

2. Bei der **Kohlehydrierung** wird Kohle unter hohem Druck bei 400–500 °C mit Wasserstoff zu flüssigen Kohlenwasserstoffen (Benzin, Öle) umgesetzt.

3. Bei der **Synthesegaserzeugung** (Kohlevergasung) setzt man Kohle (auch Heizöl oder Erdgas) mit Luft oder reinem Sauerstoff und Wasserdampf nach folgenden formalen Reaktionen um.

$$2\,C + O_2 \longrightarrow 2\,CO \qquad Q = -220\ \text{kJ/mol}$$
$$C + H_2O \longrightarrow CO + H_2 \qquad Q = +132\ \text{kJ/mol}$$

   Dabei werden häufig die exotherme Reaktion mit Sauerstoff und die endotherme mit Wasserdampf miteinander gekoppelt.
   Das Gasgemisch aus Wasserstoff und Kohlenstoffmonooxid dient beispielsweise als Synthesegas für die Herstellung von Methanol.

Die Kohleveredlungsverfahren lieferten bis Mitte des 20. Jahrhunderts viele Ausgangsstoffe für die chemische Industrie. Erst ab etwa 1950 setzte sich die Petrochemie durch, weil sich die Chemikalien aus Erdöl und Erdgas billiger herstellen lassen.
Die Verkokung zur Gewinnung von Koks für den Hochofenprozess und die Erzeugung von Synthesegas werden aber nach wie vor industriell betrieben.

Kohle ist kein reiner Kohlenstoff, sondern hat eine hochpolymere Molekülstruktur, die hauptsächlich aus Kohlenstoff-, Wasserstoff- und Sauerstoffatomen besteht. Kohle enthält auch mineralische Bestandteile.

Teer war anfangs ein unerwünschtes Nebenprodukt der Verkokung. Nach der Entdeckung, dass man aus Teer Aromaten und **Phenol** (↗ S. 243) zur Synthese von Farbstoffen gewinnen kann, wurde Teer ein begehrtes Produkt.

7.3.3 Aufarbeitung von Erdöl

> **Erdöl** ist ein sehr komplexes Gemisch verschiedenster kettenförmiger, ringförmiger und aromatischer Kohlenwasserstoffe.

Im **Erdöl** können Verbindungen mit einer Kettenlänge ab vier Kohlenstoffatomen (Siedetemperatur < 20 °C) bis hin zu mehr als 50 Kohlenstoffatomen (Siedetemperatur > 500 °C) enthalten sein. Zusätzlich sind auch oft organische Moleküle mit Sauerstoff-, Stickstoff- und Schwefelatomen enthalten.

7

Die Zusammensetzung des Erdöls kann von Lagerstätte zu Lagerstätte je nach vorliegendem pflanzlichen und tierischen Material und den vorherrschenden Bildungsbedingungen stark variieren.
Die Verarbeitung des Erdöls erfolgt in einer **Raffinerie** in Stufen.
Rohöldestillation:
Dabei wird das Rohöl in Siedefraktionen getrennt.
Weiterverarbeitung:
Ziel ist dabei, die Mengenanteile der Siedefraktion zu ändern (Cracken) und ihre Qualität zu verbessern (Reforming, Entschwefeln).
Petrochemie:
Aus den verschiedenen Gemischen werden anschließend bestimmte Verbindungen, z. B. Aromaten und Olefine (Alkene), hergestellt und isoliert. Sie sind Rohstoffe für verschiedene Synthesen.

Rohöldestillation

> Ziel der **Rohöldestillation** ist es, das Erdöl, ein sehr uneinheitliches Gemisch verschiedener organischer Stoffe, in Fraktionen mit definierten Siedebereichen zu zerlegen. **Siedefraktionen** sind einheitlichere Gemische von Kohlenwasserstoffen mit ähnlichem Siedebereich.

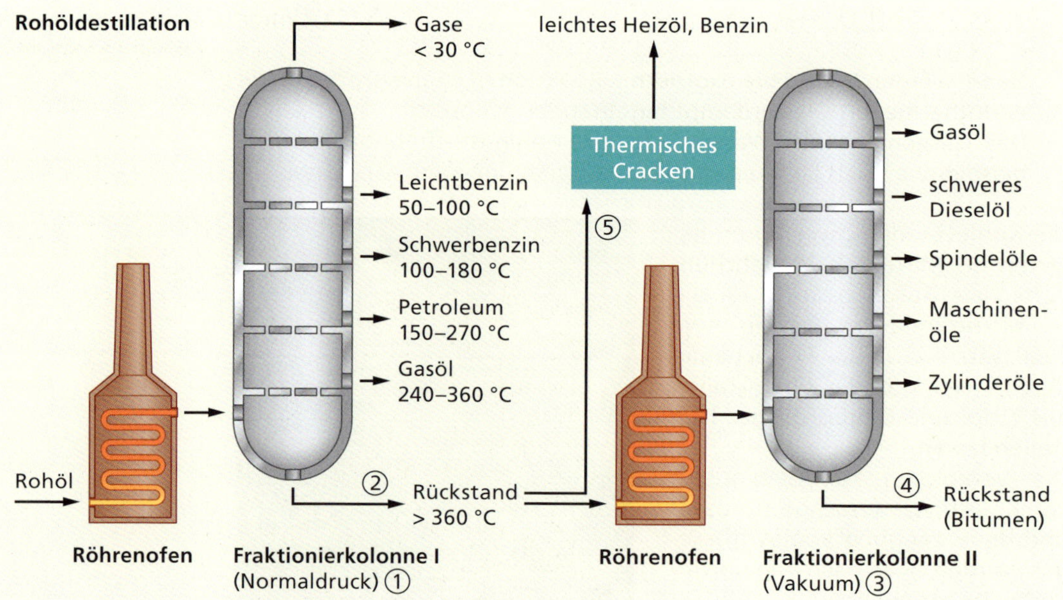

Ablauf der Rohöldestillation:

Abschnitt	Vorgänge
Fraktionier-kolonne I ①	– kontinuierliches Einleiten des erhitzten Rohöls in die Kolonne – Verdampfen der unter 360 °C siedenden Anteile bei Normaldruck – Abkühlung der Dämpfe bis zur Kondensation während des Aufsteigens – kontinuierliche Entnahme der einzelnen Fraktionen in verschiedenen Höhen der Kolonne
Entnahme des Rückstands ②	– Entnahme des über 360 °C siedenden Anteils des Rohöls als flüssiger Rückstand
Fraktionier-kolonne II ③	– Zerlegung des Rückstands im Vakuum (unter schonenden Bedingungen) in weitere Fraktionen (Ölfraktionen) – übrig bleibt Bitumen als Vakuumrückstand ④ (Bestandteile, die erst bei mehr als 500 °C sieden)
Cracken ⑤	– thermisches Cracken des flüssigen Rückstands als Alternative zur Vakuumfraktionierung – Gewinnung niedrig siedender Produkte nach Fraktionierung

Wegen der Vielzahl der Verbindungen im Rohöl und der dicht beieinander liegenden Siedetemperaturen ist es nicht möglich, einzelne Verbindungen wie Benzen direkt aus dem Rohöl zu gewinnen.

Ausgangsstoffe:
Rohöl

Produkte:

1. aus der Normaldruckdestillation (Fraktionierkolonne I)
   - Gasgemisch (< 30 °C) als Heiz- und Synthesegas
   - Leichtbenzin (50–100 °C) als Lösungsmittel
   - Schwerbenzin (100–180 °C) zur Kraftstoffherstellung (Benzin für Pkw)
   - Petroleum (150–270 °C) als Flugzeugbenzin (Kerosin)
   - Dieselöl, Gasöl (240–360 °C) als Dieselkraftstoff, Heizöl
2. aus der Vakuumdestillation (Fraktionierkolonne II)
   - Gasöl
   - Dieselöl als Heizöl
   - schweres Heizöl
   - Maschinen- und Schmieröl
   - Bitumen zur Asphalt- und Teerherstellung

Der Erdöldurchsatz in einer modernen Raffinerie ist sehr groß. In der Raffinerie Leuna werden beispielsweise in der Rohöldestillationsanlage jährlich mehr als 10 Mio. Tonnen verarbeitet, das sind stündlich etwa 1 250 Tonnen oder etwa 1 500 m^3.

Crackverfahren

Das Wort **Cracken** stammt vom englischen *„to crack"* und bedeutet „spalten".

Crackverfahren sind Prozesse zur Umwandlung von hochsiedenden in niedrigsiedende Erdölfraktionen durch Spaltung von Kohlenwasserstoffen. Je nach Gemisch wird das Verfahren rein thermisch oder mithilfe von Katalysatoren durchgeführt.

7

Bei der Rohöldestillation fallen oft nur etwa 20 % Benzinfraktionen und etwa 50 % Produkte mit einer Siedetemperatur unter 360 °C an. Der Bedarf für diese niedrigsiedenden Fraktionen ist jedoch viel höher.
Daher muss man zusätzlich langkettige Kohlenwasserstoffe (hochsiedend) aus den Vakuumdestillaten spalten und in Kohlenwasserstoffe kürzerer Kettenlänge (niedrigsiedend) umwandeln.

Katalytisches Cracken

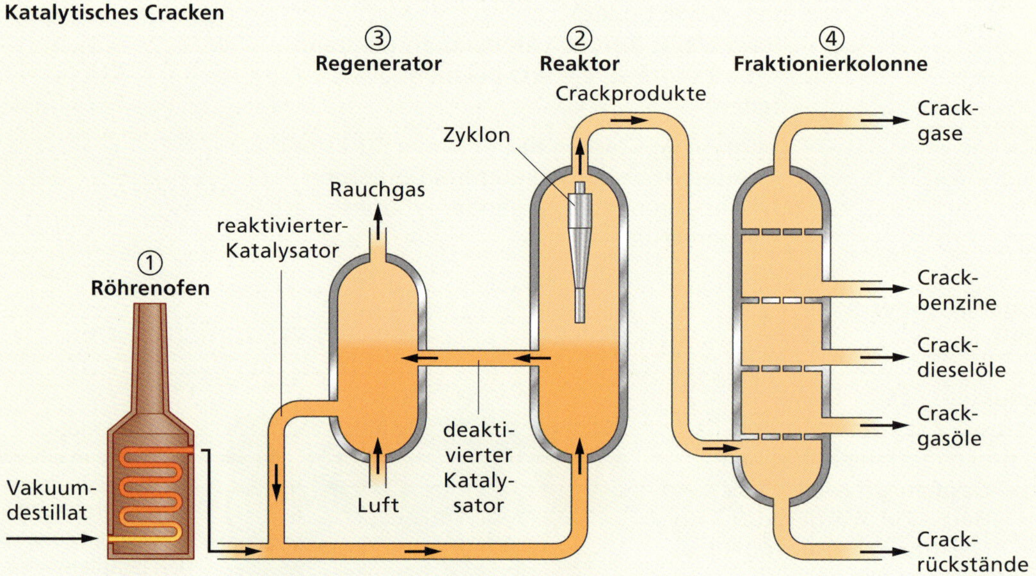

Ablauf des katalytischen Crackens:

Auch ohne Katalysatoren ist das Cracken von hochsiedenden Fraktionen bei ca. 600 °C möglich. Dieses als thermisches **Cracken** bezeichnete Verfahren liefert aber qualitativ schlechtere Crackbenzine.

Abschnitt	Vorgänge
Röhrenofen ①	– Erhitzen des Vakuumdestillats auf 500 – 600 °C
Reaktor ②	– Reaktion des Stoffgemischs am Katalysator (Siliciumdioxid und Aluminiumoxid) – Spaltung der großen Moleküle des Vakuumdestillats in ein Gemisch kleinerer Moleküle (Gase, Benzine, Petroleum) – Ablagerung der entstehenden geringen Koksmengen auf dem Katalysator, wodurch dieser innerhalb von Minuten unwirksam wird

Regenerator ③	– Einleiten des koksbeladenen Katalysators in einen Regenerator – Befreiung des Katalysators vom Koks durch Abbrennen – Rückführung des Katalysators in den Reaktor ②
Fraktionier-kolonne ④	– Einleiten der Crackprodukte in die Fraktionierkolonne und destillative Trennung des Stoffgemischs in mehrere Siedefraktionen

Ausgangsstoffe:
Vakuumdestillate (Gemisch organischer Verbindungen mit hohen Siedepunkten aus der Rohöldestillation)

Reaktionsprodukte:
- Crackgase
- Crackbenzine
- Crackdieselöl
- Crackgasöl
- Crackrückstand

7

Chemische Reaktionen (Beispiele):

$$\underset{\text{Vakuumdestillat}}{C_{25}H_{52}} \xrightarrow{\text{Kat.}} \underset{\text{Alkan}}{C_{15}H_{32}} + \underset{\text{Alkan}}{C_9H_{20}} + \underset{\text{Koks}}{C}$$

$$\underset{\text{Vakuumdestillat}}{C_{25}H_{52}} \xrightarrow{\text{Kat.}} \underset{\text{Kette}}{C_{11}H_{24}} + \underset{\text{Kette}}{C_2H_6} + \underset{\text{Ring}}{C_6H_{12}} + \underset{\text{Ring (Aromat)}}{C_6H_6} + 2\,H_2$$

Bessere Benzinqualität durch Reformieren

Die Hauptmenge des **Benzins** dient als Treibstoff für Kraftfahrzeuge. Die Qualität der Benzine aus der Rohöldestillation reicht dafür nicht aus, weil sie zum „Klopfen" neigen.
Das Klopfen entsteht im Motor beim vorzeitigen Entzünden des Benzin-Luft-Gemischs während des Verdichtens. Die verschiedenen Kohlenwasserstoffe unterscheiden sich in ihrem **Klopfverhalten.** Unverzweigte Alkane (↗ S. 224) neigen stärker zum vorzeitigen Entzünden, während verzweigte Alkane und Aromaten (↗ S. 233) weniger stark klopfen.

Durch chemische Umwandlungen kann die Klopffestigkeit und damit die **Benzinqualität** verbessert werden. In der Vergangenheit wurden auch in Deutschland hochgiftige Bleiverbindungen als **Antiklopfmittel** zugesetzt. Manche Länder verwenden auch heute noch bleihaltiges Benzin.

> Als Maßzahl für die **Benzinqualität** dient die **Octanzahl (ROZ).** Sie gibt an, wie klopffest das Benzin ist.

Man hat dem sehr klopffreudigen n-Heptan willkürlich die Octanzahl Null zugeordnet. Dem sehr klopffesten 2,2,4-Trimethylpentan (Isooctan) wurde dagegen die Octanzahl 100 zugeordnet. Folglich besitzt ein Gemisch von 10 % n-Heptan und 90 % Isooctan eine Octanzahl von 90. Ein beliebiges Benzin, das sich im Testmotor genau so verhält wie dieses Gemisch, erhält auch die Octanzahl 90.

Kohlenwasserstoffanteile vor und nach dem Reformieren					
	unverzweigte Alkane	verzweigte Alkane	Cycloalkane	Aromaten	Octanzahl
Rohbenzin	30–50 %	20–40 %	20–50 %	5–20 %	60–75
Reformingbenzin	ca. 15 %	ca. 30 %	ca. 5%	ca. 50 %	95–99

Die Ursache für die schlechte Qualität des Rohbenzins ist der hohe Gehalt an unverzweigten Alkanen. Um die Klopffestigkeit zu verbessern, müssen diese durch chemische Reaktionen in verzweigte oder ringförmige Kohlenwasserstoffe überführt werden. In der Industrie erfolgt diese Umwandlung durch Reformieren bzw. den Reforming-Prozess.

Ablauf des Reformierens

> Das **Reformieren** ist ein katalytischer Prozess zur Verbesserung der Benzinqualität. Dabei werden unverzweigte Kohlenwasserstoffe mit niedriger Octanzahl in Kohlenwasserstoffe mit hoher Octanzahl umgewandelt.

Der Reforming-Prozess wird kontinuierlich betrieben. Das Rohbenzin wird bei etwa 500 °C und 1 MPa Druck über einen Katalysator aus Platin auf Aluminiumoxid geleitet. Dabei findet eine Strukturumlagerung von unverzweigten zu verzweigten Alkanen und ringförmigen Verbindungen statt. Durch weitere Wasserstoffabspaltung entstehen aus den Cycloalkanen (↗ S. 233) dann Aromaten.
Die Aromaten (Benzen, Toluen, ↗ S. 235) lassen sich durch Extraktion in reiner Form selektiv aus dem Reformingbenzin herauslösen. Sie dienen dann als Rohstoffe für die Herstellung zahlreicher Produkte.

Schema der chemischen Reaktionen beim Reformieren

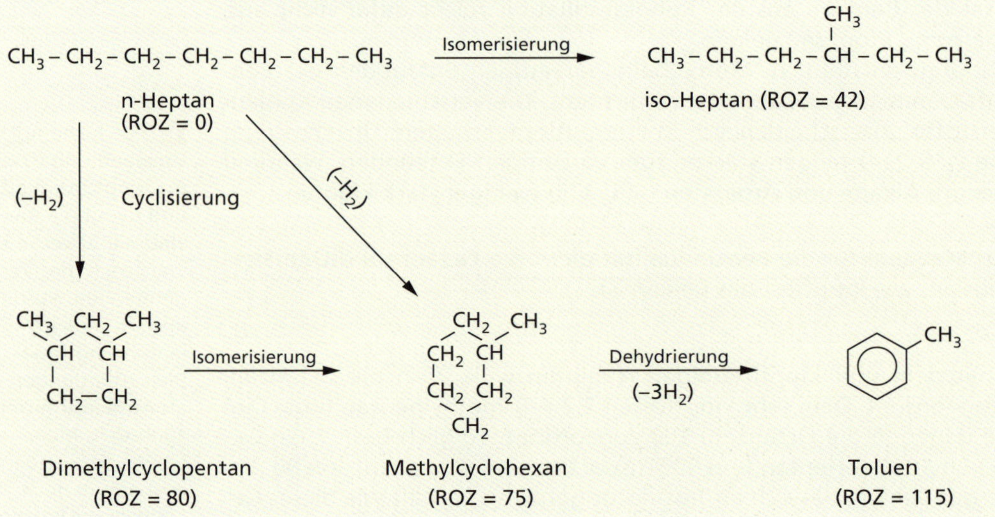

7.3.4 Technische Herstellung von Methanol und Ethanol

Herstellung von Methanol – Methanolsynthese

Methanol (↗ S. 240) ist nach seinen Verwendungsmöglichkeiten und der produzierten Menge der wichtigste Alkohol. Pro Jahr werden weltweit insgesamt mehr als 20 Mio. Tonnen Methanol hergestellt.
Dieser Alkohol wird für die Herstellung verschiedenster organischer Stoffe, z. B. Methanal (↗ S. 244), Essigsäure (↗ S. 249 f.) oder Kunststoffe, benötigt. Er dient als Lösungsmittel für Lacke und Farben und kann als Vergaserkraftstoff oder Kraftstoffzusatz eingesetzt werden.

Methanol hat als Treibstoff für Kraftfahrzeuge den Vorteil, dass es leicht zu gewinnen ist und nicht nur aus Erdöl hergestellt werden kann.

> Methanol wird in einer Gleichgewichtsreaktion aus Synthesegas in einem Reaktor hergestellt.

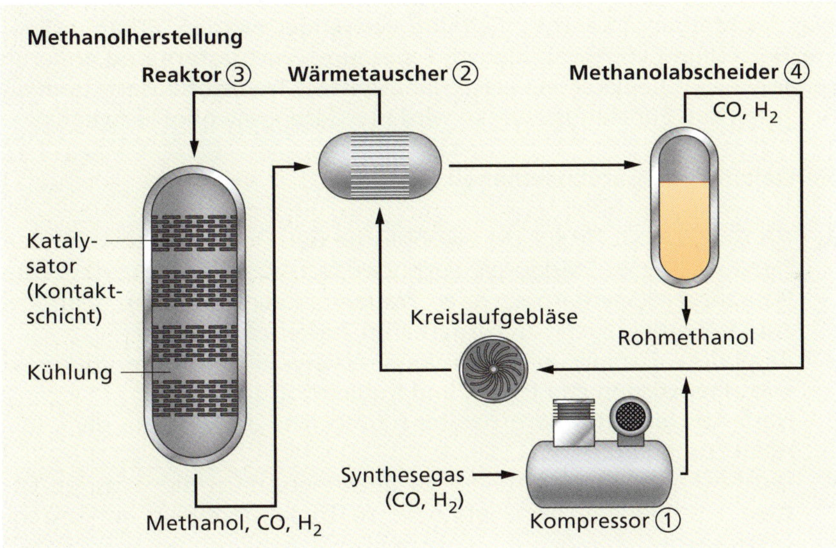

Die **Methanolsynthese** ist eine Gleichgewichtsreaktion, bei der eine niedrige Temperatur und hoher Druck die Hinreaktion (Methanolausbeute) begünstigen. Es wird mit Drücken von 5 bis 35 MPa an einem Katalysator gearbeitet.

Ablauf der Methanolsynthese:

Abschnitt	Vorgänge
Kompressor ①	– Verdichten des Synthesegases aus Kohlenstoffmonooxid und Wasserstoff auf 5 bis 35 MPa
Wärmetauscher ②	– Erhitzen des Gasgemischs auf 250–350 °C
Reaktor ③	– Entstehung von Methanol durch Kontakt mit dem Katalysator (verschiedene Kupfer-, Aluminium- und Zinkoxide)
Abtrennung des Rohmethanols ④	– Abkühlung und Kondensation des Rohmethanols – Abtrennung von den nicht umgesetzten Ausgangsstoffen, die dann in den Kreislauf zurückgeführt werden – Reinigung des Rohmethanols durch Destillation

Ausgangsstoffe: Synthesegas (aus Erdöl, Erdgas oder Kohle) mit Kohlenstoffmonooxid und Wasserstoff
Reaktionsprodukte: Methanol

Chemische Reaktion:

$$CO + 2\,H_2 \rightleftharpoons CH_3OH \qquad Q = -91\ kJ/mol$$

▶ Die **technische Herstellung von Methanol** erfolgt unter ähnlichen Bedingungen wie die Ammoniaksynthese (↗S. 292 f.).

Herstellung von Ethanol – Ethanolsynthese

7

Ethanol kann durch **alkoholische Gärung** aus Kohlenhydraten (Gärungsalkohol) oder durch **Hydratisierung von Alkenen** (Synthesealkohol) erzeugt werden.

Ethanol (↗S. 241) ist der bekannteste Vertreter der Alkohole. Ähnlich wie das Methanol kann es vielfältig verwendet werden. Ethanol dient zur Herstellung von Acetaldehyd, Essigsäure, Fruchtestern und anderen organischen Chemikalien, als Lösungsmittel, Treibstoffzusatz und als Brennspiritus. Für Genusszwecke wird nur Gärungsalkohol verwendet.

▶ Mittels **alkoholischer Gärung** kann höchstens ein Alkoholgehalt (Ethanolgehalt) von ca. 15 % erreicht werden, dann sterben die Hefezellen ab.

Herstellung von Gärungsethanol:

1. Als Ausgangsstoffe für die alkoholische Gärung dienen sowohl Vielfachzucker, z.B. Stärke, als auch Zweifach- und Einfachzucker wie Rohrzucker (Saccharose) oder Traubenzucker (Glucose). Vielfachzucker werden zuerst zu vergärbaren Zuckern abgebaut.
2. Besondere Enzyme in Hefen vergären anschließend die Zucker in wässriger Lösung zu Ethanol und Kohlenstoffdioxid.
3. Nach Abschluss des Gärprozesses filtriert man die Hefe aus der wässrigen Lösung ab.
4. Um hochprozentiges Ethanol zu gewinnen, muss die wässrige Lösung anschließend destilliert oder zu Trinkbranntwein aufkonzentriert werden.

▶ Das Destillieren von niedrigprozentigem **Ethanol** wird auch als Brennen von Alkohol bezeichnet. Weinbrand entstand also durch Brennen von Wein. Jeder Destillationsdurchgang wird mit einem Stern gekennzeichnet. Bei der alkoholischen Gärung entstehen auch geringe Mengen anderer Alkohole (Fuselöle), die bei der Destillation größtenteils abgetrennt werden.

Aus verschiedenen pflanzlichen Rohstoffen lassen sich unterschiedliche Spirituosen herstellen:
Weizen: Korn
Gerste: Whisky
Kartoffeln: Wodka
Reis: Sake
Agave: Tequila
Zuckerrohr: Rum

Ausgangsstoffe:
Traubenzucker oder verschiedene Kohlenhydrate

Reaktionsprodukte:
Ethanol, Kohlenstoffdioxid

Chemische Reaktion:

$$C_6H_{12}O_6 \xrightarrow{\text{Hefe-Enzyme}} 2\ C_2H_5OH + 2\ CO_2$$

Als Treibstoff kann Ethanol sowohl im Gemisch mit Benzin als auch in reiner Form eingesetzt werden. Im Jahr 2008 wurden weltweit etwa 50 Mio. t Bioethanol hergestellt, davon ca. 25 Mio. t in den USA auf Basis von Maisstärke und ca. 20 Mio. t in Brasilien aus Zuckerrohr. Die Menge in den USA deckt nur etwa 5 % des Gesamtbenzinbedarfs.

Herstellung von Syntheseethanol:

1. An den Ausgangsstoff Ethen (↗ S. 226) wird mithilfe von Katalysatoren (z. B. Phosphorsäure auf Siliciumdioxid) Wasser addiert.
2. Das Verfahren erfolgt kontinuierlich bei Temperaturen von 250 bis 300 °C und Drücken von 6 bis 8 MPa.
3. Da es sich um eine Gleichgewichtsreaktion handelt, erhält man pro Reaktordurchgang am Katalysator nur etwa 5 % Umsatz von Ethen zu Ethanol.
4. Gebildetes Ethanol wird nach dem Reaktor durch Kondensation von nicht umgesetzten Ausgangsstoffen abgetrennt. Diese werden dann in den Kreislauf zurückgeführt.
5. Das entstehende Rohethanol enthält Nebenprodukte als Verunreinigung und wird anschließend durch Destillation gereinigt, sodass als Produkt 96 %iges Ethanol entsteht.

Der Bedarf an **Ethanol** kann nicht allein durch Gärungsethanol gedeckt werden. Daher wird auch Syntheseethanol hergestellt.

Ausgangsstoffe:
Ethen (Ethylen) und Wasser

Reaktionsprodukte:
Ethanol

Chemische Reaktion:

$$CH_2{=}CH_2 + H_2O \rightleftharpoons CH_3{-}CH_2{-}OH \qquad Q = -46\ \text{kJ/mol}$$

Arbeitsweisen und Prinzipien chemisch-technischer Prozesse

- Die technische Gewinnung chemischer Produkte muss aus wirtschaftlichen und ökologischen Gründen wesentlich effektiver erfolgen als die entsprechenden Synthesen im Labor.

Problem	Besonderheiten chemisch-technischer Verfahren
Rohstoffe	– große Mengen müssen ständig verfügbar sein – müssen für die Synthese aufbereitet werden
Nebenprodukte	– Trennung von Haupt- und Nebenprodukten – sollten möglichst für andere Zwecke nutzbar sein – müssen anderenfalls sicher entsorgt werden
Unvollständiger Stoffumsatz	– Optimierung der Reaktionsbedingungen nach dem Prinzip des kleinsten Zwangs – unvollständig umgesetzte Ausgangsstoffe werden abgetrennt – müssen dem Reaktionssystem wieder zugeführt werden (Kreislaufprinzip)
Geringe Reaktionsgeschwindigkeit	– Einsatz technischer Katalysatoren – Optimierung der Reaktionstemperatur
Aufwand beim An- und Ausfahren des Prozesses	– kontinuierliche Fahrweise – periodische Zugabe von Ausgangsstoffen
Umweltverträglichkeit	– Nutzung von Recyclingmaterial als Rohstoffe – Verwertung möglichst aller entstandenen Produkte – Vermeidung schädlicher Abfälle oder Abgase (Reinigung) – minimaler Energieverbrauch (Wärmetauscher, Gegenstromprinzip)

Chemisch-technische Arbeitsprinzipien im Hochofen

stofflicher Gegenstrom

Gründliche Durchmischung führt zum günstigen Reaktionsverlauf

thermischer Gegenstrom

Wärmeaustausch ermöglicht das Vorwärmen der Ausgangstoffe und Abkühlen der Reaktionsprodukte

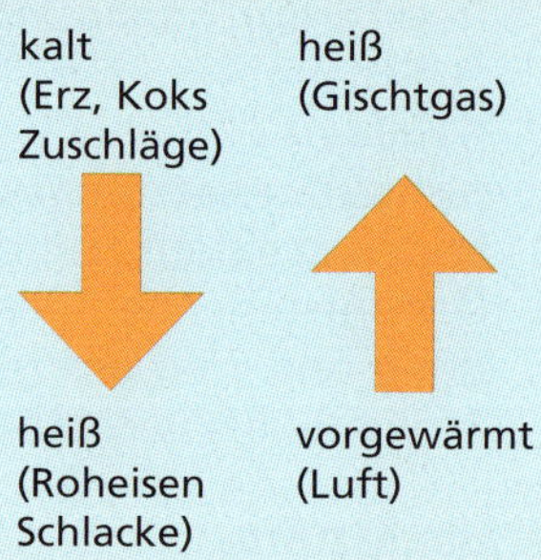

Kopplung exo- und endothermer Reaktionen

exotherm: $C + O_2 \longrightarrow CO_2$

endotherm: $FeO + C \longrightarrow Fe + CO$

Stoffkreisläufe

8

8

8.1 Grundlagen

Stoffkreisläufe kann man rein qualitativ, aber auch quantitativ mit Angabe der Austauschmengen und Reservoire betrachten.

Auf der Erde läuft ständig eine unvorstellbar große Zahl chemischer Reaktionen ab, sowohl in der unbelebten Natur als auch in allen Lebewesen. Dazu kommen die chemischen Prozesse in der Industrie, in der Landwirtschaft oder in unserem Alltag.

Diese Reaktionen können lokal begrenzt sein, etwa die Bildung von Kalk (Calciumcarbonat) in der Kaffeemaschine. Laufen die Reaktionen dagegen im großen Maßstab ab, wie beispielsweise bei einem Vulkanausbruch, sind großflächige oder sogar globale Wirkungen die Folge.

Auch die dauerhafte Verbrennung fossiler Rohstoffe zur Energiegewinnung wirkt sich global auf die natürlichen Stoffkreisläufe aus.

Bei großflächigen und globalen Prozessen spielen die natürlichen **Stoffkreisläufe** eine wichtige Rolle, da die Stoffe zwischen den vier verschiedenen Umweltbereichen, der Atmosphäre, der Hydrosphäre, der Geosphäre und der Biosphäre ausgetauscht werden (↗ S. 328).

Stoffkreisläufe beschreiben den regionalen oder globalen Haushalt einer bestimmten Verbindung oder eines Elements in den vier Umweltbereichen.

8.2 Der Kreislauf des Wassers

In der Umwelt kommt **Wasser** in allen drei Aggregatzuständen vor, als Wasserdampf in der Atmosphäre, als Flüssigkeit in den Gewässern und als Eis in Gletschern und Polkappen.
Das Wasser in der Umwelt ist nie chemisch rein, es enthält gelöste Gase und meist noch gelöste Mineralsalze sowie organische Verbindungen. Je nach Salzgehalt unterscheidet man zwischen **Salz- und Süßwasser.**

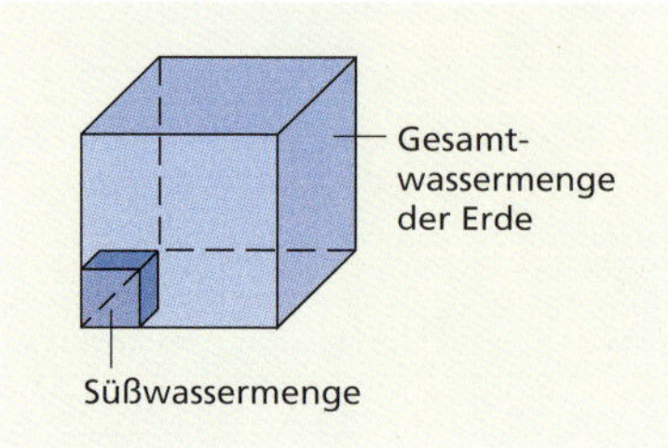

Die gesamte Wassermenge der Erde wird auf 1,4 Mrd. km^3 geschätzt, der weitaus größte Teil mit über 97 % befindet sich als Salzwasser in den Meeren. Weniger als 3 % sind Süßwasser, das wiederum überwiegend im Polareis gebunden ist. Nicht einmal 0,5 % liegen als Grundwasser oder Wasser in Flüssen und Seen vor (↗ S. 331).

Ein Volumen von 1,4 Mrd. km^3 entspricht einem Würfel der Kantenlänge 1 100 km, etwa der Distanz von Flensburg bis Venedig.

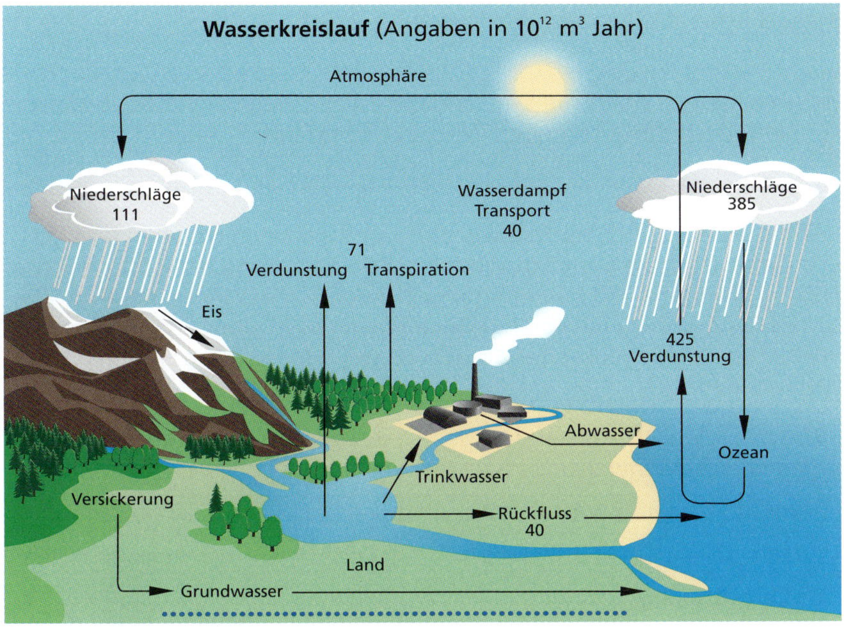

▶ Im Meer, in den Seen, im Polareis und in Gletschern sowie im Grundwasser wird das Wasser unterschiedlich lange gespeichert.

Verweildauer von Wassermolekülen	
Atmosphäre	einige Tage
Fluss	mehrere Wochen
Gletscher	> 100 Jahre
Tiefenwasser der Ozeane	einige Jahrtausende
Eis der Antarktis	mehrere 100 000 Jahre

Der **Kreislauf des Wassers** zwischen den Umweltbereichen wird von der Sonne angetrieben, die die Energie für die physikalischen Vorgänge liefert. Der Wasserkreislauf beinhaltet folgende Teilprozesse:

Teilprozesse beim Wasserkreislauf	
Verdunsten	– Bildung von Wasserdampf über Wasserflächen und feuchten Böden – Übergang in die Atmosphäre
Kondensation	– Bildung kleinster Wassertröpfchen – Entstehung von Wolken in der Atmosphäre
Transport	– Verfrachtung der Wolken über weite Strecken in der Atmosphäre
Niederschlag	– Zusammenlagerung der Tröpfchen zu größeren Tropfen (Regen) oder Eis (Hagel), die zur Erde fallen
Abfluss	– Niederschlagswasser fließt in Flüssen zum Meer.
Versickern	– Niederschlagswasser dringt in den Boden ein und wird zu Grundwasser. – Grundwasser fließt ebenfalls zum Meer.
Aufnahme	– Pflanzen und Tiere nehmen Oberflächenwasser und Bodenfeuchte auf.
Transpiration	– Abgabe von Wasserdampf beim Stoffwechsel der Pflanzen und Tiere (Atmung)

▶ Verdunsten ist der allmähliche Übergang von flüssigem Wasser in den gasförmigen Zustand bei Temperaturen deutlich unterhalb der Siedetemperatur.

Der Wasserkreislauf beschreibt die Zustands- und Ortsveränderungen des Wassers in den vier Umweltbereichen. Durch ihn ist auch der Erhalt des Süßwasserbestands der Erde gegeben.

8

Menschlicher Einfluss auf den Wasserkreislauf

In der Natur wird Wasser als Nahrungsmittel, Lösungs- und Transportmittel sowie als Quellungsmittel benötigt. Zudem ist Wasser Bestandteil aller Zellen und dient als Lebensraum vieler Organismen.

Der Mensch nutzt die Wasservorräte der Erde in vielfältiger Weise und greift dadurch in den Wasserkreislauf ein.

Wir brauchen täglich **Trinkwasser** für viele Zwecke im Haushalt (↗ S. 331). Die Landwirtschaft benötigt Wasser zur **Bewässerung** der Kulturen, zum Füttern der Tiere und zu Reinigungszwecken. In der Industrie wird Wasser als Lösungsmittel in verschiedenen technischen Prozessen eingesetzt. Weiterhin wird sogenanntes **Brauchwasser,** z. B. für Kühlzwecke in Kraftwerken, benötigt.

Für die Herstellung von Lebensmitteln und anderen Produkten des Alltags wird viel mehr Wasser benötigt als man annnehmen könnte (↗ Tab.).

Im Rindfleisch steckt nicht nur der Wasserverbrauch der Rinder, sondern auch das Wasser der Futterproduktion.

Wasserverbrauch zur Herstellung verschiedener Produkte

Produkt	Verbrauch
1 Rose	5 l
1 Mikrochip (2 g)	30 l
1 l Milch	200 l
1 kg Papier	750 l
1 Baumwollshirt	2000 l
1 kg Reis	4000 l
1 Jeanshose	6000 l
1 kg Rindfleisch	15000 l

Wassernutzung in Deutschland 2016

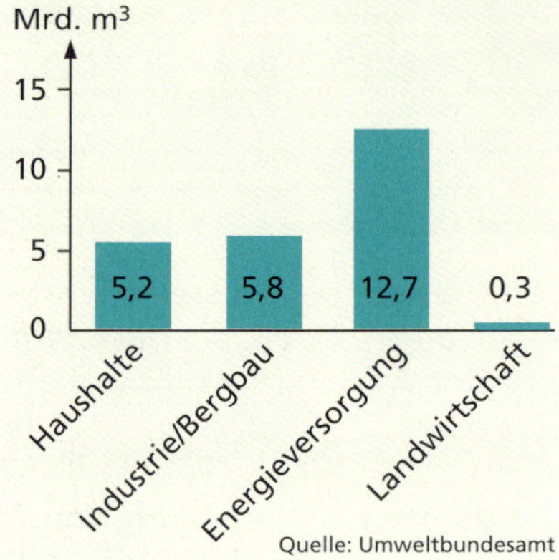

Quelle: Umweltbundesamt

Für die oben genannten Anforderungen stehen die Oberflächengewässer (Flüsse, Seen) und das Grundwasser zur Verfügung, deren Vorräte durch die Niederschläge wieder aufgefüllt werden müssen.
Durch die Entnahme von Wasser aus diesen Quellen, vor allem aber durch die Rückführung von verunreinigtem **Abwasser** greift der Mensch in den Wasserkreislauf in vielfältiger Weise ein. Das wirkt sich besonders auf die Qualität der Wasservorräte aus und es kann zu Umweltbelastungen kommen (↗ S. 331 ff.).
Zum einen verschlechtern sich dadurch auch die Lebensbedingungen für die im Wasser lebenden Organismen, zum anderen können Schadstoffe in die Nahrungskette gelangen.

Auch die Erwärmung der Flüsse durch Kühlwasser von Kraftwerken beeinträchtigt die Wasserqualität.

Durch Verunreinigung der Quellen wird die Trinkwasseraufbereitung (↗ S. 332) erschwert. Dazu trägt u. a. die Landwirtschaft, vor allem in tropischen Ländern, bei. Aufgrund des hohen Wasserverbrauchs und der Verunreinigungen der Abwässer bereitet die Versorgung der Bevölkerung mit sauberem Trinkwasser immer größere Schwierigkeiten.

8.3 Der Kreislauf des Kohlenstoffs

Das Element Kohlenstoff ist in allen vier Umweltbereichen in Form unterschiedlicher Verbindungen enthalten. Der Hauptanteil, etwa 99,8 % der Gesamtmenge, befindet sich in der Lithosphäre.

Vorkommen von Kohlenstoff in den Umweltbereichen

Umweltbereich	Kohlenstoff in gebundener Form
Lithosphäre	– Carbonatgestein (Kalkstein, Dolomit) – fossile Rohstoffe (Kohle, Erdöl, Erdgas)
Atmosphäre	– Kohlenstoffdioxid (Spuren Methan)
Hydrosphäre	– in Wasser gelöstes Kohlenstoffdioxid – Hydrogencarbonate und Carbonate
Biosphäre	– organische Verbindungen, z. B. Fette, Eiweiße und Kohlenhydrate, in lebender und abgestorbener Biomasse

Die Atmosphäre enthält als kleinster Speicher nur etwa 0,001 % der Gesamtmenge an Kohlenstoff. Sie reagiert daher am empfindlichsten gegenüber Veränderungen.

Die chemischen Umwandlungen kohlenstoffhaltiger Verbindungen und den Austausch dieser Verbindungen zwischen den vier Umweltbereichen bezeichnet man als **globalen Kohlenstoffkreislauf** oder **Kohlenstoffzyklus**.

Durch menschliche Beeinflussung des **Kohlenstoffkreislaufs** nimmt der Kohlenstoffgehalt der Atmosphäre jährlich um ca. 5 Mrd. Tonnen zu.

Der Austausch des Kohlenstoffs zwischen den Umweltbereichen erfolgt hauptsächlich über Kohlenstoffdioxid CO_2.

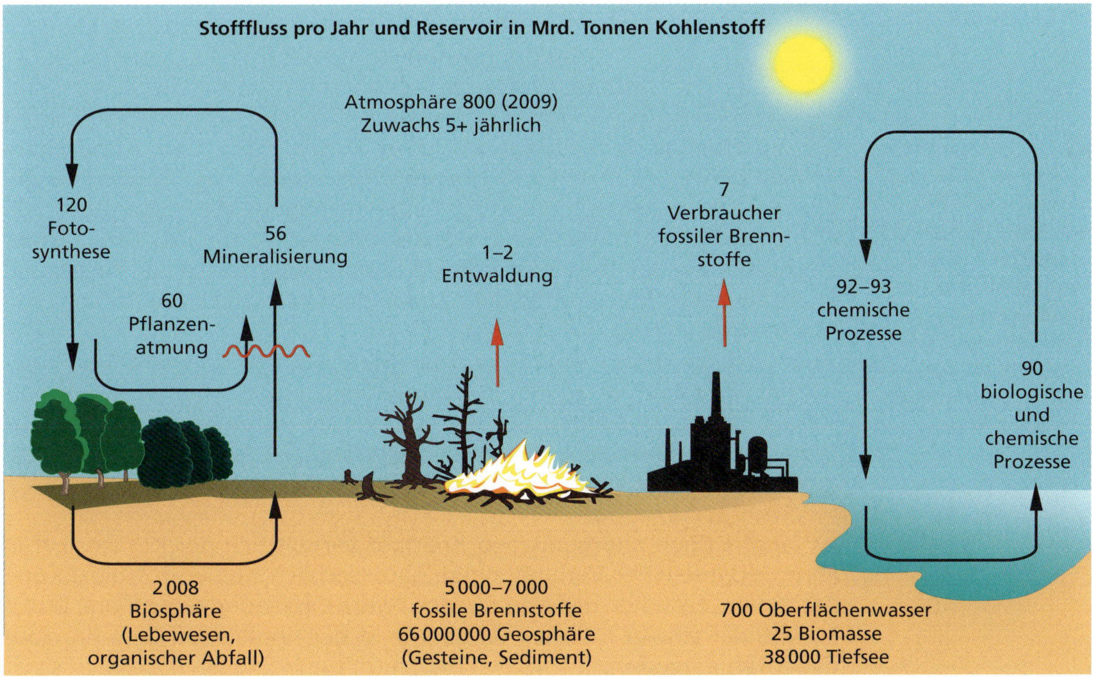

Teilkreisläufe des Kohlenstoffkreislaufs

Der Kohlenstoffkreislauf besteht aus mehreren Teilkreisläufen. Im kurzfristigen **Teilkreislauf zwischen der Biosphäre (Land) und der Atmosphäre** wird Kohlenstoffdioxid durch biochemische Prozesse ausgetauscht. Der Kohlenstoffkreislauf zwischen Landlebewesen und Atmosphäre ist geschlossen und fast ausgewogen (↗ Abb. auf S. 321 links).

Die Reaktionsgleichungen für die **Fotosynthese** und für die **Zellatmung** sind Bruttogleichungen. Sie geben zwar den gesamten Stoffumsatz, nicht aber die komplexen biochemischen Teilschritte wieder.

Prozess	Beschreibung
Fotosynthese	Produzenten (grüne Pflanzen) nehmen Kohlenstoffdioxid auf und wandeln es in mehreren Schritten in Glucose (Traubenzucker) um. $6\,CO_2 + 6\,H_2O \xrightarrow[\text{Chlorophyll}]{\text{Licht}} C_6H_{12}O_6 + 6\,O_2$
Ernährung und Verdauung	Produzenten wandeln Glucose im Stoffwechsel in andere Kohlenhydrate, Fette und Eiweiße um. Konsumenten ernähren sich von diesen Nährstoffen und wandeln diese im Stoffwechsel in körpereigene Kohlenhydrate, Fette und Eiweiße um.
Zellatmung	Lebewesen gewinnen Energie durch die Verbrennung energiereicher Stoffe. Bei der Zellatmung wird Glucose in mehreren Teilschritten mit Sauerstoff zu Kohlenstoffdioxid und Wasser umgesetzt. $C_6H_{12}O_6 + 6\,O_2 \xrightarrow{\text{Enzyme}} 6\,CO_2 + 6\,H_2O$
Mineralisierung	Destruenten (Bakterien und Pilze) bauen abgestorbene Biomasse vollständig zu anorganischen Verbindungen wie Kohlenstoffdioxid, Ammoniak oder Wasser ab.

Die **Fotosynthese** und Mineralisierung laufen in den einzelnen Jahreszeiten mit unterschiedlicher Intensität ab. Das führt im Jahresverlauf zu Schwankungen des CO_2-Gehalts, die auch in Diagrammen sichtbar werden

Der **kurzfristige Teilkreislauf zwischen Hydrosphäre und Atmosphäre** (↗ Abb. auf S. 321 rechts) ist ebenfalls geschlossen und nahezu ausgeglichen. Die ausgetauschte Stoffmenge beinhaltet die Absorption von Kohlenstoffdioxid in Wasser und dessen Entweichen daraus. Dazu kommt die Aufnahme von Kohlenstoffdioxid durch Fotosynthese von Algen und Pflanzen in den Meeren und die Abgabe des Gases durch die Atmung von Meeresorganismen.
Abgestorbene Biomasse sinkt auf den Meeresboden und wird dem kurzfristigen Kreislauf entzogen. Im **langfristigen organischen Kreislauf** entstehen aus verschiedenen Arten von Biomasse unter Sauerstoffabschluss Erdöl, Erdgas und Kohle. Durch Verbrennung der fossilen Energieträger gelangt der Kohlenstoff wieder in die Atmosphäre zurück.

Im **langfristigen anorganischen Kreislauf** verteilt sich der Kohlenstoff in Form verschiedener Verbindungen, hauptsächlich Kohlenstoffdioxid und Carbonate, zwischen der Atmosphäre, Hydrosphäre und Geosphäre. Durch Fällung der schwer löslichen Carbonate ist der Kohlenstoff dem Kreislauf dauerhaft entzogen.

Menschlicher Einfluss auf den Kohlenstoffkreislauf

Durch natürliche Prozesse entstand auf der Erde ein **stabiles Fließgleichgewicht**. Infolge der konstanten Austauschraten zwischen den Umweltbereichen blieb der CO_2-Gehalt der Atmosphäre über 400 000 Jahre relativ konstant unter 300 ppm.

Die Einheit ppm bedeutet *parts per million* (bei Gasen: 1 ml pro m^3).

CO_2-Gehalt der Atmosphäre und Temperaturänderungen auf der Erde seit 400 000 Jahren

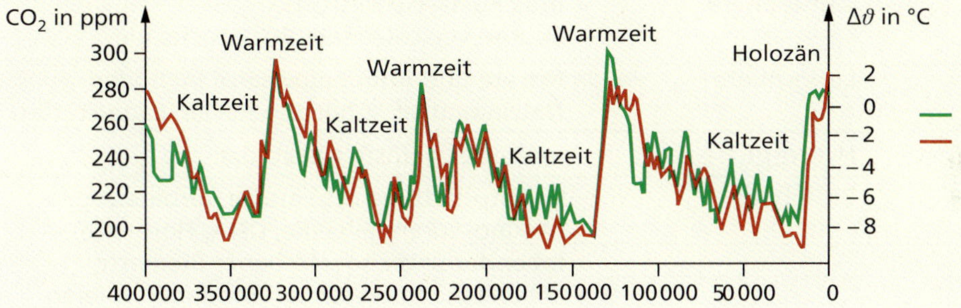

Seit dem 19. Jahrhundert verbrennen die Menschen zunehmend fossile Rohstoffe und bringen damit zusätzlich Kohlenstoffdioxid in die Atmosphäre ein. Dadurch steigt der CO_2-Gehalt kontinuierlich an und lag im Jahr 2013 bei fast 400 ppm (↗ Abb. unten).
Von den derzeitigen jährlichen Emissionen von etwa 9 Mrd. Tonnen Kohlenstoff werden zwar etwa 25 % zusätzlich von den Meeren absorbiert und etwa 20 % durch verstärktes Wachstum der Pflanzen gebunden. Der Rest verbleibt in der Atmosphäre und lässt den Gehalt jährlich weiter steigen. Die Erhöhung der Fotosyntheserate verläuft aber langsamer als der Anstieg des CO_2-Gehalts in der Luft.
In der Atmosphäre nimmt der Gehalt an Kohlenstoffdioxid um 3–4 ppm pro Jahr zu und verstärkt damit den **Treibhauseffekt** (↗ S. 336).

Nach den Prognosen des Weltklimarates wird es voraussichtlich in den nächsten Jahrzehnten aufgrund des **Treibhauseffekts** zu deutlichen Klimaänderungen auf der Erde kommen.

CO_2-Gehalt der Atmosphäre 0 bis 2020 und 1970 bis 2020

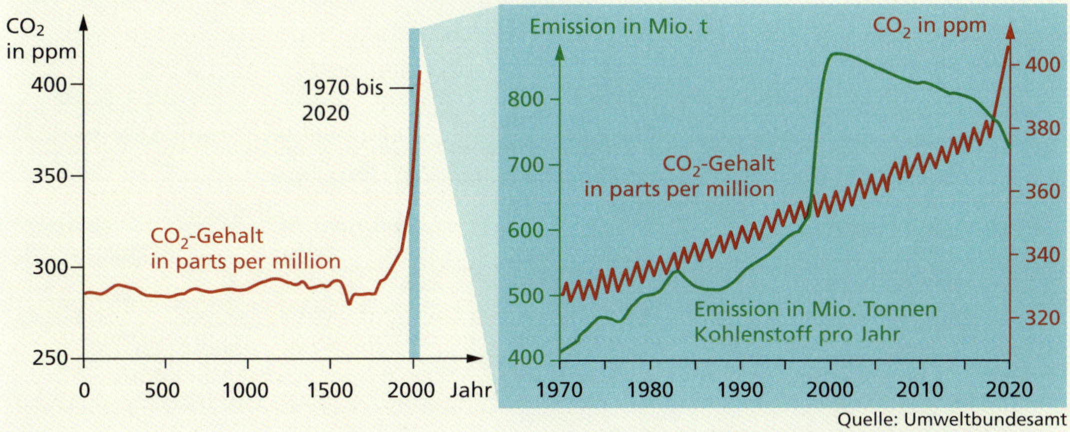

Quelle: Umweltbundesamt

8

8.4 Der Kreislauf des Stickstoffs

Eiweiße enthalten ca. 17 % Stickstoff.
Um körpereigene Eiweiße bilden zu können, benötigen alle Lebewesen Stickstoff.

Das Element **Stickstoff** ist in allen vier Umweltbereichen in Form unterschiedlicher Verbindungen enthalten. Der Hauptanteil, etwa 99 % der Gesamtmenge, befindet sich als molekularer Stickstoff N_2 in der Atmosphäre.

Vorkommen von Stickstoff in den Umweltbereichen

Umweltbereich	Stickstoff in gebundener Form
Atmosphäre	– molekularer Stickstoff – Spuren verschiedener Stickstoffoxide
Lithosphäre	– Nitrate und Ammoniumsalze im Boden – Natriumnitrat (Chilesalpeter) in Lagerstätten
Hydrosphäre	– in Wasser gelöste Nitratsalze
Biosphäre	– stickstoffhaltige organische Verbindungen (Aminosäuren, Eiweiße, DNA, Hormone) in lebender und abgestorbener Biomasse – organische Stickstoffverbindungen spielen eine zentrale Rolle beim Aufbau und Stoffwechsel lebender Organismen

Der Grund für die hohe Stabilität des Stickstoffmoleküls ist die Dreifachbindung.

$|N \equiv N|$

Im **Stickstoffkreislauf** wird der Weg des Elements Stickstoff sowie seiner anorganischen und organischen Verbindungen durch die vier Umweltbereiche auf der Erde betrachtet.

Der Stickstoffkreislauf besteht aus mehreren Teilkreisläufen. Dabei geht es vor allem darum, den außerordentlich stabilen Stickstoff aus der Luft zu **fixieren,** d. h., in reaktivere Stickstoffverbindungen zu überführen und damit für lebende Organismen verfügbar zu machen.

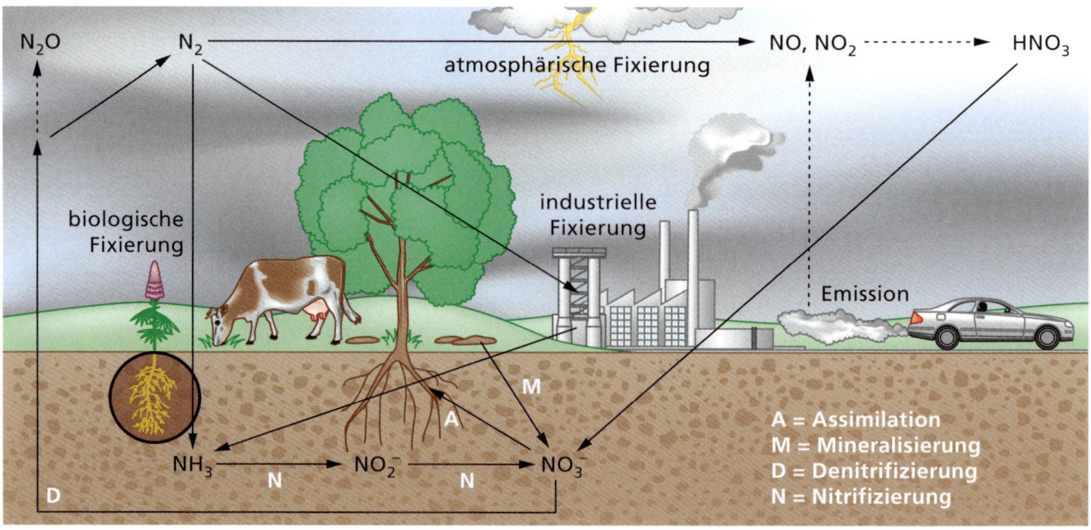

Teilkreisläufe des Stickstoffkreislaufs

Biologische Stickstofffixierung

Die meisten Lebewesen sind nicht in der Lage, den reaktionsträgen Stickstoff aus der Luft direkt in körpereigene Stoffe (Aminosäuren und Eiweiße, ↗ S. 255) umzuwandeln.

Tiere benötigen körperfremde Eiweiße als Nahrung. Pflanzen nehmen Stickstoff in Form gelöster Nitrate oder Ammoniumsalze mit dem Wasser aus dem Boden auf. Dazu muss der molekulare Stickstoff zunächst **biologisch fixiert** werden.

In der ersten Stufe, der Fixierung, reduzieren einige Bakterien im Boden den Stickstoff zum Ammoniak. Anschließend oxidieren andere Bakterien Ammoniak bzw. Ammoniumsalze in der **Nitrifizierung** stufenweise zu Nitraten (↗ Abb.).

Die **Denitrifizierung** bezeichnet den Vorgang, bei dem Nitrate wieder in molekularen Stickstoff überführt werden. Dieser Prozess erfolgt wiederum über Bodenbakterien. Als Zwischenstufe tritt Distickstoffmonooxid N_2O auf.

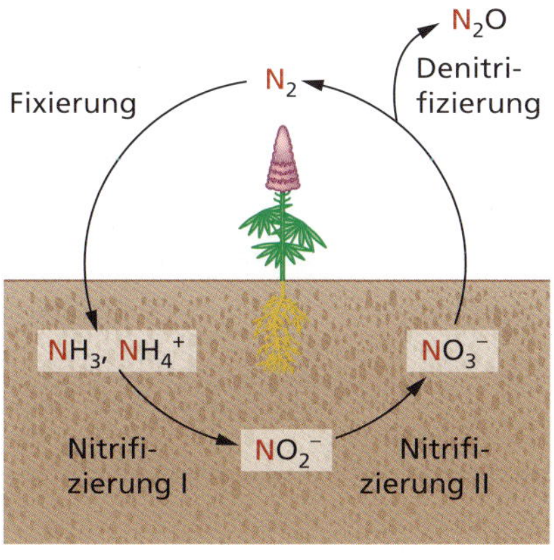

▶ Nur wenige Bakterienarten können Stickstoff direkt in Ammoniumsalze umwandeln. Diese leben im Wasser, z. B. Cyanobakterien, oder im **Boden** wie Knöllchenbakterien. Durch Symbiose mit Letzteren gedeihen Schmetterlingsblütler auch auf stickstoffarmen Böden.

Atmosphärische Stickstofffixierung

Ein anderer Prozess der **natürlichen Stickstofffixierung** ist die Bildung von Salpetersäure in der Atmosphäre (↗ Abb., S. 324).

Bei hohen Temperaturen, wie sie bei Waldbränden, Vulkanausbrüchen oder in Blitzen auftreten, reagieren Stickstoff und Sauerstoff der Luft zu Stickstoffmonooxid NO und Stickstoffdioxid NO_2. Die Stickstoffoxide (↗ S. 198) bilden mit der Luftfeuchtigkeit Salpetersäure, die mit dem Niederschlag in den Boden gelangt.

▶ Distickstoffmonooxid kann aus dem Boden in die Atmosphäre diffundieren. Daraus ergibt sich ein Problem, weil das Gas ein langlebiges Treibhausgas ist. Obwohl der N_2O-Gehalt der Atmosphäre nur etwa $3 \cdot 10^{-5}$ % beträgt, verstärkt das Gas merklich den **Treibhauseffekt** (↗ S. 336).

Kreislauf Biosphäre – Boden

Pflanzen können für die **Assimilation** Stickstoff aus dem Boden bevorzugt in Form von Nitrat-Ionen, aber auch in Form von Ammonium-Ionen aufnehmen.

Aus den Salzen synthetisieren sie dann organische Stickstoffverbindungen wie Aminosäuren und Eiweiße. Die organischen Stickstoffverbindungen werden in der Nahrungskette weitergegeben.

Nach dem Tod der Lebewesen werden die organischen Stickstoffverbindungen aus abgestorbener Biomasse wieder von Bakterien und Pilzen in der **Mineralisierung** zu anorganischen Stickstoffverbindungen abgebaut.

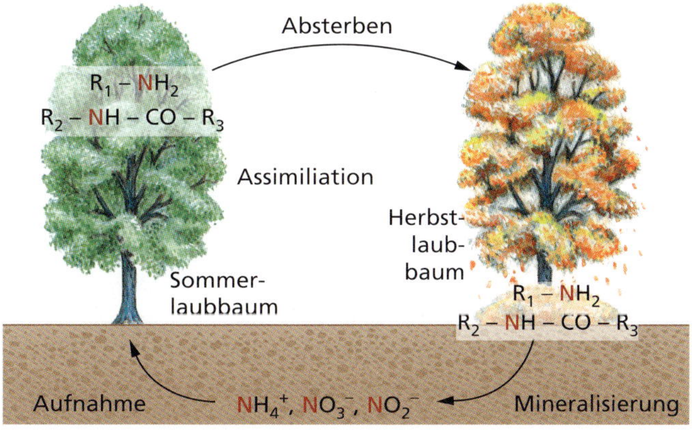

8

Menschlicher Einfluss auf den Stickstoffkreislauf

Das Haber-Bosch-Verfahren (↗ S. 292) und das Ostwald-Verfahren (↗ S. 294) liefern die Ausgangsstoffe für alle **Stickstoffdüngemittel.**

Menschliche Aktivitäten beeinflussen den Stickstoffkreislauf an mehreren Stellen. Von entscheidender Bedeutung ist dabei die **industrielle Fixierung** von Luftstickstoff durch die Synthese von **Ammoniak** und durch die technische Herstellung von **Salpetersäure.**

Aus diesen Stoffen kann für die Landwirtschaft zur Ertragssteigerung mineralischer **Stickstoffdünger** hergestellt werden, z. B. als Kalkammonsalpeter. Der Einsatz von Stickstoffdüngemitteln stieg weltweit von etwa 10 Mio. t im Jahr 1960 auf knapp 100 Mio. t im Jahr 2007.

Bilanz der Stickstofffixierung im Jahr 2008	
biologische Fixierung	180 Mio. t Stickstoff
atmosphärische Fixierung	35 Mio. t Stickstoff
industrielle Fixierung	90 Mio. t Stickstoff

Durch den massenhaften Einsatz von Mineraldüngern steigt der **Nitratgehalt im Boden.** Die Nitrate werden aus dem Boden ausgewaschen und zunehmend ins Grundwasser und damit in Trinkwasserquellen eingetragen. Hohe Nitratgehalte im Trinkwasser (↗ S. 333) stellen jedoch ein Gesundheitsrisiko dar.

Der vorindustrielle Gehalt von Distickstoffmonooxid in der Atmosphäre lag bei 280 ppb, heute beträgt er schon über 320 ppb (*parts per billion* = $1 \cdot 10^{-9}$).

Von den Feldern gelangen die Nitrate in Flüsse und Seen und verursachen vor allem in stehenden Gewässern die Eutrophierung (↗ S. 335) mit Massenvermehrung an Algen. Über die Flüsse werden Düngemittel in die Meere eingetragen, wo es ebenfalls zur Eutrophierung kommt. So herrscht in der südlichen Ostsee im Grundbereich im Sommer häufig Sauerstoffmangel durch den Abbau abgestorbener Biomasse. Das führt zur massiven Schädigung der Bodenlebewesen.

Infolge der erhöhten Nitratgehalte der Böden nimmt der Umfang der Denitrifizierung zu. Dadurch entsteht u. a. mehr Distickstoffmonooxid, das in die Atmosphäre gelangt und dort zum Treibhauseffekt beiträgt.

Durch aufwendige Verfahren zur **Abgasreinigung** in der Industrie sind die durch den **sauren Regen** verursachten Umweltprobleme zurückgegangen.

Auch durch die **Emission von Stickstoffoxiden** aus Verbrennungsprozessen wird der Stickstoffkreislauf durch den Menschen beeinflusst.

Die Abgase von Kraftwerken und vor allem von Fahrzeugen enthalten Stickstoffoxide, die mit Wasser und Sauerstoff in der Atmosphäre zu Salpetersäure reagieren.

Diese trägt zusammen mit Schwefelsäure zur Entstehung des sauren Regens (↗ S. 338) bei.

Verursacher von NO_x-Emissionen Deutschland 2018

(berechnet als NO_2, in Tsd. t)

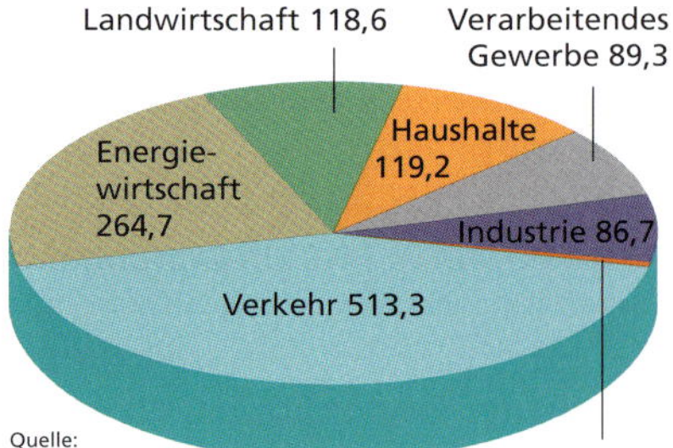

Quelle: Umweltbundesamt

8.5 Der Kreislauf des Phosphors

Im **Phosphorkreislauf** wird der Weg des Elements Phosphor in Form seiner anorganischen und organischen Verbindungen in der Umwelt betrachtet.

Alle Lebewesen enthalten Phosphor in **Nucleinsäuren** und im Energiespeicherstoff ATP. Bei den Wirbeltieren bildet Calciumphosphat einen wichtigen Bestandteil der Knochensubstanz.

Der Austausch und die Umwandlung von Phosphorverbindungen in der Umwelt findet nur zwischen den Bereichen Lithosphäre, Hydrosphäre und Biosphäre statt. Da die Atmosphäre an diesem Kreislauf nicht beteiligt ist, bezeichnet man ihn auch als **Ablagerungskreislauf.**
Ausgehend von phosphatreichen Gesteinsschichten lässt sich der Phosphorkreislauf in folgende Abschnitte unterteilen:

1. Freisetzung von Phosphaten aus Gestein und Lösen im Wasser
2. Aufnahme von löslichen Phosphaten durch Pflanzen
3. Umwandlung von Phosphaten in organische Phosphorverbindungen in Pflanzen
4. Aufnahme und Umwandlung organischer Phosphorverbindungen durch Tiere
5. Zersetzung von abgestorbener Biomasse durch Bakterien und Bildung von anorganischen löslichen Phosphaten

Ein Teil der Phosphorverbindungen wird aus dem Boden ausgewaschen und gelangt in die Gewässer. Dort lagern sich Phosphate im Sediment ab oder werden dem Kreislauf durch Wasserpflanzen wieder zugeführt. Der natürliche Phosphorkreislauf wird ebenfalls vom Menschen beeinflusst. Phosphate aus Waschmitteln und Fäkalien sowie abgeschwemmter Phospatdünger gelangen in die Gewässer und können dort zur Eutrophierung (↗ S. 335) führen.

Phosphorverbindungen werden neben **Stickstoffverbindungen** als Mineraldünger zur Ertragssteigerung in der Landwirtschaft eingesetzt.

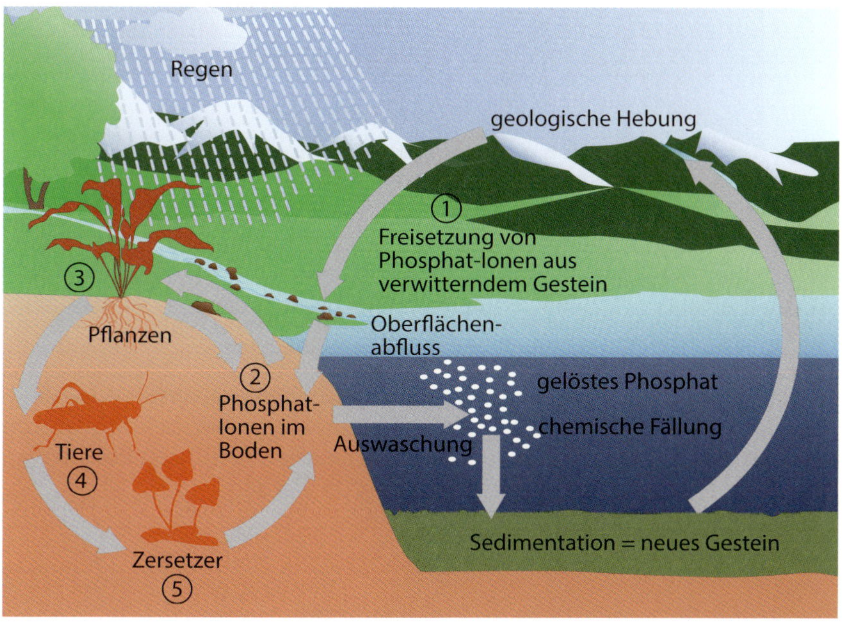

Stoffkreisläufe anderer Stoffe spielen vor allem in der Biologie eine Rolle.

Stoffkreisläufe in der Natur

- In **Stoffkreisläufen** werden Stoffumwandlungen eines Elements in verschiedene Verbindungen oder der Weg einer einzigen Verbindung durch die Umweltbereiche betrachtet.

Stoffkreisläufe

betrachten

den Weg eines Elements (und seiner Verbindungen)

z. B.
- Kreislauf des Kohlenstoffs
- Kreislauf des Stickstoffs

den Weg nur einer Verbindung (eines Elements)

z. B.
- Kreislauf des Wassers
- Kreislauf des Kohlenstoffdioxids

- Stoffkreisläufe lassen sich auch nach der Verknüpfung verschiedener Prozesse in den verschiedenen Umweltbereichen unterteilen.

- An den Kreisläufen können sowohl biologische, geologische und chemische Vorgänge als auch nur geologische und physikalische Vorgänge beteiligt sein.

Stoffkreisläufe

sind

biochemische Kreisläufe

Die Elemente und Verbindungen durchlaufen die unbelebte und belebte Natur, z. B. Kreislauf des Kohlenstoffs.

geophysikalische Kreisläufe

Die Elemente und Verbindungen durchlaufen nur die unbelebte Natur, z. B. langfristiger anorganischer Kohlenstoffkreislauf.

- Stoffkreisläufe werden in der Natur und in vielen industriellen Prozessen durchlaufen.

- In natürlichen Kreisläufen kommt es auch ohne menschliche Einflüsse zu kürzeren oder mittelfristigen Schwankungen. Trotzdem haben sich langfristig relativ stabile Fließgleichgewichte zwischen den Umweltbereichen eingestellt.

- Die natürlichen Stoffkreisläufe werden durch menschliche Aktivitäten, z. B. Industrie, Landwirtschaft, Kraftfahrzeuge usw., beeinflusst. Um die daraus resultierenden Störungen zu minimieren, müssen Rohstoffe und Energie so effektiv wie möglich genutzt werden.

Umweltchemie 9

9.1 Grundlagen

Auch wenn oft nur die Schadwirkungen betrachtet werden, so ist die chemische Industrie im Alltag unverzichtbar. Sie produziert Düngemittel, Medikamente und ermöglicht unseren hohen Lebensstandard. Gleichzeitig hat der Mensch mit der Chemie auch alle Mittel in der Hand, Umweltschäden in Grenzen zu halten.

Als **Umwelt** wird sowohl die unbelebte als auch die belebte Natur bezeichnet. Die Chemie, vor allem die chemische Industrie, wirkt sich auf beide Teile aus.

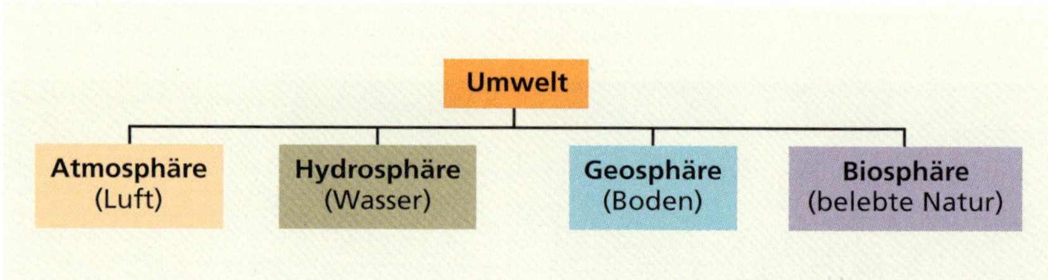

Die Wirkungen chemischer Stoffe können oft nicht eindeutig getrennt oder zugeordnet werden. Häufig werden die Einflüsse der Chemie unter dem Aspekt der Schadwirkung bestimmter Stoffe betrachtet.

Auswirkungen chemischer Stoffe

auf die Atmosphäre	auf die Gewässer	auf den Boden
– Schadstoffe, die die Luft verunreinigen, z. B. Feinstaub	– Schadstoffe, die die Gewässer verunreinigen, z. B. Salze, Mineralöle	– Schadstoffe, die den Boden verunreinigen, z. B. Schwermetalle
– Stoffe, die zum Treibhauseffekt beitragen, z. B. Kohlenstoffdioxid	– Stoffe, die den pH-Wert des Gewässers verändern, z. B. Säuren, Basen	– Stoffe, die den pH-Wert des Bodens verändern, z. B. Säuren, Basen
– Ozon zerstörende Stoffe, z. B. FCKW und Stickstoffoxide	– Stoffe, die als Pflanzennährstoff wirken, z. B. Waschmittelbestandteile	– Stoffe, die als Pflanzennährstoff wirken, z. B. Düngemittel

Die Ozon zerstörenden Stickstoffoxide in den höheren Schichten der Atmosphäre stammen hauptsächlich aus Flugzeugabgasen.

Eine weitere Möglichkeit, den Einfluss der Chemie auf die Umwelt zu betrachten, ist der **Verursacheraspekt.** Dabei wird die Herkunft der Einwirkungen betrachtet.

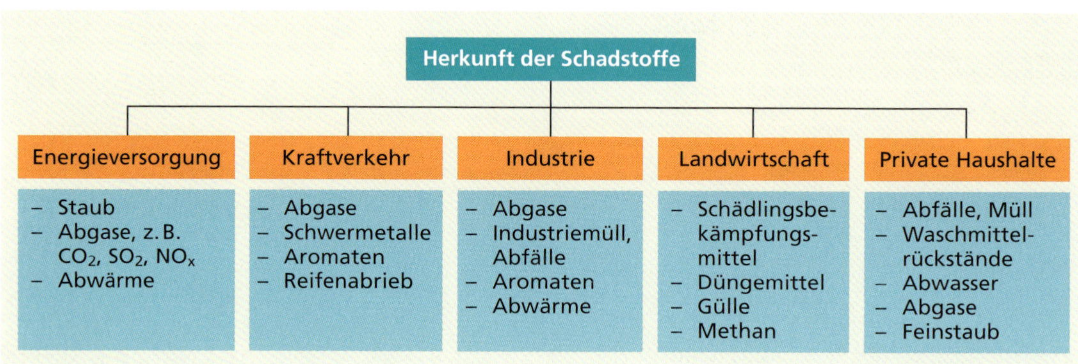

9.2 Belastung der Gewässer

Die Wasservorräte der Erde

Wasser ist ein kostbares Gut, obwohl 72 % der Erdoberfläche von Wasser bedeckt sind. Weniger als 3 % der Gesamtwassermenge sind **Süßwasser** mit einem Salzgehalt von weniger als 1 g/l.

Meerwasser enthält große Mengen an gelösten Salzen und ist nur mit großem Aufwand nutzbar.

Nur ein geringer Teil des Süßwassers ist für den Menschen nutzbar, da etwa 85 % davon als Eis in den Polargebieten und Gletschern gebunden ist. Etwa 10 Mio. km^3 liegen als Grundwasser im Boden oder als Oberflächenwasser in Flüssen und Seen vor und stehen zur Gewinnung von Trinkwasser, zur Bewässerung in der Landwirtschaft oder für industrielle Zwecke zur Verfügung (↗S. 320).

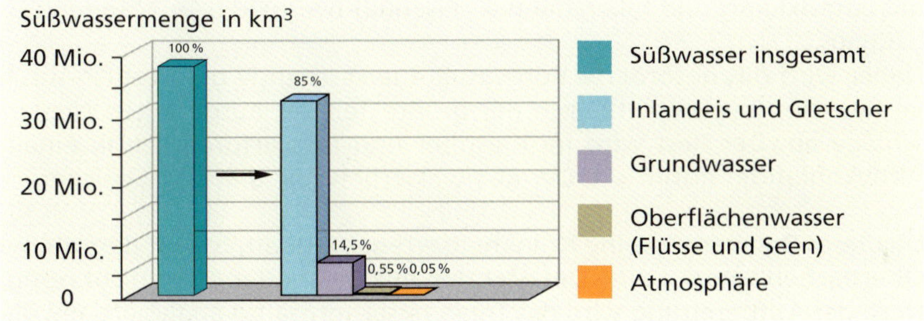

Der Erhalt des Süßwasserbestands der Erde wird durch den globalen **Wasserkreislauf** gewährleistet ↗S. 318 ff.).

Gewinnung von Trinkwasser

Trinkwasser ist unser wichtigstes Lebensmittel, der tägliche Bedarf des Menschen beträgt 2–3 Liter. Der durchschnittliche Trinkwasserverbrauch in deutschen Haushalten liegt bei ca. 125 Litern pro Person und Tag. Davon werden nur 5 % zum Trinken und zur Speisenzubereitung eingesetzt. An Trinkwasser werden besonders hohe Anforderungen gestellt: Es soll klar, geruchlos und geschmacksfrei sein und darf keine Krankheitskeime enthalten.

Der größte Teil des kostbaren Trinkwassers dient für Zwecke, für die keine hohe Reinheit nötig ist. Es ist daher sinnvoll, bei Neubauten z. B. Toiletten mit „Grauwasser" (Regenwasser, Abwasser der Dusche) in einem eigenen Wassernetz zu betreiben.

Durchschnittlicher Wasserverbrauch in deutschen Haushalten

Verwendungszweck	Verbrauch pro Person und Tag
Körperhygiene	ca. 40 Liter
WC-Spülung	ca. 35 Liter
Wäsche waschen	ca. 30 Liter
Geschirrspülen	ca. 7 Liter
Reinigung der Wohnung, Blumen gießen usw.	ca. 7 Liter
Zubereitung von Speisen und Getränken	ca. 6 Liter

▶ Beispiele für Grenzwerte nach der **Trinkwasserverordnung**

Calcium: 400 mg · l^{-1}
Chlorid: 250 mg · l^{-1}
Nitrat: 50 mg · l^{-1}
Blei: 0,025 mg · l^{-1}

Weiterhin dürfen im Trinkwasser bestimmte **Grenzwerte** an gelösten Stoffen nicht überschritten werden. Daher ist Süßwasser zur Gewinnung von Trinkwasser besonders gut geeignet.
In Deutschland wird es zu 75 % aus **Grundwasser**, zu 20 % aus **Oberflächenwasser**, hauptsächlich aus Stauseen, und zu 5 % aus sogenanntem Uferfiltrat gewonnen. Je nach Herkunft kann das Rohwasser verschiedene potenzielle Schadstoffe enthalten und muss in geeigneter Weise aufbereitet werden.

> Trinkwasser ist unser wichtigstes Lebensmittel und wird zu vielen Zwecken benötigt. Es kann aus verschiedenen Quellen gewonnen werden und wird je nach Herkunft entsprechend aufbereitet.

▶ Die Trinkwasseraufbereitung aus Oberflächenwasser und Uferfiltraten ist aufwendiger, weil Krankheitskeime oder Spuren von Pflanzenschutzmitteln und anderen Schadstoffen vorkommen können.

Trinkwasseraufbereitung aus Grundwasser

Grundwasser wird oft aus ergiebigen Vorräten in 20 bis über 100 m Tiefe gefördert. Dieses Wasser enthält keinen gelösten Sauerstoff, meist jedoch gelöste Eisen(II)- und Mangan(II)-Salze. Diese werden bei Kontakt mit Luft oxidiert und fallen dann als Eisen(III)-hydroxid bzw. Mangan(IV)-oxid aus.
Daher wird das geförderte Rohwasser zuerst intensiv belüftet (↗ Abb.). Im Reaktionsbecken setzt sich der größte Teil der ausgefällten Niederschläge ab. Der Rest wird im Kiesfilter und falls erforderlich in einem Aktivkohlefilter abfiltriert. Der Reinwasserbehälter dient als Speicher.

Da dieses Rohwasser keine Krankheitserreger enthält, ist – anders als bei Oberflächenwasser – eine Desinfektion mit Chlor oder Ozon nicht nötig. Nach der Aufbereitung wird das Trinkwasser sorgfältig analysiert, um die Einhaltung der vorgegebenen Grenzwerte und anderer Qualitätskriterien zu gewährleisten.

Trinkwasseraufbereitung aus Grundwasser

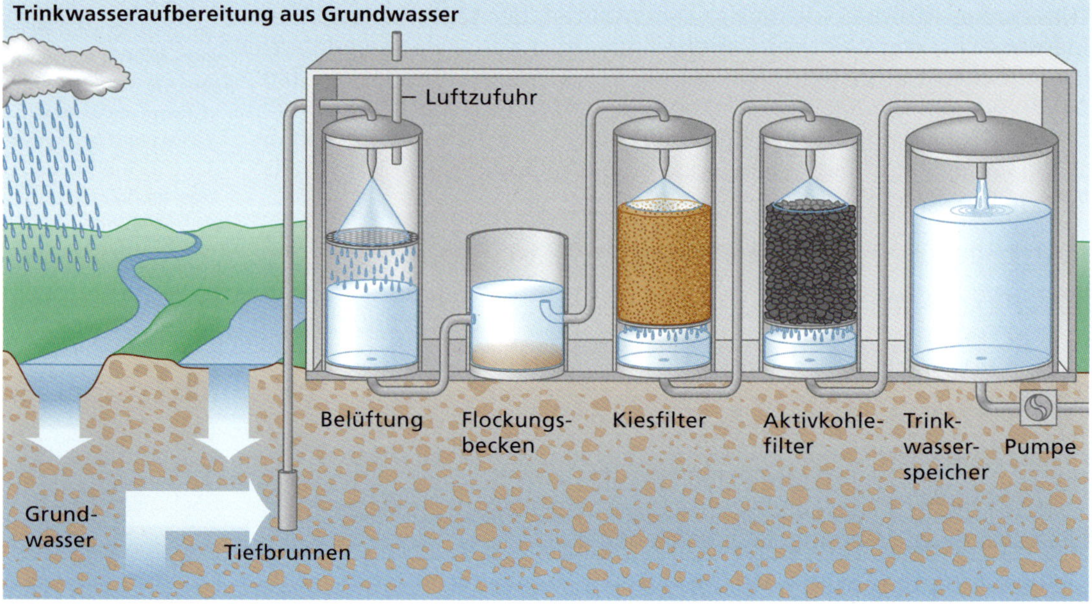

Ein Problem ist die zunehmende **Nitratbelastung** im Trinkwasser. Intensive Düngung mit Nitraten führt dazu, dass diese aus dem Boden ausgewaschen werden und in Trinkwasserbrunnen gelangen. Hohe Nitratgehalte im Trinkwasser stellen ein Gesundheitsrisiko insbesondere bei Säuglingen dar. Durch Beeinträchtigung des Sauerstofftransports im Blut können Säuglinge an Blausucht sterben.
Da man die Nitrat-Ionen nicht selektiv aus dem Rohwasser entfernen kann, gibt es nur die Möglichkeit, nitratreiches Wasser mit nitratarmem aus einer anderen Quelle zu mischen, um so unterhalb des Grenzwertes zu bleiben.

Anteil der Grundwassermessstellen mit Nitratgehalten über dem Grenzwert von 50 mg · l^{-1} in Deutschland:

1960: 2 %
1990: 6 %
2010: 16 %

Reinigung kommunaler Abwässer

Kommunale Abwässer sind häusliche und gewerbliche Abwässer, die häufig auch mit Regenwasser vermischt sind. Wenn sie unbehandelt in die Flüsse gelangen, gefährden sie die Trinkwasserversorgung und die im Wasser lebenden Organismen.

Verschiedene Stoffe werden in **Kläranlagen** kaum abgebaut, z. B. bestimmte Arzneistoffe. Daraus kann ein Risiko entstehen, da sie negativ auf Lebewesen in Gewässern wirken oder über das Grundwasser wieder in das Trinkwasser gelangen können.

Kommunale Abwässer sind hauptsächlich belastet mit:
- suspendierten Feststoffen (Sand, biologisches Material)
- Nährstoffen (Stickstoffverbindungen und Phosphate)
- abbaubaren organischen Verbindungen (z. B. Eiweiße, Tenside)
- biologisch wirksamen Stoffen (z. B. Schwermetalle, Pharmaka)

Das Hauptziel **kommunaler Kläranlagen** besteht in der Abtrennung der Feststoffe, der organischen Inhaltsstoffe sowie der Nährstoffe. Diese erfolgt in mehreren Stufen, einer mechanischen, einer biologischen und einer chemischen Reinigung:

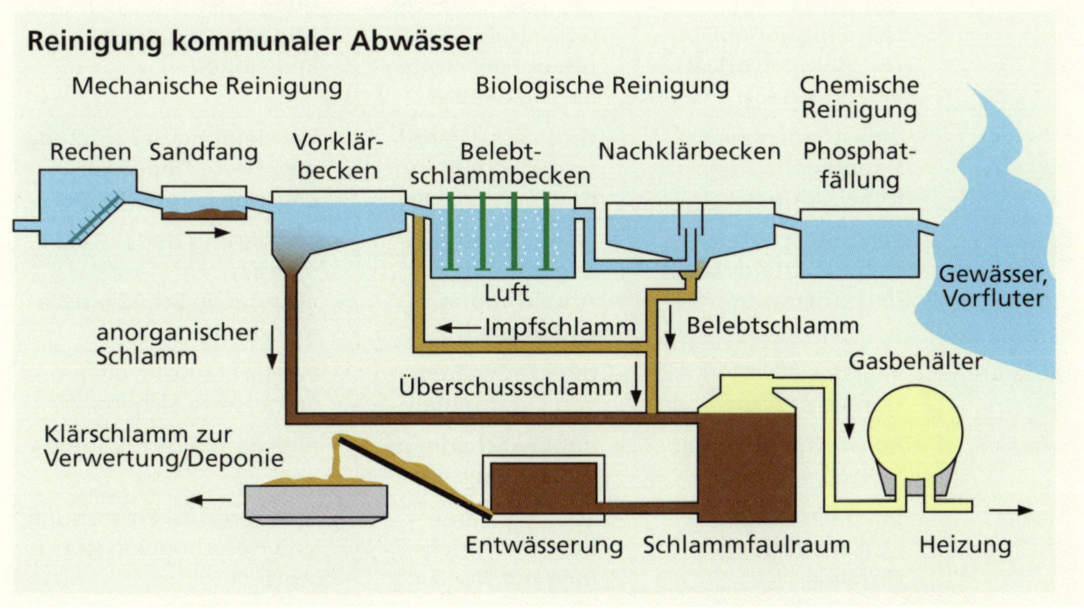

Klärschlamm ist ein wertvoller Dünger in der Landwirtschaft, allerdings nur, wenn er nicht mit Schadstoffen belastet ist.

In der **mechanischen Reinigungsstufe** werden zuerst die suspendierten Feststoffe abgetrennt (↗Abb. auf S. 333).
In der **biologischen Reinigungsstufe** bauen Mikroorganismen unter Belüftung (Sauerstoffzufuhr) die organischen Verbindungen größtenteils ab. Dabei werden auch die Nährstoffe weitgehend umgesetzt. Die Mikroorganismen fallen als Klärschlamm aus, der Überschuss wird abgetrennt. Am Klärschlamm können aber z.B. Schwermetalle oder giftige organische Schadstoffe angelagert werden.
In die Kläranlage kann noch eine Phosphatfällung als **chemische Reinigungsstufe** integriert sein, um das Risiko der Gewässereutrophierung durch Phosphate (↗S. 335) zu reduzieren.

Gefährdung der Gewässer

Durch menschliche Aktivitäten freigesetzte Stoffe werden durch direkte Einleitung mit Abwässern, durch Abschwemmung von Böden und auf dem Luftweg in Flüsse, Seen und Meere eingetragen und verursachen dort Schäden.

Die Menschen nutzen Wasser nicht nur in Haushalten, sondern viel mehr noch für industrielle und landwirtschaftliche Zwecke (↗S. 320).
Dabei gelangen auf vielfältige Weise Schadstoffe in die Gewässer, die die Umwelt schädigen oder über das Grundwasser sogar in die Nahrungskette gelangen können.

Gewässergefährdung durch eingetragene Stoffe

Stoffe	Herkunft	Wirkung	Abhilfe
Nitrate	– Überdüngung in der Landwirtschaft – NO_x-Emissionen von Autos und Kraftwerken (↗S. 338)	– Eutrophierung von Seen bzw. Meeren – Gesundheitsgefahren durch Nitrate im Trinkwasser	– Vermeidung von Überdüngung – Minimierung der NO_x-Emissionen
Schwermetalle	– Industrieprozesse – Deponieabwässer – Mineraldünger	– chronische Vergiftung durch Blockierung von Enzymen	– Vermeidung der Nutzung – gesicherte Deponien – Emissionsminderung
Biozide	– Landwirtschaft (Eintrag ins Grundwasser und Lufttransport)	– giftig für andere Organismen – Anreicherung in Organismen	– Minderung der Einsatzmenge – alternative Schädlingsbekämpfung
Mineralöle	– illegales Ablassen – Unfälle und Havarien	– direkte Schädigung von Organismen	– verstärkte Kontrollen und verbesserte Sicherheit
Salze	– Rohstoffgewinnung – Streusalz	– direkte Schädigung von Organismen	– alternative Technologien
Kunststoffmüll	– unkontrollierte Müllentsorgung in Gewässer	– Tod von Tieren durch Verwechslung mit Nahrung	– sachgerechte Entsorgung und Recycling von Kunststoffen

- Kunststoffmüll aus Verpackungen wird in vielen Ländern der Erde nicht recycelt und gelangt so in die Ozeane. Durch globale Verschmutzung der Meere entstand im Pazifik ein Müllstrudel von der Größe Mitteleuropas. An den Stränden der Weltmeere werden täglich große Mengen von Kunststoffmüll angespült. In den Mägen von Seevögeln werden die versehentlich gefressenen Müllfetzen zurückgehalten und führen zu Krankheiten und zum Tod der Tiere.

Ein anderes Beispiel ist die **Eutrophierung** von Gewässern durch ein überhöhtes Nährstoffangebot an Nitraten und Phosphaten. Die Salze werden hauptsächlich durch Düngemittel in der Landwirtschaft und durch Phosphate aus Exkrementen, Gülle und Reinigungsmitteln in die Oberflächengewässer eingetragen.
Die zusätzlichen Pflanzennährstoffe verursachen ein Massenwachstum an Algen. Die Algen lassen wenig Licht ins Wasser eindringen, wodurch die Fotosynthese der Wasserpflanzen behindert wird. Abgestorbene Algen sinken zum Boden des Gewässers, wo zu ihrer Zersetzung große Mengen an Sauerstoff verbraucht werden.

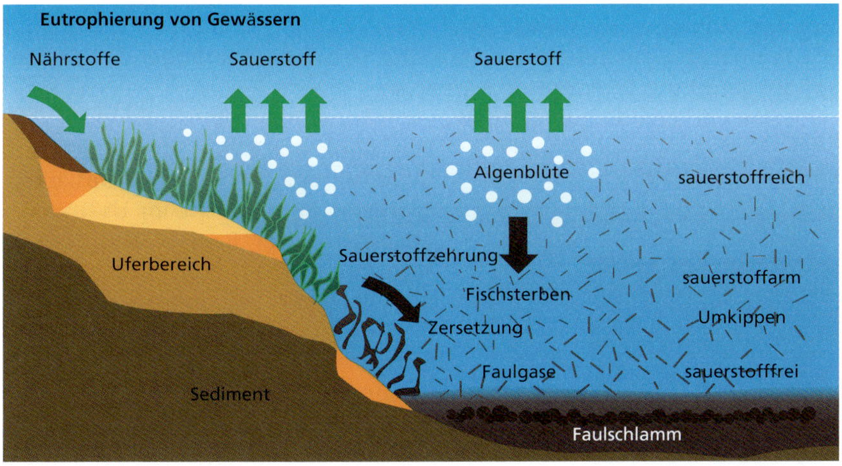

In stehenden und langsam fließenden Gewässern kann der erforderliche Sauerstoff wegen fehlender Durchmischung nicht in ausreichender Menge von der Oberfläche in die Tiefe gelangen.

In sauerstoffarmem Wasser können auch keine Fische mehr leben. Wenn der Sauerstoff im Tiefenwasser ganz verbraucht ist, läuft der Abbau der Biomasse durch anaerobe Bakterien ab, man nennt das **„Umkippen des Sees"**. Unter diesen Bedingungen bilden sich Methan sowie die toxischen Stoffe **Schwefelwasserstoff** und **Ammoniak.**
Die Sanierung eutrophierter Gewässer ist ein aufwendiger Prozess. Dazu muss man die Nährstoffe aus dem Gewässer entfernen oder den Nährstoffkreislauf unterbinden. Danach können die Wasserorganismen wieder neu angesiedelt werden.

> Der Übergang eines Gewässers vom nährstoffarmen in den nährstoffreichen Zustand wird Eutrophierung genannt. Durch biochemische Reaktionen verarmt das Gewässer an Sauerstoff und es entstehen Schadstoffe, die zum Umkippen des Ökosystems führen können.

9

9.3 Belastungen der Atmosphäre

Aufbau der Atmosphäre

Die Zusammensetzung der Atmosphäre hat sich in der Erdgeschichte stark geändert. Sauerstoff wurde erst durch die **Fotosynthese** der Pflanzen gebildet.

Luft ist ein Stoffgemisch, sie enthält 78,1 % Stickstoff, 21,0 % Sauerstoff, 0,9% Argon und zahlreiche **Spurengase** wie Kohlenstoffdioxid und Ozon. Verschiedene Spurengase haben aber große Bedeutung für bestimmte Eigenschaften der Atmosphäre.

> Die **Atmosphäre** ist die Lufthülle der Erde. Sie besitzt eine ausgeprägte vertikale Temperaturverteilung und wird dadurch in verschiedene Schichten gegliedert.

Diese Schichtung ergibt sich durch verschiedene physikalische und chemische Prozesse in der Atmosphäre und ist von großer Bedeutung für die Verteilung der Stoffe in der Atmosphäre.
Die bis etwa 10 km reichende unterste Schicht ist die **Troposphäre,** in der sich fast das gesamte Wettergeschehen abspielt. In dieser Schicht sinkt die Temperatur mit zunehmender Höhe. In der darüberliegenden **Stratosphäre** steigt die Temperatur wieder an.

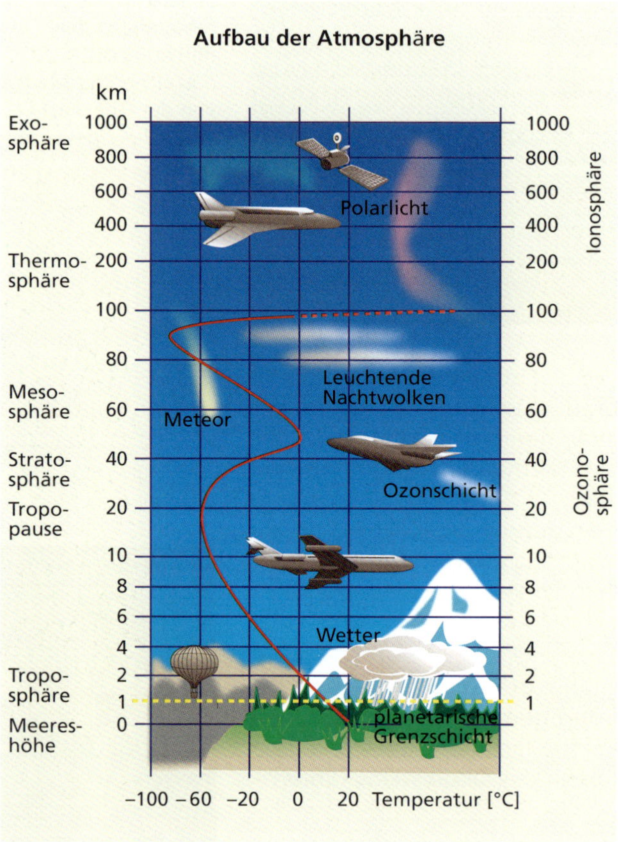

Das wird durch das dort gebildete Ozon verursacht, welches das energiereiche Sonnenlicht im UV-Bereich absorbiert. Der Bereich des Temperaturminimums zwischen beiden Schichten, die **Tropopause,** hat große Bedeutung. Sie erschwert den ungehinderten Stoffaustausch zwischen diesen beiden Schichten. Durch menschliche Aktivitäten gelangen natürliche Gase wie Kohlenstoffdioxid, aber auch naturfremde wie Halogenkohlenwasserstoffe in die Atmosphäre. Dadurch werden die Eigenschaften der Lufthülle und natürliche Gleichgewichte beeinflusst.
Als Folge des Chemikalieneintrags in die Atmosphäre können sich regional und global schwerwiegende Veränderungen der Umwelt ergeben, weil:
- Schadstoffe als Gase, Dämpfe und Stäube weit transportiert werden,
- die Masse der Atmosphäre vergleichsweise klein ist und sie daher empfindlich bereits auf kleine Schadstoffmengen reagiert,
- nachhaltige Veränderungen schon in kurzen Zeiträumen stattfinden.

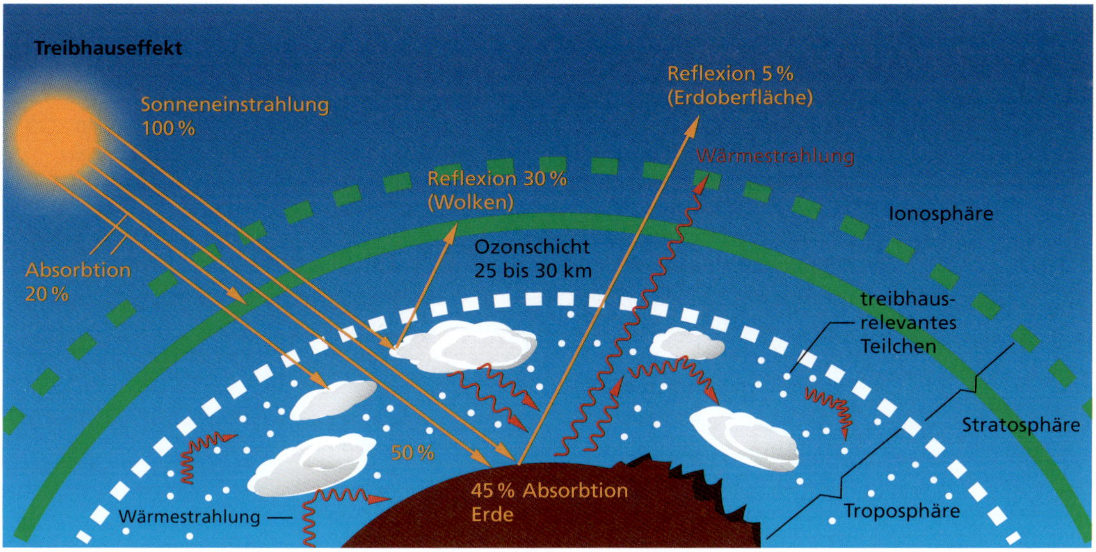

Die Sonnenstrahlung umfasst den Wellenlängenbereich von 200 bis 3000 nm. Kurzwelliges UV-Licht ($\lambda < 300$ nm) wird in der Stratosphäre fast vollständig absorbiert. Langwelliges UV- und sichtbares Licht können die Atmosphäre dagegen passieren. Diese Strahlung erwärmt die Erdoberfläche und wird hauptsächlich als Wärmestrahlung im Infrarotbereich $\lambda > 780$ nm) wieder reflektiert. Die Infrarotstrahlung wird in der Atmosphäre von einigen Spurengasen, z. B. Wasserdampf, Kohlenstoffdioxid, Methan teilweise absorbiert. Daraus resultiert eine Erwärmung der Erde um ca. 33 °C, die als **natürlicher Treibhauseffekt** bezeichnet wird.

Gase, die infrarote Strahlung absorbieren und so die Luft erwärmen, nennt man Treibhausgase. Ohne die natürlichen Treibhausgase in der Atmosphäre würde die mittlere Oberflächentemperatur der Erde nur –18 °C betragen.

Die Erwärmung der unteren Atmosphäre infolge Energieabsorption durch klimarelevante Spurengase nennt man **Treibhauseffekt.**

Durch die Verbrennung fossiler Brennstoffe wird jedoch der Kohlenstoffkreislauf (↗S. 321) gestört. Die Konzentration an Kohlenstoffdioxid in der Atmosphäre ist in den letzten hundert Jahren um ca. 25 % gestiegen. Die Konzentration anderer **Treibhausgase** in der Luft hat durch menschliche Einflüsse ebenfalls zugenommen, z. B. hat sich die CH_4-Konzentration im gleichen Zeitraum etwa verdoppelt. Dadurch wird mehr Infrarotstrahlung in der Atmosphäre absorbiert und der natürliche Treibhauseffekt anthropogen verstärkt.
Da sich die Emissionen von Treibhausgasen fortsetzen, steigen auch ihre atmosphärischen Konzentrationen künftig weiter an. Zudem haben einige anthropogene Treibhausgase wie die Halogenkohlenwasserstoffe eine viel stärkere Wirkung als z. B. Kohlenstoffdioxid. Somit ist eine weitere globale Erwärmung vorprogrammiert.

Der Name **Treibhauseffekt** ist abgeleitet vom Treibhaus, in diesem ist das Glas durchlässig für eingestrahltes sichtbares Licht, aber undurchlässig für reflektierte Infrarotstrahlung.

Der Anstieg der weltweiten Jahresdurchschnittstemperatur um ca. 0,7 °C in den letzten hundert Jahren wird als **anthropogene Verstärkung des Treibhauseffekts** angesehen.

9

Emissionen der säurebildenden Gase SO_2 und NO_x

Die Summe aus den Stickstoffoxiden NO und NO_2 bezeichnet man als Stickoxide bzw. NO_x.

Bei der Verbrennung **fossiler Brennstoffe** werden u.a. Schwefeloxide und Stickstoffoxide freigesetzt, die selbst schädlich sind. Da sie in der Atmosphäre Säuren bilden, nennt man sie **saure Gase.**

Industrie, Gewerbe, Verkehr und Haushalte benötigen fossile Brennstoffe, die organisch gebundenen Schwefel und Stickstoff enthalten. Dadurch entstehen bei der Verbrennung neben Kohlenstoffdioxid CO_2 auch Schwefeldioxid SO_2 und Stickstoffoxide wie NO bzw. NO_2. Zusätzlich bilden sich oberhalb 1000 °C Stickstoffoxide aus Stickstoff und Sauerstoff der Verbrennungsluft.
Die in den Abgasen enthaltenen Gase Schwefeldioxid und Stickstoffdioxid wirken direkt schädigend auf lebende Organismen.

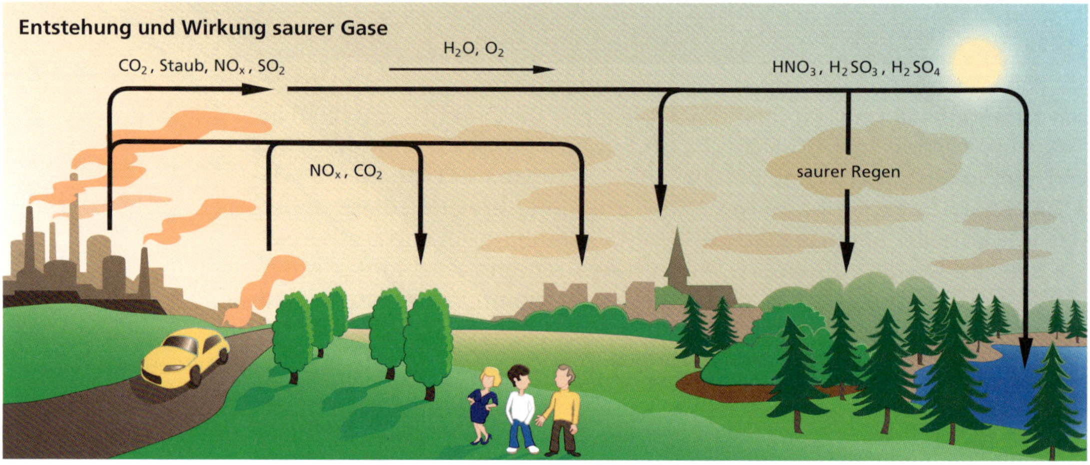

In Deutschland wurden in den 1990er Jahren pH-Werte des Regens zwischen 4,0 und 4,5 gemessen. Das entspricht der 10- bis 40-fachen Protonenkonzentration des Normalwerts. Oft tritt **saurer Regen** nicht am Ort der Schadstofffreisetzung, sondern in weit entfernten Gebieten auf. Ursache ist die Verteilung durch den Wind.

Schon aufgrund des natürliches CO_2-Gehalts der Luft nimmt Regenwasser Kohlenstoffdioxid auf. Daraus entstehen Spuren von Kohlensäure H_2CO_3, die zu einem schwach sauren pH-Wert von 5,6 von „sauberem" Regenwasser führen. Die zusätzlich eingetragenen Schwefel- und Stickstoffoxide bilden mit der Luftfeuchtigkeit weitere **Säuren** (H_2SO_3, H_2SO_4 bzw. HNO_3). Daraus ergibt sich eine weitere Verringerung des pH-Werts (↗ S. 105). Der **saure Regen** führt zur Versauerung der Gewässer und Böden, zur Korrosion von Bauwerken und zu Schädigungen des Ökosystems Wald.

Um Schäden an der Umwelt möglichst gering zuhalten, müssen Abgase von diesen Schadstoffen weitgehend befreit werden. Dies geschieht bei der Rauchgasreinigung in Kraftwerken und durch **Abgaskatalysatoren** bei Autos.

Rauchgasreinigung in Kraftwerken

> Die Hauptschadstoffe im Rauchgas eines Kraftwerks sind Kohlenstoffdioxid, Schwefeldioxid, Stickstoffoxide und Staub. Sie müssen durch **Rauchgasreinigung** weitgehend entfernt werden.

Typische Rauchgaszusammensetzung eines Kohlekraftwerks:

78 % N_2, 16 % CO_2, 6 % O_2, 0,1 % SO_2 (2 g/m^3), 0,05–0,1 % NO_x (0,8–1,5 g/m^3), 6–50 g Staub/m^3.

Es gibt in vielen Ländern gesetzliche Vorgaben über zulässige Höchstmengen an Schadstoffen im Rauchgas. In Deutschland gelten für große Kraftwerke mit über 300 MW Leistung u. a. folgende Abgasgrenzwerte: Staub < 50 mg/m^3; Schwefeldioxid < 400 mg/m^3, Stickstoffoxide < 200 mg/m^3. Vergleicht man diese Vorgaben mit den Ausgangswerten, so erfordert das Mindestabscheidungsgrade von ca. 99,9 % bei Staub, 80 % bei Schwefeldioxid und 80 % bei den Stickstoffoxiden.

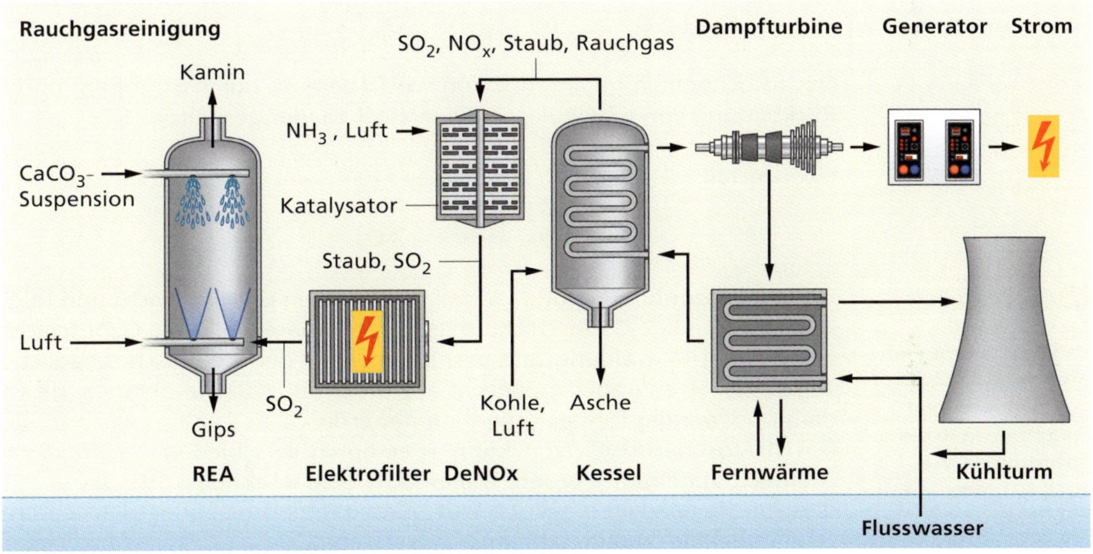

Meist werden zuerst die Stickstoffoxide in der **DeNOx-Anlage** entfernt. Sie werden an einem Katalysator bei 300–400 °C mit zudosiertem Ammoniak zu 80–90 % in Stickstoff und Wasserdampf umgesetzt.

$$6\,NO + 4\,NH_3 \longrightarrow 5\,N_2 + 6\,H_2O$$
$$6\,NO_2 + 8\,NH_3 \longrightarrow 7\,N_2 + 12\,H_2O$$

Dann wird das Gas in einem Elektrofilter, das mit 50–80 kV arbeitet, entstaubt. Dabei werden die Staubteilchen negativ aufgeladen und scheiden sich an der positiv geladenen Filterwand ab.
In der **Rauchgasentschwefelungsanlage (REA)** wird anschließend das Schwefeldioxid weitgehend entfernt. Dafür gibt es verschiedene Möglichkeiten. In den meisten Fällen sprüht man eine wässrige Suspension von fein gemahlenem Kalkstein $CaCO_3$ in das Rauchgas ein. Dabei entsteht aus Schwefeldioxid, Kalk und Sauerstoff der eingeblasenen Luft Gips $CaSO_4 \cdot 2\,H_2O$, der in der Baustoffindustrie verwendet werden kann.

Bei der Rauchgasreinigung in Kraftwerken werden die Schadstoffe nacheinander entfernt. Der Bau eines Steinkohle-Kraftwerks mit einer Leistung von 700 MW kostet insgesamt ca. 750 Mio. €, davon die Rauchgasreinigung allein ca. 25 %.

9

Abbau von Ozon in der Stratosphäre

> In der Stratosphäre wird durch **fotochemische Spaltung** von molekularem Sauerstoff **Ozon** gebildet. Dieses absorbiert UV-Strahlung und verhindert so, dass biologisch schädliche Strahlung zur Erdoberfläche gelangt.

Die bei der Ozonbildung frei werdende Energie wird von einem anderen Molekül M, das als Stoßpartner fungiert, aufgenommen.

Die **energiereiche UV-Strahlung** der Sonne spaltet in der **Stratosphäre** Sauerstoffmoleküle in Atome, die mit weiteren Sauerstoffmolekülen Ozon bilden. Da die Spaltung durch Einwirkung von Strahlung angeregt wird, spricht man von einer fotochemischen Reaktion oder **Fotolyse.**

Ozonbildung:

$$O_2 \xrightarrow{h \cdot \nu} 2\,O \qquad \lambda < 242\text{ nm}$$
$$O + O_2 + M \longrightarrow O_3 + M$$

Das fotochemisch gebildete Ozon wird ebenfalls durch Strahlung unter Rückbildung von molekularem Sauerstoff wieder gespalten.

Ozonzerfall:

$$O_3 \xrightarrow{h \cdot \nu} O + O_2 \qquad \lambda < 310\text{ nm}$$
$$O + O_3 \longrightarrow 2\,O_2$$

Die Reaktionspartner X sind Radikale. Sie werden auch fotolytisch aus verschiedenen Spurengasen in der Stratosphäre, z. B. H_2O, NO_x oder FCKW, gebildet.

Zwischen Ozonbildung und -zerfall stellt sich ein Gleichgewicht und folglich eine ständige **Ozonschicht** in der Stratosphäre ein. Diese Ozonschicht absorbiert UV-Strahlung und verhindert, dass der biologisch schädliche Teil dieser Strahlung $\lambda < 300$ nm auf die Erdoberfläche gelangt; sie ist damit notwendig für das Leben auf der Erde.
Das stratosphärische Ozon kann aber durch verschiedene Stoffe auch chemisch abgebaut werden. Dabei läuft eine Reaktionskette ab, in der diese Stoffe wieder zurückgebildet werden und somit katalytisch weitere Ozonmoleküle spalten können.

Chemischer Ozonabbau:

$$O_3 + X \longrightarrow XO + O_2$$
$$XO + O \longrightarrow O_2 + X \qquad (X = OH, NO, Cl)$$
$$\overline{O_3 + O \longrightarrow 2\,O_2}$$

Das **Ozonloch** über der Antarktis ist eine besondere regionale und zeitlich begrenzte Erscheinung. Sie sollte nicht mit der allgemeinen Reduktion des stratosphärischen Ozons gleichgesetzt werden

Die Ozon zerstörenden Stoffe, z. B. in die Stratosphäre gelangtes Wasser, sind teilweise natürlichen Ursprungs. Der chemische Ozonabbau wird aber anthropogen besonders durch die Emission von **Fluorchlorkohlenwasserstoffen** verstärkt. Die FCKW, z. B. CF_2Cl_2, werden in der Troposphäre nicht abgebaut und wandern langsam in die Stratosphäre. Dort werden sie durch UV-Strahlung fotolytisch gespalten. Die dabei gebildeten Chloratome (Radikale) spalten nun zusätzlich Ozon. Die stratosphärische Ozonschicht wurde dadurch in den letzten 30 Jahren zwischen 60° Süd und 60° Nord um etwa 10 % reduziert, sodass entsprechend mehr biologisch schädliche UV-Strahlung auf die Erdoberfläche gelangt.

Die Bildung von bodennahem Ozon (Fotosmog)

Im Gegensatz zum stratosphärischen Ozon ist **bodennahes Ozon** schädlich. Es bildet sich zusammen mit anderen Reizgasen durch fotochemische Reaktionen aus Vorläufermolekülen speziell im Sommer. Das Gemisch dieser Reizgase nennt man **Fotosmog.**

Ozon ist natürlicher Bestandteil der bodennahen Atmosphäre, es gelangt z.B. aus der Stratosphäre in die Troposphäre. Der natürliche Gehalt von 10–30 $\mu g/m^3$ in Bodennähe ist viel kleiner als in der Stratosphäre.
Durch menschliche Aktivitäten wird die Ozonkonzentration besonders im Sommer stark erhöht. Ozon wird nicht direkt freigesetzt, sondern bildet sich unter Einfluss der Sonnenstrahlung fotochemisch aus Vorläufersubstanzen wie Stickstoffoxiden, Kohlenstoffmonooxid und Kohlenwasserstoffen. Neben Ozon entstehen dabei auch andere Schadstoffe, die zusammen den schädlichen Fotosmog bilden.
Die Reaktionswege bei der Umwandlung der Vorläufersubstanzen zum Fotosmog sind sehr komplex. Auf einem dieser Wege wird Sticktstoffmonooxid zu Stickstoffdioxid oxidiert. Das Sonnenlicht spaltet entstandenes Stickstoffdioxid wieder in Stickstoffmonooxid und atomaren Sauerstoff. Dieser bildet dann mit molekularem Sauerstoff Ozon.

▶ Autoabgase sind Quelle von Vorläufermolekülen des Ozons. Sie enthalten bis 10 000 ppm CO, 100–8 000 ppm NO_x, 200 ppm CH_4 und C_2H_6, bis 500 ppm Olefine, 20–50 ppm Aromaten, bis 400 pm Aldehyde (10 000 ppm = 1 %).

$$CO + NO + O_2 \longrightarrow CO_2 + NO_2$$

$$NO_2 \xrightarrow{h \cdot \nu} NO + O \qquad \lambda < 430\ \text{nm}$$

$$O + O_2 \longrightarrow O_3$$

In einem zweiten Weg werden aus Kohlenwasserstoffen und Sauerstoff unter Beteiligung von Stickstoffdioxid **Aldehyde** und Ozon gebildet. Die Aldehyde unterliegen z.T. noch weiteren Folgereaktionen.

▶ Aldehyde und ihre Folgeprodukte sind ebenfalls Reizgase im **Fotosmog.**

Der Fotosmog tritt besonders an warmen Sommertagen auf. Dabei durchläuft die Konzentration der Schadstoffe charakteristische Tageszyklen (↗ Abb.).
Durch Reaktion z.B. mit NO und Kohlenwasserstoffen wird Ozon nachts wieder abgebaut. Der Wind transportiert NO_2 und Ozon aber auch vom Bildungsort in sogenannte Reinluftgebiete. Da dort wenig Autoverkehr ist und deshalb weniger Stickstoffoxide und Kohlenwasserstoffe in der Luft vorhanden sind, ist nachts der Ozonabbau geringer. Die Ozonkonzentration ist dann in den Reinluftgebieten höher als in den Ballungsgebieten.

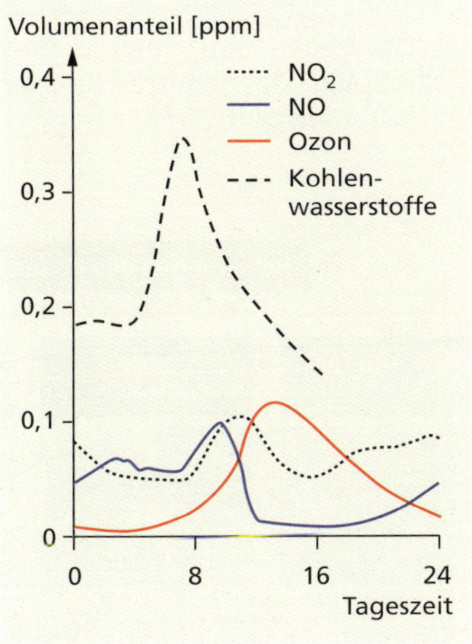

▶ Zum Schutz von menschlicher Gesundheit und der Vegetation gibt es gesetzliche Schwellenwerte für Ozon. In letzter Zeit wurde der für Menschen kritische Schwellenwert von 180 $\mu g/m^3$ weniger häufig überschritten, die für Pflanzen kritische Konzentration von 80 $\mu g/m^3$ aber öfter.

9.4 Belastung des Bodens

Zusammensetzung des Bodens

> Der **Boden** ist ein Stoffgemisch aus verschiedenen festen, flüssigen und gasförmigen Stoffen.

Boden setzt sich aus Bodenteilchen, Bodenwasser und Bodenluft zusammen. In den Poren leben zahlreiche Tiere und Pflanzen.
Die festen Bestandteile sind anorganische Stoffe, z. B. Mineralien wie Silicate (↗S. 195), oder lösliche Salze, die Natrium-Ionen Na^+, Kalium-Ionen K^+ und Magnesium-Ionen Mg^{2+} bilden.
Auch organische Stoffe, z. B. Humus, sind im Boden enthalten.

Anlagerung und Austausch von Ionen durch Bodenteilchen

▶ Herbizide sind Unkrautbekämpfungsmittel, Insektizide wirken gegen Schadinsekten und Fungizide gegen unerwünschten Pilzbefall. Alle gemeinsam werden als Biozide zusammengefasst.

Die chemischen Eigenschaften des Bodens sind von der Bodenart, dem Wassergehalt und der Zusammensetzung der organischen Stoffe abhängig. Entscheidend für chemische Reaktionen im Boden sind die zu den Bodenteilchen gehörenden Tonmineralien und Huminstoffe (Humus), da sie Ionen an sich anlagern oder gegeneinander austauschen können.

Belastungen des Bodens

> Der Boden kann durch in Wasser gelöste Luftschadstoffe, Schwermetalle, Düngemittel, Biozide oder Substanzen aus Deponien belastet werden.

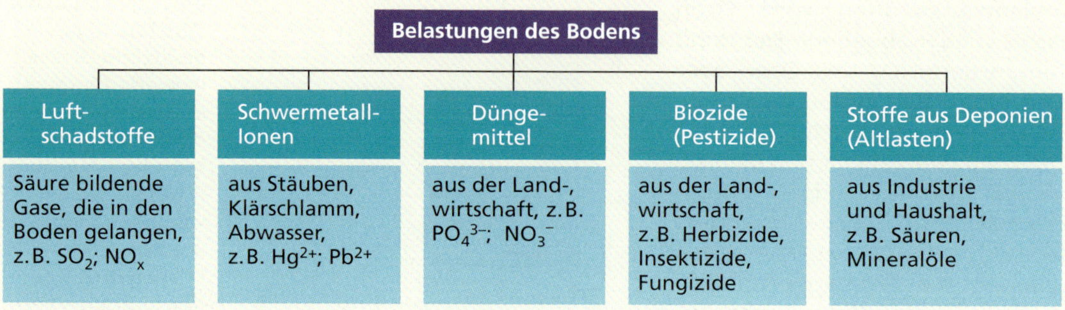

Schwermetalle und ihre Wirkung		
Metall	Herkunft	Wirkung
Blei	– Nahrungsmittel (Leber, Nieren von Tieren) – Bleirohre von Trinkwasserleitungen – alte Rostschutzfarben	– Schäden bei ständiger Aufnahme – wird in den Knochen gespeichert – schädigt das Nervensystem – schädigt bereits den Embryo – hemmt geistige Entwicklung bei Kindern – Müdigkeit, Kopfschmerzen, Muskelschwäche
Cadmium	– Nahrungsmittel (Leber, Nieren von Tieren) – Tabakrauch – in Klärschlamm	– wird in den Nieren gespeichert – schädigt die Nieren – hemmt Enzyme – führt zur Skelettschrumpfung – kann Krebs auslösen
Quecksilber	– Nahrungsmittel (Leber, fettreiche Fische) – Bakterien wandeln anorganische Quecksilberverbindungen in hochgiftige organische Quecksilberverbindungen um – Amalgamfüllungen – Goldschürfer in Afrika	– auch als Dämpfe beim Einatmen giftig – fettlösliche organische Quecksilberverbindungen überwinden die Blut-Hirn-Schranke – schädigt Nervensystem und Nieren – hemmt Enzyme – leichte Erregbarkeit, Zittern, Gedächtnisverlust

Wirkung von Düngemitteln, Bioziden und Altlasten auf den Boden

1. **Düngemittel** enthalten vor allem Phosphate und Nitrate. Sie werden entweder im Boden gespeichert oder von den Pflanzen aufgenommen. Besonders Nitrate werden auch ausgewaschen, da die Bodenteilchen sie nicht anlagern können. Dadurch gelangen sie ins Grundwasser und führen zu einer Eutrophierung der Gewässer (↗ S. 335).
2. **Biozide** werden von der Landwirtschaft eingesetzt, um Schädlinge zu bekämpfen. Es sind sehr verschiedene Stoffgruppen, von denen besonders die chlororganischen Verbindungen für die Umwelt gefährlich sind. Viele Substanzen gelangen in den Boden und werden ins Grundwasser gespült. Damit belasten sie die Gewässer und den Wasserkreislauf (↗ S. 320).
3. Stoffe aus Deponien **(Altlasten)** stammen von Industriebetrieben, aus dem Hausmüll, von Militärstandorten oder auch aus wilden Deponien. Es können Säuren, Salze, Laugen, Mineralöle, Farbstoffe, Treibstoffe und viele andere Stoffe sein. Je nach Herkunft und Zusammensetzung ist die Wirkung dieser als Altlasten bezeichneten Stoffe sehr unterschiedlich.

Umweltbereiche und Chemikalieneintrag

- Unsere **Umwelt** besteht aus vier Umweltbereichen, in denen durch natürliche Prozesse chemische Stoffumwandlungen stattfinden.

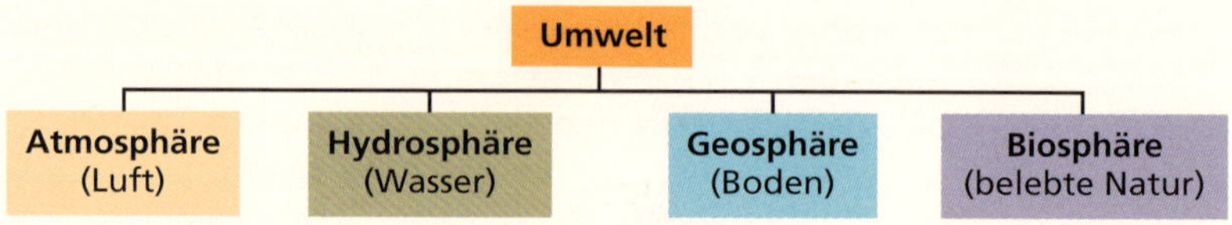

- Infolge **menschlicher Aktivitäten** in Haushalten, Verkehr, Industrie und Landwirtschaft gelangen zusätzlich natürlich vorkommende Stoffe und speziell synthetisierte Stoffe in die Umwelt.

- Sowohl durch natürliche als auch durch den Menschen verursachte Chemikalieneinträge verändert sich die Zusammensetzung der vier Umweltbereiche.

Stoffe und anthropogene Quelle	Auswirkungen auf die Umwelt
Kohlenstoffdioxid CO_2 aus Verbrennung, Methan CH_4 aus diversen Quellen	Verstärkung des natürlichen Treibhauseffektes
Schwefel- und Stickstoffoxide (SO_2 und NO_x) aus Verbrennungsprozessen	saurer Regen, Versauerung von Gewässern, mitverantwortlich für Waldsterben
Stickstoff- und Kohlenstoffoxide sowie Kohlenwasserstoffe aus Autoabgasen	Bildung von bodennahem Ozon und Fotosmog im Sommer
Feinstaub aus Verbrennung von Festbrennstoffen in veralteten Einzelraumfeuerungsanlagen und Dieselkraftstoff	Gesundheitsschäden beim Einatmen
Fluorchlorkohlenwasserstoffe (FCKW)	Ozonzerstörung in der Stratosphäre
Phosphate aus Waschmitteln und Fäkalien	Eutrophierung der Gewässer
Schwermetalle (z. B. Blei) aus Industrieprozessen	Gesundheitsschäden durch Aufnahme mit der Nahrung
Nitrate aus Düngemitteln	Auswaschen ins Grundwasser, Gesundheitsrisiken, Eutrophierung der Gewässer
chlorierte Kohlenwasserstoffe aus verschiedenen Quellen	Bioakkumulation, Störung des Immunsystems und der Fortpflanzungsfähigkeit bei Lebewesen
Kunststoffmüll aus Verpackungen und anderen Kunststoffprodukten	riesiger Teppich aus Kunstoffmüll im Pazifik, der giftige Chemikalien speichert; angeschwemmte Kunststoffteile verunreinigen Strände und töten Meerestiere

Nachweisreaktionen 10

10.1 Nachweisreaktionen für anorganische Stoffe

10.1.1 Vorproben erleichtern die Suche

Chemiker müssen in Lebensmittelbetrieben und kriminaltechnischen Laboren häufig unbekannte Substanzen identifizieren. Angesichts der Tatsache, dass heute mehrere Millionen Verbindungen bekannt sind, ist der **eindeutige Nachweis** schwierig.
Um die Suche einzugrenzen, betrachten Chemiker zuerst die ohne Hilfsmittel erkennbaren **Stoffeigenschaften** (↗ S. 54 ff.) wie Aggregatzustand, Farbe und Geruch. Organische Substanzen sind fast immer brennbar. Wenn die Substanz nicht brennbar ist, könnte es sich um einen anorganischen Stoff handeln, der verschiedenen **Vorproben** unterzogen wird.

▸ Viele Salze sind gut in Wasser löslich, andere dagegen nur in Säuren oder Basen. Manche Elementsubstanzen, Oxide und Salze lösen sich dagegen überhaupt nicht.

Vorprobe	Information
Löslichkeit in Wasser	lösliche Verbindung (z. B. Salze) oder schwer löslicher Stoff (z. B. Nichtmetall)
pH-Wert wässriger Lösungen (↗ S. 105)	saure (z. B. Säure), neutrale (z. B. Salze) oder basische (z. B. Metalloxid) Verbindung
Verhalten in Säuren oder Basen	Hinweis auf Metalle, schwer lösliche Oxide, Hydroxide und Salze
Flammenfärbung	Alkali- und Erdalkali- bzw. Kupfersalze

Hinweise auf bestimmte Metalle erhält man durch die **Flammenfärbung,** die ihre Ionen hervorrufen (↗ Tab. unten). Dazu feuchtet man die Spitze eines sauberen, ausgeglühten Magnesiastabs an und taucht sie in die Probe. Dann hält man die Spitze in die entleuchtete Brennerflamme.

▸ Die Flammenfärbung durch Natrium ist sehr intensiv. Bereits Spuren von 10^{-7} mg rufen noch eine stark gelbe Färbung hervor. Natrium ist in vielen Substanzen in geringen Spuren vorhanden und kann so andere Flammenfärbungen überdecken. Betrachtet man die Flammenfärbung durch ein Cobaltglas, so filtert dieses das Gelb des Natriums heraus.

Metall	Elementsymbol	Flammenfarbe
Barium	Ba	gelbgrün
Caesium	Cs	blauviolett
Calcium	Ca	ziegelrot
Kalium	K	hellviolett
Kupfer	Cu	grün
Lithium	Li	karminrot
Natrium	Na	gelb
Rubidium	Rb	rotviolett
Strontium	Sr	rot

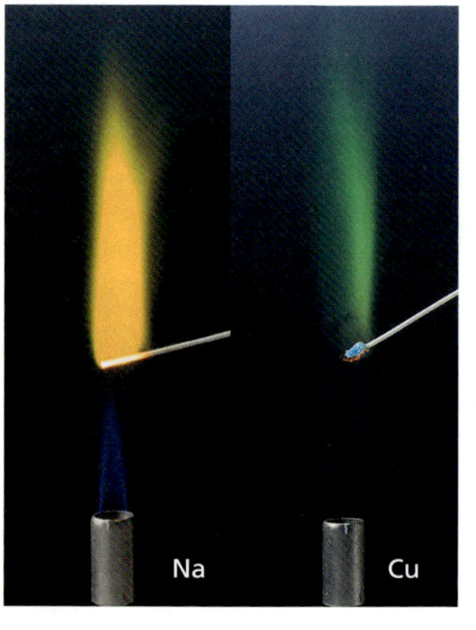

Vorproben sind einfache Tests, durch die Hinweise auf Stoffgruppen oder einzelne Elemente gewonnen werden, die in der zu untersuchenden Probe enthalten sind.

10.1.2 Nachweise durch Fällungsreaktionen

Nachweisreaktionen sind chemische Reaktionen, aus deren Ergebnis eindeutig zu erkennen ist, ob der gesuchte Stoff bzw. bestimmte Ionen in einer Probe enthalten sind.

Bleibt die Farbänderung oder die Fällung aus, ist der Nachweis negativ.

Anorganische Salze, Oxide und Hydroxide liegen fest oder in wässriger Lösung vor. Viele Ionen können in wässrigen Lösungen Reaktionen eingehen, in deren Ergebnis sich die **Farbe der Lösung ändert** oder ein **schwer löslicher Niederschlag** ausfällt.
Ist die Farbänderung charakteristisch (↗ S. 350 f.) bzw. bildet sich der Niederschlag unter den gewählten Bedingungen nur mit dem vermuteten Ion, dann spricht man von einem positiven Nachweis.
Zum Nachweis anorganischer Ionen besonders gut geeignet sind **Fällungsreaktionen** (↗ S. 149). Dabei treten Ionen aus der Lösung des Nachweismittels mit Ionen aus der Probenlösung zusammen und bilden ein schwer lösliches Salz.

Bei einigen Nachweisen, z. B. beim Aldehydnachweis (↗ S. 352), fallen auch Metalle oder Metalloxide aus.

- Bei Zugabe von Silbernitratlösung zu einer mit Salpetersäure angesäuerten Lösung von Metallhalogeniden bilden sich verschiedene Silberhalogenide. Während Silberfluorid wasserlöslich ist, entstehen mit Chlorid-, Bromid- und Iodid-Ionen unterschiedlich gefärbte Niederschläge (↗ Abb. unten).

$$Ag^+ + X^- \longrightarrow AgX\downarrow \qquad X^- = Cl^-, Br^-, I^-$$

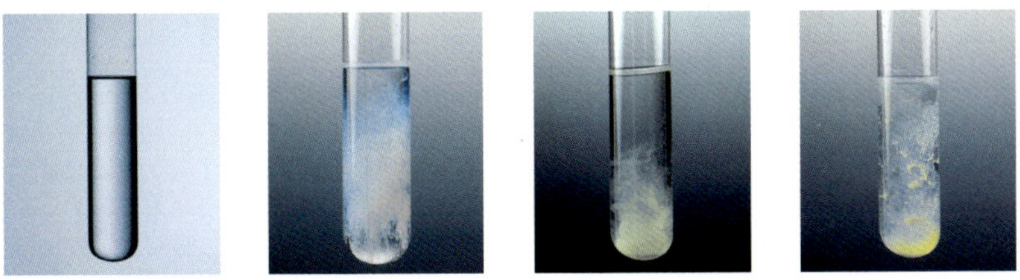

Ag^+ + F^- | AgCl | AgBr | AgI

Reaktion der Halogenid-Ionen mit salpetersaurer Silbernitratlösung

Die Salpetersäure bewirkt, dass nur die Halogenid-Ionen schwer lösliche Silbersalze bilden und keine anderen Ionen den Nachweis stören. Aus dem gleichen Grund wird bei der Analyse immer mit destilliertem Wasser und sauberen Glasgeräten gearbeitet.
Eindeutig unterscheiden lassen sich die Niederschläge durch ihre Reaktion mit Ammoniaklösung. Weißes Silberchlorid löst sich bereits in verdünnter und Silberbromid in konzentrierter Ammoniaklösung. Der gelbe Niederschlag von Silberiodid bleibt dagegen auch in konzentrierter Ammoniaklösung bestehen.

Fällungsreaktionen können als Nachweisreaktionen genutzt werden, wenn die gesuchte Verbindung mit dem Nachweismittel einen charakteristischen Niederschlag bildet.

Nachweis einiger Ionen durch Fällungsreaktionen

Ionen	Nachweismittel	Niederschlag	zugrunde liegende chemische Reaktion (Fällung)
Chlorid-Ionen Cl^-	Silbernitratlösung ($AgNO_3$-Lösung)	weiß	$Ag^+ + Cl^- \longrightarrow AgCl\downarrow$ Silberchlorid löst sich in *verdünnter* Ammoniaklösung.
Bromid-Ionen Br^-	Silbernitratlösung ($AgNO_3$-Lösung)	gelblich-weiß	$Ag^+ + Br^- \longrightarrow AgBr\downarrow$ Silberbromid löst sich in *konzentrierter* Ammoniaklösung.
Iodid-Ionen I^-	Silbernitratlösung ($AgNO_3$-Lösung)	gelb	$Ag^+ + I^- \longrightarrow AgI\downarrow$ Silberiodid löst sich nicht in Ammoniaklösung.
Silber-Ionen Ag^+	Natriumchloridlösung (NaCl-Lösung)	weiß	$Ag^+ + Cl^- \longrightarrow AgCl\downarrow$ Silberchlorid löst sich in *verdünnter* Ammoniaklösung.
Sulfat-Ionen SO_4^{2-}	Bariumchloridlösung ($BaCl_2$-Lösung); mit einigen Tropfen Salzsäure ansäuern	weiß	$Ba^{2+} + SO_4^{2-} \longrightarrow BaSO_4\downarrow$ Das Ansäuern mit Salzsäure verhindert das Ausfällen von Bariumcarbonat.
Barium-Ionen Ba^{2+}	verdünnte Schwefelsäure (H_2SO_4-Lösung)	weiß	$Ba^{2+} + SO_4^{2-} \longrightarrow BaSO_4\downarrow$
Carbonat-Ionen CO_3^{2-}	Kalkwasser ($Ca(OH)_2$-Lösung)	weiß	$Ca^{2+} + CO_3^{2-} \longrightarrow CaCO_3\downarrow$ Calciumcarbonat löst sich in *verdünnten* Säuren.
Calcium-Ionen Ca^{2+}	Natriumcarbonat-Lösung (Na_2CO_3-Lösung)	weiß	$Ca^{2+} + CO_3^{2-} \longrightarrow CaCO_3\downarrow$ Calciumcarbonat löst sich in *verdünnten* Säuren.
Sulfid-Ionen S^{2-}	Bleiacetat; $Pb(CH_3COO)_2$ als Bleiacetatpapier oder -lösung	schwarz	$Pb^{2+} + S^{2-} \longrightarrow PbS\downarrow$ Bleisulfid löst sich in *konzentrierten* Säuren.
Blei-Ionen Pb^{2+}	Schwefelwasserstoff (H_2S-Lösung)	schwarz	$Pb^{2+} + S^{2-} \longrightarrow PbS\downarrow$ Bleisulfid löst sich in *konzentrierten* Säuren.
Phosphat-Ionen PO_4^{3-}	ammoniakalische Magnesiumchloridlösung ($MgCl_2$)	weiß	$Mg^{2+} + NH_4^+ + PO_4^{3-} \longrightarrow MgNH_4PO_4\downarrow$ Magnesiumammoniumsulfat löst sich in *verdünnten* Säuren.

10.1.3 Nachweise gasförmiger Stoffe

Nachweis von Kohlenstoffdioxid

Der Nachweis von Kohlenstoffdioxid wird als Fällung von Calcium- oder Bariumcarbonat durchgeführt.

Auch der **Nachweis von Carbonat-Ionen** gehört zu den Fällungsreaktionen. Oft werden die Carbonate jedoch erst zu Kohlenstoffdioxid umgesetzt, das dann nachgewiesen wird. So ist der Carbonat-Ionen-Nachweis gleichzeitig ein Nachweis eines gasförmigen Stoffes.

Das auf Kohlenstoffdioxid zu prüfende Gas wird in Calciumhydroxidlösung (Kalkwasser) oder Bariumhydroxidlösung (Barytwasser) eingeleitet. Wenn das Gas Kohlenstoffdioxid enthält, fällt ein weißer Niederschlag von Calciumcarbonat bzw. Bariumcarbonat aus.

$$Ca(OH)_2 + CO_2 \longrightarrow CaCO_3\downarrow + H_2O$$
$$Ba(OH)_2 + CO_2 \longrightarrow BaCO_3\downarrow + H_2O$$

Nachweis von Sauerstoff

Der Nachweis von Sauerstoff wird mit der **Spanprobe bzw. Glimmprobe** durchgeführt.

Ein Holzspan wird zum Glimmen gebracht, indem er entzündet und nach einer Weile die Flamme ausgeblasen wird. An der Luft mit einem Sauerstoffgehalt von ca. 21 % glimmt der Span weiter.
Bei einer höheren Sauerstoffkonzentration (ab etwa 30 %) flammt der Span hell auf. Befindet sich in dem Reagenzglas reiner Sauerstoff, so entzündet sich der glimmende Span wieder.

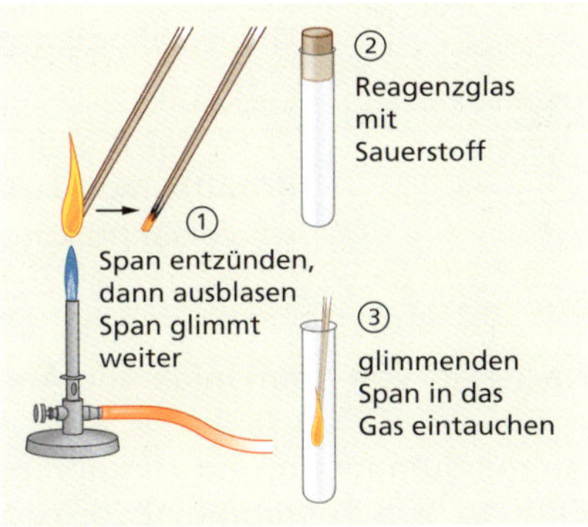

Nachweis von Wasserstoff

Der Nachweis von Wasserstoff erfolgt durch die **Knallgasprobe**.

Reiner Wasserstoff verbrennt an der Luft mit blauer Flamme. Gemische aus Wasserstoff und Sauerstoff sind explosiv. Hält man ein teilweise mit Wasserstoff gefülltes Reagenzglas an eine Brennerflamme, so entzündet sich das Gasgemisch mit einem lauten Pfiff oder deutlichem Knall (Vorsicht!). Bei der Knallgasreaktion entsteht Wasser.

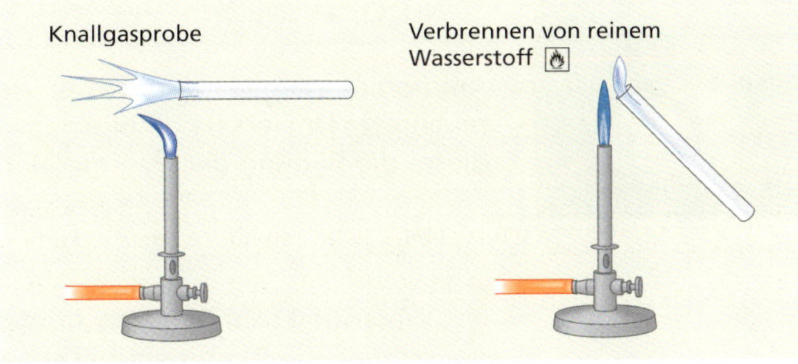

10

10.1.4 Nachweise durch Farbreaktionen

Nachweis von Wasserstoff-Ionen und Hydroxid-Ionen

Säure-Base-Indikatoren unterscheiden sich in den Farben, die sie bei unterschiedlichen pH-Werten annehmen, und dem pH-Bereich, in dem der Farbumschlag stattfindet.

Wasserstoff-Ionen (Hydronium-Ionen) und Hydroxid-Ionen werden mit **Säure-Base-Indikatoren** nachgewiesen.

Säure-Base-Indikatoren sind Farbstoffe, deren Farbe von der Konzentration der Wasserstoff- bzw. Hydronium-Ionen und Hydroxid-Ionen in wässriger Lösung abhängt (↗ S. 105).
Spezielle Gemische aus mehreren Säure-Base-Indikatoren bezeichnet man als **Universalindikatoren.** Sie bilden die typische Färbung der pH-Wertskala zwischen 0 (tiefrot) bis 14 (tiefblau) ab. Der Nachweis der o. g. Ionen erfolgt meistens mit feuchtem Universalindikatorpapier (↗ Abb.).

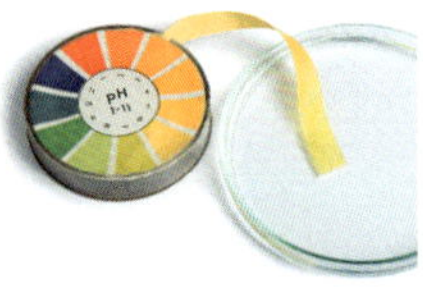

Farbänderungen einiger Säure-Base-Indikatoren bei Anwesenheit von Wasserstoff- bzw. Hydronium-Ionen oder Hydroxid-Ionen

Ionen	Indikator	Farbänderung des Indikators
Wasserstoff-Ionen (Hydronium-Ionen)	Lackmus Phenolphthalein Bromthymolblau Universalindikator	wird rot bleibt farblos wird gelb verschiedene Rotstufen
Hydroxid-Ionen	Lackmus Phenolphthalein Bromthymolblau Universalindikator	wird blau wird rosa bis rot wird hellblau verschiedene Blaustufen

Nachweis von Ammoniak und Ammonium-Ionen

Da weder Ammoniak noch Ammonium-Ionen direkt nachgewiesen werden, spricht man von einem indirekten Nachweis von Ammonium-Ionen.

Ammonium-Ionen und Ammoniak (↗ S. 197) können indirekt über die Bildung von Ammoniumhydroxid durch den Nachweis der Hydroxid-Ionen nachgewiesen werden.
Aus der unbekannten Substanz, z. B. Ammoniumchlorid, wird zuerst durch Zugabe einer starken Base, z. B. Natriumhydroxidlösung, gasförmiges Ammoniak ausgetrieben. Das entstehende Ammoniak weist einen typischen, unangenehm stechenden Geruch auf.

$$NH_4Cl + NaOH \longrightarrow NH_3\uparrow + NaCl + H_2O$$

Ammoniak reagiert mit Wasser zu Ammoniumhydroxid. Hält man angefeuchtetes Universalindikatorpapier über die Versuchsanordnung, so zeigt dieses die Bildung der Hydroxid-Ionen, z. B. durch Blaufärbung, an.

$$NH_3 + H_2O \longrightarrow NH_4^+ + OH^-$$

Wässrige Lösungen von Ammoniak erkennt man am charakteristischen Geruch und am basischen pH-Wert.

Nachweis von Nitrat-Ionen

Nitrat-Ionen werden mit der „Ringprobe" nachgewiesen.

▶ Eisen(II)-sulfatlösung muss immer wieder frisch hergestellt werden, da sich die Eisen(II)-Ionen allmählich in Eisen(III)-Ionen umwandeln.

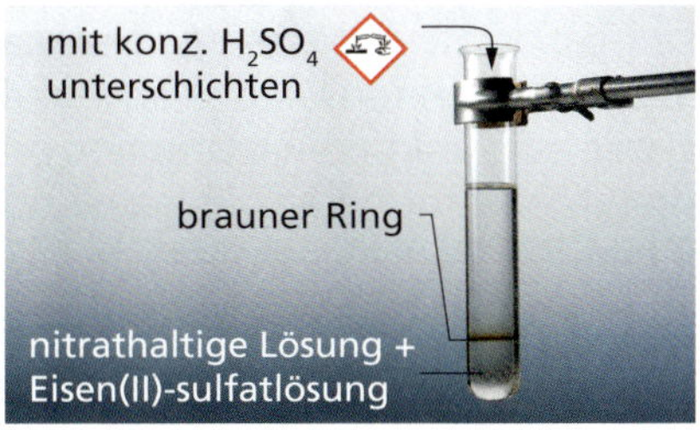

Die zu prüfende Lösung wird mit wenigen Tropfen verdünnter Schwefelsäure angesäuert. Danach wird das Gemisch etwa im Verhältnis 1:1 mit einer frisch zubereiteten Eisen(II)-sulfatlösung versetzt. Diese Lösung wird mit konzentrierter Schwefelsäure unterschichtet (Vorsicht: kein Schülerversuch!). Beim Unterschichten lässt man die Schwefelsäure langsam an der Wand des schräg gehaltenen Reagenzglases herunterrinnen. An der Trennfläche zwischen konzentrierter Schwefelsäure und Probelösung bildet sich ein brauner bis violetter Ring von Nitrosyleisen(II)-sulfat.

▶ Zum **Nachweis von Nitrat-Ionen** gibt es auch Teststreifen. Mit einer Farbskala kann die Menge an Nitrat-Ionen ermittelt werden.

10

Nachweis von Phosphat-Ionen

Phosphat-Ionen können als Komplexverbindung mit Ammoniummolybdat nachgewiesen werden.

Gleiche Mengen Ammoniummolybdatlösung und konzentrierte Salpetersäure werden miteinander versetzt (Vorsicht! Kein Schülerversuch!) ①. Die zu untersuchende Lösung wird hinzugefügt und vorsichtig etwas erwärmt ②. Sind Phosphat-Ionen (↗S. 203) enthalten, färbt sich das Gemisch durch das entstehende Ammoniummolybdatphosphat gelb ③.

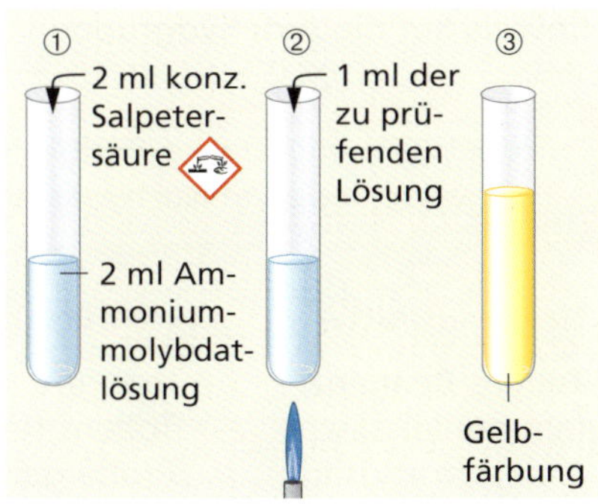

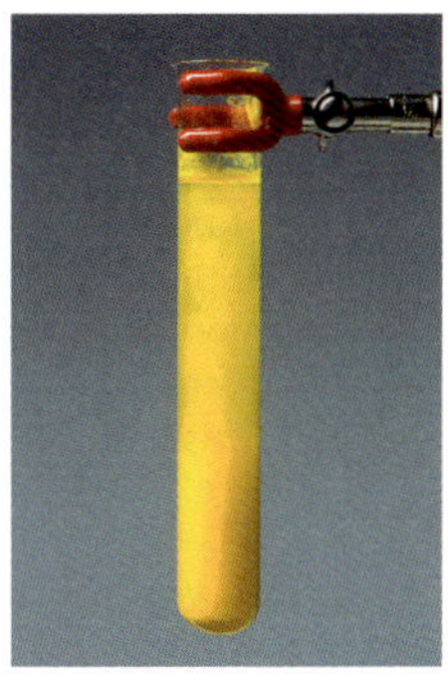

Nachweis von Wasser

Wasser wird mit wasserfreiem Kupfer(II)-sulfat nachgewiesen.

Das Nachweismittel wird durch vorsichtiges Erhitzen von blauem wasserhaltigem Kupfer(II)-sulfat hergestellt. Das enthaltene Kristallwasser verdampft, es entsteht wasserfreies, weißes Kupfer(II)-sulfat. Gibt man dazu eine wasserhaltige Probe, nimmt das weiße Kupfer(II)-sulfat dieses Wasser in Form von Kristallwasser auf. Dabei wird wieder blaues wasserhaltiges Kupfer(II)-sulfat gebildet (↗Abb.).

10

10.2 Nachweisreaktionen für organische Stoffe

10.2.1 Nachweise organischer Stoffklassen

Die eindeutige Identifizierung organischer Stoffe erfolgt mithilfe der **quantitativen Elementaranalyse** und moderner analytischer Verfahren.

Obwohl sie nur aus einigen wenigen Elementen bestehen, ist die Vielfalt der organischen Stoffe noch größer als die der anorganischen Stoffe. Deshalb gibt es kaum spezifische Nachweisreaktionen für einzelne Stoffe. Charakteristische Farb- und Fällungsreaktionen liefern aber **Hinweise auf funktionelle Gruppen oder andere Strukturmerkmale.** Anhand dieser Strukturmerkmale lassen sich die Stoffe einer bestimmten organischen Stoffklasse zuordnen.

Hinweis auf die Hydroxylgruppe

Alkohole und Phenole sind Verbindungen mit Hydroxylgruppe(n) im Molekül. Sie reagieren mit salpetersaurer Cerammoniumnitratlösung unter Bildung rötlicher (Alkohole) oder grünlich (Phenole) gefärbter Komplexe (↗ Abb.).
Gibt man einige Tropfen Eisen(III)-chloridlösung zu einem Phenol, färbt sich die Lösung ebenfalls intensiv. Alkohole zeigen diese Farbreaktion nicht.

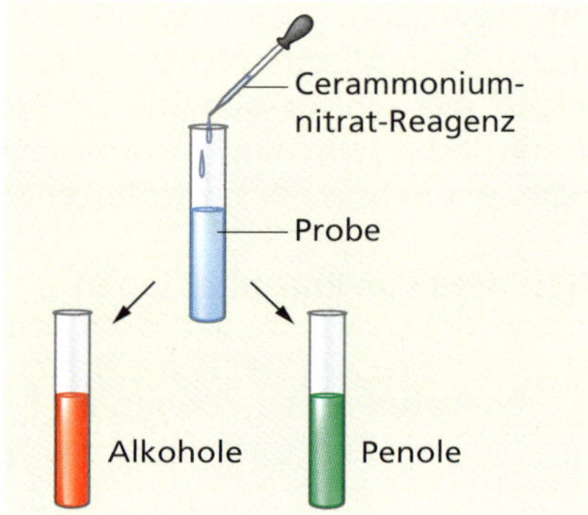

Hinweis auf die Aldehydgruppe

Aldehyde (↗ S. 244) und ihre Dämpfe sind giftig und Krebs erregend. Deshalb dürfen die Nachweise nur unter dem Abzug durchgeführt werden. Auch mit fuchsinschwefliger Säure (Schiffs-Reagenz) kann die Aldehydgruppe nachgewiesen werden. Die Lösung färbt sich rotviolett. Diese Reaktion beruht nicht auf der Reduktionswirkung der Aldehyde.

Aldehyde sind starke Reduktionsmittel. Das kann zum Nachweis mit verschiedenen Nachweismitteln ausgenutzt werden.

Nachweismittel	Durchführung	Beobachtung
Tollens-Reagenz (ammoniakalische Silbernitratlösung)	– mehrere Tropfen Tollens-Reagenz zur Probe geben – Gemisch vorsichtig erwärmen	– Schwarzfärbung durch fein verteiltes Silber – Silberspiegel an der Gefäßwand
$R{-}CHO + 2\,Ag^+ + 2\,OH^- \longrightarrow R{-}COOH + 2\,Ag\downarrow + H_2O$		
fehlingsche Lösung (enthält Kupfer(II)-sulfat)	– fehlingsche Lösung I und II zu gleichen Teilen mischen – Gemisch zur Probe geben und vorsichtig erhitzen	– ziegelroter Niederschlag von Kupfer(I)-oxid
$R{-}CHO + 2\,Cu^{2+} + 4\,OH^- \longrightarrow R{-}COOH + Cu_2O\downarrow + 2\,H_2O$		

Hinweis auf die Carboxylgruppe

> Carbonsäuren dissoziieren in Wasser in Wasserstoff-Ionen (Hydronium-Ionen) und Säurerest-Ionen. Die Wasserstoff-Ionen (Hydronium-Ionen) färben Universalindikatoren rot.

Ein weiterer Hinweis auf die Carboxylgruppe (↗ S. 238) im Molekül ist die Reaktion mit Natriumhydrogencarbonat. Lösungen von Carbonsäuren, z. B. in Wasser oder in Ethanol, schäumen bei Zugabe von Natriumhydrogencarbonat durch die Bildung von Kohlenstoffdioxid stark auf.

Nachweise von Mehrfachbindungen

> Doppel- und Dreifachbindungen können durch **Additionsreaktion mit Brom** oder mit **Baeyers Reagenz** nachgewiesen werden.

Mit Bromwasser kann auch nachgewiesen werden, dass Pflanzenfette und Öle ungesättigte Fettsäuren enthalten. Die Doppelbindungen der ungesättigten Fettsäuren addieren das Brom.

Addition von Brom
An Mehrfachbindungen (↗ S. 74) zwischen Kohlenstoffatomen wird Brom unter Aufspaltung der Bindungen angelagert. Das wird zum Nachweis von Mehrfachbindungen genutzt. Dazu wird die zu untersuchende Substanz durch Bromwasser geleitet oder mit Bromwasser geschüttelt. Bei Vorliegen einer Mehrfachbindung entfärbt sich das braune Bromwasser (↗ Abb.).

$$C_2H_4 + Br_2 \longrightarrow C_2H_4Br_2$$

gasförmig, farblos + flüssig braun ⟶ flüssig, farblos

Bromwasser ist in Wasser gelöstes Brom. In der Gleichung muss also nicht etwa HBr (Bromwasserstoff), sondern die Formel Br_2 verwendet werden. Das Wasser kann man weglassen.

Baeyer-Probe
Baeyers Reagenz ist eine wässrige Lösung von Soda (Natriumcarbonat, Na_2CO_3) und Kaliumpermanganat $KMnO_4$ von violetter Farbe. Kaliumpermanganat oxidiert u. a. organische Stoffe mit Mehrfachbindungen.

Die zu untersuchende Substanz wird in einem Reagenzglas mit Baeyers Reagenz kräftig geschüttelt. Bei Vorhandensein von Mehrfachbindungen entfärbt sich die violette Lösung und es bildet sich ein dunkelbrauner Niederschlag. Diese Reaktion ist nur ein Hinweis auf Mehrfachbindungen, da Kaliumpermanganat auch mit funktionellen Gruppen einiger organischer Stoffe reagiert.

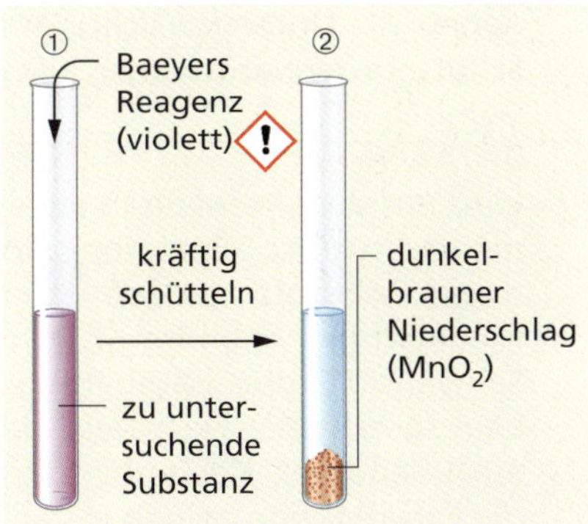

10.2.2 Nachweise von Naturstoffen

Nachweise von Kohlenhydraten

Liegt eine völlig unbekannte organische Substanz vor, so muss zuerst die **qualitative Elementaranalyse** durchgeführt werden. Damit erfährt man, welche Elemente enthalten sind. Danach stellt man das anteilige Zahlenverhältnis der Elemente mit der **quantitativen Elementaranalyse** fest.

Zu den Kohlenhydraten (↗ S. 262 ff.) gehören Mono-, Di- und Polysaccharide. Für einige Vertreter gibt es Nachweisreaktionen, die aber nur teilweise spezifisch sind.

Nachweise von Monosacchariden

1. Der Nachweis von Glucose erfolgt mit der **fehlingschen Probe.**

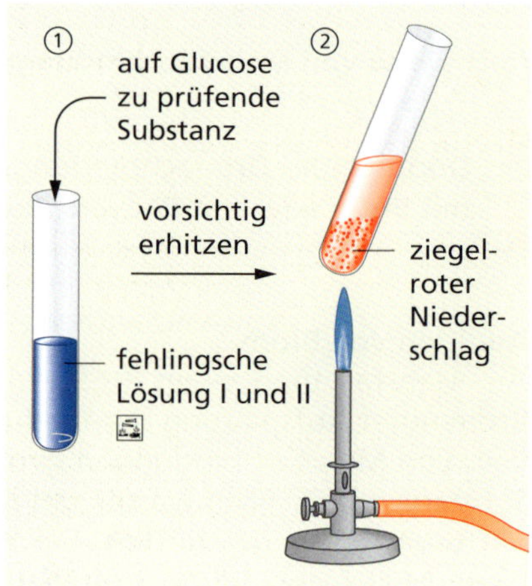

Fehlingsche Lösung I und fehlingsche Lösung II werden im Verhältnis 1:1 gemischt. Eine dunkelblaue Lösung entsteht ①. Dazu wird etwas von dem zu prüfenden Stoff gegeben. Die Lösung wird vorsichtig (Siedeverzug!) erhitzt.
Bei Anwesenheit von Glucose fällt nach und nach über verschiedene Farbstufen ein ziegelroter Niederschlag von Kupfer(I)-oxid aus ②.
Der Nachweis beruht auf der reduzierende Wirkung der Aldehydgruppe der Kettenform (↗ S. 263) der Glucose. Deshalb ist die fehlingsche Probe kein spezifischer Glucosenachweis, denn sie wird durch viele Reduktionsmittel gestört. Die fehlingsche Probe verläuft mit Fructose ebenfalls positiv, da sich Fructose in alkalischer Lösung in Glucose umwandelt.

2. Der Nachweis von Fructose erfolgt mit der **Seliwanoff-Reaktion.**

Die Seliwanoff-Probe funktioniert bei allen **Kohlenhydraten**, die anstelle der Aldehydgruppe eine Ketogruppe (↗ S. 238) im Molekül besitzen. Mit Glucose stellt sich nach längerer Erwärmung ebenfalls eine Rotfärbung ein.

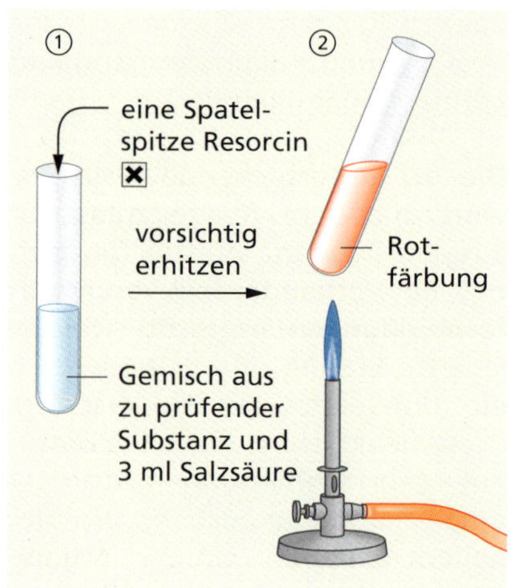

Die zu untersuchende Substanz wird mit etwa 3 ml 10%iger Salzsäure versetzt. Dazu wird eine Spatelspitze Resorcin gegeben ①. Unter vorsichtigem Schütteln erwärmt man das Gemisch.
Bei Anwesenheit von Fructose wird mit dem Resorcin in einer mehrschrittigen Reaktion ein roter Farbstoff, jedoch kein Niederschlag gebildet ②. Die Seliwanoff-Probe ist ebenfalls kein spezifischer Nachweis, da auch andere Kohlenhydrate die Farbreaktion zeigen.

Nachweise von Polysacchariden

1. Nachweis von Stärke:
   Auf die zu untersuchende Substanz wird **Iod-Kaliumiodid-Lösung** (gelblich bis bräunlich) getropft. Bei Anwesenheit von Stärke (↗ S. 266) tritt eine Blaufärbung ein. Sie verschwindet beim Erhitzen der blauen Lösung und bildet sich aufs Neue beim Abkühlen. Die Blaufärbung ist auf die Einlagerung von Iodmolekülen in die Hohlräume der Amylosestruktur zurückzuführen.

2. Nachweis von Cellulose:
   Auf die zu untersuchende Substanz wird sogenannte **Chlor-Zinkiod-Lösung,** ein gelblich bis bräunliches Gemisch aus Chlorwasser und Zinkiodidlösung, getropft. Bei Anwesenheit von Cellulose (↗ S. 267) tritt eine Blau- bis Violettfärbung auf.

Nachweis von Eiweißen

Eiweiße können mit der **Biuretreaktion** oder mit der **Xanthoproteinreaktion** nachgewiesen werden.

Biuretreaktion

Die Untersuchungssubstanz wird in einem Reagenzglas mit etwa 3 ml konzentrierter farbloser Natriumhydroxidlösung und einigen Tropfen stark verdünnter hellblauer Kupfer(II)-sulfatlösung versetzt und kräftig geschüttelt ①.
In Gegenwart von Eiweißen tritt eine Violettfärbung ein ②. Die Biuretreaktion ist ein Nachweis der Peptidbindung und auf die Bildung von Farbkomplexen zurückzuführen.

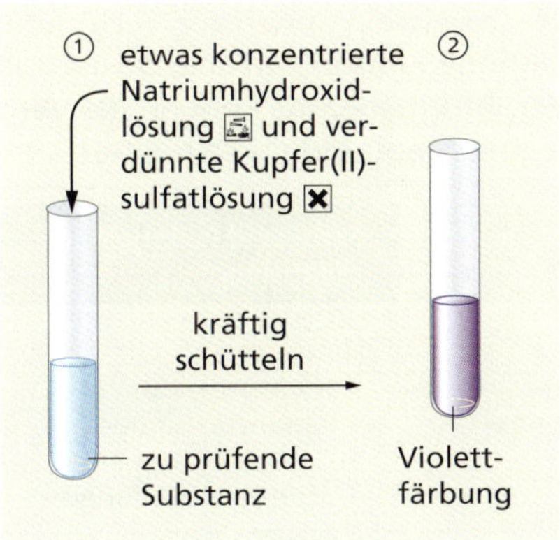

Auch mit Ninhydrin-Reagenz können **Eiweiße** nachgewiesen werden. Der Stoff bildet mit Aminosäuren blauviolette Farbkomplexe.

Xanthoproteinreaktion

Zur Untersuchungssubstanz werden etwa 3 ml konzentrierte Salpetersäure (Vorsicht!) gegeben ①. Gegebenenfalls wird das Gemisch anschließend vorsichtig über der Brennerflamme oder im Wasserbad erwärmt ②.
Vorhandene Eiweiße werden durch die Salpetersäure denaturiert (↗ S. 257). Man beobachtet eine starke Gelbfärbung, die dieser Nachweisreaktion den Namen gab (griech.: *xanthos* – gelb).

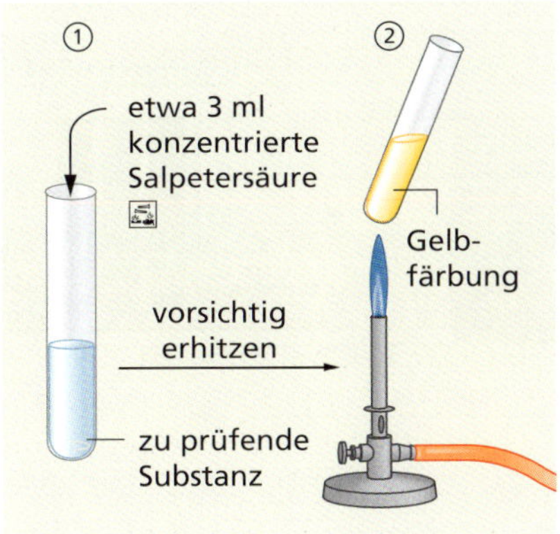

Fette (↗ S. 259 ff.) hinterlassen auf saugfähigem Papier bleibende, durchscheinende Flecken. Diese „Fettfleckprobe" taugt aber nicht als **Nachweisreaktion für Naturstoffe.**

Identifizierung anorganischer und organischer Stoffe

■ Bei der **qualitativen Analyse** wird die Art eines Reinstoffs oder die Bestandteile eines Stoffgemischs ermittelt. Zur **Identifizierung anorganischer Salze** weist man ihre ionischen Bestandteile mithilfe spezifischer Reaktionen nach.

Vorproben

- Löslichkeit in Wasser
- pH-Wert
- Reaktionen mit Säuren und Basen
- Flammenfärbung

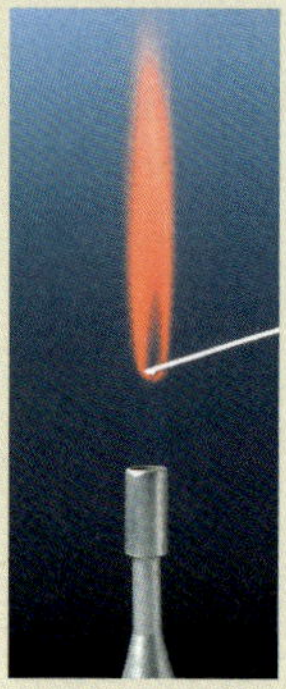

Fällungsreaktionen

Ionen aus homogenen Lösungen treten zu einem schwer löslichen Niederschlag zusammen.

Farbreaktionen

Der gesuchte Stoff bzw. die Ionen bilden mit dem Nachweismittel eine charakteristisch gefärbte Verbindung.

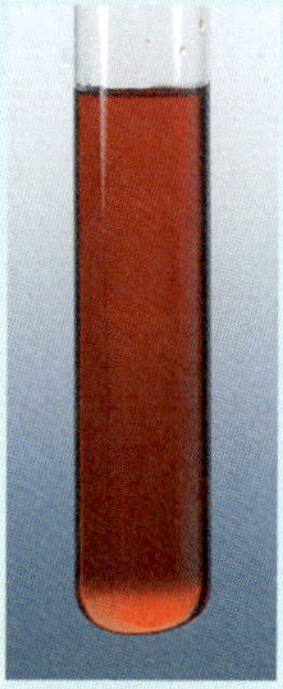

■ Zur **Identifizierung organischer Stoffe** stehen kaum spezifische Nachweisreaktionen zur Verfügung. Mithilfe von Farb- und Fällungsreaktionen lassen sich aber Strukturmerkmale nachweisen. Anhand dieser Strukturmerkmale können die Verbindungen organischen Stoffklassen zugeordnet und durch weitere Untersuchungen identifiziert werden.

Vorproben

- Brennbarkeit
- Mischbarkeit mit Wasser und organischen Lösungsmitteln
- pH-Wert

Farb- und Fällungsreaktionen

Hinweise auf:
- Hydroxylgruppen
- Aldehydgruppen
- Carboxylgruppen
- Mehrfachbindungen

Nachweis von:
- Kohlenhydraten
- Eiweißen

Weiterführende Untersuchungen

- quantitative Elementaranalyse
- Bestimmung der molaren Masse
- Untersuchung physikalischer Eigenschaften (z. B. Schmelztemperatur)
- spektroskopische Verfahren

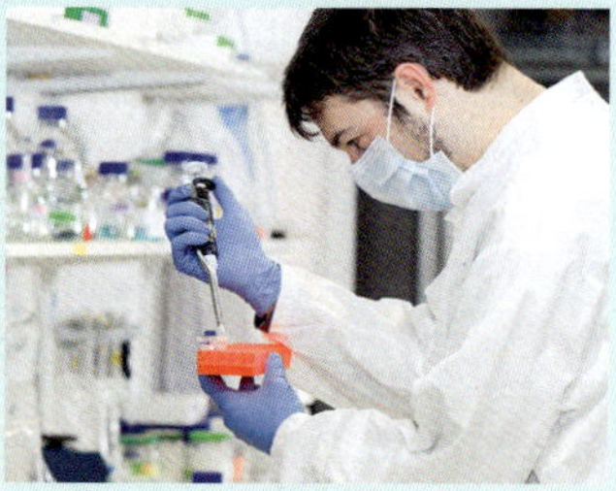

Anhang A

Periodensystem der Elemente

- H[1)]: Gas
- Br[1)]: Flüssigkeit
- Mg[1)]: Feststoff
- (rosa): Nichtmetall
- (grün): Halbmetall
- (blau): Metall
- *: Alle Isotope dieses Elements sind radioaktiv.

Protonenzahl (Ordnungszahl): 5 — Atommasse in u (u = $1{,}66 \cdot 10^{-27}$ kg): 10,81 — Elektronegativität: 2,0 — Elementsymbol: B — Elementname: Bor

Periode	Hauptgruppe I	Hauptgruppe II	Nebengruppe III	Nebengruppe IV	Nebengruppe V	Nebengruppe VI	Nebengruppe VII	Nebengruppe VIII	Nebengruppe VIII	Nebengruppe VIII	Nebengruppe I	Nebengruppe II	Hauptgruppe III	Hauptgruppe IV	Hauptgruppe V	Hauptgruppe VI	Hauptgruppe VII	Hauptgruppe VIII
1	1 1,008 2,1 H Wasserstoff																	2 4,00 He Helium
2	3 6,94 1,0 Li Lithium	4 9,01 1,5 Be Beryllium											5 10,81 2,0 B Bor	6 12,01 2,5 C Kohlenstoff	7 14,007 3,0 N Stickstoff	8 15,999 3,5 O Sauerstoff	9 18,998 4,0 F Fluor	10 20,18 Ne Neon
3	11 22,99 0,9 Na Natrium	12 24,31 1,2 Mg Magnesium											13 26,98 1,5 Al Aluminium	14 28,09 1,8 Si Silicium	15 30,97 2,1 P Phosphor	16 32,06 2,5 S Schwefel	17 35,45 3,0 Cl Chlor	18 39,95 Ar Argon
4	19 39,10 0,8 K Kalium	20 40,08 1,0 Ca Calcium	21 44,96 1,3 Sc Scandium	22 47,90 1,5 Ti Titanium	23 50,94 1,6 V Vanadium	24 51,996 1,6 Cr Chromium	25 54,94 1,5 Mn Mangan	26 55,85 1,8 Fe Eisen	27 58,93 1,8 Co Cobalt	28 58,70 1,8 Ni Nickel	29 63,55 1,9 Cu Kupfer	30 65,38 1,6 Zn Zink	31 69,72 1,6 Ga Gallium	32 72,59 1,8 Ge Germanium	33 74,92 2,0 As Arsen	34 78,96 2,4 Se Selen	35 79,90 2,8 Br Brom	36 83,80 Kr Krypton
5	37 85,47 0,8 Rb Rubidium	38 87,62 1,0 Sr Strontium	39 88,91 1,3 Y Yttrium	40 91,22 1,4 Zr Zirconium	41 92,91 1,6 Nb Niobium	42 95,94 1,8 Mo Molybdän	43 [97] 1,9 Tc* Technetium	44 101,07 2,2 Ru Ruthenium	45 102,91 2,2 Rh Rhodium	46 106,4 2,2 Pd Palladium	47 107,87 1,9 Ag Silber	48 112,41 1,7 Cd Cadmium	49 114,82 1,7 In Indium	50 118,69 1,8 Sn Zinn	51 121,75 1,9 Sb Antimon	52 127,60 2,1 Te Tellur	53 126,90 2,5 I Iod	54 131,30 Xe Xenon
6	55 132,91 0,7 Cs Caesium	56 137,33 0,9 Ba Barium	57–71 Lanthanoide	72 178,49 1,3 Hf Hafnium	73 180,95 1,5 Ta Tantal	74 183,85 1,7 W Wolfram	75 186,21 1,9 Re Rhenium	76 190,2 2,2 Os Osmium	77 192,22 2,2 Ir Iridium	78 195,09 2,2 Pt Platin	79 196,97 2,4 Au Gold	80 200,59 1,9 Hg Quecksilber	81 204,37 1,8 Tl Thallium	82 207,2 1,8 Pb Blei	83 208,98 1,9 Bi Bismut	84 [209] 2,0 Po* Polonium	85 [210] 2,2 At* Astat	86 [222] Rn* Radon
7	87 [223] 0,7 Fr* Francium	88 [226] 0,9 Ra* Radium	89–103 Actinoide	104 [261] Rf* Rutherfordium	105 [262] Db* Dubnium	106 [262] Sg* Seaborgium	107 [262] Bh* Bohrium	108 [262] Hs* Hassium	109 [266] Mt* Meitnerium	110 [281] Ds* Darmstadtium	111 [283] Rg* Roentgenium	112 [285] Cn* Copernicium	113 ~287 Nh Nihonium	114 ~289 Fl Flerovium	115 ~288 Mc Moscovium	116 ~293 Lv Livermorium	117 ~292 Ts Tenness	118 ~294 Og Oganesson

Lanthanoide														
57 138,91 1,1 La Lanthan	58 140,12 1,1 Ce Cerium	59 140,91 1,1 Pr Praseodymium	60 144,24 1,1 Nd Neodymium	61 [145] 1,1 Pm* Promethium	62 150,35 1,2 Sm Samarium	63 151,96 1,2 Eu Europium	64 157,25 1,2 Gd Gadolinium	65 158,92 1,2 Tb Terbium	66 162,50 1,2 Dy Dysprosium	67 164,93 1,2 Ho Holmium	68 167,26 1,2 Er Erbium	69 168,93 1,2 Tm Thulium	70 173,04 1,2 Yb Ytterbium	71 174,97 1,2 Lu Lutetium

Actinoide														
89 [227] 1,1 Ac* Actinium	90 232,04 1,3 Th* Thorium	91 231,04 1,5 Pa* Protactinium	92 238,03 1,4 U* Uranium	93 237,05 1,3 Np* Neptunium	94 [244] 1,3 Pu* Plutonium	95 [243] 1,3 Am* Americium	96 [247] 1,3 Cm* Curium	97 [247] 1,3 Bk* Berkelium	98 [251] 1,3 Cf* Californium	99 [254] 1,3 Es* Einsteinium	100 [257] 1,3 Fm* Fermium	101 [258] 1,3 Md* Mendelevium	102 [259] 1,3 No* Nobelium	103 [260] 1,3 Lr* Lawrencium

[ ] Die umklammerten Werte für die Atommasse geben die Massenzahl des Isotops mit der größten Halbwertszeit an.

1) Aggregatzustand bei 25 °C (298 K) und 1013,25 hPa

Register

A

Abgaskatalysator 338
Abgasreinigung 295, 297
Abwasser 320
Abwasserreinigung 333
Aceton 245
Acetylen 229
Achterschale 71, 74, 186
Addition 227, 278, 280, 353
AGRICOLA, GEORGIUS 10
Akkumulator 146
Aktivierungsenergie 121, 125, 128
Akzeptorhalbzelle 141
Alchemie 10, 109
Aldehyde 238, 244, 246, 341, 352
Aldohexose 263
Aldosen 262
Alkali-Mangan-Batterie 142
Alkalimetalle 180
Alkanale 244
Alkandisäuren 251
Alkane 224, 236, 277
Alkanole 246
Alkanone 245
Alkansäuren 249, 253
Alkene 226, 236, 278
Alkine 228, 236, 278
Alkohole 238, 240, 246
– einwertige 240
– mehrwertige 241
– primäre 240
– sekundäre 240
– tertiäre 240
alkoholische Gärung 314
Altlasten 343
Aluminium 87, 304
Aluminiumlegierungen 304
Aluminiumoxid 209
Aluminiumrecycling 305
Amalgame 90
Ameisensäure 249 f.
Amine 238, 248
Aminosäuren 254
– biogene
– essenzielle
– proteinogene
Ammoniak 106, 147, 197, 292, 326, 335
Ampholyte 147, 178
amphotere Oxide 178, 206
amphotere Verbindungen 147, 175, 178, 206
Amylopektin 266
Amylose 266
Anfertigen eines Lernplakats 35
Anfertigen einer Facharbeit 36
Anilin (Phenylamin) 248
Anionen 92, 101
Anode 141
Anomalie des Wassers 77, 207
Antiklopfmittel 311
Antimon 177
Anwenden von Gesetzen 20
Apparaturen im Labor 41
Arbeitsprinzipien
– technische 286
Arene 233
Aromaten 233
aromatische Kohlenwasserstoffe 236
ARRHENIUS, SVANTE 102, 125
Arsen 176
Aspartam 255
Aspirin 252
Assimilation 325
Atmosphäre 321, 324, 330, 336, 341
– Gefährdung 336
Atombindung 73, 83
– polare 75
– unpolare 74
Atome 67, 83
Atomgitter 80
Atomhülle 68
Atomhypothese 67
Atomkern 68
Atommasse
– absolute 152
– relative 152
Atommodell
– nach BOHR und SOMMERFELD 70
– nach RUTHERFORD 68
Atomradius 173
Aufbereitung von
– Erdöl 308 ff.
– Trinkwasser 332 f.
Ausbeute 17
Außenelektronen 71, 73, 169
Autoabgase 341
Autoprotolyse des Wassers 105
AVOGADRO, AMADEO 155
Avogadro-Konstante 155

B

Baeyer-Probe 353
Basen 102, 106, 147
basische Lösung 107
basische Oxide 177
Basiskonzepte
– Donator-Akzeptor-Konzept 150
– Konzept der chemischen Reaktion 124
– Stoff-Teilchen-Konzept 59
– Struktur-Eigenschafts-Konzept 91, 101
Batterien 141
Baueinheit kleinste 96
Baustoffe 300
Bauxit 304
Begriff 15
Begründen 26
Benennung von
– Ionen 94
– Kohlenwasserstoffen 231
Benzen (Benzol) 234
Benzin 309, 311
Beobachten 21
Berechnungen
– der absoluten Atommasse 152
– der Masse an Reaktionsprodukten
– der molaren Masse 157
– der relativen Molekülmasse 153
– der Teilchenanzahl 155
– der Zusammensetzung von Stoffgemischen 158 f.
– des Volumens an Reaktionsprodukten 163
– Mischungsrechnen 160
– stöchiometrische 162 ff.

BERZELIUS, JÖNS JAKOB 11, 110
Beschaffen von Informationen 31
Beton 300
Bewässerung 320
Bewerten 30
Bindungsgrad 231
Biochemie 14
Bioethanol 315
biogene Aminosäuren 254
Biokatalysatoren 129
Biologie 14
biologische Reinigungsstufe 334
biologische Stickstofffixierung 325
Biosphäre 321, 324, 330
Biozide 334, 343
Bitumen 309
Biuretreaktion 355
Blei 343
Bleiakkumulator 146
Bleioxide 209
Blutzuckergehalt 263
Boden 342 f.
bodennahes Ozon 341
Bodenschadstoffe 342
BOHR, NIELS 70
BOISBAUDRAN, PAUL EMILE LECOQ DE 172
Bor 176
BOSCH, CARL 292
BÖTTGER, JOHANN 10
BOYLE, ROBERT 11, 200
BRAND, HENNING 200
Brandschutz 211
Branntkalk 208, 298
Brauchwasser 320
Brenner 45
Brennstoffzellen 79
Brom 79
BRÖNSTED, JOHANNES NICOLAUS 102
Bronze 89 f.
BROWN, ROBERT 58
brownsche Bewegung 58
BUNSEN, ROBERT 11, 45
Bunsenbrenner 45
Buntmetalle 86
Buta-1,3-dien 232
Butan 224
Butansäure 249 f.
Buttersäure 249 f.

C

Cadmium 343
Calciumcarbonat 99, 208, 298
Calciumfluorid 96
Calciumhydroxid 106, 298
Calciumoxid 208, 298
Carbon 238
Carbonate 191
Carbonsäureester 252 f.
Carbonsäuren 238, 249, 253, 353
CAVENDISH, HENRY 196
Cellulose 267
CHADWICK, JAMES 69
CHATELIER, HENRY LE 69
Chemie 8, 12
– Teilgebiete 12
Chemiefaser 271
chemische Reaktionen 8, 120, 124
– anorganischer Stoffe 134
– endotherme 121 f.
– exotherme 121 f.
– Klassifizierung 134, 276
– organischer Stoffe 276, 280
– Säure-Base-Reaktionen 147
– umkehrbare 130
chemische Reinigungsstufe 334
chemisches Element 166
chemisches Gleichgewicht 130, 133
– Einstellzeit 131
– Merkmale 131
chemische Verbindungen 60
chemische Zeichensprache 109 ff., 118
chemischtechnische Verfahren, Besonderheiten 286, 316
Chitin 265
Chlor 216 ff., 302
Chloralkali-Elektrolyse 146, 302
Chloride 218
Chlorwasserstoff 75, 217
Chlorwasserstoffsäure 217
Cholesterin 242
Citronensäure 251
Cracken 310
Crackverfahren 310
CURL, ROBERT 187
Cycloalkane 233

D

DALTON, JOHN 11, 67, 110, 162
daltonsche Atomhypothese 67
Daniell-Element 141
DANIELL, JOHN FREDERIC 140
Dauerwelle 257
DAVY, SIR HUMPHRY 11
Definieren 26
Dehydratisierung 279
Dehydrierung 225, 279
Dehydrohalogenierung 279
Dekantieren 65
DEMOKRIT VON ABDERA 58, 67
Denaturierung 257
Denitrifizierung 325
DeNOx-Anlage 339
Desoxyribose 264
Destillation 42
– fraktionierte 309
Diabetes 263
Diamant 80, 187
Dichte 16, 55, 156
Diene 232
Dieselöl 309
Diethylether 247
Dioxin 239
Dipeptid 255
Diphosphorpentoxid 202
Dipole 75 f., 207
Disaccharide 262, 264, 268
Diskutieren 28
Dissoziation 149, 207, 219
Disulfidbrücke 256
DÖBEREINER, JOHANN WOLFGANG 11, 166
Dolomit 208
Donator-Akzeptor-Konzept 150

Donatorhalbzelle 141
Doppelbindung 74, 231
- isolierte 232
- konjugierte 232
- kumulierte 232
Drehrohrofen 301
Dreifachbindung 74, 231
Druck 16, 132
Düngemittel 292, 294, 335, 343
Duraluminium 90
Durchmischung 127
Duroplaste 271 f., 275

E

Edelgase 173, 184
Edelgaskonfiguration 71, 73, 83, 171, 184
Edelsteine 210
edle Metalle 86, 137
Edukte 120
Eigenschaften von Stoffen 54 ff.
Einbalsamieren 9
Eindampfen 41
Einfachzucker 262
EINSTEIN, ALBERT 11, 58
Einstellzeit 130, 131
einwertige Alkohole 240
Eisen 87, 287
Eisenoxide 209
Eiweiße 255, 256, 268, 324
- Bedeutung 258
- biologische Funktionen 258
- Struktur 256
Elastomere (Elaste) 272, 275
elektrische Leitfähigkeit 55, 174, 180
elektrochemische Doppelschicht 139
elektrochemische Reaktionen 134, 138, 150
elektrochemisches Potenzial 139
elektrochemische Zelle 140
Elektroden 138
Elektrolyse 146, 205
Elektrolyte 138
elektrolytische Prozesse 146, 205
Elektronegativität 75, 173
Elektronen 68
Elektronenakzeptoren 136
Elektronendonatoren 136
Elektronengas 84
Elektronengasmodell 85
Elektronenkonfiguration 171
Elektronenoktett 74
Elektronenpaar
- bindendes 73
- gemeinsames 73
Elektronenschale 70, 83, 168 ff.
Elektronensextett 234
Elektrotauchlackierung 146
Element 15, 69, 166
Elementaranalyse 352
Elementsubstanzen 60, 78, 185
Elementsymbol 110, 166
Eliminierung 225, 276, 279 f.
Emaillieren 145
Emission von Stickstoffoxiden 326
endotherme Reaktion 123
energetische Verwertung 274
Energie 16
Energiediagramm 122, 125, 128
Energieniveau 70, 169
Energieniveauschema 70
Energieumwandlung 124
Entwickeln chemischer Formeln 113
Entzündungstemperatur 211
Enzyme 129, 258, 314
Erdgas 282, 306
Erdöl 282, 306, 308
Erkenntnisgewinnung 20
Erklären 24
Erläutern 24
essenzielle Aminosäuren 254
essenzielle Fettsäuren 260
Essig 9
Ester 252
Esterbildung 252 f.
Ethan 225
Ethanal 244
Ethanol 82, 241, 314
Ethansäure (Essigsäure) 249 f.
Ethen 226
Ether 238, 247
Eutrophierung 327, 335
exotherme Reaktion 122
Experimentieren 38, 46
- Protokoll 48
- Verhaltensregeln 49
Explosion 127

F

Facharbeit anfertigen 36
Fachtexte lesen 32
Fällungsreaktionen 149, 347, 356
β-Faltblattstruktur 256
Farbreaktionen 347, 356
Fasern 271
FCKW 340
fehlingsche Probe 354
Fette 252, 259, 268
- Schmelzbereich 260
Fettfleckprobe 355
Fettsäuren
- essenzielle 260
- gesättigte 259
- ungesättigte 259
Feuer 211
Feuerverzinken 145
Filtration 41, 332
Filtrieren 41, 65, 332
FISCHER, EMIL 258
Flammen 211
Flammenfärbung 346
Fließgleichgewicht 323, 328
Fluorchlorkohlenwasserstoffe 239, 340
Formaldehyd 82, 244
Formelgleichung 115
Formeln 111, 118
fossile Brennstoffe 338
fossile Rohstoffe 306
fotochemische Reaktion 134, 340
Fotosmog 341
Fotosynthese 283, 322
fraktionierte Destillation 309
Frischen 290
Fruchtzucker 264

Fructose 264, 354
Fullerene 187
Fünf-Schritt-Methode 32
funktionelle Gruppen 237 ff., 270

G

Gallium 172
GALVANI, LUIGI 140
galvanische Prozesse 140
galvanisches Element 140
Galvanisieren 145, 146
Gasbrenner 45
Gärung, alkoholische 241, 314
Gefahrstoffe 51
Gefahrstoffverordnung 51
Gegenstromprinzip 286
gemeinsames Elektronenpaar 171
Geografie 14
Geosphäre 330
Germanium 172, 176
gesättigte Fettsäuren 259
gesättigte Kohlenwasserstoffe 222, 277, 278
Gesetze 18
- der Erhaltung der Anzahl der Atome 161
- der Erhaltung der Masse 161
- der konstanten Proportionen 161
- der multiplen Proportionen 162
- der Periodizität 18
- von AVOGADRO 157
Gewässerschadstoffe 334
Gips 213, 301, 339
Gittermodell 95
Glas 300
Glasgeräte 39 f.
Gleichgewicht
- chemisches 130, 133
- elektrochemisches 139
Gleichgewichtsreaktion 130, 292, 313
Gleichgewichtszustand 130
Glimmprobe 349
global harmonisiertes System zur Einstufung und Kennzeichnung von Chemikalien (GHS) 51
Glucose 263, 314, 354
Glut 211
Glycerin (Glycerol) 242, 259
Gold 88
Grafit 186
Größen 15
- stoffkennzeichnende 16, 156 ff.
- Stoffproben kennzeichnende 152 ff.
Grundwasser 332
Gummi 272
Gusseisen 90, 289

H

HABER, FRITZ 292
Haber-Bosch-Verfahren 292
Halbleiter 192
Halbmetalle 174 f., 192
Halogenalkane 239, 277
Halogenalkene 239
Halogenalkine 239
Halogene 182 f.
Halogenierung 229, 277, 278
Halogenkohlenwasserstoffe 238 f., 336
Halten eines Vortrags 34
Hämoglobin 258
Härte 56
Härte des Wassers 261
Hauptgruppe 169
Hauptgruppen des PSE
- I. Hauptgruppe 180
- VII. Hauptgruppe 182
- VIII. Hauptgruppe 184
Hefe 314
α-Helixstruktur 256
Hilfsmittel 38
Hilfsstoffe 285
Hinreaktion 131
Hochofen 287
Hochofenschlacke 289
Hoffmanns Tropfen 247
homogene Katalyse 129
homologe Reihe 223 f., 226, 233, 237, 246
HÜCKEL, ERICH 234
Humus 342
Hydratisierung 227 f., 278, 314
Hydrierung 227 f., 278
Hydrohalogenierung 229, 278
Hydrolyse 253, 260
Hydronium-Ionen 102, 108, 148, 338
Hydrosphäre 321, 324, 330
Hydroxid-Ionen 99, 148

I

industrielle Fixierung 326
Informationsquellen 32
Informationen
- Beschaffen 31
- Präsentieren 33 ff.
Infrarotstrahlung 337
Insulin 255
Internationales Einheitensystem 16, 153
Interpretieren 29, 116
Iod 79
Ionen 92 ff.
Ionenbildung 93
Ionenbindung 95, 101
Ionenformeln 112
Ionenkristall 95
Ionensubstanzen 61 ff., 101
- Eigenschaften 97
isolierte Doppelbindungen 232
Isomere 230, 240
Isopren 232
Isotope 69, 212
IUPAC-Regeln 231

K

Kaliumhydroxid 106
Kalk 99, 208, 298
Kalkbrennen 208, 298
Kalkmörtel 301
Kalkstein 298, 339
Katalysator 128, 131, 133, 286, 292, 310
Katalyse
- heterogene 128
- homogene 128
katalytisches Cracken 310
Kationen 92, 101
Katode 141

KEKULÉ, ERNST AUGUST VON 11, 234
Keramik 300
Kern-Hülle-Modell 68
Kernladungszahl 69, 83, 168
Kernseifen 260
Kerosin 309
Ketone 238, 245 f.
Ketosen 262
kettenförmige Kohlenwasserstoffe 222, 236
Kettenisomerie 230
Kieselsäure 194
Kläranlage 333
Klärschlamm 334
kleinste Baueinheit 96
Klopffestigkeit 311
Knallgasprobe 349
Knopfzellen 142
Kochsalz 57, 99
Kohle 188, 282, 306 f.
Kohleentgasung 307
Kohlehydrierung 307
Kohlenhydrate 262, 268
- Disaccharide 264 f.
- Einteilung 262
- Monosaccharide 262 f.
- Polysaccharide 265 f.
Kohlensäure 191
Kohlenstoff 80, 186, 321
Kohlenstoffdioxid 82, 190, 321, 338
Kohlenstoffdisulfid 191
Kohlenstoffkreislauf 321, 337
- Teilkreisläufe 322
Kohlenstoffmonooxid 189
Kohlenstoffverbindungen
- anorganische 189 ff.
Kohlenwasserstoffe 222 ff., 236, 308, 310
- Nomenklatur 231
Kohleveredlung 307
Komplexverbindungen 178
Kondensation 253, 255, 277
Königswasser 218
konjugierte Doppelbindungen 232
Konstitutionsisomerie 230
Kontaktofen 292, 294
Kontaktverfahren 296
Konzentration 127, 132
Konzept der chemischen Reaktion 124
korrespondierendes Säure-Base-Paar 103, 147
Korrosion 144
Korrosionsschutz 145
Korund 210
Kraftwerke 339
Kreislaufprinzip 286, 292
KROTO, HAROLD 187
Kühlwasser 320
kumulierte Doppelbindungen 232
KUNKEL, JOHANN 200
Kunststoffe 269 ff., 275
Kunststoffmüll 334 f.
Kunststoffverwertung 274 f.
Kupfer 87
Kupferraffination 146

L

Laborgeräte 38 f.
Lacke 145
Lage chemischer Gleichgewichte 131, 133
Landwirtschaft 320
Laugen 107
LAVOISIER, ANTOINE DE 11, 134, 200
Lebensmittelzusatzstoffe 251
Legierungen 89, 91, 145
Legierungsmetalle 290
Leichtmetalle 86
Lernplakat anfertigen 35
Lesen von Fachtexten 32
LEWIS, GILBERT 74
LIBAVIUS, ANDREAS 10
Lithiumbatterie 142
Lithium-Ionen-Akkumulator 143
Lithosphäre 321, 324
Lokalelement 144
LOMONOSSOW, MICHAEL 11
Löschkalk 298
Löslichkeit 57, 149
Luft 336
Luftschadstoffe 339

M

Magensäure 257
Magnesiumoxid 208
Magnetismus 56
makromolekulare Stoffe 266, 269, 275
Makromoleküle 72, 266, 269
Maltose (Malzzucker) 265
Masse 17, 153
Massenanteil 17, 158 f.
Massenkonzentration 159
mechanische Reinigungsstufe 334
Mehrfachbindung 74
mehrwertige Alkohole 240
Membranverfahren 302
MENDELEJEW, DIMITIRI IWANOWITSCH 167
menschliche Aktivitäten 328, 344
mesomere Grenzstrukturen 234
Messing 90
Metallbindung 84, 91
Metallcharakter 174
Metalle 9, 84, 91
- Buntmetalle 86
- edle 86, 137
- Leichtmetalle 86
- Schmelztemperatur 86
- Schwermetalle 86, 343
- unedle 86, 137
Metallelektrode 139
Metallhydroxide 99
metallische Eigenschaften 85, 174
Metalloxide 99
Methan 82, 225
Methanal 82, 244
Methanol 240, 313
Methansäure 249 f.
MEYER, LOTHAR 11, 167
Micellen 261
Milchsäure 251
mineralische Rohstoffe 283
Mineralisierung 322, 325
Mineralöle 334
Mischungsgleichung 160
Mischungsrechnen 160
MITTASCH, ALWIN 293
Modelle 19, 58, 237

Modifikationen 80, 175, 186
- des Kohlenstoffs 187
- des Phosphors 200
- des Schwefels 212
MOHS, CARL FRIEDRICH 56
molare Masse 17, 156
molares Volumen 17, 157
Moleküle 72, 83
Molekülformeln 112
Molekülkristall 79
Molekülmasse, relative 153
Molekülsubstanzen 61, 78
Molekülverbindungen 78, 81
Monocarbonsäuren 259
Monomere 266, 269
Monosaccharide 262, 268
MOSELEY, HENRY 167
Müllstrudel 335
Myosin 255

N

nachwachsende Rohstoffe 283
Nachweis
- gasförmiger Stoffe 349
- organischer Stoffklassen 352
- von Ammoniak 350
- von Ionen 348 ff.
- von Mehrfachbindungen 353
- von Naturstoffen 354 f.
Nachweisreaktionen 347 ff.
Nahrungsmittel 258
Nanotubes 187
Natriumcarbonat 99
Natriumchlorid 61, 95, 99, 219
Natriumhydroxid 99, 106
Natronlauge 302
natürliche Stickstofffixierung 325
Naturstoffe 254 ff.
Nebel 64
Nebengruppen 169
Neusilber 90
Neutralisation 107, 148
Neutronen 69
NEWLANDS, JOHN 167
Nichtmetallcharakter 174
Nichtmetalle 78
Nitratbelastung 333
Nitrate 199, 326, 334
Nitrifizierung 325
Nitrobenzen (Nitrobenzol) 235
Nitroglycerin 198
nitrose Gase 198, 338 f.
Normalglas 301
Nucleinsäuren 258, 264, 327
Nylon 270

O

Oberflächenspannung 261
Oberflächenwasser 331, 332
Octanzahl 311
Oktettregel 74
Ökologie 14
Öle 260
Oligopeptide 255
Oligosaccharide 262
Omega-Fettsäuren 260
Opal 210
Opferanode 145
Ordnungszahl 168
organische Reaktionstypen 276, 280
organische Stoffklassen 238
organische Verbindungen 222 ff.
OSTWALD, WILHELM 295
Oszillationstheorie 234
Oxalsäure 251
Oxidation 134, 206
Oxidationsmittel 135
Oxide 205
Ozon 204, 340
Ozonloch 340
Ozonschicht 340

P

Packungsmodell 95
Palmitinsäure 249
PARACELSUS 10
Partialladung 75 f.
PAULING, LINUS 76
Peptidbindungen 254
Peptide 255 ff.
Periode 168 ff.
Periodensystem 171
- Aufbau 168
- historische Entwicklung 166
Periodizität der Eigenschaften 172
PETTENKOFER, MAX VON 167
Phenole 238, 243, 246
Phenoplaste 272 f.
Phenylamin (Anilin) 248
Phosphatdüngemittel 296
Phosphate 203, 327
Phosphor 200
Phosphoreszens 201
Phosphorkreislauf 327
Phosphorsäure 104, 202
Phosphor(V)-oxid 202
pH-Wert 105, 108
pH-Wertskala 105, 108
Physik 13
physikalischer Vorgang 120
PLANCK, MAX 11
pneumatisches Auffangen 43
polare Atombindung 75
Polarität von Molekülen 76
Polyacrylnitril (PAN) 273
Polyaddition 270
Polyamid (PA) 273
Polyene 232
Polyester 270, 273
Polyethen (Polyethylen, PE) 269, 273
Polyethylenterephthalat (PET) 270
Polykondensation 270, 275
Polymerisation 227, 269, 275
Polypeptide 255 ff.
Polysaccharide 262, 265, 268
Polystyren (Polystyrol, PS) 273
Polyurethane 270, 272
Polyvinylchlorid (PUR) 273
primäre Alkohole 240
Primärstruktur von Eiweißen 256
Prinzip des kleinsten Zwangs 131
Prinzip von LE CHATELIER 131, 292, 286
Produkte 120
Propan-1,2,3-triol (Glycerol, Glycerin) 242

Propanon (Aceton) 245
Propansäure 250
Proteine 255, 256, 268, 324
- Bedeutung 258
- biologische Funktionen 258
- Struktur 256
proteinogene Aminosäuren 254
Protokoll 48
Protonen 68
Protonenakzeptoren 103, 147, 197
Protonendonatoren 102, 147
PROUST, JOSEPH-LOUIS 161

Q

qualitative Analyse 356
Quartärstruktur 256
Quarz 194, 210
Quecksilber 343

R

Raffinerie 308
Rauchgasentschwefelung 339
Rauchgasreinigung 339
Reaktionen
- chemische 120 f.
- elektrochemische 138 f.
- endotherme 123
- exotherme 122
- mit Elektronenübergang 136
- mit Protonenübergang 147
Reaktionsbedingungen 121, 133
Reaktionsgeschwindigkeit 126, 133
Reaktionsgleichungen 114 ff.
- Formelgleichungen 115
- in Ionenschreibweise 117
- Wortgleichung 114
Reaktionswärme 122
Recherchieren 31
Recycling 274, 285
Redoxgleichgewichte 136
Redoxpaare 136
Redoxpotenzial 139
Redoxreaktion 134, 139, 150, 225, 276, 280
- im engeren Sinn 135
- im erweiterten Sinn 136
Redoxreihe 137
Reduktion 135
Reduktionsmittel 135
reduzierende Wirkung 244, 263
Referat anfertigen 36
Reformieren 312
Reinstoffe 60, 66
Reinstsilicium 193
relative Atommasse 16, 152
relative Molekülmasse 153
RGT-Regel 126
Ribose 264
ringförmige Kohlenwasserstoffe 222
Ringprobe 351
Rohbenzin 312
Roheisen 287
Rohöldestillation 308
Rohstoffe 282
- fossile 282
- mineralische 283
- nachwachsende 283
rohstoffliche Verwertung 274
Rosten 144
Rösten sulfidischer Erze 297
Rückreaktion 131
RUTHERFORD, DANIEL 196
RUTHERFORD, ERNEST 68

S

Saccharose 264
Salpetersäure 82, 104, 198, 294, 326
salpetrige Säure 199
Salz 99
Salzbildner 183
Salzbildungsreaktionen 148
Salze 183
- Eigenschaften 97
- Bildungsreaktionen 98
- wichtige 99 f.
Salzsäure 103, 148, 217
Salzwasser 318
Sauerstoff 204
Säure-Base-Indikatoren 105, 350
Säure-Base-Reaktionen 147, 150
saure Gase 338
saure Lösung 107 f.
Säuren 102, 108, 147, 338
saure Oxide 177, 338
Säurerest-Ionen 104
saurer Regen 326, 338
Schadstoffe
- im Boden 342
- in Gewässern 344
- in der Luft 338
SCHEELE, CARL WILHELM 196, 204
Schlacke 289
Schlüssel-Schloss-Prinzip 129
Schmelzbereich von Fetten 260
Schmelzflusselektrolyse 304
Schmelztemperatur 54, 86
Schmierseifen 260
Schutzgas 197
Schwefel 212
Schwefelbrücken 256
Schwefeldioxid 214, 338
Schwefellagerstätten 297
Schwefelsäure
- Eigenschaften 103, 215
- Herstellung 296
- Verwendung 215, 296
Schwefeltrioxid 214, 297
Schwefelwasserstoff 215, 335
Schwermetalle 86, 334, 343
Seifen 260 ff.
sekundäre Alkohole 240
Sekundärrohstoffe 285
Sekundärstruktur 256
Selen 176
Seliwanoff-Reaktion 354
Siedefraktionen 308
Siedetemperatur 54
Silber 88
Silberhalogenide 347
Silicate 195, 342
Silicide 195
Silicium 176, 192
Siliciumcarbid 195
Siliciumdioxid 194

SMALLEY, RICHARD 187
Soda 99
Sodbrennen 218
SOMMERFELD, ARNOLD 70
Sonnenstrahlung 337
Spanprobe 349
Spezialglas 300 f.
Spinell 210
Sprengstoffe 294
Spurengase 336
Stahl 89 f., 290
Stahlerzeugung 290
Stahlsorten 291
Stärke 266, 314
Stearinsäure 249
Steckbriefe von Stoffen 31, 57
Stein der Weisen 10
Stereoisomerie 230
Stickstoff 196, 324
Stickstoffdioxid 198
Stickstoffdüngemittel 294, 326
Stickstofffixierung
- atmosphärische 325
- biologische 325
- industrielle 326
Stickstoffkreislauf 324
Stickstoffmonooxid 198
Stickstoffoxide 198, 326, 338
Stöchiometrie 161
stöchiometrische Berechnungen 162 f.
Stoffe 54 ff., 60
Stoffebene 124
Stoffeigenschaften 54 ff.
- Bestimmung 56
- messbare 54
- sensitive 54
Stoffgemische 62, 66
- heterogene 64
- homogene 63
- Trennen 65
Stoffklassen, organische 238
Stoffkreisläufe 318, 328
- des Kohlenstoffs 321 f.
- des Phosphors 327
- des Stickstoffs 324 f.
- des Wassers 319 f.
Stoffmenge 17, 155
Stoffmengenanteil 158
Stoffmengenkonzentration 17, 159
Stoff-Teilchen-Konzept 59
Stoffumwandlung 120, 124
Stoßtheorie 19, 125
Stratosphäre 336, 340
Streuversuche 68
Stromschlüssel 140
Struktur-Eigenschafts-Konzept 91, 101
Strukturformeln 237
Strukturisomerie 230
Strukturproteine 258
Styren (Styrol) 235
Substitution 225, 276, 280
Sulfate 215
Sulfide 215
Summenformel 237
Süßwasser 318, 331
Symbole 110, 118
Synthesefasern 270
Synthesegas 307, 313
Synthesegaserzeugung 307
Synthesekautschuk 272 f.

T

technische Herstellung von
- Aluminium 304
- Ammoniak 292
- Branntkalk 298
- Chlor und Natronlauge 302
- Methanol 313
- Salpetersäure 294
- Schwefelsäure 296
Teer 307
Teilchen 58
Teilchenanzahl 154
Teilchenebene 124
Teilchenmodell 19, 60, 66
Temperatur 17, 132
Tenside 261
Terpene 232
tertiäre Alkohole 240
Tertiärstruktur 256
Tetraeder 187, 194
Tetraphosphordecaoxid (Diphosphorpentoxid) 202, 210
Theorien 19
Thermoplaste 271, 273, 275
Titan 88
Toluen (Toluol) 235
Transportproteine 258
Traubenzucker 263, 314, 354
Treibhauseffekt 306, 323, 326, 337
- anthropogener 337
- natürlicher 337
Treibhausgase 337
Treibstoffe 315
tribochemische Reaktion 134
Trinkwasser 320
- Aufbereitung 332
- Verbrauch 331
Tropopause 336
Troposphäre 336

U

Übergangszustand 125
Umgang mit Chemikalien 50
umkehrbare Reaktionen 130
Umkippen des Sees 335
Umschmelzen 274
Umwelt 330, 344
unedle Metalle 86, 137
ungesättigte Kohlenwasserstoffe 222
Universalindikatoren 108, 350
unverzweigte Kohlenwasserstoffe 223
Uran 88
UV-Strahlung 337, 340

V

Valenzelektronen 71, 73, 169
Vanadium(V)-oxid 297
Vanillin 233
VAN'T HOFF, JACOBUS HENRICUS 126
Verbindungen 185
- chemische 60
- anorganische 185
Verbrennung 211, 225
Verbrennungswärme 211
Verdauung 322
vereinfachte Strukturformel 237
Veresterung 252, 277
Verformbarkeit 56
Vergleichen 23

Verhältnisformel 96
Verseifung 260
Verursacheraspekt 330
Verwertung von Kunststoffen 274
verzweigte Kohlenwasserstoffe 223
Vielfachzucker 262
Vitamine 265
vollständige Strukturformel (Lewis-Formel) 237
Volumen 17, 154
Volumenanteil 17, 158
Voraussagen 27
Vorproben 346, 356
Vortrag halten 34

W

Wärme 17, 122
Wärmeleitfähigkeit 55
Wärmetauscher 292, 313
Waschmittel 261
Waschmittelherstellung 296
Waschprozess 261
Wasser 81, 206, 318, 320, 331
– Anomalie 77, 207
– Funktionen 320
– Verwendung 320, 331
Wasserhärte 261
Wasserkreislauf 319 ff.
Wassermolekül 76, 207
Wasserstoff 78, 180
Wasserstoffbrückenbindungen 77, 256, 267
werkstoffliche Verwertung 274
Wertigkeit 178
WÖHLER, FRIEDRICH 11
Wortgleichung 114

X

Xanthoproteinreaktion 355

Z

Zeichensprache chemische 118
Zellatmung 322
Zellstoff 267
Zement 300
Zerteilungsgrad 127
Ziegel 300
Zink-Kohle-Batterie 141
zusammengesetzte Ionen 62
Zusammensetzungsgrößen 158
Zustandsänderungen 120
Zweifachzucker 262
Zwischenkühlung 292
zwischenmolekulare Kräfte 77, 271
Zwitterion 254

Bildquellenverzeichnis

Legende: Ol = Oben links, O = Oben mittig, Or = oben rechts, Ml = Mitte links, M = Mitte mittig, Mr = Mitte rechts, Ul = Unten links, Um = Unten mittig, Ur = Unten rechts
Hinweis: Die Seitenzahl steht immer an erster Stelle, danach folgt die Positionsangabe (z. B. 075Or = Seite 75 Oben rechts). Falls keine konkrete Position angegeben ist, stammen alle urheberrechtlich relevanten Abbildungen vom selben Urheber bzw. ist nur eine Abbildung auf der Seite zu finden. Bei besonders vielen Abbildungen unterschiedlicher Urheber stehen die Motive in Klammern hinter der Seitenzahl.

Fotos

Adobe:
Александр Беспалый/stock.adobe.com 293Ur; BillionPhotos.com/stock.adobe.com 357; Birgit Reitz-Hofmann/stock.adobe.com 296Ol; Björn Wylezich/stock.adobe.com 88 (Titan); by paul/stock.adobe.com 283; byjeng/stock.adobe.com 210Ul; Carsten Janiec/stock.adobe.com 101Om; Countrypixel/stock.adobe.com 338Ur; dieter76/stock.adobe.com 265; Doderino/stock.adobe.com 318; Frank-Peter Funke/stock.adobe.com 174 (Argon); Gman73/stock.adobe.com 174 (Fluor); janvier/stock.adobe.com 57Um; johnmerlin/stock.adobe.com 274; Kathrine Andi/stock.adobe.com 96Ul; Kay Ransom/stock.adobe.com 165; Klaus Eppele/stock.adobe.com 25Ur; lupico/stock.adobe.com 331; photographer28/stock.adobe.com 263; Powerofflowers/stock.adobe.com 315; Rico Ködder/stock.adobe.com 188; Roman Milert/stock.adobe.com 106; Stefan Thiermayer/stock.adobe.com 326; stéphane jouet/stock.adobe.com 28; typomaniac/stock.adobe.com 294; uckyo/stock.adobe.com 60Ul; Viesinsh/stock.adobe.com 8Mr; Volker Wille/stock.adobe.com 209Mr;

Akg-images: 8Um; Cameraphoto/akg-images 10Or;

Directmedia Publishing (The Yorck Project): 9Mm, 109;

B. Mahler, Fotograf, Berlin: 58Mm, 101Mm, 120;

H. Mahler, Fotograf, Berlin: 23, 24, 27, 58Ur, 63Mur, 91Mm, 91Om, 122, 174 (Chlor, Kalium, Zinn), 222, 227, 271, 346, 347, 350Ul, 351, 353, 355, 356 (alle außer Ur);

MEV Verlag GmbH, Augsburg: 35Ur, 53, 87Ml, 142, 145, 267, 272Or, 335Or;

Mauritius: De Luan/Alamy/mauritius.all.com 295; Global Warming Images/Alamy/mauritius.all.com 79Or; Konstantin Shishkin/Alamy/mauritius.all.com 30Ur; Lucas Vallecillos/Alamy/mauritius.all.com 320; Phil Degginger/Alamy/mauritius.all.com 174 (Rubidium); Science Source/mauritius.all.com 79Ur, 174 (Phosphor);

Panthermedia: Stocketeando/PantherMedia GmbH 2021 314;

Picture Alliance: picture-alliance/OKAPIA/Karl Gottfried Vock 229;

Shutterstock: 279photo Studio/Shutterstock.com 88 (Silber); Africa Studio/Shutterstock.com 248Ol; Air Images/Shutterstock.com 47; Andraž Cerar/Shutterstock.com 174 (Natrium); Anna Kepa/Shutterstock.com 9Um; Aris Suwanmalee/Shutterstock.com 151; Art14/Shutterstock.com 248Or; ARTFULLY PHOTOGRAPHER/Shutterstock.com 62Ur; AXL/Shutterstock.com 300 (Beton); baibaz/Shutterstock.com 248Ul; Bildagentur Zoonar GmbH/Shutterstock.com 221; Bjoern Wylezich/Shutterstock.com 88 (Uran), 124 (Magnesium), 172Ul, 174 (Lithium, Magnesium, Aluminium, Silizium, Germanium); bmf-foto.de/Shutterstock.com 356Ur; Bogdan VASILESCU/Shutterstock.com 205Mr; Dalibor Co/Shutterstock.com 300 (Keramik); Deyan Georgiev/Shutterstock.com 350Ol; Dreamsquare/Shutterstock.com 124 (Sauerstoff); e_rik/Shutterstock.com 172Ml; Evan Lorne/Shutterstock.com 258, 268Or; Everyonephoto Studio/Shutterstock.com 209Ur; EvGavrilov/Shutterstock.com 18; Fablok/Shutterstock.com 155; Flystock/Shutterstock.com 127Ur; FocusStocker/Shutterstock.com 248Ur; FotoHelin/Shutterstock.com 124 (Magnesiumoxid); franconiaphoto/Shutterstock.com 63Or; GaudiLab/Shutterstock.com 31; gogoiso/Shutterstock.com 209Or; Golffy/Shutterstock.com 86; GoncharukMaks/Shutterstock.com 335Ur; GTS Productions/Shutterstock.com 304Ol; Halfpoint/Shutterstock.com 205Or; historiasperiodicas/Shutterstock.com 174 (Iod); imagedb.com/Shutterstock.com 121; Inna Limanskaya/Shutterstock.com 282; Kim Christensen/Shutterstock.com 12 (Analytische Chemie, Anorganische Chemie); Kononov Oleh/Shutterstock.com 284Ur; Kovaleva_Ka/Shutterstock.com 232; LifetimeStock/Shutterstock.com 80; Lukas Gojda/Shutterstock.com 290Ol; Lukasz Z/Shutterstock.com 306; manine99/Shutterstock.com 281; Matej Kastelic/Shutterstock.com 7; Maxx-Studio/Shutterstock.com 211; MichalPrzybylski/Shutterstock.com 8Ol; Miriam Doerr/Martin Frommherz/Shutterstock.com 174 (Kohlenstoff); Morozov Anatoly/Shutterstock.com 193; Moskova Evgeniya/Shutterstock.com 56Mr, 272Ur; multiart/Shutterstock.com 268Mr; NadineRoedder/Shutterstock.com 66Mr; Nattika/Shutterstock.com 257Or; nehophoto/Shutterstock.com 268Ur; New Africa/Shutterstock.com 56Ur, 305; NiglayNik/Shutterstock.com 299; Nine_Tomorrows/Shutterstock.com 300 (Ziegel); Oder01/Shutterstock.com 194; Ody_Stocker/Shutterstock.com 12 (Umweltchemie); Phawat/Shutterstock.com 66Ml; Pichet suriya/Shutterstock.com 63Mor; Picsfive/Shutterstock.com 84Ur; Pixfiction/Shutterstock.com 88 (Gold); popcorner/Shutterstock.com 245; Red ivory/Shutterstock.com 309; regine schottl/Shutterstock.com 284Ul; Roman Zaiets/Shutterstock.com 91Ur; rootstock/Shutterstock.com 87Ol; rtem/Shutterstock.com 307; Rvkamalov gmail.com/Shutterstock.com 174 (Brom); rvlsoft/Shutterstock.com 146; Sandra van der Steen/Shutterstock.com 252; SerUfim/Shutterstock.com 119; SimoneN/Shutterstock.com 87Ul; ssguy/Shutterstock.com 300 (Glas); Stephen Barnes/Shutterstock.com 174 (Schwefel); svekloid/Shutterstock.com 210Ml; tale/Shutterstock.com 30Ul; Teerasak Ladnongkhun/Shutterstock.com 285Mr; teh_z1b/Shutterstock.com 85; Tommy101/Shutterstock.com 317; topseller/Shutterstock.com 63Ur; totojang1977/Shutterstock.com 345; Valentina_G/Shutterstock.com 289; vchal/Shutterstock.com 343; VGstockstudio/Shutterstock.com 207; wolfness72/Shutterstock.com 285Ml; yanik88/Shutterstock.com 269;

Grafiken

Renate Diener/Wolfgang Gluszak: 14;

Christine Gebreyes, Berlin: 12Ur, 32, 127, 187Ur, 192Or, 194Or, 266Ml, 319, 321, 327, 335Mm, 336, 337, 338Mm;

Christiane Gottschlich: 25Mr, 241Mr, 325Ml, 325Mr;

Dr. Guido Hegasy: 256;

Gerlinde Keller: 10Ul, 10Ur, 11, 67, 68Or, 166, 167, 292, 293Mr;

Walther-Maria Scheid: 19, 21, 22, 35, 39, 40, 41, 42, 43, 44, 45, 50, 51, 54, 55, 56, 57, 59, 65, 68, 95, 96, 97, 103, 137, 139, 140, 142, 143, 144, 148, 149, 257, 258, 261, 271, 272, 275, 287, 290, 293Om, 295, 296, 298, 302, 304, 308, 310, 313, 324, 325, 332, 339, 349, 351, 352, 353, 354, 355;

Werbeagentur nachDruck/Marcel Grewe: 187Or, 333;